## 编审委员会

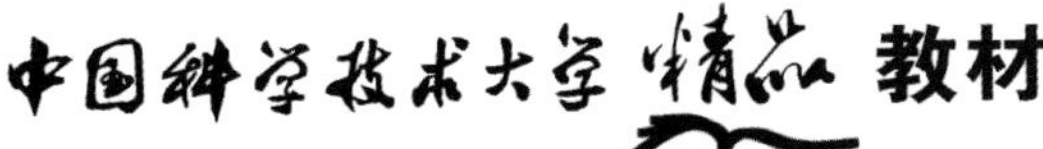


# 地球与类地行星构造地质学

DIQIU YU LEIDI XINGXING GOUZAO DIZHIXUE

**第 2 版**

刘德良　陈江峰（中国科学技术大学）
沈修志　叶尚夫（南京大学）
编著

朱志澄　万天丰（中国地质大学）
郑亚东　刘瑞珣（北京大学）
主审

中国科学技术大学出版社

## 内容简介

本书系统介绍了地球与类地行星不同性质、不同层次及不同尺度构造的空间格局和时间标志及其形成条件。全书融汇了超微构造、显微构造、中小构造、区域构造、大地构造、比较行星构造等多门教材的核心内容。以及几何构造学、年代构造学和成因构造学及应用构造学之间的内在联系组成了构造地质学新的教学体系。该书既保留了狭义构造学以岩石变形为主的基本内容，又新增添了构造组合、大地构造、类地行星构造、构造年代、构造机制、构造环境、微观构造、构造物理、构造化学、构造运动、构造动力和构造预测等内容，以有限的篇幅使读者对于地球与类地行星的构造从微观到宏观有一个比较系统的认识。

本书既可作为高等院校地质、地球化学、地球物理等专业大学生和研究生的教材，也可作为从事矿产地质、石油与天然气地质、煤田地质、水文和工程地质、地震地质以及环境地质等方面大学生、研究生、广大科技人员和地学爱好者的重要参考书。

**图书在版编目(CIP)数据**

地球与类地行星构造地质学/刘德良等编著. —2版. —合肥：中国科学技术大学出版社，2009.7

(中国科学技术大学精品教材)

"十一五"国家重点图书

普通高等教育"十一五"国家级规划教材

ISBN 978-7-312-02317-0

Ⅰ.地… Ⅱ.刘… Ⅲ.①地质构造学—高等学校—教材 ②行星地质学：构造地质学—高等学校—教材 Ⅳ.P54 P68

中国版本图书馆CIP数据核字(2009)第109888号

中国科学技术大学出版社出版发行

地址：安徽省合肥市金寨路96号，邮编：230026

网址：http://press.ustc.edu.cn

安徽辉隆农资集团瑞隆印务有限公司印刷

全国新华书店经销

开本：710×960 1/16 印张：34.25 插页：2 字数：652千

1997年3月第1版 2009年7月第2版 2009年7月第2次印刷

印数：1001—3000册

定价：58.00元

# 总 序

2008年是中国科学技术大学建校五十周年.为了反映五十年来办学理念和特色,集中展示教材建设的成果,学校决定组织编写出版代表中国科学技术大学教学水平的精品教材系列.在各方的共同努力下,共组织选题281种,经过多轮、严格的评审,最后确定50种入选精品教材系列.

1958年学校成立之时,教员大部分都来自中国科学院的各个研究所.作为各个研究所的科研人员,他们到学校后保持了教学的同时又作研究的传统.同时,根据“全院办校,所系结合”的原则,科学院各个研究所在科研第一线工作的杰出科学家也参与学校的教学,为本科生授课,将最新的科研成果融入到教学中.五十年来,外界环境和内在条件都发生了很大变化,但学校以教学为主、教学与科研相结合的方针没有变.正因为坚持了科学与技术相结合、理论与实践相结合、教学与科研相结合的方针,并形成了优良的传统,才培养出了一批又一批高质量的人才.

学校非常重视基础课和专业基础课教学的传统,也是她特别成功的原因之一.当今社会,科技发展突飞猛进、科技成果日新月异,没有扎实的基础知识,很难在科学技术研究中作出重大贡献.建校之初,华罗庚、吴有训、严济慈等老一辈科学家、教育家就身体力行,亲自为本科生讲授基础课.他们以渊博的学识、精湛的讲课艺术、高尚的师德,带出一批又一批杰出的年轻教员,培养了一届又一届优秀学生.这次入选校庆精品教材的绝大部分是本科生基础课或专业基础课的教材,其作者大多直接或间接受到过这些老一辈科学家、教育家的教诲和影响,因此在教材中也贯穿着这些先辈的教育教学理念与科学探索精神.

改革开放之初,学校最先选派青年骨干教师赴西方国家交流、学习,他们在带回先进科学技术的同时,也把西方先进的教育理念、教学方法、教学内容等带回到中国科学技术大学,并以极大的热情进行教学实践,使“科学与技术相结合、理论与实践相结合、教学与科研相结合”的方针得到进一步深化，取得了非常好的效果，培养的学生得到全社会的认可．这些教学改革影响深远，直到今天仍然受到学生的欢迎，并辐射到其他高校．在入选的精品教材中，这种理念与尝试也都有充分的体现．

中国科学技术大学自建校以来就形成的又一传统是根据学生的特点，用创新的精神编写教材．五十年来，进入我校学习的都是基础扎实、学业优秀、求知欲强、勇于探索和追求的学生，针对他们的具体情况编写教材，才能更加有利于培养他们的创新精神．教师们坚持教学与科研的结合，根据自己的科研体会，借鉴目前国外相关专业有关课程的经验，注意理论与实际应用的结合，基础知识与最新发展的结合，课堂教学与课外实践的结合，精心组织材料、认真编写教材，使学生在掌握扎实的理论基础的同时，了解最新的研究方法，掌握实际应用的技术．

这次入选的50种精品教材，既是教学一线教师长期教学积累的成果，也是学校五十年教学传统的体现，反映了中国科学技术大学的教学理念、教学特色和教学改革成果．该系列精品教材的出版，既是向学校五十周年校庆的献礼，也是对那些在学校发展历史中留下宝贵财富的老一代科学家、教育家的最好纪念．

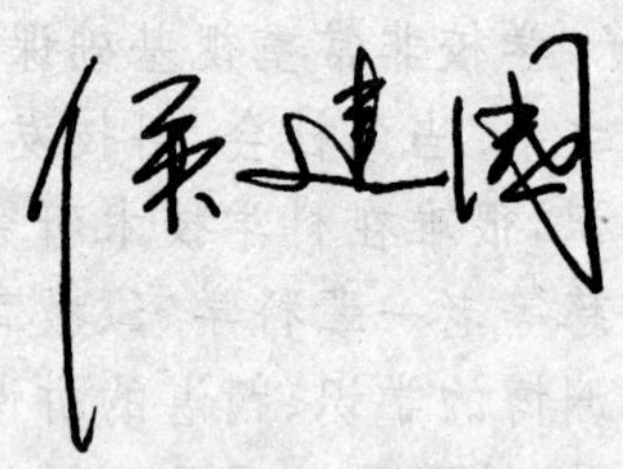

2008年8月

# 第二版序

构造地质学是固体地球科学领域的一个重要分支学科，它是地质类专业学生必修的一门主干课程。中国科学技术大学刘德良教授和南京大学沈修志教授等于1997年编著出版的《地球与类地行星构造地质学》教材经多年教学实践证明，是一本深受读者好评的构造地质学教材。最近，作为高等教育"十一五"国家级规划教材，刘德良、沈修志等教授又对该书作了精心修订，内容比前版更加丰富、新颖，较全面系统地介绍了地球与类地行星构造地质学的基本理论、主要内容和研究方法，从而迈上了一个新的台阶。记得吴有训先生任中央大学（南京大学前身）校长期间曾经强调："大学的教学不应脱离科学前沿，这就要求教师必须有较高的学术水平。"刘德良、沈修志等教授在修订该书时，正是注意到教学与科研之间的融通，使教材内容能够反映构造地质学的前沿水平，这是很可贵的。

全书注重几何构造学、年代构造学和成因构造学之间的内在联系，按照构造要素、构造组合、大地构造、比较行星构造、构造运动、构造机理和构造动力及构造时代这一新思路进行编写，组建了构造地质学的新的教学体系。该书将类地行星构造、大地构造、区域构造、中小构造和显微构造等学科内容的精华集中组成一个有机整体，书中突出了构造组合，即不仅叙述了褶皱、断裂的特征，还综合了它们的各种组合样式；更突出了构造时间的分析，简述了构造时限标志；分析了构造成因，涉及构造形成的地质环境因素和物理化学条件；介绍了类地行星构造与地球构造的比较研究。书中注重多方面内容的相互结合，如大、中、小、微构造研究相结合；深、中、浅、表构造研究相结合；构造的空间分布和时间分布的研究相结合；构造介质的化学组成与物理性质的研究相结合；构造的几何学、运动学、机理学、动力学的分析相结合。通过这几方面的结合，使全书具有鲜明的特色。

本书可作为高等院校地质类和非地质相关专业本科生和研究生教材，亦可作为从事固体和流体矿产地质、环境地质、城市地质、自然地理等方面的科技人员的重要参考书。

王德滋院士

2008年4月于南京大学

# 第二版前言

遵照普通高等教育“十一五”国家级规划教材编辑要求，我们在1997年中国科学技术大学出版社出版的《地球与类地行星构造地质学》一书基础上作了系统的修编。新版编写分工。刘德良：规划全书的体系结构和网络联结以及统稿定稿；并编著了绪论、协编了第一篇、编写了第二篇构造组合的各章、第三篇板块构造的板内构造的部分、第四篇类地行星构造的协编、第五篇微观构造的各章、第六篇构造机制的一章、第七篇构造运动动力的部分、第八篇构造年代的各章；还系统组编了阅读文献。沈修志：编写了第一篇构造组分的各章、第六篇构造机制除一章之外的各章。陈江峰：编写了第四篇类地行星构造的各章。叶尚夫：编写了第三篇板块构造的各章和第七篇构造运动动力各章大部分。

再版时处21世纪之初，基于固体地球科学的进展和社会需求，期待构造地质学的内涵、对象、内容、体系、方法、原理和方向上有新变革，新的突破和学科交融的新探索。如何摆脱思维的惯性，我们作了新尝试。不以编著者主观见解为依据，尽量采用集成和集注的方式编辑，给予读者更多独立分析批判的空间。有关全书的体系结构，包括对于构造地质的学科体系和教学程序及教学内容的认识，从地质类各专业和非地质类相关各专业都会有不同的评价，这是有益的。

作者衷心感谢本书主审构造学家：中国地质大学朱志澄、万天丰教授和北京大学郑亚东、刘瑞珣教授在百忙中通观全书，提出许多宝贵修改意见。作者欢迎广大读者、老师、同仁提出善意批评和改进意见。限于编者水平，难免失之偏颇，对于书中的疏漏和缺点，祈求指正，并在此一并致谢。

中国科学技术大学、南京大学

**刘德良　沈修志　陈江峰　叶尚夫**

2008年5月于合肥

# 第一版序

《地球和类地行星构造地质学》一书是为满足中国科学技术大学地球和空间科学系教学改革的需要,根据近20年来该系构造地质教学的实践,由中国科学技术大学刘德良教授和南京大学沈修志教授等编著的。全书内容丰富、结构新颖,且风格迥异于前人文本,综合起来有以下几个特点:

第一,书中按构造要素—构造组合—构造时限—构造成因这一新思路编写,形成了与传统构造地质学完全不同的构造地质学新体系,这是一次大胆的改革尝试。

第二,本书集中了类地行星构造、大地构造、区域构造、中小构造和显微构造等学科内容精华于一个有机整体,便于读者对构造地质学有一个全面系统的了解。

第三,本书突出了构造组合的内容,即不仅分别叙述了褶皱、断裂等特征,还综合讲述了它们的各种构造组合形式;更突出了构造时间的分析,阐述了构造时限标志;强调了构造成因的分析,论述了构造形成的地质环境因素和物理化学条件以及论述了构造运动学和动力学;新增了类地行星构造及其与地球的比较研究。这些均是传统构造地质学教材中所没有或很少涉及的新内容。

第四,书中注意多方面内容的相互结合,即天体构造与地球构造研究相结合;大、中、小、微构造研究相结合;深、中、浅构造研究相结合;构造的空间分布和时间分布的研究相结合;构造的物质组成成分与物理化学环境的研究相结合;构造的几何学、流变学、运动学、动力学的分析相结合;国内与国外研究成果相结合,从而采取了多层次分析的新方法。

这本富有特色的教科书,在有限的篇幅内包含了构造地质学各分支学科的主要内容和进展,可作为地质各专业研究生、大学生的教材及有关地球科学工作者的参考书,特此推荐给广大读者。

郭令智院士

1996.6

# 第一版前言

本书将高等学校分门开设的显微构造地质学、(中、小)构造地质学、区域构造学、大地构造学以及比较行星构造学等多门课教材合并为一门课教材,避免了多门课部分内容的交叉重叠,大大缩短了教学时间,便于非构造地质专业学生快速系统地掌握这些基础知识。

编写一本系统构造地质学教材有两大难点:其一,是如何解决长期存在的中小地质构造学与大地构造学的衔接问题;该书以新设构造组合篇作为对构造要素篇的补充和配套,使构造分析与综合并重,亦将其作为向大地构造学过渡的中间环节,便于读者将大、中、小构造知识连贯衔接。其二,是如何解决长期存在的构造地质学偏重几何形态分析而忽视时间分析和成因分析的问题;该书以新辟的构造时限篇和增设的构造成因篇及更新的构造形态篇的有机结合,力图有序地组织构造地质学新体系,以便于读者全面深入地理解。

该教材的基本体系是作者在长期的教学实践中,为适应中国科学技术大学地球及空间科学系教学改革对本课程的性质、任务及功能的要求,不断摸索改进而建立的。此书削减了某些普及性和方法性的部分内容,而不一应俱全。作者注重教材内容的科学性和系统性,也关注其内容是否符合教学规律和教学要求。为此,在绪论中加重了构造解析原理和方法的论述,以增强启发性;并以循序渐进的方式反映本学科在当代以及在我国发展的新成果和新趋向。

本书由中国科技大学地球和空间科学系与南京大学地球科学系两单位合作编写,合肥工业大学资源与环境科学系参与部分工作。全书的总体结构由刘德良负责。该书共6篇:绪论和第三篇由刘德良编写;第二篇由刘德良、沈修志合作;第一、四篇由沈修志、刘德良合作;第五篇由叶尚夫、刘德良、沈修志合作;第六篇由陈江峰、刘德良、沈修志合作。其中,邓锡秧参加了构造应力场一节的编写,李成参加了大地热流场一节的编写,王道轩参加了流变速率一节的编写工作。在本书的出版中杨晓勇、陶士振、陈永见作了许多具体工作。

编者在构造地质教学及教材的编著中受益于许多学者的影响和关照。令编者永远难以忘怀的是许多年来郭令智、王德滋教授的谆谆教导，马杏垣教授的多方鼓励和教诲，孙枢、钱祥麟、施央申教授的启示和指教。在教改过程中还曾得到陈国达、张文佑、孙殿卿、涂光炽、欧阳自远、戴金星、安芷生、许志琴、朱志澄、徐嘉炜、钟大赉、李继亮、孙家聪、索书田、孙岩、徐旃章、刘瑞珣、周济元、张国伟、姜洪训、黄瑞华、段嘉瑞、竺国强和杨树锋等教授的细心引导和各方帮助，编者皆深表谢忱。

作者深感工作任务的艰巨，但科学的发展和教学的改革，迫使我们必须进行新的探索和实践。书中若有谬误之处，敬希读者批评、指正。

刘德良

1995 年 5 月

# 目　次



## 第一篇　构 造 组 分

## 第二篇　构 造 组 合



## 第三篇　大 地 构 造

## 第五篇　微观构造与构造预测

## 第六篇　构造变形机制与构造形成因素

## 第七篇　构造运动与构造动力



## 第八篇　构造年代与构造演化

# 绪　论

## 一、构造地质学的含义

地球与类地行星构造地质学(简称构造地质学)是地质学的基础学科之一,主要研究地球岩石圈各种地质体的构造网络、形成过程和发展规律。其研究对象大到整个岩石圈暨地壳的构造,小到矿物晶格位错和纳米结构,几乎涉及 $10^{-8}\sim10^{8}$ 厘米不同空间尺度的构造现象都是它的研究范畴。随着现代科学技术的进步,地球以外星体信息的大量获得,人类对类地行星及其卫星的认识日趋深入,比较行星构造学责无旁贷地落到了构造地质学家的肩上。构造学过去偏重于地球浅表褶皱断裂在学科内的独立研究;而未来势必趋向地球构造作用过程中同步的运动动力作用——成岩成矿作用——环境灾害作用——生命协同作用之间的相互作用规律跨大学科的综合研究。

## 二、构造地质学的意义

构造地质学、矿物岩石学及古生物地层学是地质学的三大支柱学科;矿物岩石学和古生物地层学及构造地质学彼此之间必须密切配合,才能使构造地质学无论在理论研究方面,还是在生产实践方面发挥重要作用。

研究地质构造的理论意义在于阐明地壳、岩石圈构造在空间上的相互关系和时间上的发展顺序,是人们认识地质作用和地壳运动规律的主要手段之一;其实践意义在于应用地质构造的客观规律指导生产实践,解决国民经济建设的实际问题。诸如矿产分布、地下水活动、工程地基稳定、滑坡灾害、地震破坏(世界 90%以上的地震都受到断裂构造的控制)、环境保障等。比较行星构造学的研究有助于对地球构造演化的了解及对“天地人和”思想的理解。构造地质学是地学中应用面最广、影响面最大的一门分支学科。

## 三、构造地质学的内容

构造地质学的研究内容大致可以分为三个方面:在空间方面,主要研究构造几何形态，包括构造的形态样式和形体方位及组合形式；在时间方面，主要研究构造演化规律，包括构造的形成顺序和形成时代及形变历史；在成因方面，主要研究构造力相关的构造运动的方式、机理和环境以及动力。具体包括构造介质、构造形态、构造历史、构造运动、构造机理、构造环境、构造动力、构造应用等。其中构造几何形态和构造流变运动是构造地质学研究的基础和基本的内容。

构造力学分析和构造史学分析是相互补充缺一不可的。构造力学分析着重几何学（注重结构形态）、运动学（注重变形轨迹）、动力学（注重动力来源）；构造史学分析则侧重沉积岩相厚度、岩浆活动变质作用、地层接触关系和构造发展阶段等研究。构造形态学（变形分类学）与构造成因学（变形成因学）既有联系又有区别。构造形态是分析认识构造成因的基础；而对构造成因的了解，反过来能更深刻地认识不同形态构造的形成和分布。

该书开卷绪论，谈构造学之目的任务和思想方法。正文内容分三方面：其一，构造（空间）几何学，包括中小型构造的单体（第一篇）和群体（第二篇）、大型构造（第三篇）、比较行星构造（第四篇）、微型构造（第五篇）；其二，构造（流变）成因学，包括构造变形机制（第六篇）、构造运动动力（第七篇）；其三，构造（时间）年代学（第八篇）。

地球与类地行星构造地质学重视构造地质学科体系的研究内容和较为完整的系统表述。因此，比较以往，特别强调增补和加强了以下的内容，包括构造群体组合类型、构造年代及其过程时限、陆（板）内构造多期变形、比较行星构造、构造机制、构造环境、微观构造、构造物理、构造化学和构造预测，系统编辑了参考文献，并对构造地质学中的新方向、新观点、新方法给予足够重视。例如构造组合研究内容的设置，是考虑到长期存在的小构造与大构造的衔接过渡，以及构造单体与群体的关系，李四光倡导的构造体系和板块构造论述的沟弧盆系都属于构造组合的范畴。马杏垣（1983）还给构造组合下了定义。诚然，自然界中每一构造变形都具有独一无二的自身组合。各种不同构造要素经常是相伴而生的，只是所处的部位与方向不同而已，但是仍然应该强调各种不同应力场作用下造成不同性质、不同方向、不同部位、不同尺度、不同要素形成各异类型的构造变形组合。因为，对构造的理解是从认识开始的，在初学认知和新区研究的分析概括阶段尤为需要构造几何分类学，以建立起结构要素和结构类型的概念。实际上，可依各种主导应力作用方式分辨判别各主导应力场相应的构造组合类型。再者，地球与类地行星构造地质学的内容，往往带有适当的讨论，既交待通常的知识也指出存在的问题及各种角度论述的不同观点。另外，地质类专业院校有显微构造学、（狭义）构造地质学、区域构造地质学、大地构造学，以及（中国）区域地质学等教程，但是这对于中国科技大学的地球化学、地球物理、环境科学等各种非地质类专业的构造教学是偏多了。显然，需要一门广义构造地质学，可供不同专业选择不同内容，并辅以阅读文献。因此，地球与类地行星构造地质学的内容及所列文献较为广泛。

## 四、构造地质学方法

构造地质研究方法包括学术思想和技术路线两个层面。

1. 以水平运动为主导的活动论的动力地球构造观，作为构造地质学的指导思想。确认研究区的岩石圈动力学背景，确定主动性的和活动性的构造，被动性的和相对稳定性的构造。

2. 从地球整体系统来了解研究区构造的隶属关系。分析构造要素的组合和构造层次的变形域，并辨析缺失了的和拼贴来的构造单元。

3. 从辩证发展的观点来了解构造演化过程的阶段性。分辨构造复合现象，判定构造叠加时限。认识连续均变过程中短暂的形变证据，从而进行构造的分期和阶段的划分。用于同位素定年的真正同构造形成矿物判定的准确度远比同位素方法的精度重要。构造年代学既要测定构造形成距今的峰值（时间节点）年龄（构造定形年龄），也要测定构造形成过程的持续（时间节段）年龄（构造过程年限）。直接测定韧性构造地质事件时限的构造物理方法在探索中。

4. 以构造化学和构造物理方法了解变形介质的物理化学性质，进而研究岩石变形形迹所体现的变形机制。拓展构造化学方法，构造岩的体积应变率与质量迁移率具有相关关系；拓展构造物理方法，断裂性能可以声学鉴别。

5. 从构造史学和构造力学相结合的方法研究多期次板内变形。中国最发育也最典型的多期应力场更广泛深入的多学科研究，有助于超板块大陆构造学的发展。这涉及如何继承与包容，交汇与熔合来自不同学派的概念。

6. 以野外构造地质学方法作为一切构造地质研究的基础。现代各学科之间相互渗透，在技术方法层面上，室内（实验）构造地质学，数学地质模拟，构造复原平衡剖面工作，高分辨分析型透射电子显微镜和隧道电子显微镜及原子力显微镜技术，深部地球物理探测，航天遥感技术等都在不断改进，限于篇幅只能吸纳其成果而不介绍专门方法。尽管新方法、新技术的日益广泛应用，使构造地质学的研究在宏观探寻道理和微观寻求真谛的过程中更趋完善、先进，扩大了观察地质构造的视域和深度。但是，野外地质工作仍是基础中的基础。实地观测和地质填图始终是研究地质构造的基本方法之一。经过野外观察填绘的地质平面图和剖面图是地质工作最基本的图件。通过对各种面状构造和线状构造要素的系统观测统计，从而为建立地质构造的三维空间图像和恢复变形历史及分析变形成因等提供了准确的科学依据。

7. 以系统工程科学方法完成构造地质研究的工作程序：观测分析—解释推断—应用预测，即经验—理论—实践三个层次。在此系统科学工程中，能否由定性到定量的分析、推断和预测是检验构造地质学是否达到现代科学的标志。在实际工作中应将野外调查与模拟实验、定性与定量分析、理论与实践相结合，加强多学科的通力协作。在回溯地球物质运动动力演化体现于建造改造的时空变换序列的论证上，通常采用将物质性质状态分作对立两端元进行“二元论”述，而重视有别于两端元中间性状的则进行“三元论”述；在表述上，一般不超过五个层次的构造解析，特殊例外。

8. 以内外谐调的观点，充分了解构造内部发展的外在性影响，即构造内部调整对外部影响，内部变革必然具有外部意义。构造地质领域存在特定的构造物理化学环境对相应构造发展的控制和反控制，可以有超前显示、同时伴随和滞后反应，以及回馈。构造内部向什么方向发展及其如何发展，都影响到构造环境，这是受控于构造环境的构造发展的回应，实质是回应构造内部发展的需要。构造变革需要并且可以同时回应构造内部的调整和构造外部的压力及张力。这对应用构造学和构造预测学具有实际意义。

# 第一篇　构造组分

构造组分即构造基本组成成分，亦称构造要素。地质构造总的来说可概括为线状构造和面状构造两大类。它们都有原生和次生之分。面理又可分为示意性的面状构造（如褶皱轴面）和破裂性面状构造（如劈理面、节理面和断层面等）。不论线状构造还是面状构造，它们都是构造基本组成成分之一。

# 第一章 褶 皱

褶皱是岩石或岩层受力而发生的弯曲变形，在层状岩石中表现最为明显。形成褶皱的面称变形面，变形面绝大多数是沉积岩或火山岩的层（理）面，构造地质学假设原始层理面展布是水平的，并且面理可以是变质岩中的劈理面、片理面、片麻理面以及某些火成岩中的原生流面、岩层或岩体中的节理面、断层面或不整合面等，也可能是先存的变形面。因此，褶皱是地壳岩石的一种最常见的地质构造。

褶皱的基本形式有两种：一种是岩层或其他构造面向上弯曲，称为背形；另一种是岩层或其他构造面向下弯曲，称为向形。若岩层的新老层序清楚时，褶皱可分别称为背斜和向斜。背斜是指岩层向上弯曲，以较老地层为核心，两侧岩层较新的褶皱。向斜是指岩层向下弯曲，以较新的地层为核心，外侧岩层相对较老的褶皱。由于构造变动，也可以出现褶皱岩层再褶皱，褶皱轴面向上弯曲，核心是较新岩层的褶皱，称背形向斜；反之，褶皱轴面向下弯曲、核心是较老岩层的褶皱称向形背斜（Hobbs et al.，1979）（图 1.1）。

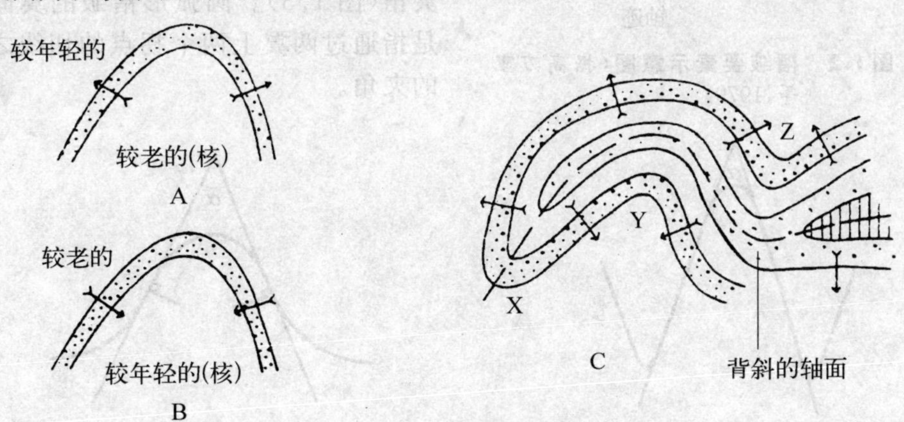


**图 1.1 褶皱的基本形式**（据 Park，1983）

A：背形背斜，褶皱面向上；B：背形向斜，褶皱面向下；C：重褶皱的平卧背斜，X 是向形背斜；Y 是背形向斜；Z 是向形向斜褶皱的规模差别很大,小至手标本或显微镜下的微褶皱,大至航空照片或卫星图片上的区域性褶皱。研究褶皱构造不仅能阐明一个地区地质构造形成的规律,为研究其发展史提供理论依据,而且对于解决某些矿产的形成、分布、赋存、开采以及水文地质、工程地质等方面的问题也具有重要的实际意义。

## 第一节 褶皱要素

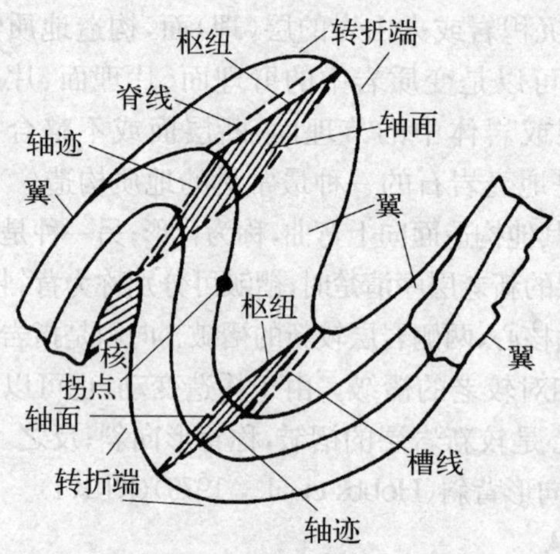


**图1.2 褶皱要素示意图**(据高万里等,1979)

为了正确描述和研究各种形态的褶皱,首先需要认识构成褶皱的各个组成部分及其在几何上的点、线、面要素(图1.2),现分别简述如下。

**核部**——褶皱的中心部位岩层。

**翼部**——褶皱核部两侧的岩层。

**拐点**——相邻的背形和向形共用翼的转折点。

**翼间角**——正交剖面上两翼间的夹角(图1.3)。圆弧形褶皱的翼间角是指通过两翼上两个拐点的切线之间的夹角。

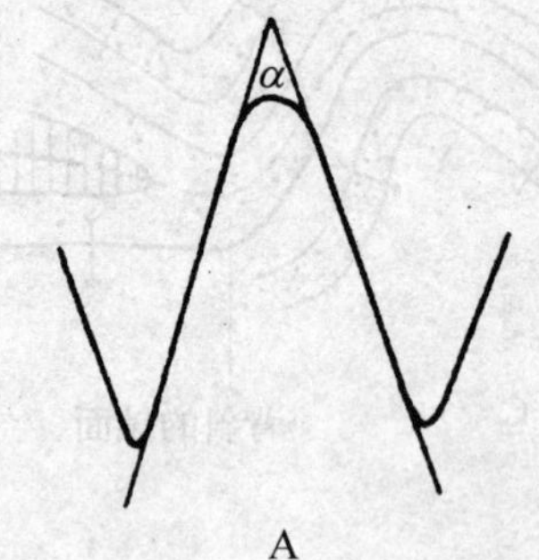


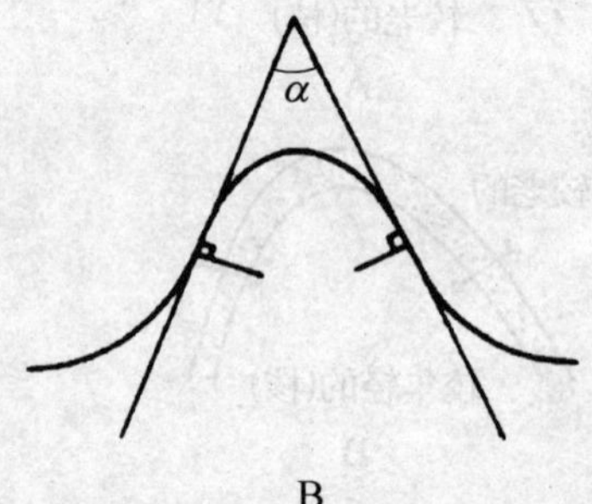


**图1.3 翼间角($\alpha$)**(据张旺生,1999)

A:翼部平直的褶皱的翼间角;B:圆弧形褶皱的翼间角

**转折端**——褶皱面从一翼过渡到另一翼的弯曲部分。在横剖面,它常呈一段弧线、直线,甚至一个点。

**枢纽**——同一褶皱面上最大弯曲点的连线。枢纽既可以是水平线或倾斜线,也可以是直线或曲线。

**褶轴**——褶皱面上与枢纽平行的线,其并无固定位置,亦不限于哪一根线,凡与此线相平行的线均可称为褶轴。

**轴面**——各相邻褶皱面的枢纽连成的面,称轴面(或称枢纽面)。轴面可以是平面,也可以是曲面(1.4)。在对称褶皱中,当轴面为平面时,它是两翼夹角平分面;但在某些不对称褶皱中,特别是在那些一翼显著减薄的褶皱中,轴面并非两翼夹角平分面。

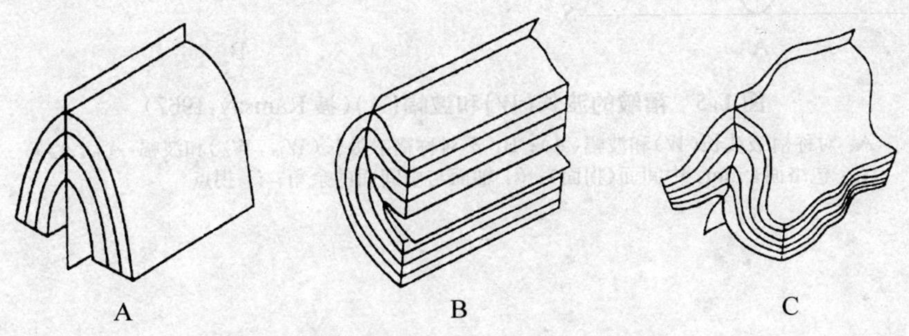


**图 1.4 褶皱轴面的形态**(据李智陵,1990)

A: 平面状; B: 曲面状; C: 不规则曲面

**轴迹**——轴面与任一平面的交线称轴迹,常用于指轴面与地面、轴面与横剖面的交线。

**脊、脊线、脊面与槽、槽线、槽面**——背斜和向斜的各褶皱面在横剖面上的最高点和最低点称为脊和槽;连接同一褶皱面上许多脊和槽的线分别称为脊线和槽线;连接各褶皱面脊线和槽线的面分别称为脊面和槽面。

**褶皱的波长和波幅** 波长和波幅是量度褶皱大小的要素。对周期性波形对称褶皱和不对称褶皱的横截面中波长和波幅的量度方法如图 1.5 所示。图中 $S_0'$ 为褶皱的包络面,即与连续的几个褶皱或所有褶皱的某一褶皱面相切的面;$mm$ 为连接各个褶皱的拐点($i$)的面(线),称为拐面(线)。当褶皱为规则的周期性波形时,其拐面(线)正位于两包络面正中,故又称为褶皱中间面。对称褶皱的波长($W$)等于两个同相位拐点之间的距离,波幅($A$)相当于两个包络面之间垂直距离的一半(图 1.5A);当褶皱为不对称波形(即褶皱的两翼不等长)时,波长和波幅也可用前述方法量度，分别表示为 $W_m$ 和 $A_m$；或者在垂直轴面量度波长（$W_a$）和顺轴面方向量度波幅（$A_a$）（图 1.5B）。这两种方法量出的波长和波幅的关系如下：

$$W_m = W_a \cdot \sec\theta,$$

$$A_m = A_a \cdot \cos\theta。$$

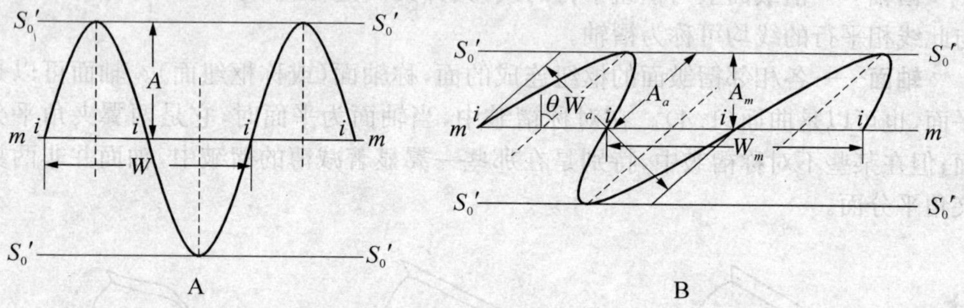


**图 1.5　褶皱的波长（$W$）和波幅（$A$）（据 Ramsay，1967）**

A：对称褶皱波长（$W$）和波幅（$A$）；B：不对称褶皱波长（$W_m$，$W_a$）和波幅（$A_m$，$A_a$）
$S_0'$：包络面；mm：中间面（拐面）；$\theta$：轴面与中间面的余角；$i$：拐点

# 第二节　褶皱几何形态

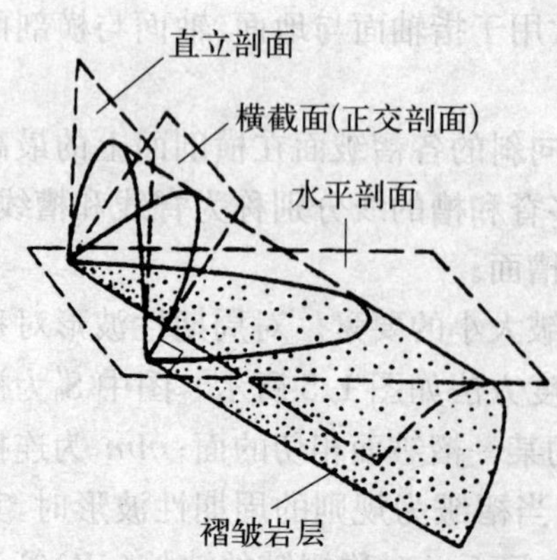


**图 1.6　褶皱的水平剖面、横截面和直立剖面的空间关系**
（据高万里等，1979）

褶皱形态的描述是褶皱研究的基础。只有分析褶皱要素的特征并测量其产状，才能恢复褶皱形态。通常采用褶皱的铅直剖面（横剖面）和正交剖面（横截面）形态来表现褶皱形态。

正交剖面是指与褶皱枢纽垂直的剖面。图 1.6 所示褶皱在水平面、铅直剖面和正交剖面上的空间关系。从图中可见，只有正交剖面上才能表示出褶皱的真实形态。

褶皱形态是千姿百态的，人们常从不

同角度来观察和描述它的形象特征，因而出现大量的褶皱名称和术语。下面引述一些最常用的褶皱形态的描述术语。

## 一、横剖面上的褶皱形态

### (一) 根据轴面和两翼的产状，描述褶皱

**直立褶皱**　轴面近直立，两翼倾向相反，倾角近似相等(图 1.7A)。

**斜歪褶皱**　轴面倾斜，两翼倾向相反，倾角不等(图 1.7B)。

**倒转褶皱**　轴面倾斜，两翼向同一方向倾斜，一翼的地层倒转(图 1.7C)。

**平卧褶皱**　轴面近水平，一翼地层正常，另一翼地层倒转(图 1.7D)。

**翻卷褶皱**　轴面弯曲的平卧褶皱(图 1.7E)。

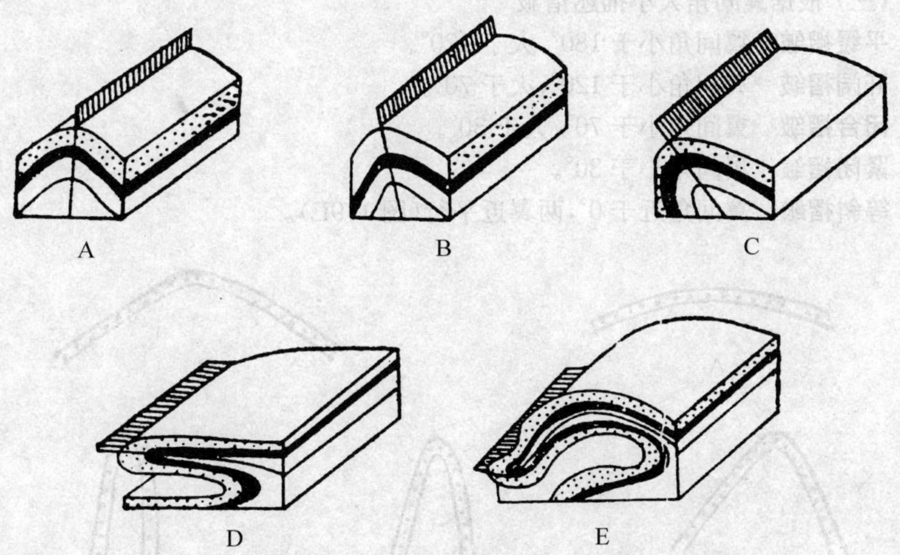


**图 1.7　根据轴面和两翼产状描述褶皱**(据 Billings,1972)

A：直立褶皱；B：斜歪褶皱；C：倒转褶皱；D：平卧褶皱；E：翻卷褶皱

### (二) 根据褶皱的对称性描述褶皱

**对称褶皱**　褶皱的轴面与该组褶皱包络面垂直，而且两翼的长度和厚度也基本相等(图 1.8A、图 1.8C)。

**不对称褶皱**　褶皱的轴面与该组褶皱的包络面斜交，而且两翼的长度和厚度不相等(图 1.8B、图 1.8D)。

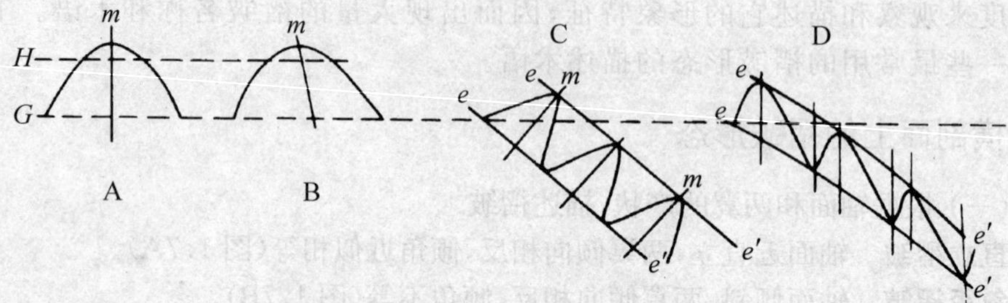


**图 1.8　褶皱的对称性**(据 Hills,1972)

A:对称背斜(直立);B:不对称背斜(在 $h$ 之上基本上是对称的);C:在地平线 $G$ 的露头上看到的是不对称褶皱,从轴面与褶皱包络面相垂直看,实际上是对称褶皱;D:从地平面露头上看是对称的,从轴面与褶皱包络面斜交、两翼不等长看,实际上是不对称褶皱;$ee'$:褶皱包络面(线);$m$:轴面;$G$,$h$:水平面(地平面)

### (三) 根据翼间角大小描述褶皱

**平缓褶皱**　翼间角小于 180°,大于 120°。

**开阔褶皱**　翼间角小于 120°,大于 70°。

**闭合褶皱**　翼间角小于 70°,大于 30°。

**紧闭褶皱**　翼间角小于 30°。

**等斜褶皱**　翼间角近于 0°,两翼近平行(图 1.9E)。

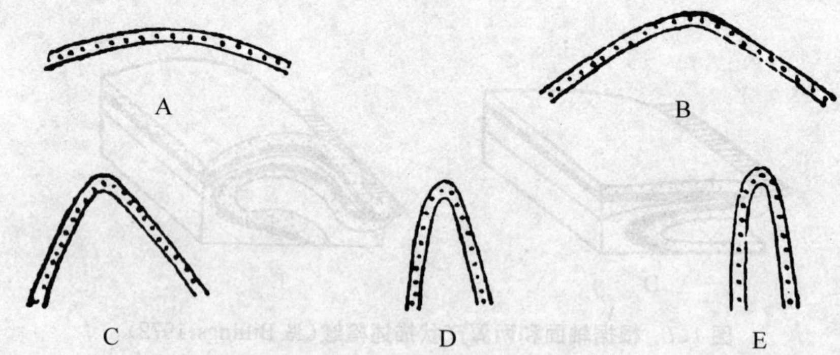


**图 1.9　根据翼间角大小描述褶皱**(据俞鸣年、卢华复,1986)

A:平缓褶皱;B:开阔褶皱;C:闭合褶皱;D:紧闭褶皱;E:等斜褶皱

### (四) 根据褶皱面弯曲形态描述褶皱

**圆弧褶皱**　褶皱面呈圆弧形弯曲(图 1.10A)。

**尖棱褶皱**　两翼平直相交,转折端呈尖角状,且两翼等长(图 1.10B),如两翼长度不等可称“膝折褶皱”。

**箱状褶皱** 两翼陡而转折端平直，褶皱呈箱状，常常具有一对共轭轴面(图1.10C)。

**扇形褶皱** 两翼岩层均倒转，褶皱面呈扇状弯曲(图1.10D)。

**挠曲** 缓倾斜岩层中的一段突然变陡，形成台阶状弯曲(图1.10E)。

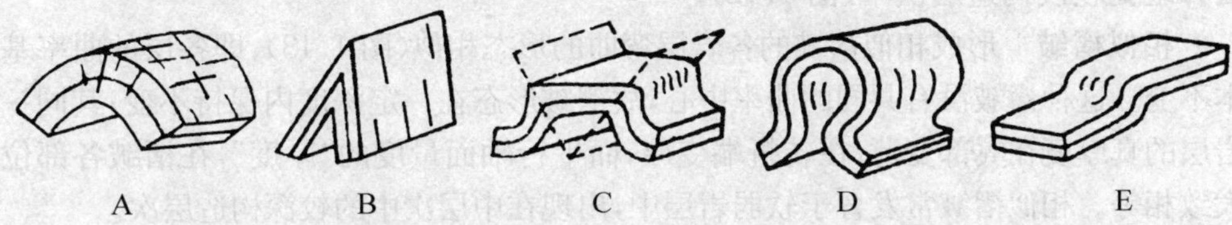


**图1.10 根据褶皱面弯曲形态描述的褶皱**(据徐开礼等，1984)

A：圆弧褶皱；B：尖棱褶皱；C：箱状褶皱(虚线为对共轭轴面)；D：扇形褶皱；E：挠曲

(五) 根据褶皱中各层弯曲形态的相互关系描述褶皱

**协调褶皱** 褶皱中各层弯曲形态保持一致或呈有规律的渐变过渡关系，如平行褶皱和相似褶皱(图1.11A)。

**不协调褶皱** 褶皱中各层弯曲形态明显不同，以至褶皱上下左右形态发生突变(图1.11B)。褶皱的不协调现象是普遍的，是由褶皱各层岩性和厚度差异及各部分受力不均等原因引起的。

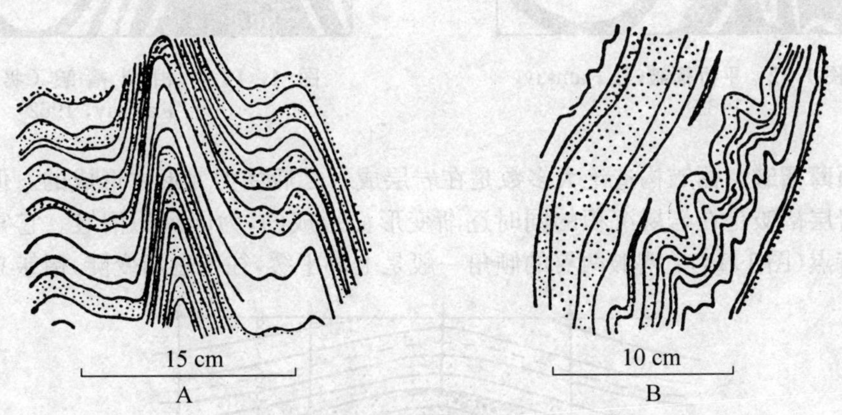


**图1.11 协调褶皱和不协调褶皱**(据 Hobbs 等，1976)

A：云母石英岩中的协调褶皱；B："铅矿"中的不协调褶皱

(六) 根据褶皱岩层厚度变化及各层之间的几何关系描述褶皱

**平行褶皱** 平行褶皱又称同心褶皱、等厚褶皱。这种褶皱的各岩层成平行弯曲，同一岩层的真厚度在褶皱的各个部位是基本一致的，而平行轴面量度的"厚度”，在褶皱不同部位则变化很大。弯曲的各层要保持各自的厚度不变，必须具有一个共同的曲率中心。向外弧方向曲率变小，褶皱变平缓；向内弧方向，曲率逐渐变大，岩层褶皱紧闭或成尖棱褶皱，进而又逐渐变缓而在深处消失，或者其中薄层软弱岩层形成复杂小褶皱和逆冲断层。平行褶皱通常发育于岩性较一致的坚硬岩层和地壳较浅构造层次中(图 1.12)。

**相似褶皱** 形成相似褶皱的各岩层弯曲的形态相似(图 1.13)，即各层的曲率基本不变。这种褶皱没有共同的曲率中心，故褶皱形态在一定深度内保持不变；其同一岩层的真厚度在翼部变薄，在转折端变厚，而平行轴面量度的“厚度”，在褶皱各部位大致相等。相似褶皱常发育于软弱岩层中，出现在中层次中的较深构造层次。

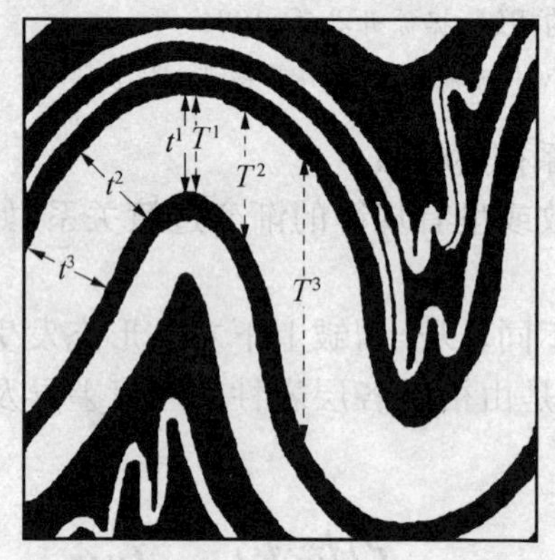


**图 1.12 平行褶皱**(据 Ramsay, 1962)

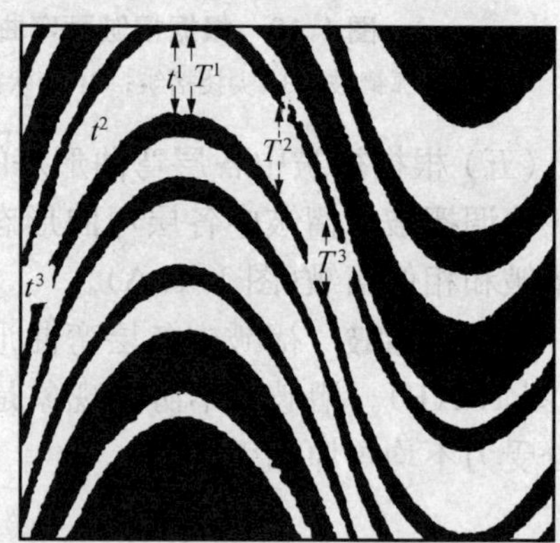


**图 1.13 相似褶皱**(据 Ramsay, 1962)

**顶薄褶皱** 褶皱构造绝大多数是在岩层成岩之后受力变形才形成的。但也有沉积岩层褶皱是在岩层沉积的同时逐渐变形而形成的，为同沉积褶皱。它常具有以下特点(图 1.14)：褶皱两翼的倾角一般是上部平缓，往下逐渐变陡，褶皱总的形

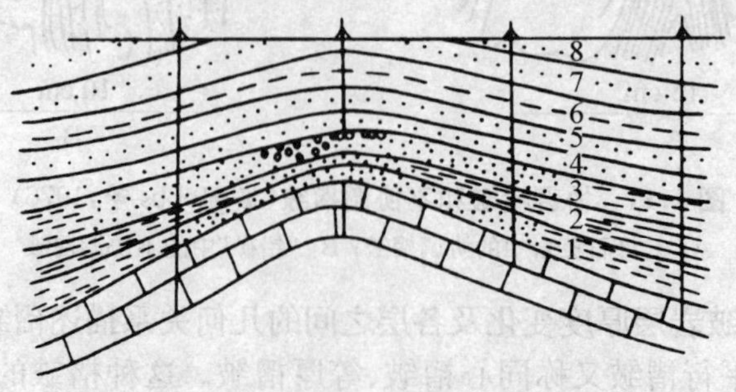


**图 1.14 同沉积顶薄褶皱示意剖面图**(据孙殿卿等，1958)

态多为开阔褶皱；在背斜顶部岩层厚度变薄(有的层位甚至缺失)，而两翼岩层厚度却有逐渐增大的趋势，如为向斜则中心部位岩层厚度往往最大；背斜顶部沉积浅水型的粗粒物质，而向斜中心部位则沉积细粒物质。以上特征表明岩层的褶皱变形是与沉积作用相伴生的。

## 二、平面上的褶皱出露形态

### (一) 根据褶皱中同一褶皱面在平面上出露的纵向长度和横向宽度之比描述褶皱

**等轴褶皱**　长与宽之比近于 1∶1 的褶皱。等轴背斜又称穹窿构造，等轴向斜又称构造盆地(图 1.15B)。

**短轴褶皱**　长与宽之比约为 3∶1～10∶1 之间的枢纽向两端倾伏的褶皱(图 1.15B)。

**线状褶皱**　长度远大于宽度(大于 10∶1 以上)的各类狭长形的褶皱(图 1.15A)。

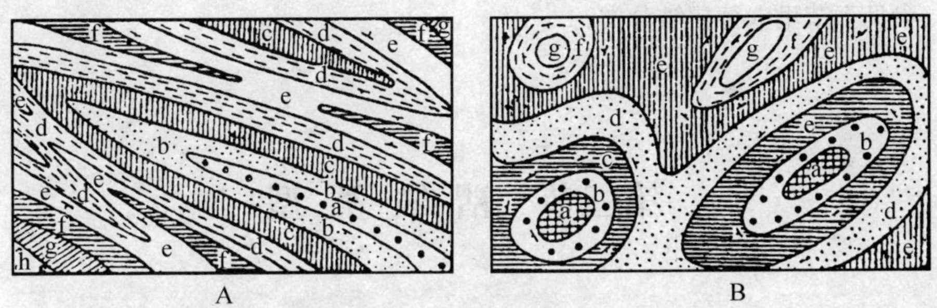


**图 1.15　褶皱平面形态的描述**(据徐开礼等，1984)

A：线状褶皱；B：左侧为穹窿与构造盆地，右侧为短轴褶皱；a，b，c 为地层顺序的代号

### (二) 根据褶皱几何形态及枢纽产状描述褶皱

**圆柱状褶皱和非圆柱状褶皱**　从几何学观点出发，一条直线平行自身绕转轴移动而形成的弯曲面称为“圆柱状褶皱”(图 1.16A、B)。其特点是，褶皱的轴线和枢纽平行并均呈直线。凡不具上述特征的褶皱，则属于“非圆柱状褶皱”(图 1.16C～F)。非圆柱状褶皱中的一种特殊形态是圆锥状褶皱，其形态可以看成是一直线一端固定的以某一角度绕转轴旋转而成。

当然，地壳中的大多数褶皱从整体上来看，都是非圆柱状褶皱，即褶皱的枢纽和轴线并不都是互相平行或都呈直线，而是褶皱延伸一定距离之后，其方位和形态就可能发生变化，甚至褶皱完全消失。

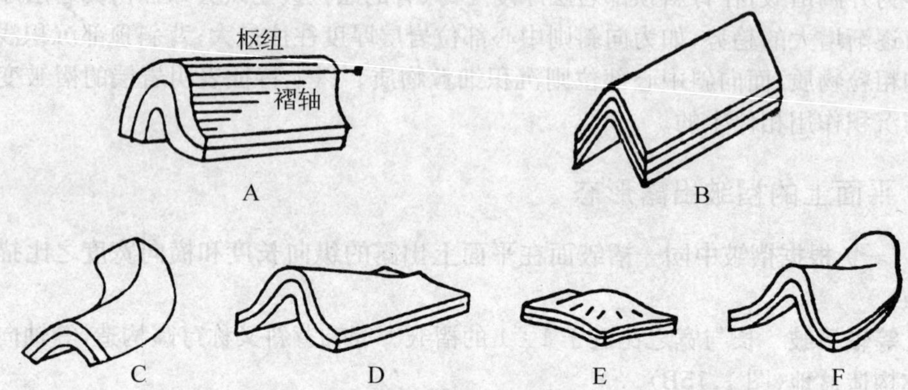


**图 1.16　圆柱状褶皱和非圆柱状褶皱**(据徐开礼等,1984)

A、B: 圆柱状褶皱; C～F: 非圆柱状褶皱,其中 D、F 为圆锥状褶皱

(三) 根据枢纽倾伏角大小描述褶皱为水平褶皱、倾伏褶皱、倾竖褶皱

参见下节里卡德褶皱分类。

# 第三节　褶 皱 类 型

## 一、里卡德(Richard)分类

里卡德(1971)在总结前人关于褶皱产状分类的基础上,根据褶皱轴面倾角、枢纽倾伏角和侧伏角这三个变量绘制成三角投影网图,以便对褶皱产状作三维的定量研究。

根据轴面产状和枢纽产状,褶皱可分为 7 种主要类型:

1. 直立水平褶皱(图 1.17 Ⅰ区)轴面近于直立(倾角 80°～90°),枢纽近于水平(倾伏角 0°～10°);

2. 直立倾伏褶皱(图 1.17 Ⅱ区)轴面近于直立(倾角 80°～90°),枢纽倾伏角为 10°～80°;

3. 倾竖褶皱(竖直褶皱)(图 1.17 Ⅲ区)轴面和枢纽均近直立(倾角和倾伏角均为 80°～90°);

4. 斜歪水平褶皱(图 1.17 Ⅳ区)轴面倾斜(倾角 10°~80°),枢纽近于水平(倾伏角 0°~10°);

5. 平卧褶皱(图 1.17 Ⅴ区)轴面和枢纽均近于水平(倾角与倾伏角均为 0°~10°);

6. 斜歪倾伏褶皱(图 1.17 Ⅵ区)轴面倾斜(倾角 10°~80°),枢纽也倾伏(倾伏角 10°~80°),但二者倾向和倾角均不一致;

7. 斜卧褶皱(重斜褶皱)(图 1.17 Ⅶ区)轴面倾角和枢纽倾伏角均为 10°~80°,而且二者倾向基本一致,倾斜角度也大致相等,即枢纽在轴面上的侧伏角为 80°~90°。

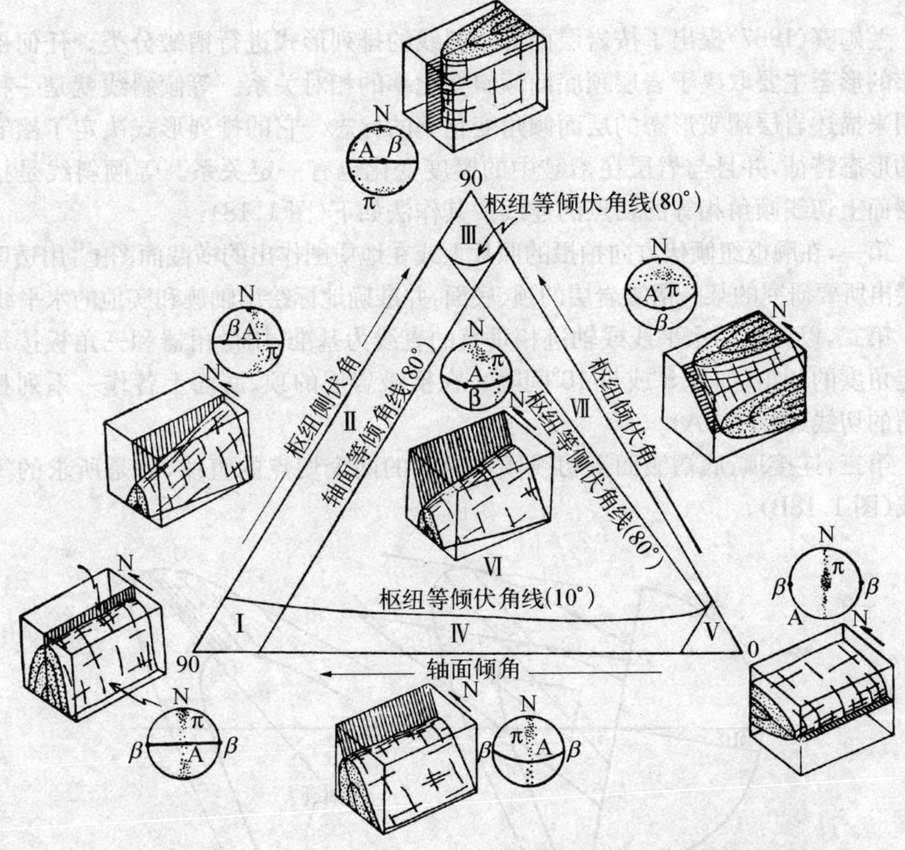


**图 1.17 褶皱的产状类型**(引自徐开礼,1984;据 Richard (1971), Ragan (1973)及 Hobbs 等(1976)综合编绘和简化)

Ⅰ~Ⅶ:褶皱产状类型分区;β:枢纽极点;A:轴面投影大圆;π:褶皱面的 π 圆(环带)

图 1.17 三角投影网所划分的 7 个区，分别代表了上述 7 种褶皱类型的产状变化范围，图上各区范围的大小，大致反映出该类褶皱在自然界中出现的频率大小及其过渡类型的一般变化规律。其中Ⅵ区范围最大，表明斜歪倾伏褶皱在地壳中最常见，它是产状变化最大的一类褶皱。

这一分类使褶皱形态的研究从定性的描述提高到半定量的研究水平。若将一个地区的诸褶皱的轴面倾角和枢纽倾伏角进行统计投影到网图上，则该区褶皱的优势产状和变化规律就能显示出来，为研究区域构造特征提供较确切的资料。这种分类法对于研究变质岩区的褶皱构造尤为重要。

## 二、兰姆赛(Ramsay)分类

兰姆赛(1967)提出了按岩层面等倾斜线的排列形式进行褶皱分类。任何褶皱岩层的形态主要取决于岩层顶底面倾斜变化率的相对关系。等倾斜线就是一种可以用来描述岩层褶皱形态的层面倾角变化率的标志。它的排列形式决定了褶皱岩层的形态特征，并且与岩层在褶皱中的厚度变化也有一定关系。等倾斜线是指相邻层面上切线倾角相等的切点的连线。其作法如下(图 1.18)：

第一，在顺枢纽倾伏方向拍摄的照片上或在地质图作出的横截面图上，用透明纸描绘出所要研究的某一褶皱岩层的顶、底面，并准确地标绘出轴迹和实地的水平线。

第二，以标出的水平线或轴迹相垂直的直线为基准，用量角器和三角板按每隔一定角度的倾角(如每 5°或每 10°间隔)，在褶皱岩层的顶、底面上各作一系列相同倾角的切线(图 1.18A)。

第三，连接顶、底褶皱面上切线倾角相同的两个切点的直线，就是所求的等倾斜线(图 1.18B)。

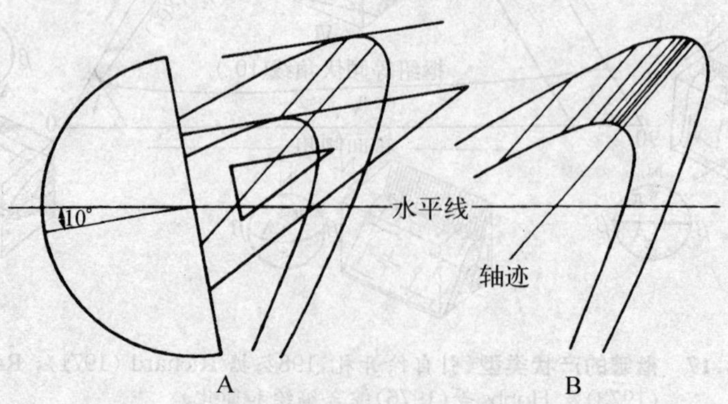


**图 1.18　等倾线的绘制方法**(据 Ramsay，1967)

由于不同形态的褶皱在横截面上相邻褶皱面的曲率关系不同，因此，其等倾斜线的形式和长度变化规律以及岩层厚度也不一样。

兰姆赛根据上述原则将褶皱分为三类五型(图 1.19)。

下褶皱面 X 和上褶皱面 Y 间的等倾斜线间隔为 10°；图中各类褶皱的 X 面的曲率相同。

**Ⅰ类** 褶皱的等倾斜线向内弧呈收敛状，内弧曲率总是比外弧大。根据等倾斜线的收敛程度(图 1.19)，可细分为三个亚型：

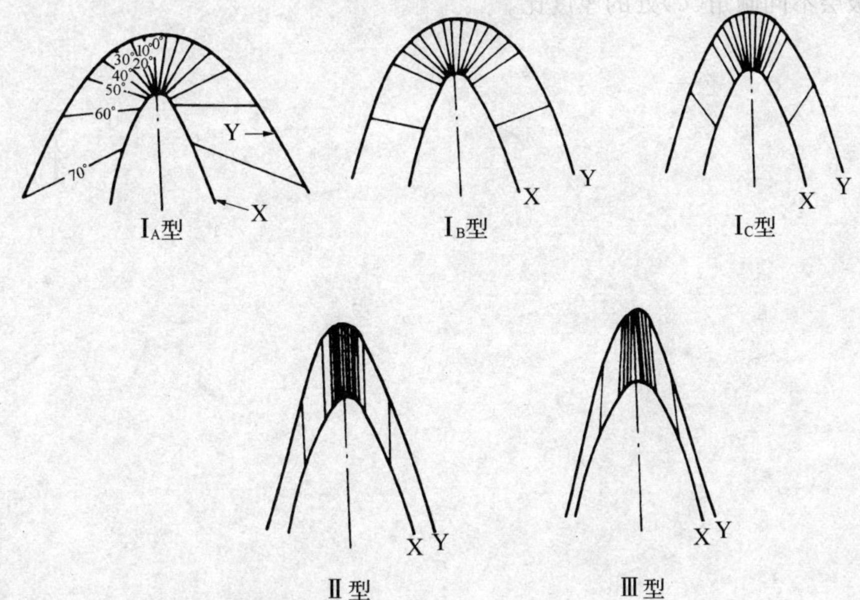


**图 1.19 按岩层等倾斜线型式的褶皱分类**(据 Ramsay, 1967)

**$\mathrm{I_A}$型** 等倾斜线向内弧呈强烈收敛，各线长短差别极大，内弧曲率远比外弧大，为典型的顶薄褶皱；

**$\mathrm{I_B}$型** 等倾斜线也向内弧收敛，并与褶皱面垂直，各线长短大致相等，褶皱岩层真厚度不变，内弧曲率仍大于外弧，为典型的平行褶皱；

**$\mathrm{I_C}$型** 等倾斜线向内弧轻微收敛，转折端等倾斜线比两翼附近的略长，反映两翼厚度有变薄的趋势，内弧曲率略大于外弧，这是$\mathrm{I_B}$型(平行褶皱)向Ⅱ类相似褶皱过渡的形式。

**Ⅱ类** 等倾斜线互相平行且等长，内弧和外弧的曲率相等，为典型的相似褶皱。

**Ⅲ类** 等倾斜线向外弧收敛，向内弧撒开呈倒扇状，即外弧曲率大于内弧，为典型的顶厚褶皱。

兰姆赛用数字概念表达和划分褶皱类型，对褶皱形成机制的研究有一定的指导意义。

褶皱岩层的厚度变化用褶皱翼部岩层的厚度与褶皱枢纽部位岩层的厚度之比表示：$t' = t_\alpha / t_0$；其中，$t_\alpha$ 表示褶皱轴面直立时倾角为 $\alpha$ 的翼部岩层的厚度，是褶皱上下界面等倾斜处切线间的垂直距离；$t_0$ 表示褶皱枢纽部的岩层厚度；$t'$ 表示某一褶皱层不同倾角($\alpha$)处的厚度比。

# 第二章　面　　理

面理(Foliation)也称作剥理或叶理,是一种面状构造。面理虽然也可以包括成岩过程中形成的原生面理(沉积岩层理、侵入岩流面),但主要是指变形变质过程中形成的次生透入性的面状构造(劈理、片理、片麻理),也不把节理、断层面和褶皱轴面列入其中来论述。

所谓"透入性"构造是指在一个地质体中均匀连续分布的构造,它反映了地质体的整体发生了变形。反之,则是"非透入性"构造,也即指那些产于地质体中的非连续分布的局部构造,如断层面或节理面,变形主要集中在断层面或节理面及其附近,其间的岩块很少或没有变形。透入性与非透入性的概念是相对于观察尺度而言的。如图 1.20 中的 $S_2$,在小型尺度上观察是透入性构造,而从微型尺度上去看就不具有透入性。同样,某些节理和断层,在小尺度范围内是非透入性的,但从区域尺度观察(如从卫星照片上观察),平行排列均匀分布的断裂组,可以看做是透入性构造。因此,"透入性"是相对的,"非透入性"是绝对的。

面理可以由矿物组分的分层和颗粒粒度的变化显示出来,也可以由近于平行的不连续面、不等轴矿物和片状矿物的定向排列所呈现(图 1.21)。

## 第一节　劈 理 特 征

劈理是一种将岩石按一定方向分割成平行密集的薄片或薄板的次生面状构造。其在变质岩中是最常见的透入性构造。

劈理与片理、片麻理等合称面理。它们的差别视形成过程中机械作用的大小和重结晶作用的强弱而定。一般说来,对劈理的研究似乎更侧重它的力学成因;而

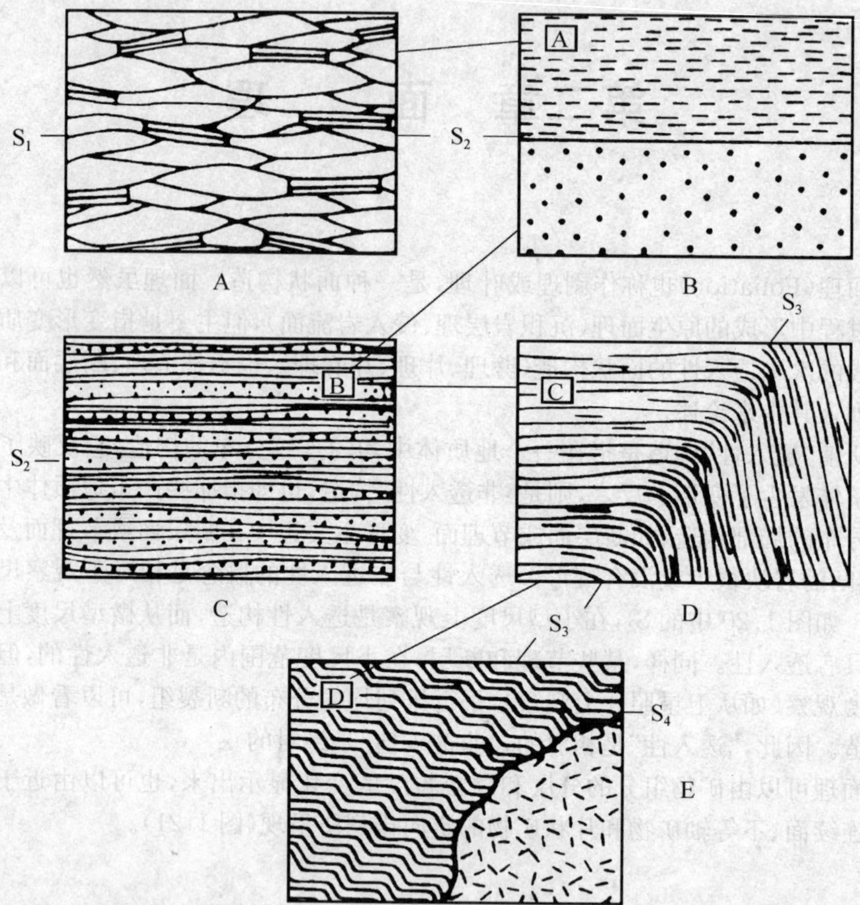


**图 1.20　面状构造在同一地质体中不同尺度的表现，示透入性与尺度的关系**（据 Turner and Weiss，1963）

A：显微尺度：颗粒界面的定向排列构成略具透入性的面状构造 $S_1$；B：小微尺度：颗粒界面在上层内构成透入性面状构造 $S_1$，上下两个不同组分层之间的分隔面 $S_2$ 在这一尺度上是非透入性的；C：小型尺度：互层平行于 $S_2$，构成透入性的面状构造；D：中小型尺度：膝折面 $S_3$ 将岩体分为两部分，$S_3$ 是非透入性的；E：中型尺度：$S_3$ 是一系列紧密排列的膝折面，可以看做是透入性的，该尺度上的分隔面则应是岩浆岩体与具膝折构造的板岩之间的界面 $S_4$

片理以其构造矿物晶体的粗大指示着较高级的重结晶作用。至于片麻理，主要出现在深变质岩系里，由颜色深浅不同的重结晶矿物分集条带构成，一般看做是热力和应力联合作用的结果。

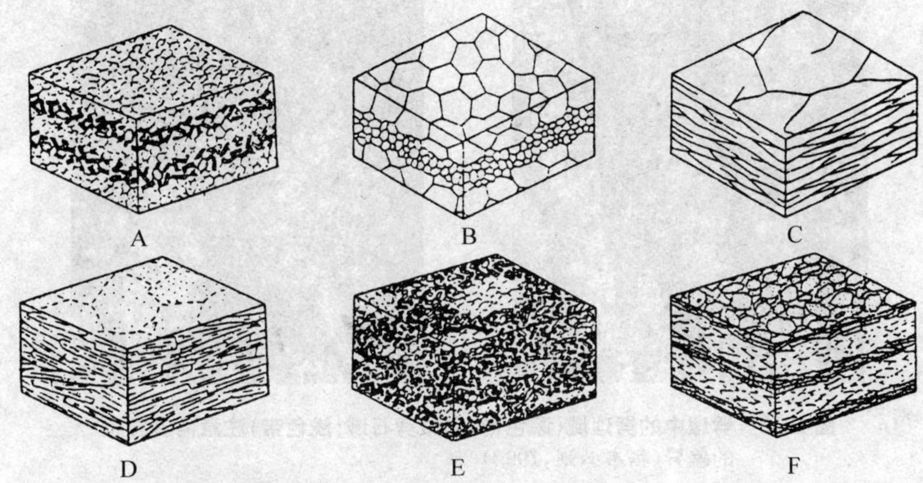


**图 1.21 各类面理示意图**（据 Best and Hobbs）

A：组分的分层；B：颗粒大小的变化；C：近平行的密集的不连续面，如破裂面；D：颗粒的优选排列；E：板状矿物或透镜状矿物集合体的优选排列

劈理构造域即劈理域或劈理面。劈理面在劈理岩石中呈现为一组密集的潜在裂开面。锤击时，岩石易沿劈理面裂开，显示岩石内部纹理的存在。劈理面与其间片段是两种组构不同的域。组构涉及岩石颗粒的大小、形状、定向性和结构。劈理岩石的组构主要通过片状矿物及压扁颗粒的定向排列显示出来。矿物及组构的系统变化，在劈理岩石中有两种不同的组构域，即劈理域（cleavage domain）和微劈石域（microlithon domain）。劈理岩石域组构的分析研究发现，劈理面并不是一个简单的裂面，而是一系列相互平行的三维空间实体，由矿物晶带或其难溶物质组成。在大多数劈理域内，矿物都按一定方式重新排列，以区别于两侧缺乏新生矿物定向组构的微劈石域（图 1.22）。

## 一、劈理域

### (一) 劈理的平面度

劈理的延展能力决定于岩石的性质及劈理化的程度。不同劈理化岩石中劈理域的形态各异。按劈理域垂直断面上形态的平直程度，平面度可分为四种：平直的、粗糙的、锯齿状的和缝合线状的（图 1.23）。

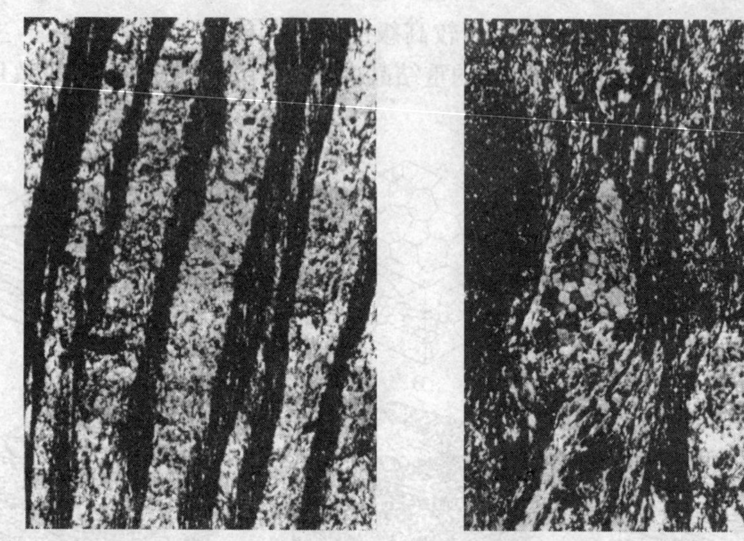

**图 1.22　劈理中的劈理域(深色带)和微劈石域(浅色带)注意两者结构的差异**(据韦必则,1999)

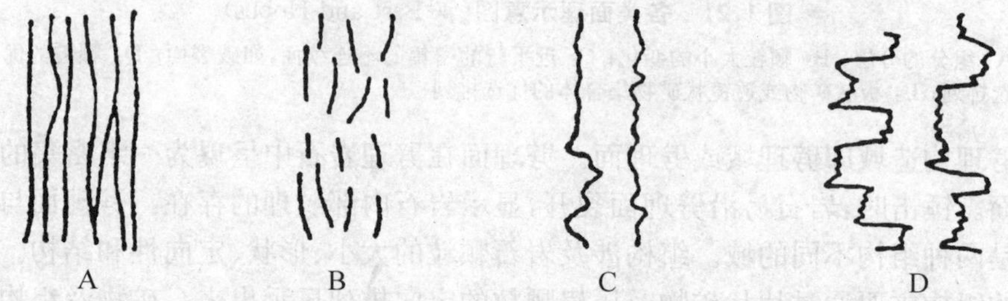


**图 1.23　劈理的平面度**(据 Borradaile 等,1982)

A: 平直的; B: 粗糙的; C: 锯齿状的; D: 缝合线状的

一般来说,在均匀泥质岩中,劈理多是平直的,常常将岩石分裂成平行板状;在变质砂岩或其他粒状组分构成的岩石中,劈理多稀疏分布;发育于大理岩、石英岩等单矿物岩石中的劈理间隔很宽,可呈缝合线状或锯齿状。

(二) 劈理的排布格式

劈理域在空间有不同的排布格式,反映着劈理域和微劈石域之间的相互关系。

按劈理的定向排布格式,劈理可以分为两类。一类是劈理域沿某一方向平行或近于平行展布的平列劈理;另一类是劈理域沿两个方向或两个以上方向展布,相互交织成网状的交织劈理。其间微劈石也相应呈平行板状或透镜状(图 1.24)。

劈理排布格式的描述同观测尺度密切相关,板岩劈理在宏观上多呈平直的平行板状，一般多被描述成平列劈理，但在显微镜下，劈理域之间的排布却是交织状的。因此，劈理的描述是有一定尺度的。

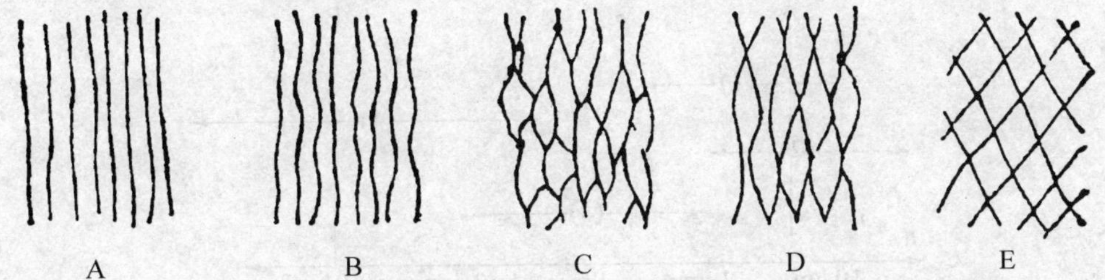


**图 1.24　常见的劈理排布格式**（据 Borradaile 等，1982）

A：平行状；B：波状；C：多边形；D：平行四边形；E：菱形

（三）劈理域的相对宽度

劈理域的相对宽度一般用劈理域宽度与微劈石宽度的比表示，或以劈理域宽度的总量在岩石测线总长中所占百分率来计量。劈理域的相对宽度是研究劈理样式的重要参数。如果劈理域相对宽度窄，劈理岩石就会显示出面状分割的特点；如果劈理域相对宽度大，则在岩石中构成劈理带（图 1.25）。

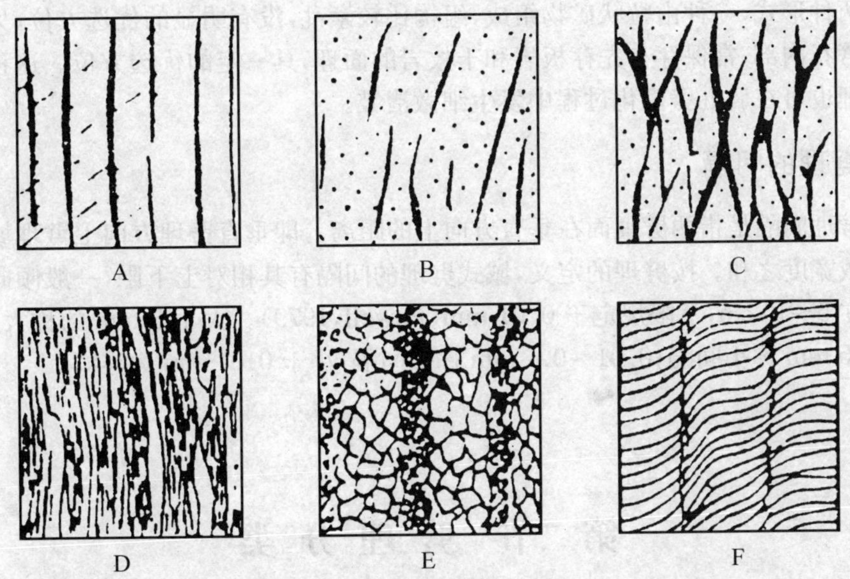


**图 1.25　劈理带的常见形式**（据 Borradaile 等，1982）

A：平列劈理带；B：稀疏劈理带；C：交织劈理带；D：成分分异条带；E：结构分异条带；F：几何分异条带

劈理间隔随岩性和劈理类型不同而不同(图 1.26),一般砂质岩石中的劈理间隔宽,泥质岩石中的间隔窄。

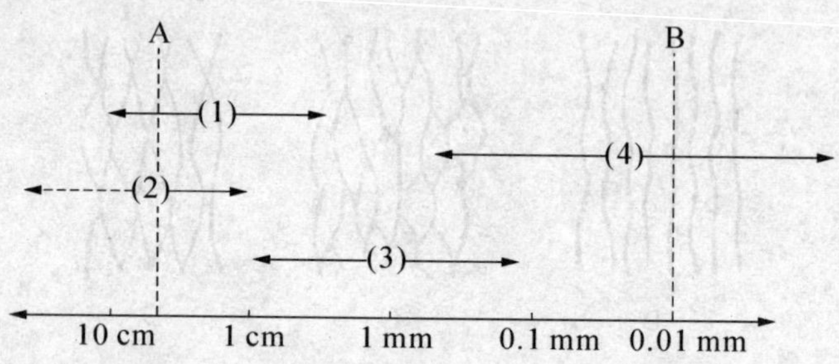


**图 1.26 劈理的平均间隔**(据 Powell,1979)

A:劈理间隔上限;B:光学显微镜分辨界线;1:砂质岩中交织劈理;2:石灰岩及石英岩中缝合线构造;3:多数褶劈理;4:多数板劈理

## 二、微劈面的结构

微劈面是指夹于劈理域之间的岩石片段,组构上不具定向或定向不良。一般存在两种形式,一种由粒状矿物组成,组构比较紊乱,没有明显的优选方位;另一种在微劈石内部,常保存有先存板岩和千枚岩的面理,具一定的优选方位。这种先存的面理也可在后继劈理化过程中发生细微褶皱。

## 三、劈理的间隔

劈理间隔是指两劈理面在垂直方向上的距离。即垂直劈理方向上劈理域与微劈面域宽度之和。按劈理的定义,域式劈理的间隔有其相对上下限,一般倾向于上限定在 5～10 cm,下限规定于 0.01 mm(Powell,1979)。大于 5 mm 的称大间隔;0.1～5 mm 称小间隔;0.01～0.1 mm 称微间隔;小于 0.01 mm 为连续。

# 第二节 劈 理 分 类

劈理的分类和命名有多种方案,下面介绍目前常用的两种,即成因分类和结构分类。

## 一、劈理的成因分类

这是一个目前仍在广泛使用但有待改进的一种方案。根据劈理的形成作用及构造特点，将劈理分为流劈理、褶劈理(折劈理)及破劈理三类。

### (一) 流劈理

流劈理是指与塑性流动形成的矿物定向排列相关联的劈开面。这种劈理面极为隐蔽而纤细，且闭合甚紧密。从宏观上看，就是一些定向排列的矿物。从微观上看，具有流劈理的岩石可以分成两种区段(即域)。其一是透镜状域，主要由大颗粒石英、长石及其集合体组成，其长轴平行于劈理方向(图 1.27 浅色区)；其二是薄膜状域，主要由层状硅酸盐矿物组成(图 1.27 黑色区)。

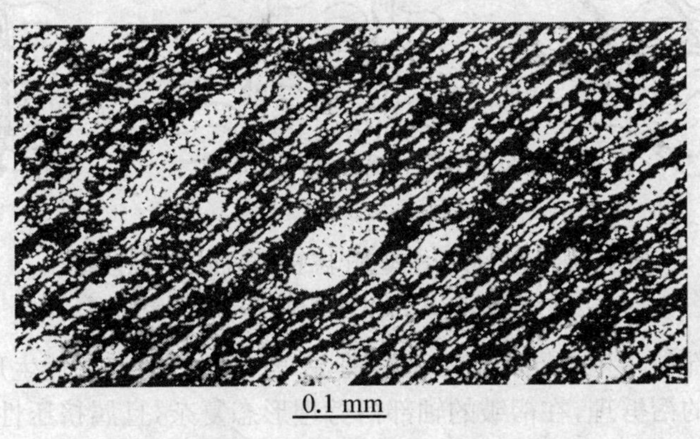


**图 1.27　板岩中的劈理**(引自 Hobbs 等，1976)

流劈理主要为变质岩构造，在板岩和千枚岩中称为板理和千枚理，也有人将片岩和片麻岩中的片理和片麻理也当作流劈理。它们都是次生塑性流动和压扁作用的结果。因此，流劈理的形成包含有颗粒的旋转、拉长、压扁、压溶及重结晶作用。由于变质作用本质上是应力与热的作用，因此，变质作用的深浅与温度及其所处的深度也有关系。从应力作用看，所有变质岩中的流劈理的形成过程都是岩石中矿物受压而扁平化的结果；在垂直于压应力方向上则相对拉长；不等轴矿物颗粒的旋转、剪切中矿物滑动以及某些矿物或多或少的压溶和重结晶作用也相应地使新生的矿物垂直于压应力方向而排布等，这一系列的塑性流动变形过程，使得流劈理面的方位平行于主应变面。

### (二) 褶劈理

褶劈理又称滑劈理或折劈理，它是切过早期流劈理或片理的一组密集的平行滑面。常发育于板岩、千枚岩、片岩中，滑劈理面上片状矿物富集，且明显定向。滑劈理面并非都是破裂面。根据劈理与微劈面的关系可以将褶劈理分为：

1. *渐变褶劈理*

渐变褶劈理的劈理与微劈面没有明确的边界，片状矿物连续分布，褶劈理的狭窄应变带（图 1.28A）是由早期面理改变方向和片状矿物相对富集而呈现出来的。

2. *带状褶劈理*

其劈理域为一个层状硅酸盐矿物富集带，它与微劈面之间为不连续的边界（图 1.28B）。

3. *不连续褶劈理*

其劈理是以明显的破裂面切穿早期的面理（图 1.28C）。

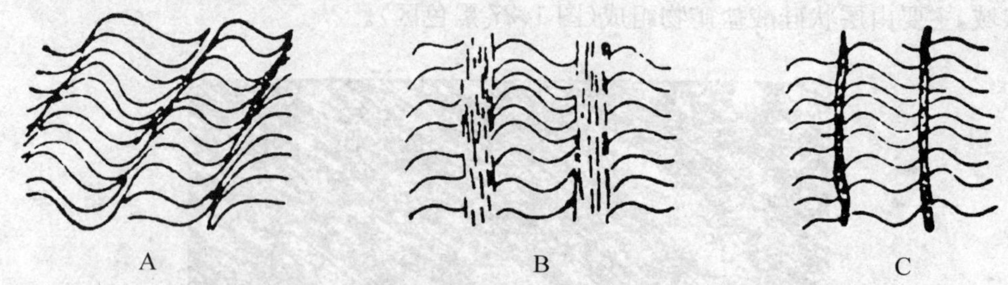


**图 1.28　褶劈理形态类型**（据 Borradaile et al，1982）

A：渐变褶劈理；B：带状褶劈理；C：不连续褶劈理

不同构造部位伴生不同类型的褶劈理，一般在褶皱的翼部伴生形态简单、属于剪切作用为主的褶劈理，在褶皱的轴部褶劈理形态复杂，且属挤压性成因。折劈理也通常表现为以塑性变形为主而向脆性变形过渡阶段的产物。

根据微劈面的结构特征，还可将褶劈理分为：膝折型（图 1.29A）、揉皱型（图 1.29B、C，图 1.30）和挠曲型（图 1.29D、E）。

膝折型褶劈理（图 1.29A）与挠曲型褶劈理（图 1.29D、E）一般认为与主应力斜交，是切过早期流劈理的一组剪切面（图 1.30）为揉皱型褶劈理在与主应力直交下形成发展模式。

(三) 破劈理

破劈理的原意是指岩石中一组密集的剪性破裂面，破劈理与岩石中矿物的定向排列与否无关。破劈理的间隔一般为数毫米到数厘米。按这一概念，破劈理只是以其密集性、平行性与剪节理相区别，当其间隔超过数厘米时，就称作剪节理。所以，破劈理与剪节理之间并没有明显的界线。

破劈理主要发育于轻微变质或未变质岩石里，特别是常见于脆性较强的岩石中。关于破劈理的性质，过去根据褶皱翼部和平行断层发育的密集破裂，认为破劈

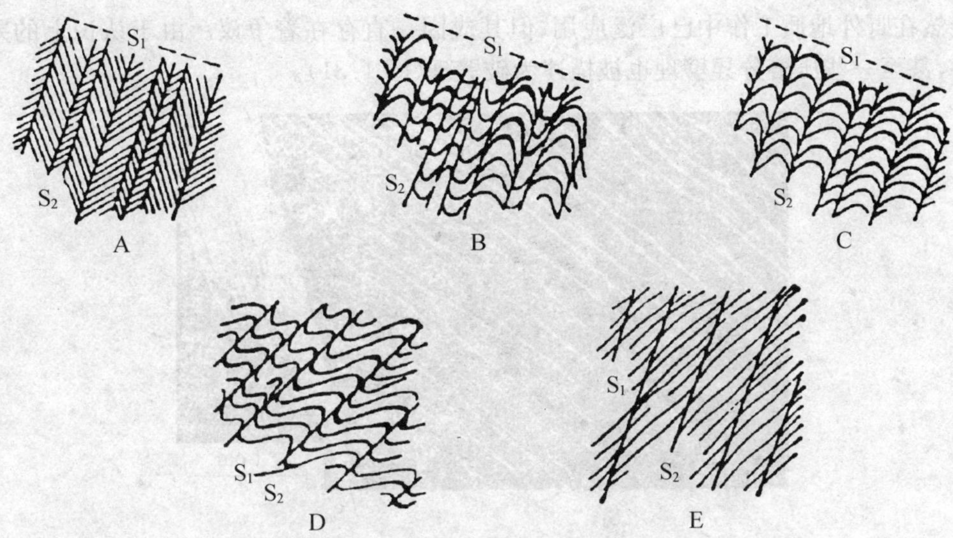


**图 1.29　根据微劈石结构划分的折劈理类型**(据 Wilson,1961)

A：膝折型褶劈理；B、C：揉皱型褶劈理；D、E：挠曲型褶劈理

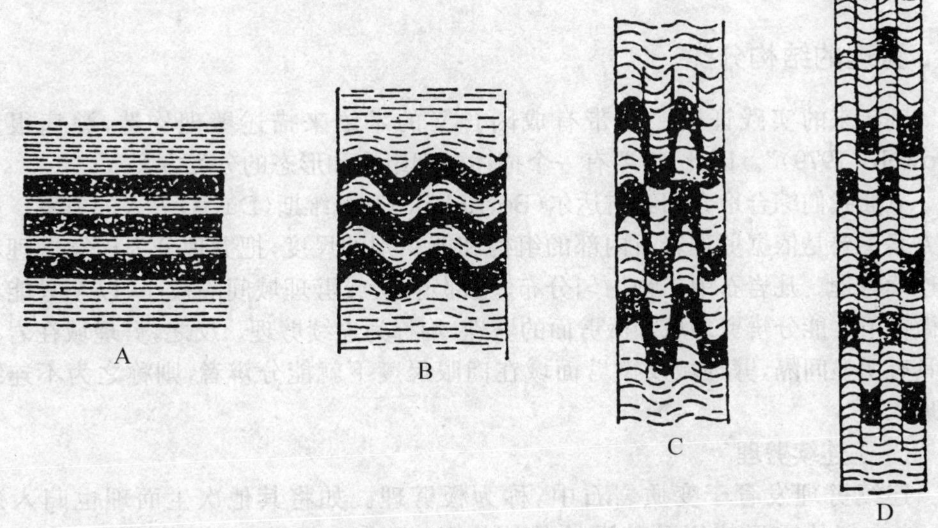


**图 1.30　揉皱型褶劈理形成发展模式**(据 Ramsay，1967)

理为剪裂面。但是褶皱转折端也发育有“破劈理”，这就不是剪切破裂机制所能解释的。于是，又有人提出用张性破裂来解释，这又引起一些混乱。破劈理这一术语

虽然在野外地质工作中已广泛应用，但其成因一直存在着争议。由于认识上的差异，甚至一些压溶分异劈理也被描述为破劈理(图 1.31)。

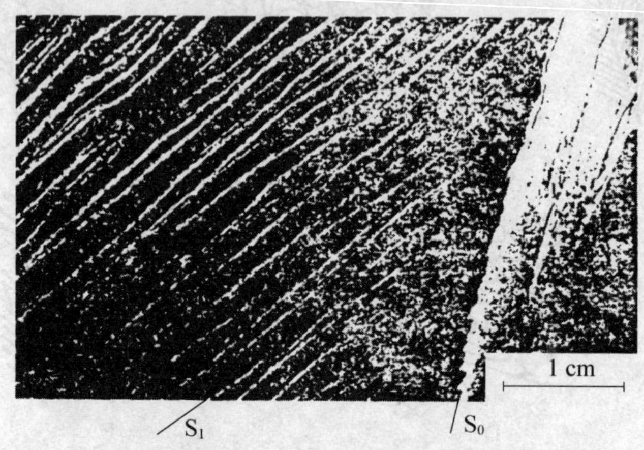


**图 1.31　富石英岩层中压溶分异劈理**(据 Hobbs 等，1976)

$S_0$：沉积层的层理；$S_1$：外表很像破劈理，实际上是富云母域组成的细窄劈理域(浅色带)，微劈石由石英组成(深色带)，平均间隔为 3 mm

## 二、劈理的结构分类

近年来的实践证明："用带有成因含义的术语来描述劈理构造，弊病很多(Powell，1979)"。因此，需要有一个描述劈理组构和形态的分类方案。

下面我们综合地介绍鲍雷达尔(Borradaile)和戴维斯(Davis)等人的方案。这个方案主要是依据劈理岩石内部的组构和能识别的尺度，把劈理分为连续劈理和不连续劈理。凡岩石中矿物均匀分布、全部定向，或劈理域间隔极小，以至只能在显微镜下才能分辨劈理域和微劈面的劈理，均称为连续劈理。反之，劈理域在岩石中具有明显间隔，劈理域及微劈面域在肉眼尺度下就能分辨者，则称之为不连续劈理。

### (一) 连续劈理

连续劈理发育于变质岩石中，称为板劈理。如将其他次生面理也归入进来，按它们的变形特征及其重结晶的状况，可分为板劈理、千枚理、片理和片麻理。

#### 1. 板劈理

板劈理主要发育于富泥质的低级变质岩中，岩石内部颗粒很细。发育良好的板劈理有良好的可劈性，使岩石劈裂成十分平整的石板。但是，在显微尺度下，板劈理的劈理域却是呈交织状排布，表现为富云母层状硅酸盐域和富石英、长石的透镜状域。从图 1.27 中可以看出，在微劈面内，主要组成为粒状矿物或其集合体，缺乏明显的优选方位。相反在劈理域内，原岩的组构几乎完全转化为强烈定向的层状硅酸盐矿物条带。

板岩中原岩的矿物晶粒、碎屑、结核、化石、斑点等均发生变形，成为良好的应变标志。当包体与基质之间韧性差较小时，包体随基质一道发生类同的应变；当包体与基质之间韧性差较大时，就会导致绿泥石和石英一类增生矿物的出现，沿着劈理面在低压空间生长，造成压力影构造。增生石英呈竹节式纤维生长，可指示不同发展阶段中的运动方向(图 1.32)。

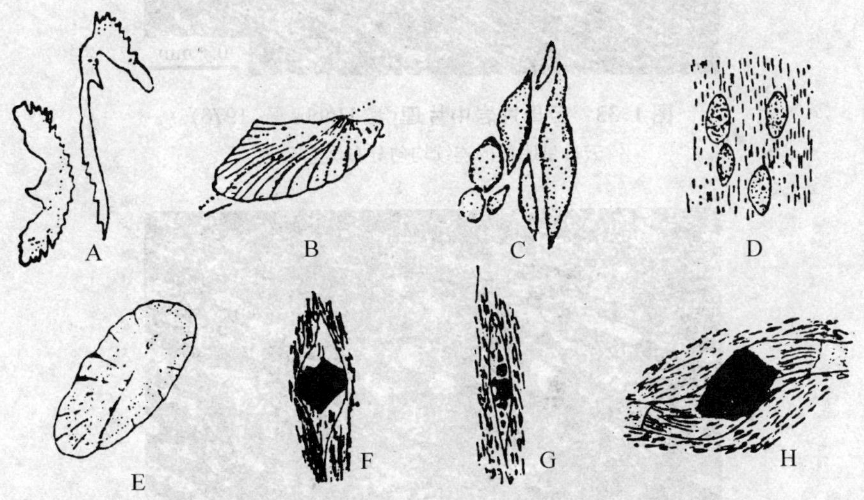


**图 1.32　与板劈理有关的变形包体**(据朱志澄等，1999)

A：变形笔石；B：变形腕足化石；C：压扁砾石；D：椭圆化还原斑；E：变形鲕粒；F：非旋转黄铁矿压力影；G：压碎黄铁矿压力影；H：旋转黄铁矿压力影

2. 千枚理和片理

千枚岩和片岩以其结晶矿物较大、肉眼可见与板劈理相区别。根据岩石中层状硅酸岩矿物的多少，可以分为三类不同的千枚理和片理。一种是富层状硅酸盐岩石中的千枚理和片理。这种岩石中的云母类矿物沿面理平行排列，层状硅酸盐域几乎遍布整个岩石，构成所谓“千枚状构造”(图 1.33)。另一类是复矿物岩中的片理，这种片理的域组构特征十分明显，层状硅酸盐域呈交织形状绕透镜状长英质域分布，无论劈理域或微劈石域都卷入变形和重结晶作用，并以其重结晶显著而显示其特色(图 1.34)。第三类片理发育于粒状单矿物岩石中,层状硅酸盐矿物呈稀疏分布,片理主要是依靠拉长、压扁的粒状矿物的连续排列而显示出来。

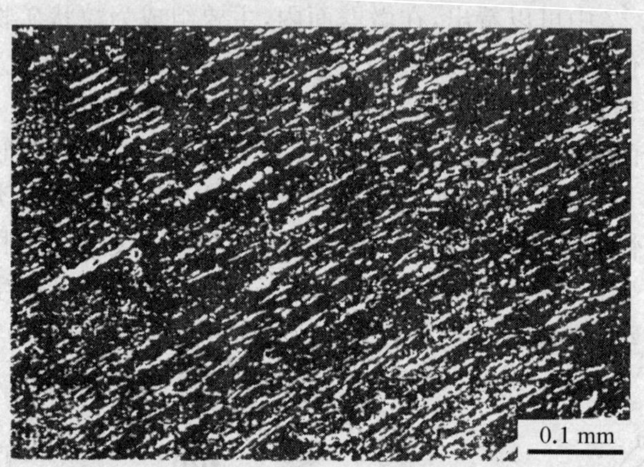


**图 1.33　云母片岩中片理**(据 Hobbs 等,1976)

云母呈明显的连续均匀分布优选定向

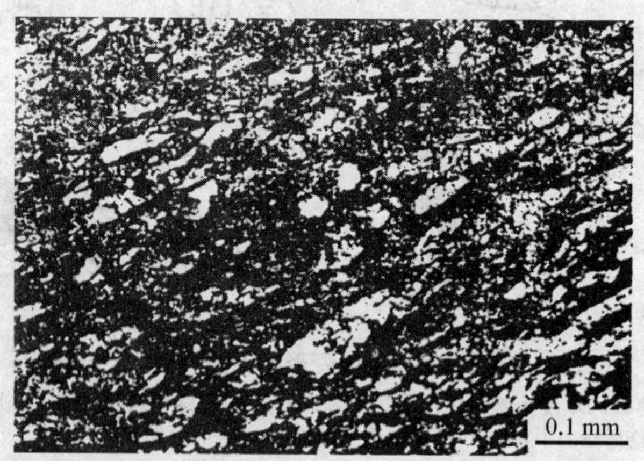


**图 1.34　云母片岩中域式片理**(据 Hobbs 等,1976)

薄膜状云母域呈交织状围绕石英颗粒为主的集合体

3. 片麻理

片麻理是深度变质岩区广泛存在的另一种连续面理。它是劈理岩石高度重结晶的产物,由深浅两色矿物相间排列呈条带构造(图 1.35)。

由单矿物组成的岩石如角闪石岩、辉石岩和斜长岩也发育有片麻理,它由柱状或板状矿物晶体平行排列而成。

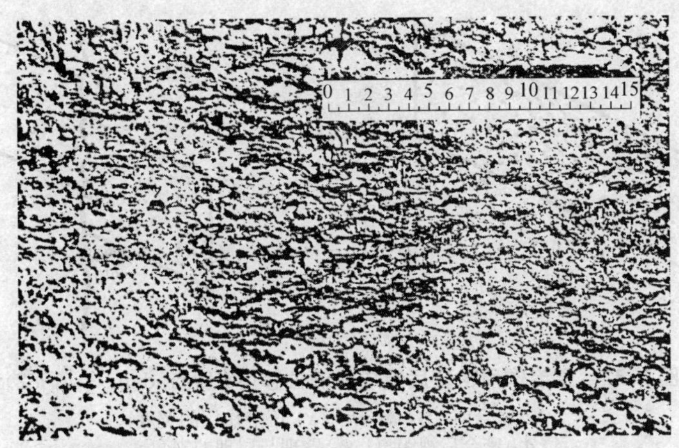


**图 1.35 花岗片麻岩中的片麻理**(引自沈修志)

片麻理在深变质岩区多成层状展布,其中早期构造变形的形迹多已消失,构成新生的区域性面状构造。

(二) 不连续劈理

不连续劈理域之间的间隔可以在肉眼尺度下加以确定,在露头或手标本上就可显示其不连续的构造特征。不连续劈理按微劈面域的结构,可分为间隔劈理和褶劈理。

1. 间隔劈理

过去许多间隔劈理被定为破劈理。间隔劈理在显微尺度下观察,劈理域的主要成分是黏土质和碳质等不溶残余物(Nickelsen,1972)。当劈理切断化石时,很难在相邻的劈理域内和微劈面中找到被截断的部分(图 1.36)。于是,有人提出,传统含义上的一些破劈理实质上与滑动无关。这种由不溶残余物构成劈理域的间隔劈理是压溶成因的,对过去用以论证剪切破裂成因的论据——层理错位有了新的解释,被认为是压溶密合后的假错位(图 1.37)。

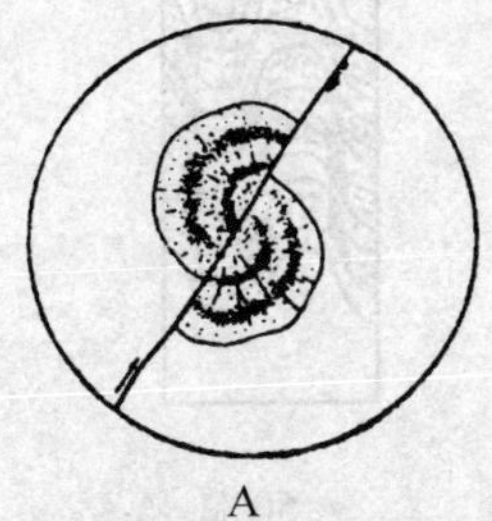


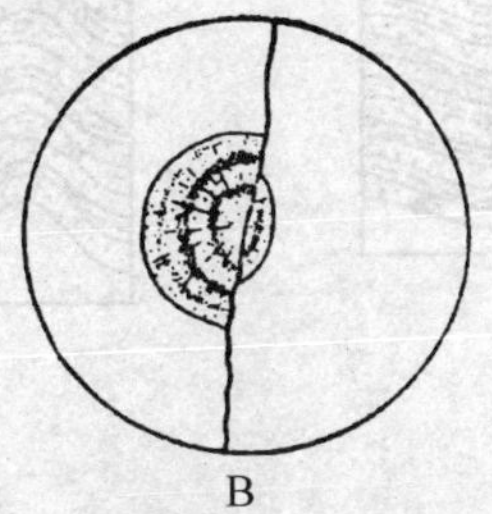


**图 1.36 两种实质不同的鲕粒错位**(据 Borradaile 等,1982)

A:剪切破裂造成的不损耗位移;B:压溶分异造成的鲕粒残缺和假错位

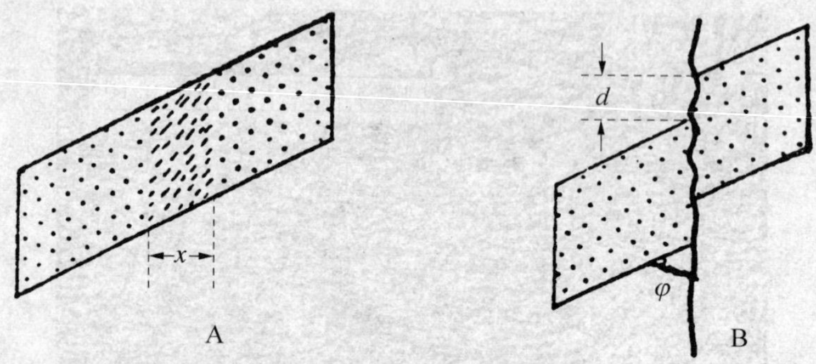


**图 1.37　压溶作用密合后造成的假位移**（据 Borradaile 等，1982）

A：密合前；B：密合后；$x$：压溶作用的宽度
$d$：密合后视距离；$\varphi$：劈理与层理的夹角

2. *褶劈理*

褶劈理是以可见的间隔切过先存连续劈理为特征，间隔大小以 0.1 mm～1 cm。早期连续劈理发生挠曲或微细褶皱。

根据劈理域的宽窄及其与两侧微劈面内组构的关系，可将褶劈理细分为渐变褶劈理、带状褶劈理和分隔褶劈理（discrete crenulatin cleavage），见图 1.29 所示。

关于褶劈理的成因，一些学者（Gray 和 Durney，1979）强调压溶作用在褶劈理形成中的意义。他们提出，褶劈理域多出现于连续劈理褶皱的翼部，不溶物质相对在此集中，活动物质则进入褶皱转折端。图 1.38 可见褶劈理的发育与劈理化岩石的缩短关系密切。

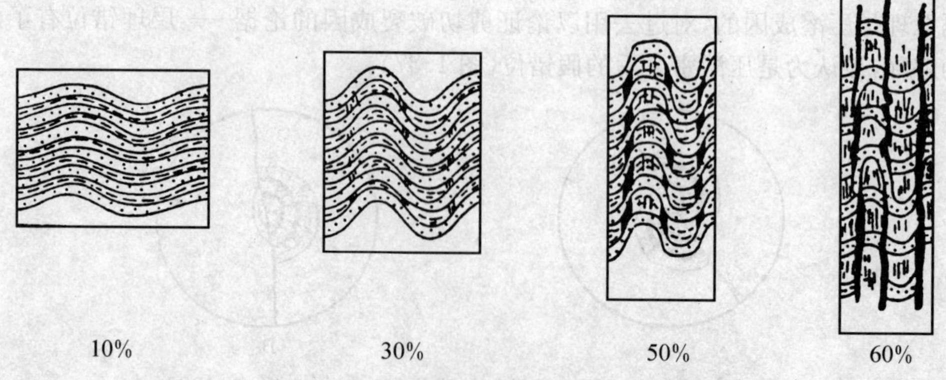


**图 1.38　递进缩短变形中褶劈理的发育过程及其与应变量的关系**（据 Gray，1979）

# 第三章　线　　理

线理是岩石中一种小尺度透入性线状构造。按照线理的成因分类，线理可分为原生线理和次生线理。前者是成岩过程中形成的线理，如岩浆岩中的流线；后者是指构造变形中形成的线理。除小型线理外，还有大型线理，如石香肠构造、窗棂构造、压力影构造等。因此，广义的线理是指岩石内的各种线状构造。

本章介绍的是次生线理。次生线理的形成与大构造有密切的成因联系，查明不同类型线理的分布规律，往往可以帮助确定大构造变形时物质的运动方向及其应力状态，为区域构造分析提供证据。

B. Sander 提出 $a$、$b$、$c$ 这 3 个构造轴的正交坐标系表示不同类型线理与其他构造之间的几何关系。规定 $ab$ 面是简单剪切的运动面；$a$ 轴位于运动面上，与运动方向一致；$b$ 轴位于运动面上，垂直于 $a$ 轴；$c$ 轴垂直于运动面（$ab$ 面）（图 1.39）。

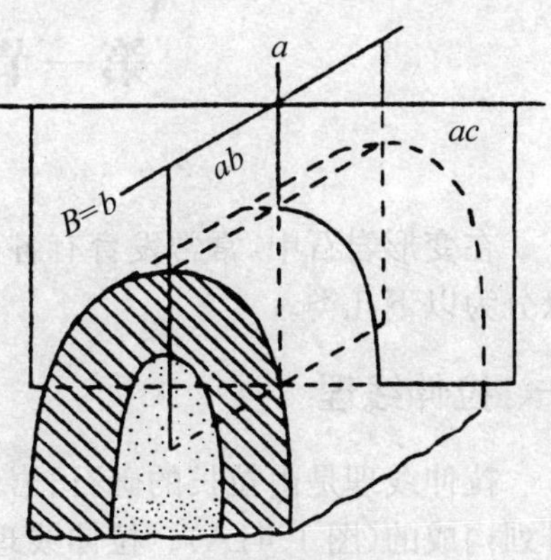


**图 1.39　运动面的坐标系（据 Dennis，1967）**

$a$：在运动面 $ab$ 上，平行运动方向；$b$：在运动面上，垂直于 $a$ 轴，$c$：垂直于 $ab$ 面

在挤压、拉伸等情况下，运动学坐标系 $a$、$b$、$c$ 轴的方位与应变椭球的主应变轴 $X$、$Y$、$Z$ 轴（或 $A$、$B$、$C$ 轴）的方位一一对应，互为一致。但在单剪变形中两者并不完全一致。因单剪变形中剪切面是运动面（图 1.40），其上的剪切方向为 $a$ 轴；$b$ 轴位于 $ab$ 面上，与 $a$ 轴垂直。而单剪变形是旋转变形，最大主应变轴 $X$ 轴（或 $A$ 轴）和最小主应变轴 $Z$ 轴（或 $C$ 轴）随着变形的进行而发生旋转，与运动轴 $a$ 轴和 $c$ 轴的方向完全不同。只有中间主应变轴 $Y$ 轴（或 $B$ 轴）不变，并与 $b$ 轴的方

位相一致。

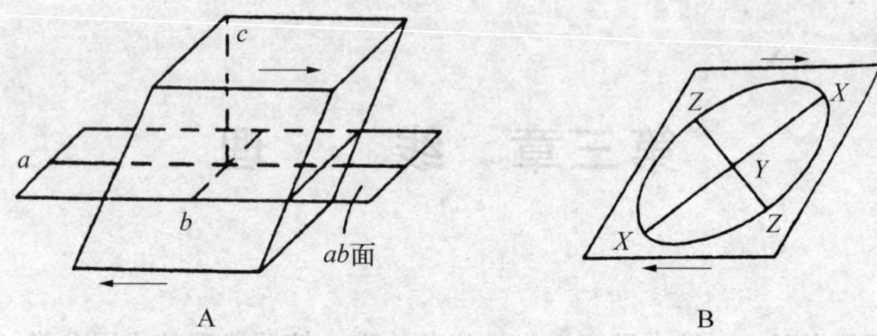


**图 1.40　单剪作用下的运动学坐标系(A)和应变椭圆的主应变轴(B)**

线理类型较多,就其与变形过程中物质的运动方向及其与应变主轴的关系可归纳为两类:一类是与物质运动方向平行的线理,相当于局部的应变椭球体的 *A* 轴方向,称作 a 型线理,若与最大主应变轴一致则称为 A 型线理;另一类是与物质运动方向垂直的线理,一般平行于应变椭球体的中间应变轴(*B* 轴),称作 b 型线理或 B 型线理。

# 第一节　小 型 线 理

在变形岩石中,常常发育有各种小型或微型线理。按照线理的形态和成因,可以分为以下几类。

## 一、拉伸线理

拉伸线理是由拉长的砾石、岩屑、鲕粒、矿物颗粒或矿物集合体等的平行定向排列构成的(图 1.41A)。拉伸线理中的组分虽然都呈长条状,但却有两种完全不同的形成方式。其中一类拉伸线理是在物质塑性流动过程中产生的伸长变形,它位于运动面(*ab* 面)之上,指示变形中物质运动的方向,代表应变椭球体的长轴方向,为 A 型线理(图 1.42)。另一类拉伸线理是碾滚而成的,正像搓碾软弱的高塑性黏土一样,使物质垂直于力偶作用的方向拉伸。因此,这种拉伸线理常与褶皱的枢纽平行。

## 二、矿物生长线理

矿物生长线理主要由针状、柱状等矿物的定向排列构成(图 1.41B)。它们均是岩石在变形和变质过程中压溶和重结晶作用的产物(图 1.42),因而矿物长轴方向往往反映岩石重结晶流动的方向,故属 A 型线理。例如,角闪石的定向排列就是这类线理的典型。有时,特别是在动力变质带上,在强大应力作用下,矿物生长往往不依其结晶习性、却屈服于应力而拉长,甚至使原来的短柱状或等轴状结晶的矿物出现纤维状结晶。例如在断层面上常常见到的纤维状石英、方解石及纤闪石一类的擦抹晶体。

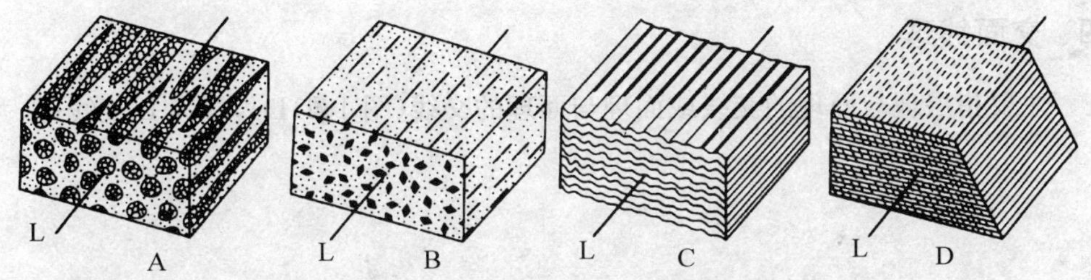


**图 1.41　线理的类型**(据 Turner 和 Weiss,1963)

A:由矿物集合体定向排列显示出的拉伸线理;B:柱状矿物平行排列构成的线理;C:早期面理小揉皱形成的线理;D:交面线理

**图 1.42　眼球状压力影:内晶为石榴石,其两端白色延伸部为同构造压溶充填物**(据刘德良等,1993)

擦痕是断层因两盘断块相对错动刻画的痕迹，是一种常见的线状构造，它一般不具透入性特征；但在宽阔断裂带上的擦痕或者褶皱发育时，层间滑动所形成的擦痕或者间隔紧密的面理上的擦痕，却均具有透入性的特点。擦痕方向代表变形时物质运动方向或岩块滑动方向，属 a 轴线理与褶皱有关的擦痕方向，垂直于褶轴。

### 三、皱纹线理

主要出现于千枚岩、片岩等岩石中，由早期劈理或片理揉皱成的微细褶皱的枢纽平行排列而成(图 1.41C)。它们可以是连续的褶皱，有时与褶劈理相关。因而皱纹线理的延伸方向与同期褶皱枢纽的方向一致，故属 B 型线理。

### 四、交面线理

主要指层理与面理的交线或面理与面理的交线(图 1.41D)，常为 B 型线理。

## 第二节　大型线理

在强烈变形的岩石中，常常会遇到一些由于岩层卷曲、肿缩、破裂、碾滚而构成的粗大平行线状构造，统称为大型线理。这些线性构造各有其独特的构造形式、成因和不同的构造形态，常见的有石香肠构造、窗棂构造、杆状构造等。

### 一、石香肠构造

石香肠构造又称布丁构造(Boudinage)。它是强弱相间岩层中的强岩层(或岩脉)被断裂分割成顺层排列的岩块，从其横剖面上看酷似香肠，故称石香肠构造。一般情况下，强岩层被一个方向的断裂分割成一系列彼此相互平行排列的长条体，为正常石香肠构造(图 1.43A)；但有的地区强岩层被两个方向的断裂所分割，形成等边的石香肠构造(图 1.43B)，称为“巧克力”块状石香肠构造。

关于石香肠的形成作用，已通过人工模拟得到了验证。当强弱相间的不均一的岩层受到垂直层面的挤压时，软弱岩层会被压扁并向两侧作塑性流动，夹在其中的强硬岩层，在软弱岩层顺层流动引起的摩擦力的牵引下，如果应力超过其强度极限，强硬岩石则破裂并发生位移，以致构成断面上形态各异、平面上呈一致排列的长条状块段，即石香肠。在拉断强硬岩层的间隔中，两侧软弱岩层或呈褶皱形式楔入，或被变形岩层所分泌的物质充填。因此，在本质上，石香肠构造是各种断块、断裂与各种楔入褶皱、楔入脉状围岩和分泌体的构造组合。

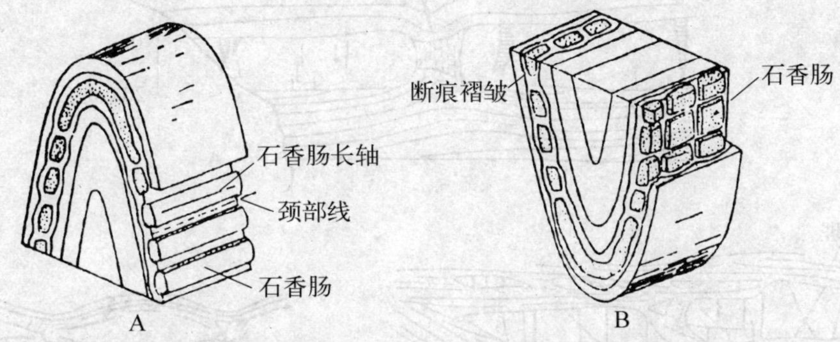


**图 1.43 正常石香肠构造(A)和巧克力块状香肠构造(B)**(据 Hobbs 等，1976)

为了描述和测量石香肠构造的大小及其空间方位，必须从三维空间来进行其长度($b$)、宽度($a$)、厚度($c$)，以及横间隔($T$)和纵间距($L$)等要素的观察和测量(图 1.44)。从石香肠构造的形成可知，其长度指示中间应变轴($Y$ 轴)，故可作为一种粗大的 B 型线理。

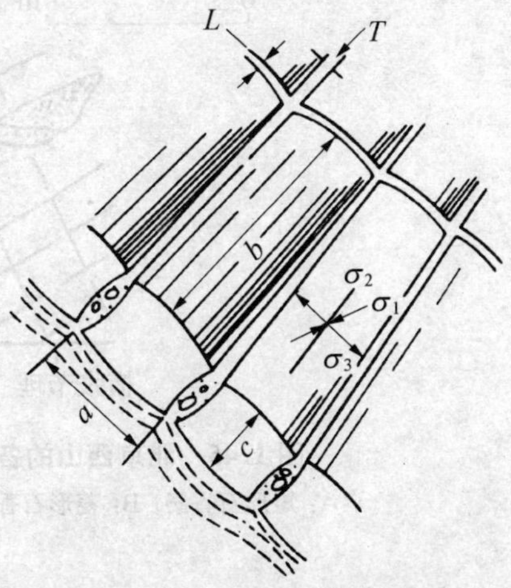


**图 1.44 纵弯褶皱中石香肠构造的要素及应力系统**(据马杏垣，1965)

$a$：石香肠宽度；$b$：石香肠长度；$c$：石香肠厚度；$T$：横间隔；$L$：纵间隔；$\sigma_1$、$\sigma_2$、$\sigma_3$为三个主应力轴

石香肠构造的三维空间形态一般不易观察，所以对其横断面的描述较多，马杏垣教授曾按横断面形态将其划分为矩形、菱形、梯形、藕节状和不规则状等几种类型(图 1.45)。

石香肠构造的横断面形态变化除了应力因素而外，主要取决于岩层之间的韧性差。当岩层间韧性差很大时，强硬岩层发生张破裂，进一步拉伸使岩块分离，成为矩形石香肠(图 1.45A)。当岩层间韧性差为中等时，较强硬岩层的应力集中部位发生屈服应变而成细颈化或变薄，进而被剪断形成菱形石香肠(图 1.45B)。当岩层间的韧性差很小时，则相对强硬岩层只发生细颈化变形，不出现剪裂现象，因而形成肿缩相连的藕节状石香肠(图 1.45C)。

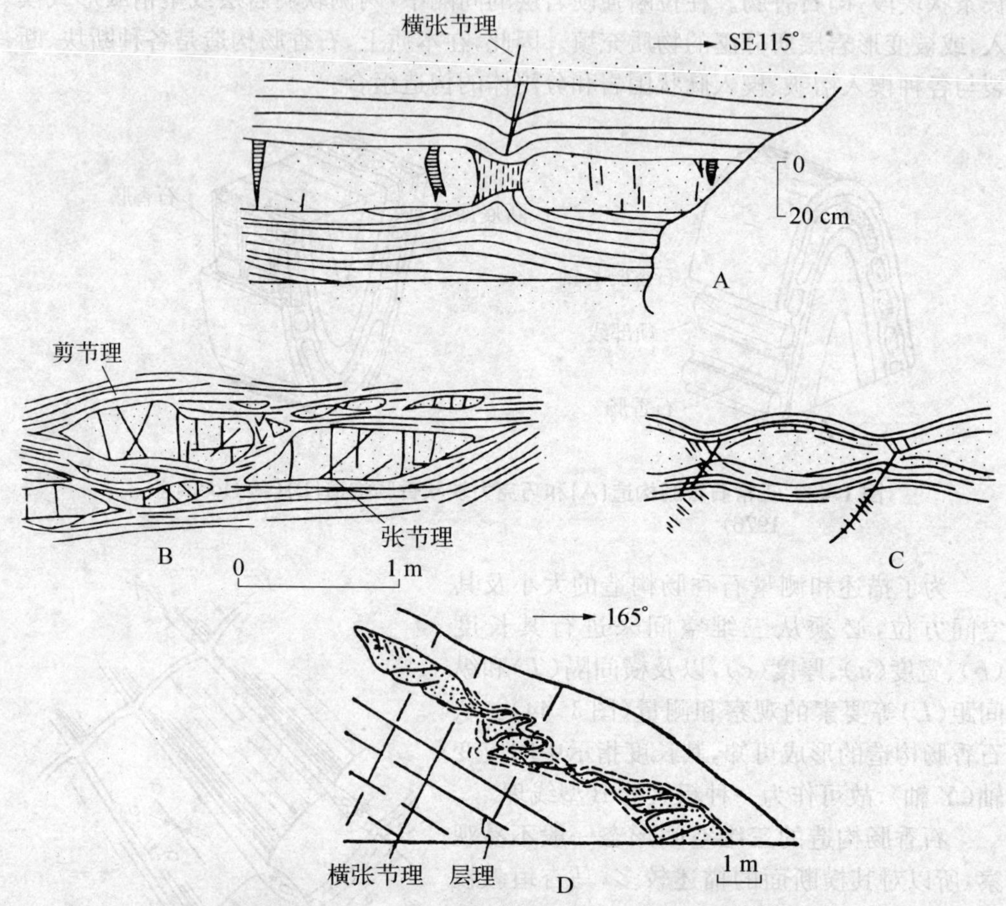


**图 1.45　北京西山的各种石香肠断面形态**（据马杏垣，1965）

A：矩形石香肠；B：菱形石香肠；C：藕节状石香肠；D：不规则状石香肠

## 二、窗棂构造

窗棂构造(mullion structure)是强烈褶皱岩层中一种大型线理，外形呈一系列的圆柱体或呈波状起伏的浑圆棂柱，有时表面被磨光并蒙上一层应力矿物外膜。多数窗棂构造由强硬岩层强烈的卷曲构成。在棂柱上又常常发育有次级的棂柱，并与主棂柱平行。

窗棂构造主要有肿缩式窗棂构造和褶皱式窗棂构造之分。前者是由一系列宽而圆的背形被尖而窄的向形所嵌入构成嵌入式褶皱(图 1.46)。后者发育在较薄的岩层中，是一系列小型圆柱状褶皱(图1.47)。

窗棂构造与石香肠构造不同。前者反映了平行层理的缩短，而石香肠构造则反映了垂直层理的压缩。但窗棂柱的方向与香肠体的长轴一样，都代表了应变椭球体的 $Y$ 轴，故为B型线理。

## 三、杆状构造

杆状构造(rodding structure)是由石英等单矿物组成的比较细小的棒状体。杆状构造常产出于变质岩内小褶皱的转折端。杆状体的长度一般较小，从数厘米至十几厘米。它与窗棂构造的主要不同在于多数杆状体是由变形过程中同构造的分泌物质所组成。最典型的杆状构造是石英棒组成的杆状构造(图1.48)。石英棒的物质来源可以是硅质岩石，在变质过程中分泌出来且呈集中于褶皱转折端低压地带的石英脉产出。也有一些石英棒是先存的石英细脉随着围岩的褶皱碾滚而成。同样，由于断层作用造成的低压空间也有利于石英、方解石的沉淀，因而碾滚的石英棒、方解石棒在断层带中也很发育。

**图1.46　肿缩式窗棂构造**(据 Pilger 和 Gebirge，1957)

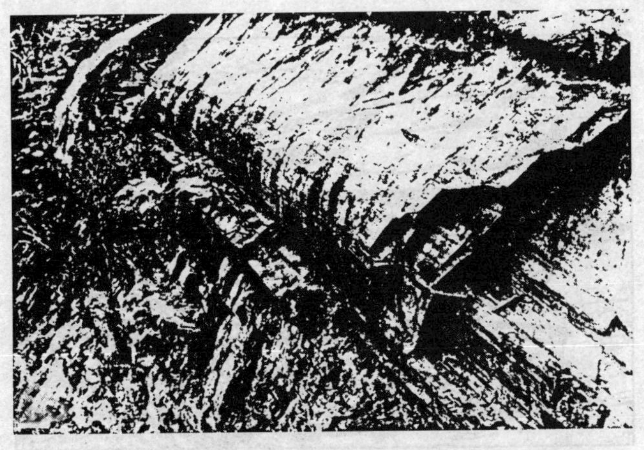

**图1.47　钾长片麻岩构成的褶皱式窗棂构造及其包含性平行发育的小型线理**(刘德良摄)

杆状构造的长轴与褶轴平行，并与运动方向直交，故为B型线理。

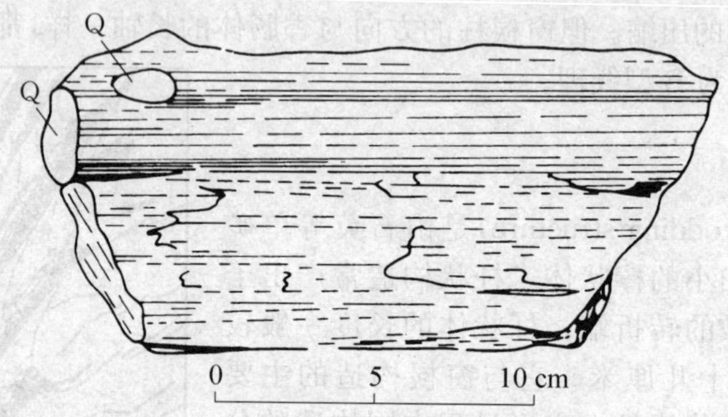


**图1.48　硅质片岩中的石英棒(Q)**(据 Wilson，1961)

## 四、铅笔构造

铅笔构造(pencil structure)是褶皱的泥质板岩或粉砂质板岩中常见的一种线状构造。它的成因解释之一是由两组或两组以上平行面状构造交切分割而成。有的是层理和劈理的交切，有的是劈理与劈理的交切。其规模一般取决于岩层厚度和劈理间隔的大小，这种铅笔状构造在露头上由于释荷而裂开呈长数厘米至30 cm长的棒状碎条，断面呈菱形到多角形(图1.49)。铅笔构造常平行于同期褶皱的褶轴，为B型线理。

**图1.49　铅笔构造**(据 Ramsay，1981)

## 五、压力影构造

压力影构造是矿物生长线理的另一种表现，是 A 型线理，常产出于低级变质岩中。压力影构造由岩石中强硬个体及其两侧(或四周)在变形中发育的同构造纤维状结晶矿物组成(图 1.50)。作为强硬个体的有黄铁矿、磁铁矿，还有化石、砾石、岩屑和变斑晶等。变形一般不强，只出现微破裂、波状消光、变形纹等。核心矿物两侧的结晶纤维常由石英、方解石、云母或绿泥石等矿物组成。

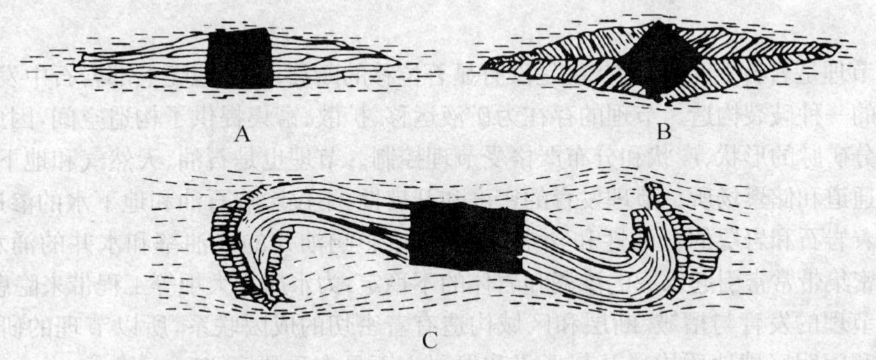


**图 1.50 不同类型的压力影**(据 Nicolas, 1987)

A: 垂直核心矿物表面的石英纤维; B: 垂直核心矿物表面生长的四组石英纤维; C: 单斜对称的石英纤维

在应力作用下，这些较强硬物体在变形时将引起局部的不均匀应变，使其周围的韧性基质从坚硬物体表面拉开，形成低压引张区，为矿物提供了生长的场所。在压溶作用下，基质中易溶物质从矿物界面上发生溶解，并从受压边界向低压引张区运移，沿着最大拉伸方向(*X* 轴)生长成纤维状的影中矿物。纤维的生长方向随着变形过程中最大拉伸轴方向的变化而变化。因此，坚硬核心体两侧的影中矿物的不同形状反映了不同的应变状态。在挤压变形或纯剪变形中，坚硬核心体两侧的结晶纤维常呈对称形状(图 1.50A、B)。在单剪作用下，随着非共轴的递进变形，最大主应变轴(*X* 轴)发生偏转。因此，坚硬核心体两侧的结晶纤维呈现出单斜对称的形状。

# 第四章　节　理

节理是岩石中明显的裂缝，是没有显著位移的断裂，也是地壳上部岩石中发育最广泛的一种破裂构造。节理的存在为矿液运移、扩散、富集提供了构造空间，因此，绝大部分矿脉的形状、产状和分布严格受节理控制。节理也是石油、天然气和地下水的运移通道和储聚场所。节理发育的密度和开启性，不仅影响石油和地下水的渗透，也影响着岩石和岩层的含油性和含水性，并直接影响油井的采油率和水井的涌水量。节理密集带常常引起水库的渗漏和岩体的不稳定，为水库和大坝等工程带来隐患。

节理的发育与褶皱、断层和区域构造有着密切的成因联系，所以节理的研究在认识和阐明区域地质构造及其形成和发展方面具有重要意义。

节理可以分为原生节理和次生节理。原生节理是在成岩过程中产生的原生破裂构造。次生节理分为外生节理和内生节理两类，外生节理是在外动力作用下形成的，如风化节理；内生节理是在内动力作用下形成的，如构造节理。自然界中的节理绝大部分是构造节理，它是我们研究的主要对象。

## 第一节　原 生 节 理

### 一、侵入岩原生节理

侵入岩原生节理，形成于岩浆晚期冷凝结晶阶段或固化阶段。这一阶段的特点是，侵入体的顶部及边缘部分冷凝固结较快，并与围岩“焊接”而相连在一起，因此原生节理的分布就不像流动构造那样仅限于侵入体内部，而可以向外延伸到外接触带的围岩中，野外观察时须注意这一特点。

侵入岩原生节理在侵入体顶部及边缘部分均可见到。希尔斯(Hills,1972)认为顶部的原生节理的产生与岩体下面岩浆不断上涌的压力作用及其由此引起的侧向拉伸之间有非常明显的关系。

在岩基或较大岩株的顶部与边缘发育的原生节理构造有以下五种:

### (一) 横节理

横节理又称Q节理(见图1.51),发育于侵入体的顶部,垂直于顶部流线,节理面倾斜陡峻。其形成的应力是由岩浆向上运动导致的向上挤压应力与由岩浆向两侧流动导致的侧向拉伸应力组成,故节理性质为张节理。剖面上略呈扇形分布,后期往往为细晶岩脉所充填。

### (二) 纵节理

纵节理又称S节理(见图1.51),发育于侵入体顶部流线平缓部位,节理面走向平行于流线,倾角陡峻。其形成应力条件可能与侵入岩体沿自身的长轴方向发生拉伸作用有关。

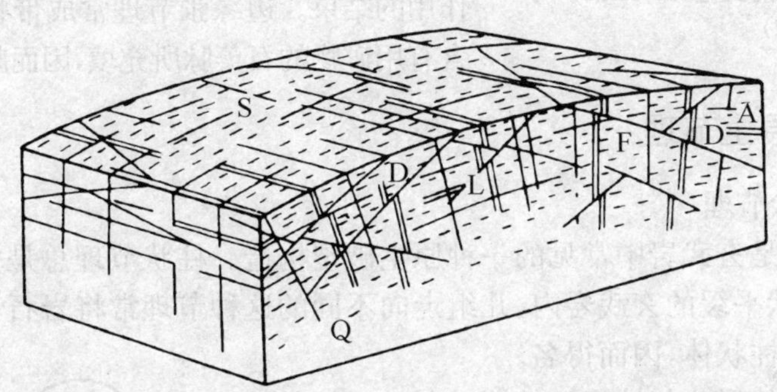


**图1.51 深成岩体顶部原生破裂构造图示**(据Cloos,1922)

Q:横节理;S:纵节理;L:层节理;STR:斜节理;A:细晶脉;F:流线

### (三) 层节理

层节理为水平节理,又称L节理(图1.51),发育于侵入体顶部,产状平缓,大致平行于顶部接触面与流面。其形成方式与垂直于接触面方向上的冷缩作用有关,因而属张节理性质。在脉状侵入体中常可见到平行于脉壁的节理,其成因与L节理相同。

从图1.51可以看出以上三种原生节理大致彼此垂直,如果均发育良好,则可将岩石切成六方形岩块。

### (四) 斜节理

斜节理(图1.51中STR),发育于侵入体顶部,与流线、流面都斜交。斜节理是由岩浆自下向上的推挤力作用产生的一对共轭剪裂面发展而成的。这两组节理倾向相反，倾角平缓，两者之锐交角分角线平行于顺流线的拉伸应力方向，反映变形时岩石塑性较大。斜节理可进一步发展成为正断层，且可错断充填在横节理中的细晶岩脉，表明其形成时间应略晚于横节理。

（五）边缘张节理

边缘张节理产生于岩体边缘接触带，可延伸到围岩中。其倾角中等，倾向侵入体中心，在剖面上呈雁列式排列，表明其形成与剪切作用有关。H. Cloos 等利用放在塑性黏土层下面的活塞向上缓升的实验，重现了边缘张节理的形成（图 1.52）。活塞的上升相当于岩浆的上涌，边缘张节理的形成就是由于向上流动的岩浆同已经冷凝的边缘之间形成差异运动造成的上下剪切作用，并诱导出张应力作用的结果。边缘张节理常成带状出现，并常为含有用矿物的石英脉所充填，因而颇具经济意义。

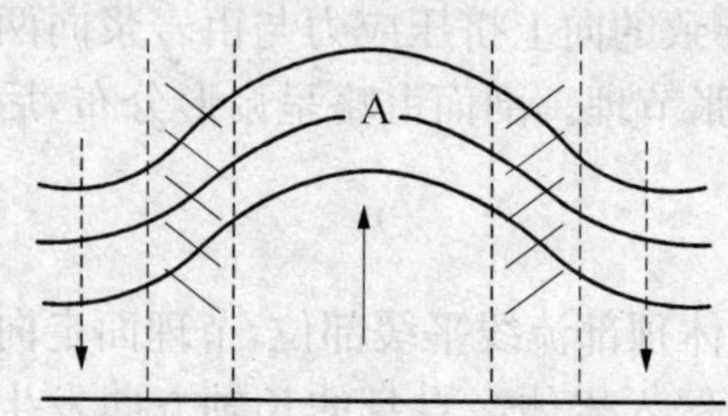

**图 1.52　边缘张节理（斜线）形成方式的实验**（据 Cloos，1922）

## 二、火山岩原生节理

（一）柱状节理

柱状节理是玄武岩中常见的一种原生破裂构造。柱状节理总是垂直于熔岩的流动面，在产状平缓的玄武岩内，几组走向不同的这种节理常将岩石切割成无数个陡立的多边形柱状体，因而得名。

柱状节理的形成与熔岩流冷凝收缩有关，熔岩流动面即冷凝面。因此，柱状节理面往往垂直于冷凝面。在一个冷凝面上，熔岩围绕若干收缩中心冷凝收缩，从而在两个相邻收缩中心连线的方向上产生张应力，柱状节理就是在一系列垂直于若干张应力的方向上形成的张节理。从理论上说，一个冷凝面上各向相等的张应力的解除是通过 3 组彼此呈 120°交角的无数规则分布的张节理的形成而实现的，因此柱状张节理的横断面应为正六边形（图 1.53），但这只是一种理想情况；实际上柱状张节

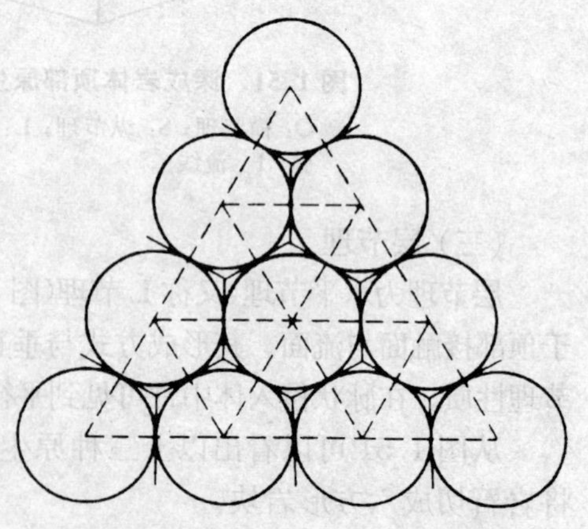
**图 1.53　柱状节理形成的平面示意图**（据 Iddings）

理还受熔岩物质不均一和各点冷凝速度不同等因素的影响，所以野外所见柱状节理的横断面既有六边形的，也有四边形、五边形或七边形的，非六边形的柱状节理也是较常见的。

柱状节理不仅发育在熔岩流中，还可发育在火山灰流中，而且也可以在浅成、超浅成岩体中见到，其柱体总是垂直于脉壁或接触面。据此，可以利用柱状节理产状确定熔岩流动面和岩脉的产状。

(二) 板状节理

熔岩中还可见到一系列近于水平或大致平行于地面缓坡的节理，称板状节理。沿节理面倾斜可延长数十米，并将熔岩分裂成若干“层”片。板状节理的成因现在还不甚明了，可能是由于剥蚀作用把上部岩石移去，使负荷减轻而引起下部岩石向上的弹性膨胀所形成的释重节理。野外工作中常误将层次不太清晰的厚层熔岩中的板状节理当作熔岩的层理，应注意区别。一般情况下，板状节理的间距自上而下常呈有规则的递增，这也可作为区别于层理的一个重要标志。

## 第二节 构造节理

### 一、几何分类

构造节理作为一种相对小型的构造，总是与褶皱或断裂构造相伴生，节理的产状与其他构造的产状之间往往存在一定的几何关系。

(一) 根据节理产状与岩层产状的关系分类

根据节理产状与所在岩层的产状关系可将节理分为(图 1.54)：

1. 走向节理

节理走向与所在岩层走向大致平行。

2. 倾向节理

节理走向与所在岩层倾向大致平行。

3. 斜向节理

节理走向与所在岩层走向斜交。

4. 顺层节理

节理面与所在岩层的层面大致平行。

对于发育于水平岩层或近水平岩层中的节理，一般根据节理的走向划分，如北东向节理、北西向节理等。

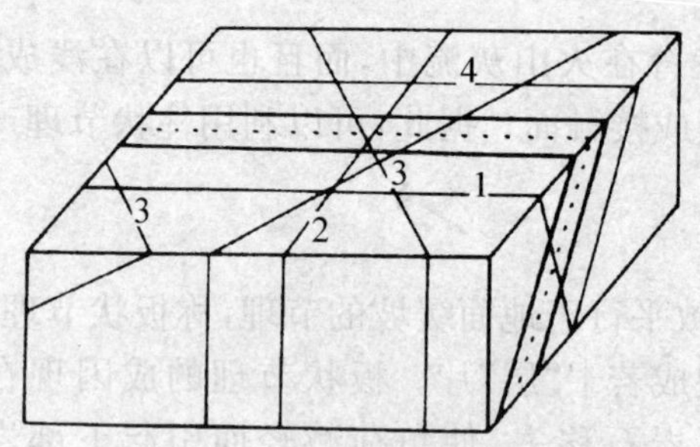


**图 1.54　根据节理产状与岩层产状关系的节理分类**

1：走向节理；2：倾向节理；3：斜向节理；4：顺层节理

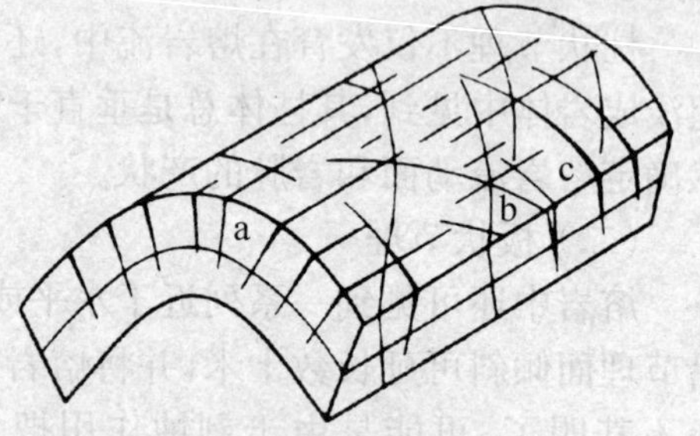


**图 1.55　根据节理产状与褶皱关系的节理分类**

a：纵节理；b：斜节理；c：横节理

(二) 根据节理与褶皱轴的关系分类

根据节理与褶皱轴方位之间的关系，可将节理分为(图 1.55)：

1. 纵节理

节理走向与褶皱轴向平行。

2. 横节理

节理走向与褶皱轴向正交。

3. 斜节理

节理走向与褶皱轴向斜交。

上述一、二分类，对于枢纽近水平的圆柱状褶皱来说，常有重合部分，即走向节理相当于纵节理、倾向节理相当于横节理(图 1.56)。若枢纽是倾伏的，则二者不完全吻合甚至相反，如褶皱枢纽倾伏处，横节理相当于走向节理，纵节理相当于倾向节理。

## 二、力学分类

根据节理的力学性质，可将节理分为剪节理和张节理两类。

(一) 剪节理

剪节理是由剪应力产生的破裂面，具有以下主要特征：

1. 剪节理产状较稳定，沿走向和倾向延伸较远。

2. 剪节理较平直光滑，有时具有因剪切滑动而留下的擦痕，当剪节理未被矿物质充填时是闭合的，如被充填，脉宽较为均匀，脉壁较为平直。

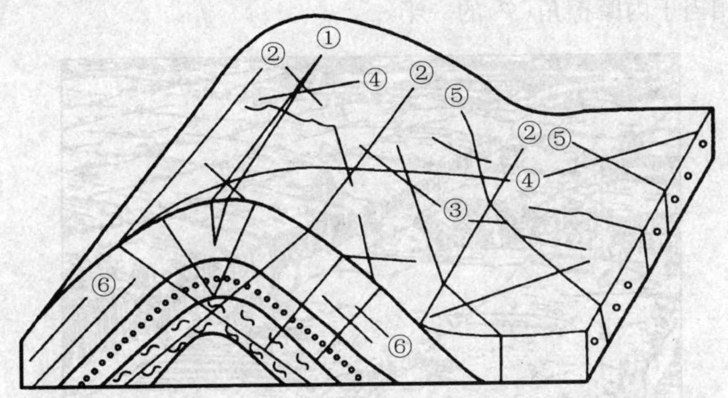


图 1.56 节理形态分类示意图（据武汉地质学院等四院校《构造地质学》，1979）

①、②：走向节理或纵节理；③：倾向节理或横节理；④、⑤：斜向节理或斜节理；⑥：顺层节理。（这种节理形态分类不适用于褶皱倾伏处）

3. 发育于砾岩和砂岩等岩石中的剪节理，一般都切穿砾岩和砂岩中砾石及砂粒等粒状矿物（图 1.57）。

图 1.57 剪节理直切砾岩中的砾石（傅昭仁摄，宋姚生素描）

4. 典型的剪节理常常组成共轭 X 型节理系。这种节理系发育良好时，则将岩石切成菱形或棋盘格状（图 1.58）。如果一组节理发育而另一组不大发育时，则形成一组平行延伸的节理。不论是 X 型节理还是平行节理，节理往往成等距排列。

5. 剪节理常由一系列羽状细微裂面组成。羽状微裂面与主剪裂面交角一般为 5°～15°，相当于内摩擦角($\varphi$)的一半。

**图 1.58　陕西铜川砂岩层中的共轭剪节理**(马杏垣摄，兰淇锋等素描)

6. 剪节理尾端变化或连接形式。根据马宗晋等的研究，主要有三种：折尾、菱形结环和分叉(图 1.59)。

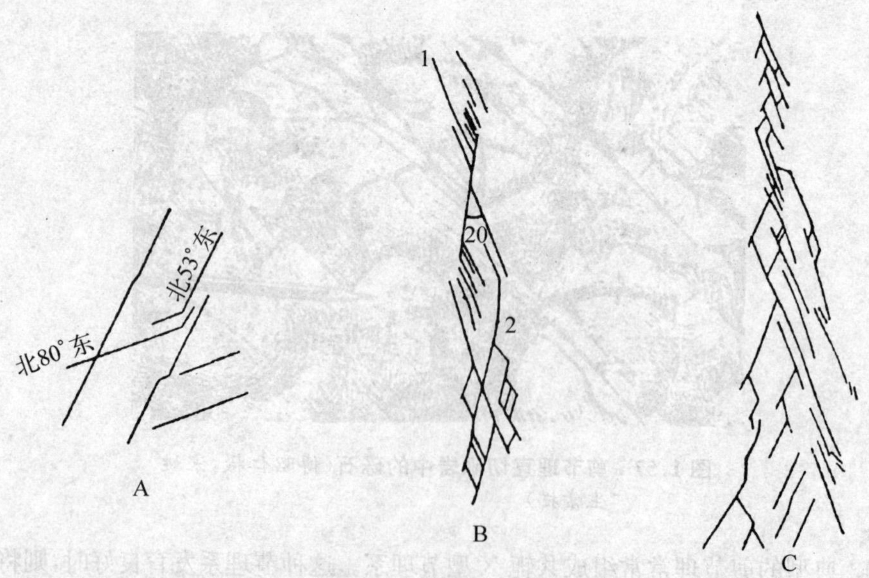


**图 1.59　剪节理尾端变化的三种形式**(据马宗晋、邓起东，1965)

A：折尾；B：菱形结环；C：节理叉；1 与 2 为共轭剪节理

(二) 张节理

张节理是由张应力产生的破裂面,具有以下主要特征:

1. 张裂面粗糙不平,砾岩或粗砂岩中的张节理常绕过砾石或粗砂粒而过,一般不切穿砾石。在细粒岩石中的初始张节理,有时可以比较平直。并且初始张节理多无擦痕。

2. 张节理产状不稳定,在平面上常蜿蜒曲折或呈锯齿状延伸。

3. 张节理两壁张开,有时呈上大下小的楔形。是地下水和岩脉及矿脉的良好通道或储存场所。

4. 张节理有时呈不规则的树枝状,各种网络状,有时也构成一定的几何形态,如追踪其轭 X 型节理的锯齿状张节理,单列或共轭雁列式张节理,以及放射状或同心圆状的组合形式等。

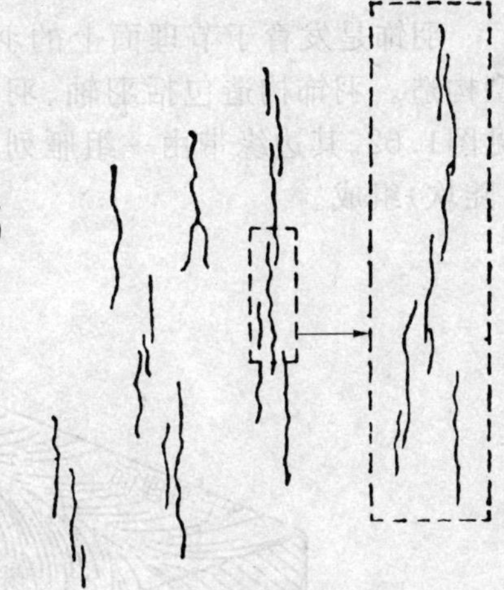

**图 1.60 湖北白垩—第三系砂岩中张节理的侧列现象**(据马宗晋、邓起东,1965)

5. 张节理发育常比较稀疏,即节理间距较大,频度较低。

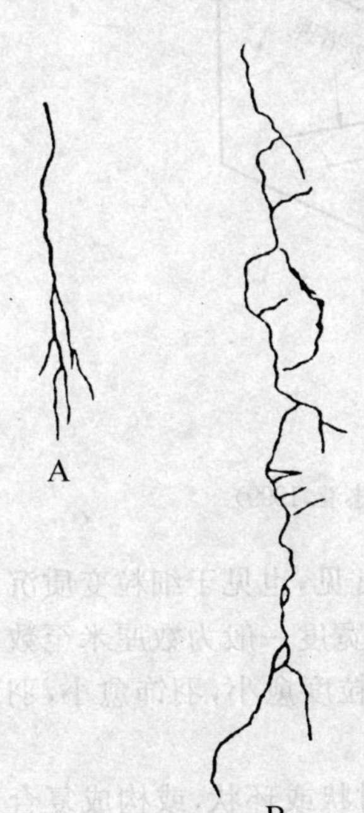


**图 1.61 张节理尾端变化形式**(据马宗晋、邓起东,1965)

A: 树枝状分叉;
B: 杏仁状结环

6. 张节理沿走向延伸不远,但在旁侧又可出现同一走向的另一条张节理,形成平面上的侧列现象(图 1.60)。

7. 张节理尾端变化或连接形式有树枝状、多级分叉、杏仁状结环以及各种不规则形状等(图 1.61)。

上述剪节理和张节理的特征是一次变形形成的节理所具有的。如果岩石或岩层经历了多次变形,早期节理的特点在后期变形中常被改造或被破坏。此外,即使在一次变形中,由于各种因素的干扰,也会使节理并不具有上述典型特征。因此,在鉴别节理的力学性质时,首先,必须选取未受后期改造的节理,并且要综合考虑各种特点;其次,不能只依据个别露头上节理的特点，而应对区域内许多测点或露头上多数节理的特点加以分析对比；第三，鉴别节理力学性质时应结合与节理有关的构造和岩石的力学性质全面考虑。

## 三、节理面的羽饰特征

羽饰是发育于节理面上的羽毛状精细饰纹，是构造应力作用下形成的小型构造。羽饰构造包括羽轴、羽脉、边缘带、边缘节理和陡坎等几个组成部分见图1.62。其边缘带由一组雁列式微剪裂面（边缘节理）和联结其间的横断口（陡坎）组成。

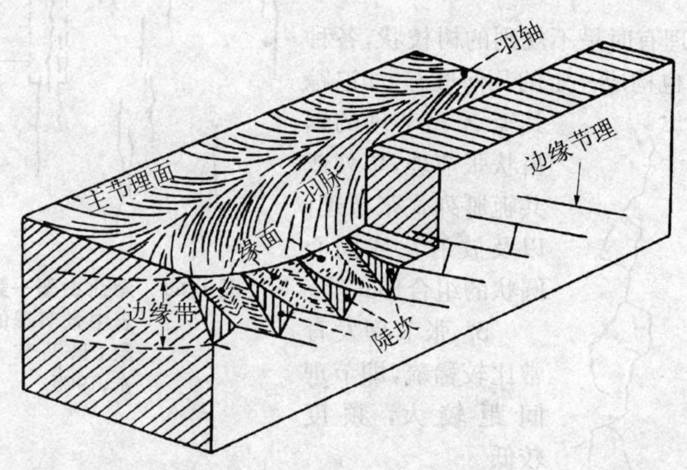


**图 1.62　羽饰构造图示**（据 Bankwitz，1966；转引自朱志澄，1999）

羽饰构造产于多种岩石之中，以砂岩等碎屑岩中最为常见，也见于细粒变质沉积岩中，甚至见于玄武岩等岩浆岩中。羽饰构造规模较小，宽度一般为数厘米至数十厘米，也有宽达数米者。规模大小与岩石的粒度有关。粒度愈小，羽饰愈小，羽脉愈细；颗粒愈均匀，发育的羽饰愈完美。

羽饰构造有多种形式，最常见的是人字形，有时成放射状或环状，或构成复合过渡形式（图 1.63）。决定羽饰几何形态的因素有裂源点的位置、岩石性质、层厚、层面约束条件以及作用力。

羽饰构造一般发育于脆性状态岩石中，并且可能是在快速破裂中形成的。羽脉发散方向指示节理的扩展方向，羽脉收敛会聚方向和人字形尖端指向裂源点。边缘带的边缘节理及陡坎与微剪羽列和反阶步类似，显示出剪切力偶方向。因此，羽饰构造有助于节理配套，在某种程度上也有助于分析节理的力学性质。羽饰构造与大型构造的类比及其与大型构造的成因关系值得注意。

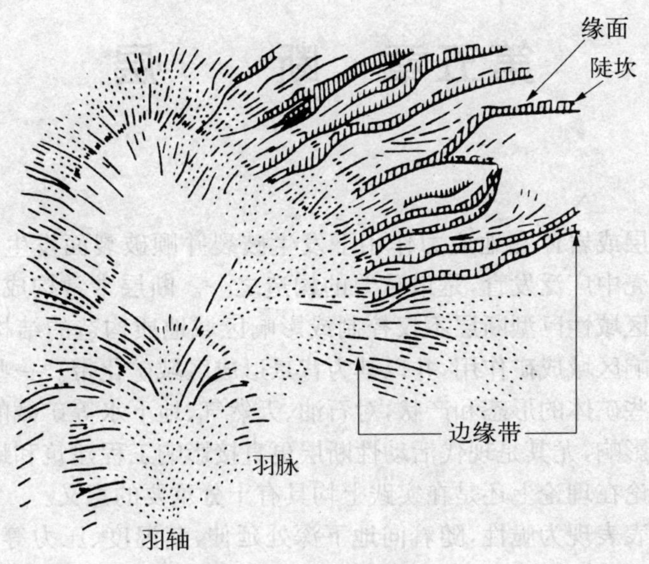


**图 1.63　北京西山三叠系凝灰质砂岩中节理面上的羽饰构造及环状构造**(马杏垣摄，杨光荣素描，1978)

# 第五章 断 层

断层是岩层或岩体在地应力作用下发生破裂并顺破裂面发生明显位移的构造。断层在地壳中广泛发育,是最重要的构造之一。断层常常构成一定地区的构造格架。一些区域性巨型断层不仅控制或影响区域地质构造的结构和发展,而且常常控制和影响区域成矿作用,并以其为背景形成区域矿化带。一些中、小型断层直接决定了某些矿体的形态和产状,对石油、天然气、地下水等矿藏的分布、储聚和运移也有重要影响,尤其是现代活动性断层更直接影响工程建筑和地震活动,所以断层的研究不论在理论上还是在实践上均具有十分重要的意义。

岩石在地表表现为脆性,随着向地下深处延伸,其温度、压力等物理状况的变化,则由脆性逐渐转变为塑性。因此,岩石破坏显示出两个层次,浅层次表现为脆性破裂,形成脆性断层,即习惯上所说的断层;在较深层次至深层次,则形成韧性断层,或称韧性剪切带,二者之间还存在着过渡形式。所以从区域角度分析,脆性断层和韧性断层构成了断层的双层结构。

## 第一节 断层概述

断层的几何要素包括断层的基本组成部分,以及与阐明断层空间位置和运动性质有关的具有几何意义的其他要素。

### 一、断层面和断层带

岩块被错断成两部分其错断面称为断层面,也即剪切面。断层面有的是平面,有的是曲面。地壳上的断层常不是一个单一的断层面,而表现为具有一定宽度的破裂带，这种破裂带称断层带或断裂带。断层带可由一些近于平行的，或互相交织的断层面组合而成；有时，断层带并无明显的断层面，而是由呈带状发育的细小裂隙（节理、劈理、片理）、角砾岩、强烈揉皱带或硅化带、矿化带等反映出来。断层带的宽度自几米至数百米，通常断层规模愈大，形成的断层带愈宽，大型断层带的宽度甚至可达数公里，乃至数十公里。

### 二、断盘

断层面的两侧相对移动的岩块或岩层称作断盘。断盘有上、下之分，也有上升盘（又称仰侧）与下降盘（又称俯侧）之分。当断层面直立时，无上、下盘之分，只有上升盘与下降盘之分；但当断层面水平时，则只有上、下盘之分。直立的平移断层，或断层性质不明时，上述两种划分均不适合，只能以方位称之，如断层走向为南北向，则可分出东盘与西盘。除水平断层面外，任何断层均可以方位区别其两侧断盘。

断层面在地面的出露线称为断层线，其水平投影是地质图重要的地质界线之一，其分布规律与地层露头线相同，同样受“V”字形法则支配。

### 三、断层擦痕的倾伏与侧伏

擦痕（或擦线）是断层的一个线状要素，其空间位置可用倾伏与侧伏表示。为了准确地追索被断层错断的矿层所在位置，需要测量断层擦痕的倾伏和侧伏。在倾斜的断层面上，擦痕的倾伏与侧伏不一致；但当断层面直立时，倾伏与侧伏一致。对于水平的断层面而言，其倾伏角与侧伏角均等于 0°。擦痕经常指示最后一次剪切滑动的方向。

## 第二节　断层的断距和位移

断层位移是断层两侧岩块或岩层相对移动的泛称。断层位移是地质工作中经常遇到并需及时解决的一个复杂问题。由于测算位移量的依据不同，位移名称繁杂，难以统一。目前，依据相当点测算位移量得出的名称，各学派认识比较一致；根据相当层测算位移量得出的名称则较混乱。

滑距是指断层错动前的一点错动后分成两个对应点之间的实际距离，它是断层的真位移，称为总滑距。

断距是指被断岩层在两盘上的对应层之间的相对距离，它是断层的视位移。下面按不同的测量面列举一些常见的位移名称(图 1.64)。

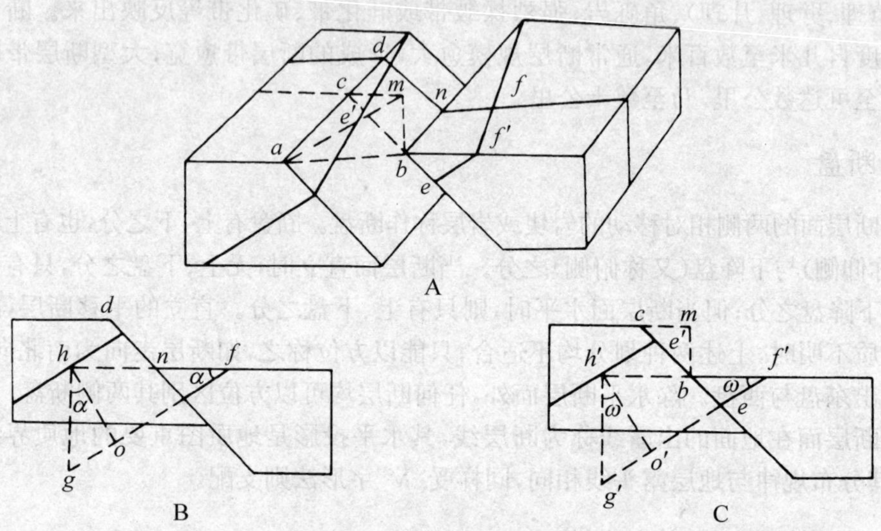


**图 1.64　断层滑距和断距**(据沈修志,1986)

A：断层位移立体图；B：垂直于被错断地层走向的剖面图；C：垂直于断层走向的剖面图

*ab*：总滑距；*ac*：走向滑距；*cb*：倾斜滑距；*am*：水平滑距；*ho*：地层断距，*h'o'*：视地层断距；*gh* = *h'g'*：铅直地层断距；*hf*：水平断距；*h'f'*：视水平断距；α：岩层倾角；ω：岩层视倾角

## 一、在断层面上测量

1. 总滑距

图 1.64A 中 *ab* 为总滑距。由 *a* 至 *b* 为两盘相对移动的方向，沿此方向常发育有擦痕。总滑距的水平投影称水平滑距(图 1.64A 中 *am*)。

2. 走向滑距

总滑距在断层面走向线上的分量称走向滑距(图 1.64A 中 *ac*)。走向滑距与总滑距之间的夹角∠*cab* 为总滑距或断层擦痕的侧伏角。

3. 倾斜滑距

总滑距在断层面倾斜线上的分量称倾斜滑距(图 1.64A 中 *bc*)。

总滑距、走向滑距、倾斜滑距 3 个真位移构成一直角三角形，当知道总滑距数值及其侧伏角时，就可以计算走向滑距和倾斜滑距。总滑距侧伏角的大小反映断层两盘相对垂直运动与水平运动两个分量的大小，侧伏角大于 45°者表明垂直运动分量大于水平运动分量；侧伏角小于45°者则反之。

## 二、在垂直于被断地层走向的剖面上测量

1. 地层断距

断层两侧相当层之间的垂直距离称地层断距（图1.64B中 $ho$）。当断层两盘同一岩层产状近于一致时，地层断距的大小相当于两相当层之间因断层造成的岩层重复或缺失的那一部分地层的厚度。

2. 铅直地层断距

断层两侧相当层之间的铅直距离（图1.64B中 $hg$）。

3. 水平地层断距

位于断层两侧相当层同一层面之间的水平距离称水平地层断距，又称水平错开（图1.64B中 $hf$）。在正断层中，水平地层断距代表断层两侧相当层拉开之水平距离；在逆断层中，水平地层断距代表断层两侧相当层推覆的水平距离。

以上三种断距可称作视位移，在图1.64B中构成两个直角三角形（$\triangle hog$ 和 $\triangle hof$），$\angle hfo$ 为地层倾角 $\alpha$。如知道地层倾角 $\alpha$ 及其中一种位移量，便可计算其他两种位移量。在实际找矿、采矿工作中，这三种位移比较重要，也经常使用。

## 三、在垂直于断层走向的剖面上测量

在垂直于断层走向的剖面上，同样可以测量地层断距、铅直地层断距与水平断距（图1.64C）。由于被断地层走向与断层走向不相平行，因此，除铅直地层断距不随剖面方向的不同而改变以外，地层断距与水平断距均因剖面方向（系被断地层的视倾斜方向）与图1.64B剖面方向不同，其所得数值不同。对比图1.64B与C，根据三角关系可以看出 $h'o' > ho, h'f' > hf$。

在矿山开采中，为设计竖井和平巷的长度，还常采用两个视位移术语——平错与落差（图1.65）。此两者均应在垂直于断层走向的剖面上测量，自断层真倾斜线上两相当层出露点 $x$、$z$ 分别作出铅垂线与水平线相交于 $y$ 点，$yz$ 代表断层的平错，$xy$

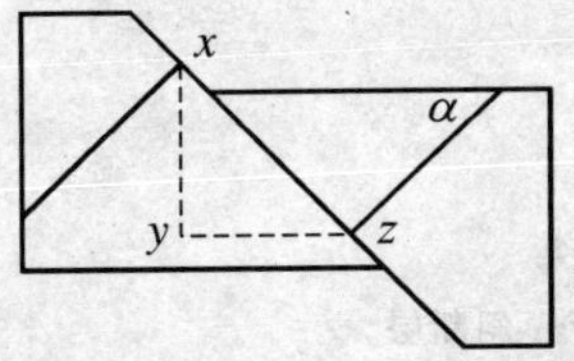


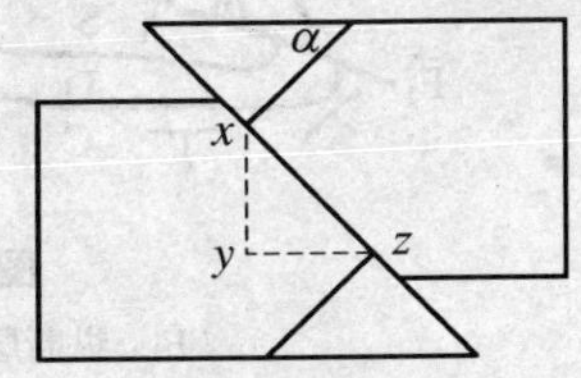


**图1.65　垂直断层走向剖面上断层落差（$xy$）和平错（$yz$）**

代表落差。从图 1.65 可知在直角三角形 $yxz$ 中被断矿层的视倾角为 $\alpha$（如系走向断层，则 $\alpha$ 为真倾角），如已知 $xz$ 和倾角 $\alpha$，则 $yz = xz \cdot \sin\alpha$；$xy = xz \cdot \cos\alpha$。

## 第三节 断 层 分 类

断层分类是一个涉及因素较多的问题，它涉及地质背景、运动方式、力学机制和各种几何关系等因素，因此，有各种不同的断层分类。常见的断层分类有三种：

### 一、按断层与有关构造的几何关系分类

（一）根据断层走向与岩层走向的关系划分

1. 走向断层　断层走向与岩层走向基本一致。

2. 倾向断层　断层走向与岩层走向基本正交。

3. 斜向断层　断层走向与岩层走向斜交。

4. 顺层断层　断层面与岩层层面基本一致。

（二）根据断层走向与褶皱轴向（或区域构造线）之间的几何关系划分

1. 纵断层　断层走向与褶皱轴向一致或断层走向与区域构造线方向基本一致（图 1.66）。

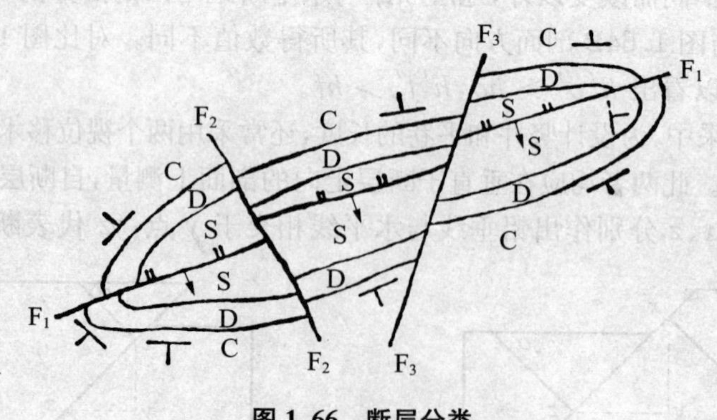


**图 1.66　断层分类**

$F_1$：纵断层；$F_2$：横断层；$F_3$：斜断层

2. 横断层断层　走向与褶皱轴向正交或断层走向与区域构造线基本正交。

3. 斜断层断层 走向与褶皱轴向斜交或断层走向与区域构造线斜交。

在枢纽水平的褶皱地区，这两种分类的前三者分别对应相当；在倾伏褶皱地区，这两种分类不能混淆。由于断层一般延伸较长，其走向在褶皱一翼与地层走向垂直，而在另一翼则未必垂直，从整体看可称其为横断层，但却不能称其为倾向断层（图 1.66 中 $F_2$）。因此，规模较大的断层一般不采用前一种分类命名。

## 二、按断层两盘相对运动分类

根据断层两盘相对运动划分为正断层、逆断层和平移断层等（图 1.67）。

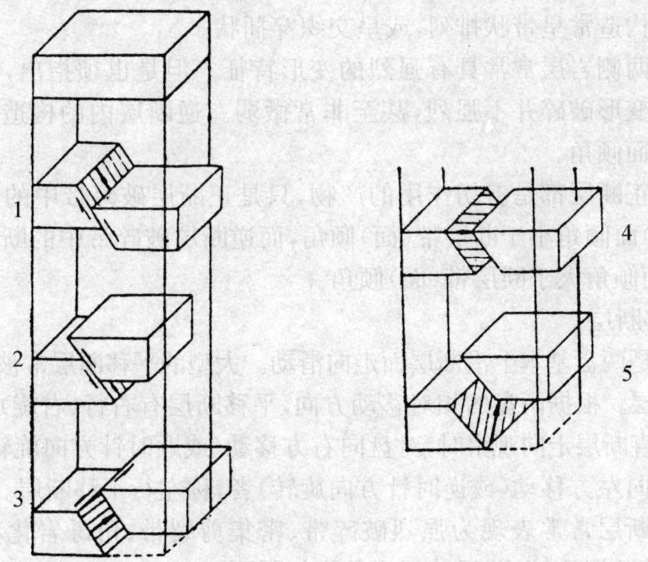


**图 1.67 按断层两盘相对运动划分的断层和组合性命名**
（据 Mattauer，1980）
1：正断层；2：逆断层；3：平移断层；4：正-平移断层；5：逆-平移断层

### （一）正断层

正断层是断层上盘岩块沿断面相对向下滑动的断层。其产状一般较陡，断层面倾角大多在 45°～90°间，而以 60°～70°者最为常见。大型正断层的陡直断面向地下深处常常呈渐缓趋势。正断层带内岩石破碎形成的碎裂岩多带棱角，称为断层角砾岩，通常不伴生强烈挤压形成的复杂小褶皱。当确认断层上盘岩块下降是由于重力作用或水平拉张作用所造成时，则该断层可称为重力断层。正断层内的构造透镜体的 AB 面倾角小于断层面的。因裂开而未错位的开断层面不是剪切面，而正断层面是剪切面。

（二）逆断层

逆断层是断层上盘岩块沿断层面相对向上滑动的断层，因其岩块常沿断层面作相对上冲滑动，故又称逆冲断层。逆断层产状一般较缓，其断面倾角大多在45°以下，一般在30°左右或更缓者称低角度逆断层或逆掩断层，倾角大于45°以上者称高角度逆断层。然而，一条逆断层倾角大小即断面陡缓沿断面分布在变化之中，而且向深部大部分断面都变缓了。

浅层次的逆断层常常显示出强烈的挤压破碎现象，形成碎粒岩、超碎裂岩以及深层次的糜棱岩等断层岩，沿逆断层还常常出现劈理化、节理化、剪切带或各种复杂揉皱。这些构造常呈带状排列，或呈交织穿插状。

逆断层带两侧岩层常常具有强烈的变形特征。但是也须指出，有些逆断层带或其个别部分变形破碎并不强烈，甚至非常微弱。逆断层内的构造透镜体AB面倾角大于断层面倾角。

逆断层和正断层都是剪切作用的产物，只是正断层破碎带中的断层砾岩透镜体的扁平（AB）面倾角小于断层带（面）倾角，而逆断层破碎带中的断层砾岩透镜体的扁平（AB）面倾角大于断层带（面）倾角。

（三）平移断层

平移断层是两盘基本上沿断层面走向滑动。大型的平移断层常被称为走向滑动断层或平推断层。根据两盘的相对移动方向，平移断层有右行（右旋）和左行（左旋）之分。当沿垂直断层走向观察时，对盘向右方移动（或顺时针方向旋转）者为右行平移断层，反之，向左方移动（或逆时针方向旋转）者，称左行平移断层。

大型平移断层常常表现为强烈破碎带、密集剪裂带、角砾岩化和超碎裂岩化带，与其他两类断层比较，剪裂破碎现象更加强烈。

平移断层面一般陡峻直立，因此从横剖面观测时常与正或逆断层效应一致，有时具一定程度的顺倾斜滑动，很容易被误认为正或逆断层。

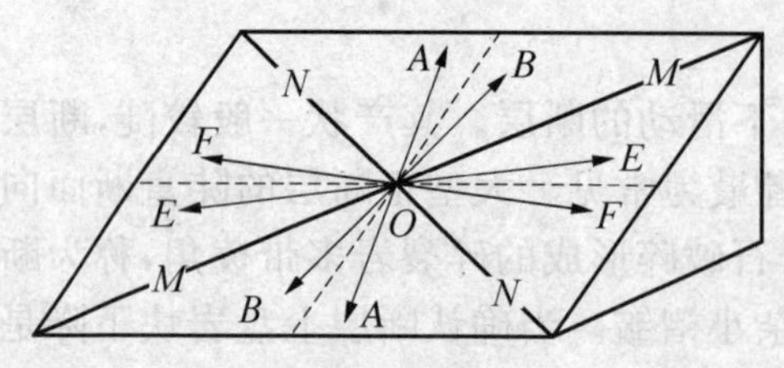

**图1.68　根据断层两盘滑动线的侧伏角的断层命名**

由于断层两盘相对移动有时并非单一的沿断层面作上、下或水平移动，而是沿断层面作斜向滑动，即兼具正（或逆）和平移两种性质。为了较确切地反映断层位移性质，常将正断层、逆断层、平移断层三者结合起来予以命名。

图1.68是一条断层的下盘，两条断线分别代表断层的走向线和倾斜线，*MM*

和 $NN$ 分别代表与断层走向线和倾斜线呈45°的斜线，箭头示上盘滑动方向。凡断层滑动线的侧伏角在80°以上的断层，属正（或逆）断层，如图中 $OA$ 至 $OB$ 范围内的断层。凡侧伏角在10°以下的断层，属平移断层，如图中 $OE$ 至 $OF$ 范围的断层。凡侧伏角在45°～80°之间的断层，属平移—正（或逆）断层，如图中 $OB$ 至 $OM$ 或 $OA$ 至 $ON$ 范围的断层。凡侧伏角在10°～45°之间的断层，属正（或逆）平移断层，如图中 $OE$ 至 $OM$ 或 $CF$ 至 $ON$ 范围的断层。

此外，还可按断层的几何分类和性质进行断层复合命名，如纵向逆断层（$F_1$）横向正断层（$F_2$）、斜向平移断层（$F_3$）等（见图1.66）。

在断层发展过程中，常因各点摩擦阻力不等而具有一定程度的旋转运动。旋转量较大的断层可称为枢纽断层。这类断层按旋转轴的所在部位可分两种：一种是旋转轴位于断层的一端（图1.69A），在垂直于断层走向的各不同部位的剖面上，断盘之间的相对位移量向一端逐渐减小；另一种是旋转轴位于断层的中间（图1.69B）从旋转轴向两端延伸，断层的相对位移量逐渐加大，在旋转轴两侧的断层性质不同，即一侧表现为上盘下降的正断层，另一侧则表现为上盘上推的逆断层。两种旋转方式的枢纽断层，其两盘原来产状一致的岩层或矿脉，经旋转后不再平行，这种特点在规模较大的断层中表现尤为显著。

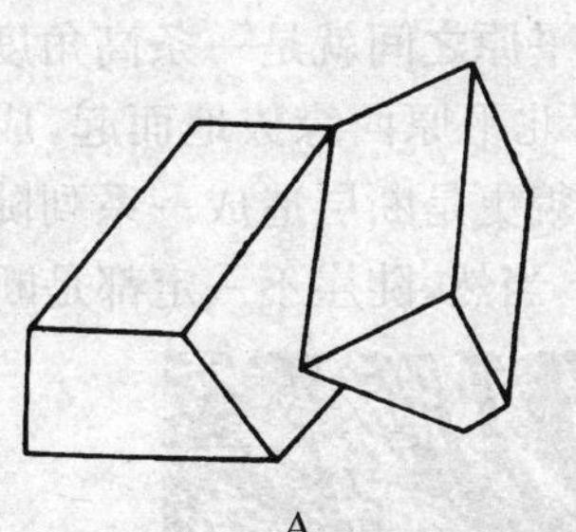

A

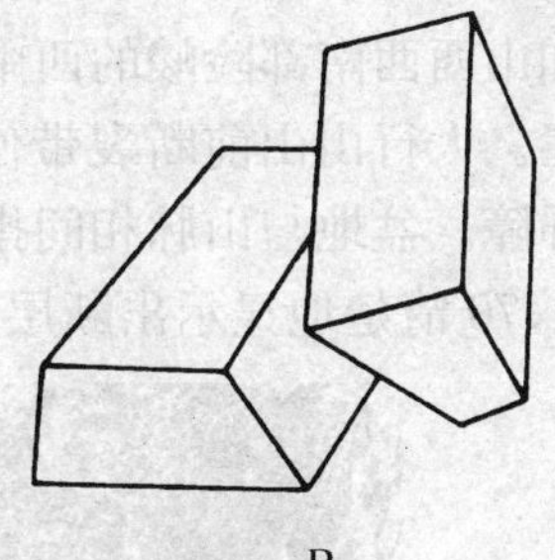

B

**图1.69　两种旋转的枢纽断层**

## 三、按断层力学性质分类

断层是具有明显剪切位移的破裂面，因而其力学性质必然以剪切为主，当然可以带张性，即张剪性断层（如正断层），或带压性，即压剪性断层（如逆断层），纯张性断层和纯压性断层是地质力学在进行平面应力分析中简化引申而出的。单纯挤压或拉张是否能形成断层尚没有实验的证据。作为断层形成的构造作用背景是可以的，但这就不是断层类别了。就总的断层面力学性质比较而言，一般划分如下：张剪性断层、剪性断层、压剪性断层（图5.16）。

# 第四节 断层标志

在自然界中，大部分断层由于后期遭受剥蚀破坏和覆盖，在地表上暴露得不甚清楚，认识它们比较困难。因此就出现了一个如何判断断层存在的问题。判断断层存在的标志，主要根据它们所切错的地层和构造特点，这是断层存在的直接证据；其次是地貌、水文等方面，它们是断层存在的间接证据。

## 一、地貌标志

断层活动及其存在，常常在地貌上有明显的表现，这些表现是识别断层的直观标志，它为观察和确定断层提供了重要的线索。

### (一) 断层崖

由于断层两盘的相对滑动，断层的上升盘和下降盘之间常常形成陡崖，即所谓断层崖。如山西西南部险峻的西中条山与山前平原之间就是一条高角度正断层所造成的陡崖。太行山山前断裂带使太行山于河北平原西缘拔地而起，成为华北平原的西部屏障。盆地与山脉相间排列的盆岭地貌更是断层造成一系列陡崖的良好例证。图 1.70 清楚地显示出断层造成的景观。当然，陡崖不一定都是断层崖。

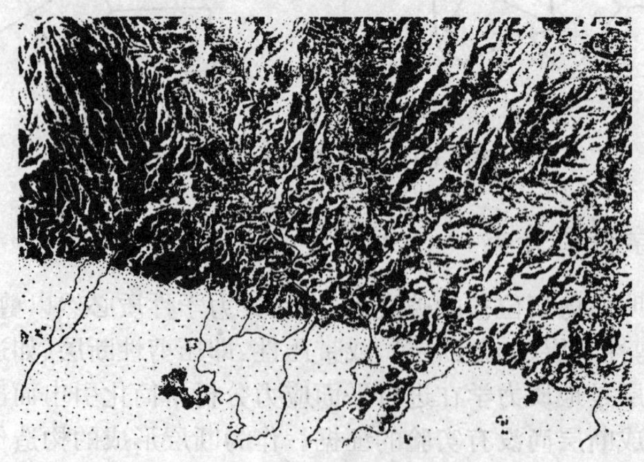

**图 1.70 断层造成的地貌景观**(引自徐开礼、朱志澄，1984)

断层在山区与平原的交接带

(二) 断层三角面

断层崖受到与崖面垂直方向的水流的侵蚀切割,断层面被分割成一系列三角形陡崖,即断层三角面(图 1.71)。

**图 1.71 河南偃师五佛山断层形成的断层三角面**(据马杏垣等,1981;宋姚生素描)

(三) 山脊的错断

错断的山脊也往往是断层两盘相对平移等运动的结果。

(四) 山岭与平原的突变

横切山岭走向的平原与山岭的接触带往往是一条较大的断裂。如桐柏山北麓一系列北西走向的山岭,向西北延至平氏盆地时被一条分割盆地与山岭的北东向断层切断。

## 二、水文标志

(一) 串珠状湖泊洼地

这种洼地往往是大断层存在的标志。这些湖泊洼地主要是由断层引起的断陷形成的。如我国云南东部顺南北向的小江断裂带分布着一串湖泊,自北而南有杨林海、阳宗海、滇池、抚仙湖、杞麓湖以及昆明盆地、宜良盆地、嵩明盆地、玉溪盆地等。

(二) 泉水的带状分布

泉水呈带状分布往往也是断层存在的标志。湖北京山县宋河地堑盆地的两侧顺着边缘断层出露了两串泉水。西藏念青唐古拉山南麓从黑河到当雄一带散布着一串高温温泉,也是现代活动断层直接控制的结果(图 1.72)。

(三) 水系改向

断层的存在常常影响水系的发育,引起河流的急剧转向,甚至错断河谷。

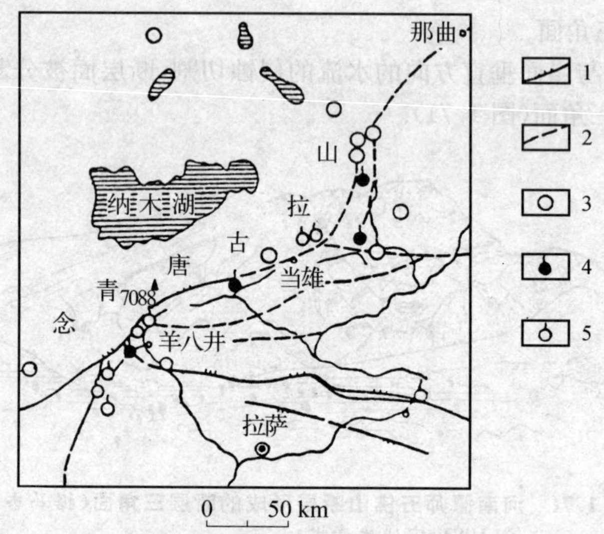


**图 1.72　念青唐古拉山温泉与地震震中分布图**
(据宋鸿林,1978)
1：逆断层；2：推测断层；3：震中；4：沸泉；5：热泉

## 三、地层标志

### (一) 地层的重复和缺失

一套顺序排列的地层,因走向断层的影响,常常造成两盘地层的缺失和重复。缺失是指地层序列中的一层或数层在地面缺失的现象。重复是原来顺序排列的地层,部分或全部重复出现。由于断层性质(即正断层或逆断层)不同,断层与岩层的倾向不同会造成6种基本的重复和缺失情况(表1.1,图1.73)。

**表 1.1　走向断层造成的地层重复和缺失**

<table>
<tr><td rowspan="3">断层性质</td><td colspan="3">断层倾向与地层倾向的关系</td></tr>
<tr><td rowspan="2">二者倾向相反</td><td colspan="2">二 者 倾 向 相 同</td></tr>
<tr><td>断层倾角大于岩层倾角</td><td>断层倾角小于岩层倾角</td></tr>
<tr><td>正断层<br>逆断层</td><td>重复(A)<br>缺失(D)</td><td>缺失(B)<br>重复(E)</td><td>重复(C)<br>缺失(F)</td></tr>
<tr><td>断层两盘<br>相对动向</td><td>下降盘出<br>现新地层</td><td>下降盘出现新地层</td><td>上升盘出现新地层</td></tr>
</table>

表中断层性质、断层倾斜与地层倾斜的关系在重复或缺失的现象中具有一定的几何关系。已知其中两个量即可确定另一变量。例如已发现地层重复,并已确定断层产状与岩层产状相反,则该断层应为正断层。

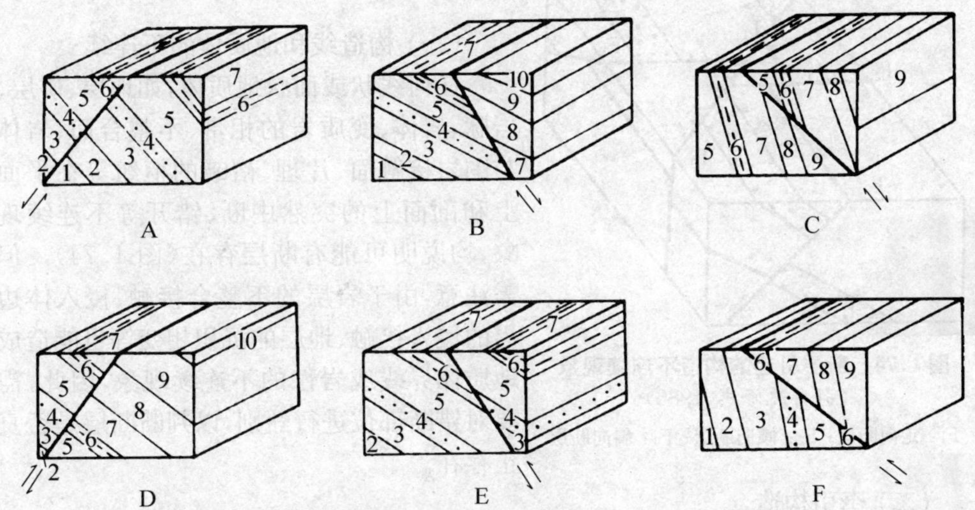


**图 1.73　走向断层造成的地层重复和缺失**(据 Billings,1972)

以上讨论的地层重复和缺失,是剥蚀夷平作用使两盘处于同一水平地面上表现的结果。但是两盘地面处于同一水平地面的情况是相当少见的,所以应用上述规律时,还要考虑地形的影响;此外,断层走向与岩层走向完全一致以及两盘岩层产状稳定一致的情况也不多见,所以在应用上述规律时要综合考虑各种可变因素。特别是要考虑断层的多次活动,这种地层重复和缺失的表象就会发生变化。

(二) 地层产状突然改变

这种突变有两种情况:一种是由于断层的错动而搞乱了地层的原来产状,使得两盘地层产状不一致;另一种是由于断层滑动的牵引而使地层变陡,一盘愈接近断层,地层的角度愈陡,甚至直立或发生倒转。当然,地层产状突变,不一定都是断层影响的。

(三) 岩相和厚度的急变

如果一地区的沉积岩相和厚度沿一地带发生急剧变化,可能是断层活动的结果。断层引起岩相和厚度的急变有两种情况:其一,是控制沉积盆地和沉积作用的同沉积断层的活动,引起沉积环境沿断层在其两盘发生明显变化,岩相和厚度因而发生显著差异;其二,是断层的远距离推移,使相隔甚远的岩相带直接接触。

查明和确定断层是研究断层的基础和前提。在地质调查中,应注意观察、发现和收集指示断层存在的各种标志和迹象，结合其他地质条件和背景，加以综合分析，以做出确切而又适当的结论。

## 四、构造标志

### (一) 构造线和地质体的不连续

任何线状或面状地质体，如地层、矿层、岩脉、岩体、变质岩的相带、不整合面、岩体与围岩接触面、片理、褶皱的枢纽等在平面上和剖面上的突然中断、错开等不连续现象，均说明可能有断层存在(图 1.74)。但需注意，由于岩层的不整合接触、侵入体边界的侵入接触、地层的沉积相变等也能造成地质体界线或岩性的不连续现象，因此，需要对错断部位进行甄别，以判断断层是否真正存在。

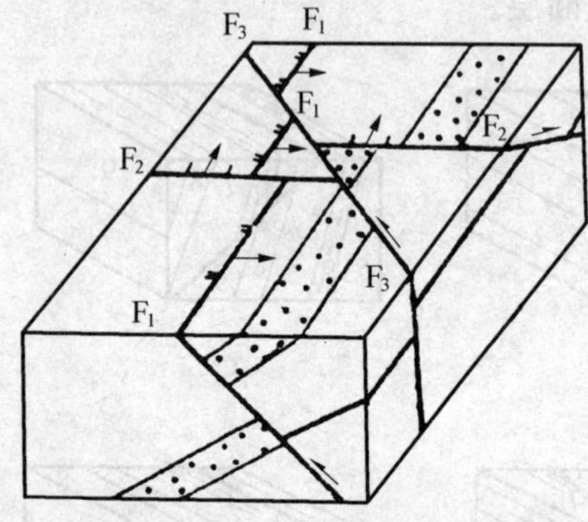


**图 1.74　断层引起的构造不连续现象**
(引自沈修志,1986)
$F_1$：走向断层；$F_2$：倾向断层；$F_3$：斜向断层

### (二) 牵引构造

牵引构造是断层两盘沿断层面作相对滑动时，断层附近的岩层因受断层面摩擦力拖曳而产生的弧形弯曲现象。岩层弧形弯曲突出的方向大体表示本盘的相对动向(图 1.75 和图 1.76)。必须注意，由于岩层牵引弯曲的形状决定于断层面与岩层面交线的方位以及断层的运动方向，因此，除直立岩层在横向平移断层中或水平岩层在正(或逆)断层中所产生的岩层牵引构造可以用来较准确地判断断层的动向外，其他情况不易准确判断断层动向。

**图 1.75　断层带中的牵引褶皱及其指示的两盘滑动方向**

断层附近岩层的弯曲现象也可能并非断层运动时拖曳的结果，而是先于断层而产生的褶皱弯曲，在进一步活动中被拉薄以至最终被剪断形成断层。

除上述牵引构造外，还有一种逆(或反)牵引构造，这种构造一般发育于水平岩层或缓倾斜岩层中的正断层的下降盘，多以背斜形式出现(图 1.77)，煤盆地和油气盆地中常可见到。根据逆牵引构造，鉴别断层动向正好与上述牵引构造相反，而弧形弯曲突出方向指示对盘的动向。

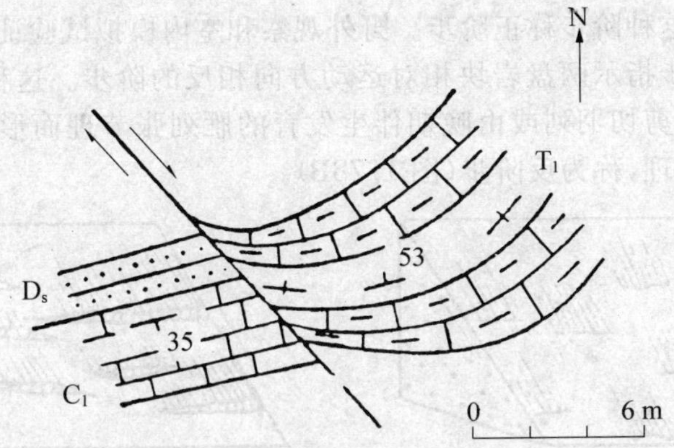


图 1.76 南京汤山平移断层中牵引构造(据俞鸿年、沈修志等,1986)

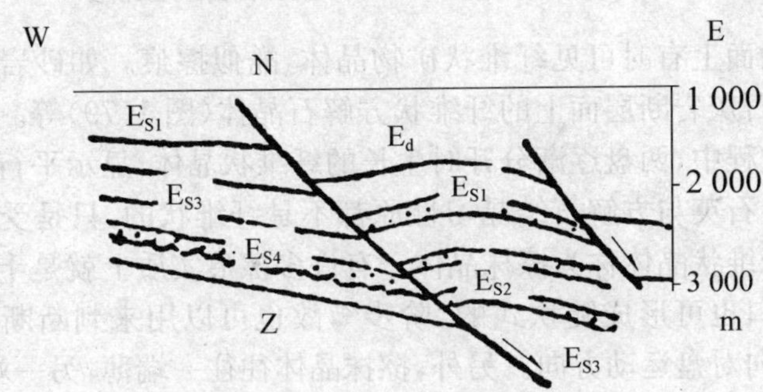


图 1.77 辽河坳陷双台子油田的逆牵引构造(据石油工业部资料)

(三) 擦痕和阶步

擦痕和阶步都是断层两盘岩块相对错动时因摩擦和坚硬的碎屑刻画在断层面上留下的痕迹。据此可判断断层的存在及断盘的相对运动方向。擦痕常表现为一组彼此平行而且比较均匀细密的相间排列的脊和槽;有时还可见到擦痕的一端粗而深,另一端细而浅;由粗而深的一端向细而浅的一端的指向为对盘运动方向。在硬而脆的岩石中,有的断层面被摩擦得光滑如镜,称摩擦镜面,其上常覆以数毫米厚的碳质、铁质或钙质薄膜,称动力薄膜,其成分取决于断层两盘岩石。

阶步是指断层面上与擦痕垂直的微小陡坎,坎高一般不足 1 mm 至几毫米,它是顺擦痕方向局部阻力的差异或因断层间歇性运动的顿挫而形成的(图 1.78A)。在平行断层运动方向的剖面上其形态特征呈不对称波状,陡坎倾斜方向指示对盘岩块运动方向，这种阶步称正阶步。野外观察和室内模拟试验证实，在某些情况下，会出现与阶步指示两盘岩块相对运动方向相反的阶步。这种阶步的陡坎为断层早期发育的剪切羽列或由晚期伴生发育的雁列张节理而形成，更多是晚期伴生的雁列张节理，称为反阶步(图 1.78B)。

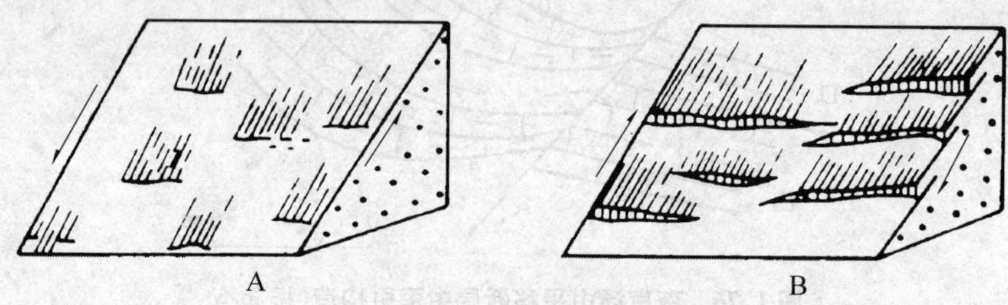


**图 1.78　断层面上的阶步(A)和反阶步(B)**

A：由摩擦形成的正阶步；B：由羽状剪裂形成的反阶步

在断层滑动面上有时可见纤维状矿物晶体，酷似擦痕。如砂岩断层面上的纤维状石英晶体，石灰岩断层面上的纤维状方解石晶体(图 1.79)等。它们是在断层的发生和发展过程中，两盘逐渐分开时生长的纤维状晶体，显示平行于断层位移方向的优选方位。石英与方解石结晶习性原都不是纤维状的，只是受制于断层运动的结果。这类纤维状晶体称为擦抹晶体。有许多擦痕实质上就是十分细微的擦抹晶体，其垂直断口也可形成陡坎式的“阶步”，故也可以用来判断断层两盘相对动向，断口陡坎面向对盘运动方向。另外，擦抹晶体往往一端薄，另一端厚，那么由薄

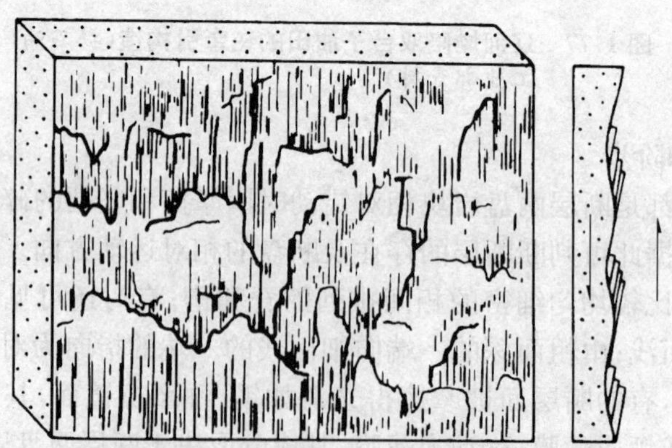

**图 1.79　北京西山奥陶系石灰岩断层面上的擦痕和阶步**(宋鸿林摄，杨光荣素描，1978)

擦痕和阶步由方解石纤维状晶体构成，陡坎面向对盘滑动方向

变厚的方向指示对盘的动向。

还应指出，断层运动常常是长期多次活动的，即使在同一次活动中，其运动也多具有来回往复的特点，两盘运动很难保持稳定的方位和方向。因而擦痕可以有很多组，其方向不一，晚期运动的擦痕常将早期擦痕磨灭或掩覆，因此保留在断层面上的擦痕往往是以最后一次运动所造成的擦痕为主，它明显地覆盖在早期活动留下来的擦痕之上，在利用擦痕判断断层动向时须加以注意。

(四) 羽状节理

在断层两盘相对运动过程中，在断层一盘或两盘的岩石中常常产生羽状排列的张节理和剪节理。这些派生节理与主断层斜交，其交角的大小因派生节理的力学性质不同各异。羽状张节理与主断层常成45°角相交，羽状张节理与主断层所交锐角指示节理所在盘的运动方向(图1.80和图1.81)。

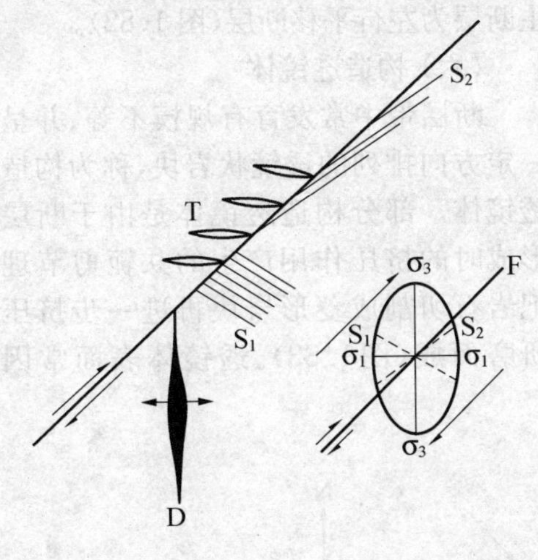


**图1.80 断层及其派生节理和小褶皱示意图**(据朱志澄,1999)

F：主断层；$\sigma_1$：派生应力场主压应力轴；$\sigma_3$：派生应力场主张应力轴；$S_1$、$S_2$：剪节理；T：张节理；D：小褶皱轴面

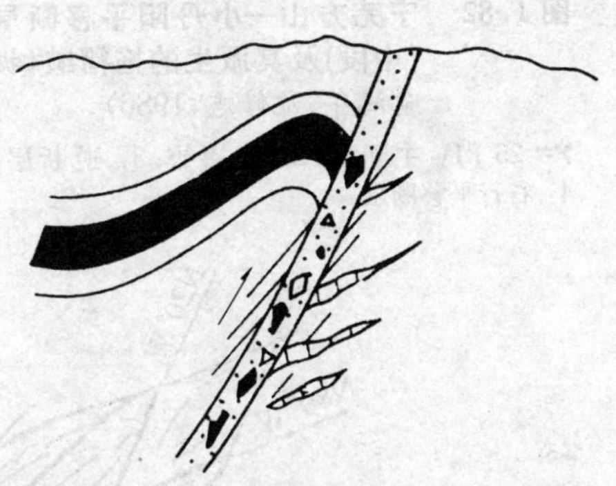

**图1.81 根据断层带中标志层角砾的分布推断断层两盘相对运动示意图**(据朱志澄,1999)

断层派生的节理除羽状张节理外，还可能有两组剪节理(图1.80的$S_1$和$S_2$)，一组与断层面成小角度相交，其交角一般在15°以下，相当于内摩擦角的一半；另一组往往与断层呈大角度相交或近于正交。小角度相交的一组节理，与断层所交锐角指示本盘运动方向。与断层派生的两组剪节理产状不太稳定，常被两盘的相对

错动破坏，所以不易用来判断两盘的相对运动方向。

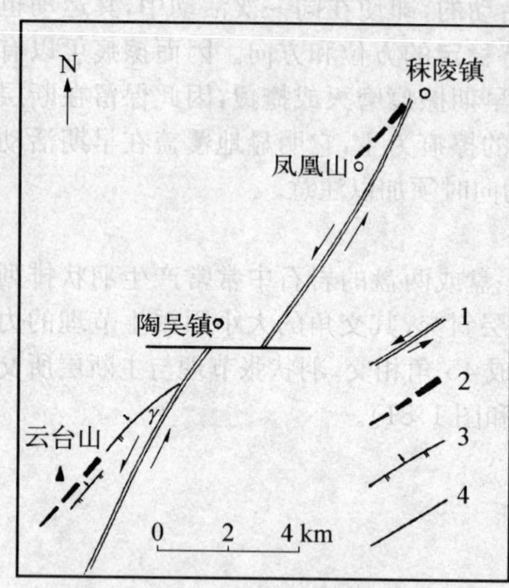


**图 1.82　宁芜方山—小丹阳平移断层(中段)及其派生的拖褶皱**(据俞鸿年、沈修志，1986)

$\gamma=25°$；1：主断层；2：拖褶皱；3：逆断层；4：右行平移断层

(五) 拖褶皱

拖褶皱是指由断层两盘相对运动派生的褶皱，常见于大型平移断层的一侧，其轴面与断层呈小角度相交(一般小于 45°)，其锐交角指示断层对盘运动方向。苏皖间宁芜地区的方山—小丹阳北北东向隐伏逆平移断层，其北西侧发育有派生的北东向拖褶皱——凤凰山背斜与云台山背斜，根据它们与主断层走向之锐交角(25°)，指出主断层东南盘自南西向北东滑动，表明主断层为左行平移断层(图 1.82)。

(六) 构造透镜体

断层带中常发育有规模不等、并呈一定方向排列的透镜状岩块，称为构造透镜体。部分构造透镜体是由于断层形成时的挤压作用产生的共轭剪节理把岩石切割成菱形岩块再进一步挤压研磨而成(图1.83)。透镜体表面常因

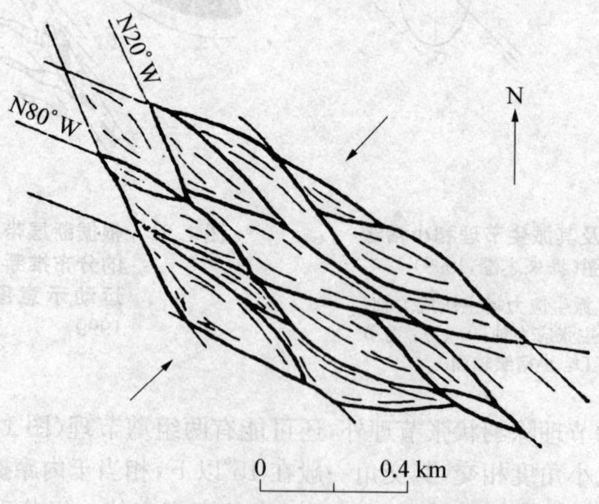


**图 1.83　南京小九华山断层带中构造透镜体平面素描**(据俞鸿年、沈修志等，1986)

岩块间的相互挤压滑动而留下擦痕。根据透镜体长轴方向可以判断断层两盘相对动向(图 1.84)。

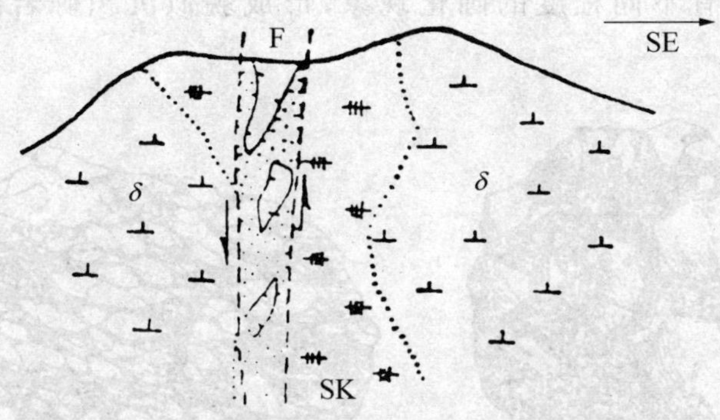


**图 1.84　南京伏牛山挤压断层带中的构造透镜体剖面素描**(据沈修志,1980)

F: 断层带,宽约 1 m; SK: 矽卡岩; δ: 闪长岩

(七) 断层岩

断层岩是断层带中因断层动力作用被搓碎、研磨,有时伴有重结晶作用而形成的一种岩石。

断层岩可划分为两大系列。过去把断层岩均作为岩石在脆性状态下断层两盘错动研磨的结果,随着研磨作用的增强而细粒化,可以根据碎块颗粒的大小分为断层角砾岩→碎裂岩→糜棱岩→片理化岩等。现在已经确证,对于碎裂岩系列,细粒化程度决定于脆性变形下岩石破碎的程度;对于糜棱岩系列,细粒化取决于塑性变形状态和重结晶程度。现将两大系列断层岩分述如下。

1. *碎裂岩系列*

碎裂岩系列一般包括断层角砾岩、碎粒岩或碎斑岩、碎粉岩、假玄武玻璃和断层泥等。

**断层角砾岩**　由断层两盘的岩石碎块组成。角砾内部无矿物成分和结构的变化,仍保持着原岩的特点;角砾间由磨碎的岩屑、岩粉以及外源物质(如地下水循环带来的铁质、钙质、硅质等)充填和胶结,其胶结程度可有较大差别。断层角砾岩出现在各类断层带中。根据角砾形状、结构、排列方式等特点,大体有两种:当断层规模较小、断层带上覆的压力较小时,断层角砾岩的形状极不规则,大小不一,棱角明显,杂乱散布,无定向排列,呈典型的角砾结构(图 1.85);在规模较大的逆断层、平移断层和低角度的正断层中,由于断层带上覆压力较大,断层位移也较大,角砾岩经受挤压、揉搓、碾滚而使其棱角磨损,可具有不同程度的圆化现象,形成貌似沉积砾岩的断层磨砾岩(图 1.86)。

**图 1.85　苏州泥盆系砂岩中张裂角砾岩**(据孙岩、韩克从,1979)

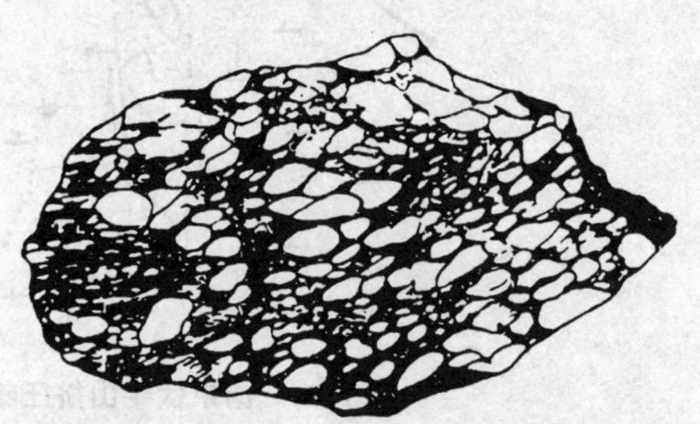

**图 1.86　苏州一逆掩断层中压碎角砾岩**(据孙岩、韩克从,1979)

角砾岩的种类很多,如不整合面上的底砾岩、火山角砾岩、同生角砾岩、膏盐角砾岩、岩溶角砾岩等,在野外工作中应注意区分。断层角砾岩与其他角砾岩区分的主要标志是看角砾与围岩是否有同源关系;是否顺层发育;是否有摩擦搓碎现象等。

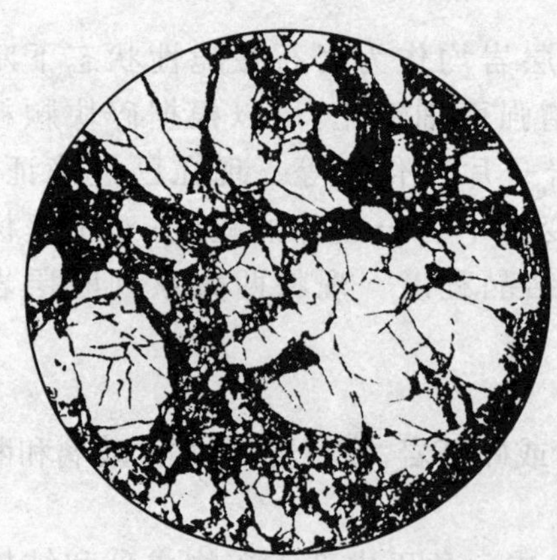

**图 1.87　江西定南花岗岩断裂带中碎斑岩显微照片素描**(正交×30,据孙岩、韩克从,1979)

石英斑晶已碎裂

**碎粒岩**　碎粒岩是由断层碾搓、研磨得更细的断层岩,它与断层角砾岩的区别在于破碎程度较高,碎块较小,岩石呈压碎结构。碎粒岩中若残留有较大的矿物颗粒或原岩碎块,则称碎斑岩,并呈碎斑结构,碎斑内常见有裂纹(图 1.87)。

碎粒岩常见于逆断层与平移断层中。

**碎粉岩**　碎粉岩的岩石颗粒被研磨得极细,粒度比较均匀,一般颗粒在 0.1 mm 以下。这种岩石也可称为超碎裂岩。

如果岩石在强烈研磨和错动过程中局部发生熔融，而后又迅速冷却，会形成外貌似黑色玻璃质的岩石，称为玻化岩（或称假玄武玻璃）。玻化岩往往成细脉分布于其他断层岩中。

如果岩石在强烈研磨中成为泥状，单个颗粒一般不易分辨，而且较大碎粒（块）含量有限，这种未固结的断层岩可称为断层泥。对比原岩成分与断层泥成分发现，两者成分不尽相同，这说明断层泥的细粒化不仅有研磨作用，而且有压溶作用等。

2. *糜棱岩系列*

糜棱岩的细粒化不是研磨造成的，而是塑性变形动态重结晶的结果，是原岩中初始大颗粒细粒化变成许多亚颗粒和新生颗粒的集合体。糜棱岩中也可含有一定量的塑—脆性变形的残斑矿物和新生重结晶矿物。糜棱岩中矿物和颗粒常具有波状消光、膝折、变形纹等，还具有拔丝构造、核幔构造等。

**波状消光** 波状消光是最常见的粒内变形效应，一般在塑性变形即将开始或刚刚开始时即会发生，并随塑性增强而减弱以至消失。

**变形带** 变形带是晶粒内界面清晰的带状消光带，以具有明显界面的特点与波状消光相区分。膝折是变形带的一种特殊形式，以相邻带间的突变为特色。

**变形纹** 变形纹是一组平直的微细薄纹层，变形纹与主晶消光位有轻微差异（一度至几度）。

**带状石英** 带状石英（Quartz ribbon）是由石英晶粒构成的带状、集合体或均匀条带，条带由长条形或等轴状重结晶新生晶粒组成。条带常围绕残斑弯曲延伸。条带长宽比可达1∶30以上，石英单晶体压扁拉长，轴比＞10以上者可称拔丝构造（Flameboyant）。它也可以是由多个拔丝单体组合成一个拔丝综合体。

**核幔构造** 核幔构造（Core and mantle structure）是变形晶粒被细小的亚颗粒（亚晶）和重结晶新颗粒环绕组成的构造（图1.89）。核幔构造是糜棱岩中常见的一种构造，是动态重结晶作用的结果。

在糜棱岩化过程中，随着糜棱岩化程度的增高，残碎斑晶的粒径和含量也逐渐减少，塑性基质相应增加。根据残碎斑晶与塑性基质的相对含量，或基质细粒化的百分比，糜棱岩可分为初糜棱岩、糜棱岩、超糜棱岩（表1.2）。

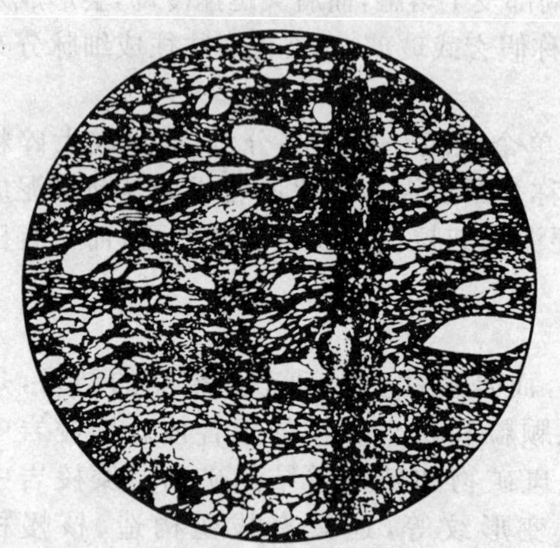

**图 1.88　江西定南类糜棱岩显微照片素描**（正交×170，据孙岩、韩克从，1979；有认定性修改）

原岩为砂岩，眼球状颗粒为石英，石英被更细的类糜棱物质（小于 0.02 mm）包围，黑域为再次类糜棱岩化作用的产物（该岩石属于韧-脆性构造岩）

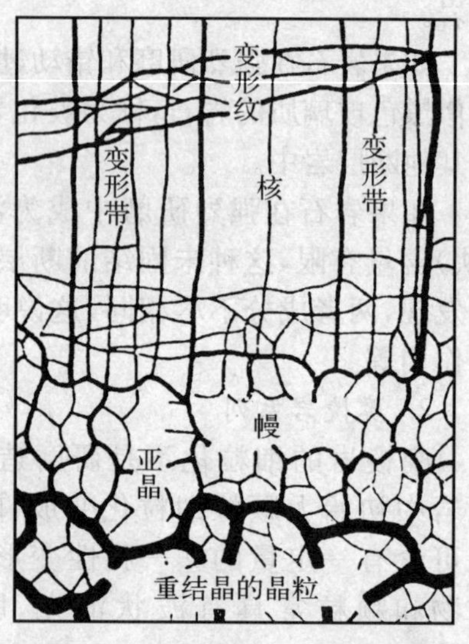


**图 1.89　变形晶粒的核幔构造图示**（据 White，1976）

粗黑线代表晶界；中粗黑线划分的域为变形纹和变形带；细黑线之内是亚晶（亚颗粒）

**表 1.2　断层岩分类(转引自沈修志)**

<table>
<tr><th>固结程度</th><th>结构及其定向性</th><th>主导作用</th><th colspan="2">基质含量(%)及多数颗粒粒径</th><th>岩石名称</th></tr>
<tr><td rowspan="2">未固结的</td><td rowspan="6">紊乱结构</td><td rowspan="2">碎裂作用</td><td colspan="2">可见碎块>30%</td><td>断层角砾</td></tr>
<tr><td colspan="2">可见碎块<30%</td><td>断层泥</td></tr>
<tr><td rowspan="4">固结的</td><td>玻璃化<br>部分脱玻化</td><td colspan="2"></td><td>假玄武玻璃</td></tr>
<tr><td rowspan="3">碎裂作用</td><td><50</td><td>>2 mm</td><td>断层角砾岩</td></tr>
<tr><td>50～90</td><td>0.1～2 mm</td><td>碎裂岩<br>(碎粒岩)</td></tr>
<tr><td>>90</td><td><0.1 mm</td><td>超碎裂岩<br>(碎粉岩)</td></tr>
</table>

续表

| 固结程度 | 结构及其定向性 | 主导作用 | 基质含量(%)及多数颗粒粒径 | | 岩石名称 |
|---|---|---|---|---|---|
| 固结的 | 流动结构 | 糜棱岩化动态重结晶 | 10～50 | | 初糜棱岩 |
| | | | 50～90 | | 糜棱岩 |
| | | | >90 | | 超糜棱岩 |
| | 面状定向变晶结构 | 新矿物生长重结晶 | | | 千糜岩 |
| | | | | | 构造片岩 |
| | | | | | 构造片麻岩 |

糜棱岩化作用进一步发展，在绿片岩相以上的温、压条件下，岩石绝大部分或全部由重结晶的新矿物组成，形成变晶糜棱岩。变晶糜棱岩结晶一般比糜棱岩颗粒粗大，面理和线理也更发育。根据结晶程度又可分为千糜岩、构造片岩(图1.90)和构造片麻岩或片麻糜棱岩。变晶糜棱岩与正常静态重结晶形成的片岩或片麻岩在结构上相似，只是产出于一个窄带内，而且常保存残余的糜棱结构。

**图 1.90 江西大余构造片岩显微照片素描**(正交×170，据孙岩、韩克从，1979)

石英拉长呈扁豆状，白云母为细长条、片状；岩石片状构造明显

## 五、岩浆活动标志

断层破碎带尤其是切割很深的大断裂带，常常是岩浆和热液活动运移的通道和储聚场所。如果这些岩体及矿化带或硅化带等热液蚀变带沿一条线断续分布，常常指示有大断层或断裂带存在(图 1.91)。硅化带常因其岩性坚硬较难风化而形成地貌上的突出脊形高地；而矿化带则以其特有的颜色标志区别于两侧的岩石，

因而野外易于发现。

同理，一些放射状或环状岩墙也指示放射状断裂或环状断裂的存在。

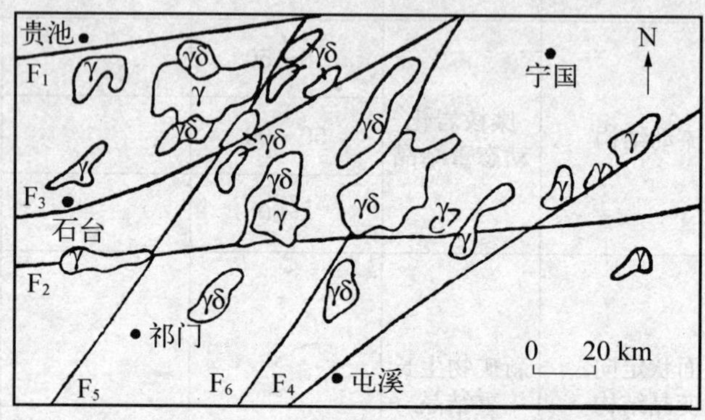


图 1.91 安徽南部印支——燕山期中酸性岩体(γδ、γ)沿断裂(F)呈串珠线状分布略图(据沈修志,1985)

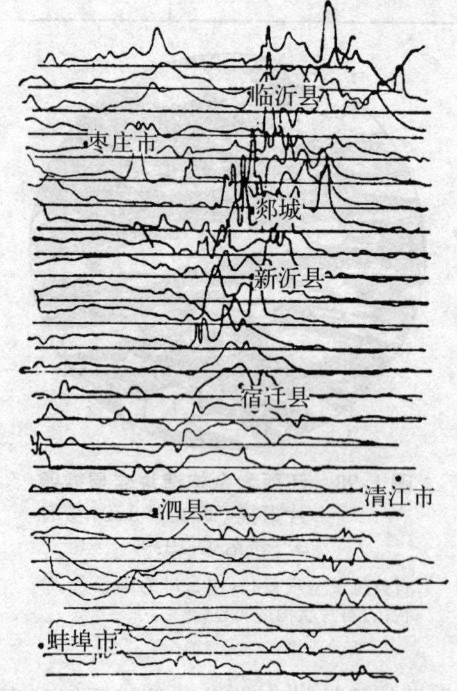


图 1.92 郯城庐江断裂带的航磁平剖面图(据地质部航空物探大队,1958)

## 六、地球物理和地球化学标志

由于断裂两盘岩性往往有明显的差异，其各种物理性质(如密度、磁化率、电阻率等)以及地震波的波速和波速衰减等都会发生相应变化。因此，利用重力、航磁、地电、地震等各种方法获得的异常变化曲线图，可以推断深部断层存在的情况。图 1.92 是郯庐断裂带的航磁平面图、剖面图。图上磁异常曲线的剧烈变化点的连线正反映了郯庐断裂带的存在。此外借助天然地震震中呈条带状定向分布的特征，亦能有助于判断断裂的存在。

断裂作用往往影响或控制某些地质体中化学元素的迁移，造成其贫化或富集。因此，化学元素含量突变带可能指示地质体中断层的存在。

# 第五节 断层效应

广义的断层效应,泛指断层引起的所有各种构造现象。这里所讨论的断层效应主要指断层产生的地层位移在平面与剖面上的各种表现。

断层效应是由断层产状、断层的真位移、被断地层的产状及剖面位置等四个主要因素及其不同的组合情况所决定的。对断层复杂性必须有足够的认识,才能对断层性质作出正确判断。同一条断层往往切过不同产状的地层,在不同产状的地层为相当层或不同剖面上进行观测时,其位移方向和距离各不相同。例如,图1.93表示的断层性质为横向平移断层,在平面上,根据相当层的错开关系确定为平移断层,断距为 $EG$;而剖面上,由错开关系,呈上盘下降的正断层假象;而在背斜另一翼剖面 $B$ 上看,它呈逆断层假象。

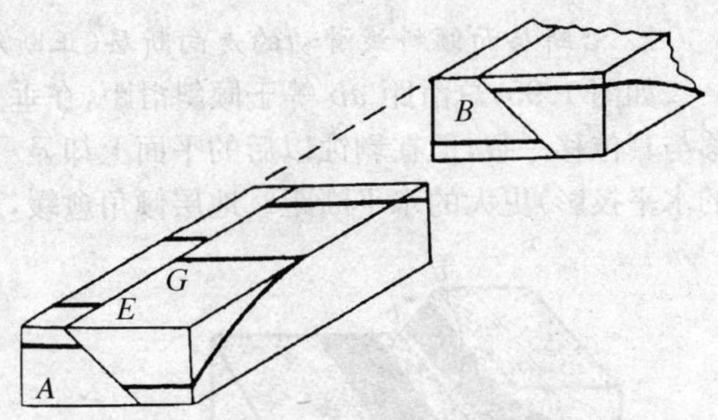


**图 1.93 在褶皱两翼切断背斜的横向平移断层,剖面上分别显示正断层和逆断层的假象**(据 Cill,1935)

下面具体分析几种断层的主要效应。

## 一、平移断层效应

1. *沿断层走向平移的倾向断层*

如图 1.94 总滑距 $ab$ 等于走向滑距。平面上根据相当层测得之视位移等于真位移。但剥蚀以后在垂直于断层走向的剖面上,则显示不出其平移特点,而造成逆断层性质的错觉;从图上还可以看出,其视位移随地层倾角增大而增大。

2. *沿地层走向平移滑动的走向断层*

这种断层不论真位移距离多少,也不论是在平面上还是在剖面上观察,均视为无位移,没有位移效应。

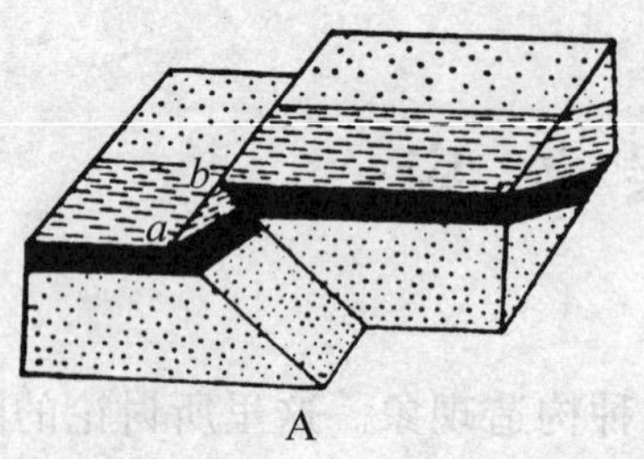


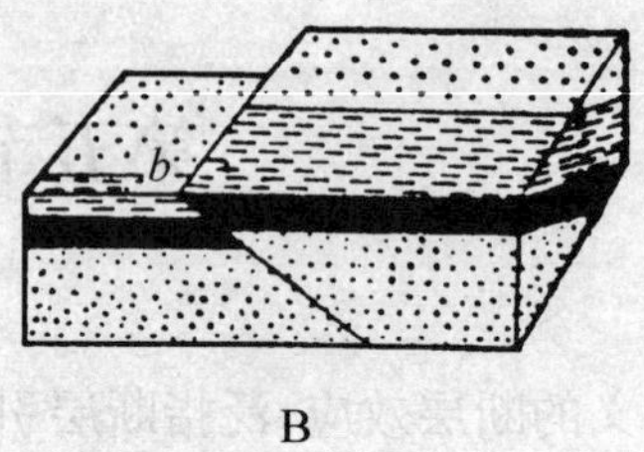


**图 1.94　倾向断层效应图(剖面上表现为逆断层假象)**(据 Billings, 1972)

*ab*：总滑距；A：剥蚀以前；B：剥蚀以后

## 二、正(逆)断层效应

1. 沿断层面倾斜线滑动的走向断层(正断层或逆断层)

如图 1.95,总滑距 *ab* 等于倾斜滑距,在垂直于断层走向的剖面上观察的视位移与真位移一致,但在剥蚀以后的平面上却显示出比断层实际拉开距离(即总滑距的水平投影)更大的水平断距。地层倾角愈缓,这种视位移的水平距离也愈大。

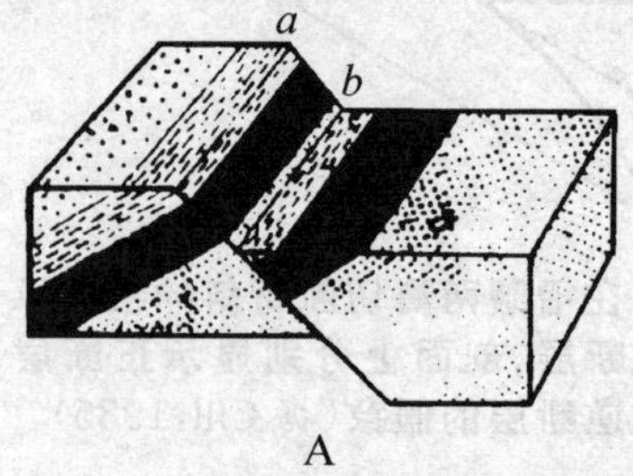


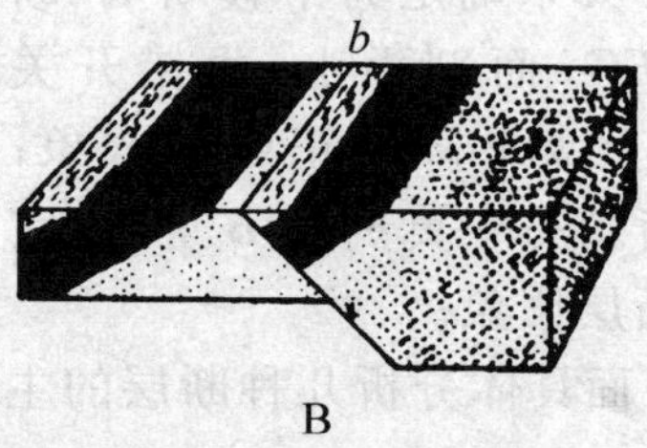


**图 1.95　走向断层效应图示**(据 Billings,1972)

*ab*：总滑距；A：剥蚀以前；B：剥蚀以后

2. 沿断层面倾斜线滑动的倾向断层(正断层或逆断层)

如图 1.96,为正断层,其总滑距 *ab* 即倾斜滑距;在垂直于断层走向的剖面上,根据相当层测得之视位移 *cd* 与真位移 *ab* 一致,应为正断层;但在剥蚀以后的平面上观察,则显示了沿走向的视位移,而且随着地层倾角的减小视位移增大。因此,在平面上观察,该断层很容易被误认为是平移断层。

3. 斜向活动的斜交断层(正断层或逆断层)

如图 1.97 为正断层,总滑距为 *ab*;但剥蚀夷平后,平面上出现地层被水平错动的平移断层假象,剖面上仅表现为同一岩层内部破碎而无上、下滑动现象效应。此类斜交断层随着岩层产状变化,还能出现更复杂一些的断层效应现象。

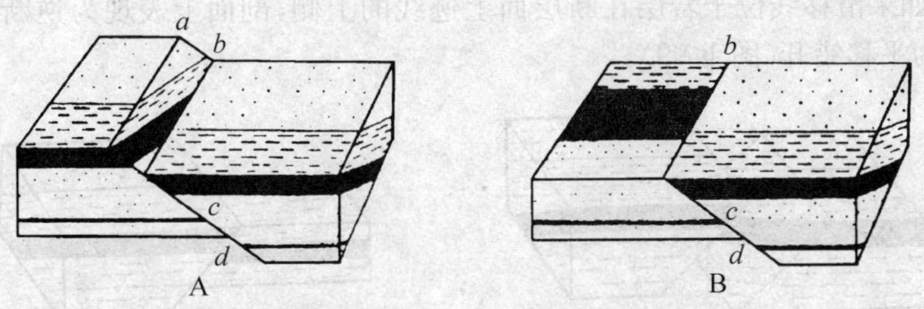


**图 1.96　倾向断层效应(平面上出现平移断层假象)**(据 Billings,1972)

*ab*：总滑距；A：剥蚀以前；B：剥蚀以后

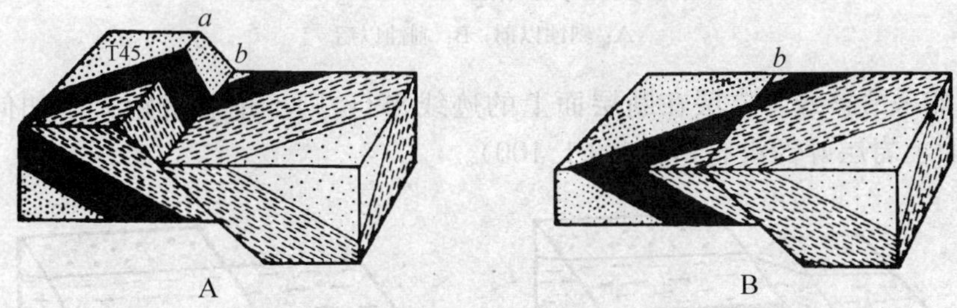


**图 1.97　斜交断层效应(平面上出现平移断层假象)**(据 Billings,1972)

*ab*：总滑距；A：剥蚀以前；B：剥蚀以后

## 三、平移正(逆)断层或正(逆)平移断层效应

当倾向断层的上盘在断层面上斜向下滑时，会出现 3 种效应。

1. 如果滑移线(断层擦痕线)位于岩层在断层面上迹线的下侧，剖面上表现为正断层，平面上表现为平移错开(图 1.98)。

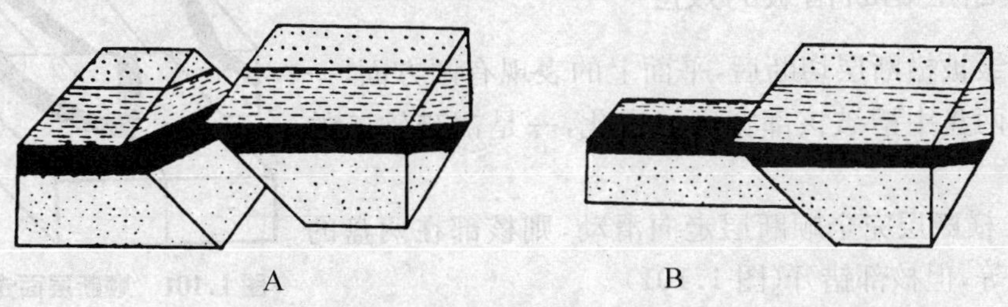


**图 1.98　滑移线位于岩层在断层面上交迹的下侧，剖面上表现为正断层，平面上表现为平移断层**(据 Billings,1972)

A：剥蚀以前；B：剥蚀以后

2. 如果滑移线位于岩层在断层面上迹线的上侧，剖面上表现为逆断层，平面上表现为平移错开(图 1.99)。

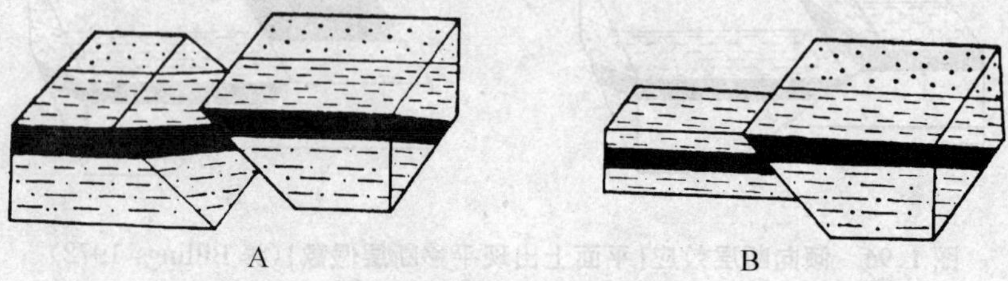


**图 1.99　滑移线位于岩层在断层面上交迹的上侧，剖面上表现为逆断层，平面上表现为平移断层**(据 Billings,1972)

A：剥蚀以前；B：剥蚀以后

3. 如果滑移线与岩层在断层面上的迹线平行，则不论总滑距大小如何，平面上或剖面上岩层好像没有错移(图 1.100)。

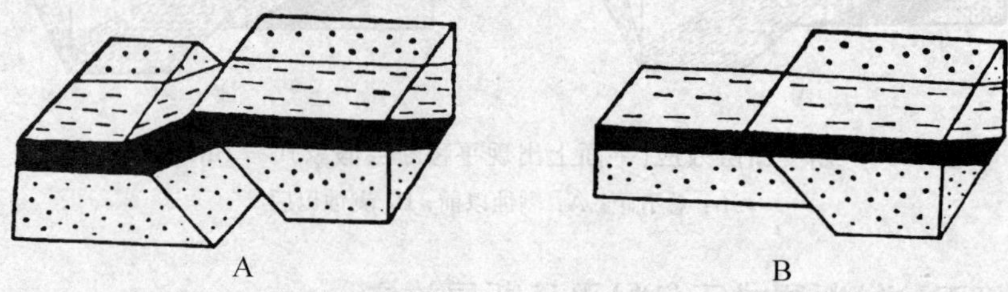


**图 1.100　滑移线与岩层在断层面上的迹线平行，剖面上或平面上岩层好像未被错移**(据 Billings, 1972)

A：剥蚀以前；B：剥蚀以后

## 四、横断层错断褶皱的效应

褶皱被横断层切断后，平面上的表现有两方面，一是断层两盘中褶皱核部宽度的变化，一是褶皱轴迹的错移。

1. 横断层完全顺断层走向滑动，则核部在两盘的宽度相等，但核部错开(图 1.101)。

**图 1.101　顺断层面走向滑动的横断层，褶皱核部宽度没有变化**(据 Billings, 1972)

2. 两盘顺断层倾斜滑动，则两盘中褶皱核部宽度不等。上升盘中背斜核部变宽，而向斜核部变窄(图 1.102)；但下降盘则完全相反。

3. 顺断层面斜向滑动，则不仅褶皱核部宽度变化，而且核部也被错开（图1.103）。

**图1.102 横断层引起核部宽窄的变化**（据Billings,1972）

A：横断层上升盘中背斜核部变宽；B：向斜核部变窄

**图1.103 顺断层面斜向滑动的横断层，引起褶皱核部宽度变化和核部错开**（据Billings,1972）

A：背斜；B：向斜

断层是否具有平移性质，主要依据褶皱轴迹在平面上的错移情况来判断。对于被横断层切断的直立褶皱，如果两盘中褶皱轴迹仍然连为一线而未错断，说明断层没有平移滑动（图1.104），反之，则表明断层有平移分量。如果褶皱是斜歪或倒转的，即轴面成倾斜的褶皱被横断层切断，由于轴面是倾斜的，顺断层面倾斜滑动并在上升盘被夷平后，平面上仍表现出轴迹的错移。上升盘中的轴迹向轴面倾斜的方向位移，轴迹在两盘中的错开距离决定轴面的倾角和位移大小，倾角越大，错开距离越小。反之，如果轴面倾斜的褶皱被横断层切断并夷平后，平面上两盘轴迹仍连成一线而未错移，则表明断层两盘顺着轴面在断层面上的迹线滑动，因此既有顺断层面走向滑动的分量又有顺断面倾斜滑动的分量。还要指出，如果轴面倾角平缓，顺断层面倾斜滑动的分量即使不大也可能引起水平面上轴迹的较大错开。

总之，褶皱轴迹在两盘中错移距离的大小决定以下因素：即两盘平移分量的大小和平移方向，两盘倾斜滑动分量的大小和褶皱轴面的倾角。这些变量及其相互关系，决定了褶皱轴迹是否发生错移，并决定了错移的方向和距离。所以在分析断层时，必须考虑断层、褶皱及其相互关系的整体，结合有关构造进行分析。

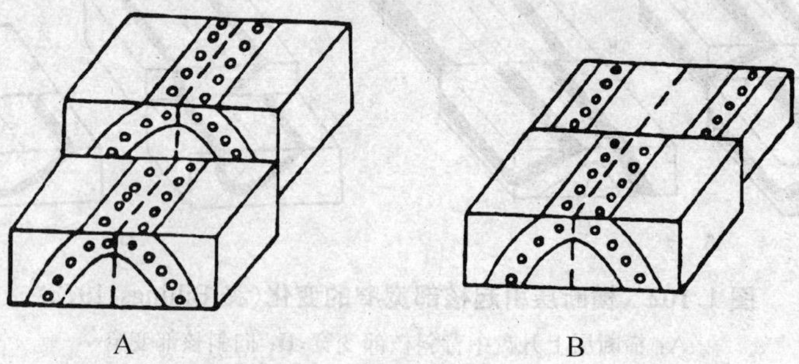


**图 1.104　被横向正断层切断的直立褶皱，两盘中的轴迹仍连成一线**（据 Billings，1972）

从以上断层效应分析中可以看出，只在一个剖面上或平面上观察断层，是不全面的。一定要考虑到三维空间的立体形象，多方面观察断层的各种标志并结合断层效应进行分析，才有可能准确鉴别断层的性质。

# 第六章　韧性剪切带

## 第一节　剪　切　带

剪切带泛指剪切作用集中的地带，它包括剪节理、褶皱岩层的层间滑动以及各种断层等。剪切带的宽窄不一，规模大小不等，但都具有强烈的剪切变形，剪切带以外两侧的岩石几乎没有变形。

兰姆赛（Ramsay，1980）按照剪切变形发生时不同的力学行为，将剪切带分为三类四种（图 1.105）。

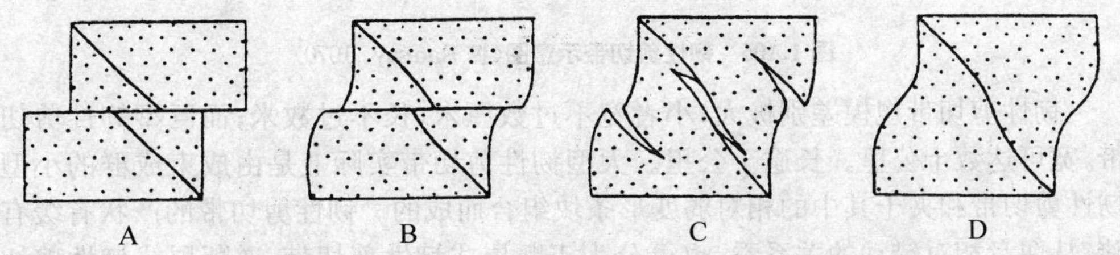


**图 1.105　剪切带的类型**（据 Ramsay，1980）

A：脆性剪切带；B：脆-韧性剪切带；C：韧-脆性剪切带；D：韧性剪切带

### （一）脆性剪切带

岩石发生脆性变形，产生明显的不连续破裂面，两侧岩石被其错开。故脆性剪切带的特点是具有清楚的不连续面（断层面），位移明显，变形集中在个别的断层面上，其两侧的岩石几乎未经变形。地壳的浅层次一般发育脆性剪切带，即通常所称的断层或断裂带（图 1.105A）。

### （二）韧性剪切带

韧性剪切带通常又称韧性断层，是岩石塑性状态下发生连续变形的狭长高应变带，韧性剪切带在露头尺度上一般见不到不连续面，带内变形和两盘的位移完全由岩石塑性流动来完成。因此，剪切带与围岩之间无明显的界线，但两侧岩石发生了相对位移，所以，韧性剪切带好像断而未破，错而似连（图1.105D）。当围岩中的标志层通过剪切带时，常会发生方向的变化及厚度的改变（图 1.106），剪切带中的矿物组分及粒度也会发生一定程度的变化，形成一系列构造上的和岩石学方面的特征。

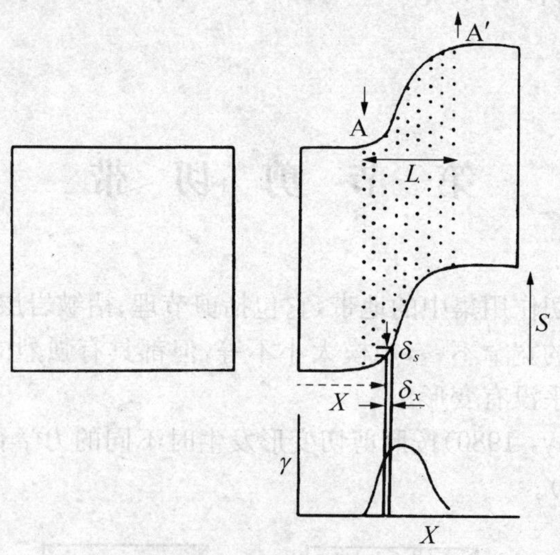


**图 1.106　韧性剪切带示意图**（据 Ramsay，1970）

韧性剪切带规模差别极大，小者宽不过数厘米，长不过数米；而巨型韧性剪切带，宽可达数十公里。长逾千公里。大型韧性剪切带实际上是由成束成群的小型韧性剪切带和夹于其中的相对弱变形条块组合而成的。韧性剪切带的产状有缓有陡，从两盘相对错动的关系看，也可分为正断层式韧性剪切带、逆断层式韧性剪切带、平移式韧性剪切带和顺层式韧性剪切带共计四种。

韧性剪切带主要产出于变质岩系中，尤其易于发育在相对均匀的变质岩系和岩体中。韧性剪切带是地壳中深层与深层次的主要构造类型之一。

（三）脆-韧性剪切带

脆-韧性剪切带是脆性与韧性剪切带之间的过渡类型。

此类剪切带，有两种形式：一种是类似断层牵引现象的脆-韧性剪切带（图 1.105B），在不连续面两侧的一定范围内的岩层或其他标志层发生了一定程度的塑性变形。另一种是雁列脉形式的韧-脆性剪切带（图 1.105C），剪切带内由剪切派生的张应力形成的呈雁列的张裂隙、反映岩石的脆性破裂。张裂隙之间的岩石一般受到一定程度的塑性变形。

以上三类剪切带反映了它们变形时岩石的力学性质的差异，也反映了变形时温度和围压等环境的不同，或者反映变形时的深度。从地表向深处，变形从脆性逐渐过渡为韧性。

## 第二节　韧性剪切带的构造特征

### 一、韧性剪切带边部牵引拉薄

卷入韧性剪切带的强硬岩层或岩墙/岩脉，进入剪切带内则强烈变形。这些强硬岩层或岩体在剪切带内被拉长、变薄(图 1.107)，并发生石香肠化、透镜体化，断断续续从一盘延续到另一盘。变形再加强时，这些岩层或岩块常被置换，与面理平行一致(图 1.108)。

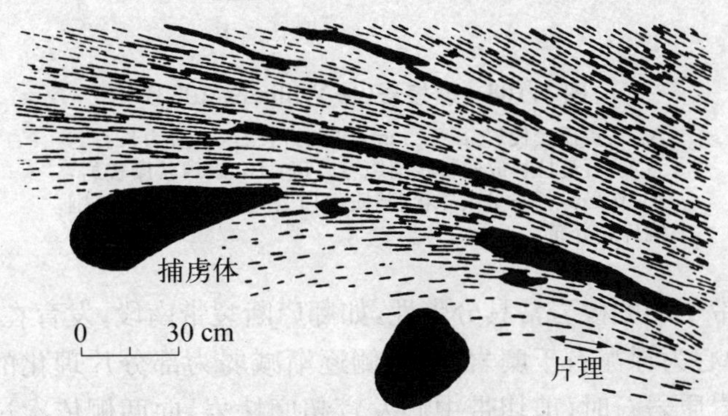


**图 1.107　卷入韧性剪切带中标志物的拉长、变薄现象**(据 Ramsay、Graham，1970)

### 二、韧性剪切带形成的构造岩为各类糜棱岩

韧性剪切带中的岩石均受到不同程度的塑性变形，其构造岩为糜棱岩系列的岩石。糜棱岩是矿物在高温高围压下发生晶体塑性变形的产物。

糜棱岩一般致密坚实，晶粒细微，肉眼无法辨认。通常面理的发育，是由某些矿物(如石英、云母)被强烈拉长并围绕一些脆性变形的残斑(如长石)显示出塑性流动状态，而形成流动构造。糜棱面理上常发育矿物拉伸线理，并平行于其变形时的剪切方向。在显微镜下观察，糜棱岩的基质具有多种塑性变形现象。如石英常被拉长成丝带构造，在正交偏光下为一长条状的单晶，也可以是由许多边界成细锯齿状的细小的亚晶粒及新生的重结晶颗粒所组成；或具有典型的核幔构造，反映石英由于位错蠕变机制而细粒化。糜棱岩中还可有少量在其形成温度压力条件下不易塑性变形的矿物碎斑(图 1.108)。

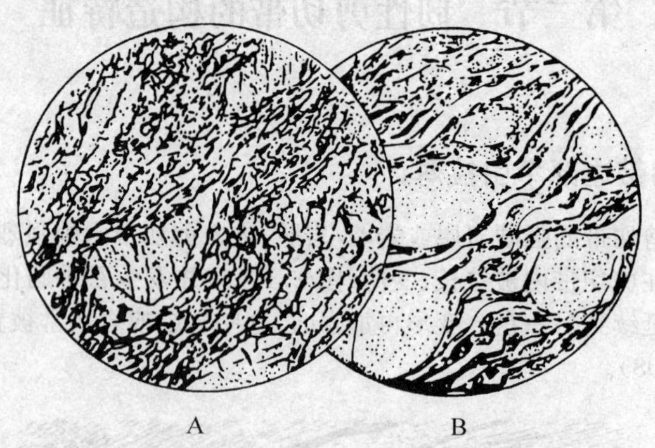


**图 1.108　糜棱岩**(据 Williams，1982)

A：长英质糜棱岩，$d$ = 5 mm，碎斑为长石，基质为长石与石英，石英拉长成丝带状围绕着碎斑；B：眼球状糜棱岩，$d$ = 6 mm，长石呈眼球状，基质由白云母、绿泥石组成，围绕碎斑分布

韧性剪切带中的糜棱岩常具分带性，如郯庐断裂带南段，发育在基性岩中的韧性剪切带，其中心为绿泥石千糜岩，向两侧逐渐减弱为部分片理化的基性岩；当该断裂通过花岗岩质岩石时，剪切带中心发育超糜棱岩，向两侧依次过渡为糜棱岩、初糜棱岩(也称粗糜棱岩，多属局部糜棱岩化片麻岩)的分带现象。

## 三、韧性剪切带发育的新生面理和线理

在韧性剪切带中，常发育矿物(或矿物集合体)平行于剪切带的应变椭球体的拉伸面排列而形成的面理，称为剪切带内面理(S)(图 1.109)。因此，剪切带内面理(S)的方向随着从剪切带边缘到中心的应变加强而发生改变。在简单剪切带边缘部分，S 面理与剪切带的边界夹角成 45°，在中部随着主应变量的增加，则夹角变小，于是穿过剪切带形成新生的 S 形面理。

C面理是平行于韧性剪切带边界发育的新生面理，称糜棱面理(图1.109)。它不同于S形面理，两者之间有角度差。S－C组构是复式剪切变形作用的结果。S－C组构发育的韧性剪切带是初始低级别的韧性剪切带。

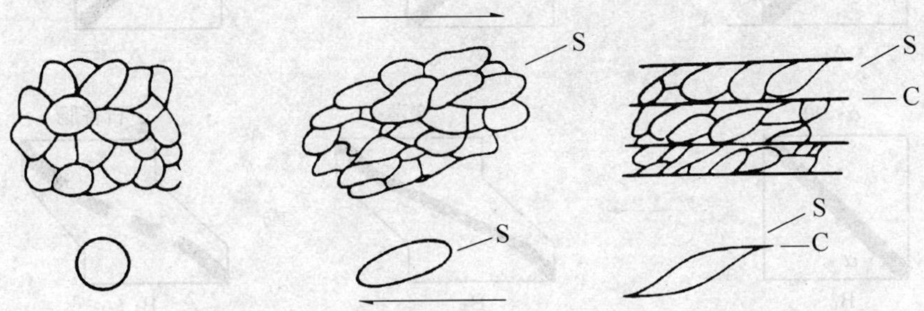


**图1.109 剪切带内面理(S)和糜棱面理(C)形成模式图**(据Berthé等，1979)

在剪切带内面理上，还经常发育有平行最大拉伸方向的矿物拉伸线理(图1.110)，其发育程度随变形的增强而显著。拉伸线理与剪切带边界的锐夹角指向反映了剪切运动的方向。

由于剪切带内发育S形面理和矿物拉伸线理，使剪切带内的岩石具有良好的面状和线状构造。此类岩石称为SL构造岩，它是韧性剪切带的标志之一。

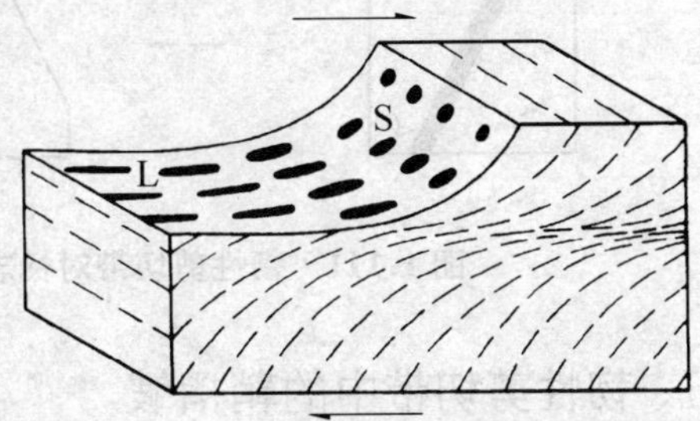


**图1.110 剪切带内面理(S)面上的拉伸线理(L)**(据韦必则，1999)

## 四、韧性剪切带中先存构造的变形

在韧性剪切带中，由于标志层与剪切带夹角不同，标志层在剪切带内的受力状态和变形方式有很大差异。图1.111表示了不同方位标志层在剪切带内可能形成的各种构造。图1.111中A系列代表标志层与剪切方向的夹角$\alpha$约为135°。标志层初期增厚而后发育成弯曲褶皱。B系列的$\alpha$角约为45°，标志层先变薄后发育成石香肠。C系列$\alpha$角大于90°，标志层先褶皱再被拉断成石香肠。但是，在递进的简单剪切过程中，一般不会发生先变薄再变厚的变形顺序。所以，观测剪切带内标志层的变形构造，有助于理解标志层原始方位与剪切方向之间的关系，以及标志层受力后的变形状态和发育演化过程。

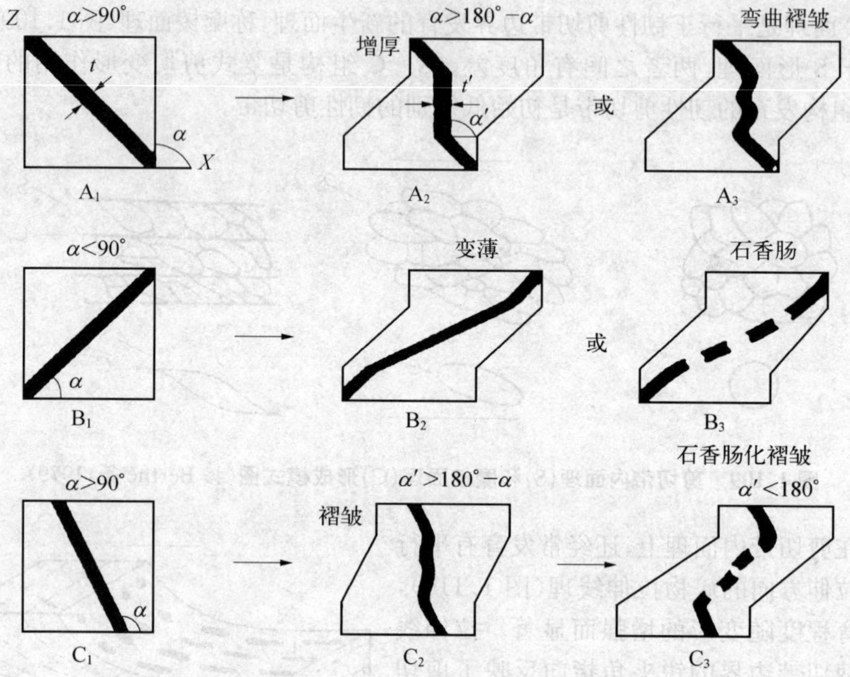


**图 1.111　韧性剪切带对标志层变形的影响**(据 Ramsay，1980)

## 五、韧性剪切带中的鞘褶皱

韧性剪切带中的褶皱与地壳浅层次常见的褶皱几何形态不同。韧性剪切带中大部分褶皱的褶轴与拉伸线理的方向大致平行，这种褶皱称为 A 型褶皱(图 1.112B、D 和 E)；而浅层次褶皱的褶轴与拉伸线理相垂直，这种褶皱称为 B 型褶皱(图 1.112C)。A 型褶皱一般发育在剪切带的强烈剪切部位，受剪切作用直接形成；或由较开阔的 B 型褶皱随着剪切变形的加剧，使褶皱平行拉伸线理而形成。

鞘褶皱是韧性剪切带中的一种特殊的 A 型褶皱(图 1.112D、E)，因其形似刀鞘而得名。鞘褶皱常成群出现，大小不一，以中、小型为主。鞘褶皱大多呈扁圆状或舌状，甚至呈圆筒状。多数为不对称褶皱，沿剪切方向拉得很长。为了研究方便，将鞘褶皱的长轴(平行运动方向)确定为 $X$ 轴；$Y$ 轴与 $X$ 轴垂直，并平行于剪切面；$Z$ 轴垂直于 $XY$ 面。

鞘褶皱在不同截面上的形态变化很大。在垂直于 $X$ 轴的 $YZ$ 面上以封闭的圆形、眼球形、豆荚状为典型特征。在 $XZ$ 截面上多为不对称及不协调的褶皱，其轴面的倒向为剪切方向；在 $XY$ 截面上褶皱不明显，但显示出长条形或舌形等，其上发育有明显的拉伸线理。拉伸线理指示剪切运动的方向。

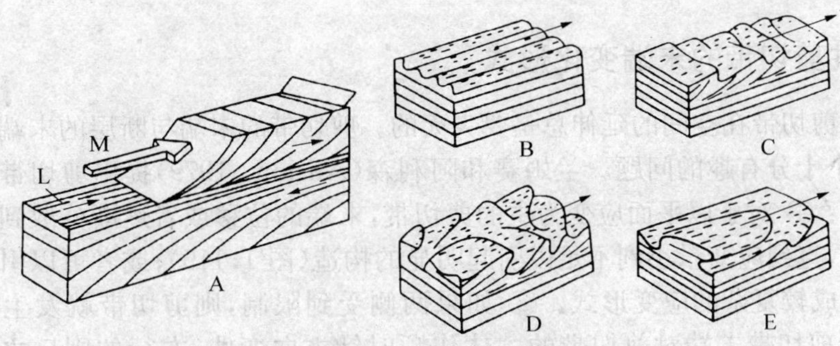


**图 1.112 韧性剪切带中的褶皱**(据 Mattauer,1980)

A:韧性剪切带的拉伸线理;B、D、E:褶轴平行拉伸线理的 A 型褶皱;C:褶轴垂直拉伸线理的 B 型褶皱;M:运动方向;L:拉伸线理

鞘褶皱的形成有多种方式。有的是先期褶皱在剪切过程中枢纽被弯曲,甚至可以变得很尖,形成翼间角较小的鞘状褶皱,是叠加变形的结果(图 1.113)。多数鞘褶皱是由于被动层中存在着原始偏斜,如原始厚度不等的局部原始偏斜,或层面斜交于剪切方向以及其他的局部不均一性,在递进剪切作用下发育成枢纽弯曲或形态复杂的鞘褶皱(图 1.114)。

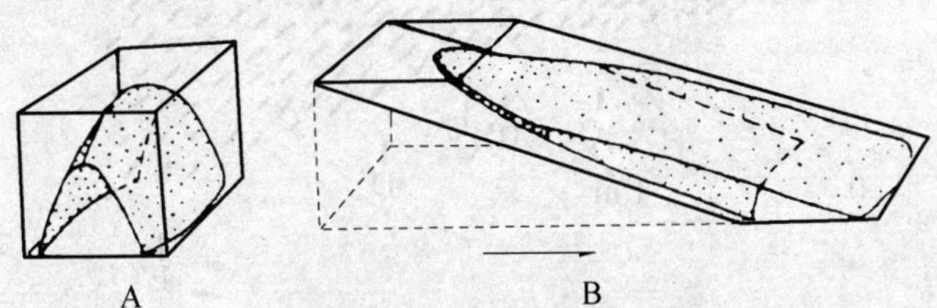


**图 1.113 剪切带中先存褶皱的变形**(据 Ramsay, 1980)

A:原始褶皱;B:剪切后的鞘褶皱

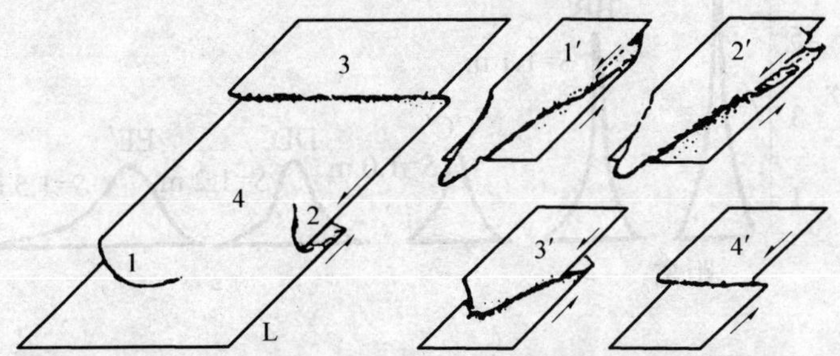


**图 1.114 鞘褶皱的演化**(据 Quinquis、Cobbold,1978)

左侧是递进变形初始状态;右侧是最终形成的鞘褶皱,1 变为 1′,2 变成 2′,以此类推

## 六、韧性剪切带的末端变化形式

韧性剪切带在空间的延伸总是要尖灭的。剪切带的末端与断层的末端效应一样，是一个十分有趣的问题。兰姆赛和阿利森（Alision，1979）提出剪切带尖灭的两种模式：① 对于以平面应变为主的剪切带，末端的位移或者逐渐分散到越来越宽的地带，直到应变量小到不足以引起明显的构造（图 1.115）；或者可以引起侧向位移而造成较复杂的应变形式。② 如果两侧受到限制，则剪切带就发生弯曲趋向。右行剪切带末端对剪切带的主体作顺时针方向弯曲，左行的则反之。这种效应可使两条同样运动方式的相邻剪切带互相交切或联合，形成菱形或网格状构造（图 1.116）。

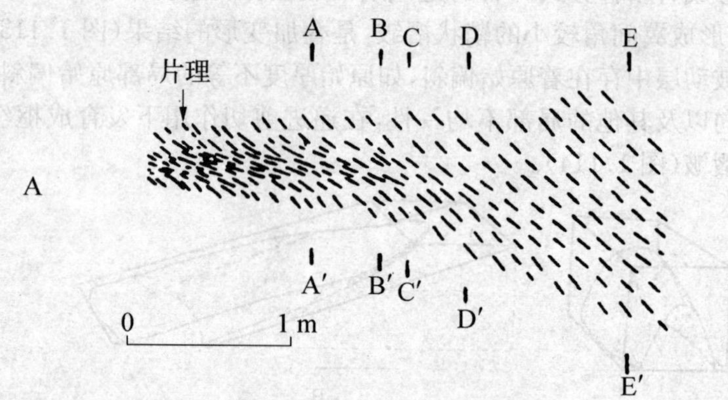


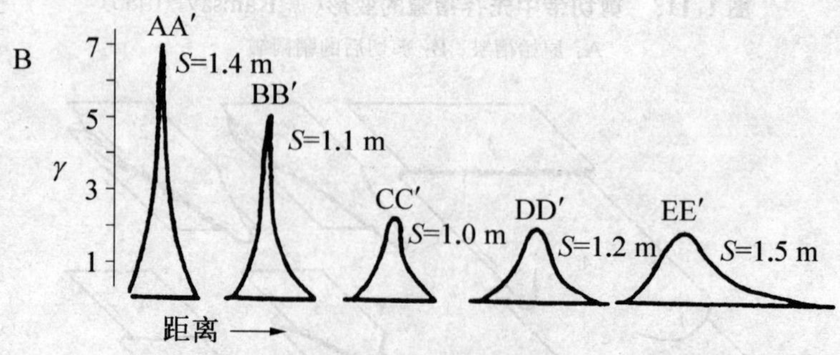


**图 1.115　剪切带末端的变化**（据 Ramsay，1979）

A：片理方位的变化；B：穿过剪切带剖面的总位移

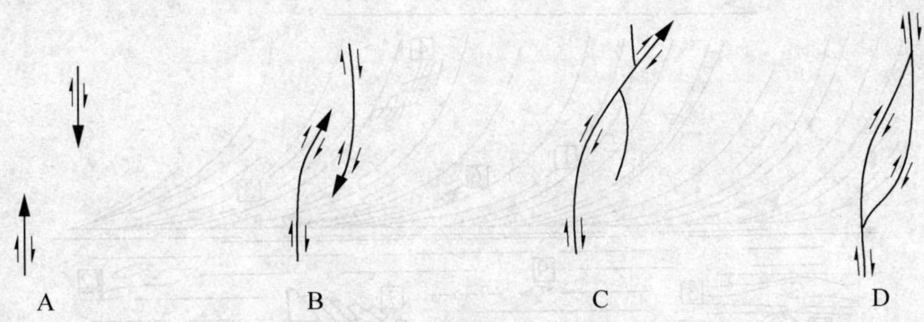


**图 1.116 剪切带的扩展和联合**(据 Ramsay, 1980)

A: 趋近; B: 端部弯曲; C: 交切; D: 联合

# 第三节 韧性剪切带的剪切指向标志

朱志澄等(1990)基于前人工作综合研究认为,韧性剪切带的剪切指向标志(图 1.117)可归纳如下:

(一) 错开的岩脉或标志层

穿过剪切带的标志层往往呈 S 形弯曲,造成标志层在剪切带两盘明显位移,根据互相错开的方向可确定剪切方向。但应用这一方法时,要注意先存标志层与剪切带之间的方位关系,否则会得出错误的结论。

(二) 不对称褶皱

当岩层受到平行或近于平行层面方向的剪切作用时,由于层面的不平整或剪切速率的变化,导致岩层弯曲旋转。随着剪应变的递进发展,褶皱幅度被动增大,形成缓倾斜的长翼和倒转短翼的不对称褶皱,由长翼到短翼的方向即是褶皱倒向、代表剪切方向(图 1.118B)。但要特别注意:当剪应变很高时,褶皱形态将发生变化,变形初期与剪切作用协调的不对称褶皱的倒向发生反转,如由 S 型褶皱转为 Z 型,上述法则就不再适用了。

(三) 鞘褶皱

鞘褶皱枢纽的弯曲方向,或垂直 $Y$ 轴剖面 $XZ$ 面上的褶皱倒向指示剪切方向(图 1.118C)。

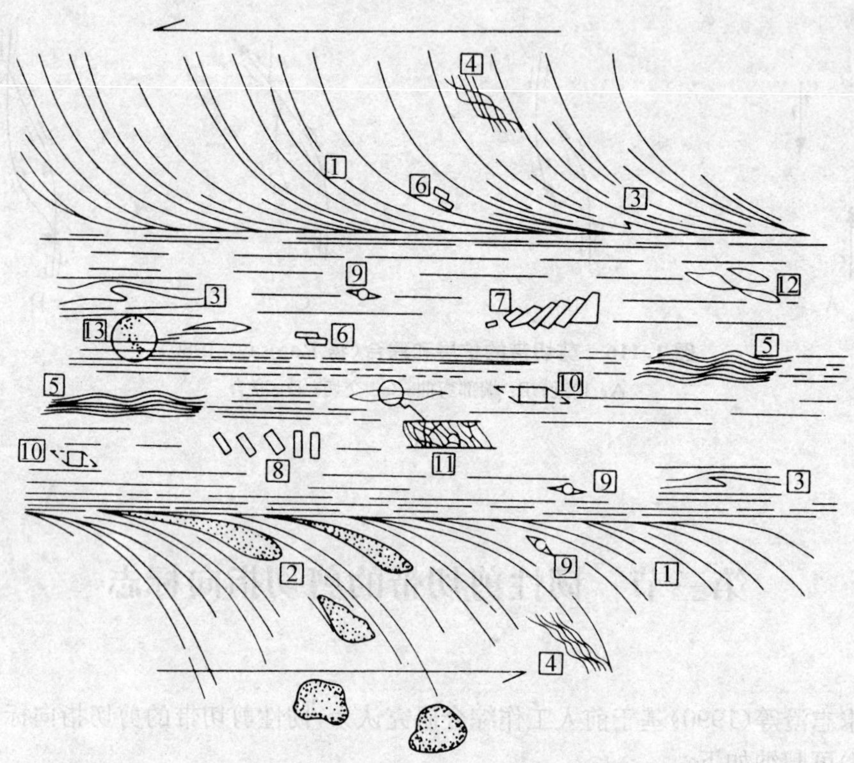


**图 1.117　韧性剪切带的剪切方向运动学标志图示**(据 White,1986)

1. 先期面理韧性牵引和旋转；2. 变形标志体旋转；3. 片内褶皱的不对称和降向；4. 微型剪切或 C 条带；5. 小型剪切带和伸展褶劈理；6. 剪切的残斑；7. 剪切破裂造成的碎块旋转；8. 张性破裂造成的碎块旋转；9. 旋转的碎屑周围的不对称拖尾；10. 非旋转的碎屑周围的不对称拖尾；11. 动态重结晶的石英形组构；12. 云母鱼；13. 石英 C 轴组构的不对称性

(四) S－C 面理

韧性剪切带内常发育两种面理。一种是平行于剪切带内的应变椭球的 $X_f Y_f$ 面的面理(S),在剪切带内呈 S 形展布;另一种是糜棱岩面理(C)。糜棱岩面理(C)实际上是一系列平行于剪切带边界的间隔排列的小型强剪切应变带。常由更细小的颗粒或云母等矿物所组成(图 1.119)。S 面理和 C 面理所交的锐夹角,指示剪切带的剪切方向(图 1.118D、图 1.119)。随着剪应变加大,剪切带内面理(S)逐渐接近以致平行于糜棱岩面理(C)。

(五) "云母鱼"构造

"云母鱼"构造也称Ⅱ型 S－C 面理(S－C 面理称Ⅰ型面理)。此类构造大多发

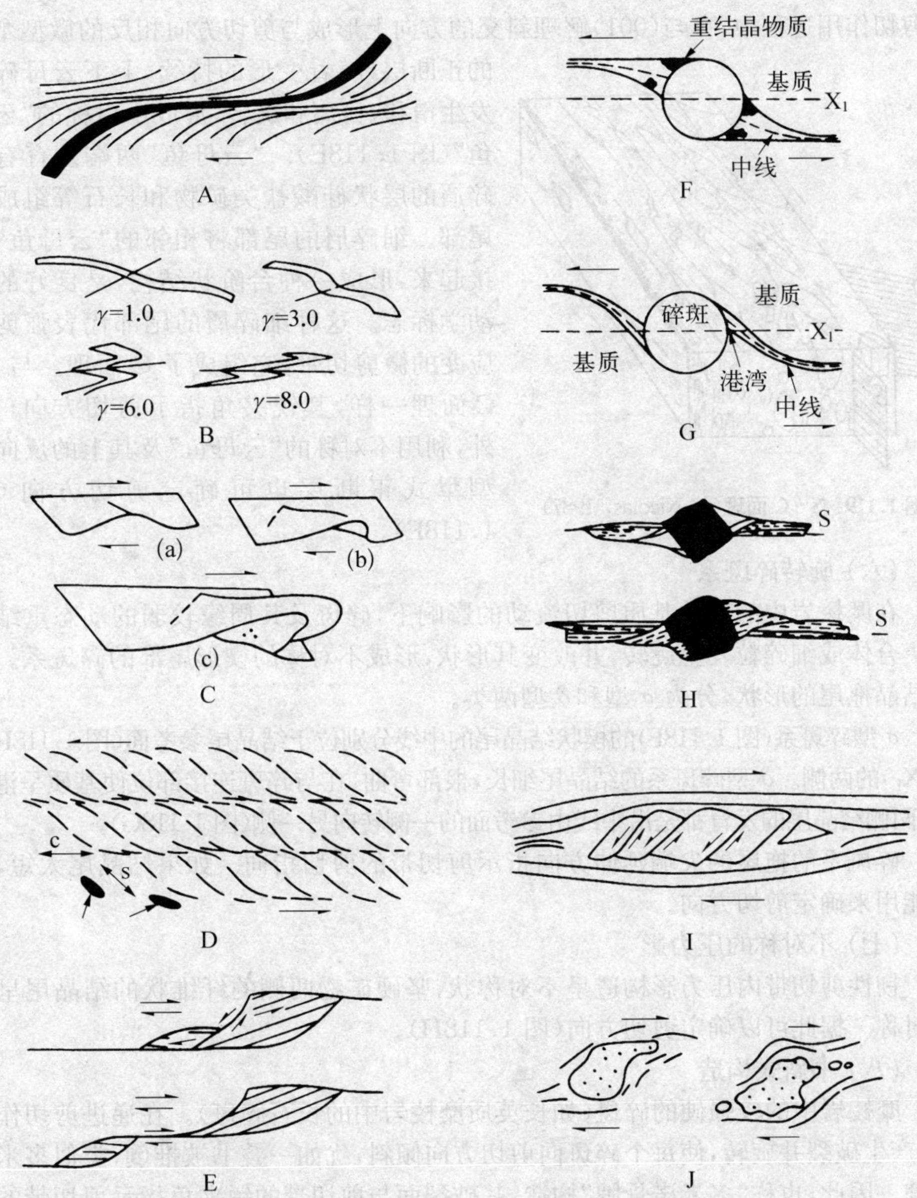


**图 1.118　指示剪切运动方向的各种标志**(据 Ramsay,1980)

育于石英云母片岩中，先存的云母碎片，其中的(001)解理处于不易滑动的情况下，在剪切作用过程中，在与(001)解理斜交的方向上形成与剪切方向相反的微型犁式的正断层，随着变形的持续，上下云母碎块发生滑移、分离和旋转，形成不对称的“云母鱼”(图 1.118E)。“云母鱼”两端发育有细碎屑的层状硅酸盐类矿物和长石等组成的尾部。细碎屑的尾部将相邻的“云母鱼”连接起来，形成一种台阶状结构，是良好的运动学标志。这种细碎屑的尾部代表强剪切应变的微剪切带，它组成了 C 面理。与 S-C 面理一样，其锐夹角指示剪切方向。此外，利用不对称的“云母鱼”及其上的反向微型犁式正断层也可确定剪切方向(图 1.118E)。

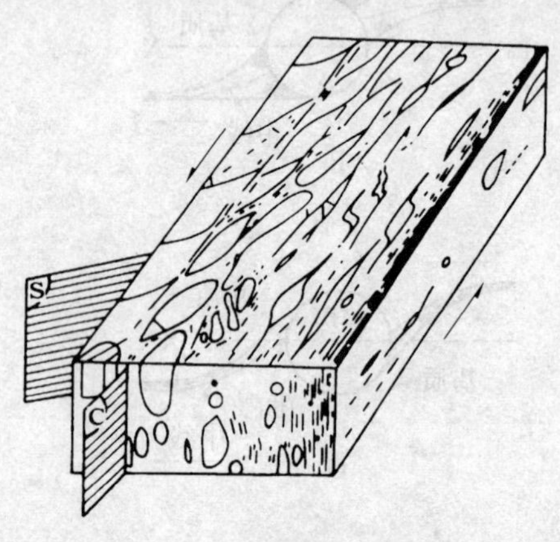


**图 1.119　S-C 面理**(据 Nicolas，1987)

(六) 旋转碎斑系

在糜棱岩中的韧性基质剪切流动的影响下，碎斑及其周缘较弱的动态重结晶的集合体或细碎粒发生旋转，并改变其形状，形成不对称的楔形尾部的碎斑系。根据结晶拖尾的形状，分为 $\sigma$ 型和 $\delta$ 型两类。

$\sigma$ 型碎斑系(图 1.118F)的楔状结晶尾的中线分别位于结晶尾参考面(图 1.118F 中的 $X_1$)的两侧。$\delta$ 型碎斑系的结晶尾细长，根部弯曲，在与碎斑连接部位使基质呈港湾状，两侧结晶尾的发育都是沿中线由参考面的一侧转向另一侧(图 1.118G)。

碎斑系的拖尾的尖端延伸方向指示剪切带的剪切指向。如果结晶尾太短，则不能用来确定剪切方向。

(七) 不对称的压力影

韧性剪切带内压力影构造呈不对称状，坚硬矿物两侧的纤维状的结晶尾呈单斜对称。据此可以确定剪切方向(图 1.118H)。

(八) 书斜式构造

糜棱岩中的较强硬的碎斑(如长英质糜棱岩中的长石碎斑)。在递进剪切作用下，产生破裂并旋转，使每个碎斑向剪切方向倾斜，犹如一叠书被推倒，类似多米诺骨牌。因此，也称“多米诺骨牌”构造，其破裂面与剪切带的锐夹角指示剪切带的剪切指向(图 1.118I)。

(九) 曲颈状构造

糜棱岩中的碎斑或矿物集合体、侵入岩体中的捕虏体等，在递进剪切作用下，一侧被拉长(或拉断),形成曲颈瓶状。曲颈弯曲方向即表示剪切带的剪切方向(图 1.118J)。

除上述各种构造外,还有其他指示运动方向的标志,如石英和方解石的C轴组构的不对称性也能表示剪切指向。

## 第四节　区域韧性剪切带的类型

马托埃(Mattauer,1980)等根据大型韧性剪切带的产状将其划分为两大类型。一种是产状较陡的大型韧性平移剪切带(图 1.120A),如红河—哀牢山大型左行走滑韧性剪切带;另一种是产状平缓的大型韧性剪切带(图 1.120B)。平缓韧性剪切带如以逆冲方式运动,则形成大型韧性逆冲断层,例如喜马拉雅主中央逆冲断层;如剪切带以正断层方式运动,则出现如基底与盖层之间的剥离断层;此外,还有近水平韧性剪切带,如北京西山南部沉积盖层中所发育的韧性剪切带,原始产状近水平,一般与较深层次的地壳伸展作用有关。

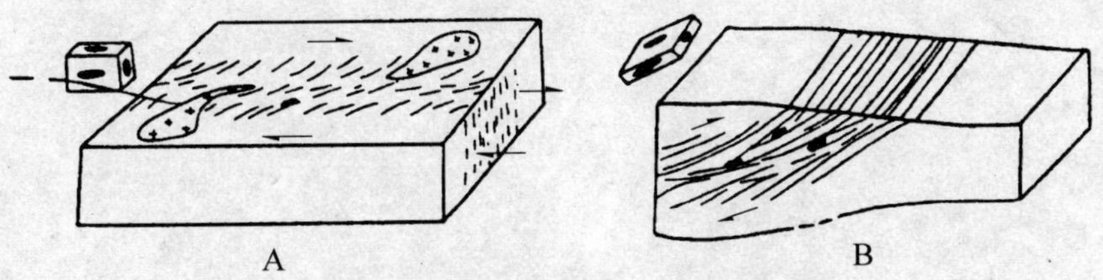


**图 1.120　两种类型韧性剪切带示意图**(据 Mattauer, 1980)

A: 大型韧性平移剪切带;B: 大型韧性逆冲剪切带

一侧被拉长(或旋转),形成不对称褶皱。褶皱弯曲方向即表示剪切运动的剪切方向(图1.119)。

除上述各种构造外,还有其他指示运动方向的标志,如石英和方解石的C轴组构的不对称性也能表示剪切指向。

## 第四节 区域韧性剪切带的类型

马托埃(Mattauer,1980)等根据大型韧性剪切带的产状将其划分为两大类型:一种是产状较陡的大型韧性平移剪切带(图1.120A),如拉萨一带平移大型走滑韧性剪切带;另一种是产状平缓的大型低角度剪切带(图1.120B)。平缓韧性的剪切带如以逆冲方式运动,则形成大型韧性逆冲断层,例如喜马拉雅主中央逆冲断层;如剪切带以正断层方式运动,则出现拆离断层。

图1.120 两种类型韧性剪切带示意图(据Mattauer,1980)

A. 大陆的近于平缓剪切带; B. 大陆的近于直立剪切带

# 第二篇　构造组合

在地壳岩石圈中的各种构造总是相互关联和相互依存的。要全面认识和深刻理解一种构造，必须从相关构造的整体上观测并解决问题，即进行构造组合的研究。所谓构造组合就是指“具有一定的内部组合和秩序的许多密切相联系的构造要素的集合体——构造组合或构造系。它包括不同构造变形场中的不同层次、尺度和序列等各种构造单元、构造要素和构造单体的组合，也包括构造—沉积、构造—岩浆和变质的组合”(马杏垣，1983)。

确定构造组合形式，就是对于各种各样的地质构造现象进行系统的归纳和高度的综合，考察其内在的联系，把复杂的相关构造模型化，这是现代构造研究从整理资料的定性描述向系统严密的定量计算发展的必然趋势。研究构造组合形式还有助于了解构造起因及演化，探索大地构造和地壳运动性质。

构造组合涉及构造样式、构造尺度、构造层次和构造变形场。

**构造样式**　是与构造组合相近的一个概念，是指一套相关的构造的总特征。构造样式好比建筑样式，是指一群建筑所表现的风格特征，以此与其他建筑群相区分。根据构造样式可对不同地区和不同时代的构造群进行区分和比较。构造样式多用于概括褶皱的特征，称为褶皱样式。

**构造尺度**　主要指构造规模。朱志澄和宋鸿林(1990)将构造尺度划分成6级：① 巨型构造，主要是山系和区域性地貌构造，如喜马拉雅造山带。② 大型构造，指山系中次级构造单元，如复背斜、复向斜或区域性大断裂，一般展布于1∶200 000图幅或联幅范围内。③ 中型构造，主要见于一个地段上的褶皱和断层，在1∶50 000或更大比例尺地质图可见其全貌。④ 小型构造，主要指出露于露头上和显示于手标本上的构造，如各种小褶皱、断裂及面状和线状构造。⑤ 微型构造，见于手标本或显微镜下显示的构造，如各类面理和线理。⑥ 超微构造，主要是利用电子显微镜才能研究的构造，如位错构造。一般构造研究以中小型构造为首要对象，它是研究更大型构造或更小型构造的基础和中间环节。对显微构造和超显微构造的研究，可以确证、补充和修正对中小型构造的观测，深化构造认识并可提供定量分析的参数。

**构造变形场**　指一种主导构造应力作用的空间内构造变形的总和。它是划分构造组合的基本依据。根据变形场内代表性构造及其反映的构造作用和主导应力，构造变形场可以分为各种类型。一种构造变形场可以有多种构造形式，而同一构造组合属于同一种构造变形场。即同一构造组合的构造成因相同，则它应占有其变形场所能控制的构造层次和空间范围及其独特环境产生的构造样式。

依据相同成因的单体构造和群体构造相应的自相关和互相关关系可将构造组合分为相同或同类构造要素的组合和不同或异类构造要素的组合两大类。

# 第七章　相同构造要素的组合

## 第一节　褶皱的组合形式

地壳中的褶皱常常是成群出现的，并呈现一定的构造样式，因此，我们需要研究褶皱的组合形式。然而，并非任何褶皱都可以随意组合，只有同一地壳运动时期的同一构造应力场作用下所形成的具有力学成因联系的一系列褶皱才能组合起来。因此，研究褶皱的组合形式，可以进一步探讨褶皱的成因，并为地壳运动的方式、方向和强度提供重要依据。

### 一、阿尔卑斯式褶皱

阿尔卑斯式褶皱又称为线形褶皱、全形褶皱，为平行式的褶皱组合，其典型特征是由一系列彼此平行排列、连续延伸很长、相间同等发育的复背斜和复向斜组成。

复背斜和复向斜是一个两翼被一系列次级褶皱所复杂化的大型褶皱构造。在一平面上观察，若其中央地带的次级背斜核部地层老于两侧次级背斜，称复背斜(图 2.1)；若其中央地带的次级向斜核部地层新于两侧次级向斜核部地层，则称为复向斜(图 2.2)。

组成复背斜或复向斜的次级褶皱大多是比较紧闭的，自复背斜核部向两翼常由直立褶皱变为斜歪、倒转，甚至成平卧褶皱。所以，次级褶皱的轴面常呈有规律的排列。复背斜的次级褶皱轴面如果向核部收敛，则构成扇形复背斜(图 2.3A)；次级褶皱轴面如果向复背斜顶部收敛，则构成倒扇形复背斜(图 2.3B)。复向斜中次级褶皱的轴面向核部收敛则构成倒扇形，向槽部收敛则构成扇形。自然界中以扇形复背斜和倒扇形复向斜最为常见。这些次级褶皱的延伸方向与主体褶皱一致，但枢纽时有起伏，并且会因次级褶皱的倾伏或扬起，出现次级褶皱的分叉和归并现象。

复背斜和复向斜规模一般均较大，两翼和核心地层时代可相差几个纪。复背斜和复向斜形成于地壳运动强烈地区，处于地壳上部，虽然深度不很大，然而分布却很广泛，是造山带出露褶皱的主要样式。它是垂直褶轴方向强烈挤压的结果，如天山褶皱带、昆仑—秦岭褶皱带等。在整个造山带内，不同级别的背斜和向斜紧密排列，连续发育，呈带状展布。其延伸较平直的被称为平行褶皱，延伸呈弧形的被称为弧形褶皱。它们又被称为线形褶皱、全形褶皱，其走向同所在造山带的延伸方向基本一致。

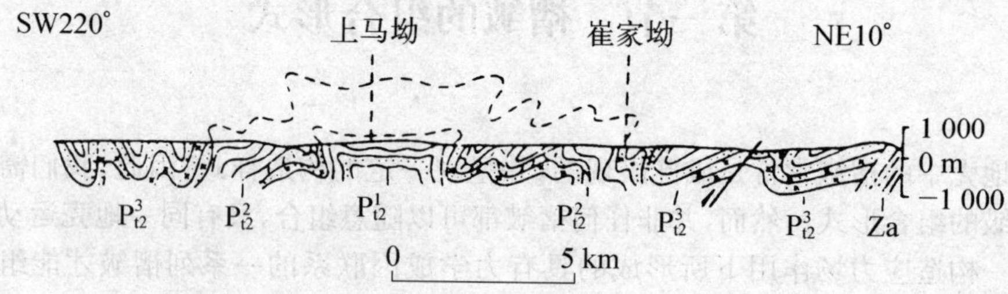


**图 2.1　复背斜构造剖面图**(引自李智陵，1990)

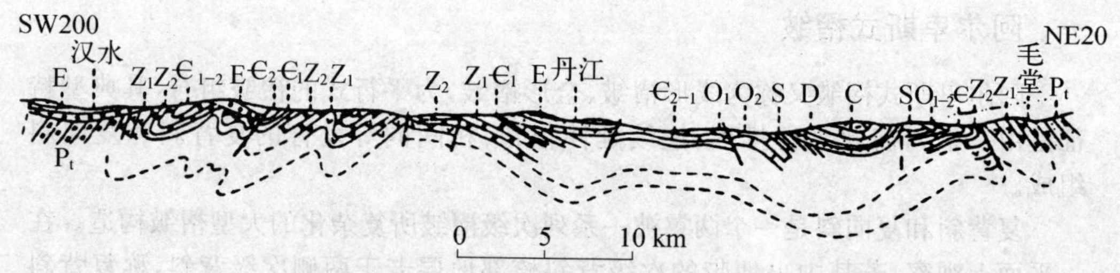


**图 2.2　湖北丹江地区复向斜构造剖面图**(引自李智陵，1990)

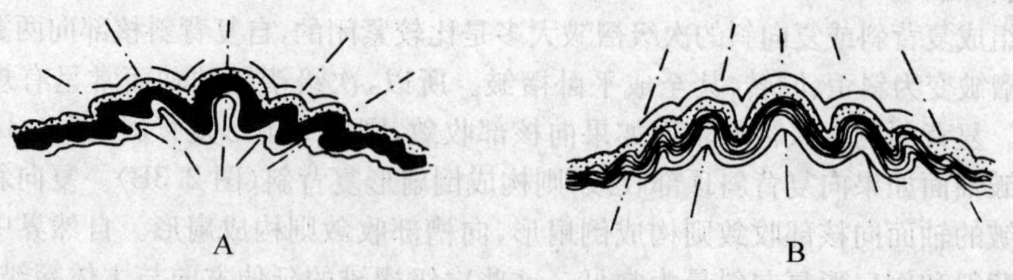


**图 2.3　扇形复背斜(A)和倒扇形复背斜(B)示意图**

## 二、侏罗山式褶皱

侏罗山式褶皱为准平行式褶皱组合，其与阿尔卑斯褶皱的重要不同在于相间的背斜和向斜的紧密陡倾和开阔平缓程度不同。隔档式褶皱和隔槽式褶皱是侏罗山式褶皱的典型形式。

隔档式褶皱又称梳状褶皱，由一系列窄而紧闭的背斜和开阔平缓的向斜组成。四川盆地东部的一系列北北东向褶皱就是这类褶皱的典型实例（图 2.4）。以往称为过渡性褶皱，以为是地台与地槽之间的褶皱是不妥当的。

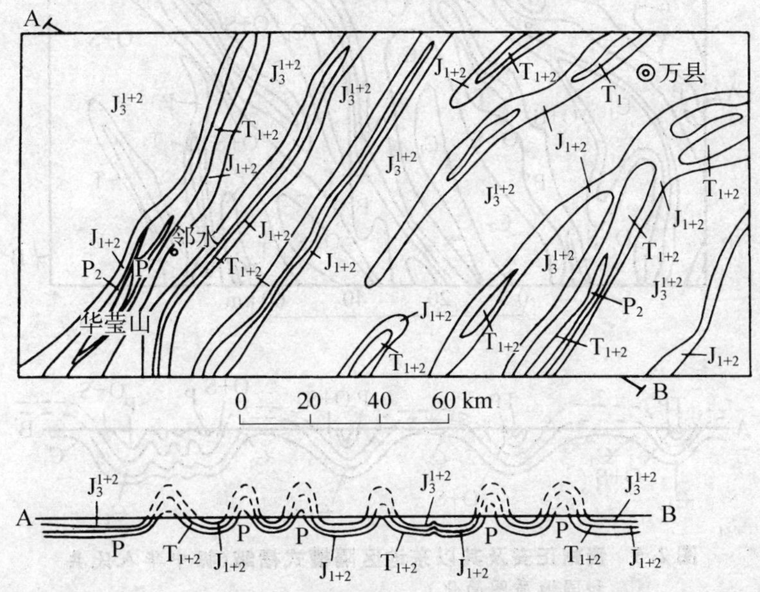


**图 2.4 四川盆地东部隔档式褶皱**（据中华人民共和国地质图简化）

隔槽式褶皱也是由一系列平行的背、向斜相间排列组成的，但是其中背斜和向斜形态正好与隔档式褶皱相反，其向斜紧闭且形态完整，呈线状排列，背斜则平缓开阔，呈箱状。黔北—湘西一带的褶皱就表现为这种组合形式（图 2.5）。

这两种褶皱组合形式的存在，一般认为是沉积盖层顺基底剪切滑动的结果，是一种表皮式构造，称为滑脱构造。欧洲侏罗山中生界和第三系岩层在固结的海西基底上顺着三叠系岩盐、石膏和页岩层滑动而形成隔档式褶皱。但也有的学者认为这两类褶皱是盖层在一定形式基底断块控制下变形的结果。

## 三、日耳曼式褶皱

日耳曼式褶皱又称断续褶皱或自形褶皱，其特征是背斜和向斜的发育程度不相等，主要体现为孤立分散的短轴状隆起构造。此类隆起式背斜褶皱大多没有向斜对应出现，且其群体定向排列较差，产出于相对稳定的构造区内部、近水平岩层广泛发育地区。这类构造在德国的一些地区表现比较典型。

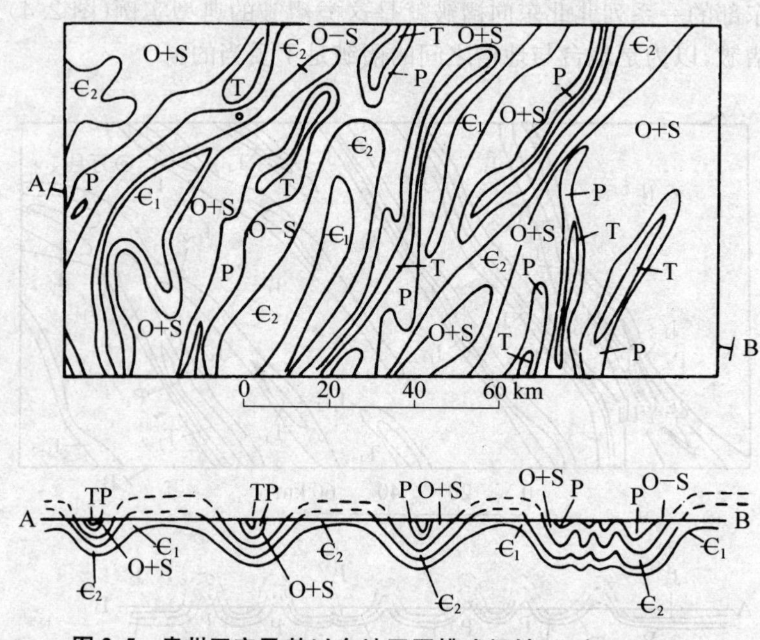


**图 2.5　贵州正安及其以东地区隔槽式褶皱**（据中华人民共和国地质图简化）

# 第二节　节理的组合形式

## 一、雁列型节理

雁列节理是一组呈雁行式斜列的节理。它们具有许多大体相同的特征，包括各节理在几何形态、产状、规模、密度(频率)、旋性和填充物性质以及时代的一致性等。

雁列节理常被石英或方解石等充填形成雁列脉，其呈带状展布的空间范围称为雁列带(图 2.6)。连接各单脉中心平分雁列带的中心面，称为雁列面。雁列面在雁列带横截面上的迹线称雁列轴。雁列面的产状即代表雁列带的产状。单脉与雁列面的锐交角为雁列角。

雁列角的大小对分析节理的力学性质有意义。根据实际资料统计，雁列角有两个高峰值，一为45°左右，属张裂型；一为10°左右，属剪裂型，它是由剪切作用中与主剪切面成小角度相交的微剪裂发育而成的(图 2.7)。

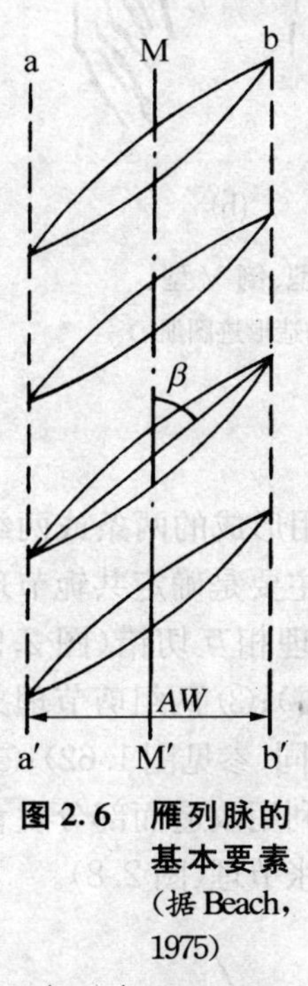


**图 2.6　雁列脉的基本要素**(据 Beach, 1975)

aa′，bb′：雁列带；MM′：雁列轴；β：雁列角；AW：雁列带的宽度

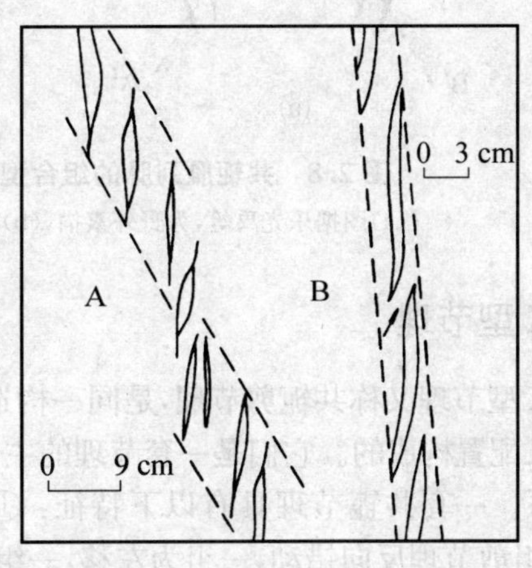


**图 2.7　两类直脉型雁列脉**(据 Beach, 1975)

A：张裂型；B：剪裂型

雁列脉有左列、右列之分。当顺着节理走向观察时，远侧节理向右侧错列或在右侧重叠时为右列，反之为左列。雁列脉可以是单列产出，也可以由左列和右列两条雁列脉交叉组合成共轭雁列脉(图 2.8)。

雁列脉中单脉的形态变化很大，主要有平直型和S型两类。平直型雁列脉一般窄而长，主要属剪裂性质，反映破裂后变形较轻；S型雁列脉单脉的中段较宽，主要属张裂。S 型单脉有正 S 型和反 S 型两种形式，常共同组成共轭雁列脉(图 2.8)。

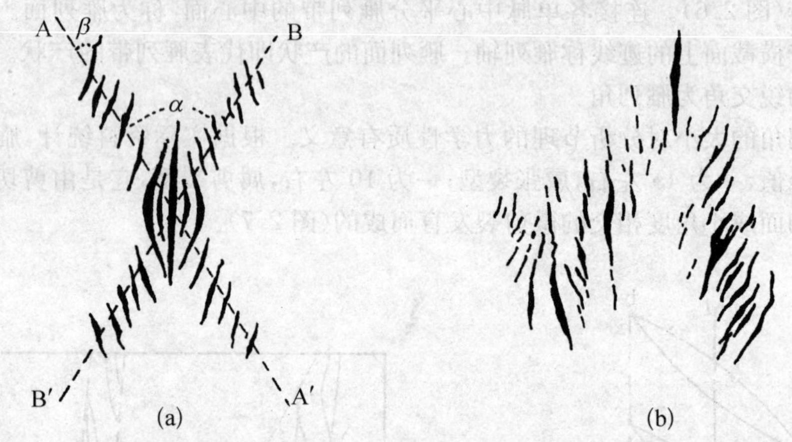


**图 2.8　共轭雁列脉的组合型式(a)X 型;(b) V 型、倒 V 型**

((a)图据乐光禹等，为野外素描，(b)图据武汉地质学院《构造形迹图册》)

## 二、X 型节理

X 型节理又称共轭剪节理，是同一构造期同一外力作用形成的两条或两组剪节理交叉配置构成的。它们是一套节理的主体。节理的配套主要是确定共轭节理的组合关系。一套共轭节理具有以下特征：① 两组共轭剪节理相互切错(图 2.9 左)；② 两组剪节理反向错动，一组为左移，一组为右移(图 2.9 右)；③ 两组剪节理夹角稳定，不随两组节理走向偏移而改变；④ 两组剪节理面纹饰相同(参见图 1.62)；⑤ 两组剪节理末端折尾呈菱形(参见图 1.59)；⑥ 两组剪节理常被利用改造而部分发育为追踪性张节理(参见图 8.27)；⑦ 两组剪节理带常发育成雁列张节理(图 2.8)。

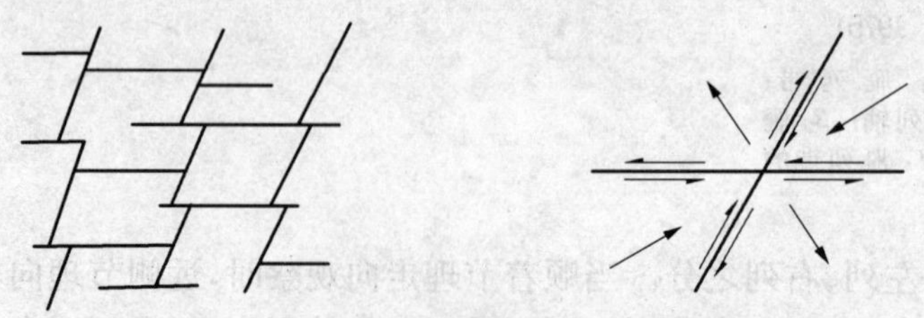

**图 2.9　两组共轭剪节理的互切**(据朱志澄，1983)

早在 1945 年沙茨基(Н. С. Шатскнй)曾指出俄罗斯地台上有 4 组节理，两个正向系列——东西向节理和南北向节理，以及两个斜向系列——北东向节理和北西向节理。北美地台沉积盖层中也发育有产状稳定展布范围很广的节理。又如在变形平缓的广西河池西南地区，上古生界石灰岩中发育了一套 X 型节理，走向分别为 NE60°和 NW300°，河池以西上古生界石灰岩中又发育了 NE50°和 NW350°两组呈菱形的节理。这些节理间距宽而稳定，在上千平方公里范围内广泛产出，不受局部褶皱和断层的控制。

## 三、缝合线节理

缝合线节理也常称为缝合线构造，是一种呈锯齿状的小型构造。在我国南方古生界石灰岩和砂岩，尤其是在不纯灰岩中广泛发育。缝合线主要是顺层产出，也有与层理斜交或直交的。一般认为前者是在非构造的荷载重力下压溶作用的结果；而与层理不一致的缝合线一般是在构造作用下产生的。在垂直裂面的压溶作用下，易溶组分流失，难溶组分则残存聚积，以致原来平直面转化成无数细小尖峰突起的缝合面。特雷莫里哀(1981)称前者为层状缝合线，后者为构造缝合线。

缝合线构造与主压应力轴直交，即主压应力轴与缝合线锥一致(图 2.10)。因此，缝合线构造在一定程度上有助于分析其所在部位的应力状态。

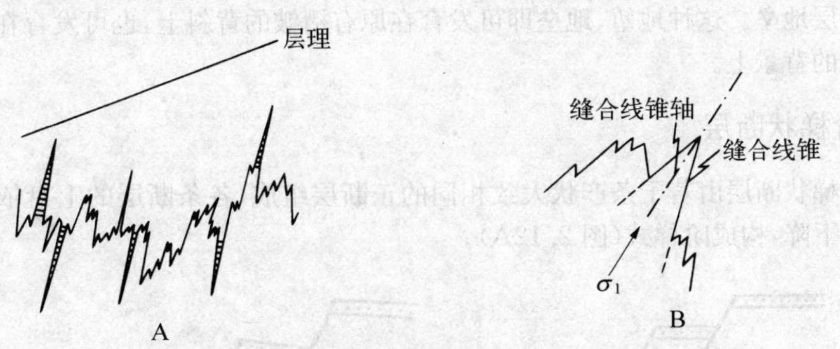


**图 2.10　缝合线节理**(据朱志澄，1999)

A：缝合线节理及其与层理的斜交关系；B：缝合线锥轴与应力轴的关系

# 第三节　正断层的组合形式

正断层可以单独发育，也可在大范围内或一定地质背景上呈群体出现，构成特定的组合形式，现将其各种组合形式概述如下：

## 一、地堑与地垒

地堑（图 2.11）是由两组走向大致平行、倾向相反、性质相同的两条或数条正断层组成的共同下降盘（岩块）。它们中间共用一个下降盘（岩块）；地垒则正好相反，它们中间共用一个上升盘。两侧断层一般是正断层，但有时也可以是逆断层。从区域地质研究看，地堑比地垒发育更广泛，地质意义更重要。

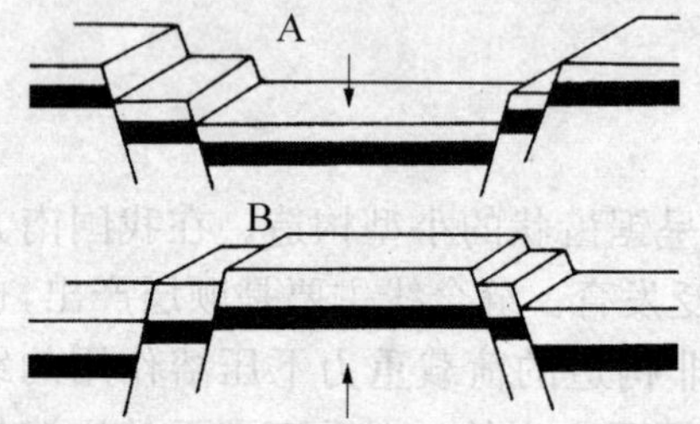


**图 2.11　地堑（A）和地垒（B）**

地堑与地垒常发育在褶皱平缓的地区。地堑在地貌上呈狭长的谷地或成串珠状展布的长条形盆地与湖泊，如我国规模较大的汾渭地堑，世界上著名的莱茵地堑、贝加尔湖地堑等。地垒则常呈断块隆起山地。

当组成地堑或地垒的两侧为对冲断层（即均为逆断层）时，称其为逆断层地堑或逆断层地垒。这种地堑、地垒即可发育在原有褶皱的背斜上，也可发育在具有复杂褶皱的背景上。

## 二、阶梯状断层

阶梯状断层由若干条产状大致相同的正断层组成，各条断层的上盘依次向同一方向下降，构成阶梯式（图 2.12A）。

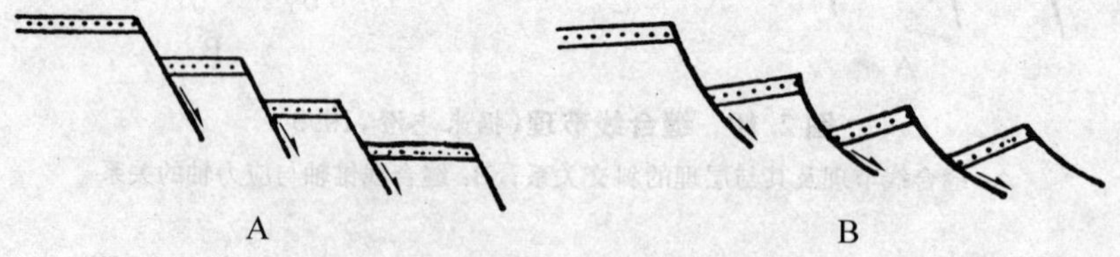


**图 2.12　阶梯状断层（A）和抬斜断块（B）**

阶梯状断层在区域性抬斜过程中常产生一定旋转，形成阶梯状抬斜断块（图 2.12B），这种阶梯状抬斜断块在地貌上表现为单面山与谷地相间并列景观。一些在地质历史中发育的阶梯式抬斜断块在地貌上已不明显，但是可以反映在断陷沉积上，为一系列平行的箕状构造（图 2.13），这类箕状构造在我国东部中新生代盆地中十分发育。

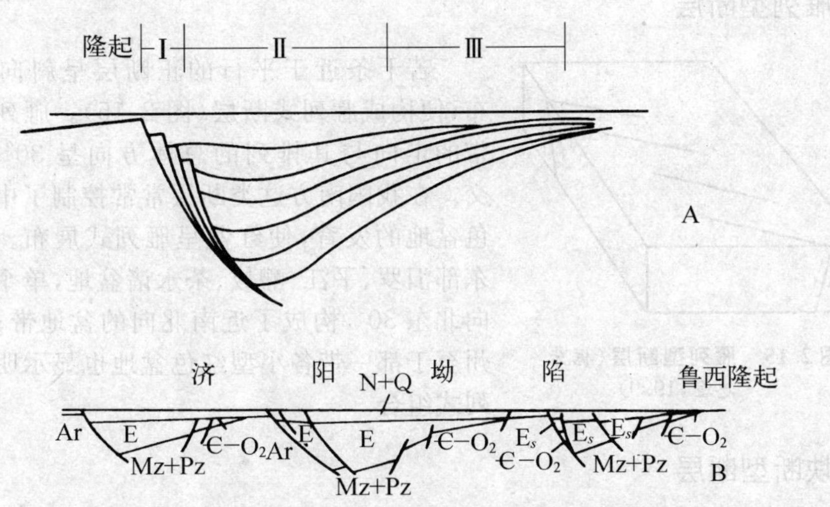


**图 2.13　山东济阳断坳中的箕状构造**（据原石油工业部）

A：箕状断陷构造结构示意图，Ⅰ．断阶带；Ⅱ．深凹带；Ⅲ．斜坡带

B：山东济阳断坳中的箕状断陷构造

## 三、环状断层与放射状断层

环状断层是指一系列呈弧形或半环状陡倾的断层，在平面上围绕一个中心呈同心环状分布的断层组合，这些断层的断层面常较陡倾（图 2.14A）。放射型断层又称辐射状断层，它是指在平面上以一个共同中心呈辐射状排列分布的断层组合（图 2.14B）。这两种断层系的形成常与上拱作用有关，常见于穹窿、火山口、底辟及岩株等的边缘部位，断层性质多为正断层。两者可以相伴产出，也可以单独发育（图 2.14）。

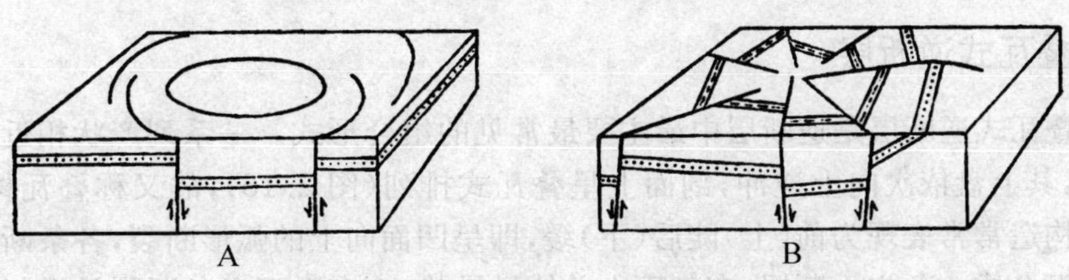


**图 2.14　环状断层(A)和放射状断层(B)**（据徐开礼等，1984）

## 四、雁列型断层

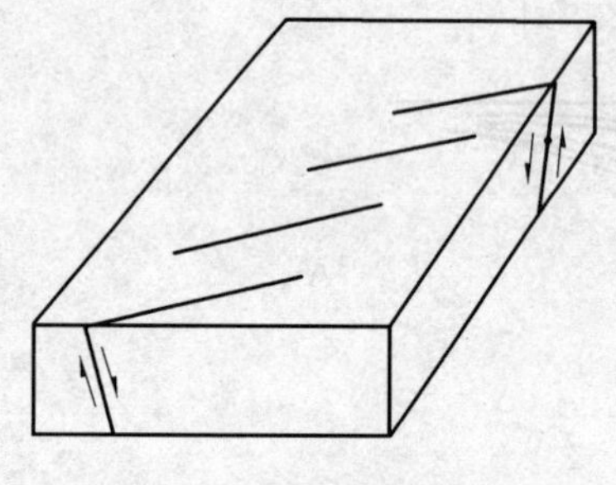

图 2.15　雁列型断层(据朱志澄,1999)

若干条近于平行的正断层呈斜向错列展布,便构成雁列式断层(图 2.15)。雁列式断层带的走向与其排列的总体方向呈 30°～45°斜交。在我国南方这类断层常常控制了中小型红色盆地的发育,使红盆呈雁列式展布。如湖南东部汨罗、平江、醴攸、茶永诸盆地,单个盆地走向北东 30°,构成了近南北向的盆地带;江西赣州至于都一带各小型红色盆地也显示明显的雁列式组合。

## 五、块断型断层

两组方向不同的大中型正断层相互切割则构成方格状或菱形断块,如我国浙闽沿海一带的北东向和北西向断裂的方格网式组合。我国西北一些大型盆地,如柴达木盆地、塔里木盆地都显示菱形格架,不过也有一些学者强调这些大型菱形盆地边缘断层,并不都是同时形成的正断层,而是平移断层。

# 第四节　逆断层的组合形式

逆断层可以单独发育,也可以在大范围内由一系列逆断层构成特定的组合形式,其主要形式有:

## 一、叠瓦式逆断层

叠瓦式逆断层是逆断层中最主要最常见的组合形式。一系列产状相近的逆断层,其上盘依次向上逆冲,剖面上呈叠瓦式排列(图 2.16),故又称叠瓦构造。叠瓦构造常常表现为前(上)陡后(下)缓,即呈凹面向上的弧形断裂,各条断层向下常汇合成一条主干断层,在剖面上总体呈帚状,而在平面上各断裂呈平行或雁列出现。

叠瓦式逆断层总的走向一般与区域构造线方向一致，它经常出现在构造变动强烈的地区，大多数情况下能反映地壳上层推移方向。如四川龙门山叠瓦式逆断层是自龙门山褶皱带东翼向四川盆地逆冲的结果。

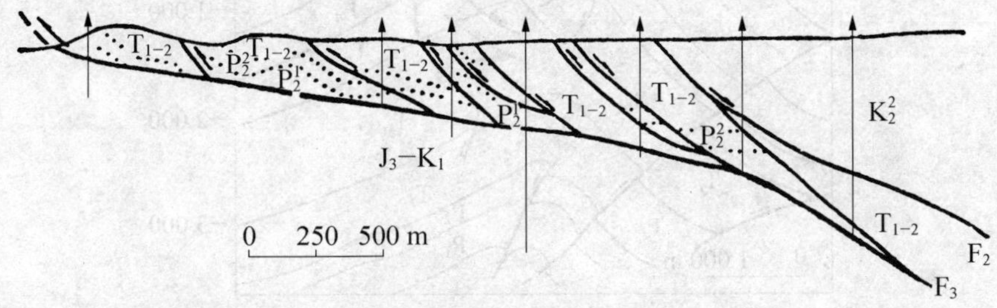


**图 2.16　江苏茅山南段花山一带叠瓦式逆冲断层**（据江苏煤田地质勘探公司沈修志、孙岩修改，1972）

## 二、对冲式逆断层

对冲式逆断层是由两条倾向相反、相对逆冲的逆断层组成。小型对冲式断层常与背斜构造伴生（图 2.17）；大型对冲式逆断层常产出于坳陷带边缘，自两侧隆起分别向坳陷带内逆冲。例如江西萍乐坳陷带北缘，元古界板溪群自北向南逆冲于石炭系和上三叠统安源煤系等地层之上，南缘的元古界也自南向北逆冲于石炭系甚至白垩系及老第三系红层之上。

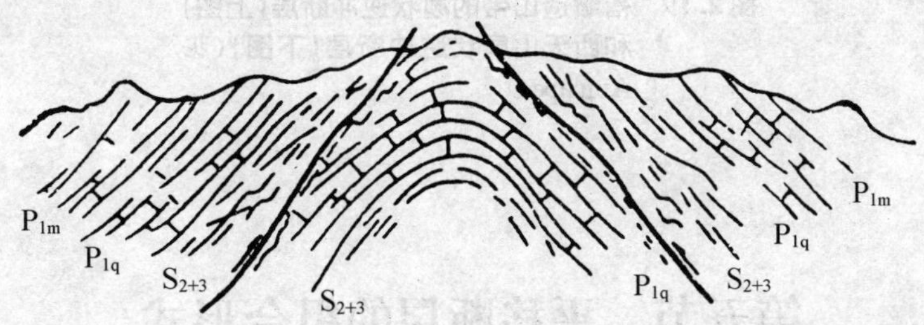


**图 2.17　四川广元明月峡背斜的对冲断层**（据四川第二区测队）

## 三、背冲式逆断层

背冲式逆断层由两条或两组相向倾斜的逆断层组成，表现为自一个中心分别向两个相反方向逆冲，一般自背斜核部向外撒开逆冲（图 2.18）。与造山带复背斜伴生的两组逆冲断层，分别在两翼上产出，常常总体呈扇状（图 2.19）。

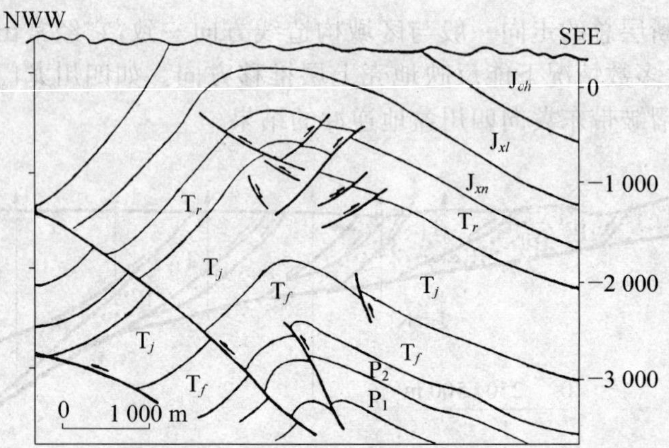


图 2.18 川东卧龙河背斜的背冲式断层(据西南石油综合研究大队)

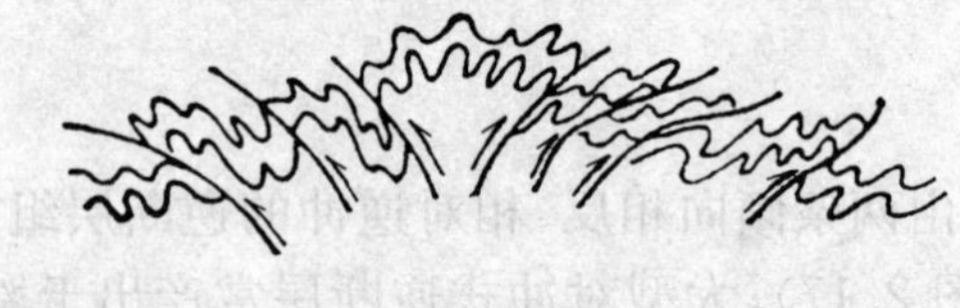

图 2.19 褶皱造山带的扇状逆冲断层(上图)和西天山扇状逆冲断层(下图)(据 Ашгирей)

# 第五节 平移断层的组合形式

平移断层常成群发育构成平移断层系,主要组合形式有:① 共轭(交叉)平移断层,形成棋盘格式构造;② 雁列的或平行的平移断层(图 2.20)。这种平面上的组合形式与其形成时的构造应力状态及岩石的材料力学性质有关。前者反映其构造应力和构造介质比较均一,后者则处于不均一的状态。

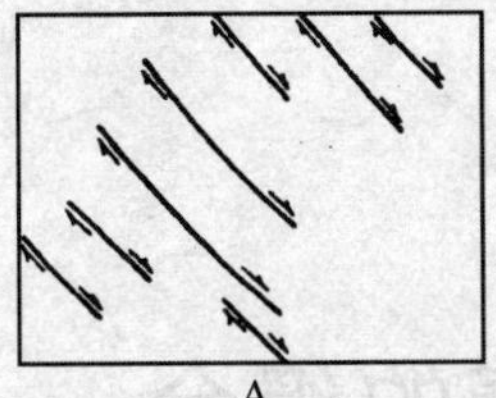

A

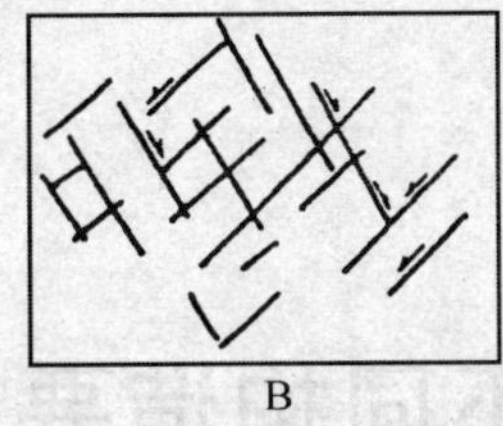

B

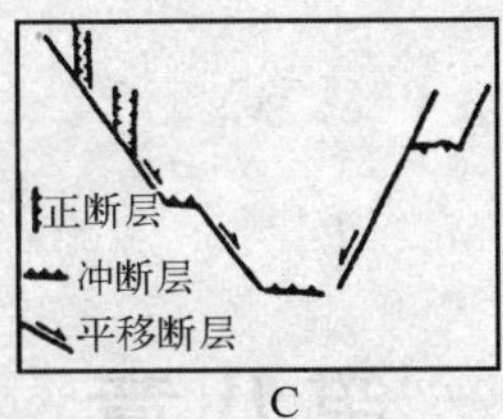


C

**图 2.20　平移断层组合形式**(据马杏垣、刘和甫等,1980)

A:雁列平移断层;B:交叉平移断层;C:各类断层的平面组合

# 第六节　韧性剪切带的组合形式

韧性剪切带的组合形式比较单一。区域韧性剪切带的构造样式一般成网结状结构,由菱形、透镜状或眼球状的弱变形域与环绕它的强变形带联合组成(图 2.21),并常以共轭剪切带形式出现。共轭的两组韧性剪切带分别为左行和右行。与脆性剪裂不同,共轭韧性剪切带之间对着压缩方向的夹角一般大于 90°,即以钝角对着压应力方向。

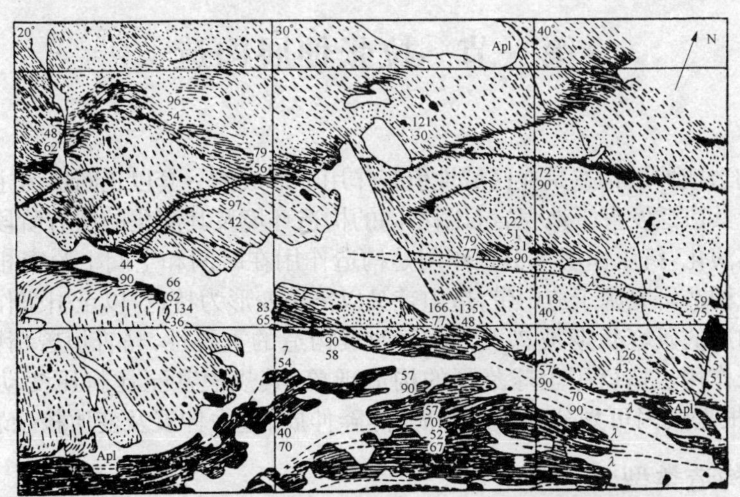

**图 2.21　瑞士提契诺州 Laghetti 地区地质构造图**(据 Ramsay 和 Strathelyde,1979)

1:闪长岩;2:带有闪长岩捕虏体的花岗岩;3:结晶岩岩墙;4:煌斑岩岩墙;5~8:片理在露头面上的强度从无→弱→中等→强;9:片理及接触面走向和倾向

# 第八章　不同构造要素的组合

自然界各种构造要素经常是相伴而生的，只有所处的部位与方向不同而已，但仍然可依据彼此相伴的经常性和一定的方向性及方位性，对相伴构造群体组合加以相对性的判定。李四光根据地壳变形特征提出地壳运动方式的概念。将地壳构造运动分为上升、下降、挤压、引张、扭动5种基本方式，简称为“升、降、开、合、扭”。马杏垣(1983)提出变形场的8种变形作用，简称为“伸、缩、升、降、旋、滑、剪、斜”。据此笔者尝试归划出以下不同构造要素的基本构造组合类型。

## 第一节　拉张伸展构造

拉张构造或伸展构造是在区域性引张作用下形成的一套以正断层为主导的构造组合系统。其广泛发育于地壳岩石圈不同的构造环境及其演化的所有阶段。纵观全球构造及其演化，挤压作用与引张作用是构造作用在时间和空间上紧密相关的两个方面。由于构造研究源于造山带，造山带又以挤压变形为特色，以至引张作用及其形成的伸展构造的研究长期被忽视。关于伸展构造的重要性，马杏垣曾精辟地指出：“其实，引张作用也造就了全球范围的构造现象，其规模甚至比挤压变动还要大。”伸展应变，根据成因可划分为滞后伸展、热隆伸展、重力伸展及变质核杂岩等。

### 一、伸展构造类型

伸展区构造，以正断层为主构成各种组合类型，地堑和地垒是伸展构造组合最基本的单元。大型的伸展构造主要有大型地堑和地垒群、阶梯状断层群、箕状构造、盆-岭构造、大型断陷盆地、剥离断层-变质杂岩体、坳拉槽、裂谷及其深部岩墙群-中央侵入体等，这里仅对其中四种类型简介如下：

(一) 裂谷

1. 裂谷的概念

裂谷是格雷戈里(J. W. Gregory)于1894年研究东非裂谷带时提出的。从结构上看,裂谷是区域性大型地堑系,因而它成为大型地堑的同义词。一般认为,裂谷是在区域隆起背景上以裂陷为特征的巨型复杂地堑系。它在地质和地球物理等方面均具有一定特征,所以,单从构造上把裂谷理解为大型地堑是不全面的。有的裂谷一侧为主干断裂,另一侧断裂规模较小,两侧断裂并不对称。

按照裂谷发育的区域构造部位及其地质构造特征,可分为大洋裂谷、大陆裂谷和陆间裂谷。大西洋中央海岭上的裂谷是大洋裂谷的典型,东非裂谷是大陆裂谷的典型,红海裂谷是陆间裂谷的典型。人们认为大洋裂谷、陆间裂谷与大陆裂谷共同构成了全球裂谷系。

2. 大陆裂谷特征

Ⅰ. 裂谷是由一系列以正断层为主的地堑、半地堑组成的复杂地堑系,通常发育于区域性隆起轴部,表现为断陷谷、断陷盆地和洼地等构造—地貌景观,它反映地壳或岩石圈的伸展作用。

Ⅱ. 裂谷中常常沉积一套巨厚的包括磨拉石之类的碎屑岩沉积,常伴有蒸发岩、火山熔岩和火山碎屑沉积,因而常常包含重要沉积矿产。

Ⅲ. 裂谷常常是浅源地震带和火山带。其地球物理场一般表现为巨大的负布格重力异常和负磁异常,或者是负背景值上的正异常,裂谷的边界一般表明为明显的重力梯度带和磁力梯度带。

Ⅳ. 大陆裂谷的岩浆岩共生组合可以有两类:其一,是大陆溢流玄武岩,主要是拉斑玄武岩,也包括碱性玄武岩,以及它们的深成侵入体;其二,为双峰式火山岩,可以是拉斑玄武岩—流纹岩套,也可以是碱性玄武岩—响岩或粗面岩套。

Ⅴ. 在深部结构上。裂谷的下地幔升高,地壳变薄,其玄武岩层下普遍存在着波速较低的壳幔物质混合组成的裂谷垫。

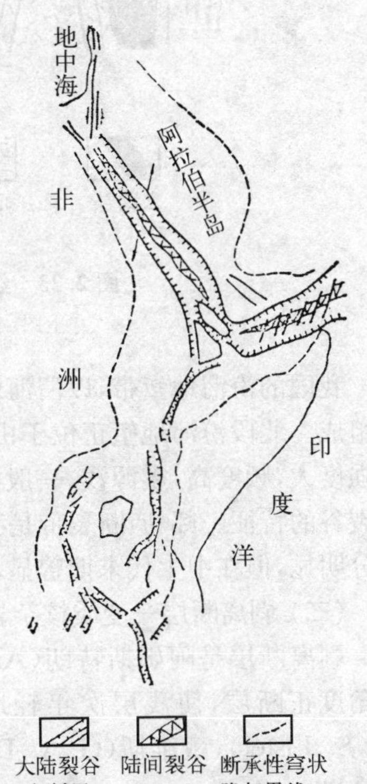


**图 2.22　东非红海裂谷带简图**(据Милановский简化)

3. 裂谷实例

世界上最著名的大陆裂谷是东非裂谷(图2.22)。这条裂谷自赞比亚河口向北延伸到红海，顺红海北上直达小亚细亚，长约 6 000 km。沿线为一系列巨大的湖泊、洼地、峡谷和陡崖，这里也是一条巨大的火山—地震带。人们认为，东非裂谷正处于即将发生新洋壳的孕育阶段，而红海已处于新洋壳的形成初期(图 2.23)。

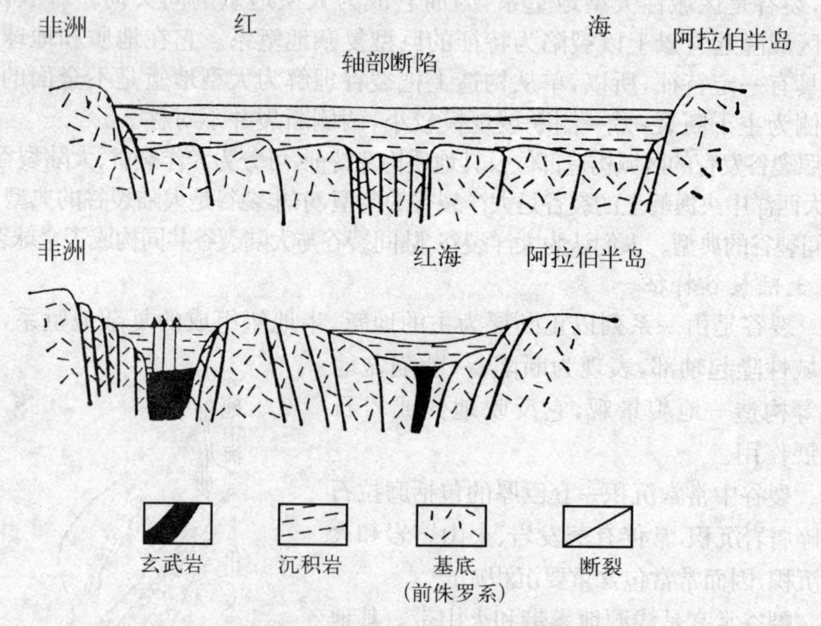


**图 2.23　红海裂谷剖面**(据 Газиев 和 Bape)

上图：过红海中段；下图：过红海南段

我国的汾渭地堑带，以渭河地堑和汾河地堑为主体，由一系列雁列式地堑—盆地组成。北段汾河地堑正位于山西台背斜区域隆起轴部。该带地壳厚度较薄，地震强度大，频度高，震源浅，一般深 10～30 km，所以，从地质等各个方面看，它显示出裂谷的特征。郯-庐断裂带是我国东部一条巨大的断裂带，其走向滑动构造形迹十分明显，但在中生代末期曾显示裂谷性质。

(二) 剥离断层—变质核杂岩构造

剥离断层是阿姆斯特朗(Armstrong, 1972)提出的，原指美国西部盆岭区的低角度正断层，使浅层次年轻地层直接覆盖在深层次的老地层之上。利斯特(G. S. Lister)、戴维斯(G. A. Davis)等指出，剥离断层在岩石圈伸展中具有关键性意义。

剥离断层是伸展构造区中一种平缓产出的铲状大型正断层，并且往往伴生以变质核杂岩。剥离断层作为一条重要构造界面，一般产出于基底与盖层之间。

剥离上盘是一套浅层次的正断层组合，剥离下盘为变质核杂岩(图 2.24)。

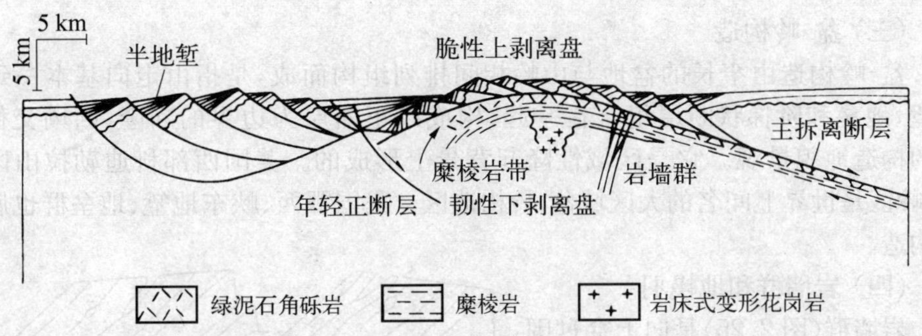


**图 2.24　剥离断层和变质核杂岩(体)结构示意图**(据 Lister，1984)

变质核杂岩是由古老片麻岩等组成的穹状隆起，外形近圆形，以剥离断层为界与沉积盖层分开。变质核杂岩变质变形强烈，其顶部，即与剥离断层的接触带是一条由糜棱岩组成的韧性剪切带。糜棱岩带厚度变化很大，由数十米至数公里。由深部向上至剥离断层，岩石组成为原片麻岩→糜棱岩化片麻岩→糜棱岩。上部糜棱岩常常叠加以脆性破裂。糜棱岩带中除发育糜棱面理外，还常常发育与剥离断层倾斜一致即与剪切指向一致的 A 型线理和鞘褶皱。糜棱面理与线理共同构成L－S结构。糜棱面理和片麻理常向周缘平缓倾斜而构成穹状。变质核杂岩中常有岩体侵入，更深部则常有基性岩和岩墙群贯入。

自糜棱岩带至剥离断层，断层岩常显示序列变化，糜棱岩→碎裂绿泥石化糜棱岩→掺有糜棱岩碎粒的碎粉岩和碎斑岩→角砾岩。剥离断层发育时期长，常与区域隆起和伸展同时进行，而且剥离断层活动并不限于同一层位或同一接触带上。因此，这是一条宽厚的剪切带，上述断层岩序列也常出现穿插和倒序现象。

在上剥离盖层中也常常发育顺层滑脱和构造剥离，以至地层减薄或缺失。

确定变质核杂岩构造主要标志是：① 呈穹状产出的古老变质岩系与其上覆沉积盖层接触处存在韧性剪切带糜棱岩系。② 盖层与基底之间低角度滑脱断层往往造成盖层底部地层缺失，并发育各种断层岩。③ 盖层中的顺层断层，表现在地层减薄、缺失和滑动破碎等。

剥离断层—变质核杂岩体主要形成于陆壳拉张时期的伸展构造环境之中。我国北方内蒙古的亚干变质核杂岩体和南方江西省的武功山变质核杂岩体分别由北京大学和南京大学研究确认。

(三) 盆-岭构造

盆-岭构造由窄长的盆地与山岭相间排列组构而成,是指由走向基本一致的地堑、地垒和阶梯状断层组合在一起,构成以正断层为边界的断隆、断坳交替排列的构造地貌景观。它是区域性隆起背景上形成的。美国西部科迪勒拉山区的盆-岭区是世界上闻名的大区域盆-岭构造区。我国鄂西、峡东地堑、地垒群也属这类构造。

(四) 岩墙群和地幔羽

岩墙群(图 2.25)是向上穿过围岩而成群发育的板状侵入岩体,在平面展布上呈平行或放射状排列。多发育在裂谷带、大型隆起和坳陷过渡带,也多见于古老变质岩区,如加拿大、格陵兰和我国大同及大别山东段地区。岩墙群的岩性主要取决于来源的深度和地质背景,其年龄代表其形成时处于大规模的伸展构造环境。

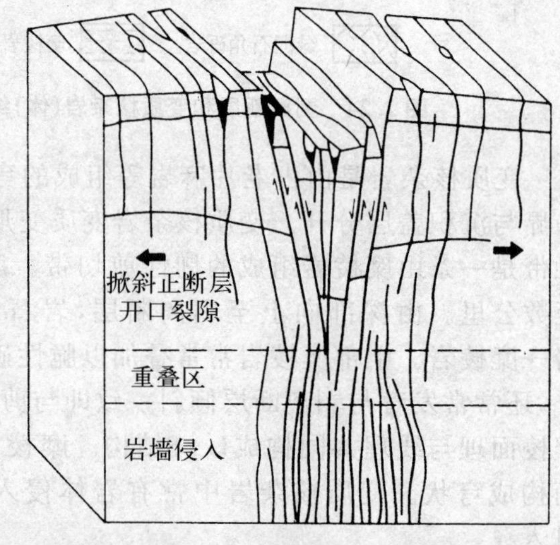


**图 2.25 垂向上岩墙群发育伸展变形**(据 Helgason 等,1985)

地幔羽是超大规模的伸展构造样式。由于其分布区域广大,多为玄武岩流连面覆盖和后来的构造改造,原生态构造研究的欠缺,如对我国峨眉山玄武岩被三维空间展布的研究即可了解其所在地区二叠纪时伸展构造状况。

## 二、伸展构造模式

为了探索伸展构造的普遍性特征和演化规律,许多学者从不同角度提出各种模式。

(一) 根据区域伸展引起的区域断裂的应力状态,可分为纯剪式和单剪式

纯剪模式以形成地堑裂谷式断层为特色;单剪模式表现为一条巨型剥离断层及其上盘阶梯式断层组合(图 2.26)。

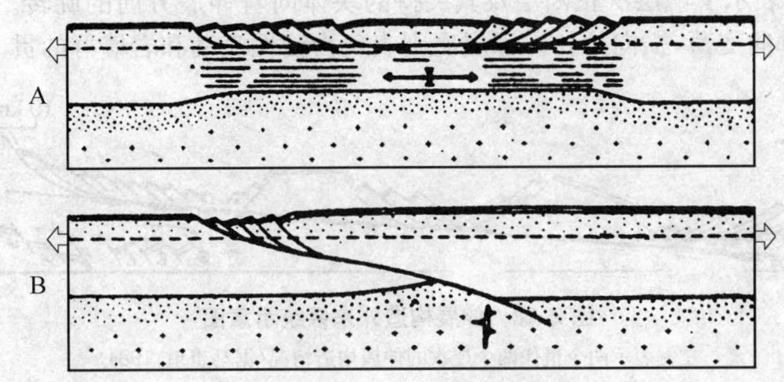


图 2.26　A：纯剪伸展模式；B：单剪伸展模式（据 Lister，1986）

（二）根据区域伸展构造的垂向分带，可将伸展区构造分为 3 个层次

表层次为各种正断层组合。中层次以塑性变形为主，形成韧性剪切带，发育糜棱岩化变质岩带以及塑性伸展构造。深层次位于地壳深部，主要是伸展性塑性流变构造，常有花岗岩类侵入和基性岩墙群发育（图 2.27）。

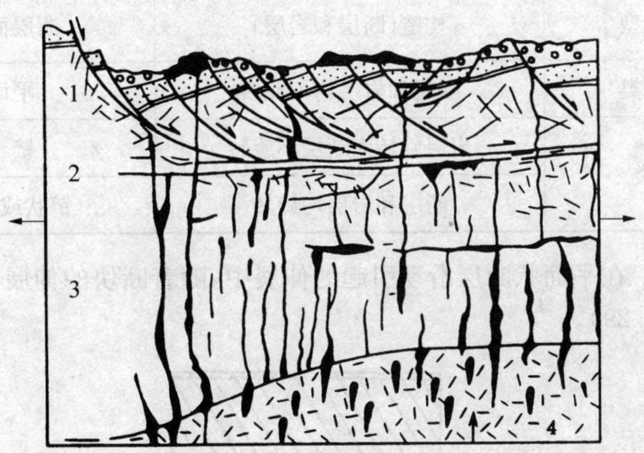


图 2.27　伸展构造的地壳结构模式（据 Eaton，1980；马杏垣修改，1982）

1：断块状地表岩层；2：韧性中间层；3：下地壳层；4：岩石圈地幔

马杏垣将伸展构造作用中沿大型低角度正断层运移的上盘称为伸展外来系统。大型平缓正断层的上盘包含了各类正断层组合，如正向和反向阶梯式正断层、地堑和地垒等构造。他根据中国东部中新生代的伸展结构概括了一幅示意图

(图 2. 28),表示了浅层次正断层及其夹持的块体向着伸展方向的旋转。从而引起伸展岩席垂向变薄,横向拉长。深层次则表现为韧性流动和岩墙群的贯入。

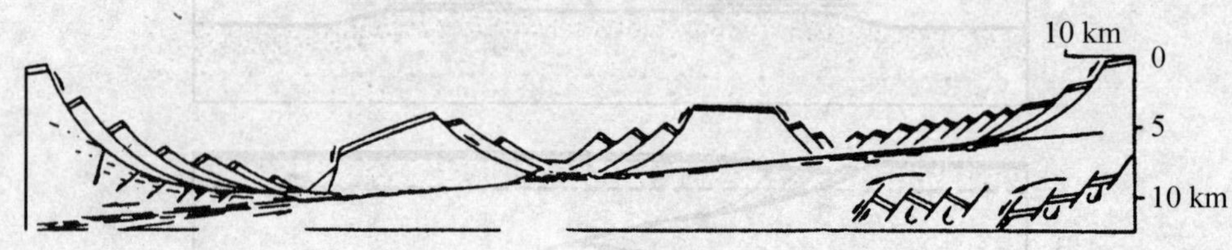


**图 2. 28 伸展构造外来系统示意图**

左侧表示两个世代两个层次的伸展构造情况(据马杏垣,1984)

### (三) 根据伸展构造中断层活动方式,可将正断层分为两类三型的伸展构造模式

沃尼克(Wernicke, 1982)提出的这种模式表达了通过断层滑动引起伸展的方式,包括旋转伸展和非旋转伸展两类。旋转伸展中的断层有两种几何形态:平面状和铲状;非旋转中断层的几何形态只有平面状一类(表 2. 1)。

**表 2. 1 伸展构造模式**

| 类　型 | 构造(断层和岩层) | 断层面形态 |
|---|---|---|
| 非旋转类 | 断层和岩层均不旋转 | 平面状 |
| 旋转类 | 岩层旋转而断层不旋转 | 铲　状 |
| | 断层和岩层均旋转 | 铲状或平面状 |

*旋转伸展*:在平面状断层滑动引起的伸展中,随着断块的伸展,断层和岩层均相应旋转(图 2. 29)。

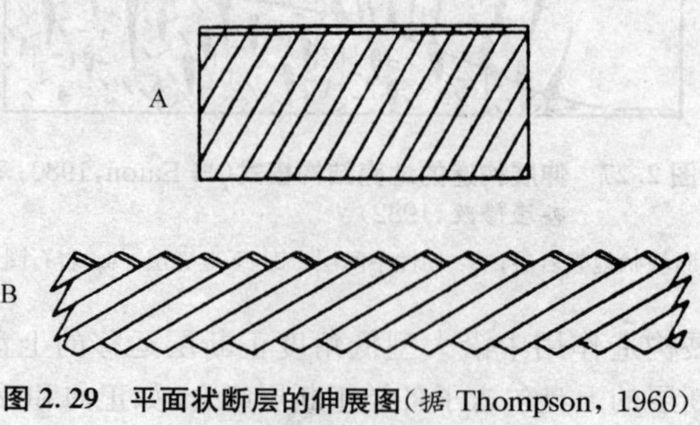


**图 2. 29 平面状断层的伸展图**(据 Thompson, 1960)

A:伸展作用前;B:伸展作用后

图 2.30 是铲状断层上盘断块滑动引起伸展的图式，在铲状断层上盘中各断块依次向下滑动，相应引起各断块中岩层倾角的顺次增大。

*非旋转伸展*：非旋转伸展是指断块没有旋转的情况下发生的伸展。

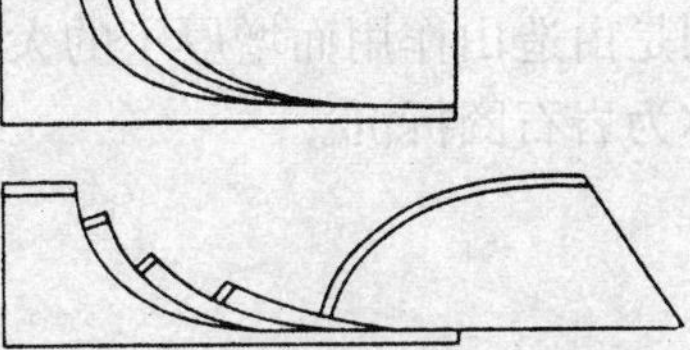

**图 2.30　叠瓦式铲状正断层及其滑动引起的岩层旋转图示**（据 Wernicke 等，1982）

各断块中岩层倾角依次增大

以上讨论的是浅层次正断层组合在伸展构造中的特征，这套正断层组合成镶嵌构造，向下往往是一条区域性铲状断层，即剥离断层。这条断层向下可以延伸到更深层次转变为韧性剪切带。

（四）根据变质杂岩构造（图 2.31）的一些近期研究一般认为，造山作用期后发育于造山带的区域伸展带和强烈岩浆活动带及变质核杂岩带密切相关，往往具有三位一体的特征。此由挤压体制反转为伸展体制通常解释为增厚岩石圈拆沉作用（delamination）所致（Ranalli，1997）。

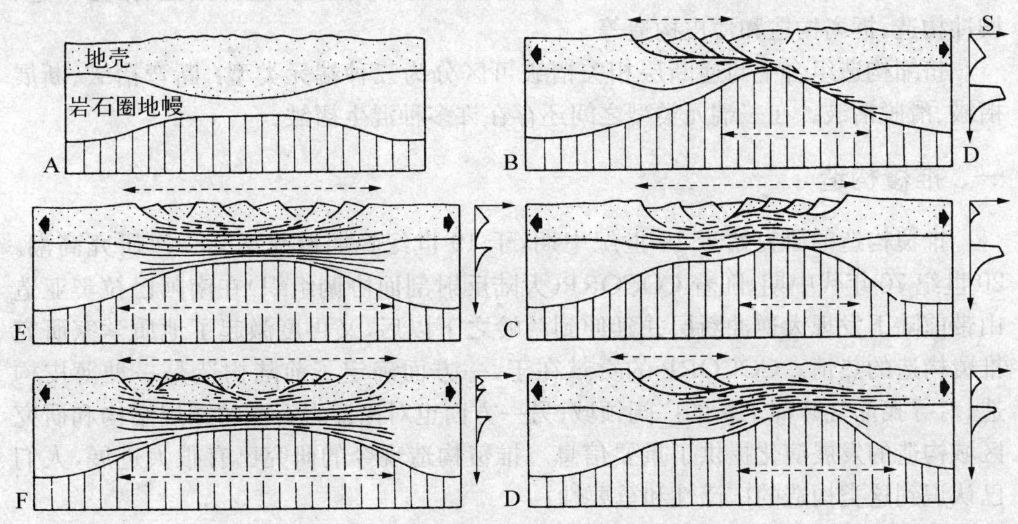


**图 2.31　造山期后伸展构造模式**（据 Malavieille，1993）

A. 伸展前增厚的地壳；B. 岩石圈剪切带；C. 均匀的纯剪伸展；D. Moho 拆沉作用；E. 非均匀地壳变形和区域尺度流动；F. 不对称非均匀的岩石圈伸展。每个图右侧为岩石圈强度剖面：S. 强度；D. 深度

*构造反转*：在盆地研究中，将张性、张扭性厚型盆地后期转换为压性、压扭性盆地，原先发育的张性、张剪性断裂转变为压性、压剪性断裂，称之为正反转构造；

反之为负反转构造。构造体制的反转是更大尺度的构造反转。

*岩石圈拆沉*：岩石圈减薄的一种方式，是因大陆岩石圈地幔较下伏软流圈地幔温度低而密度大，重力不稳，两者容易发生对流，致使岩石圈地幔沉入软流圈，特别是由造山作用而增厚了的大陆岩石圈地幔，更容易沿断裂滑入软流圈，这一过程称为岩石圈拆沉。

# 第二节　挤压缩短构造

挤压缩短构造是在造山过程中挤压作用下形成的一种逆冲构造系统，它是由逆断层和褶皱推覆体同时相伴产生的统一构造系统，在造山带集中发育。压缩构造主要类型是以纵弯褶皱和逆断层为主构成的组合类型，如逆冲断层、推覆构造、楔冲构造、拆离构造和薄皮构造等。

挤缩构造组合中与逆断层相关褶皱可区分为三种端元类型：断弯褶皱、断展褶皱、滑脱褶皱。在三端元类型之间还存在许多种混生褶皱。

## 一、推覆构造

推覆构造的研究始于19世纪中期，于19世纪晚期掀起了第一次研究高潮。20世纪70年代中期，随着COCORP(大陆反射剖面协调组织)在南阿巴拉契亚造山带前陆下发现大逆冲断层并延伸到兰岭之下以后，又再度激起了地质学家研究推覆构造的热情。COCORP的贡献在于，一方面确定了前陆构造是一种薄皮构造，对寻找油气开辟了新的广阔领域；另一方面也对论证岩石圈的圈层结构和研究区域构造的发展演化提供了重要信息。推覆构造现今的研究已有很大进展，人们已认识到这类构造的广泛性和重要性。

### (一) 推覆构造的概念

推覆构造是以平缓倾角、较大规模的远距离推移为特征的复杂构造。推覆构造主要产出于造山带及其前陆，一般是挤压(压缩)作用的结果，也可以由拉伸(伸展)作用造成。

推覆构造是19世纪后期研究阿尔卑斯的地质学家们(如A. Heim，1878；M. Bertrand，1984；H. Schardt，1893；M. Lugeon，1901等)提出的。他们认为构成阿尔卑斯的主体构造的就是一些推移距离很远的巨型逆冲构造或推覆体,断距达100 km以上。海穆(Heim)和贝特朗(Bertrand)认为,挤压引起的岩层褶皱,由直立→斜歪发展成为倒转→平卧。倒转平卧褶皱的倒转翼因挤压而拉伸撕开,顺断开面运移。这种由褶皱发展起来的推覆体称为褶皱推覆体。进一步研究发现,其中一些推覆体是由逆断层发展起来的,称为冲断推覆体。

此外,在伸展和重力滑动中,也可引起板状岩席的大规模位移。因此,推覆构造可分为两类:其一,是在挤压体制下产生的推覆体,形成挤缩型推覆构造,即逆冲—推覆构造,指狭义的推覆构造;其二,是在重力作用和拉张体制下产生的推覆体,形成拉伸型推覆构造,即剥离—推覆构造,简称滑覆构造。

逆冲—推覆构造的逆冲断层是位移量很大的低角度逆断层,其倾角一般在30°左右或更缓。国内少有大推覆,于是将倾角十分平缓、推移距离在数公里(通常大于5 km)以上的大型逆冲断层推覆体也称为推覆构造,其一般表现为较老岩层被推覆到较新岩层之上,其根部为倾角较大之逆断层(图2.32)。逆断层上盘岩块系自远处推移而来,称外来岩块(又称外来系统,即推覆体或逆冲岩席);逆断层下盘相对未动,称原地岩块(又称原地系统)。由于推覆构造经过强烈剥蚀,而原地岩块被揭示在一片外来岩块中露出一小片由断层圈闭的较年轻的地层。这种原地岩块称构造窗;反之,如剥蚀强烈,外来岩块大部分消失,而部分残留的称为飞来峰(图2.33、图2.34)。剥离—推覆构造的剥离断层总体呈犁式正断层。

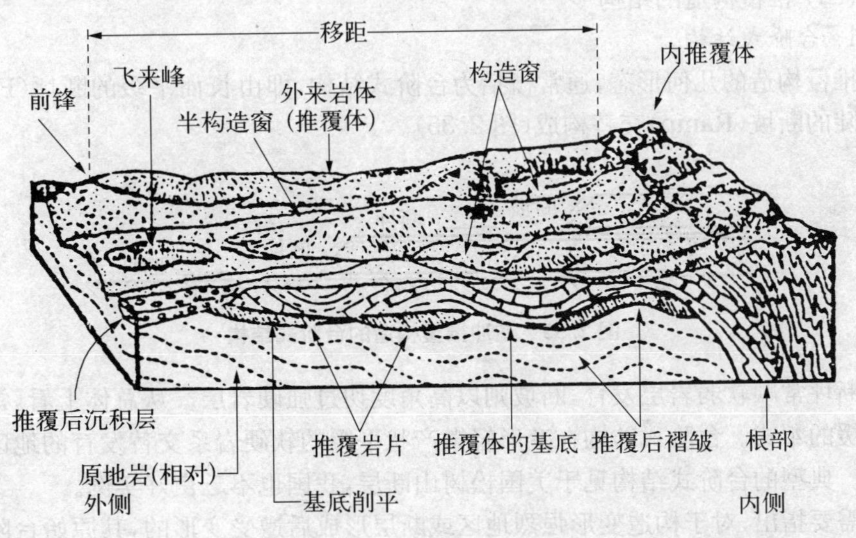


**图2.32 推覆构造立体示意图**(转引自沈修志,1989)

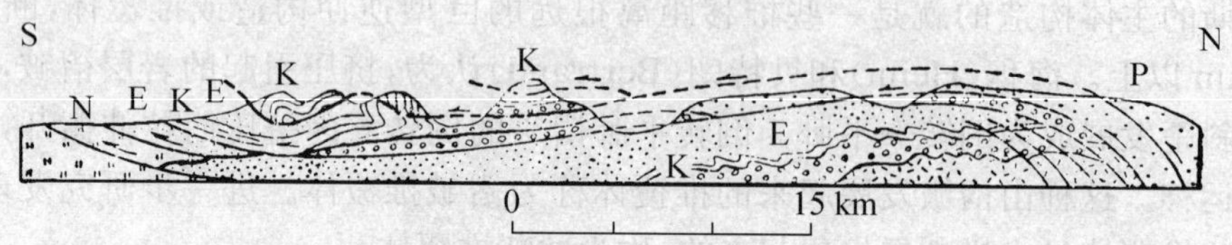


图 2.33 阿尔卑斯格拉鲁斯推覆构造(据 Cberholzer 等)

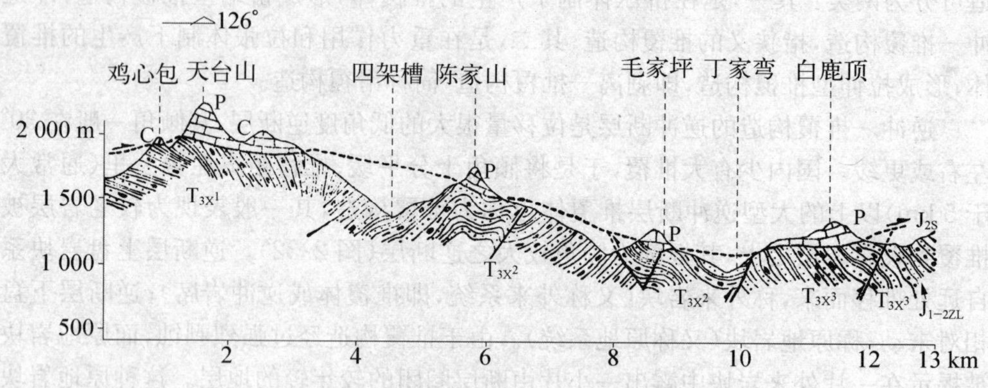


图 2.34 四川彭县推覆构造(据四川区测二队)

注意石炭系和二叠系推覆于三叠系和侏罗系之上

## (二) 推覆构造的结构

### 1. 台阶式结构

推覆构造的几何形态,通常概括为台阶式结构,即由长而平缓的断坪(Flat)与短而陡的断坡(Ramp)交替构成(图 2.35)。

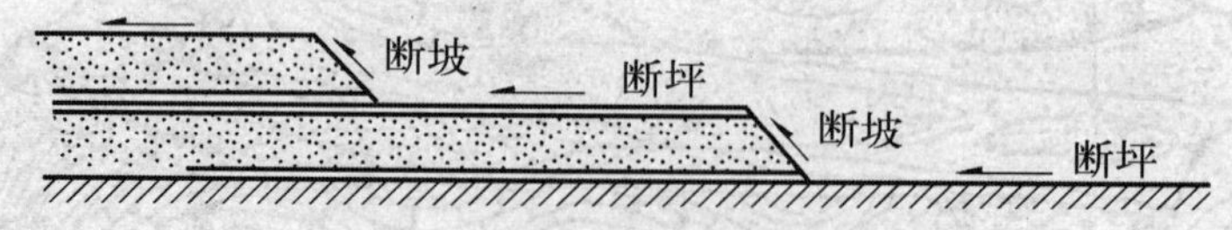


图 2.35 逆冲推覆构造的台阶式结构

断坪常顺软弱岩层发育,断坡则以高角度切过强硬岩层。从总体上看,常成上陡下缓的犁式。台阶式结构在变形轻微产状平缓的软硬岩系交替发育的地区最为明显。典型的台阶式结构见于美国松树山断层,我国也不乏良好实例。

需要指出,对于构造变形强烈地区或断层形成后遭受变形的,其原始台阶式被改造。如再现其台阶,应将变形剖面展开复原。

台阶式结构是逆冲断层的初始发育阶段，岩层尚处于水平状态时的表现形式。在递进变形和后期变形中，其初始台阶会发生变化。所以确定断坪、断坡主要根据上下盘岩层产状与逆冲断层产状之间的关系。上下盘岩层产状与逆冲断层产状一致的部位，为断坪。上下盘岩层产状与逆冲断层产状交切处，即断层切层部位，为断坡。

根据断坡与上下盘岩层的产状关系，断坡可分为上盘断坡和下盘断坡（图 2.36）。与下盘岩层产状一致而斜切上盘岩层处，为上盘断坡；与上盘岩层产状一致而斜切下盘岩层处，为下盘断坡。

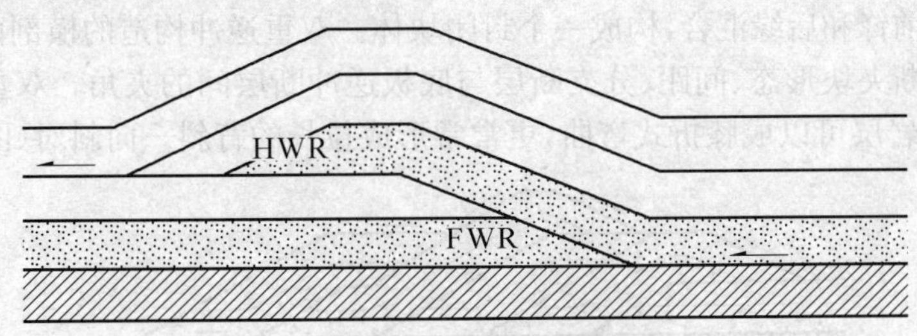


**图 2.36　上盘断坡（HWR）和下盘断坡（FWR）**

根据断坡走向与逆冲位移方向的方位关系，断坡可分为前断坡、侧断坡和斜断坡（图 2.37）。前断坡位于逆冲岩席前侧，是其走向与逆冲方向直交的断坡，表现为逆倾向滑动。侧断坡是断坡走向与逆冲方向一致的断坡，表现为走向滑动。斜断坡是断坡走向与逆冲方向斜交的断坡，兼具有走向滑动和倾向滑动。在分析并确定断坡、侧断坡和斜断坡时，应观测断坡产状与逆冲方向的关系以及反映构造力学性质的伴生构造。

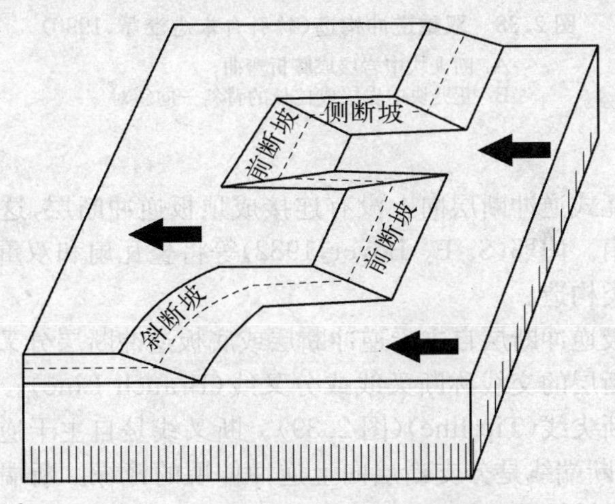


**图 2.37　逆冲断层下盘的形态结构**

示前断坡、侧断坡和斜断坡

2. 双重逆冲构造

双重逆冲构造又简称双冲构造(Duplex),由达尔斯特罗姆(C. D. A. Dalstrom, 1970)首先提出,是逆冲—推覆构造中最具普遍性的构造形式。双重逆冲构造是由顶板逆冲断层与底板逆冲断层及夹于其中的一套叠瓦式逆冲断层和断夹块组合而成(图 2.38)。双重逆冲构造中的次级叠瓦式逆冲断层向上相互趋近并且相互连接,共同构成顶板逆冲断层,各次级逆冲断层向下相互连接,构成底板逆冲断层。由逆冲断层所围限的断块叫断夹块或马石(Horse)。双重逆冲构造中的顶板逆冲断层和底板逆冲断层在前锋和后缘汇合,构成一个封闭块体。双重逆冲构造的横剖面形态取决于组成它的断夹块形态、间距、分支断层与底板逆冲断层间的夹角。双重逆冲构造中断夹块内岩层可以成膝折式弯曲,更常常形成拉长的背斜—向斜对(图 2.38)。

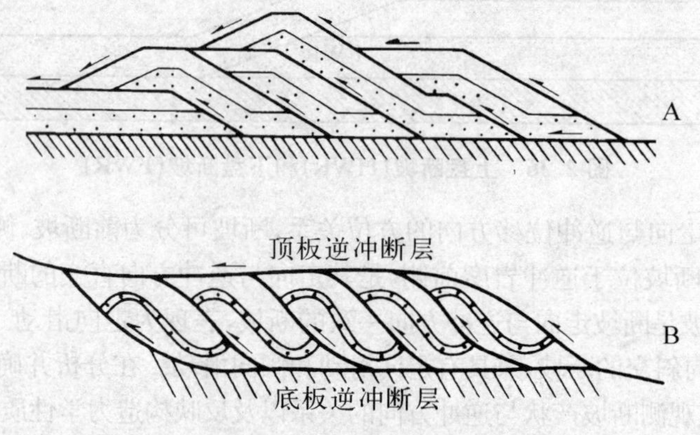


**图 2.38　双重逆冲构造**(转引自朱志澄等,1990)

A:断夹块中岩层成膝折弯曲;
B:断夹块中岩层成拉长的背斜—向斜对

3. 叠瓦扇

如果一套叠瓦式逆冲断层向上没有连接成顶板逆冲断层,这套叠瓦式逆冲断层可称之为叠瓦扇。博耶(S. E. Boyer, 1982)等将叠瓦扇和双重逆冲构造并列为逆冲体系的两大类构造。

叠瓦扇的次级逆冲断层自主干逆冲断层或底板逆冲断层分叉产出。主干逆冲断层与分支逆冲断层的交线称断叉线或分叉线(Branch Line)。分支逆冲断层的前缘称断端线或断尖线(Tip line)(图 2.39)。断叉线是自主干逆冲断层分出的分支断层的起始线,断端线是分支断层向上逆冲伸展的锋缘。断端线并不是断层的出露线。断端线常被蚀去,所以在野外确定断端线时应对周缘构造进行分析,将断层复原后才能确定。

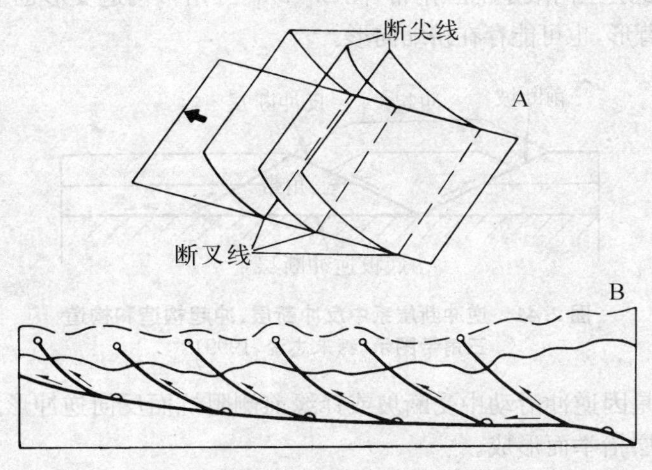


**图 2.39　叠瓦扇剖面**

A：立体图；B：剖面图

4．冲断褶隆

冲断褶隆(Culmination)是指逆冲—推覆构造中逆冲作用形成的穹状隆起构造。冲断褶隆常见于逆冲岩席经断坡爬升至上一滑动面于断坡上形成的背斜式构造。一般成顶部宽平的背斜式箱状背斜和穹状背斜(图 2.40)。

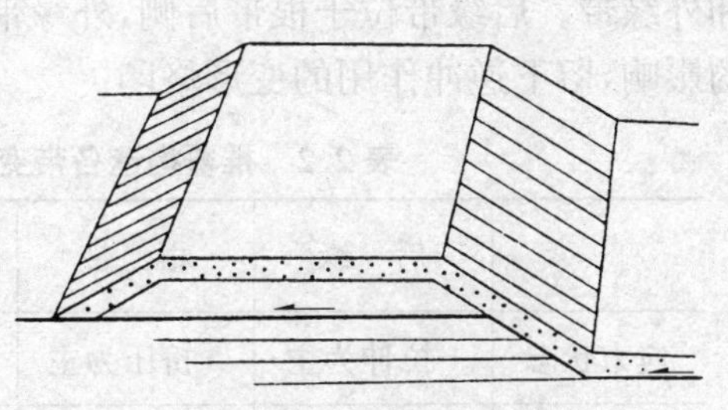

**图 2.40　冲断褶隆**

逆冲—推覆构造中的冲断褶隆侵蚀后常常显示各种较深部或隐伏的构造，为全面认识和分析逆冲断层提供重要信息，应注意观测。

5．冲起构造

在逆冲—推覆构造断层系中，常常出现与总体逆冲方向相反的逆冲断层，这种反向逆冲断层称为反冲断层(Backthrust)(图 2.41)。反冲断层主要发生于逆冲推覆断层的前锋部位和断坡后侧；在应变较弱的断坪上也可发育反冲断层。有些反冲断层向下产状变陡，甚至再转为与逆冲方向一致。

在逆冲作用中，反冲断层与同时形成的逆冲断层围限部位，因强烈挤压而上冲，形成变形强烈的隆起构造，即冲起构造(Pop up)(图 2.41)。冲起构造与底辟或刺穿构造相似。冲起构造常表现为断层切割岩层扭曲的前斜形式。

在反向逆冲断层与其后侧的逆冲断层会聚部位，会形成以反冲断层、分支逆冲断层和底板逆冲断层三向限定的三角带(图 2.41)。三角带构造变形也十分强烈,多形成叠置的冲断背形,也可能存在挤缩向形。

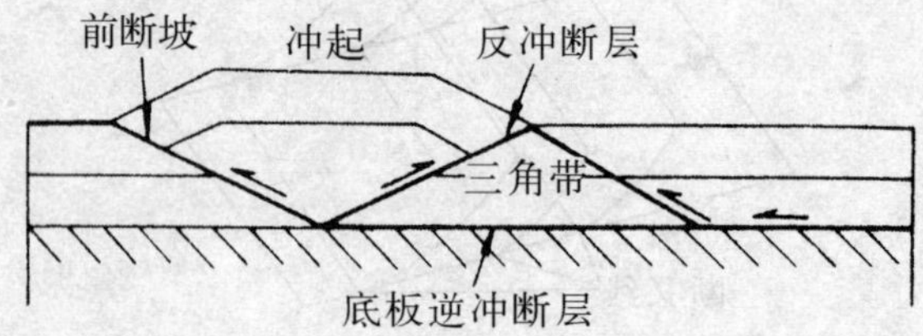


**图 2.41 逆冲断层系中反冲断层、冲起构造和构造三角带图示**(据朱志澄,1999)

反冲断层是因逆冲滑动中受断坡或锋缘前侧阻抗而反向逆冲形成的。冲起构造即由反冲断层抬举而形成。

(三) 推覆构造的分带

推覆构造在结构、构造、变形强度等方面均显示分带性,并且与变形作用密切相关。这种分带性主要表现在自根带到锋带的逆冲方向上。

推覆构造在逆冲方向上可分为根带、中带和锋带三个主带,以及相关的后缘带和外缘带。后缘带位于根带后侧,外缘带位于锋带前侧,这两带也受逆冲推覆作用的影响,留下逆冲作用的变形烙印。

**表 2.2 推覆构造各带变形特征(据朱志澄等,1990)**

| | 后 缘 | 根 带 | 中 带 | 锋 带 | 外 缘 |
|---|---|---|---|---|---|
| 应力状态 | 拉伸为主 | 挤压为主 | 单剪为主 | 挤压为主 | 挤压、渐变弱 |
| 次级断裂 | 地堑式等正断层;张节理带 | 平行逆断层或发辫状高角度断层 | 叠瓦扇和双重逆冲构造;斜歪倒转褶皱;菱块式网结状构造 | 叠瓦扇;反冲断层 | 中高角度逆断层和少数正断层;反冲断层 |
| 次级褶皱 | 不发育 | 两翼紧闭、轴面陡立的复杂多级褶皱 | 拉长的背向斜对;膝折式褶皱;常有冲起构造和三角带伴生的隔档式褶皱 | 两翼紧闭,轴面陡立,产状常不稳定 | 由紧闭褶皱渐变为开阔褶皱,单斜和挠曲 |

续表

| | 后　缘 | 根　带 | 中　带 | 锋　带 | 外　缘 |
|---|---|---|---|---|---|
| 构造定向性 | 不明显 | 显示定向性 | 定向明显 | 较明显 | 由定向明显渐变为不明显 |
| 劈(节)理发育状况 | 张节理 | 板劈理或褶劈理发育 | 劈理发育程度降低→ | | 节理 |
| 变形性状 | 脆性 | 塑性、弹塑性 | → | | 脆性 |

推覆构造在垂向上的变化是很复杂的。推覆构造可以是由一个推覆体组成，也可以由一个以上推覆体组成(图2.42)。区域性逆冲—推覆构造一般是长期发展成的，在一次次逆冲作用中形成的推覆体互相叠置而构成推覆体垛或推覆体堆柱(Nappe pile)。

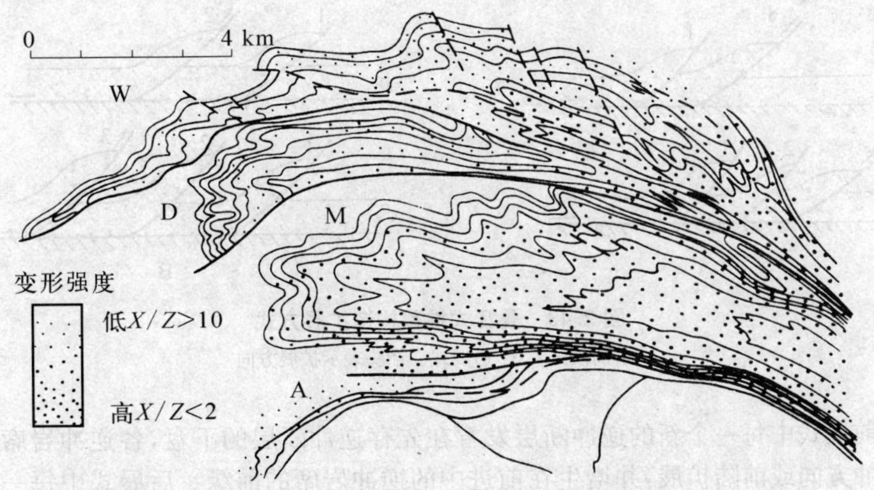


**图2.42　三个推覆体叠置的西赫尔维推覆体垛以及推覆体应变量变化图**(据 Ramsay，1981)

A：原地岩块；M：莫尔克列推覆体；D：迪亚布勒莱推覆体；W：维尔德霍恩推覆体

兰姆赛(1981)对瑞士阿尔卑斯赫尔维推覆体的研究，为推覆体中构造的垂向变化及其差异提供了有意义的信息(图2.42)。西赫尔维推覆体包括三个推覆体，自下而上是：莫尔克列推覆体、迪亚布勒莱推覆体和维尔德霍恩推覆体。莫尔克列褶皱推覆体的倒转翼下的各类岩石变形十分强烈，个别部分的应变 $X:Z$ 比值大于 100 ∶ 1。而在远离根带的正常翼中，应变减弱，常见的 $X$ 与 $Z$ 的比值大于 4 ∶ 1。从图 2. 42 中可以看到，应变强度在接触面上最强，上盘底部变形又强于下盘顶部。

(四) 推覆构造的扩展

推覆构造一般成叠瓦扇或双重逆冲构造。在一次构造作用中形成的各条逆冲断层和各个推覆体，都是顺序发展的。褶皱造山带前陆中的逆冲—推覆构造，总是自造山带或腹陆向前陆运移，其中各条逆冲断层或各个推覆体的扩展，有两种可能的方式。一种是自腹陆向前陆扩展，另一种是自前陆向腹陆扩展，前者称为前展式或背驮式(Piggyback propagation)，后者称为后展式或上叠式(Overstep propagation)(图 2. 43)。

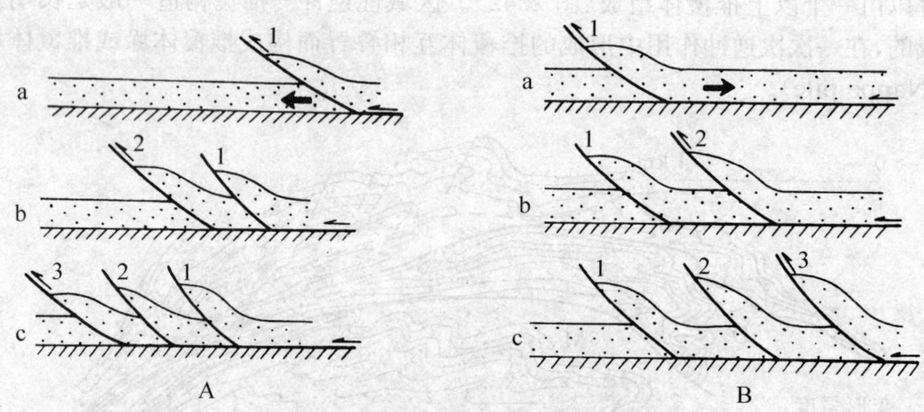


**图 2. 43　叠瓦式推覆构造扩展方式**

A: 前展式；B: 后展式。箭头表示扩展方向

前展式中每一个新的逆冲断层发育在先存逆冲断层的下盘，各逆冲岩席依次向逆冲方向或前陆扩展，并增生在前进中的逆冲岩席的前缘。后展式中每一新的逆冲断层发育在先存逆冲断层的上盘，各逆冲岩席依次向逆冲后缘方向或腹陆扩展，并增生在前进中的逆冲岩席的后缘。因而，前展式中位置最高或最后侧的逆冲岩席发生最早，后展式中位置最高的逆冲岩席发生最晚。根据野外观察、模拟实验和理论分析，确证绝大多数逆冲推覆构造均以前展式扩展。

判别逆冲作用中扩展方式的主要依据是其总体变形特征，各级各类构造发育状况以及各逆冲断层的交切关系。

前展式扩展形成的推覆构造中，逆冲断层越早形成，其变形也越强烈。早先的台阶式结构被一次次的后期逆冲作用变形或破坏。对比各条主要逆冲断层变形的强度或被切割的情况，能比较准确地确定逆冲顺序。一些多次逆冲形成的推覆构造，变形强度呈递进式变化，最晚形成的逆冲断层仍为台阶形式，而早期逆冲断层已强烈弯曲。

## 二、楔形冲断构造

朱志澄(1982)研究中国南方构造时发现，一些较大红色盆地中有时出现一些基底较老的岩系。过去一般认为是断块式上升，以地垒形式隆起于红层之中。近年认识到，这些老岩系一侧逆冲于红层之上，而另一侧与红层成正断层接触，成上宽下窄的楔形断片，称为楔形冲断体构造。这种冲断体本身又可由次级叠瓦式断层组成。这种构造一般与基底较大断裂有关，是在基底大断裂活动中基底较老岩系被推挤上冲造成的。湖南衡阳盆地坛子山是这种构造的一个典型实例(图2.44)。其他如苏南茅山、粤北曲仁盆地等均有这类构造。某些向一个方向逆冲的褶皱山系，其结构上也与这类楔状冲断体构造相似。

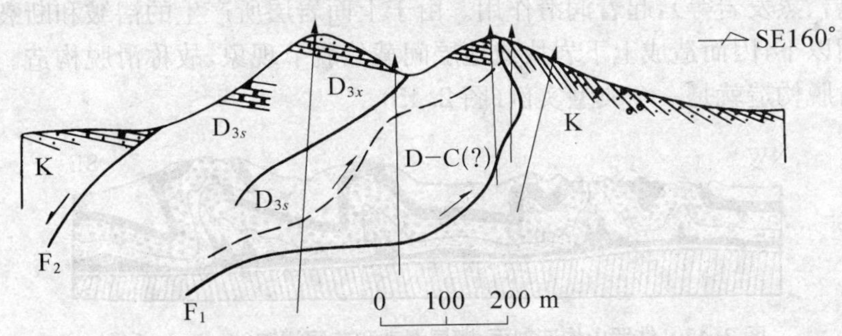


**图 2.44 湖南衡阳坛子山楔状冲断体**(据湖南地质局417队)

## 三、拆离断层和滑脱构造、薄皮构造和厚皮构造

### (一) 拆离断层

拆离断层即滑脱断层，系指大型顺层断层。顺层断层也称层间滑动断层。它们是顺着地层层面或不整合面，特别是软弱岩层发育的，有时也以较陡角度切过强硬岩层。断层总体常呈凹面向上的勺状，或是由陡、缓连接的几级平面组成阶梯形式。顺层断层主要是逆断层式的，但也有正断层式的顺层断层。剥离断层专指伸展体制下的大规模低角度正断层。也有人将滑离断层一词专指断层面沿某一软弱层发育的构造；而拆离断层面是可以切层的。

顺层断层发育的深浅不一,深的与巨型构造伴生;而浅的则与褶皱相联系,顺层断层的标志也易被观察。例如,可见顺层展布的断层岩,复杂的揉褶所造成的软弱岩层的减薄和增厚,断层上盘破碎挤入下盘裂隙中的碎屑岩墙,以及地层重复或缺失现象等。

大型的顺层断层发育在构造层之间和构造圈之间,称为拆离断层,如盖层与基底之间的拆离。

引起顺层断层的作用力,通常认为主要是构造推挤力,也可以是重力作用,或两者共同作用。

(二) 滑脱构造

滑脱构造又称拆离构造、脱顶构造或层圈构造。这种构造在相当大的范围内存在着一个大型水平的底部滑脱面。其上部的岩层因受挤压作用,顺滑脱面发生独立的变形运动,形成一些两翼不对称的褶皱和一系列小型逆断层,这些断层的倾角随深度增大而变缓,形成凹面向上的犁状形态,最后与呈近水平的底部滑脱面相联。但滑脱面以下的岩块或地层则未发生变形。滑脱面上的岩层一般较软弱(如页岩、泥岩、蒸发岩等),起着润滑作用。由于上面岩层所产生的褶皱和断裂不延续到滑脱面以下,因而造成上下岩块或地层间截然脱节现象,故称滑脱构造。欧洲侏罗山的滑脱构造就是一个典型实例(图 2.45)。

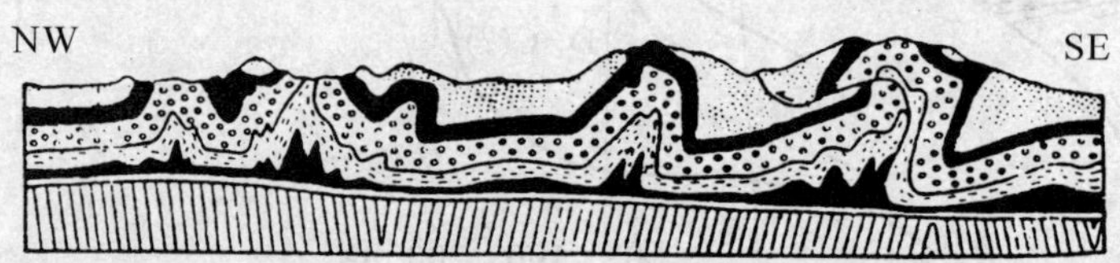


**图 2.45　侏罗山构造剖面,顺层滑动和盖层褶皱**(据 Buxtorf 等)

顺层圈滑动的拆离已成为重要的断裂形式。根据国内外学者对这个问题的论述和我们的认识,岩石圈的层圈结构和顺层滑脱可以概括为以下几点:

第一,岩石圈包含着一系列近平行的层圈,自深部趋向表层,界面间距愈来愈小,分界密度增大,各个界面侧向展布变化大,延伸距离不等;

第二,顺层滑脱或拆离是其构造的基本特征,地壳表层的顺层滑脱则形成大规模的推覆构造,所以地表的推覆构造是地壳或岩石圈层圈性的具体表现;

第三,岩石圈内层圈界面的结构构造、断层岩的组成和变形特征以及界面上、下变形的差异和不协调性,是鉴定界面存在及其产生深度、性质和构造意义的基本地质标志;

第四，沉积岩层圈中的滑脱面主要局限于不整合面、岩系界面、高塑性层和高孔隙液压带；

第五，深层次拆离和推覆构造除了因构造作用被带到地表外，现代的深层拆离和推覆反映在地震震源的顺层分布、地震波速的突变面以及深断裂下延在一定深度面的截然终止等方面。

(三) 薄皮构造

薄皮构造是指造山带前陆沉积盖层在主滑脱面上的滑脱变形，表现为一套褶皱逆冲断裂构造。因基底没有卷入变形，故它与盖层变形呈现不协调关系。这种薄皮构造不仅在褶皱造山带的前陆中广泛发育，而且在活动性较大的板块上也有分布。根据查普乐(W. M. Chapple)等的论述，薄皮构造的特点如下：

第一，薄皮构造底部总有一个大型顺层的滑脱面，这个滑脱面可以位于基底与盖层之间，也可以不位于这个界面上，或者是几个主要滑脱面共同组成的一个滑脱带；

第二，滑脱层位一般是塑性层，也可以是岩性差很大的两套岩系的界面；

第三，褶皱造山带前陆的薄皮构造，其变形前的岩系或变形后的褶皱逆冲带，均表现为后端厚、前锋薄的楔形；

第四，薄皮构造中的褶皱主要为侏罗山式或类似侏罗山式褶皱，与其伴生的逆冲断层一般自背斜核部起始向前切过陡翼或倒转翼，向下汇拢于主逆冲滑脱面上，构成帚状或犁式断层。薄皮构造趋向根带时，会转变为基底卷入的厚皮构造，基底岩系逆冲于盖层岩系之上。

从地壳或岩石圈的层圈结构和拆离滑脱概念出发，薄皮构造又引申出不同大地构造单元的大型薄皮构造(图 2.46)。

拆离推覆和多层次拆离推覆，不仅是地壳结构的基本特点，而且可能是构造变形和变质的主要原因之一。

(四) 厚皮构造

厚皮构造与薄皮构造的差异主要在于基底和盖层一起被卷入构造变形，在变形中基底和盖层基本呈协调关系，两者之间不存在大规模的滑脱拆离面，然而局部滑动(图 2.46)是可能的，但不形成为区域性的关键性构造。

## 四、压缩构造与拉伸构造对比

压缩与拉伸两种构造作用在一定区域可以是相互干涉或先后更迭的，从而造成构造的穿插和叠加。但仍可依据各地的具体条件和一般特征(表 2.3)加以鉴别和筛分。

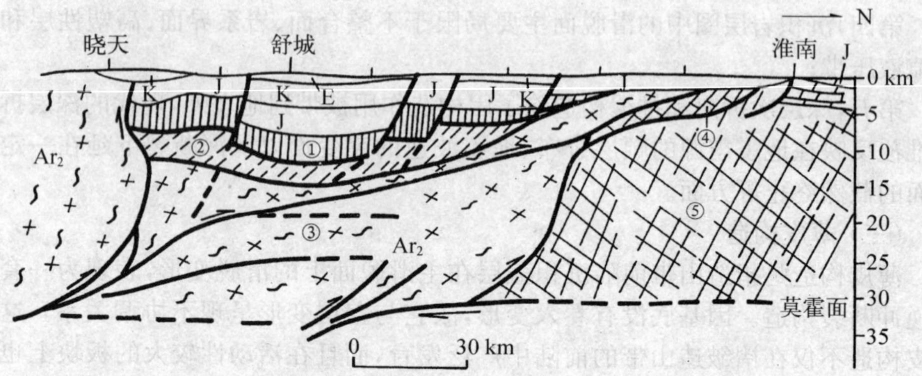


**图 2.46　北淮阳及邻区区域大地电磁测深地质解释剖面**(据刘德良等，转引自索书田等，1993；刘德良等，1994)

① 佛子岭群($pt_3$)—梅山群(cp)；② 卢镇关群($pt_2$)；③ 造山带古老变质岩系；④ 华北陆块沉积盖层；⑤ 华北陆块太古代基底

**表 2.3　挤压和伸展两种作用和两类构造对比表(据索书田，1999)**

| 引张作用和伸展构造 | 挤压作用和挤压构造 |
|---|---|
| 1. 作用时期漫长持久，脉冲较弱而不显著；<br>2. 影响空间为区域性面式，作用空间的界线不明显；<br>3. 浅层次以断裂为主，岩层原始产状改变轻微、较小；<br>4. 以高角度正断层为主，也有低角度断层(犁式或顺层)；<br>5. 形成大面积隆起和坳陷，如块状山、高原、巨大断陷盆地、裂陷槽和断坳槽；<br>6. 地壳上层以构造切削而减薄，深层以韧性分流而减薄，导致莫霍面变平；<br>7. 构造活动性质转换过程缓慢而渐进；地层接触多表现为平行不整合或微角度不整合；<br>8. 岩浆活动主要是区域性大面积火山活动，尤其是玄武岩流；区域性放射状或平行式岩墙群；中酸性侵入活动；<br>9. 区域变质微弱或较局限，相对为高温低压及退变质；<br>10. 在区域性岩浆活动与隆起区，以及区域性坳陷区，深部常表现地幔隆起。 | 1. 作用时期较为短暂急速，脉冲强烈显著；<br>2. 影响空间为区域性带状，作用空间的界线比较清楚；<br>3. 以褶皱、断裂为主，岩层原始产状改变显著，且变化急剧；<br>4. 以低角度断层为主，亦发育高角度断层；<br>5. 形成带状坳陷带(槽)和线状山系；<br>6. 区域构造地层加厚，深部韧性流使物质集中，导致莫霍面下凹；<br>7. 构造活动性质转换过程较急速而显著，地层接触关系多表现为显著的角度不整合；<br>8. 岩浆活动强烈，形成区域性带状中酸性侵入活动岩基带和各种岩性的火山活动；<br>9. 区域变质作用强烈，相对为递进中、低温高压变质；<br>10. 表现为复杂的地幔隆升和下坳特点。 |

# 第三节　走向滑动构造和旋扭转动构造

走向滑动构造和旋扭转动构造是扭动构造的两种类型。扭动构造最早是由李四光(1942)提出的,系指地壳的某一部分相对其邻近部分,发生相对扭动而形成的构造。扭动构造一般规模不大,只有少数类型达到大型或巨型规模。它们主要发生于地壳上部,有时也涉及地壳较大深度。扭动构造是区域构造运动的产物,扭动构造比较复杂,构造形式很多。

## 一、走向滑动构造

走向滑动构造简称走滑构造。这里重点介绍的是走向滑动断层,简称走滑断层。走滑断层一般是指大型平移断层,断层面近直立,两盘相对水平滑动。人们对走滑断层的认识晚于正断层和逆冲断层。地质学家在 19 世纪就认识了正断层和逆冲断层,而大型走滑断层直到 20 世纪初才被发现,主要原因是:① 断层位移的参考面(线)在走滑断层中相对较少;② 走滑断层产状陡立,不易与正断层区分;③ 结构复杂,较难查明断层运动的性质。现在发现,走滑断层和兼具倾向滑动的走滑断层是相当普遍的,并在区域构造活动中具有重要意义。

### (一) 走向滑动断层的基本特征

大型走向滑动断层具有以下特点:

1. 走向滑动断层常成直线状延伸,断层产状陡峻以至直立。它的次级断层多而复杂,各级各类断层分叉交织构成发辫式或一套平行的断裂组合。

2. 在走向滑动断层两盘中,常派生一系列雁列式断层和褶皱,靠近断层常表现出地层—构造线巨大弯转(图 2.47)。

3. 走向滑动断层带两侧的地层—岩相常成有规律的发生错移,地层—岩相带的时代愈老,平移距离也愈远(图 2.48)。

4. 走向滑动断层带上常出现构造凹陷和构造凸起,表现为拉张性断陷盆地和挤压性冲断—褶皱断块隆起(图 2.49)。在探讨圣安德列斯断层带旁侧出现的一些断陷盆地的成因时,进行了有关实验,通过分析认为,在走滑断层活动中,由于断层走向的局部弯转,与次级断层的交切,会在断块的一端引起岩块的拉伸和陷落,形成盆地和拗陷(图 2. 50A);在另一端引起挤压和重叠,形成褶皱或逆冲断层(图 2. 50B)。

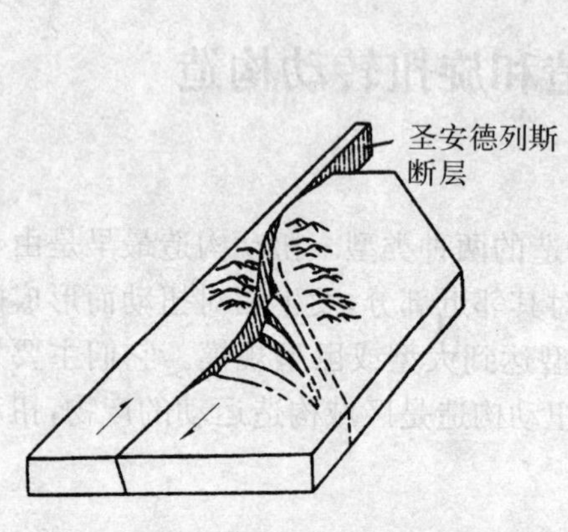


**图 2. 47　圣安德列斯断层弯曲与次级断层交切引起的挤压—拉伸现象**(据 Crowell,1974)

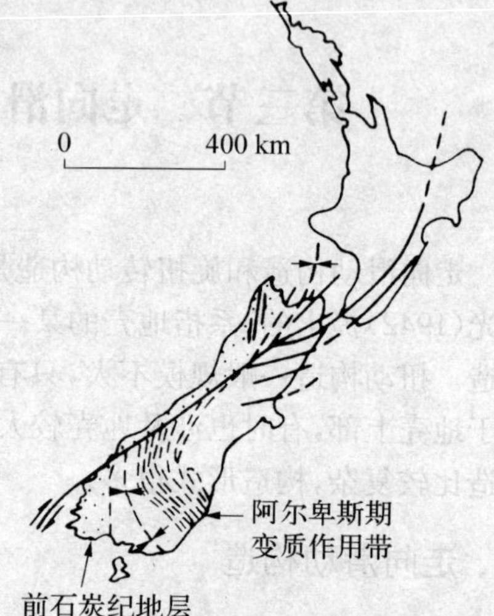


**图 2. 48　新西兰阿尔卑斯走滑断层及其东南盘的牵引弯曲**(据 Wellman,1952)

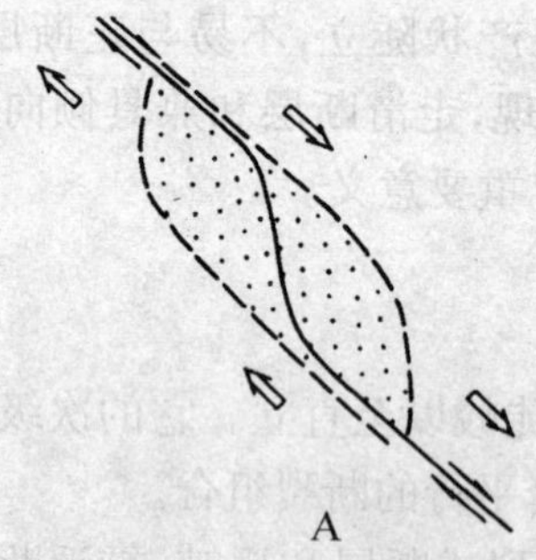


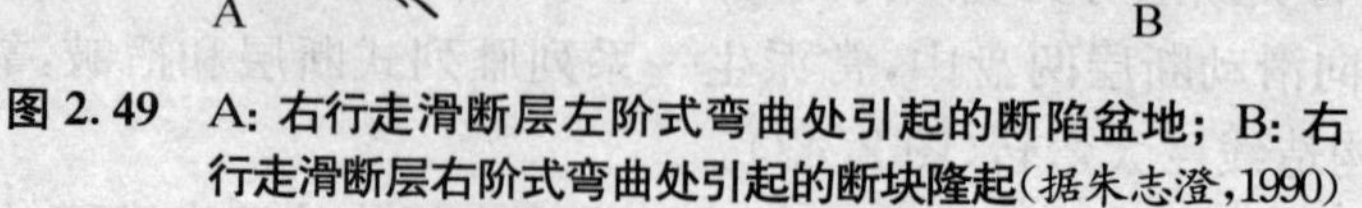


**图 2. 49　A: 右行走滑断层左阶式弯曲处引起的断陷盆地; B: 右行走滑断层右阶式弯曲处引起的断块隆起**(据朱志澄,1990)

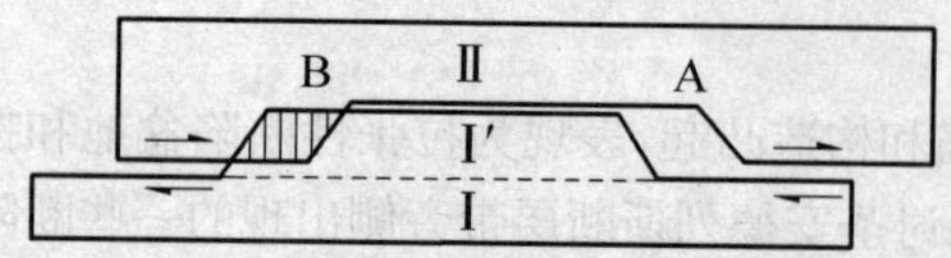


**图 2. 50　收敛性和离散性平移断层作用的平面示意图**(据 Spencer,1977)

5. 在雁列式走向滑动断层系中,除根据两盘相对错动分为左行和右行外,还根据雁列断层的相互排列和部分叠覆的关系,分为左阶式和右阶式。左阶式是指各次级断层顺断层走向观察依次向左错列，右阶式则指各次级断层依次向右错列(图 2.51)。

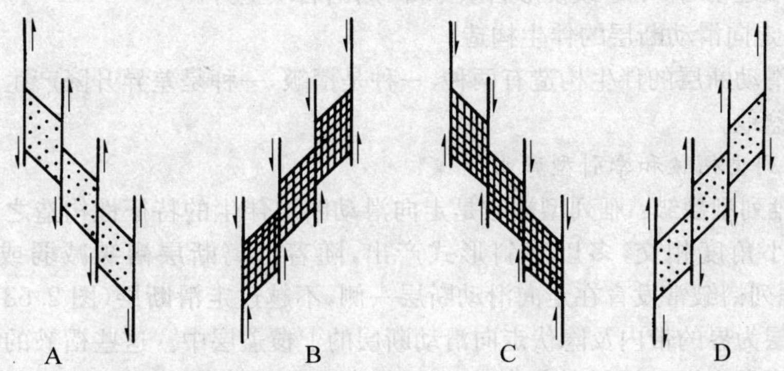


**图 2.51 左阶式和右阶式走滑断层系及其控制的拉伸带和挤压带**(据朱志澄，1990)

A：左行左阶；B：左行右阶；C：右行左阶；D：右行右阶
细点区为拉伸带；交叉线区为挤压带

6. 走向滑动断层常常以一定样式产出，主要构造样式有：单条式、平行线式、雁列式、菱格式或棋盘格式。在平直走滑断裂带的终端，主断裂往往分叉为马尾丝状次级断裂，在滑动前端可形成压剪性断裂扇；在后端可形成张剪性断裂扇(图 2.51)。

7. 走向滑动断层两侧常出现地形高差显著变化；断层在穿过起伏很大的地形时仍保持直线形，特别是在航天卫星照片上明显显示其良好的线性影纹。如新西兰阿尔卑斯断层的东南盘抬高了 3 000 多米，一些现代活动的平移断层也有上、下滑动。穆迪的解释是：当两条走向不同，旋向相反的平移断层交截在平面上切成楔形岩块时，楔形岩块会随着两侧断层的水平移动而上、下滑动。如图 2.52 所示，

**图 2.52 平移断层中垂直运动平面示意图**(据 Moody 等，1956)

U 表示上升；D 表示下降

若楔形岩块整体向楔尖平移，则引起楔形岩块上升，周围岩块下降。反之，楔形岩块背离尖端运动时，则导致楔形岩块下降，周围岩块上升。

（二）走向滑动断层的伴生构造

走向滑动断层的伴生构造有两种，一种是褶皱，一种是差异升降产生的断块隆起和断陷盆地。

1. 雁列型褶皱和牵引型弯曲

(1) 雁列型褶皱：雁列型褶皱是走向滑动断层伴生的特征性构造之一。褶皱轴与断层小角度相交，多以背斜形式产出，随着远离断层褶皱减弱或倾伏（图2.53）。雁列褶皱常发育在走向滑动断层一侧，不越过走滑断层（图2.53），或在两条走滑断层为界的带内及隐伏走向滑动断层的上覆盖层中。这些褶皱的特点是在褶皱中部多发生横切褶皱的高角度正断层或张节理带（图2.54）。这些雁列型褶皱与主干走滑断层呈小角度相交，但雁列褶皱带的延长方向与走滑断层走向基本一致。

**图2.53 圣安德列斯断层一侧派生的雁列式褶皱**（据 Moody 和 Hill，1956）

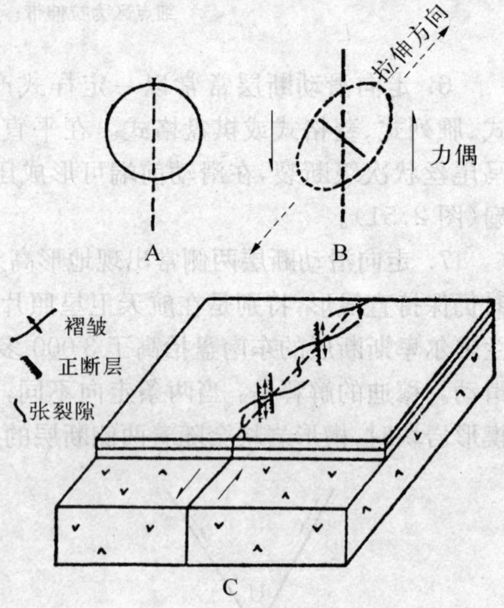


**图2.54 深部走向滑动断层上覆沉积岩区变形的分析**（据 Spencer，1977）

A、B图的圆形和椭圆是断层滑动的应变分析；C图是走向滑动断层表层的伴生构造

(2) 牵引型弯曲：在走向滑动断层两侧的岩层常发生牵引式弯曲。著名的新

西兰阿尔卑斯走滑断层的东西段发育了巨大的弧形弯曲。弯曲中包含了陡倾褶皱（图 2.55）。

2．菱格网状构造

（1）菱格型构造：两组走滑断层常共轭交叉构成棋盘格式构造是种典型的菱网状构造，在产状平缓或水平岩层发育区以及新构造区中发育尤为明显，如我国西部的塔里木、准噶尔、若尔盖等盆地的菱形轮廓，显示边界断层为走滑属性。塔里木盆地的东南缘的阿尔金断层带以左行走滑闻名中外。

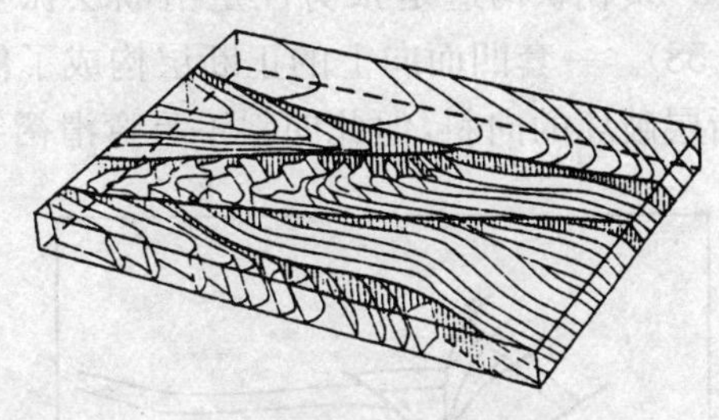

**图 2.55　新西兰阿尔卑斯走滑断层沿线的陡倾伏褶皱**（据 Lillie，1964）

（2）发辫型构造：走滑断层形成过程中发生的各种断裂如图 2.56 所示。以里德剪裂（R 和 R′）形成在先，小角度剪裂（P 断裂）形成在后。里德剪裂 R 与基底走滑断层成 15°～17°相交，两者滑向一致。小角度剪裂与基底走滑断层的交角小于 17°，与里德剪裂倾向相反，但滑向一致。由于小角度剪裂的发育，使里德断裂相互连结，贯通成夹有菱块的断裂带。因此，由菱形结块与环绕结块的剪切面带构成的发辫式构造是走滑断裂带中最普遍的结构。

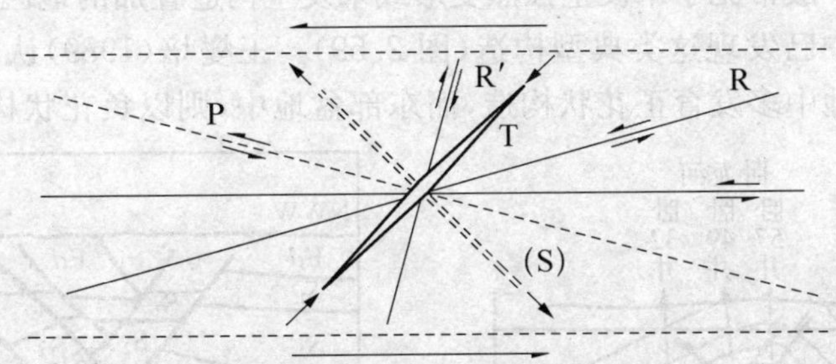


**图 2.56　与走滑剪切有关的各种断裂**（据 Jean-Louis Bles 等，1986）

3．花状构造

花状构造是走滑断层系中又一种特征性构造，走滑断层剖面自下而上成花瓣状撒开，故称为花状构造。根据花状构造的结构和力学性质可分为正花状构造和负花状构造。

正花状构造是压剪性走滑断层派生的、在压扭性应力状态中形成的构造（图 2.57）。一条陡立走滑断层向上分叉撒开，成逆断层组成的背冲构造。断层下陡上缓凸面向上，被切断的地层多成背形，但不具弯滑褶皱性质。正花状构造像一个细管的倒立锥体。自然界也有一些非走滑断层引起的类似花状的构造。如果是花状构造，则剖面上背冲式断层向下汇总为一条陡立的走滑断层，区域上显示走滑断层特点。

负花状构造是张剪性走滑断层派生的、在张剪性应力状态中形成的构造（图 2.58）。一套凹面向上的正断层构成了似地堑式构造。堑内地层平缓，浅部呈被正断层破坏的向斜，但此向斜不具弯滑褶皱性质。

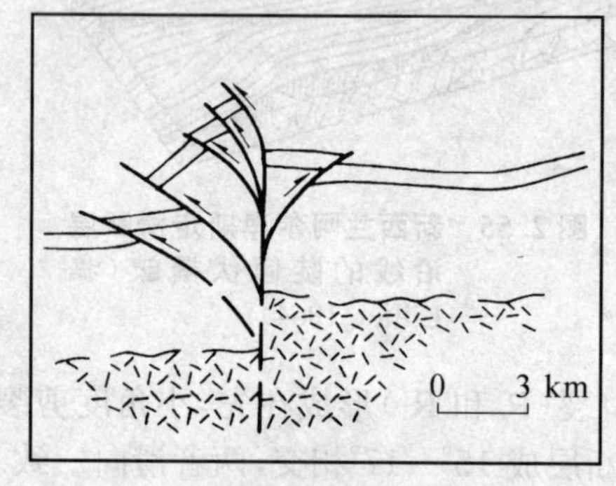


**图 2.57 正花状构造示意图**（据 Harding，1985）

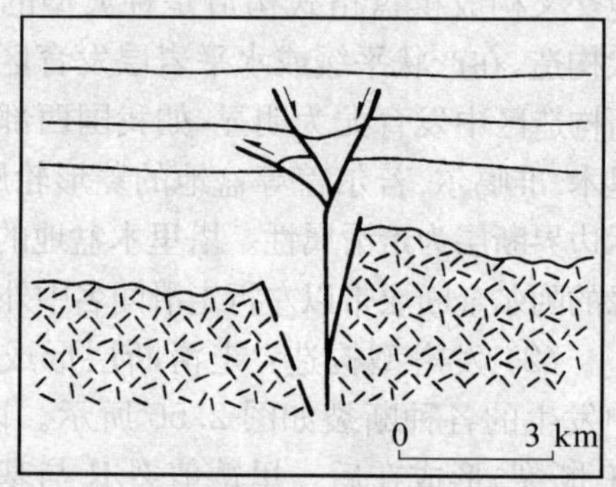


**图 2.58 负花状构造示意图**（据 Harding，1983）

花状构造一般常见于未发生强烈变形或未发生构造叠加的地区。我国中新生代含油气盆地中已发现这类典型构造（图 2.59）。王燮培（1989）认为，我国中、西部中新生代盆地中多发育正花状构造，而东部盆地中，则以负花状构造为主，分别

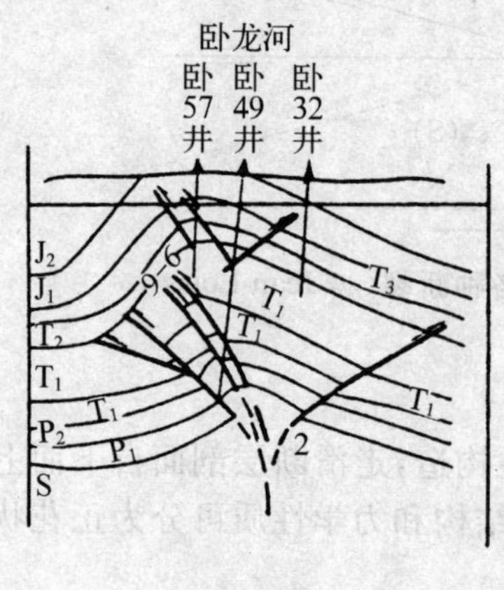


A

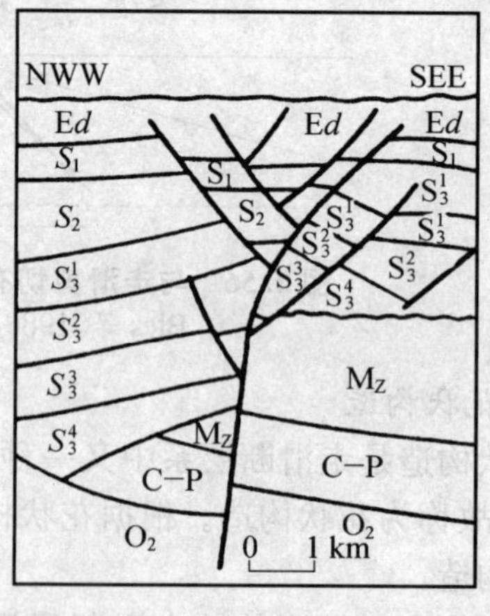


B

**图 2.59 我国花状构造实例**（据王燮培，1989）

A：四川卧龙河正花状构造（据童崇光，1987）；B：东濮凹陷的负花状构造

$S_1$，$S_2$…为老第三系的分层代号

代表压扭和张扭两种不同的构造背景。在油气勘探中识别花状构造，对正确分析盆地构造、岩相带发育和圈闭特征，具有实质性意义。

4. 拉分盆地

(1) 拉分盆地(Pull-apart basin)是走滑断层系统中拉伸形成的断陷盆地。1966 年伯希菲尔(B. C. Burchfiel)研究圣安德列斯走滑断层控制的死谷盆地时首次提出。此后在研究圣安德列斯断层和亚喀巴湾—死海裂谷系中，对拉分盆地有了更深入的了解。目前对拉分盆地的内部构造、沉积组合、形成力学和发展演化等方面已初步建立了相应模式(图 2.60)。

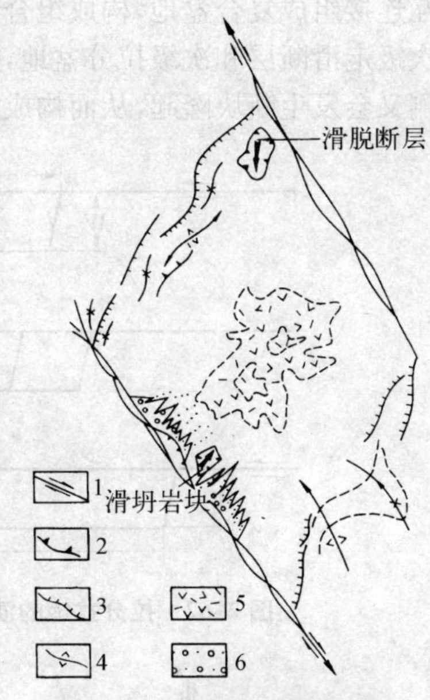


**图 2.60 拉分盆地理想化模式图**(据 Crowell；朱志澄 1974 年简化并修改)

1：走滑断层；2：逆冲断层；3：正断层；4：褶皱轴；5：火山岩系；6：碎屑岩系

(2) 拉分盆地形似菱形，曾称为菱形断陷。盆地两侧长边为走滑断层、短边为正断层或兼具张剪性。菱形断陷盆地从形态上又分为 S 型和 Z 型，左行左阶雁列型走滑断层控制下形成的拉分盆地为 S 型，右行右阶雁列型走滑断层控制下形成的拉分盆地为 Z 型(图 2.61)。

(3) 拉分盆地的规模变化很大，大者长逾百公里，宽数十公里，小者长数百米，宽数十米。根据世界上已查明的拉分盆地的长宽比统计值约为 3(图 2.62)。

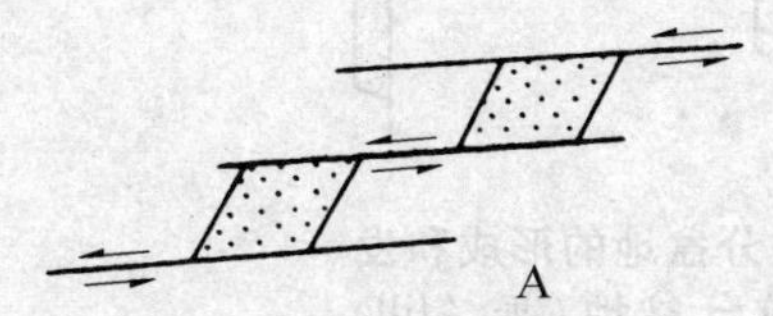

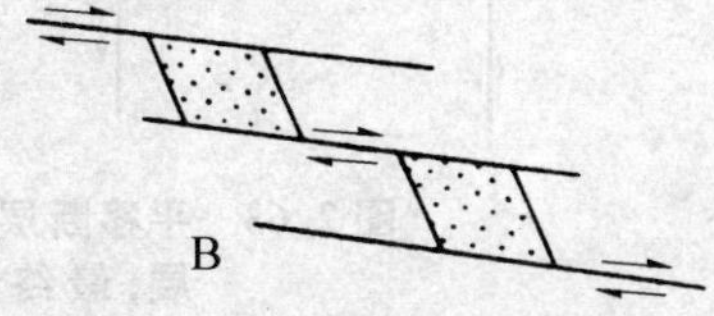


**图 2.61 拉分盆地形式**

A：S 型；B：Z 型(据 Atilla Aydin，1982)

拉分盆地在形成演化过程中，宽度相对稳定，决定于两条边界走滑断层的间隔。初始长度决定于两条边界走滑断层的重叠距，但是随着走滑断层的持续滑动而不断增长。一般长宽比达到 3 即停止发育。所以，拉分盆地发育的决定因素是雁列走滑断层的间隔和重叠，断层的长度、活动持续时间和切割深度也具有重要意义。

拉分盆地可以是在两条走滑断层控制下发育的，也可以是在一组雁列走滑断层控制下发育形成。雁列走滑断层控制下发育的拉分盆地，各盆地先单独发育，后相互连接组成复合盆地，构成组合形式(图 2.63)。一个大型拉分盆地内部可能存在次级走滑断层和次级拉分盆地，形成盆中盆或堑中堑构造(图 2.64)。次级地堑旁侧又会发生断块隆起，从而构成堑中垒构造。

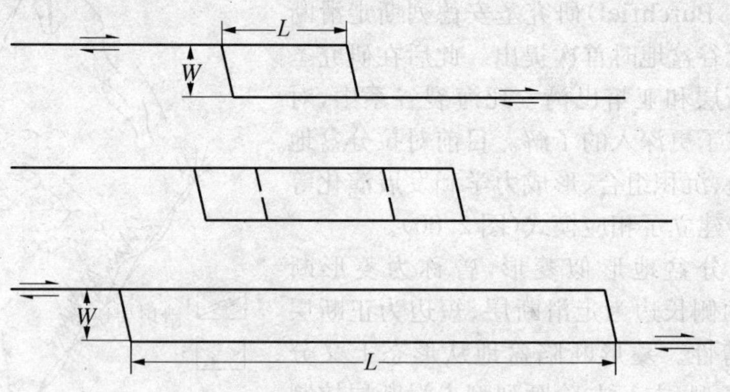


图 2.62　拉分盆地的演化(据 Atilla Aydin 等，1982)

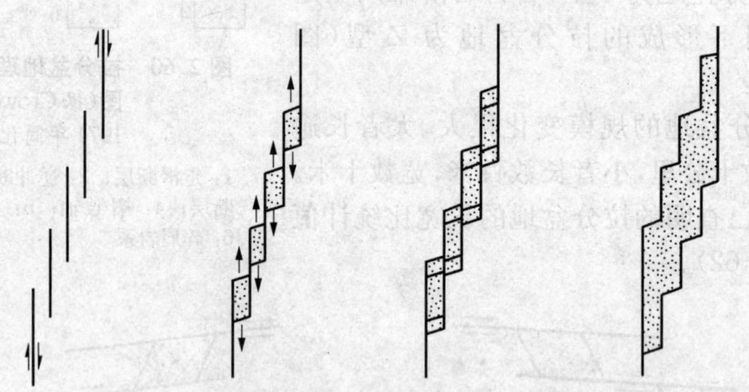

图 2.63　平移断层系控制下拉分盆地的形成和发展，最终形成复合拉分盆地(据 Atilla Aydin 等，1982)

(4) 拉分盆地与其他成因的盆地比较起来，发育快、沉降快、沉积厚度大和沉积相变化迅速。沉积物和沉积相因形成的自然地理环境而异。如果拉分盆地位于大陆边缘，早期为陆相沉积，后期因强烈下降海水侵入而转为海相。也有一些盆地早期为海相，后期与海水隔绝变成湖相沉积，最后以河流相沉积告终。如一直处于大陆环境，则全由各陆相沉积充填。

在长期拉伸生长的大型拉分盆地中，地壳相对减薄，发生火山活动。热流值一般较高。

在走滑伸展背景中发生发展的拉分盆地，也常常是地震多发场所。拉分盆地是具有重要意义的油气远景区。拉分盆地也是盐类等沉积矿产的聚积产出源地。

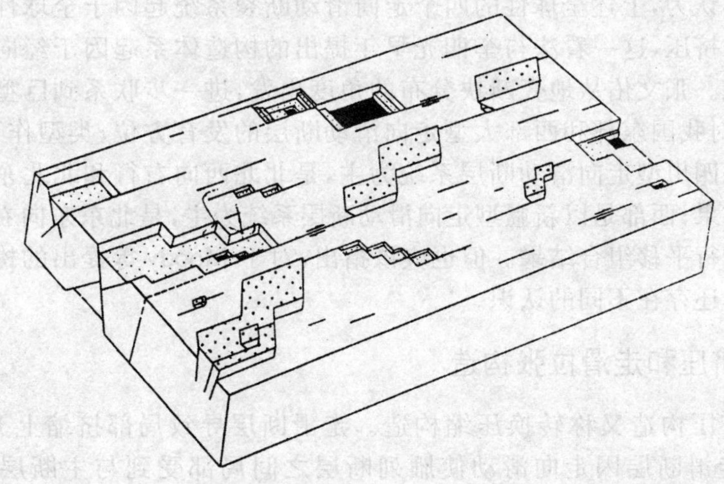

**图 2.64　大型拉分盆地中包容的次级拉分盆地和断块隆起**
（据 Atilla Aydin 等，1982）

注意盆中盆和盆中垒构造

(三) 走向滑动断层的方位、方向

一些巨大的走向滑动断层，如美国西海岸的圣安德列斯断层、新西兰的阿尔卑斯断层、英国苏格兰的大格林断层、我国的郯（城）—庐（江）断层及阿尔金山断层等，断层走向延伸都在百公里以上，常有浅源地震伴生，其形成发育经历时期都很长。以圣安德列斯断层为例，该走向滑动断层走向北北西，延伸长约 1 000 km，右行滑动，平移距离约 500 km。自白垩纪末就开始活动，新生代时期达到高潮，直到现在仍在活动，是一条强烈地震活动带。又如北北东向的郯庐断层，作左行滑动，延伸 1 000 km 以上，平滑距离达 400～700 km。

这些巨型走向滑动断层，从全球范围看，J. D. Moody (1956)提出了 4 个主要方向的走向滑动断裂系统，它们是：

1. 北北西向右行走向滑动断裂系统——圣安德列斯型（相当于我国东部的大义山向或朝鲜向）；

2. 北北东向左行走向滑动断裂系统——大格林型（相当于我国东部的新华夏

系或郯庐型)；

3. 北东东向右行走向滑动断裂系统——新西兰型(相当于我国东部的泰山向或西部的阿尔金山型)；

4. 北西西向左行走向滑动断裂系统——得克萨斯型(美)(相当于我国西部的西域系或喜山型)。

Moody 认为，上述全球性的四个走向滑动断裂系统起因于全球性的南北向和东西向的挤压，这一看法与李四光早年提出的构造体系起因于经向和纬向挤压观点相似。张文佑从地壳断块分布的角度出发，进一步联系到巨型断块的隆起和坳陷，对我国东部和西部大型走向滑动断层的发育方位、类型作了概括，认为东部是以四川型走向滑动断层系统为主，是北北西向右行和北北东向左行两方位组合结果；西部是以新疆型走向滑动断层系统为主，是北东东向右行平移和北西西向左行平移组合结果。但也应该指出，对于 Moody 等提出的构造方向及其成因解释还存在不同的认识。

## 二、走滑挤压和走滑拉张构造

走滑挤压构造又称转换压缩构造。走滑断层导致局部挤缩上升，如左行右步雁列走滑断层因走向滑动使雁列断层之间局部受到与主断层系斜交的挤压作用，由此可产生逆冲断层和褶皱所构成的菱形地垒上升地段(图 2.65)

走滑拉张构造又称转换拉张构造。走滑断层导致局部断陷下降，如左行左步雁列走滑断层因走向滑动使相邻断层之间的连接地段受到与主断层系斜交的拉张作用，致使此地段岩层变薄产生与主断层走向斜交的正断系而下降，由此形成菱形的凹陷、拉分盆地等(图 2.66)。

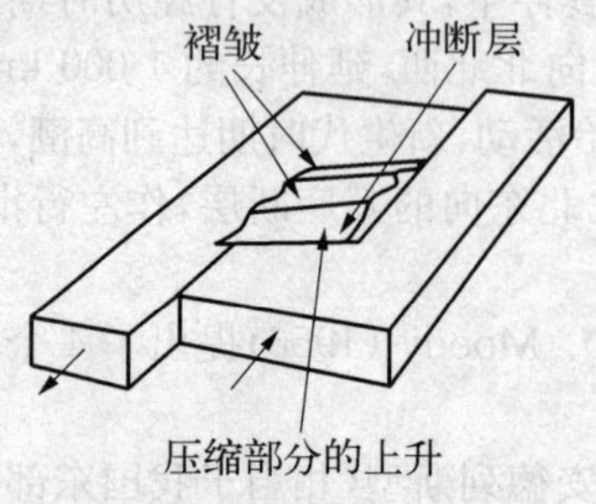


**图 2.65 转换压缩的上升区**
(据 Ramsay, 1987)

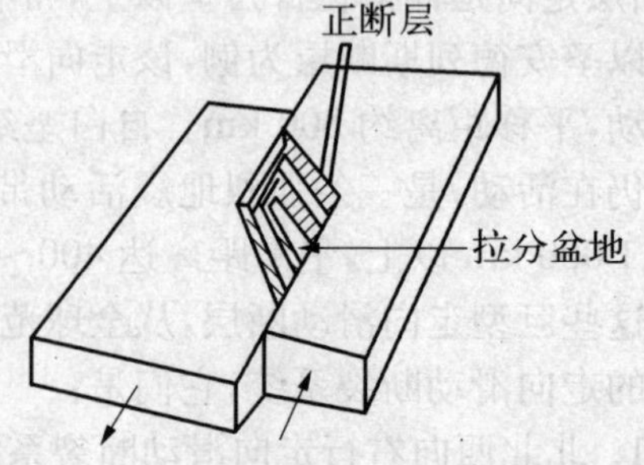


**图 2.66 转换拉张的拉分盆地或菱形地堑**(据 Ramsay, 1987)

## 三、旋扭转动构造

旋扭转动构造是由一系列弧形构造及其所环绕的岩块(或地块)共同组成的构造。主要有两个组成部分：一是旋扭的核心，为圆筒状的岩块(或地块)，称为砥柱；一是围绕着核心的各种弧形褶皱和断裂，称为旋回面。这些旋回面常向远离砥柱的一方撒开，向靠近砥柱一方收敛(图 2.67)。按发育程度，旋扭构造可分为 3 种形式：发育较差的是帚状构造；发育中等的统称旋卷构造；发育最好的称为旋涡状构造(或涡轮状构造或辐射状构造)。旋扭构造分布广泛，多数属于中型或小型，只有少数达到大型或巨型规模。

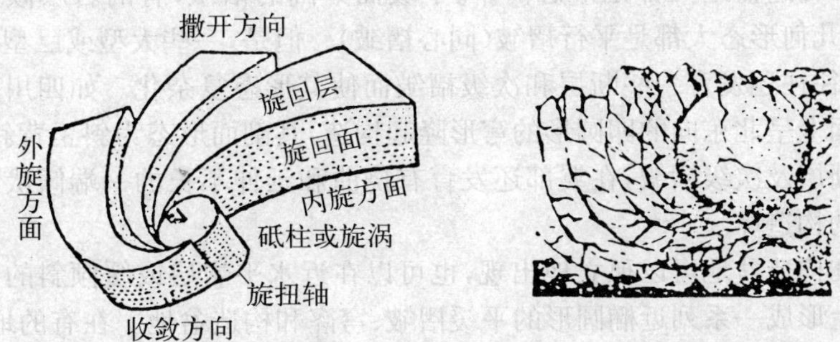


**图 2.67　旋扭转动构造示意图**(据地质力学研究所，1983)

# 第四节　垂直构造

垂直构造是在地壳运动中升降作用下形成的构造。主要发育于板块内部，典型类型有穹窿、构造盆地、挤入构造、挠曲和长垣等。

## 一、穹窿和构造盆地

穹窿是岩层自褶皱的脊向四周作放射状倾斜的背斜；单个穹窿长宽比小于 3∶1；构造盆地是岩层从四周向中心的槽部倾斜的向斜，其长宽比小于 3∶1。两者在平面上都具有近乎圆形、椭圆形或近等轴的不规则圈闭的露头形式(图 2.68)。也有人把由于褶皱枢纽起伏而在局部地段形成的穹形隆起，称为“局部穹窿”。因此，穹窿规模可以很小。而大的直径可达数公里至数十公里。

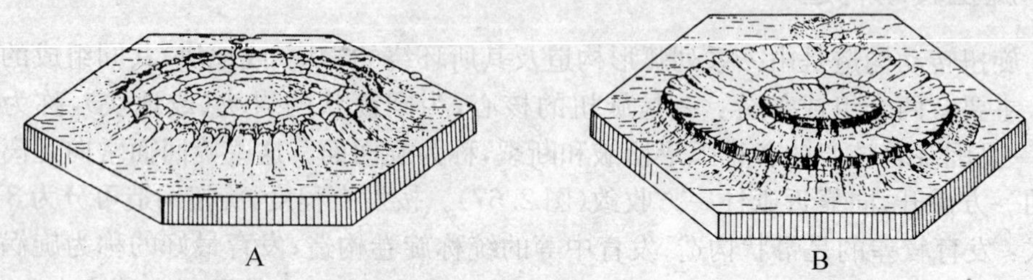


**图 2.68　穹窿(A)和构造盆地(B)**(据 Billings,1972)

穹窿和构造盆地大都是形态简单、平缓而开阔的褶皱，有的岩层倾角仅有几度，其剖面几何形态大都是平行褶皱(同心褶皱)。但是，一些大型或巨型的穹窿和构造盆地，往往还发育一些断层和次级褶皱而使其形态复杂化。如四川威远穹窿是一个平面上呈北东向的卵圆形的穹形隆起构造，其剖面形态为斜歪背斜，枢纽部位发育有断层及次级褶皱，在翼部还发育有挠曲和延伸不长的一端倾伏而另一端又不闭合的构造鼻。

穹窿和构造盆地可以孤立地出现，也可以在近水平岩层或缓倾斜的区域单斜构造背景上形成一系列近椭圆形的平缓褶皱、穹窿和构造盆地。在有的地区，它们可与相邻的其他构造呈断层接触关系。

穹窿和构造盆地大多发育在基底刚性较高、构造活动性小、褶皱作用不强烈、地质构造稳定的地区，如四川中部和华北部分地区。穹窿和构造盆地的成因，除与同沉积褶皱和底辟构造等有关外，一般认为它们是由地壳较浅层次的构造变形作用所造成，并可能与基底的起伏和断裂活动有关。

四川盆地既是地貌含义上的盆地，也是构造盆地。其中次级的穹窿和构造盆地以及其他构造的分布显示其受基底北东向断裂和隆起构造的控制，在穹窿和构造盆地内部往往发育与其形态和成因相应的不同类型的断裂构造。

## 二、底辟构造

底辟构造又称挤入构造，是指地下密度较小的高塑性岩石(如岩盐、石膏和泥质岩石等)，在构造力作用下或在差异重力作用下向上拱起刺穿挤入上覆岩层而形成的一种构造。

底辟构造一般包括三部分：底辟核，是由高塑性物质组成，褶皱复杂，形态多样；核上构造，是上覆岩层隆起形成的穹窿或短轴背斜，多被正断层切割；核下构造，变形轻微，在底辟核岩层底面通常是滑动断层面。

当底辟核为岩盐时，则称为盐丘构造（图 2.69），它具有重要的经济价值，往往其核部有盐，核部周边及核上接触带有油气矿产。

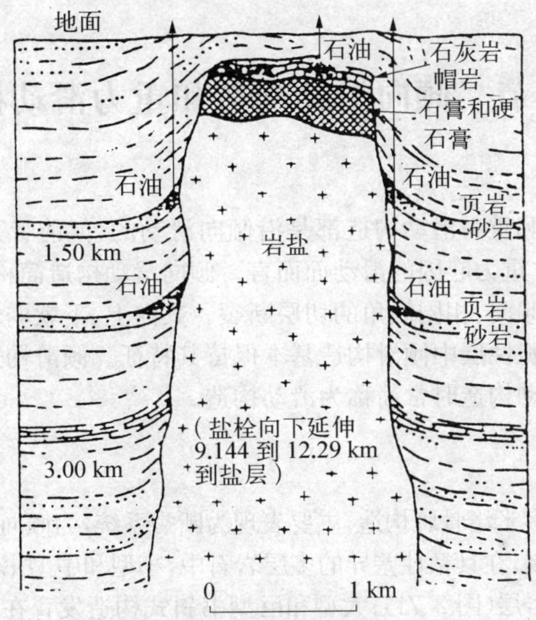


图 2.69　盐丘构造（据 Strahler 等）

以岩浆岩为核形成的类似构造称为岩浆底辟构造。

盐底辟构造是种垂向塑性流动构造，空间形态多变（图 2.70）。其形成受多种

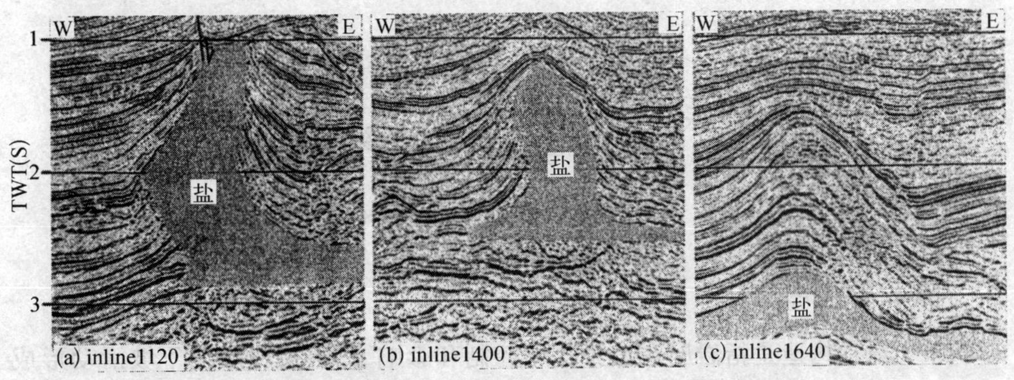


图 2.70　莱州湾凹陷 KL11－2 地区盐构造不同部位的形态差异（余一欣、周心怀等，2008）

因素的控制，包括浮力作用、沉积差异负载作用和基底构造作用等，而主要受控于断裂带，特别是走滑断裂带的拉张区段。

## 第五节　倾向滑动构造和重力滑动构造

倾向滑动构造和重力滑动构造都是沿倾向滑动的，但前者是相对走向滑动而言，后者则是相对非重力起因的滑动面而言。倾向滑动构造简称倾滑构造，它主要表现为一系列相同倾向、相同倾角的切层断裂。其向上、下软弱岩层转变为顺层滑动。在滑动块片的脆性层中倾滑构造基本保持其特征。倾滑构造的典型类型是书斜式构造。重力滑动构造时常简称为滑动构造。

### 一、书斜式构造

书斜式构造即多米诺骨牌构造，主要表现为断裂系统，为倾向滑动构造。书斜式构造受变形介质控制，在具粘性差异的多层岩石中，小型和中型书斜式构造有选择地发育于相对脆性的岩层(图 2.71)；大型和巨型书斜式构造发育在岩石圈层结构中相对脆性的层次，反映了断裂构造分层性的差异。在中国东部中新生界组成的磨拉石盆地往往呈现为一系列单边断陷盆地，有些可以是由于基底的一列倾滑断层控制构成的，当属另一类书斜式构造。

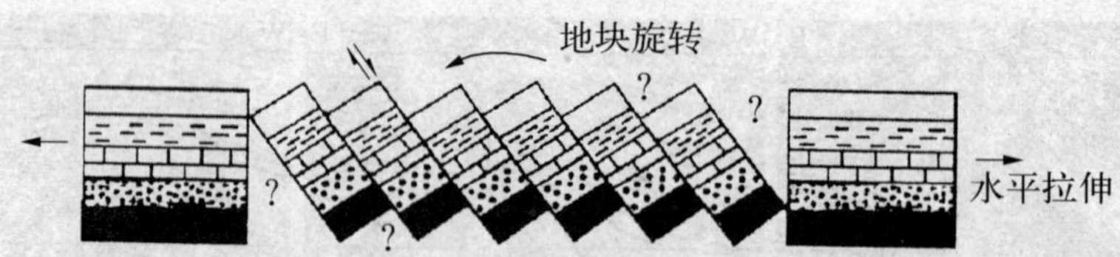


**图 2.71　书斜式构造模式**(据 Ramsay,1987)

### 二、重力滑动构造

重力滑动构造是指岩层在重力作用控制和影响下，岩层(体)向下坡滑动形成的褶皱和断裂。重力构造思想早在构造地质学建立初期就已出现，20 世纪 50 年代又引起构造地质学家的注意，20 世纪 60 年代以来，马杏垣等通过嵩山变形研究，对重力滑动构造的基本特征和发生规律作了系统总结和概括，并在生产实践的应用中取得了丰硕的成果。

(一) 重力滑动构造的基本结构

重力滑动构造包括以下几个主要组成部分：下伏系统(原地系统或原地岩系)、润滑层、滑面、滑动系统(运移岩系)(图 2.72)。

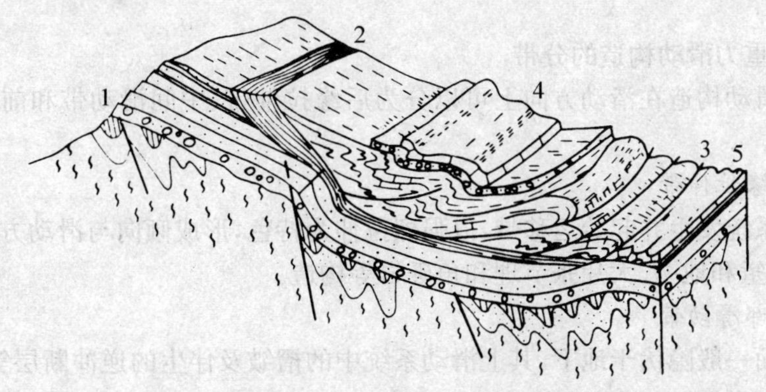


**图 2.72　重力滑动构造的结构要素**(据马杏垣、索书田等，1981)

1：下伏系统；2：润滑层；3：滑面；4：滑动系统；5：前缘推挤带

1. 下伏系统

主滑动面以下的岩系，为重力滑动构造的基底。组成下伏系统的岩层一般岩性坚实成层厚，或固化程度高，在重力滑动过程中起着基盘作用。变形相对滑动系统较弱。

2. 润滑层

润滑层是下伏系统与滑动系统之间在滑动中起着润滑作用的软弱层，如常见的有膏盐层、黏土岩和煤层等润滑层。例如我国南方三叠系中的膏盐层、薄层泥灰岩和二叠系中的煤层在重力滑动中均起了良好的润滑作用，尤其是砂泥质岩组成的巨厚志留系已成为我国南方区域性润滑层。

3. 滑面

滑面是指滑动岩系借以滑动的破裂面或断层面、不整合面、岩性显著差异的界面、塑性岩层界面均为滑面产出部位。在整个滑动系中，除主滑面外，还有次级滑面。在鄂东南区域性重力滑动系中，元古界与盖层间的不整合面以及志留系与泥盆—石炭系之间的平行不整合面都是主滑面，二叠系中煤层、三叠系中膏盐层和泥灰岩等为次级滑面。滑面一般呈后陡、中平、前缓、凹面向上的铲状。滑面即断层面，常具有各种断层伴生构造。

4. 滑动系统

滑面之上滑动的岩系，构成了沿滑面脱顶滑动的构造系统。构造变形一般强烈复杂，是一套有逆冲断层伴生的褶皱，褶皱自后缘至前缘变形逐渐加强，由斜歪→倒转→平卧，在倒转翼发育了逆冲断层。断层和褶皱面基本一致，倾向后缘，在大型强烈滑动的构造系统中，会出现复杂无序多级滑脱的现象。

(二) 重力滑动构造的分带

重力滑动构造在滑动方向上可以分为后缘拉伸带、中间滑动带和前缘推挤带(图2.72)。

1. 后缘拉伸带

滑动系统发生并起始运移带，以强烈拉伸为特色，形成倾向与滑动方向一致的正断层、地堑和地垒、大片张节理和角砾岩等构造。

2. 中部滑动带

滑动面一般隐伏于地下，其上滑动系统中的褶皱及伴生的逆冲断层等构造，显示明显的定向性。

3. 前缘推挤带

滑动系统沿滑面下滑至前缘形成前缘(或外缘)挤压带，以复杂的紧闭倒转至平卧褶皱以及叠瓦式逆冲断层为特色，有时还形成类似混杂堆积的滑裂岩(图2.73)。该图表示嵩山重力滑动构造前缘产出的滑裂岩，它与一般断层角砾岩不同的是砾块大小非常悬殊，最大的可长达几百米，小的只有几厘米，排列杂乱，形状也很不一致，基质胶结物成分也很复杂。

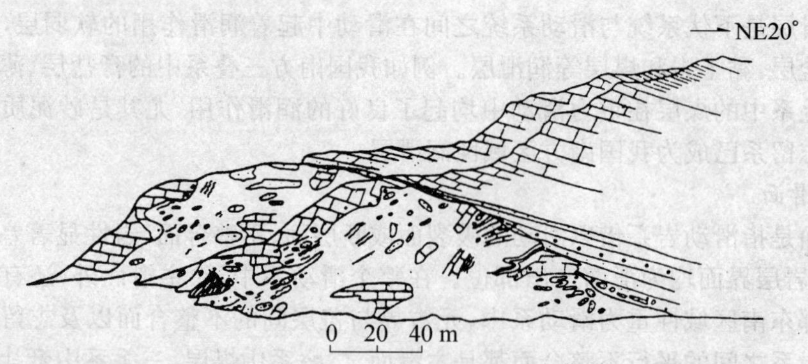


**图2.73 嵩山来顶瑶北山滑裂岩砾石成分复杂，内部可见原始层理**
(据马杏垣、索书田等，1981)

重力滑动构造结构特点：第一，自后缘至前缘，构造上表现为拉伸→剪切→挤压；第二，滑面断层不仅剖面上呈弧形，在平面上也是弧形，后缘弧顶指向滑动反方向，前缘弧顶指向滑动方向；第三，不协调是滑动构造的又一特色，不仅滑动系统与下伏系统构造上下不协调，滑动系统内次级滑面上下也显著不协调。

(三) 重力滑动构造的构造样式

重力滑动构造具有 3 种构造样式：滑片型、滑褶型和滑块型。

滑片型由一系列相互叠置的铲状、勺状断层和叠瓦式逆冲断层及其间所夹断片构成(图 2.74)。

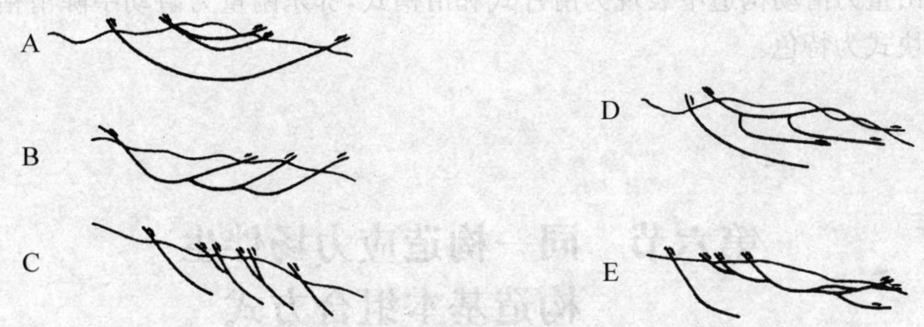


**图 2.74　滑动构造中的滑片式构造**(据马杏垣等，1984)

滑褶型由一系列复杂褶皱组成，但褶皱轴面定向明显倾向后缘(图 2.75)。

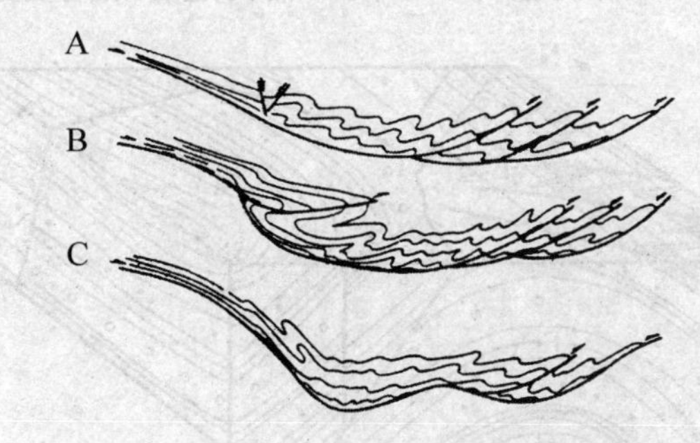


**图 2.75　滑动构造中的滑褶式构造**
(据马杏垣等，1984)

滑块型由组合性断层及其切割的断块构成，这种构造型式主要发生于侏罗山式—类侏罗山式褶皱构成的滑动系统中，断层组合成对冲式、背冲式、地堑槽式、正—逆槽式、正—逆拱式等断层(图 2.76)。

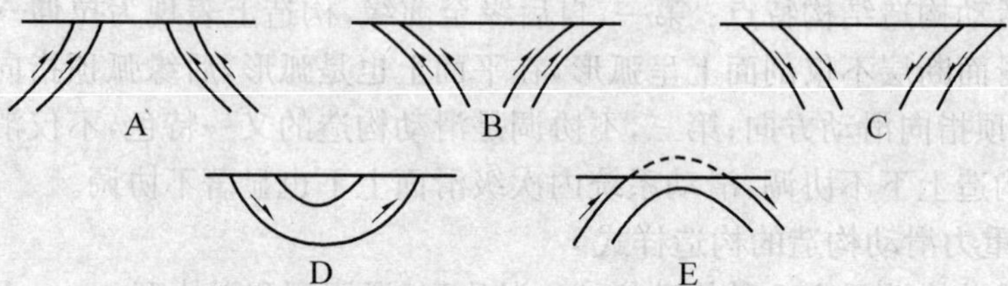


图 2.76 滑动构造中的滑块式构造(据朱志澄、宋鸿林,1990)

A: 对冲式; B: 背冲式; C: 地堑槽式; D: 正—逆拱式; E: 正—逆槽式

嵩山重力滑动构造中表现为滑片式和滑褶式,鄂东南重力滑动中除滑褶式外,还以滑块式为特色。

# 第六节 同一构造应力场伴生构造基本组合方式

每一构造组合代表一种应力场作用下产生的具有特征构造形态和形成机制的一群不同构造要素的组合。其间就包含了不同协辅构造各相同要素的组合(图 2.77,

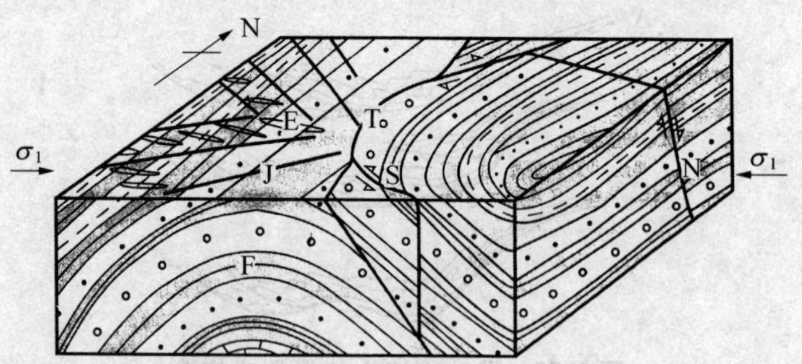


图 2.77 多方向构造形变组成的构造体系示意图(据万天丰,2004)显示同一构造应力场各种伴生构造要素组合配位方式

$\sigma_1$: 近东西方向的区域性近水平的挤压、缩短作用; F: 轴向近南北的褶皱; T: 走向南北的逆断层或逆掩断层; N: 走向近东西的横张断层; E: 张节理系; S: 走向北东或北西的平移断层; J: 剪节理系

图 2.78)，它们具有自身的性质和占有的空间，如图 2.77 之中 E、S、J 要素各有自己的组系划分。各种构造组合均具相对性和方向性，以及与相邻其他组合的关联性(图 2.75)。

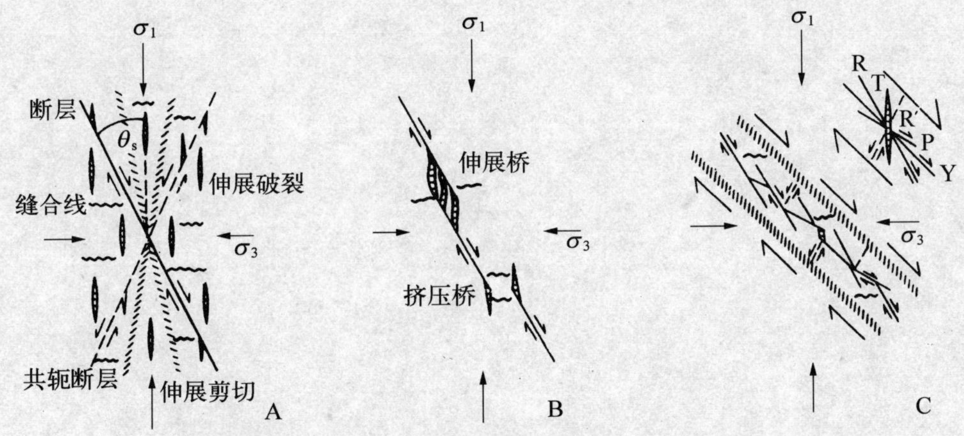


**图 2.78　剪裂面与主应力方位的关系图示**(据 Sibson，1996)显示同一构造应力场不同伴生构造组合配位方式

A：剪裂面阵列与主应力方位的关系，注意伸展裂脉中矿物生长纤维方向平行 $\sigma_3$ 方向排列；

B：雁列剪裂面与主应力方位之间的关系，注意伸展桥和挤压桥中矿物纤维的生长方向与 $\sigma_3$ 的关系；

C：在里德剪裂面阵列基础上发育起来的断层与主应力方位之间的关系。各剪裂面的交线方向平行 $\sigma_2$ 方向

# 第三篇　大地构造

本篇实述大地构造，其与中、小、微、超微构造之间有着密切的相互关系和成因联系，都属于构造地质学。由于研究尺度的不同，所研究的对象、任务就有差异。但也有少数学者认为，大地构造包括中、小、微、超微构造，或认为它是基于构造地质学相关的地质学科。大地构造学主要研究地球岩石圈，特别是地壳构造的几何形态和演化规律及运动动力。其研究成果往往反映出不同时期地球科学主导的学术思想，乃至整个地球科发展的水平和方向。它的研究需要各种地球科学学科的支撑，反过来也会对地球科学各分支学科产生深远的影响。大地构造有许多学说，如地质力学、槽台学等，本篇集中阐述板块学说。

板块构造属于大地构造的范畴，任何对大地构造的充分讨论都需要将中小构造地质学与沉积学、地层学、火成岩石学、变质岩石学、地质年代学和地球化学以及地球物理学的许多方面结合起来。

本篇主要阐述板缘构造、板内构造、板块构造演化和板块运动学。板缘构造中的大陆边缘构造和造山带构造是板块构造的主要内容。其中造山带构造最为复杂重要。板块动力学实质就是造山带运动假说，其属于全球构造动力学的一部分，此放在全书最后的全球动力学中讨论。

# 第九章　板块构造基本特征

## 第一节　板块构造含义

大地构造有许多学派，板块构造学说即是20世纪60年代开始新兴的一个重要学派。板块构造理论是由大陆漂移—海底扩张-地幔对流说引申、发展起来的一种崭新的大地构造理论。它研究地球岩石圈板块，分析其沿着不同类型的超岩石圈断裂系统所发生的大陆解体、大陆漂移、海底扩张、岩石圈俯冲消减以及大陆碰撞等一系列活动，探讨大洋和大陆的演化历史和动力来源等。

位于软流圈之上的刚性岩石圈，被一些断裂带分割成许多既不连续，又相互镶嵌起来的球面块体。每个球面块体相对地球半径来说很薄的板状，故称岩石圈板块，简称为板块。岩石圈板块在其下的上地幔软流圈的对流运动带动下，其一侧不停地边生长、边移动，而相应的另一侧，则俯冲消亡。板块与板块之间或彼此分离和俯冲，而其他侧向边界呈相向滑动，结果在板块边界上形成火山、地震、海沟、岛弧、造山带以及各种形式的褶皱和断裂等。故研究全球岩石圈板块的学科称全球构造或岩石圈板块构造，简称板块构造。

## 第二节　板块构造边界

研究板块构造必须了解下述概念。

**岩石圈**　指固体地球浅部的地壳及橄榄岩组成的部分上地幔，其下限是塑性的软流圈。岩石圈又称为构造圈，厚约50～150 km。莫霍面仅是地壳与地幔化学成分的界面，它位于岩石圈内部(图 3.1)。

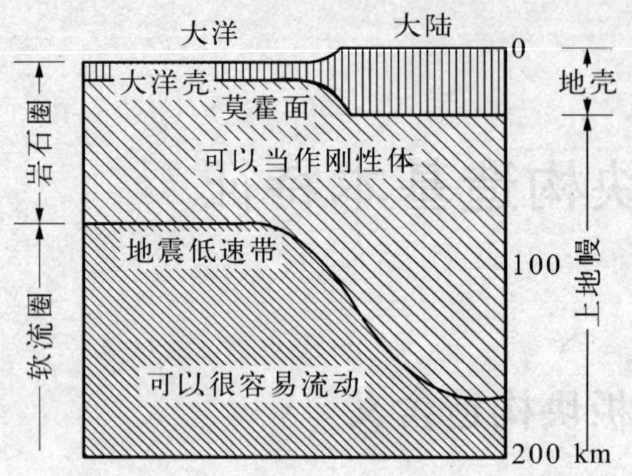


**图 3.1　岩石圈结构图**(据 Sawkins,1978)

由于地表陆壳与洋壳物理性质与厚度的差异，相应大陆部分岩石圈厚度大，约 150～180 km 左右，在古老地盾之下可能达 200 km；大洋部分一般为 60～80 km，在洋中脊下面，由于软流圈上升，洋底岩石圈不过数公里。岩石圈的厚度通常随地壳年龄的增大而增大。

**软流圈**　是岩石圈之下的一个层圈。尽管它呈固体结晶状态，但已接近熔点，因而强度很低。若受不均匀应力作用，则会发生缓慢的塑性蠕动。软流圈的上、下界面很不明显，呈不规则变化(图 3.2)。软流圈因不具有抗剪性能，故不能发生地震。软流圈缓慢的蠕动可带动上覆岩石圈板块发生大规模的水平移动，在板块运动中起润滑层作用，它是地壳变动的重要因素。

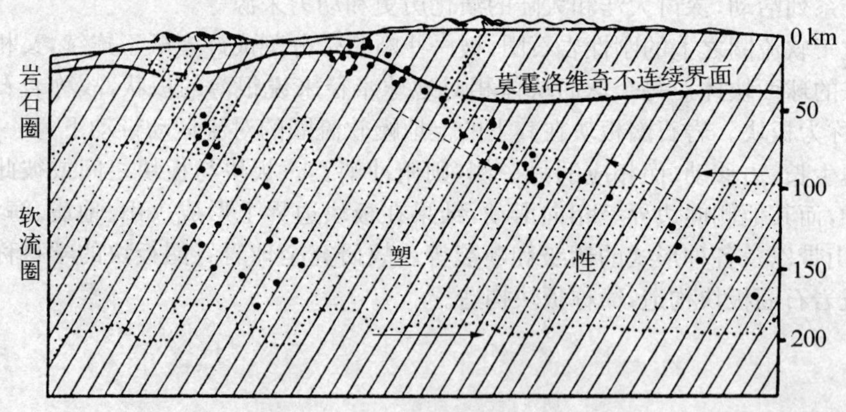


**图 3.2　软流圈的上、下关系示意图**(据 Wilson,1975)

**板块边界**　板块边界划分的主要依据是岩石圈的活动带。地震带、火山带和地形反差极明显的地带等直接指示了强烈活动地带的位置，其中最敏感的是地震带。根据全球地震带的研究表明：环太平洋与阿尔卑斯—喜马拉雅两地震带以挤压型、中深源地震为特征，特别是环太平洋带的地震带，沿海沟外侧多为拉张型浅源地震。由岛弧向大陆方向，其震源深度不断增加，可达近百公里的中源地震与数百公里的深源地震。地震成因也转为挤压成因。这一向大陆方向倾斜的震源面，被日本学者和达清夫(Wadati)及美国学者贝尼奥夫(Benioff)所发现。现称为和达—贝尼奥夫带或简称贝尼奥夫带。它的倾角由平缓的 10°～20°，过渡到近于垂直。板块构造学者认为沿着海沟带，其位低而致密的大洋板块沿着邻侧高而轻的陆壳界面俯冲于陆壳之下，故又称海沟带为俯冲带。其次，拉张的大洋中脊地震带以拉张型浅源地震为特征。再次，以水平剪切为主错断洋中脊的转换断层，也主要是拉张型的浅源地震带。最著名的转换断层是美国西海岸圣安德列斯断层。综上所述，板块边界 (图 3.3)基本上可归纳为三类：

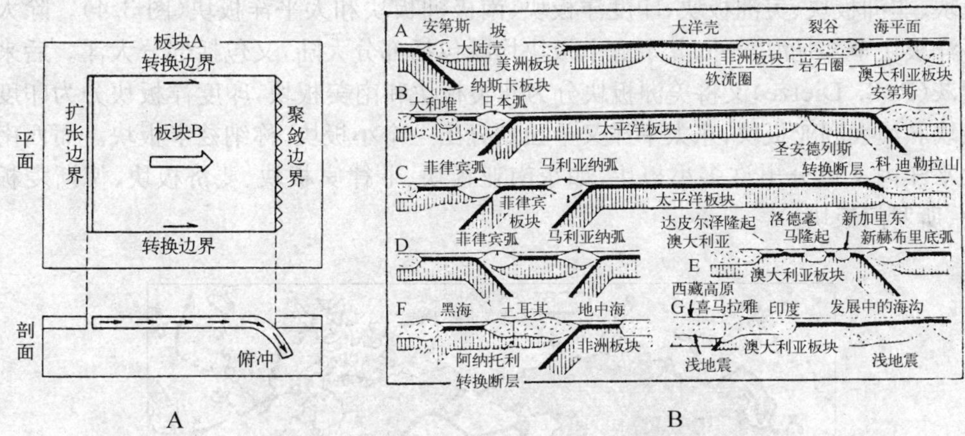


**图 3.3　板块构造边界**(A 据 Strahler，1981；B 据 Dewey，Bird，1970)

A：板块边界图解(引自地质辞典)；B：现存板块示意剖面

**洋中脊**　属离散型板块边界。因沿洋中脊有上地幔物质上涌，冷凝形成新的洋壳，故亦称增生型边界。

**俯冲带/深海沟**　属会聚型板块边界，亦称俯冲型边界。因洋壳沿俯冲带向深部下插到地幔中熔融同化以至消失，所以亦称消亡带或消减带。

由于洋壳不断俯冲消减，大洋逐渐萎缩以至最终完全闭合，使两大陆直接碰撞拼接，缝合在一起，也属会聚型边界，亦称碰撞型边界(或地缝合线)。如印度板块与欧亚板块之间的边界即属此类。

**转换断层**　属转换型板块边界。因其两侧板块以剪切滑动，断面陡直，板块边缘既不增生亦不消减。

除上述正会聚型(占 20.5%)、正离散型(占 20%)和纯平移型(占 14%)三类外，其余的 44%的边界具有双重性，即压剪性或张剪性的组合特征。

# 第三节 板块构造划分

板块的划分与地震研究密切相关。1968 年，摩根(W. J. Morgan)把全球划分为 20 个板块，而勒皮雄(Le Pichon，1968)将全球岩石圈划分为六大板块，即：欧亚板块、非洲板块、美洲板块、印度洋板块、南极洲板块和太平洋板块(图 3.4)。除太平洋板块全部是海洋外，其余五个板块均既包括部分大陆，又包括部分大洋。后来迪茨(R. S. Dietze)又将美洲板块分为北美板块和南美板块，印度洋板块分为印度板块和澳大利亚板块，东太平洋又单独划分出一个小板块，称纳兹卡板块。而西南太平洋内又可分出许多小板块，如东南亚板块、菲律宾板块、斐济板块、俾斯麦板块、所罗门板块。

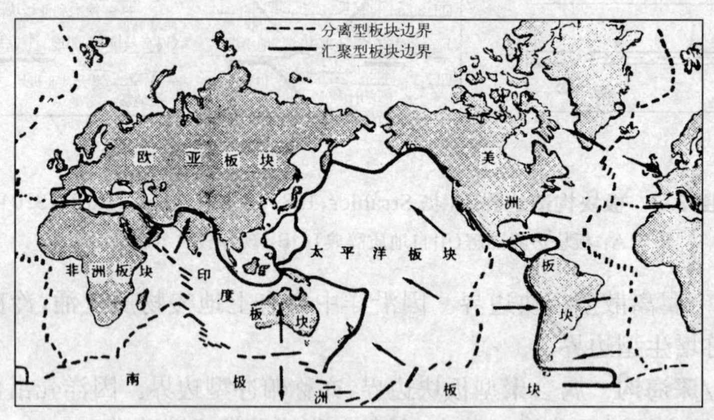


图 3.4 六大板块分布图(箭头代表板块运动方向)(据 Pichon，1968)

经典板块假说起初认为岩石圈板块具有“刚性”“不变形”的性质；变形主要发生在板块边界。然而，岩石圈板块尤其大陆岩石圈板块内部广泛存在着各种型式的变形，因此提出有“软板块”(Ribeir，2002)之说；板块间相互作用也不只限于狭窄范围，边界带的变形宽度几乎可以达到与其长度相当的尺度(Stein，2002)。板块的划分，依据一个板块具有基本一致的主要特征。

# 第十章　大陆边缘

## 第一节　被动大陆边缘与活动大陆边缘

大陆地壳可分为大陆边缘地壳和大陆内部地壳两部分，属两种不同的构造环境。大陆边缘地壳处于大陆地壳与大洋地壳的过渡带，属于过渡性地壳。大陆边缘是陆地与海洋、浅水与深水、陆源成因和海洋成因的沉积物交汇处。陆壳的垂直运动和洋壳的水平运动在这里同时发生，使大陆边缘成为内外动力作用与热力作用的集中地带。根据构造活动性，大陆边缘又可分为被动大陆边缘和活动大陆边缘两种类型（图 3.5）。被动大陆边缘从陆壳过渡到洋壳，并不是板块

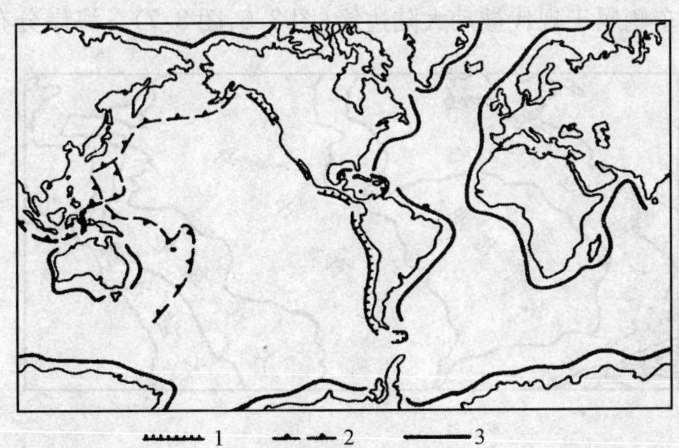


**图 3.5　现代大陆边缘特征示意图**（主要据 1978 年 Sawkins 等资料综合成图）

1：安第斯型活动大陆边缘（沟—弧形山链系）；2：西太平洋型活动大陆边缘（沟—弧—盆系）；3：被动大陆边缘

构造的边界；活动大陆边缘为聚敛型板块边界，它又分为东太平洋侧的海沟—弧形山链系与西太平洋侧的沟—弧—盆系，环太平两侧突出地分布。

## 一、被动大陆边缘

大西洋、印度洋的大部分与南极洲大陆（图 3.5）的大陆边缘，都没有地震、火山的发生和俯冲作用，不存在沟—弧—盆系或沟—弧山链系俯冲类型的构造单元。陆壳与洋壳在组分与厚度等方面均呈现过渡性变化，组成同一个板块并能够传递应力。这种大陆边缘称大西洋型大陆边缘或无震陆缘。以大西洋两侧为其典型的代表。被动大陆边缘在泛大陆内发生发展，首先形成裂谷带，海水贯入、然后通过海底扩张继续发展，将原来两侧古陆块推开，形成大陆块与新生海底之间的交界带，在大陆分裂之初，它曾是断裂与岩浆活动强烈地带，后来发展为单纯沉积地带。

被动大陆边缘由开阔平缓的大陆架、较陡的陆坡、大陆隆及部分深海盆地组成。陆坡的平均坡度为 3°～4.2°，常呈凹形，向下坡度逐渐变缓。沿走向常被海底峡谷横切，携带有大量陆源碎屑沉积物。以浊流和海底扇形式沉积在坡麓地带，是油气富集地区。

大陆麓是陆坡与深海盆地的过渡区，它有巨厚的浊流和滑塌沉积物，常由多个海底扇复合组成。被动大陆边缘各段的沉积物厚度不一，少者仅厚 3～4 km，多者近 10 km。大陆架与陆坡均属陆壳（或过渡型地壳）；在大陆麓以外深海洋盆地均属洋壳。北美东侧属于现代被动大陆边缘（图 3.6、图 3.7）。海岸分布着一系列与

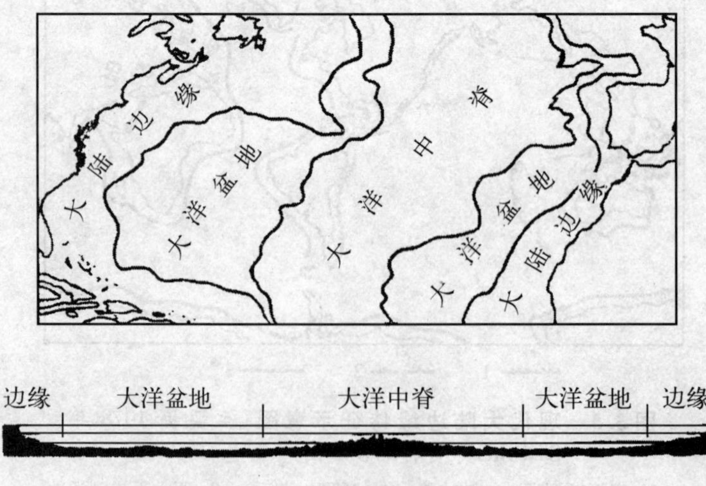


**图 3.6　北美东海岸—非洲西海岸北大西洋主要地貌区**（Boillot，1979）

大陆边缘平行的地堑型狭长盆地，充满了已变形的上三叠统陆相粗碎屑物和火山岩。向大洋方向的，多为坳陷型盆地。地震剖面表明，大陆边缘呈一系列拉张性铲状正断层组合，导致地层显著地变薄，由大于35 km厚的正常陆壳过渡到15 km厚的正常洋壳。即在地壳20～30 km厚的地段发育一系列铲状正断层，使陆壳裂陷和岩浆侵入，称裂陷构造组合，其时广泛的洋壳尚未形成；在裂陷组合之上堆积了巨厚的沉积物构成的移离构造组合，是新生洋壳出现以后、岩石圈侧向移离的产物。两组合之间的不整合称破裂不整合。

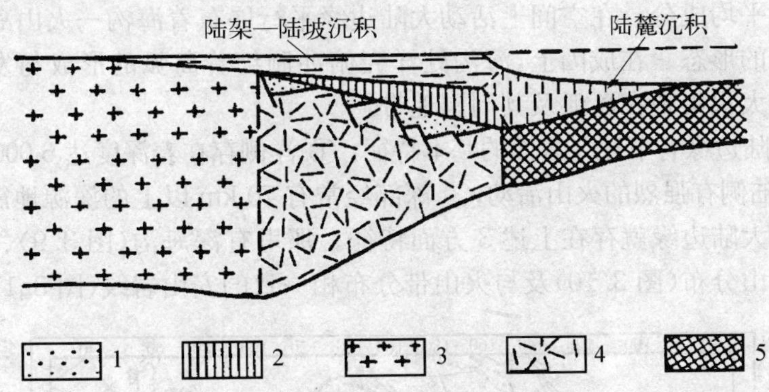


**图3.7　大西洋型大陆边缘沉积剖面示意图**（据金性春，1983）

1：大陆裂谷阶段的粗碎屑沉积；2：闭塞海湾相沉积；3：大陆型地壳；4：过渡型地壳；5：大洋型地壳

## 二、活动大陆边缘

沿活动大陆边缘平行发育一条断续延伸的海沟（图3.8），海沟底部大洋板块

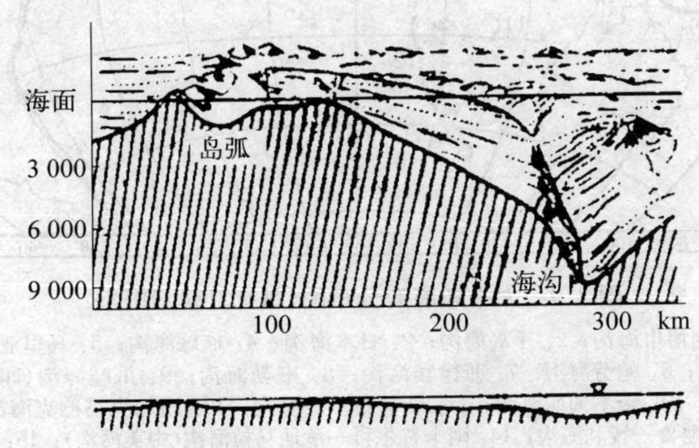


**图3.8　海沟立体图，以汤加海沟为例**（据金性春，1980）

沿着震源面即贝尼奥夫带下插，因而地震都沿贝尼奥夫带发生。而大洋一侧，则以拉张型浅源地震为特征。

大部分洋壳沿俯冲带向大陆壳之下俯冲消亡，而部分洋壳则被刮脱下来，以构造混杂岩(mělange)形式紧贴在海沟内壁。紧靠大陆一侧，则以陆壳为基底，在其深部下插的洋壳板块随着逐渐变热，部分洋壳开始熔融，通过分异作用和同化作用而产生碱质岩浆。这些岩浆垂直上侵到仰冲盘形成火山—深成岩浆弧；在地表为强烈安山质火山喷发、中深部则为深成花岗—闪长岩类侵入活动，其平均成分非常接近陆壳的平均成分。在空间上活动大陆边缘平行展布着海沟—火山岛弧或海沟—弧形山链的形态。在成因上，海沟处洋壳俯冲制约着岛弧的形成与发展。地壳最活动部分大都集中在岛弧及其周围地带。

活动大陆边缘有下述3方面的基本特征：① 洋侧存在着深度达6 000 m以上的深海沟；② 陆侧有强烈的火山活动；③ 深部经常有70 km以上的深源地震发生。环太平洋活动大陆边缘就存在上述3方面特征。那里有深海沟(图3.9)、地震带、现代岛弧和火山分布(图3.10)及与火山带分布相一致的安山岩线(图3.11)。

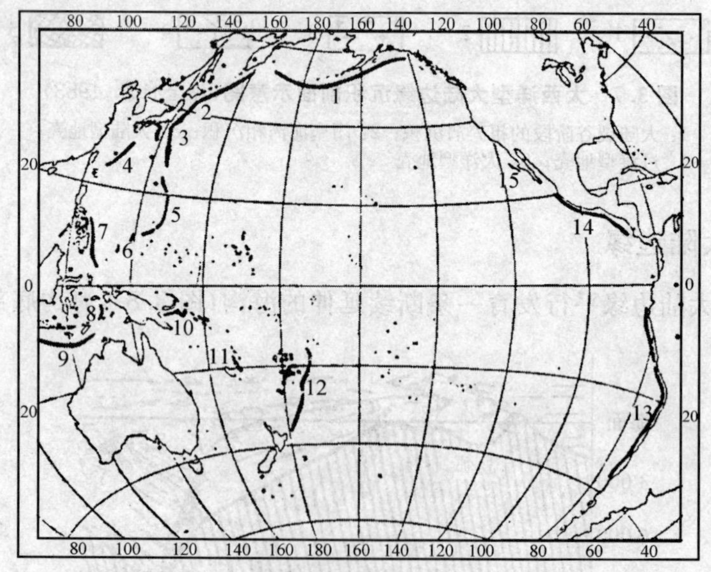


**图3.9 太平洋海沟分布图**(据范时清，1978)

1：阿留申海沟；2：千岛海沟；3：日本海沟；4：琉球海沟；5：马里亚纳海沟；6：帕劳海沟；7：菲律宾海沟；8：韦勃海沟；9：爪哇海沟(印度洋)；10：新不列颠海沟；11：新赫布里底海沟；12：汤加克马德克海沟；13：秘鲁—智利海沟；14：阿卡普尔科—危地马拉海沟(中美海沟)；15：塞德罗斯海沟

在安山岩线以内向大陆部分主要由“大西洋型”的拉斑玄武岩组成的洋壳；在安山岩线以外向大洋部分主要为由钙碱质火山熔岩组合而成的洋壳，因此安山岩线成了区分内外地壳的分界线。

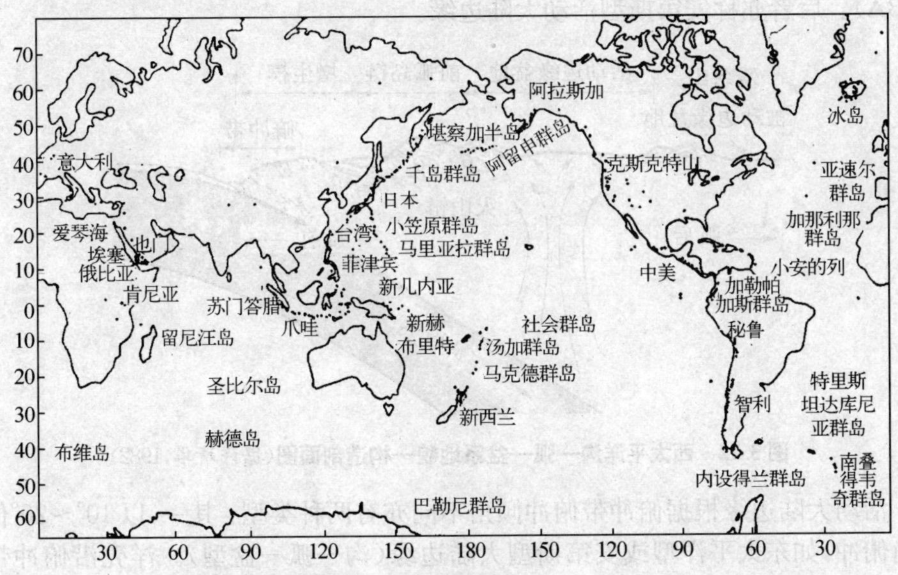


**图 3.10 现代火山分布图**(据 Strahler,1981)

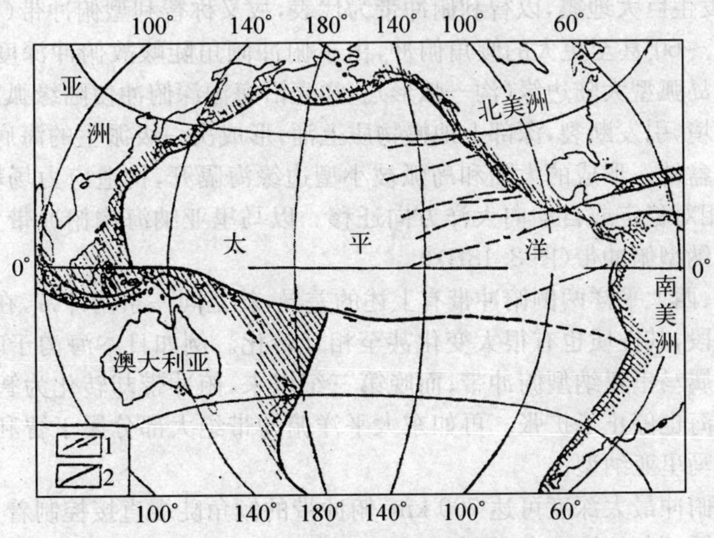


**图 3.11 太平洋底的安山岩线和含霞石区**

划斜线部分表示安山岩作用区(据梁元博,1983)

活动大陆边缘根据弧后盆地是否进一步拉张破裂并发育成有洋壳特征的边缘海盆地，又可分为两种形式：① 发育有边缘海盆地的，组成西太平洋型沟—弧—盆系模式(图 3.12)。② 不发育边缘海盆地的，组成东太平洋型沟—弧山链模式(图 3.13A)。后者亦称安第斯型活动大陆边缘。

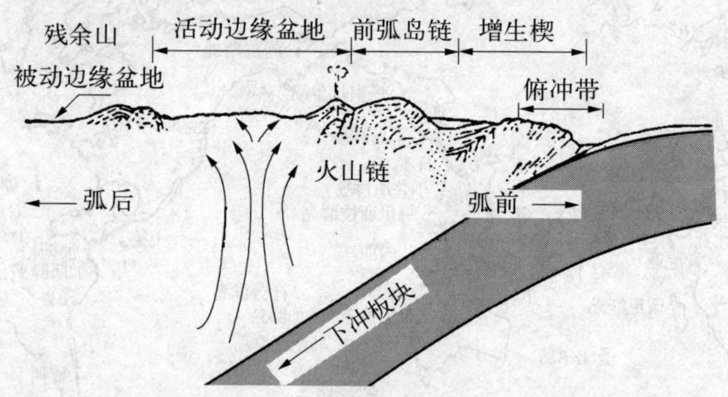


**图 3.12　西太平洋沟—弧—盆系地貌—构造剖面图**(据许靖华,1982)

活动大陆边缘根据俯冲带俯冲倾角不同亦有两种类型：其一，以 10°～20°低缓倾角俯冲，如东太平洋型或安第斯型大陆边缘(沟—弧—盆型)。洋壳沿俯冲带俯冲使洋壳和陆壳紧密结合，构造应力场耦合作用明显，深海沟被强制性的向大洋方向迁移，常发生巨大地震，以智利俯冲带为代表，故又称智利型俯冲带(图 3.13A)。其二，以 50°～60°甚至更大的倾角俯冲，由于俯冲倾角陡峻故俯冲深度较大，如西太平洋型或岛弧型大陆边缘(沟—弧形)。洋壳沿海沟深俯冲使陆缘弧区后部海盆处于拉张环境，引发断裂，深部上地幔物质上涌，形成次一级派生的海底扩张，造成弧后边缘海盆地。形成的大陆和岛弧被小型边缘海隔开，构造应力场耦合作用较弱，深海沟相对稳定或自动向大洋方向迁移。以马里亚纳海沟俯冲带为代表。故又称马里亚纳型俯冲带(图 3.13B)。

不仅东、西太平洋两侧俯冲带有上述的差异，就是同一条俯冲带，在不同地段、不同演化阶段，其性质也有很大变化甚至相互转化。例如日本海沟于晚白垩世至早第三纪时属马里亚纳型俯冲带；而晚第三纪以来，俯冲带却转化为智利型，同时弧后的日本海也停止了扩张。再如东太平洋俯冲带绝大部分属于智利型，但危地马拉段却属马里亚纳型。

俯冲带俯冲最大深度可达 700 km，俯冲带的倾角陡缓直接控制着火山弧的分带和宽度。缓倾角的俯冲带，其火山弧的宽度较宽，分带也明显。大洋地壳沿海沟俯冲带俯冲消亡过程，也就是活动大陆边缘陆壳增生加厚过程。

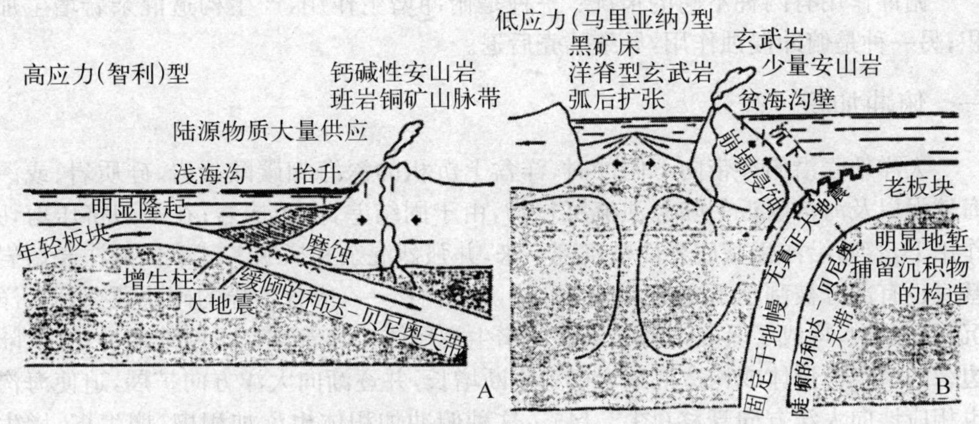


**图 3.13 环太平洋俯冲带类型**(据上田诚也,1979)

A:智利型俯冲带;B:马里亚纳型俯冲带

## 第二节 海沟俯冲带

根据海底扩张与地幔对流理论,运动到活动大陆边缘的“老化”洋壳(指年龄较老的洋壳,致密和低热流值,其上有较厚的深海沉积层),以正向或斜向沿着海沟俯冲带向陆壳岩石圈之下俯冲不同深度震源的地震频繁发生,但以中深源地震为主,最深达 700 多公里,板块学者习惯称为俯冲带,并以地质学家 Benioff. H 的首字母“B”命名,称为 B 型俯冲。在俯冲过程中,浅部洋壳因机械摩擦作用产生一系列强烈的剪切破裂,其破裂的洋壳碎片被大量洋底沉积物质所混杂胶结形成构造混杂岩,并以增生楔形式加积于岛弧的外侧。故俯冲带实际上就是与构造混杂岩同时形成的一系列逆断层带。在俯冲带上,大部分洋壳沿着深海沟俯冲并下插到地下不同深度,其中一部分洋壳重熔、上涌形成钙碱性为主的岛弧火山岩岩浆;另一部分洋壳于更深部重熔,返回到地幔中。所以,B 型俯冲可导致活动大陆边缘发生强烈的造山运动与岩浆活动,以及变质作用和成矿作用等。大洋封闭前,经历漫长的 B 型俯冲阶段,亦是洋壳逐步转化为陆壳的过程,长英质成分不断增加,镁铁质成分相对减少。陆壳厚度增加,宽度扩大。

俯冲作用有两种不同的情况：一种是俯冲增生作用，产生构造混杂岩增生加积；另一种是俯冲侵蚀作用，导致陆壳后退。

## 一、俯冲加积

大洋地壳沿俯冲带向下俯冲时，洋盆上沉积的深海相碳酸盐岩、硅质岩、或深海软泥以及海沟附近的陆源浊流沉积物，由于固结差，多未成岩；在强烈挤压剪切作用下，容易沿洋壳基底界面被刮削下来，并强烈混杂和揉皱。其下伏的洋壳熔岩基底也有部分被刮削下来成为洋壳碎片，以大小不一、成分各异的碎块混杂到大洋沉积物质中，构成了具复杂揉皱断裂的增生楔形体。随着洋壳不断地俯冲，在大陆边缘的增生楔形体或构造混杂岩楔亦不断增长，并逐渐向大洋方向扩展，迫使海沟也相应地向大洋方向迁移（图 3.14）。这种俯冲加积体也称加积楔、增生楔、增生柱、增生杂岩等。

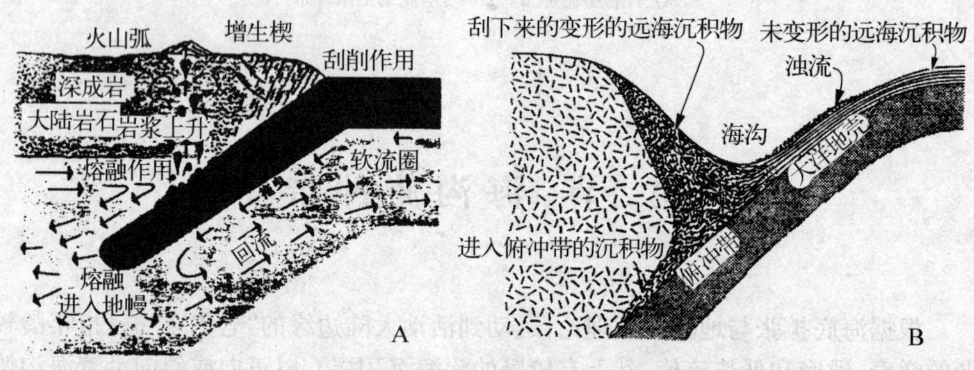


**图 3.14　大洋板块俯冲、洋壳组分被刮脱形成构造混杂岩楔示意图**（据 Pres,1973）

海沟俯冲带在高压—低温的构造环境下，大约在地热梯度为 10℃/km 的深海沟内侧，以基性岩为主的洋壳岩石及其上覆的火山碎屑岩、硅质岩、硬砂岩等一起俯冲到压力相当于 25 km 的深度和温度不超过 300℃的条件下，形成含有蓝闪石、硬玉等矿物为特征的高压型蓝片岩。它广泛分布于中、新生代构造混杂岩带内。

构造混杂岩楔（增生楔形体）内部结构复杂，增生楔的表面沉积层从洋侧向大陆舒缓延展，在增生楔的陆坡和深海相沉积层中出现一系列向大洋方向的叠瓦状逆冲断层，断面由俯冲带向大陆边缘逐渐变陡，形成的时代也较老些。因洋壳俯冲，在海沟附近和远洋的沉积物被剥离而推向陆侧前端，犹如推雪和推土一样。所以，增生楔离海沟愈远，其年龄也愈老。在压力作用下，逆冲席发育鳞片状面理，板状劈理，以致高压变质。增生楔的叠瓦状逆冲断片犹如一系列的楔子，每一个新楔子沿俯冲带往下插时，上面的老楔子就会越抬越高，逆冲断面也越来越陡。这种逐步抬高顶举作用的模式使构造混杂岩增生楔升高到水面以上，成为造山带外缘的增生部分（图 3.15）。

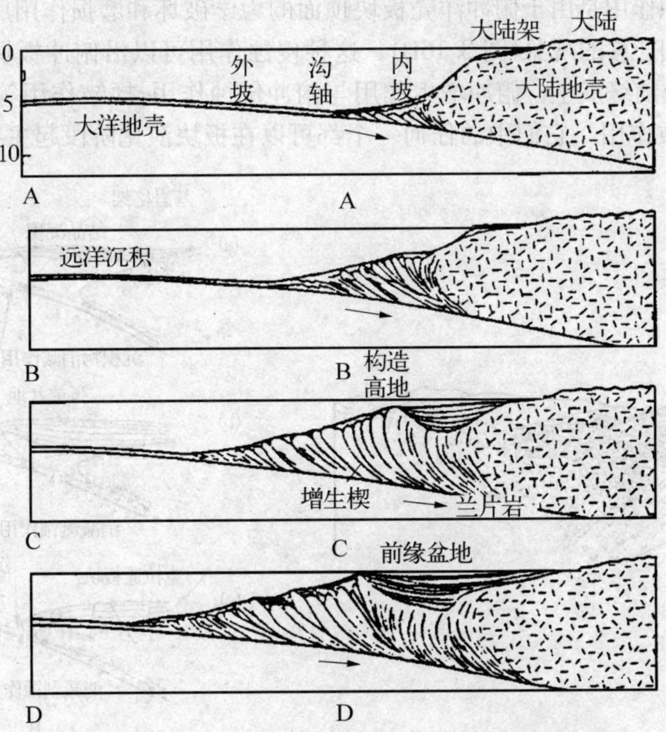


**图 3.15 构造混杂岩增生楔顶举上升、加积于大陆边缘**（又称弗兰西斯科型活动大陆边缘）（据 Dickinson，1979）

A：大洋板块向大陆边缘俯冲，发育构造混杂岩增生楔；B：新增生楔插入老增生楔底部，使其变陡、抬高；C：老增生楔出露水面形成构造高地（又称非火山弧）与弧前盆地；D：向大洋方向不断发育新增生楔，弧前盆地也相应向大洋侧扩大

## 二、俯冲侵蚀

由于环太平洋海沟是会聚型板块边界，它理应全部是以构造混杂岩为特征的弗兰西斯科型活动大陆边缘。但是事实并非如此，环太平洋海沟普遍没有增生楔

发育，那里的大陆边缘物质不仅没有含洋壳碎块为特征的增生楔的顶举上升，反而被俯冲的洋壳拖拽到深部，导致大陆边缘的崩塌，形成含有以大陆边缘陆壳碎块为特征的重力滑塌堆积。此时海沟向大陆方向迁移，大陆边缘后退，缺失增生楔，这一现象被称为俯冲侵蚀（图 3.16 左图）。现今这类大陆边缘占绝大多数，其数量与具增生顶举模式的边缘数量相比是 6∶1。

俯冲侵蚀作用是由于俯冲洋壳板块顶面的力学破坏和磨损作用所致，同时引起海沟向大陆侧迁移的现象（图 3.16B）。这种侵蚀作用可以沿俯冲板块顶部发生，也可在仰冲板块前缘发生。俯冲增生作用与俯冲侵蚀作用，揉皱作用等，均是俯冲边缘重要的地质作用。它们中的任何一个都可以在板块演化阶段起主导作用。

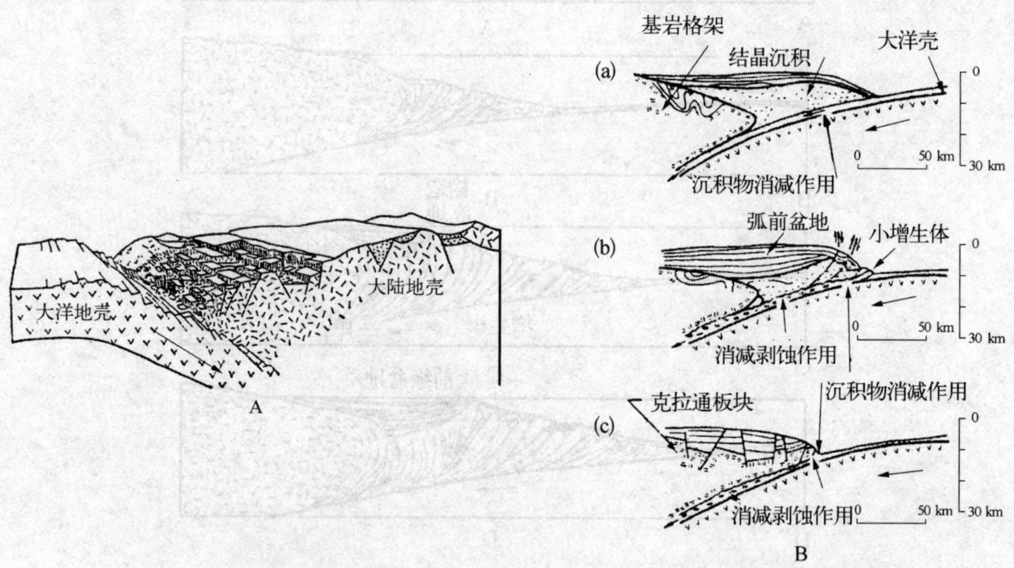


**图 3.16　俯冲构造侵蚀作用模式**（A 据 Hussong，1980；B 据 Scholl，1980）

A：构造侵蚀作用模式；B：构造侵蚀作用的演化

俯冲增生作用和俯冲侵蚀作用都发生在聚敛型板块边界上，为了区别与反映活动大陆边缘的特征，称前者为挤压—聚敛型板块边界；后者为拉张—聚敛型板块边界。大洋俯冲作用最终会结束，而板块的俯冲各阶段中，其性质不尽相同，也可以相互转化。具体反映在同一俯冲带内有不同成因的混杂岩相互交替，甚至俯冲带被错断。

## 三、构造混杂岩与滑塌堆积

构造混杂岩是指形态和大小不同而且成分和时代各异的杂乱岩块及砂泥堆积

体。它的主要特征是碎块大小极不均一,构造杂乱而不连续,在较硬的岩石碎块的周围必定有可塑性物质存在,这种构造混杂岩的特点与一般的构造岩(或断层岩)有很大的区别。对于这种构造混杂岩,人们曾使用不同的术语予以描述,直到本世纪初,Greenly(1919)在研究英国威尔士安格尔西岛的莫纳杂岩(Mona Complex)时,使用了原地碎屑混杂岩(autoclastic mélange)一词,并指出它是构造作用的产物,包围坚硬岩石碎块的基质,是较容易变形物质经剪切作用形成的。

后来,混杂岩在环太平洋和特提斯带等地相继被发现,但存在着构造成因和沉积成因的长期争论,后者强调它是海底浊流和重力滑坡等非构造作用的产物。直到1968年板块构造理论盛行后,对混杂岩才有了正确的解释。许靖华(1971)指出弗兰西斯科混杂岩正是大洋板块大规模俯冲过程的产物。若是构造混杂岩中含有古洋壳残片伴有古深海软泥等,则其可称为蛇绿混杂岩,其岩带称为蛇绿混杂岩带,这是确定古板块缝合带的重要标志之一。这一认识标志着板块构造理论的重大突破。

混杂岩由外来岩块、原地岩块和基质等三部分组成。

**外来岩块** 是指离混杂岩带主体较远的与主体成分无关的其他地层岩石成分,由大规模逆掩断层从远处推覆而来,因而其连续性、成层性均遭到破坏而成为岩石碎块,在岩石组合和时代等方面与原地岩石成分差别很大。外来的蛇绿岩和复理石砂岩层破碎时形成的脆性岩石碎块和颗粒好像悬浮在基质中似的,除原来产在野复理石中的巨大岩块之外,又增加了比这些岩石更大的构造崩离体。

**原地岩块** 是一些曾经与基质成互层(或夹层)的较坚硬的脆性岩石,因构造剪切作用而破碎,未经长距离移动,可以和相邻岩块组合而恢复原状。其时代、化石与基质一致,岩石组分多为砂岩、砾岩、灰岩、基性岩、超基性岩和变质岩等。

**基质** 在构造混杂岩的形成过程中,那些在固态下不同程度地嵌入原地岩块或外来岩块之间空隙中的物质叫做基质。它一般是相对塑性的岩石在强大压力作用下,普遍发生剪切甚至流动现象而进入岩块间的空隙中去的。基质岩石一般多为受不同程度区域变质作用的泥质岩和受剪切作用的蛇纹岩等。构造混杂岩的基质常是磨碎了的蛇纹岩物质,在一定程度上已与复理石岩系的泥岩混杂在一起,有时前者居多,有时后者居多。

滑塌堆积(olistostrome)一词是弗劳斯(G. Flores, 1955)在讨论西西里岛石油地质时提出的。它是一种在正常地层层序中产生的一种沉积物,在岩石成分上由一些非均质物质彼此混杂在一起,是借助于海底滑坡或非固结的沉积物崩塌而聚集起来的半流动体。在任何滑塌堆积中都可以辨认出"胶结物"或"基质"是以泥质为主的非均质物质,它含有较坚硬的分散岩块,小如卵石,大如数平方公里的"漂砾"。滑塌堆积缺少真正的层理,可作为填图单位,常呈透镜体状夹在正常的地层层序中。在垂直方向上以正常海相沉积的下伏和上覆岩系为界,而且含有可用以鉴定时代和环境的原地化石的杂乱堆积物。从成因上看,它是在俯冲侵蚀构造背景下沉积作用形成的,与构造作用造成的构造混杂岩很易于区别(表 3.1),但是一旦遭受后期构造作用的破坏,两者便难以区分。

**表 3.1　构造混杂岩与滑塌堆积岩的差别(据 Hsŭ,1974)**

| 标　志 | 构 造 混 杂 岩 | 滑 塌 堆 积 |
| --- | --- | --- |
| 1. 碎屑特征 | 可能被变形为石香肠或斑点状扁豆体 | 棱角的,乃至圆滑的,可能破裂但不具挤压状态 |
| 2. 碎屑来源 | 可来源于上覆或下伏的地层单位 | 只来源于上覆地层单位 |
| 3. 基质 | 塑性挤入体 | 不一定受到挤压 |
| 4. 岩石块体 | 外来洋壳组分的碎块为主 | 以大陆边缘的岩石碎块为主 |
| 5. 接触关系 | 剪切滑动接触 | 沉积接触 |
| 6. 岩块时代 | 可老于基质,也可新于基质 | 一般都老于基质 |

## 第三节　岛　弧

以现代的活火山组成环太平洋年轻的岛弧或弧形山链为特征的环太平洋活动大陆边缘。而岛弧与前缘的海沟或后侧的边缘海组合为沟—弧或沟—弧—盆主要分布于西太平洋海域。其次,有加勒比海东侧的安第列斯岛弧和印度洋东北侧的东印度岛弧。而弧形山链后缘不发育边缘海盆地为特征,主要分布于北南美洲西侧的科迪勒拉山脉。

岛弧与海沟平行排列，岛弧凸面指向大洋，地震震源带（俯冲带）倾向大陆，属正常极性（如日本东北弧），反之称倒转极性。

## 一、岛弧类型

按照岛弧基底性质可将岛弧分为陆缘弧和洋内弧等两类。

### （一）陆缘岛弧

陆缘岛弧发育在太平洋边缘，即与大陆边缘毗邻，它是大洋板块向大陆边缘俯冲时在古老陆壳基底上发育的岛弧或弧形山链。

如果有弧后边缘海的发育，虽使岛弧移离大陆，但仍然有陆壳的特征，如日本岛弧地壳厚约25～40 km，南美洲的安第斯山弧形山链陆壳厚达30～70 km。它的组成以长英岩类为主。钙碱性系列岛弧火山岩高达80%～100%，以安山岩类和英安岩类及花岗闪长岩类为主，岛弧火山岩的 $SiO_2$ 含量高。陆缘岛弧的成熟度高，称成熟弧。

### （二）洋内岛弧

洋内岛弧发育在大洋板块之上。当大洋板块俯冲于另一大洋板块之下，上驮板块除毗邻海沟部分外，普遍发生拉张作用而加宽，逐步发育成为一个新的构造区，在其基础上形成以拉斑玄武岩为主的小型岛弧，如马里亚纳岛弧与汤加岛弧等，侵入岩以辉长岩和闪长岩为主。这里地壳厚度相对较薄，但比正常洋壳厚，故又称未成熟岛弧。它以3 cm/a 速率远离海沟。洋内岛弧后侧的洋盆圈闭而形成弧后盆地，它具有比洋内弧较古老的原生洋壳，并非后期扩张的新生洋壳。

随着洋内岛弧的演化，钙碱性系列火山岩渐渐增多，长英质和钾质矿物也相应增多，结晶程度也增高，地壳愈增厚，愈向成熟的岛弧过渡。

洋内岛弧作为具有不正常洋壳的弧形展布的海山，若随着板块而移置到大陆边缘的海沟，因它厚度大不易俯冲而可能仰冲拼贴到大陆边缘成为具有大洋亲缘特征的移置地体。它的规模和内部结构以及构造意义等方面都不同于增生楔而属于外来洋壳块体。

## 二、岛弧岩浆作用

岛弧岩浆作用有强烈的火山喷发。若由水下过渡到地面喷发，则火山喷发也随之扩大。岛弧岩浆岩以钙碱性安山岩为其特征，它主要成分属中性岩到长英质岩石，与陆壳的平均化学成分相近。所以岛弧火山喷发活动的过程，也就是陆壳生长成熟的过程。

岛弧火山岩的类型划分有多种方案。过去仅根据 $SiO_2$ 含量把火山岩分为基性、中性和酸性岩等三类，不能反映火山岩间共生组合关系。因为 $SiO_2$ 含量明显差异的岩石往往组成共生系列。现在根据锶同位素的初始比值 $^{87}Sr/^{86}Sr$ 来划分，其比值小于 0.706 0 者为地幔起源的岛弧火山岩，大于 0.710 0 者为地壳起源(即陆壳重熔或受陆壳混染)。日本学者久野根据火山岩中的含钾量和氧化铁含量及其他地球化学指标而将岛弧火山岩划分为：拉斑玄武岩系列、钙碱性火山岩系列与碱性火山岩系列等三类(图 3.18)。如日本火山岩带平行岛弧延伸呈带状排列，外带紧靠火山前锋为拉斑玄武岩系列，中带为钙碱性系列岩石，内带为碱性系列岩石。通常火山作用早期阶段属拉斑质岩石(以玄武岩、玄武质安山岩为主)；其后以钙碱质熔岩(以安山岩为主)为主阶段；最后属相对平静期，以碱质或橄榄粗玄质熔岩(图 3.17)为特征。

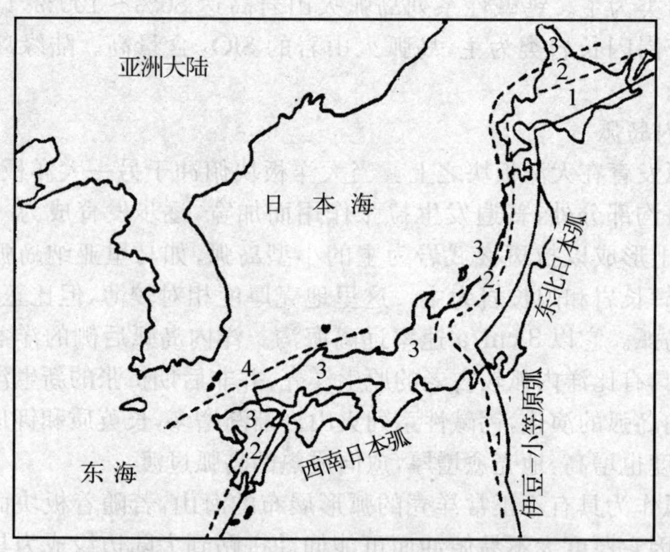


**图 3.17 日本第四纪火山岩分布图**(据都城秋穗，1972)

1：低碱拉斑玄武岩和钙碱性系列；2：较高碱含量的拉斑玄武岩系列和钙碱性系列；3：较高碱含量的钙碱性系列和碱性系列；4：碱性系列

以火山岩中钾和氧化铁含量及其他地球化学指标曾将岛弧火山岩分为三种系列(图 3.18)，现在有了更进一步的研究。

**拉斑玄武岩系列** $SiO_2$ 含量为 48%～63%，其 $K_2O$(<1%)和 $TiO_2$ 的含量极低，$Na_2O/K_2O$ 比值较高，为 5%～40%，大离子亲石元素含量很低。主要暗色矿物以辉石为主，有些含少量橄榄石。角闪石与黑云母也很少或没有。岛弧型拉斑玄武岩与洋中脊的拉斑玄武岩的成分极相似，但在微量元素和稀土元素配分上，前

者以平坦型曲线与后者区别。另外，根据其他特征也可与洋内岛弧型和裂谷型的拉斑玄武岩相区别。

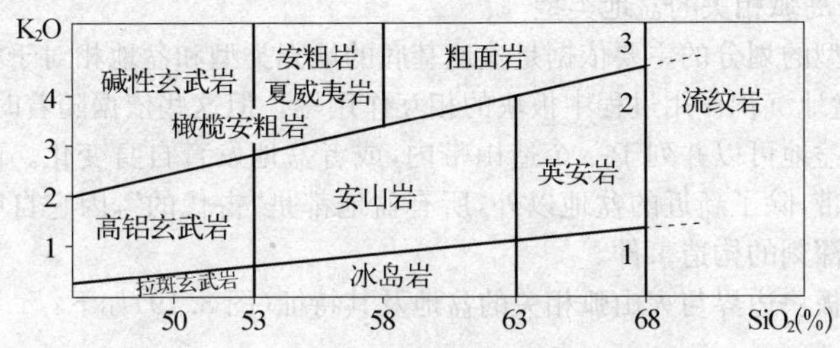


**图 3.18 三类火山岩系列**（据 Boillot，1979）

1：拉斑玄武岩系列；2：钙碱性火山岩系列；3：碱性火山岩系列

**钙碱性火山岩系列** $K_2O$、$TiO_2$及大离子亲石元素较拉斑玄武岩系列为高，氧化铝可高达16%～18%。含有不同数量的角闪石和黑云母。火山岩有高铝玄武岩、英安岩、安山岩以及流纹岩组合，有相应的辉长岩、闪长岩与花岗闪长岩、花岗岩等侵入体。钙碱性系列岩浆为火山—深成岩浆弧的特征，主要产于成熟的岛弧或弧形山链。

**碱性火山岩系列** 碱的含量可达5%～7%或更大，$SiO_2$含量不大，$K_2O$含量在2%～4%以上，稀土元素配分曲线属富集特征，含碱性长石和似长石。岩石组合主要是玄武岩、夏威夷岩、粗安岩、粗面岩和流纹岩等碱性岩系列，出现于岛弧的陆侧，往往距海沟达200～300 km，反映岩浆来源于俯冲带深部；但也有单独出现的。

横穿岛弧或活动大陆边缘，上述三种系列的火山岩带平行火山前锋排列，依次为拉斑玄武岩系列、钙碱性火山岩系列及碱性火山岩系列。若火山岩$SiO_2$含量相同条件下，则其$K_2O$含量向着大陆方向增加。日本的久野注意到日本列岛由东向西，其震源深度愈大，俯冲带深度也愈深，火山岩的钾、钠含量也相应增高。$^{87}Sr/^{86}Sr$比值亦由岛弧拉斑玄武岩系列过渡到碱性火山岩系列。这种火山岩成分随着俯冲带深度增加的变化称为成分极性。平缓倾斜的俯冲带成分极性表现极为明显，而陡倾斜的俯冲带成分极性表现不明显。

板块构造理论认为，洋中脊是新生洋壳的地方，而聚敛型板块边界的岛弧或弧形山链是新生陆壳的地方。

## 三、岛弧沉积作用

岛弧及弧形山链等虽以钙碱性火山岩系列为主要特征，然而，在岛弧的前、后与内部盆地中均发育有以海相为主的沉积物，它们是以岛弧火山岩为物源的岛弧型碎屑岩。岛弧沉积与盆地类型密切相关。

（一）与岛弧相关的盆地类型

盆地类型的划分的主要依据是盆地基底的地壳类型和盆地相对于板块边缘的位置，以及盆地沉积作用过程中板块的相互作用等。但这些依据随着时间而变化，不同类型的盆地可以并列于一个造山带内，或者盆地发育自身变化。而科迪勒拉中生代造山带，除了新近的盆地以外，所有盆地都是“古代的”，因它自中生代以来经历了多次深刻的构造事件。

聚敛型板块边界与火山弧相关的盆地及其特征（图 3.19）如下：

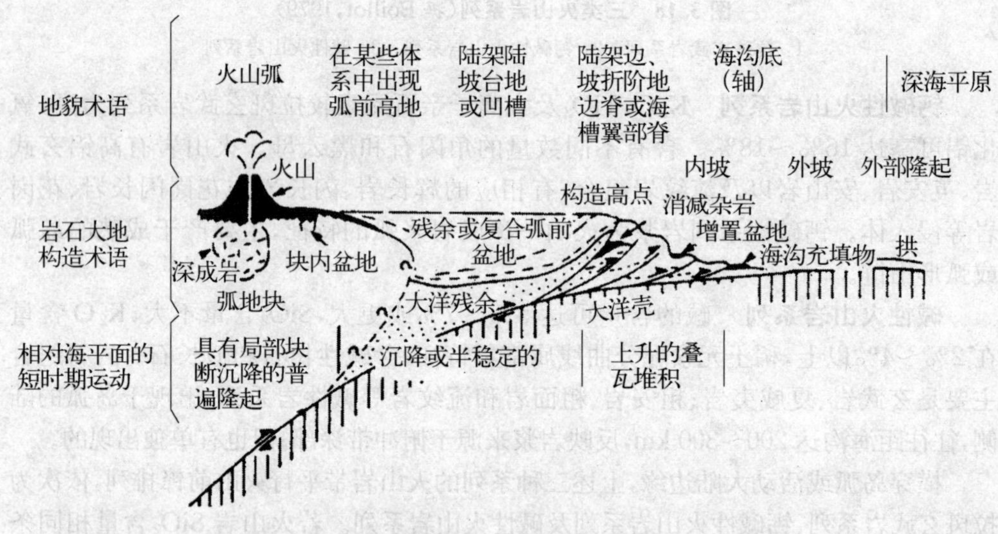


图 3.19　弧前盆地及有关构造单元（据 Dickinsony，1979）

1. 海沟

海沟以陆侧的浊积与深海沉积物为主，易受构造混杂岩增生楔的掩覆。许多海沟因无充分碎屑物的供应，没有沉积物或基本没有沉积物，也未变形。

2. 弧前盆地

弧前盆地位于火山弧与非火山弧之间的弧—沟间隙，是一个圈闭的沉积凹陷，可出现很厚的海相火山岩碎屑的沉积（图 3.19）。

3. 弧间盆地

弧间盆地位于火山弧内部的拉张型地堑盆地，主要是火山弧碎屑沉积，经持续发育，过渡为弧后盆地，内侧火山便为残余弧。

4. 弧后盆地

弧后盆地位于岛弧与大陆之间，也称为边缘海盆地(图 3.20)，主要由于洋壳俯冲派生次级地幔对流，从而诱发热地幔上隆使其上覆陆壳的拉张，产生局部洋壳组分、组成为弧后盆地的基底。弧后盆地又称边缘海。

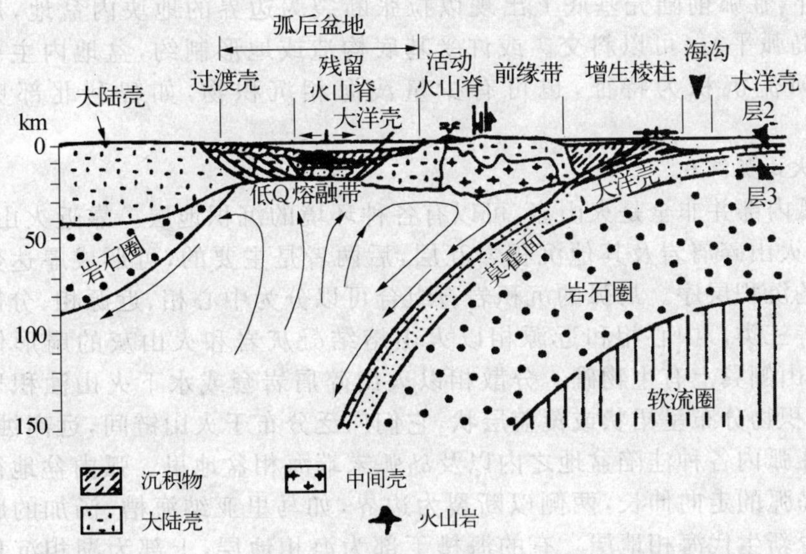


图 3.20 大洋板块俯冲导致弧后拉伸形成弧后边缘海的模式
(据 Toksoe and Bird,1977,1980)

(二) 与岛弧相关的盆地沉积

1. 弧前盆地沉积

弧前盆地也称弧—沟间隙，它位于火山弧前缘与非火山弧(即增生楔顶举抬升的隆起)之间的弧—沟间隙地区，大约宽达 50～300 km 不等，各段的宽度也不一致。弧前盆地基底位于火山弧与构造混杂岩增生楔两者之上。盆地沉积主要是来自火山弧的碎屑与岩屑，沉积环境主要是海岸平原组合成的河流——三角洲和浅海相的三角洲前地区。沉积岩以分选性差的硬砂岩为特征，具有序粒层与韵律构造。表明为深水环境的浊积岩，浊积岩本身也向上变粗。一般底部为深海相，向上过渡为浅海相到非海相，厚度较大，一般厚达 10 km 左右。以美国加利福尼亚中生代大峡谷层序为代表。在弧前盆地的早期，弧前地区可能有一向海的斜坡，沉积物运移到海沟陆侧形成构造混杂岩中的基质。在基底隆起地区，有局部礁灰岩沉积。弧前盆地沉积层序内含有岛弧碎屑和岩屑的多少，可反映岛弧侵蚀的程度。弧—沟间隙的宽度与岛弧最古老岩浆岩的年龄成正比。

弧—沟间隙宽度大致以1 km/Ma速率加宽。在大陆碰撞造山带内，碰撞前的弧前盆地沉积序列局限在邻近缝合带的变形岩石的宽阔地带内。由于增生楔不断向大洋推进，弧前盆地则相应变宽、变浅。上述演化是弧前盆地的主要形式。

此外，在弧前陆壳基底上出现以拉张断裂为边界的地块内盆地，后者不一定与岛弧平行，可以斜交。或许受基底构造或地形制约，盆地内主要以非海相的河流沉积为特征，也可有少量浅海相沉积物，如智利北部奥索塔盆地。

2. 火山弧沉积

岛弧内部并非全是火山岩，可以有各种环境的沉积地层。靠近火山附近，有熔岩、火山碎屑岩及其他沉积岩互层，后两者是主要的，可形成厚达数百至数千米的沉积层序。岛弧的沉积岩石组合可以分为中心相、近源相、分散相岩石组合等三类。中心相和近源相以火山熔结凝灰岩和火山灰的扇形体为特征，在火山侧翼上有生物礁。分散相以火山碎屑岩套或水下火山浊积岩套为特征，沉积物分布呈裙状或覆盖层状，它们广泛分布于火山链间，远离蚀源区，可出现在弧内各种洼陷盆地之内以及岛弧末端海相盆地里。弧内盆地往往沿平行于岛弧的走向伸长，两侧以断裂为边界，如马里亚纳海槽、汤加的脱福海槽均发育新生代海相地层。有的海槽下部为海相地层，上部为湖相沉积物覆盖。有的火山弧为数公里厚的陆相红层与新生代火山岩互层，构成地堑型海槽。

不同类型火山弧所保存的火山岩或沉积岩层序不尽相同，陆缘火山弧和高出海面的山间盆地保存得很少。而一些火山弧内，在陆上火山岩和类磨拉石组合中保存有部分的地表盖层。

3. 弧后盆地沉积

弧后盆地主要发育在火山弧与大陆边缘之间的弧后地区，若弧后陆壳被拉张发育成为过渡壳或洋壳，则称边缘海盆地，这属于深海沉积环境。来自火山弧的碎屑以海底扇裙延伸到盆地中，与深海黏土呈指状交互。在盆地大陆侧类似离散被动大陆边缘，以钙质生物碎屑沉积为特征，发育有一个陆源沉积楔，呈现由深海向浅海过渡的层序。Klim(1983)等曾记述了西太平洋弧后盆地的沉积体系：海底扇沉积、碎屑流沉积、粉砂质岩、浊积岩、生物成因碳酸盐、再沉积碳酸盐、生物成因深海二氧化硅、火山碎屑、半深海浊积黏土和深海黏土等九类。在成熟的弧后盆地的沉积中心沉积物厚达 2～3 km，有的厚达 6 km 以上。现将迪金森( W. R. Dickinson)等对岛弧环境中的主要沉积环境与沉积相归纳如表 3.2 中。

**表 3.2　岛弧环境中的主要沉积环境与沉积相(据 Dickimson,1974)**

| 环　境 | 海洋或准大洋地壳(<15～20 km) | 大陆或准大陆地壳(>15～20 km) |
|---|---|---|
| 火山岩区 | 中央相中,以安山岩与高镁质熔岩及火山碎屑岩为主,枕状熔岩,角砾岩常见,生物礁通常分布在部分沉没的火山礁侧的近源相 | 中央相中,以安山岩和高氧化硅质的陆上火山碎屑岩为主,熔接凝灰岩和火山碎屑浊积岩常见,河成角砾岩通常分布在高山火山锥之上,构成泥浆泛滥裙和扇砾岩 |
| 弧内盆地 | 深海槽中的火山碎屑浊积岩和海相凝灰岩、四周被狭窄的局部陆架相和倾斜的海底斜坡近源浊积岩带环境 | 地堑中的火山碎屑质红层和陆成凝灰岩,含有填没洼地湖成的充填物;还有不稳定的陆架相,砾岩和局部不整合 |
| 弧沟间隙 | 沉积在深海槽中的浊积岩,为具横向古水流迹象的海底扇楔形体和具平行于弧走向的纵向古水流的充填物棱柱体 | 岸进型海岸平原组合的河成,三角洲和三角洲前的岩层、在与外海畅通的或部分封闭的海湾的沉陷陆架上 |
| 弧后盆地 | 形成于边缘海弧间盆地内部或开阔海洋的浊积岩裙 | 形成于浅前陆盆地内部的浅海道或河流低地中的山麓或三角洲楔形层 |

## 四、岛弧变质作用

在聚敛板块边界,由于大洋板块的俯冲,海沟内壁与岛弧主体所受压力与温度不一致,导致岛弧地区的区域变质类型也不相同,形成了成对成双的变质带。如在环太平洋地区就发育有典型的双(对)变质带。都城秋穗(Miyashiro 1969)主要根据地温梯度将变质相分为高压、中压与低压等三类(图 3.21,表 3.3):高压变质相的地温梯度≤10 ℃/km;中压的地温梯度约为 20～30 ℃/km;低压的地温梯度≥40 ℃/km。这种划分并非根据压力数值计算。

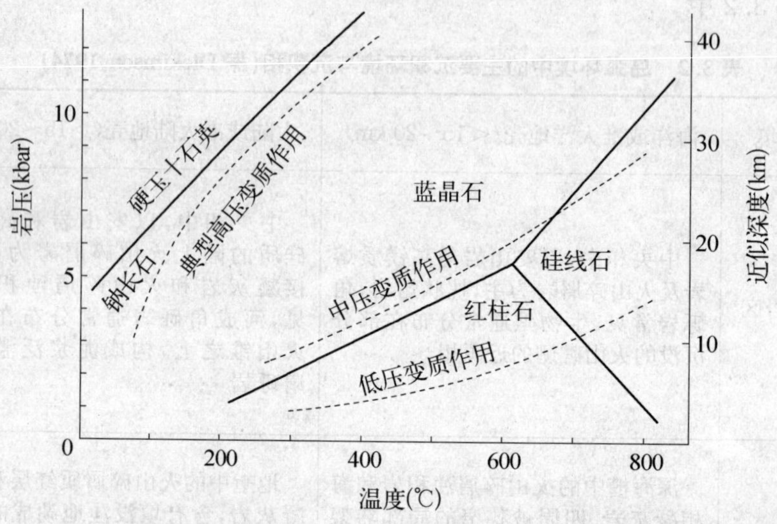


**图 3.21 硬玉+石英组合,三种 $Al_2SiO_5$ 矿物的 P-T 稳定区及高压、中压和低压变质作用的地热梯度曲线**(据 Richardsen,1969)

**表 3.3 各类变质相特征(据都城秋穗,1979)**

| 压力类型 | 特征矿物 | 常见矿物 | 常见变质相系 | 出现的岩浆活动 |
|---|---|---|---|---|
| 低压型 | 红柱石 | 黑云母、堇青石、十字石、硅线石 | 绿片岩相→角闪岩相→麻粒岩相 | 含少量活动区系列的由基性到酸性的火山岩,大规模的花岗岩,有时有安山岩和流纹岩 |
| 中压型 | 含蓝晶石<br>无蓝闪石 | 黑云母、铁铝榴石、十字石、硅线石 | 绿片岩相→角闪岩相→麻粒岩 | 含有蛇绿岩与花岗岩 |
| 高压型 | 蓝闪石<br>硬玉<br>硬柱石 | 铁铝榴石<br>蓝绿钠闪石<br>黑硬绿泥石 | 蓝闪石片岩相→绿帘角闪岩相<br>蓝闪石片岩相→绿片岩相<br>葡萄石→绿纤石相→蓝闪石片岩相 | 大规模的超基性—基性的蛇绿岩、经常缺少花岗岩 |

都城秋穗研究日本岛弧中生代变质带，根据岩石学提供的构造地质信息，强调变质作用与大洋板块俯冲作用之间的内在联系，提出双(对)变质带相应的构造环境指示意义(图 3.22)。

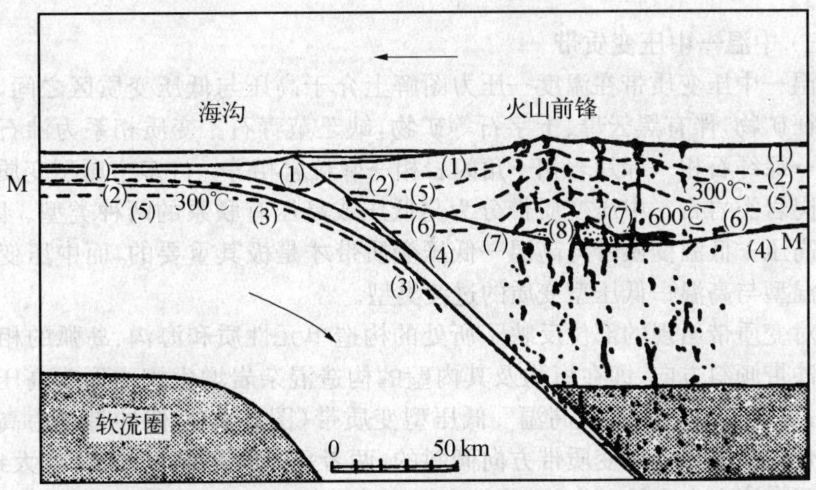


**图 3.22　俯冲板块边界海沟和岛弧部分变质相的空间分布**(Ernst,1974)

(1) 沸石相；(2) 葡萄石-绿纤石相；(3) 蓝片岩相；(4) 榴辉岩相；(5) 绿片岩相；(6) 低级角闪岩相；(7) 高级角闪岩相；(8) 麻粒岩相；M 代表莫霍面

## (一) 高压—低温变质带

高压—低温变质带位于海沟俯冲带内壁的构造混杂岩增生楔内部，其深度约 25 km(5～7 kbar 压力)，温度＜250～400 ℃。主要由洋壳碎块的基性和超基性岩、硬砂岩和硅质岩等原岩组成，后经变质，属蓝闪石片岩相，以蓝闪石类为特征矿物，包括蓝闪石、铝铁闪石和镁钠闪石等，伴生矿物有硬玉、硬柱石、多硅白云母、白云母、硬绿泥石、绿帘石和石榴子石。其变质相大多属浊沸石级的沸石相、葡萄石-绿纤石相、蓝片岩相和绿片岩相，变质程度和沉积物年龄向陆侧递增。高压带中尚伴有中压变质作用，后者形成深度较浅。蓝片岩由于冲断作用和地壳均衡上升，经剥蚀出露地表。

## (二) 高温—低压变质带

高温—低压变质带主要分布在岛弧钙碱性系列火山岩地区。其地温梯度大于 40℃～150℃以上，由于大量岩浆上升的热流和热传导而形成高温环境。以红柱石为特征矿物，伴有黑云母、堇青石、十字石和硅线石。其变质相系为沸石相→葡萄石→绿纤石相→绿片岩相→角闪岩相→麻粒岩相，以中心的角闪岩相带最宽。

高温带总是伴随大量的花岗岩类和安山岩—流纹岩的岩石组合。高温变质带是产生斑岩铜矿及黑矿等金属矿产的地质环境。高温—低压环境往往处于强烈岩浆作用地段。若其温度受制于花岗岩浆和水流体作用，则变质温度的高低与侵入体深度无关。

(三) 中温—中压变质带

中温—中压变质带在温度—压力图解上介于高压与低压变质区之间，以蓝晶石为特征矿物，伴有黑云母、十字石等矿物，缺乏堇青石。变质相系为沸石相→葡萄石相→绿纤石相→绿片岩相→角闪岩相→麻粒岩相等。许多中压型变质带也伴生有花岗岩类岩石。中压变质带分为与低压或高压有联系的两种类型。因此，在构造上高压—低温变质带与高温—低压变质带才是极其重要的，而中压变质为高压—低温型与高温—低压型变质的过渡类型。

成对变质带出现的部位反映了所处的构造单元性质和海沟、岛弧的相对位置以及俯冲带倾斜方向，即在海沟及其内壁的构造混杂岩增生楔内形成高压—低温变质带；而在火山岛弧出现高温—低压型变质带(图 3.23)，俯冲带是由高压—低温变质带向高温—低压变质带方向倾斜的，两者呈平行延伸，形成时代大致相近。例如我国台湾中央山脉以东，二叠纪大南澳片岩的双变质带，其东侧玉里带为富含蛇纹岩而偶含蓝闪石的绿泥石片岩，它是由基性熔岩和火山碎屑岩以及基性—超基性深成岩变质而成的高压—低温型变质带；西侧的太鲁阁带为绿泥石片岩至角闪岩相的片麻岩，为高温—低压型变质带。中央山脉以东变质带可能是中生代大洋板块俯冲时形成的双变质带。

根据双变质带的位置可分为：岛弧型和弧形山链型及倒转岛弧型等三类。岛弧型以日本弧的中生代双变质带为代表；弧形山链型以美国西部弗兰西斯科和内华达中生代的双变质带为代表，弗兰西斯科变质带被认为是世界最典型的高压—低温型变质带；倒转岛弧型，以新赫布里底岛弧和台湾东海岸山脉—吕宋弧为代表。此两者特点是毗邻的边缘海向大洋方向俯冲。台湾东海岸山脉的利吉层为新生代的高压带。综观现代地震震源面向东倾斜等资料分析，该带属于南中国海向东俯冲的延伸带。

根据双变质带成对的原则，如果出现某一类型变质带，那么应有另一配对的变质带存在。这对于欧洲普遍不成对出现的变质带就有了不同的解释。典型的例子有阿尔卑斯的佩奈恩带，其为高压变质带。南缘的安山流纹岩和第三纪花岗岩带之下显示高热流值，这或许是一条隐伏的高温变质杂带在地表的表现，应与佩奈恩高压带配对。然而，西欧晚古生代多高温—低压型变质带单独出现则解释为板块俯冲速度太慢，不能形成高压变质作用，只能形成中压变质带，所以没有典型的蓝

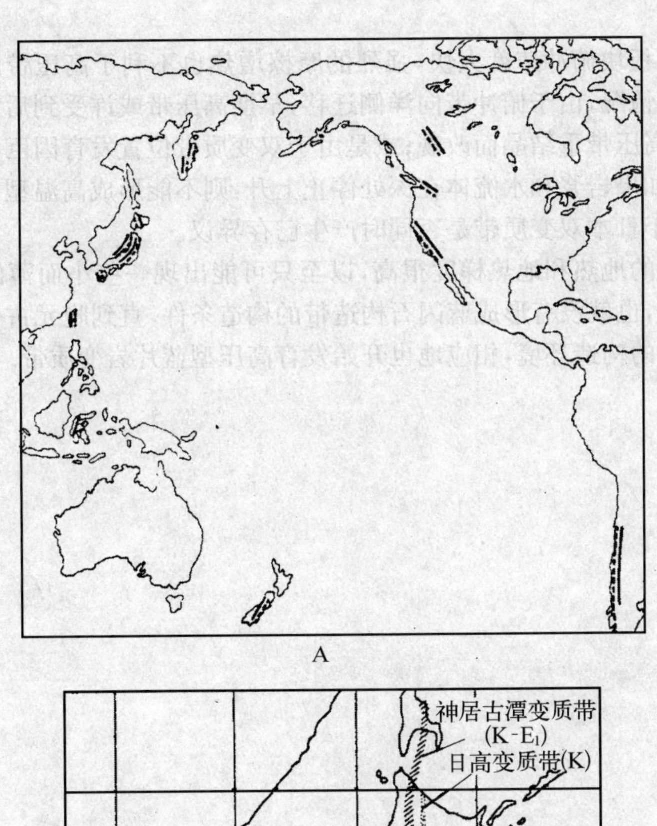

A

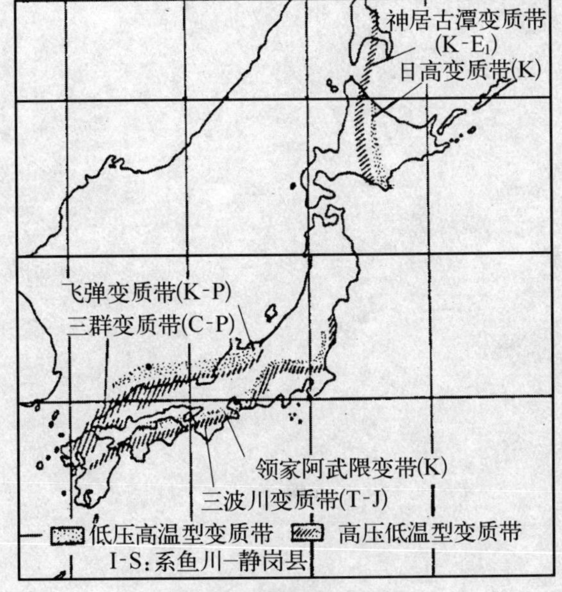


B

**图 3.23 双变质带分布图**(据都城秋穗,1972)

A: 环太平洋双变质带,虚线代表高压带,实线代表低压带;

B: 日本岛弧的双变质带

片岩带。如果板块俯冲速度太快,强烈的摩擦增热也不利于高压带的形成。亦存在叠加变质的情况,由于俯冲带向洋侧迁移,早期高压带或许受到后期高温变质带的改造,使原高压带重结晶而改观;或是由于双变质带位置发育因巨大断裂而被复杂化。此外,如果岩浆和水流体在深处停止上升,则不能形成高温型变质带。另外也应指出,对于日本双变质带是否同时产生已存异议。

地球早期的地热和地热梯度很高,以至只可能出现一些小而薄的板块而不能发生俯冲作用,也就没有形成蓝闪石构造带的构造条件,直到晚元古代才开始发生洋壳板块俯冲的构造环境,相应地也开始发育高压型蓝片岩变质带。

# 第十一章　俯冲带和碰撞带及造山带

早在19世纪70年代，A. Boue就认为山脉是造山运动通过构造作用形成的。20世纪20年代，施蒂勒(H. H. Stille)以槽—台理论为依据较全面地提出造山运动是一个改变岩石组构的幕式过程。它包括褶皱和断裂等构造变动和岩浆作用。造山带这一概念被普遍引用，对地质科学有着广泛的影响。

板块构造理论是以地球动力学和运动学为根据，强调在聚敛型板块边界带产生一系列的地质作用过程。造山带与克拉通并列，分别代表地壳活动和稳定两大构造单元。板块构造问世以后，常常将造山带当成是岩石圈板块俯冲消减并最终碰撞的产物。杜威(J. F. Dewey)和伯德(K. Barke)最早以大洋板块俯冲与大陆碰撞两个基本概念为依据，借助活动论和板块拓扑学，对全球大型山脉(如科迪勒拉山脉)作出了新的解释，认为环太平洋是聚敛型板块边界山带。由于大洋板块向大陆边缘俯冲形成的东太平洋边缘的海沟—弧形山链系和西太平洋海沟—岛弧—盆地系为特征的俯冲带。其次是位于大陆间的阿尔卑斯—喜马拉雅山脉为特征的碰撞带。

虽然俯冲带和碰撞带均属聚敛板块边界带，但有一定的差异。前者大洋板块向大陆板块俯冲以增生楔加积和岛弧岩浆活动使陆壳逐渐增厚、成熟为特征；后者是以两大陆间大洋地壳因俯冲全部消亡，导致两大陆直接相互碰撞造成地壳急剧增厚形成大规模山脉为特征。

随着对俯冲带和碰撞带研究的深入而逐渐认识了环太平洋地区虽然同属聚敛型板块边界，但不同地段俯冲挤压作用的表现有差异。例如，太平洋西侧的板块俯冲作用引起弧后拉张；太平洋东侧南美洲的安第斯山脉沿岸俯冲作用引起上驮板块明显的挤压叠缩；北美科迪勒拉造山带中，含有大量外来与大陆亲缘的移置地体；东南亚地区发生反向俯冲等。

需要注意区分俯冲带、碰撞带、造山带的不同概念。

## 第一节 俯 冲 带

俯冲带是其存在时最为活跃的活动带，它是形成西太平洋沟—弧—盆系和东太平洋的海沟—弧形山链系(图 3.24)最主要地带。

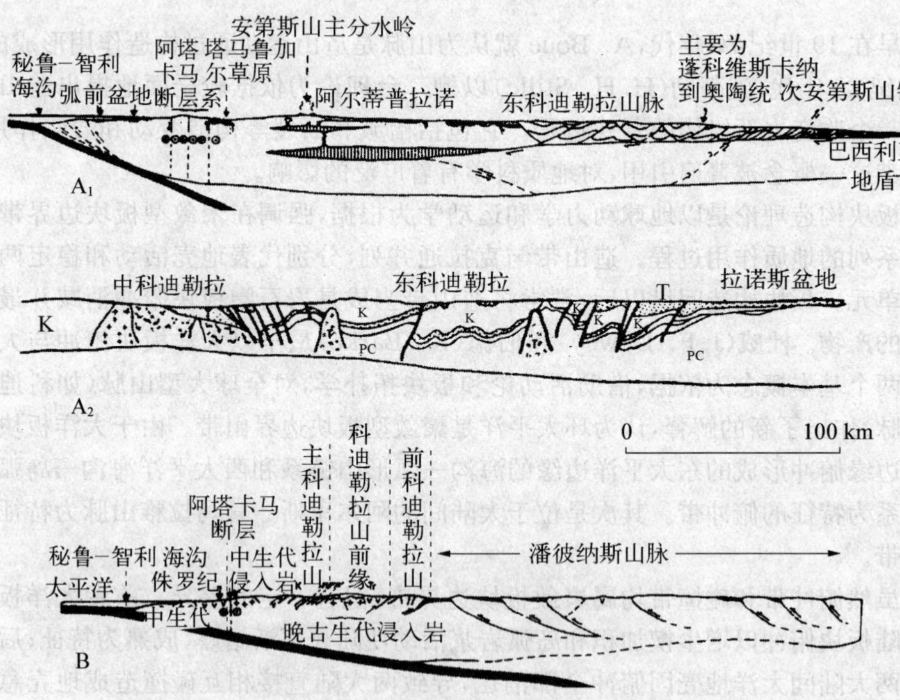


**图 3.24 南美安第斯山脉剖面示意图**(据 Cambell,1965)

$A_1$和$A_2$：安第斯北段，横穿南美北部，俯冲倾角 30°，对冲板块间有地幔楔俯冲，沿弧有变形、岩浆和变质作用，向东侧腹地迁移，造山带加宽；$A_1$：以安第斯山脉简示地质特征和俯冲模式；$A_2$：在科迪勒拉山脉以东，造山带向东逆冲，在前寒武纪地盾基底上发育“前陆盆地”——拉诺斯盆地，一般称为后弧盆地；B：安第斯山脉南段，俯冲倾角<5°，对冲板块之间没有地幔楔，近海沟缺乏岛弧型岩浆作用，而远离海沟的腹地，俯冲板块最终与上覆岩石圈底部发生拆离的地方有岩浆作用

杜威依据上驮板块边缘的应力状态而将岩浆弧带分为张性、中性与压性三大类：

## 一、张性岩浆弧俯冲带

该带以西太平洋马里亚纳沟—弧—盆系为例。它是新生代以来由于太平洋板块向西俯冲于菲律宾板块之下，位于聚敛型板块边界构造上的沟—弧—盆系。张性岩浆弧造山带最主要的特征是上驮板块的普遍拉张（与海沟毗邻部位除外）。向洋侧加宽，还可使一些不相连的洋脊向海沟侧呈跳跃式迁移。

## 二、中性岩浆弧俯冲带

该带以苏门答腊陆缘造山带为例。中性岩浆弧是上驮仰冲板块（除增生楔外）无明显拉张与缩短的岩浆弧。弧前发育增生楔，其大小决定于碎屑物的多少。火山弧既无弧后拉张，也无弧前逆冲，但火山弧偶尔出现与弧平行的走滑断层（或转换断层）。

## 三、压性岩浆弧俯冲带

该带以南美西缘的安第斯造山带中段为代表，它是中生代在南美克拉通边缘古老基底上发育的沟—弧形山脉，具有雁列式构造特征。新近纪以来强烈上升形成现今的高峻地形。压性弧最显著的特征是地壳的巨大缩短，影响范围可达 1 000 km 宽，产生的变形构造极为壮观；在腹地有广泛的褶皱—逆冲断层及薄皮构造发育。压性弧以安山岩—花岗闪长岩为主，其次是大型的压性变质核杂岩。现代海沟则以俯冲构造侵蚀为特征。

# 第二节　碰　撞　带

因大洋俯冲消减，以致两侧大陆碰撞焊接而形成碰撞型造山带。它位于两个大陆焊接部，处于新大陆的内部。以阿尔卑斯—喜马拉雅山带为代表。碰撞带早期的俯冲主要表现在南大陆为被动大陆边缘，向北俯冲于活动大陆边缘之下，所以俯冲阶段的特征大多位于北侧的古欧亚板块活动大陆边缘；碰撞阶段的山带大多发育于古印度板块的被动边缘侧，使巨厚被动边缘沉积强烈变形、变质，形成宏伟造山带。

碰撞带具有不同的地质背景及不同的类型。

## 一、移置地体拼贴带

### （一）移置地体

移置地体是指以断层为边界外来的地质块体，具有独特地质历史与所在区域地质主体相区别。

20世纪50年代，在阿拉斯加中生代造山带和加拿大中生代科迪勒拉造山带中，发现了含有二叠纪特提斯型蜓科化石地层。随后发现5个类似阿拉斯加兰格尔的这种地质体，呈南北带状，断续延长达2 600 km。据古地磁和地质研究表明，它们原来长度仅500 km左右，属同一构造单元，应位于现今西南太平洋地区，后来位移数千公里，至北美大陆西缘拼贴，卷入造山带又被走滑断层错开于现今的部位。

科尼(P.J. Coney)在上述基础上，在北美科迪勒拉造山带划分出数十个大小不等、成分各异、成因不同的块体，彼此以不同级别的压性或剪性断层为界，其中构造意义较大者是与大陆亲缘的陆块，表明属于早期陆壳；也有很多是与大洋亲缘的异常洋壳。它们自中生代以来，先后拼贴于北美大陆边缘构成科迪勒拉造山带。该造山带的组分与构造远比由俯冲增生楔加积的造山带复杂得多。它含有大量外来的移置地体(简称地体)。移置地体进一步可分为：地层地体、破裂地体和变质地体等。中生代北美大陆边缘以地体拼贴构造为特征的称科迪勒拉型大陆边缘。而同属太平洋东侧南美洲的安第斯山脉则不存在或很少有地体拼贴。拼贴构造在北半球的太平洋两侧普遍发育，如日本、俄罗斯远东地区和我国东部地区等都有移置地体。

### （二）地体拼贴体

地体拼贴体主要指外来的与大陆亲缘的陆壳拼贴体，或准原地的即大陆边缘早期分裂出来的块体。它们可以是古陆壳碎块、大陆边缘或岛弧的碎块，亦可以是与大洋亲缘的非正常洋壳、无震洋脊、不成熟的岛弧、热点迹等的碎块。它们以大小不一、形状各异的块体，散布在离大陆边缘远近不一的大洋中，形成海山(或称洋底高原)，可高出洋底2 000～3 000 m，但仍在水面以下1 000～3 000 m不等，如翁通爪哇；也有个别露出水面的如塞舌尔滩。据环太平洋特别是东北太平洋北美洲西侧科迪勒拉中新生代造山带内部拼贴地体的研究表明，其中大多数来自远方的陆壳碎块与南方的冈瓦纳古陆组分很类似，它们主要是向北移动而拼贴于北方原劳亚古陆边缘的造山带。推测它们可能原来分别处于现今澳大利亚的北侧或东北侧，并由此认为，大致在澳大利亚与南极洲之间，于古生代时期，出现一个太平洋古陆(图3.25)。其构造—岩石组合类似冈瓦纳古陆。在侏罗纪，太平洋古陆开始裂解形成库拉板块、法拉荣板块、菲尼克斯板块和太平洋板块的雏形；在白垩纪初期，由于这三大板块的扩大，并连同洋中脊向北和向东移动；白垩纪末期，库拉板块俯冲于亚洲和北美大陆之下，在北美附近仅残留下现今称为胡安·德富卡的板块，法拉荣板块于中美洲西侧残留为科科斯板块，菲尼克斯板块于南美西侧缩小为纳兹卡板块，而原来规模最小的太平洋板块由于前三者的远移，反而扩大占统治地位。太平洋古陆消失的过程，也是太平洋海域内现代诸大洋板块发育与消减的演化过程。原来镶嵌在各大洋底上的大陆或与大洋亲缘的洋底高原便随着大洋向活动大陆边缘移动（图 3.26），经碰撞拼贴在大陆边缘形成移置地体。它们往往经历了多次的迁移和拼贴。移置地体与其毗邻地质体的地质特征截然不同，彼此以压性或压扭性断层为界。由大洋板块俯冲产生的拼贴构造称原生拼贴构造，其拼贴体称原生拼贴体。因为大洋内海山分布不规律以及到达

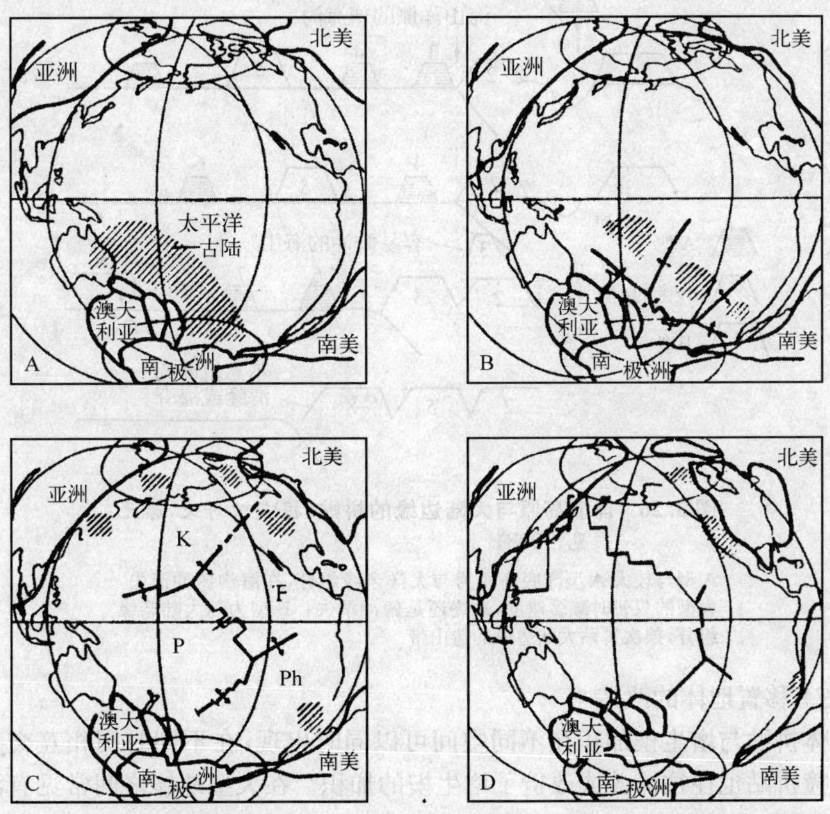


**图 3.25　Nur 和 Avraham 1977 年设想的太平洋古陆及其演化示意图**

A：古生代末；B：180 Ma；C：135 Ma；D：65 Ma；K：库拉板块；F：法拉荣板块；Ph：菲尼克斯板块；P：太平洋板块

大陆边缘有先后，以致大陆边缘众多的地体拼贴体的拼贴部位和拼贴的时间都不相同。它们的规模大小决定了它们在与陆缘碰撞拼贴在整个俯冲带地质作用中的影响。

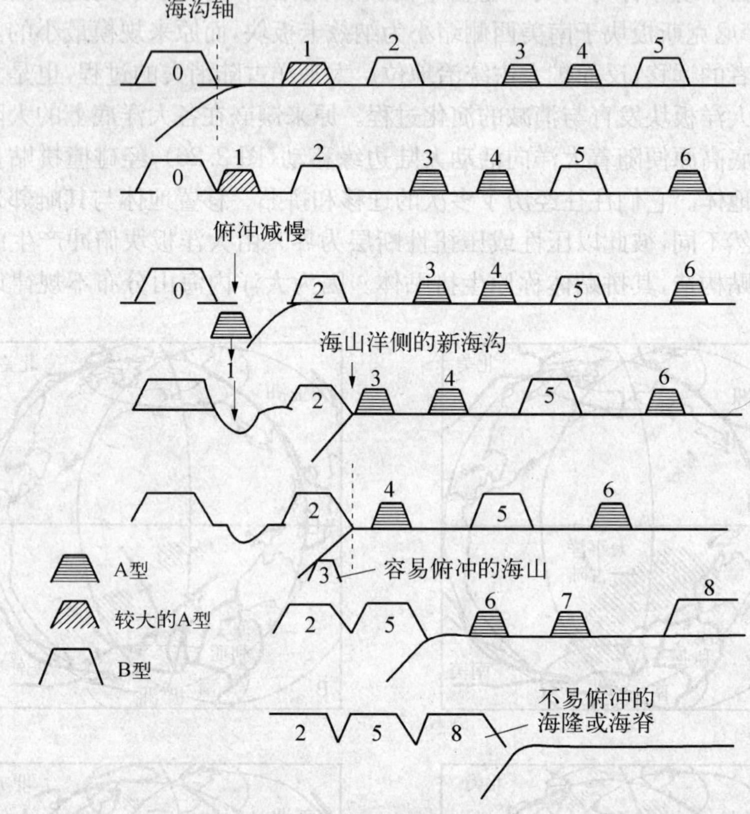


**图 3.26　洋底高原与大陆边缘的拼贴**（据友田好文，藤元广见，1983）

A型与较大A型洋底高原为与大洋亲缘组分，在海沟俯冲消失，大型的只暂时减缓速度，最终还是俯冲消失；B型为与大陆亲缘组分，挨次拼贴大陆边缘的造山带

## （三）移置地体的改造

地体拼贴与增生楔加积在不同空间可以同时出现，在不同时间相互交替。地体的碰撞拼贴也往往掩盖或改造了增生楔的加积。在大型地体之间常见有洋壳残块，其边界就容易划定。但也有些地体边界被掩盖或是隐蔽的难以觉察的断层，但两地体组分差异是不能以相变解释的。

原生拼贴构造普遍受到后期大型走滑断层沿老断裂复活的影响，而将原来地体间的并列关系错开(或称离散)形成一种新的并列关系;或者一些新生断裂将大型地体解体错开形成新的几何格局。掩盖了原生拼贴构造者,称为次生拼贴构造。

## 二、岛弧—大陆碰撞带

岛弧—大陆碰撞主要表现为相对邻近被动大陆边缘未成熟的洋内弧与被动大陆边缘的老洋壳俯冲导致直接碰撞。岛弧仰冲于被动大陆边缘之上,使原来两者之间的海洋封闭,然后在岛弧的向洋侧又产生新的指向大陆反向俯冲带。杜威曾以新几内亚岛弧与澳大利亚被动大陆边缘碰撞为例,称其为新几内亚型造山带(图 3.27)。

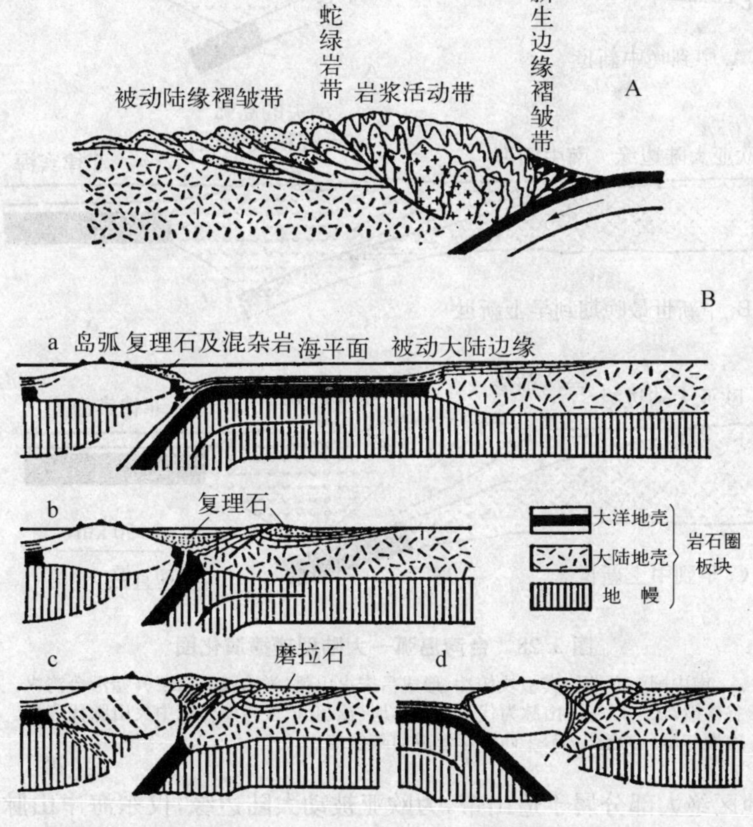


**图 3.27　岛弧—大陆碰撞演化图**(据 Dewey, Bird,1979)

A：新几内亚型岛弧—大陆碰撞；B：岛弧—大陆演化模式

新生代台湾被动大陆边缘向东俯冲于吕宋弧之下,形成台湾型造山带(图 3.28)。

台湾新生代造山带位于西太平洋沟—弧—盆系的一个关键部位，北接琉球，南接菲律宾，总体为向大陆正极性的沟—弧—盆系，但台湾—吕宋一段属于反向，为向大洋俯冲的岛弧—被动大陆碰撞型造山带。台湾造山带南北两端均以北西走向的转换断层与现代沟—弧—盆系分界。

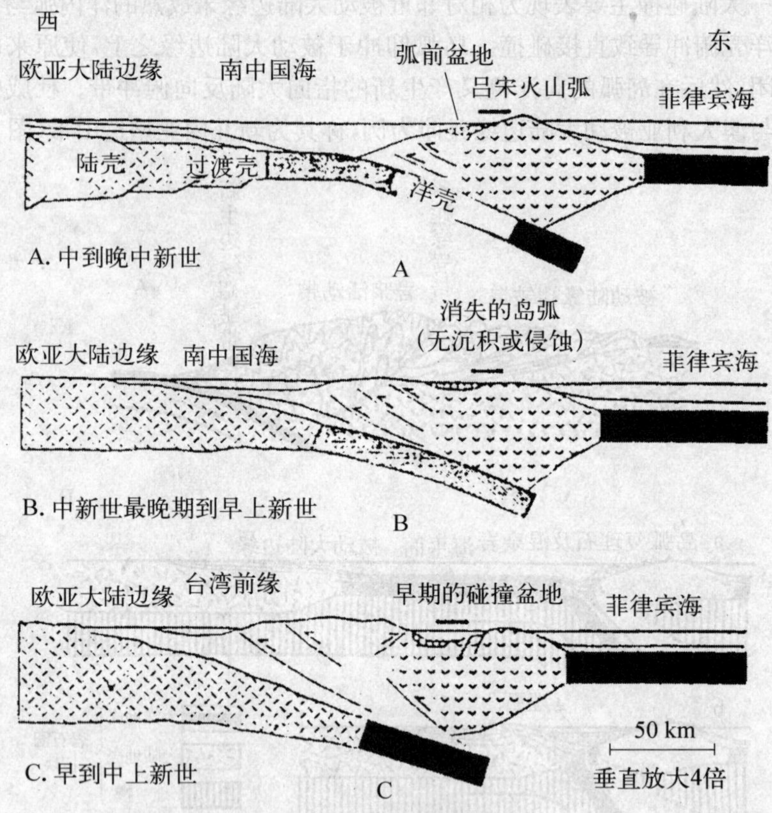


**图 3.28　台湾岛弧—大陆型碰撞演化图**

A：南中国海向菲律宾板块俯冲，形成吕宋火山弧（洋内弧）；B：开始沿台湾纵谷碰撞；C：以东海山脉为代表弧前盆地与欧亚板块碰撞台湾中央山脉代表增生楔与褶—冲造山带，于西海岸形成前陆盆地

台湾地区绝大部分属于造山带，为欧亚被动大陆边缘，仅东海岸山脉及其以东海域属于菲律宾板块，两者以台湾大纵谷利吉层构造混杂岩带为界，它代表南中国海北部封闭的残迹。

台湾中央山脉东侧为前白垩纪的大南澳变质岩系。其西部为较宽的太鲁阁高温型片岩带，结晶灰岩夹层产石炭、二叠纪化石，长英质岩石结晶年龄为 85～

90 Ma；东部为玉里高压型片岩带，蓝片岩是其标志，曾获得 10 Ma 的同位素定年。太鲁阁带属陆坡—隆起带，玉里带为海沟—俯冲带，组成安第斯山型陆缘山系。

在渐新世—早中新世，由于菲律宾板块向西俯冲于菲律宾陆缘之下形成弧后的南中国海边缘海盆地，水深达 4 km，盆底为洋壳，还具有不很典型的呈 N80°E 延伸的磁异常条带。代表中渐新世—早中新世扩张期。晚中新世开始，南中国海沿东侧的北吕宋海槽—台湾大纵谷向东侧的菲律宾海俯冲，形成吕宋—兰屿—绿岛火山弧（属洋内弧）。上新世至更新世时，主要由于菲律宾大洋板块向亚洲大陆边缘斜向俯冲，导致菲律宾板块西缘的洋内弧与亚洲大陆南段进一步靠拢与碰撞，沿台湾大纵谷以利吉层构造混杂岩为特征，代表岛弧—大陆碰撞标志。具有弧前盆地特征的东海岸山脉仰冲于亚洲大陆边缘之上。原来在亚洲被动大陆边缘上沉积的第三系形成向西倾向的褶—冲席。

碰撞以后，亚洲大陆与菲律宾板块继续聚敛，台湾大纵谷转化为左型走滑断层。南中国海主体则沿马尼拉海沟继续向东俯冲于吕宋—菲律宾火山弧之下。根据台湾东部及其毗邻海域高密集地震带由大陆向大洋侧倾斜的震源带表明，亚洲大陆仍持续向东俯冲；但地震深度一般为 70～90 km。台湾东面吕宋—兰屿以外的海域，尚未发育深海槽与海沟，也就是说台湾岛弧—大陆的碰撞还在进行。

## 三、岛弧—岛弧碰撞带

岛弧—岛弧碰撞可以西南太平洋印度尼西亚群岛的桑义赫岛弧与哈马黑拉岛弧的碰撞为例。桑义赫岛弧位于苏拉威西岛北支端点的万鸦老，南北延伸的桑吉群岛向东隔马鲁古海峡以东即为哈马黑拉群岛。两者尚处于碰撞过程中，北段碰撞作用完全，南段不完全。

桑义赫弧：它是一条于中新世中期开始活动的岛弧俯冲带，向西倾伏到西里伯斯海之下深达 600 km。

哈马黑拉弧：它主要是第四纪火山弧，分两支，西支是狭窄延伸的活动火山弧，东支主要由超镁铁质岩石组成。马鲁古海向东俯冲。其深度仅 250 km。

马鲁古海峡为碰撞带（图 3.29），其下伏一个含有相向消减带的俯冲增生楔形体，由于该岛弧—岛弧呈现两个面对面反向俯冲，故增生楔有两个反向逆冲断层边界。汉密尔顿称其为“双侧楔”，它是下伏洋壳拆离出来的。现阶段碰撞仍在进行。由于双侧楔的岩石与构造具有相似性而难于区别其对称碰撞构造的缝合带。一般在两个反向增生楔相碰撞的地方，因两者结合，在聚敛板块间形成以双侧逆冲断层为界的穹窿构造。如果俯冲增生楔规模不大，那么长期的强烈碰撞就会形成狭窄的蛇绿岩缝合带，如澳大利亚东部拉克伦弧和新英格兰弧沿皮尔的冲断缝合带。如果是大规模的碰撞增生楔，则在大陆碰撞之前，因增生楔的内部变形、加厚而阻止并继续聚敛。对称碰撞带没有前陆，但有两个腹地，因而具双向极性。

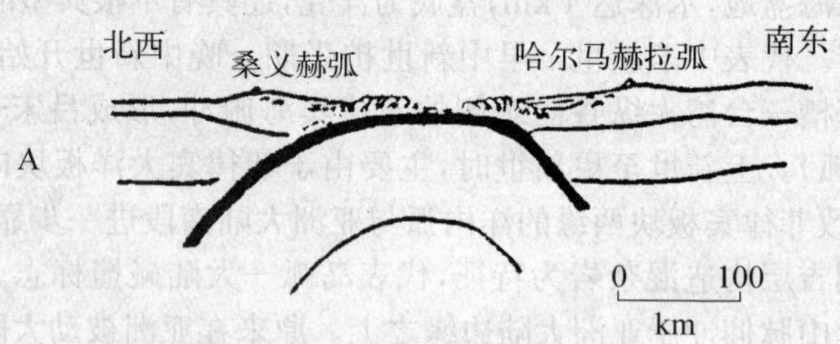


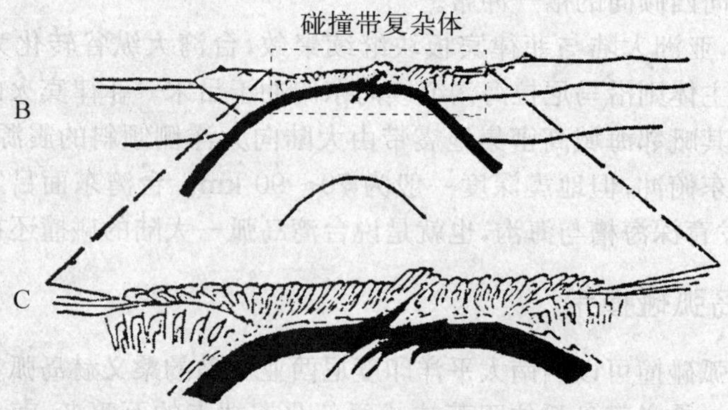


**图 3.29　西南太平洋马鲁加海的岛弧—岛弧型碰撞**
（据 Jongsma，Barber，1981）

其下伏俯冲增生杂岩体具有两个反向逆冲断层边界即“双侧楔”（Hamilton，1979），大洋岩石圈向双侧楔下面俯冲，东侧仅深 250 km，西侧深达 600 km。最后在塔劳海脊被解释为一个含有两个反向俯冲增生杂岩体的“碰撞复合体”（据 Silver 和 Moore，1978）

我国松潘—甘孜增生楔是位于扬子、羌塘和劳亚三个大板块之间捕获的，宽约 500 km 的俯冲增生楔，它控制两个或多个大陆板块的进一步聚敛。A. M. C. 辛格和许靖华称这种缝合带为非并置的缝合带（Non-appositional Suture），它带入大量的大洋物质锁定碰撞的俯冲—增生杂岩体中，有效地加大陆壳的体积。

此外，还有一类同向俯冲的岛弧—岛弧碰撞模式。

## 四、大陆—大陆碰撞带

大陆—大陆碰撞是两个或两个以上板块相向运动，并不因大陆碰撞而立即终止作用,巨大的侧向挤压持续进行,造成极为复杂的构造变动,并影响到大陆内部,产生宽阔的陆内高应变带,在其浅部,发生陆内对冲,引发构造逸脱,形成碰撞高原,增加地壳厚度,塑造规模巨大的山脉等。

杜威等建立了大陆—大陆碰撞模式(图 3.30),勾画出了被动大陆边缘向活动大陆边缘俯冲,相应缩小了其间的大洋以致消亡的模式。在碰撞前较长的俯冲阶段,两类大陆边缘分别进行着各自的地质作用俯冲侧以发育沟—弧—盆系或沟—弧形山链为特征。在两大陆相接时,因它们具有浮力而阻碍俯冲。两大陆边缘的复理石沉积强烈挤压变形,主要向原被动边缘一侧逆掩与冲断。其间少量残留的洋壳沿地缝合带侵位与深海沉积物伴生。缝合带标志着两大陆焊接的界线。

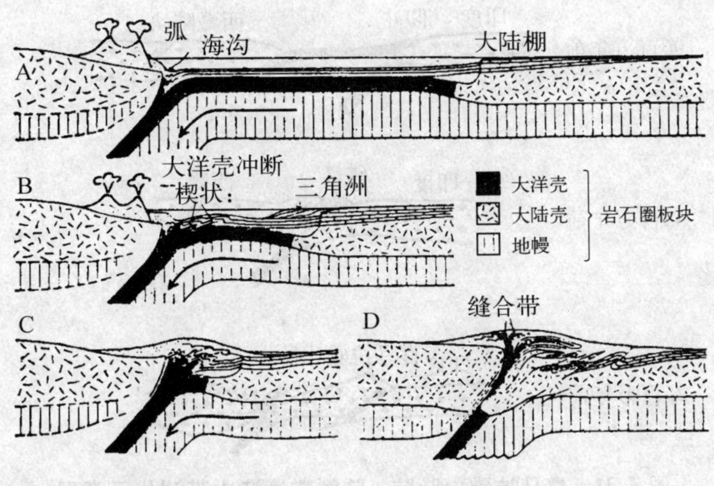


**图 3.30　大陆—大陆碰撞模式**(Dewey, Bird,1970)

喜马拉雅陆—陆碰撞造山带的发育(图 3.31),自晚侏罗世以来,印度板块与古亚洲板块发生全面碰撞,致使亚洲地区特提斯海全部消失,沿西藏雅鲁藏布江—印度河形成典型的地缝合带。虽然沿地缝合带板块已基本停止聚敛,但印度板块后缘仍在扩张,以致持续推动印度板块向欧亚大陆下面作陆壳—陆壳的有限俯冲,主要导致欧亚大陆的强烈变形,地壳加厚,山系抬升以及走向滑动。在此过程中,一方面欧亚陆壳以产生南北向的同造山期拉张裂谷系和侧向挤出部分陆壳的方式来调节印度—欧亚板块的继续会聚;另一方面原来长期发育在印度板块被动边缘上的沉积岩层发生倒向印度板块的强烈褶皱—冲断作用,并因荷载加重导致下伏岩石圈的弯曲,而在喜马拉雅造山带南缘与印度克拉通毗邻地带,即沿印度河—恒河地带发育与造山带平行的拗陷带，接受来自造山带的粗碎屑堆积，形成一套始新世以来具有磨拉石特征的前陆盆地(又称滨缘前陆盆地)，产生向南侧克拉通方向推移的背驮式断—褶构造。

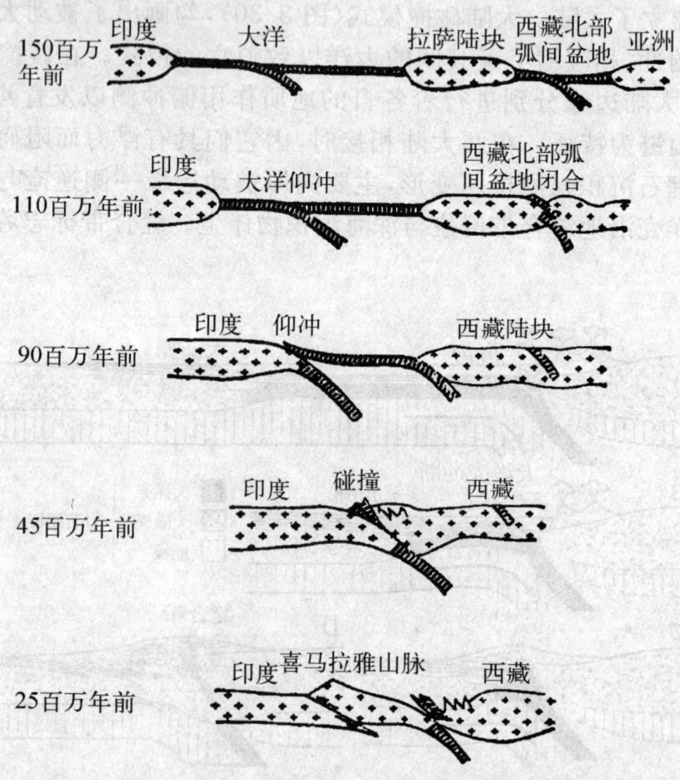


**图 3.31　喜马拉雅山脉陆—陆型碰撞造山带演化示意图**
(据 Allègre,1983)

P.英纳等认为，据喜马拉雅山中央主断裂活动的震源分布表明有一条向北平缓倾斜的俯冲带，印度地盾沿印度河—恒河以 $15°\pm5°$ 的低角度向喜马拉雅山陆壳作有限俯冲。

阿尔卑斯陆—陆碰撞造山带的发育时间与喜马拉雅造山带的发育时间大致相同，它在侏罗纪时，张开形成阿尔卑斯大洋；在早白垩世，在非洲大陆边缘发生一次重大事件形成海岸山脉；在晚白垩世，洋壳向北侧的欧洲大陆边缘仰冲；在始新世，非洲大陆陆壳向北仰冲，至此南北大陆碰撞，导致阿尔卑斯大型推覆体向欧洲推覆，于缝合带出现大量地幔岩。以后南北大陆持续相对运动，沿缝合带出现大型走滑断层(图 3.32)。

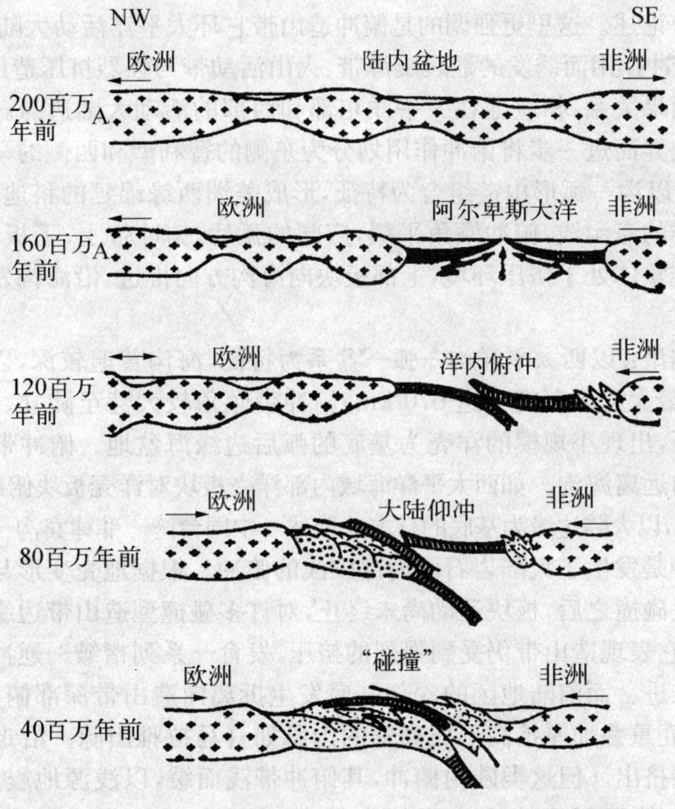


**图 3.32　瑞士阿尔卑斯山脉新生代陆—陆型碰撞造山带演化示意图**(据 Allĕgre, 1983)

# 第三节　B 型俯冲与 A 型俯冲

B 型俯冲(B-Subduction)是指发生在大洋板块前缘深海沟部位,向另一大陆或大洋板块下插的俯冲。根据海底扩张理论,大洋板块自洋中脊运移到深海沟之后,便顺着贝尼奥夫带,向岛弧或大陆所在的岩石圈之下俯冲消减。西太平洋边缘太平洋板块向欧亚大陆俯冲,形成一系列向大洋逆冲的逆冲推覆体带。

B 型俯冲主要沿活动大陆分布,其主要地质作用及形成俯冲造山带的重要性已在相关章节论述。这里更强调的是俯冲造山带它环太平洋活动大陆边缘分布时，明显呈现因俯冲作用而诱发的地震震源带、火山活动带与强烈挤压造山带在时—空密切相关的因果关系，相应地在太平洋东部和西部的活动大陆边缘。又因两侧主要特征还有差异而进一步将俯冲作用划分为东侧的智利型和西侧的马利亚纳型。

智利型：以沟—弧形山链组合为特征，形成美洲西缘绵延的科迪勒拉造山带。由于东太平洋的海沟浅，俯冲倾角平缓，广阔的弧后，俯冲带上、下板块紧密耦合，沟—弧形山链整体处于挤压环境，上部板块向海沟方向推进，沿海沟发育构造混杂岩增生楔。

马利亚纳型：以西太平洋沟—弧—盆系为特征，海沟普遍较深，以中—深震源的地震为主，最大震源深度可达 670 km，俯冲带倾角较大甚至陡立。弧后处于拉张正断层特征，出现小规模的洋壳为基底的弧后边缘海盆地。俯冲带上部板块的运动方向趋向远离海沟。如西太平洋海域内部洋壳板块对洋壳板块俯冲的马里亚纳沟—弧—盆系，以大陆边缘为基底的日本—琉球—中国台湾—菲律宾沟—弧—盆系。

A 型俯冲是发生于大陆岩石圈内部较浅的俯冲。根据地壳变形与地球物理研究表明在板块碰撞之后，板块运动尚未终止，对许多碰撞型造山带边缘产生一种新的陆内俯冲，它表现造山带仍受到强烈的挤压，发育一系列褶皱—逆冲推覆体向造山带的前陆推进。而前陆地区的深部基底发生拆离向造山带深部俯冲，因以导致陆内缩短，陆壳重叠加厚抬高形成高耸的山脉如喜马拉雅山脉。沿走向发育走滑断裂而向两端挤出。但这类陆内俯冲，其俯冲带浅而缓，以浅源地震为主，没有火山活动。1978 年国际会议上为了纪念早在 1906 年就已提出这种俯冲理念的 O. Ampferer，故简称为 A 型俯冲（A - Subdution）而对应 B 型俯冲。有人称其为陆内俯冲、硅铝层俯冲、薄皮板块作用或板内俯冲。碰撞型喜马拉雅山虽然焊接了印度与欧亚两大板块，但喜马拉雅山仍以强烈的褶皱—逆掩向山脉的前陆低地推覆，并在前陆基底发育相应的 A 型俯冲带，倾向造山带深部，陆壳重叠加厚抬高成高耸山脉，沿走滑断层有局部陆块被挤出并释放部分的挤压能量。

B 型俯冲与 A 型俯冲的对比如表 3.4 所见：

**表 3.4　造山带 B 型俯冲与 A 型俯冲的判断标志**

| B 型 俯 冲 | A 型 俯 冲 |
|---|---|
| 缝合带上有洋壳的残留碎块 | 没有 |
| 缝合带上或其附近有大洋或海沟沉积物 | 没有 |

续表

| B 型 俯 冲 | A 型 俯 冲 |
|---|---|
| 缝合带上发育典型的弧前构造混杂岩增生楔 | 没有 |
| 缝合带上有外来洋壳块体、海山礁与深海沉积物的混杂岩 | 不存在由外来洋壳碎块组成的构造混杂岩 |
| 板块发生分离随后为聚敛的古地磁证据，可能发生古地磁不吻合现象 | 拉伸和后来的聚敛量可能太小，古地磁资料无法确定，不存在古地磁的不吻合现象 |
| 地壳缩短远小于古地磁确定的板块相对运动距离 | 地壳的变形缩短等于碰撞板块整个相对运动量 |
| 碰撞前有安第斯岛链或岛弧型岩浆活动 | 不存在岛链或岛弧型岩浆活动 |
| 缝合带附近有高压—低温型变质作用 | 没有或不是主要特征 |
| 板块的相对运动可能是斜向的，碰撞后的板块相对运动通常与缝合带平行，即走滑 | 板块相对运动是直交的、板块的相对运动几乎不与板块接触带平行，少走滑 |

# 第十二章 板内构造

根据板块构造理论的基本假设，地球外层属于刚性的岩石圈，它被不同类型深切到岩石圈底部的断裂分割成若干板块。板块内部是刚性的，它与板块边缘相比，不会有大规模的水平运动，可有小幅度、慢速的垂直运动。但近 20 余年的板块构造研究发现，板块内部也有较强烈的浅表层的水平运动，如逆掩断层和推覆构造和大位移的走滑运动。板内典型的构造单元有巨型的克拉通，还有裂谷、陆内断陷盆地、断块构造、盆岭构造和板内火山链等。板内变形是大陆构造研究的基本内容。

## 第一节 热点及运移轨迹

热点轨迹表现为大洋板块内部的海山或火山岛链移动的轨迹，主要发育在太平洋板块内部，以夏威夷—天皇链最为知名；其次还有土阿莫土群岛、土布艾群岛等(图 3.33)。它们原是耸立在海底上的火山岛；其东南端点为现代活火山，如夏威夷岛和皮特克恩岛等。它们有的呈环礁，大部分属平顶的火山岛即盖约特，亦称平顶海山。

夏威夷—天皇火山链位于北太平洋海域。其中夏威夷岛上的基拉韦厄火山是目前尚在积极活动的火山。它远离东太平洋洋隆。是太平洋板块内部热点之上的一个活动火山(图 3.34)。

该火山链向西北延伸，约有 200 多个大小不等的死火山组成了夏威夷群岛。这些死火山有的露出水面，越向西北方便沉没于水下越深，以海底平顶山形态出现。至中途岛突然转为北北西方向分布并直达阿留申—千岛群岛海沟附近。这些

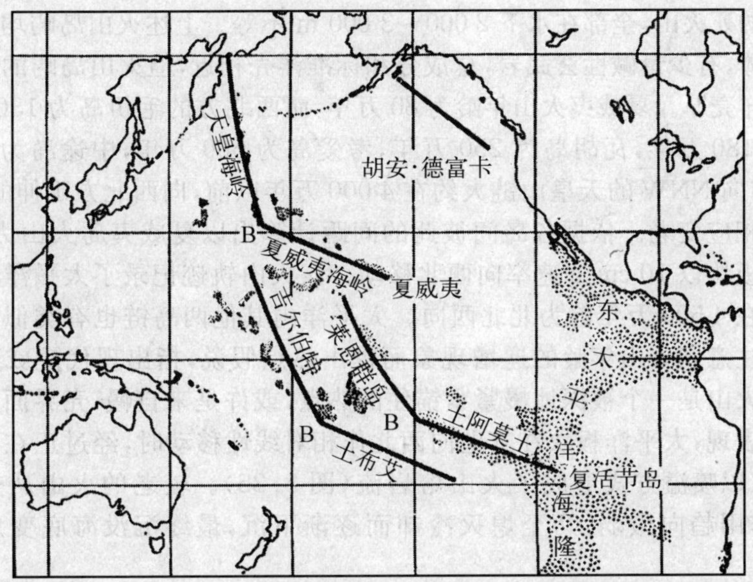


图 3.33　太平洋海域可能由热点形成的海岭(据 Morgan,1972)

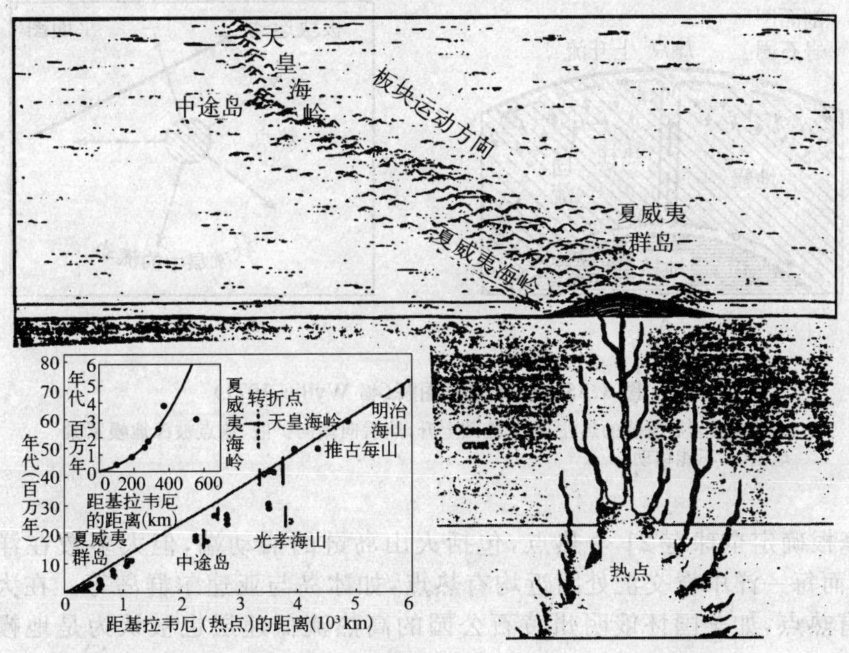


图 3.34　夏威夷—天皇海岭火山链(据 Wilson,1965)

北北西向的死火山，全部在水下 2 000～3 000 m 不等。上述火山岛屿均以拉斑玄武岩为主体，有少量碱性玄武岩，总成分和标准洋壳相近，但火山岛屿的地壳厚度却比典型洋壳厚。夏威夷火山年龄为 80 万年，而西北方的毛伊岛为 130 万年，英洛凯岛为 180 万年，瓦胡岛为 250 万年，考爱岛为 560 万年，中途岛为 2 000 万年；然后转向 NNW 的天皇山链大约在 4 000 万年以前，向西北方延伸的群岛，其形成年龄相应变老。依据各岛间彼此的间距计算出以夏威夷岛火山为中心，现代太平洋板块以 10 cm/a 速率向西北移动。该火山轨迹记录了太平洋板块移动方向大约在 4 500 万年前为北北西向。太平洋内其他两岛链也有类似现象。威尔逊首先注意到火山年龄的递增现象而提出热点假说，指出现代夏威夷群岛的基拉韦厄火山是一个被深地幔紧紧锚住的热点，或许是来自幔-壳界面上地幔柱在浅部的表现，太平洋板块在其上向西北作相对线性移动时，经过正在活动的热点，热岩浆以喷溢方式形成了火山熔岩流（图 3.35）。较老的火山从热点移开时，火山作用趋向微弱，乃至熄灭冷却而逐渐下沉，最终沉没海底变成海底平顶山。

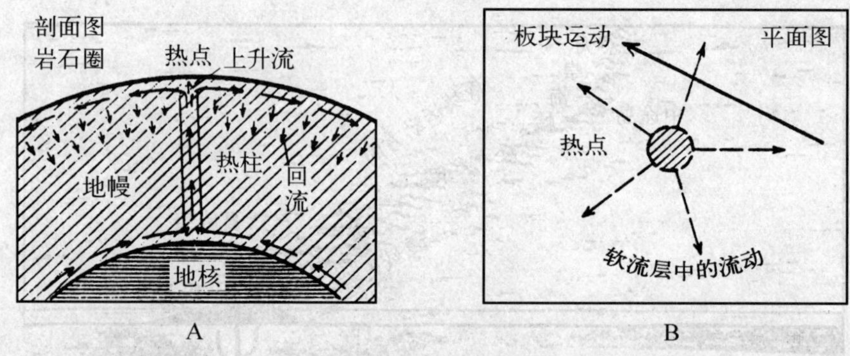


**图 3.35　热点假说图解**（据 Wyllie，1971）

固态地幔岩石构成的热柱，在软流圈上升，然后向侧向扩散，热点被深地幔紧紧地锚住，不能移动

摩根确定全球有 21 个热点，包括火山岛链的活动端，但大多数在洋中脊附近，而每一洋中脊交汇处附近均有热点，如冰岛与亚速尔群岛等。在大陆内部也有热点，如美国怀俄明州黄石公园的高热流低速层也被认为是地幔热点（图 3.36）。

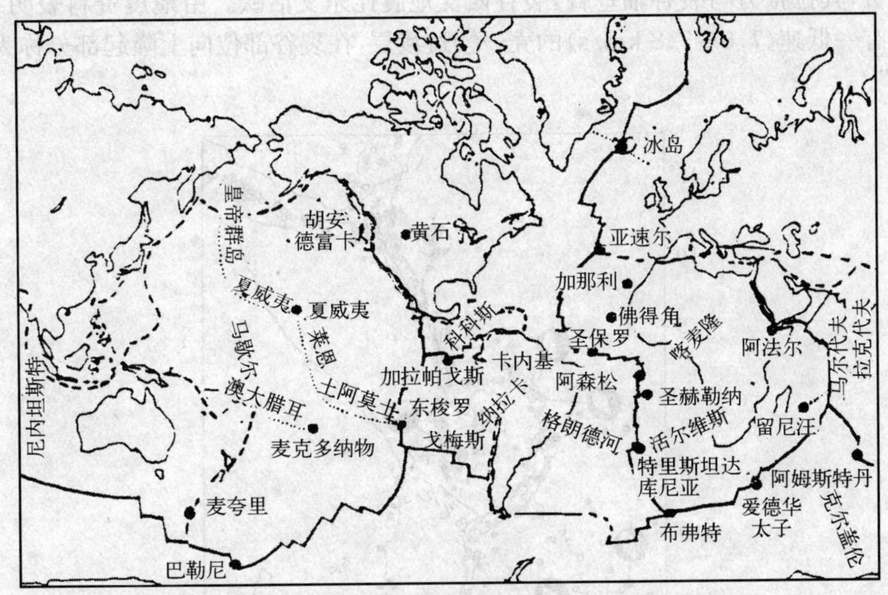


**图 3.36 全球 21 个地幔柱分布图**(据 Morgan,1972)

点线表示线性火山链,它们近似代表了热点的迁移轨迹

# 第二节 大陆裂谷

东非大陆裂谷(图 3.37)位于非洲大陆内部偏东侧,发育在宽广的前寒武纪结晶岩基底隆起背景上,由拉张产生的巨大裂谷系,南北长达 4 500 km,北与亚丁湾—红海相接,南端在莫桑比克的赞比亚河向马达加斯加海盆延伸。在肯尼亚、坦桑尼亚、扎伊尔、赞比亚等国境内分东西两支,两支均以大型串珠状湖泊与谷地交替。构造上由许多次一级的地堑—地垒组合成巨大的裂谷系。新生代松散沉积物厚达 2 000~3 000 m。边界以巨型断层为界,断面呈阶梯状断崖,高达数百米,甚至数千米,其规模甚为壮观。东非裂谷是现今典型的大陆裂谷。

## 一、大陆裂谷的地球物理特征

裂谷地震主要是浅源地震,大部分发生在边界断裂带上,但不集中。据地震资料分析，其拉张力与裂谷轴垂直，裂谷西支地震比东支活跃。由地震资料表明裂谷下部有一低速(7.6～7.8 km/s)的壳—幔过渡层，在裂谷部位向上隆起部分称为"裂谷垫"。

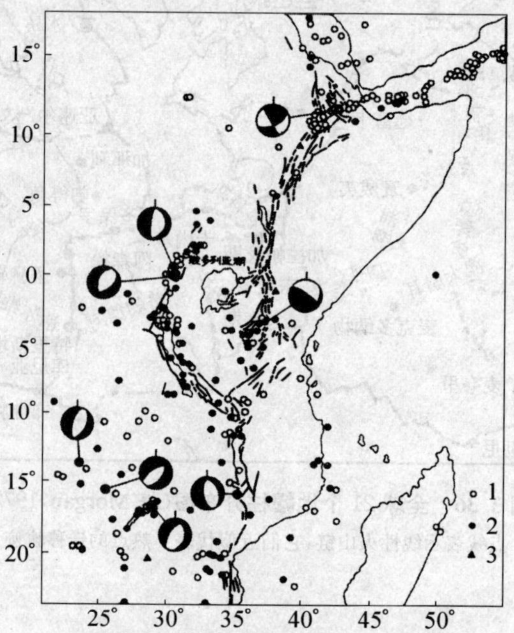


**图 3.37 东非裂谷带与地震(1960～1969)震源应力及震中位置**(震源应力图示中黑色表示压应力区)(据格拉切夫,1982)

1：测定较准确；2：不够精确；3：地震台站

沿裂谷系热流值较高，在裂谷西支卢旺达基伍湖附近的断裂带热流值高达 4 HFU，往往有高温热泉泄露。但在坦噶尼喀湖地区，仅为 0.4～1.4 HFU。

裂谷带布格重力呈明显的负异常，属沉积物和低密度异常地幔的反映。

## 二、大陆裂谷的地质特征

裂谷系具有丰富的火山岩，以拉斑玄武岩或以碱性玄武岩的广泛喷溢为特征，具特有的碱性玄武岩—响岩或拉斑玄武岩—流纹岩组合，称为双模式火山岩。部分属钙碱性序列，轻稀土元素的富集是裂谷带火山岩的特点之一；同位素$^{87}Sr/^{86}Sr$从 0.703～0.710。裂谷火山岩类型具分带性，轴部 $SiO_2$ 饱和，向两侧减少到不饱和；裂谷带底部以拉斑玄武岩为主，向边部四周转为碱性玄武岩。火山作用的碱度随时间而降低。裂谷系的火山岩普遍反映了未亏损的或富集型的地幔源。东非裂谷的玄武岩喷溢主要发生在裂谷的东支。大多数裂谷带有多期复杂的岩浆活动。成为大陆内部主要火山带。但也有的裂谷系如贝加尔湖裂谷火山活动相对微弱，代之以陆相沉积作用为特征。

裂谷区均以高角度张性正断层为主，沿倾向滑动，向深部断面趋向平缓、收敛呈铲状。并因基底剪切作用有不同程度走向滑动，裂谷内部可形成许多次级的地堑—地垒构造组合。

## 第三节　陆内断陷盆地和古大陆高原

### 一、陆内断陷盆地

板块内部可以出现各种正性构造单元（穹窿、地垒和长垣等）被各种负性单元（槽地、地堑和拗拉槽等）所分开的现象，这既可以出现在板块内部，也可以在稳定大陆边缘。

正性和负性单元都可随时间而转化，可以因回返而转变为隆起，也可以因隆起转变为断陷。持续下陷的负性单元可以具有极大的沉陷宽度和深度。陆内断陷盆地早期阶段沉陷速度变化很大，后期以广阔和平稳的沉降为特征。

陆内断陷盆地以宽阔的浅海沉积体系为主。大陆架的宽度直接控制大陆架上的波浪与潮汐作用。大陆架宽度增加波浪减弱而潮汐作用加强，相应沉积体系也从以低海平面边缘波浪作用为主的沉积体系递变为潮汐作用为主的沉积体系，退潮时则以河流沉积和三角洲沉积为主。陆内断陷可能以宽阔的具有向心排水网的冲积平原为特征，同时内陆盆地受烤边气候因素影响较大，若在赤道带区内，会有风成沙漠出现。

陆内断陷盆地大多数是在一个古裂谷系基础上发展的。它是唯一与板块边缘构造作用无关的盆地，而与古板块边缘的重新活动有关，或反映深部的板内过程和板底作用。克拉通盆地的成因，主要是深部热地幔的活动，特别是被动大陆边缘盆地的形成与热地幔向大洋方向蠕散而使地壳减薄起着关键性的作用。

## 二、古大陆高原

大陆高原区别于海底高原。前者为高海拔陆地，面积大，地壳增高；后者为海底微陆块，面积小，地壳减薄。板块构造作用既可因拉伸产生坳陷盆地，也可因压缩造成隆起高原。碰撞高原不同于拱隆高原，碰撞高原大多发育在被动大陆边部，与其边缘的碰撞造山带伴生。这是由于陆内巨型逆冲断层系致使被动陆缘沉积强烈变形和变质，并因叠厚形成高原和造山带。高原和盆地都是重要的构造地貌单元。相对古盆地而古高原的研究甚了。

有限的陆内俯冲挤压作用导致被动陆缘地壳逐渐加厚有个过程，即形成高原不是一蹴而就的。印度与欧亚板块在 40～50 Ma 前即开始碰撞，而喜马拉雅地带于第四纪才形成造山带和开始隆起成为高原。青藏高原是不同时代形成的，龙门山西侧的松潘—阿坝高原可能是青藏高原中现存最古老的高原，该区几乎不存在侏罗—新近系地层，而相应在龙门山东侧的前陆盆地主要充填的是侏罗系，其次是白垩系，再次是古近系；该高原中生代中后期岩浆杂岩核构造发育；完全不存在其北侧鄂尔多斯盆地和东侧四川盆地上白垩统的风成沉积。这些构造沉积特点皆旁证了当时大陆高原的存在。

高原的形成，可因大陆根基和陆内过程以及岩浆热导致隆起，而以陆—陆碰撞或是陆内巨型逆冲带冲起造成的碰撞高原最为壮观。

高原的成形和后来的坍塌塌陷、准平原化剥蚀夷平、剥蚀平原下陷海侵沉积，乃至再隆起的过程，可能在任一阶段中止而改变进程。

追踪和恢复高原景观必须依据景观沉积。如何寻找古高原、夷平面冰碛残留、古生物和特定矿物等标志来判定古高原曾经的状态过程，还有一定的困难。

# 第四节 陆内造山带

经典板块构造理论认为，造山带是板块相互作用的产物，只出现在板块边界，但后来发现板块内部也存在有造山带。于是出现了陆(板)缘造山带和陆(板)内造山带的区分。陆内造山带由巨大的逆掩断层造成，主要发生在前期已经稳定的克拉通盖层基础之上，有强烈的构造变形和一定的岩浆侵入带来的高热流，然而缺少火山活动，更是缺乏蛇绿岩套及其他指示洋盆存在的深水沉积，而且区域变质也相对较弱。中国中生代的燕山造山带、龙门山造山带，以及新生代的天山造山带都是陆内造山带的典型实例。

通常以为，现存造山带的山链是发生造山作用时造成的，但是后来发现（刘德良等，1990）大别造山带主薄花岗岩（122 Ma）中存在超糜棱岩（通常形成于深层次），就其上升到现在海拔高度的山地剥蚀量与山麓盆地沉积厚度的对比分析判定，印支期三叠纪陆—陆碰撞造就的秦岭—大别造山带的地貌景观早已不复存在，现今的构造地貌景观主要是新生代塑造的，属于第二世代陆内成山带。其上升率为 0.23 mm/a。

起源于槽台学说的“造山带”一词在板块构造说兴起后更是被各种学派广泛采用，出现了“挤压造山”、“走滑造山”、“拉张造山”各种说法，以致什么是造山带各有理解了。我国造山带往往有夷平面残存，例如天山—秦岭—大别—胶南（海西）—印支造山带，现在的山链通常是（燕山晚期—）喜马推雅期塑造的，为第二世代，已属陆内山带。因此，需要明了所指何时代何性质的造山带。

# 第十三章 板块构造演化

早元古宙以前，地球热流值高，岩石圈薄，板块小，其裂解、俯冲和碰撞的条件与古生代以来相比差别很大。现今大洋洋底年龄不超过两亿年(但海水产生较早)，因此对于两亿年前的板块构造历史，只能根据中—新生代板块构造演化模式的特征来分析重建中生代以前的构造演化。根据地球历史上持续与非持续运动的交替，可推测岩石圈运动至少发生过十多次较大的运动调整，每个阶段约数亿年左右。大多数人认为，板块构造演化不过十多亿年的历史，起始于晚前寒武纪。

## 第一节 大洋演化和威尔逊旋回

### 一、大洋演化

板块构造论者普遍认为现代大洋的发育演化大体经历如下过程：

1. 大陆裂开期

当地幔膨胀使大陆升隆拱曲和拉开，产生小型地堑并发育成巨大的裂谷。有碱性和基性火山岩，以双峰式火山岩为特征。以东非大裂谷地区为典型代表。

2. 大洋幼年期

开始沿着两分裂陆块之间形成新生的洋壳，洋中脊隆起，把狭窄的大洋一分为二，各具有不同陆源的沉积物。在已减薄的陆壳(或过渡壳)持续发生热沉陷的基础上，沉积有碎屑岩、红层、原始大洋蒸发岩、礁灰岩、硫化物和玄武岩流。以红海地区为代表。

3. 大洋中年期

随着海底扩张、大洋加宽,形成开阔的大洋。洋中脊也在扩大,中脊的基座宽度接近半个大洋的宽度,其高度比宏伟的喜马拉雅山脉更为壮观,洋中脊是火山熔岩的活动带。以大西洋为代表。

4. 大洋成熟期

大洋进一步扩大,洋中脊经历漫长而复杂的地质作用过程,高耸的形态也被削减。其位置也不一定恰好居于大洋中间。大洋内的热点依然喷发深海拉斑玄武岩,以太平洋为代表。

## 二、威尔逊旋回

威尔逊(T.J. Wilson)根据大陆漂移、海底扩张理论认为泛大陆的破裂形成新生大洋地壳,又由于持续生长的洋壳的扩张将两侧古陆推开使大洋不断扩大;而在古陆的另一侧若为活动大陆边缘,洋壳便会向大陆下面俯冲,其间的大洋便会缩小,最终消亡。最后使两陆块碰撞,通过对古生代以来古大西洋演化和中生代泛大陆破裂的研究认为大西洋与印度洋的形成,大约两亿年左右为一个演化旋回。

威尔逊首先注意到现今各大洋演化的不同发展趋势,将大洋盆地从生长到消亡简化归纳为六个发展阶段,称为威尔逊旋回(表 3.5,图 3.38)。

**表 3.5 威尔逊旋回(据 Wilson, 1974)**

| 阶 段 | 实 例 | 主要运动 | 特征构造 | 典型火成岩 | 典型沉积岩 |
|---|---|---|---|---|---|
| Ⅰ. 胚胎期 | 东非裂谷 | 抬升 | 裂谷 | 碱性岩、拉斑玄武岩流,双峰式 | 少数陆相沉积作用 |
| Ⅱ. 幼年期 | 红海亚丁湾 | 扩张 | 狭海,有与海岸平行的中央凹陷 | 拉斑玄武岩流,碱性玄武岩中心 | 陆架与海相沉积,可能有蒸发岩 |
| Ⅲ. 成年期 | 大西洋 | 扩张 | 洋中脊 | 洋中脊有拉斑玄武岩流,碱性玄武岩中心 | 丰富的陆架碎屑沉积 |

续表

| 阶段 | 实例 | 主要运动 | 特征构造 | 典型火成岩 | 典型沉积岩 |
|---|---|---|---|---|---|
| Ⅳ. 衰退期 | 太平洋 | 挤压 | 洋壳—洋壳俯冲,形成海沟—洋内弧 | 拉斑玄武岩 | 少量岛弧型沉积 |
| | | | 洋壳—陆壳俯冲,形成沟—弧—盆系或沟—弧形山链 | 钙碱性火山—深成弧,以安山岩,花岗闪长岩为主 | 大量岛弧型沉积物 |
| Ⅴ. 终了期 | 地中海 | 挤压抬升 | 年轻山系,有残留海 | 边缘的火山岩,花岗闪长岩 | 大量岛弧型沉积,可能有蒸发岩 |
| Ⅵ. 遗痕(地缝合线) | 喜马拉雅的雅鲁藏布江 | 挤压拼贴 | 年轻山系,混杂岩中夹洋壳残块 | 少量 | 红层 |

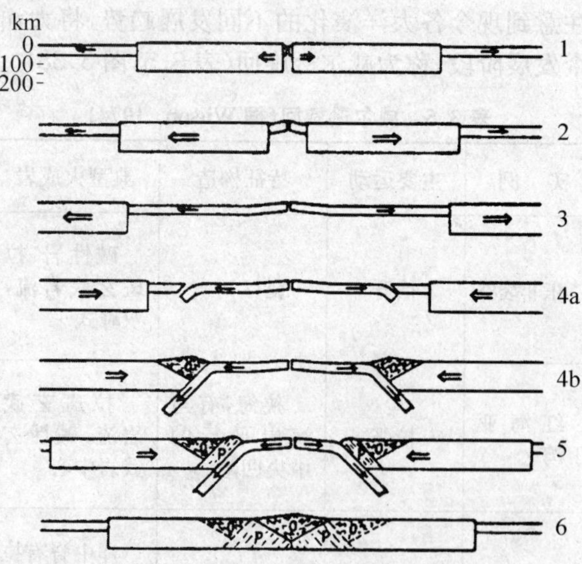


**图 3.38　威尔逊旋回模式图**(据 Strahler,1981)

1～3:大陆破裂,侧向漂移,形成大洋; 4～6:大洋开始向大陆俯冲,大洋缩小,最后大陆:大陆碰撞,形成造山带,两大陆焊接为一个新的巨型大陆

威尔逊旋回概括了大洋演化由大陆裂解发展到成熟大洋，然后逐渐衰退、封闭的全过程，这是板块构造理论的精华。威尔逊旋回标志着一个完整的板块构造旋回的演化模式。并列举地球表面以中—新生代以来各阶段发展的典型构造实例，给出一个清晰、容易接受的基本概念。

## 第二节　裂谷演化

整个裂谷发展阶段属于威尔逊旋回的第一阶段即裂谷阶段。裂谷阶段本身的演化又可进一步划分为几个阶段(图 3.39)。

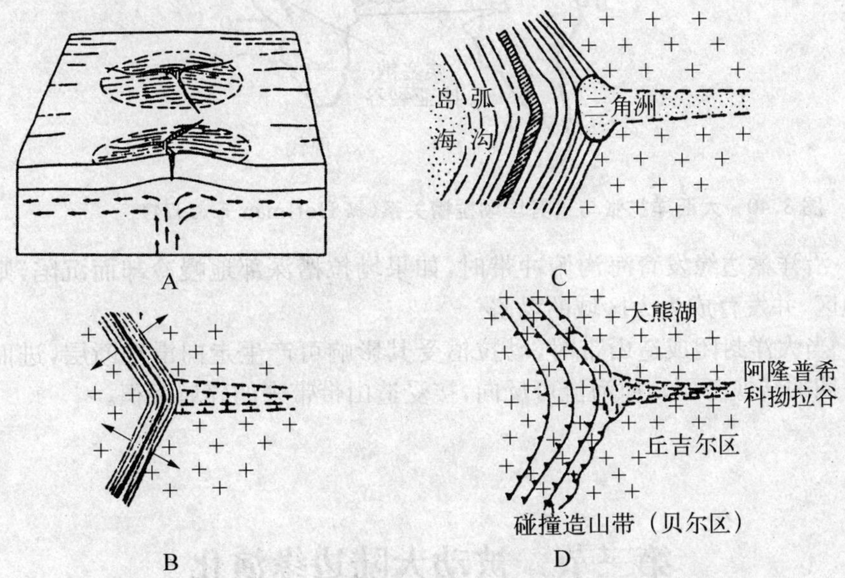


**图 3.39　大陆破裂由三联点发育为坳拉槽**(据 Hoffman,1974)

A：穹形隆起破裂形成三叉形裂谷雏形；B：其中两支进一步发展，并联成洋盆，另一支成为夭折裂谷；C：沿洋盆边缘发育沟—弧系，夭折裂谷亦称坳拉槽，发育大型内陆水系；D：沟—弧系或洋盆，碰撞闭合成造山带

1. 陆壳受深部上升的地幔作用隆起，形成三叉破裂，彼此呈 120°相交。

2. 三方向裂谷的发育不等，其中两支相互联结后发展成狭窄大洋乃至开阔大洋，而其中一支没有充分发育成开阔大洋，而是继续下陷，为巨厚陆相沉积物所充填，常以大河流入毗邻的大洋，称为坳拉槽(aulacogen)，亦称坳拉谷或裂陷槽。以现代西非的贝努埃槽谷为代表，它的演化与大西洋有成因联系(图 3.40)。

**图 3.40　大西洋扩张与贝努埃坳拉槽关系**(据 Hoffman 等，1974)

3. 沿洋盆边缘发育海沟俯冲带时，如果坳拉槽深部地幔冷却而沉陷，则涉及周边地区，并发育成为大区域的坳陷。

4. 当大洋封闭成造山带时，坳拉槽受其影响可产生走向滑动断层，进而可发育为后期的转换断层。原河流可反向，接受造山带带来的碎屑沉积。

## 第三节　被动大陆边缘演化

麦肯齐(J. Mckengie)提出的拉伸模式较为流行，他认为大陆岩石圈的快速拉伸引起上地幔的被动上涌，导致上覆岩石圈受热隆起，受热岩石圈经逐渐冷却并沉陷形成巨大的移离构造组合。被动大陆的演化以欧洲地区大西洋被动大陆边缘为例，可分为下列几个阶段(图 3.41)：

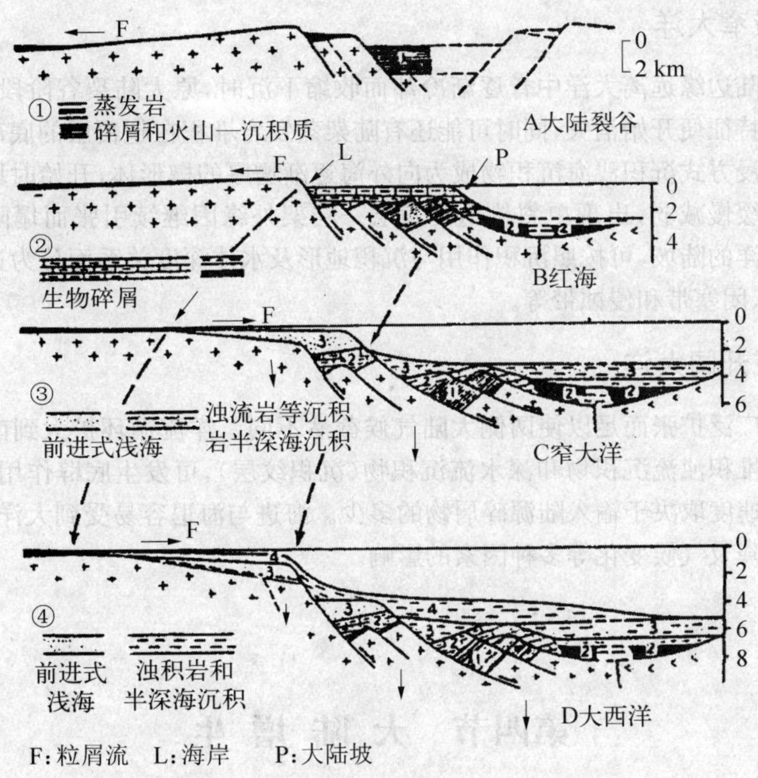


**图 3.41　被动大陆边缘演化(以欧洲大西洋边缘为例)**
(据 Boillot,1978)

## 一、大陆拉伸导致上地幔上涌

当岩石圈受热时,降低了岩石圈的密度而使其上拱隆起,地壳受到拉伸,发生铲状正断层,形成地堑—地垒组合,并接受毗邻高地的粗碎屑物沉积。

## 二、大陆裂离

当大陆开始裂离时,海水浸漫,其间出现洋中脊雏形,上地幔物质沿裂隙上涌形成狭窄的洋壳。大陆侧残留有原始裂谷的痕迹,并逐渐发育陆架而有利于珊瑚礁的形成。因盆地狭窄、水体滞留流动微弱,属封闭还原环境,故沉积腐殖泥与黑色页岩、孤立小海盆还可形成蒸发岩类,有利于石油、天然气和盐类矿产形成以及底辟构造发育。毗邻大陆的最老洋壳的年龄标志着大陆裂离开始的时间。

## 三、形成窄大洋

当大陆边缘远离大洋中脊逐渐冷却而收缩下沉时，原大陆裂谷阶段具有的构造—地貌特征便开始消失，同时可能还有陆架蒸发岩堆积在超覆层的底部。继之，以陆架海浸方式沉积浅海沉积物成为向外海逐渐增厚的楔形体，开始时增厚较快，随后趋向缓慢减弱，出现单斜构造的盖层。陆架外缘因继续引张而塌陷，陆坡后退。窄大洋的陆坡，可按照沉积作用与沉积地形及水体深度关系而分为过渡带、推进前沿带、闭塞带和侵蚀带等。

## 四、形成开阔大洋

大洋广泛扩张而足以使两侧大陆气候截然不同。洋流循环扩大到南北两极。大陆隆上堆积浊流沉积物和深水流沉积物(沉积纹层)，可发生底辟作用。大陆向洋推进的速度取决于输入陆源碎屑物的多少。海进与海退容易受到大洋扩张速度和地壳升降及气候变化等多种因素的影响。

# 第四节 大 陆 增 生

大陆增生即大陆增长(Continental accretion)指地史时期大陆地壳范围逐渐增生的扩大现象，这种侧向增生历来研究较多，还有垂向增生近些年也受到关注。

古生代以来的造山带主要分布于前寒武纪克拉通的周缘，年轻的造山带依次紧贴在外侧，年老岩石组成地盾区，外围为年轻造山带，呈现明显的分带性。A. 恩格曾指出北美大陆的情况，北美大陆中心苏必利尔区为由32～27亿年的丘吉尔区及12～9亿年的格林维尔区包围。东侧为早古生代造山带，西侧为古生代和中—新生代造山带所环绕(图3.42)。南非与澳大利亚等地的前寒武纪地质也具有类似的分带性。

造山带规律性地向外迁移，相应地热量也向外转移。造山作用导致大量长英质岩浆活动和变质作用，实际上是在造就陆块，所以围绕大陆核的造山带也就是相应的“新陆块”。可以说，造山运动又是“造陆运动”。因此，在地质演化年代里，大陆面积应是持续增长的。但能否据此引出结论：在极古老的年代，地球表面完全为大洋，而遥远的未来又全为陆地呢？根据现代板块构造研究，地球曾数次出现过全球性泛大陆。但以后又分裂，大洋地壳相应增长。

**图 3.42 北美大陆增生图**(据 Allĕgre,1983)

对于大陆增生及陆地面积数量上的变化，地学界也有不同的意见：

1. 大陆不变循环说：认为陆地面积始终保持稳定(图 3.43A)。在地球分异初期，大陆物质以等同心层分化出来，以后每一次造山运动，使原大陆物质持续不断地循环。如变质岩经历剥蚀—沉积—成岩—变质—熔融等一系列过程反复循环。他们认为造山运动实际上是对老物质再改造、推陈出新的过程，并认为陆地面积保持稳定不变。

2. 大陆持续增生说：陆壳持续地从地幔中吸取物质，大陆体积不断地增长(图 3.43B)。根据北美造山带的环带构造，陆地面积随时间持续增长，各地质时代增生率不变。海陆分布的格局随其变化。

根据同位素地质学研究，赫尔里(P. Huhey)等对一系列不同时代的花岗岩系统同位素成分分析认为，花岗岩源于地幔，以花岗岩为核心的山脉随着时间的发展而持续不断地得到扩展。帕特森(C. Patterson)据铅同位素变化得出：陆壳是在40亿年前从地幔中分异出来的，此后便是大陆地壳的不断自我改造过程。

3. 循环—增生模式：由阿莱格尔(C. J. Allĕgre)提出的一个折衷模式，即陆壳是由连续的造山段拼贴而成的，每段均可分成为源于地幔物质的增生部分和先存陆壳再改造的循环改造部分。

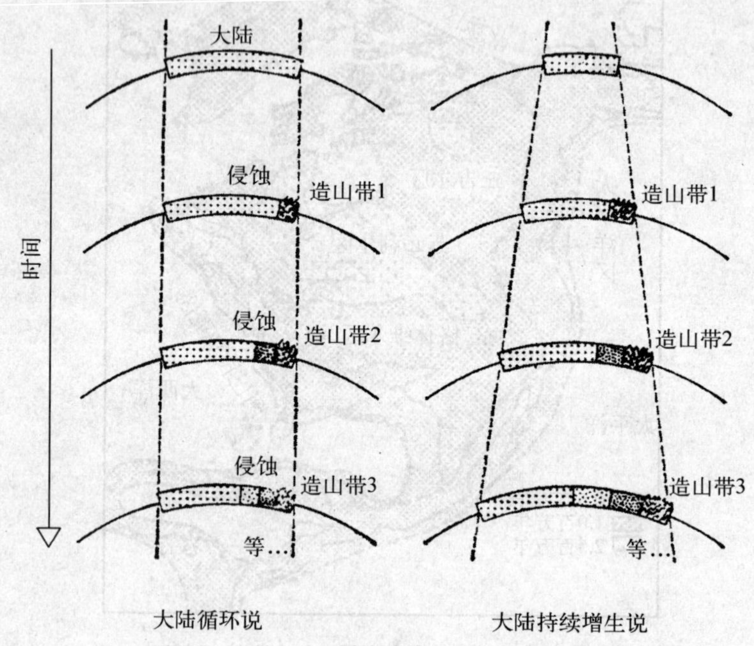


**图 3.43　大陆增生的两种解释**(据 Allĕgre,1983)

A：大陆不变循环说；B：大陆持续增生说

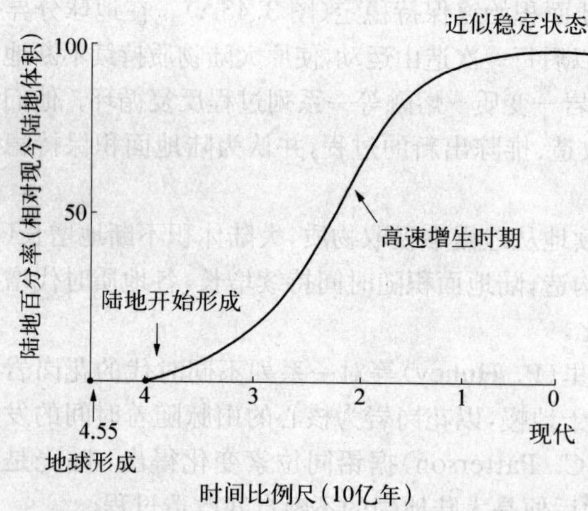


**图 3.44　陆地增生曲线**(据 Allĕgre,1983)

20 世纪 70 年代后期由于钕同位素研究而得出陆壳增生曲线。该曲线表明在各地质历史时期，陆地面积和体积都有增加(图 3.44)。大陆于 40 亿年前已开始增生，前寒武纪时期增生速率稳定，约在 10 亿年前速率变小，而距今 5 亿年趋于静止。往后，大陆总的质量未再增加，即使有陆地物质生成，同时便有等量物质被破坏消失于地幔中，现今陆壳似乎是零增长，其质量与空间到达一种无变化水平。

# 第四篇　类地行星构造

行星和卫星一向由天文学家来研究，而近半个世纪以来，由于频繁的空间科学活动，使它们又成了地质学家的研究对象。空间探测的结果，使人们对行星和卫星的形成演化又有了新的认识，同时也对它们的形态特征、构造的格局和运动及演化有了较深入的了解，一门新兴的比较行星构造学正在孕育之中。

太阳系中具有固体壳的行星和卫星在早期的历史中均发生过广泛强烈的构造活动和火山活动，形成了大型断裂系统和各种火山地形及频繁的小天体撞击形成的撞击坑。全球性的线性与环形构造系统是类地行星的共同特征。类地行星皆具有壳、幔和核的内部结构。按水星、金星、地球、火星的顺序，行星核占行星总质量的百分比依次变小。

在太阳系中，地球表面是唯一具有浓密大气层、水圈与生物圈相互作用的行星，亦是唯一具有海底扩张与板块构造的行星。地球作为太阳系中的一个成员，与各行星的圈层结构、演化及成因有着复杂而密切的内在联系，要识别地球与各行星的共性和特性，须从地球所处的环境来研究。探索类地行星构造的形成和演化，这是认识地球的重要途径，对于了解占地球历史50%～70%以上的早期阶段构造的发育情况，具有特殊意义。

目前对太阳系中天体构造的探测和认识，主要集中于近地的类地行星（水星、金星、火星）和卫星（月球及其他卫星）；而远地的类木大行星却由于距离遥远又都为浓密大气层所覆盖，尚无法对其下的星体构造进行详细观察。

# 第十四章 冲击构造

冲击构造又称撞击构造，是指陨石或彗核之类物质对地球或其他具有固体表面的行星体作快速冲击、震动而形成环形或卵形的凹陷，这个凹陷又称撞击坑、冲击坑或陨石坑。这种构造形成时，由于高速冲击和爆炸，出现强大的冲击波，导致基岩的一部分破碎变成冲击角砾岩、一部分经熔融而形成熔岩状物质，并有柯石英、斯石英等高压矿物产生；另外冲击坑周边陡峻高耸，组成不对称堤埂(Rim)，发育台阶状的环形或放射状断裂。冲击坑内可因强烈震动中央隆起演化为火山，有人称它为隐火山构造(Spencer，1977)，又因中央隆起是高速震裂锥而称其为隐爆构造(Billings，1977)。冲击构造在太阳系有固体表面的天体上分布十分普遍，如月球上的月海、月盆以及火星、水星、金星和小行星上大量分布的由冲击形成的环形山、环形盆和环形谷等；通过卫星照片、航空照片及野外考察已发现地球表面存在不少这种环形的冲击构造，如美国亚利桑那冲击构造、加拿大萨德伯利冲击构造、俄罗斯贝加尔湖附近的冲击构造。众多事例揭示出：冲击构造研究在理论上对解决星际起源和演化问题具深远意义，而且还能为在地球上，甚至未来在行星上的找矿服务，如加拿大著名的萨德伯利镍矿床被认为是冲击成因的，美国和俄国某些特殊的含油气构造也被认为与冲击构造有关。

## 第一节 冲击作用

冲击作用是指在太阳系空间中一较小固体天体(陨星、彗星)与另一较大固体天体(行星、卫星和小行星)相遇时，发生的强烈冲撞、构造变形、岩石变质以及物相变化等现象的总和。冲击作用是太阳系形成以来一种分布十分广泛的构造作用，它是一种高速、高能但又十分快速的变形过程，发生冲击的天体的相对速度为11～72 km/s。形成一个直径约 10 km 的冲击坑的冲击作用的能量相当于 $3.4\times10^{10}$ t TNT 炸药爆炸释放的能量，但冲击持续时间很短。高速冲击会在被冲击天体（靶物质）上造成冲击坑的过程称为冲击成坑作用（cratering），冲击坑也是太阳系中具有固体外壳的天体上分布最广的构造形态特征。不仅如此，冲击坑在表面被纯水冰或富水物质覆盖的冰卫星上也一样会出现。

在冲击的极高温度、压力下，靶物质发生一系列的物理和化学变化，称为冲击变质作用，冲击变质的温度和压力范围远高于热变质（图 4.1）。随冲击压力的增高，冲击变质作用所表现的裂隙化、塑性形变、相变、热分解、熔融和气化等现象也愈明显。

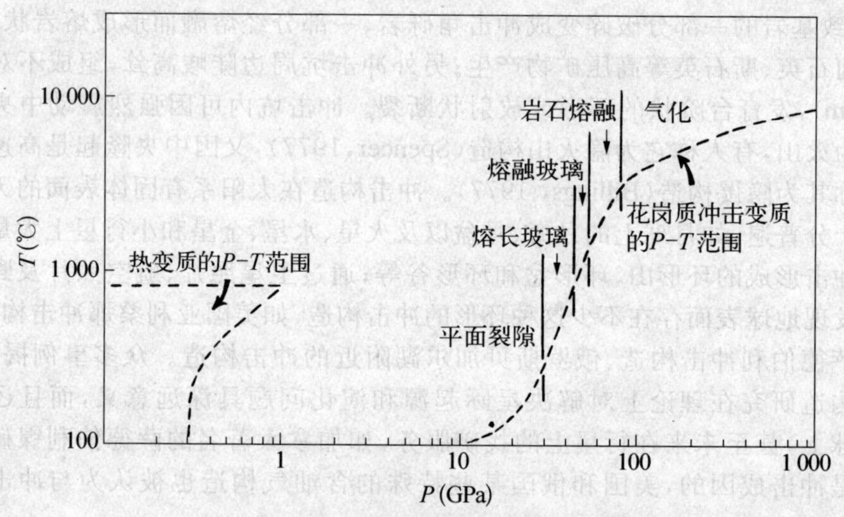


**图 4.1　冲击变质和热变质的温压范围**（据 Grieve，1987）

一般岩石的弹性极限为 2～12 GPa，超过此极限时，岩石发生永久变形。当冲击压力为 2～12 GPa 时，被冲击岩石（靶岩）中矿物的结晶程度破坏，靶岩密度下降；冲击压力为 2～25 GPa 时，靶岩形成震裂锥，其形态与采石场中因爆破形成的震裂锥一样，其扇形顶指向冲击点；冲击压力为 7.5～30 GPa 时，靶岩中的石英和长石发生平面裂隙，在其矿物晶体中产生数微米宽的滑动面，缝隙中被固体玻璃所充填，平面裂隙沿特定的结晶方向发育；冲击压力在 30～45 GPa 下，靶岩形成冲击玻璃，可见亚稳态的高压矿物，如金刚石、斯石英和柯石英等；冲击压力在 45～55 GPa下，冲击玻璃显示熔融迹象，可见流动特征；冲击压力≥60 GPa 时，靶岩全部熔融形成冲击熔岩，成分高度均一，相当于靶岩的混合物，在顶部和底部有很多岩屑和矿屑，可达 50%，越向中央岩屑越少。溅出物形成玻璃弹。

据已有估算，给出直径 $D \geqslant 10$ km 的冲击坑的产率为 $2.2 \pm 1.1 \times 10^{-14}/(\mathrm{yr \cdot km^2})$，$D \geqslant 20$ km 的冲击坑产率为 $5.4 \pm 2.7 \times 10^{-15}/(\mathrm{yr \cdot km^2})$，这与阿波罗小行星的产率 $D \geqslant 10$ km 的冲击坑产率 $2.4 \pm 2.2 \times 10^{-14}/(\mathrm{yr \cdot km^2})$ 相似。

# 第二节 冲击坑类型

小于 1 cm 的陨石冲击坑称为微冲击坑。曾在月球土样中的玻璃小球表面发现直径仅有 0.1 μm 的坑。一般陨石冲击坑，按形态和大小可分为简单冲击坑、复杂冲击坑和多环冲击盆地。

## 一、简单冲击坑

简单冲击坑又称碗形坑，直径较小，深度直径比为 1∶5～1∶7。形态呈平滑碗状，具有隆起的环边，坑内的表层物质抛出后又回落到坑外表层物质上，形成倒转层序。冲击时的溅射物覆盖层覆于环边变形岩石之上，向外扩展可达冲击坑直径的 1～2 倍，呈辐射状分布。冲击坑底被回落角砾层所覆盖(图 4.2A)。回落角砾岩层顶面至地面距离为冲击坑的视深度($d_a$)，角砾岩层底面(即真正的坑底)至地面距离为其真深度($d_t$)。以 $D$ 为简单冲击坑的直径，地球上简单冲击坑的直径和深度之间的关系为：

$$d_a = 0.14D^{1.02}$$

$$d_t = 0.29D^{0.93}$$

美国亚利桑那州的米特尔(Meteo)陨石坑是一个典型的碗形坑。图 4.3 右下方是由中国嫦娥一号探测器拍摄到的月球表面图像，图中可以看到密集的简单冲击坑。

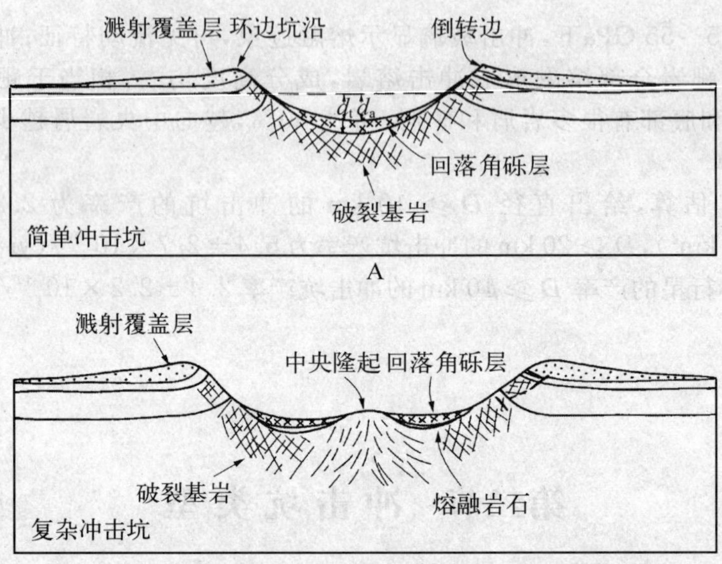


图 4.2　简单冲击坑(A)和复杂冲击坑模式图(B)(据格拉斯,1982)

图 4.3　中国嫦娥一号卫星拍摄的月球冲击坑

## 二、复杂冲击坑

复杂冲击坑，规模较大，坑底具有中央隆起，其深度直径比小。回落角砾岩底下常有一层熔融岩层(图 4.2B)。复杂冲击坑具环状结构，从中央到外围依次为：中央峰(或中央环)—环状凹地—断裂环区—环边坑沿—溅射覆盖层。图 4.4 为月球上的一个典型复杂冲击坑。

地球上复杂冲击坑的直径 $D$ 和视深度 $d_a$ 之间关系式为：

$$d_a = 0.27D^{0.16}$$

中央隆起的绝对抬升量为 $su = 0.06D^{1.1}$

小型冲击坑为简单碗形坑，大型冲击坑多为复杂坑，由简单坑到复杂坑转变时冲击坑的直径在不同的行星体上有所不同。一般在地球上为 3 km，在火星上为 6.5 km，在水星上为 13 km，在月球上为 17.5 km。坑的直径与靶天体的重力场成函数关系，如图 4.5 所示。

**图 4.4　月球上的复杂冲击坑**(据格拉斯，1982)

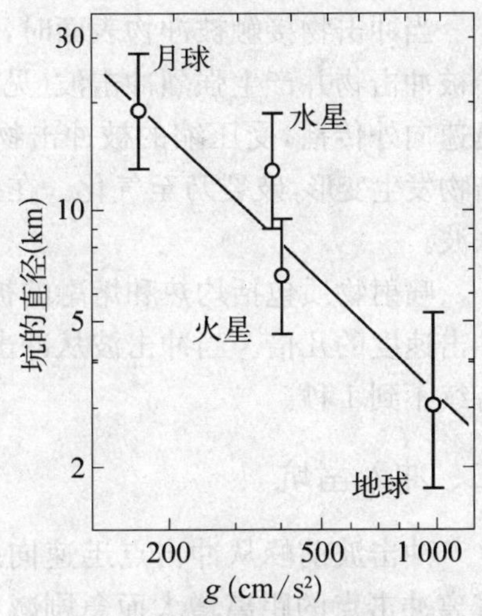


**图 4.5　地球、火星、水星和月球表面冲击坑由简单形态转变为复杂形态时，坑的直径与该天体重力场的关系**(据欧阳自远，1988)

## 三、多环冲击盆地

多环冲击盆地是大型冲击物冲击时产生的特大型冲击坑，呈现为多环山系围绕的巨大冲击盆地,该盆地常被玄武岩所充填,如月球上的风暴洋就是一个巨型的多环冲击盆地,它有三组环形山围绕,其直径分别为 1 700 km 和 2 400 km 及 3 200 km。月球背面东海冲击盆地也是一个巨型多环冲击盆地,有三组同心环形构造围绕,直径 1 000 km,中央平原的直径 250 km。

# 第三节　冲击坑的形成过程

冲击坑的形成过程可分为冲击压缩、冲入凿坑、成坑后改造等三个阶段。

## 一、冲击压缩

当冲击物接触被冲物表面时,即对被冲击物产生压缩作用,冲击物的动能传递给被冲击物并产生强烈冲击波(见图 4.6)。冲击波沿近似半球形的前沿从接触点迅速向外传播,受压缩的被冲击物的瞬时压力达数百万巴,在这样大的压力下,冲击物发生变形,破裂乃至气化。在接触界面上产生物质的高速喷射,并同时产生膨胀波。

喷射物质包括灼热和熔融的被冲击物、冲击物的碎块和电离的气体,其速度为冲击速度的几倍。当冲击波从冲击物背面反射回来时,压缩阶段结束,此阶段实际持续不到 1 秒。

## 二、冲入凿坑

冲击波前峰从冲击点迅速向外传播与扩张,而被冲击物内的冲击波峰压随着离冲击点的距离增大而急剧减小,同时产生径向膨胀。当膨胀波传播时,受压缩和破碎的岩石减压,并处于运动状态。简单冲击坑在低压和低溅射速度下,大量物质被抛射出去。一部分溅射物被抛出坑壁,成为溅射物覆盖层,并分裂为细的线状构造。较浅层物质被先挖掘、先溅射出去,深层物质被后挖掘、后溅射出去,造成了覆盖物沉积中的倒转层序关系。与此同时,一部分抛射物质回落到坑内形成回落角砾岩层。大块的溅射物质可在冲击坑外围形成二级冲击坑。

复杂冲击坑形成的压缩和凿坑阶段与简单冲击坑相似,不同的是在随后的应力松弛阶段岩石回弹，冲击坑内形成中央隆起，围绕中央隆起和坑沿产生一系列环形断裂，中央隆起继而塌陷，造成了复杂冲击坑构造(图 4.7)。

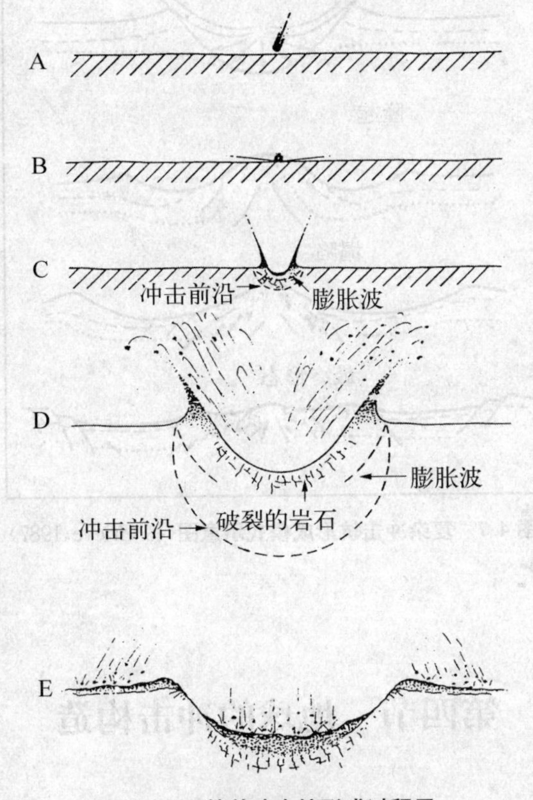


**图 4.6 简单冲击坑形成过程示意图**(据格拉斯，1982)

A：陨石高速到达星球表面；B：压缩阶段；C：凿坑阶段的开始；D：凿坑阶段继续；E：溅射物回落到坑内和坑沿

## 三、成坑后改造

冲击坑形成后还会经历改造乃至破坏地质作用阶段，主要有崩塌、侵蚀及充填。在冲击坑较陡的内壁可发生崩塌作用，形成一系列台地；侵蚀作用降低了坑沿高度，侵蚀产物则充填于坑内，并最终使冲击坑形态消失。此外，在大的冲击坑中还会引起重力均衡调整。冲击凿坑作用会造成坑内质量损失，并在一定时间内导致冲击坑坑底向上隆起。因为凿坑作用减少了下伏岩石的压力，降低了岩石熔融温度，诱发火山活动沿着冲击形成的断裂上升喷发。

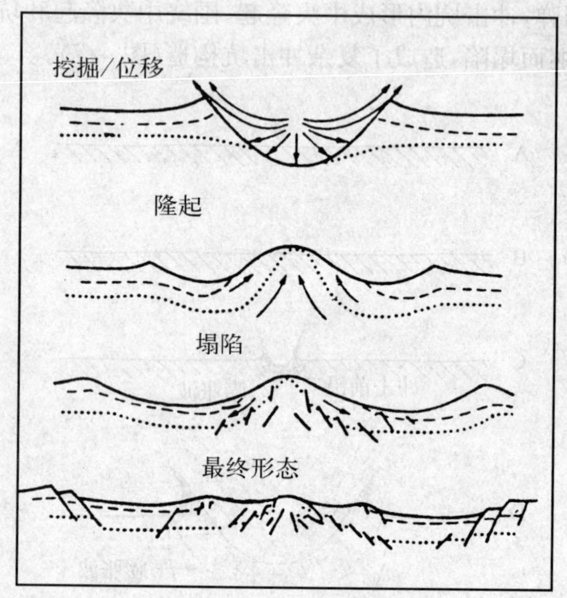


**图 4.7　复杂冲击坑形成模式示意图(据 Grieve,1987)**

# 第四节　地球的冲击构造

## 一、概述

据 Grieve(1987)统计,已知地球上冲击坑有 116 个左右,而且继续以每年 5 个的速度被鉴别出来。已知冲击坑的年龄自现代直至(1 970 ± 100)Ma(南非 Vredefort 冲击坑),直径自几十米至 140 km(南非的 Vredefort 冲击坑和加拿大的萨德伯利冲击坑)。冲击坑在全球的形成速率应是一致的,目前冲击坑主要发现于欧洲和北美洲这些地区,究其原因,一方面是上述地区地质构造上相对比较稳定,另一方面是那些地区地质研究程度相对较高,开展有组织、有计划搜寻的历史较长。现在发现的冲击坑年龄相对都比较年轻,因为较古老的冲击坑由于受到长期侵蚀和破坏很不容易辨认鉴别。侵蚀作用影响还可以从冲击坑分布频数和坑的直径关系曲线中看出(图 4.8):大型冲击坑分布频数 $N$ 和直径 $D$ 呈 $N \propto D^{-1.8}$ 关系,它与类地行星冲击坑频率比是一致的,但小型冲击坑的频率比都偏高。此关系曲线表明:冲击坑常因受侵蚀而被“消失”,或改变得难以辨认。若按正常地质作用过程计算,一个直径为 10 km 的冲击坑,经风化剥蚀大约能保存 300 Ma 左右,而板内地区内直径为 20 km 的冲击坑能保存 600 Ma 左右。

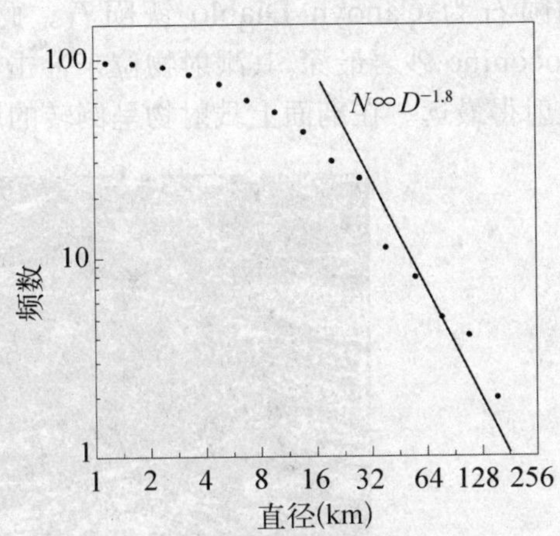


**图 4.8 已知地球冲击坑分布频数—坑的直径关系曲线**(据 Grieve,1987)

小型和较年轻的冲击坑,因常与铁石质陨石伴生而较易鉴别,大型冲击坑往往因冲击靶物在冲击时全部气化而没能遗留下什么碎片,在这种情况下,除冲击形成形态特征外,冲击变质作用形成的超高压矿物(柯石英、斯石英等)(图 4.9A、图 4.9)、冲击变质扭折带(图 4.9B)和震裂锥(图 4.9C)等成了辨认冲击坑的最主要标志。

A

B

C

**图 4.9 冲击变质岩图像**(据金,1976)

A:石英相转变(裂隙中串珠状柯石英)(德国 Ries 陨石坑);B:黑云母扭折带(花岗片麻岩中)(德国 Ries 陨石坑);C:大型震裂锥(Mississagi 石英岩中)(加拿大 Sudbury 西南 Kelly 湖岸)

## 二、美国米特尔(Meteo)冲击坑

美国亚利桑那州的 Meteo 冲击坑是一个简单冲击坑的典型代表。年龄约 25 000 年,直径 1.2 km,深 180 m (图 4.10)。其平面形状略呈圆方形。与其共生

的陨石为 Canoyn Diablo 铁陨石。此陨石冲击坑形成于水平沉积岩层中，Goconino 砂岩最深，其溅射物位于冲击坑附近；Moenkopi 组位于地表，其溅射物抛射得最远。在剖面上溅射物呈倒转的层序。

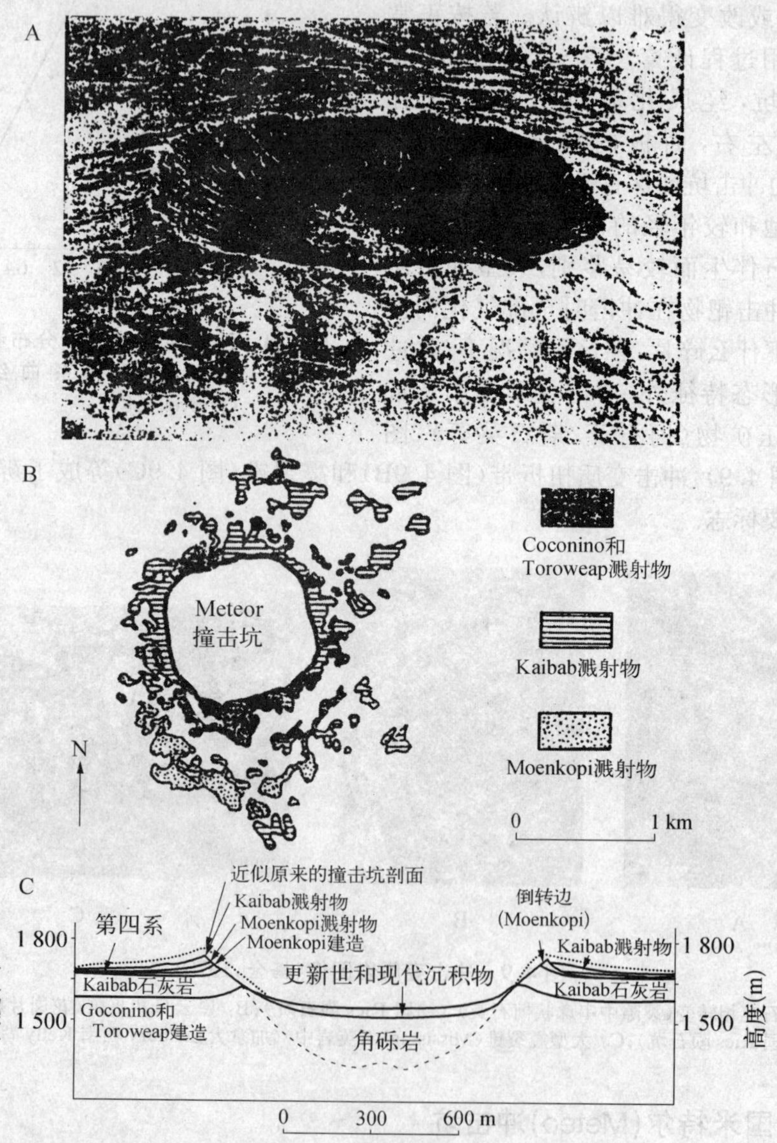


**图 4.10　美国亚利桑那州 Meteo 冲击坑**(据格拉斯等)

A: 航空照片；B: 溅射物的平面分布示意图；C: 纵剖面示意图

## 三、加拿大马尼库阿甘(Manicouagan)和萨德伯利(Sudbury)冲击坑

加拿大魁北克省的马尼库阿甘冲击坑是复杂冲击坑的代表，直径约 100 km，年龄为(210±4)Ma。其具有中央隆起和断裂的环边，坑中央凹地现为一湖泊(图 4.11)。

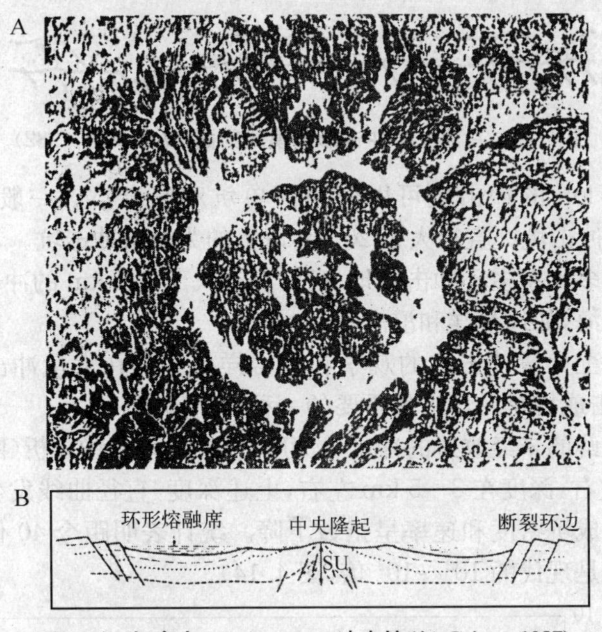


**图 4.11　加拿大 Manicouagan 冲击坑**(据 Grieve，1987)

A：卫星影像；B：纵剖面示意图

加拿大安大略省的 Sudbury 坑也是一个著名的冲击坑，年龄约(1 850±150)Ma，直径约 140 km，是地球上已知最大的冲击坑之一。该冲击坑诱发了基性岩浆活动，伴生有著名的 Sudbury 硫化铜、镍矿床。

# 第五节　类地行星和卫星的冲击构造

## 一、月球的冲击构造

月球上的冲击坑规模不等，自微型冲击坑到直径数千公里的冲击盆地都有。

直径小于 1 km 的冲击坑可分为：① 尚未穿透月壤覆盖层的，其形态呈碗状；② 冲击达到基岩的，形态呈平底状；③ 稍大的不仅穿过整个覆盖层，而且在固结岩石表面形成一个小坑的形态，呈同心阶地状（图 4.12）。

**图 4.12　月面上小冲击形态模式剖面**（据格拉斯，1982）

直径大于 1 km 的冲击坑可以分为简单坑和复杂坑。一般直径小于 15～20 km 的为简单冲击坑。直径大于 20 km 以上的为复杂冲击坑。

月球上有许多大型多环冲击盆地，已知直径大于 220 km 的冲击盆地有 43 个，其特大者称为月海，如风暴洋和澄海等。

通过对月球上大量冲击坑的观察和月岩样品中存在大量冲击变质现象的研究，可以证实冲击成坑是月球上最重要的一种构造作用。

对月球上新鲜的未经改造的冲击坑深度-直径关系曲线分析（图 4.13）得知，直径约在 15 km 左右，深度在 3～5 km 左右，上述深度-直径曲线发生了转折。自月球形成以来冲击成坑密度和速率呈指数下降。统计表明距今 40 亿年前月球冲击成坑密度和速度是现代的 $10^2$～$10^3$ 倍（图 4.14）。

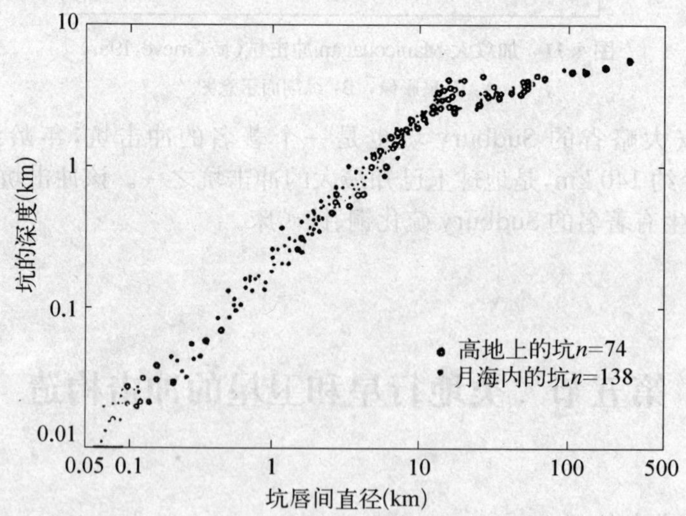


**图 4.13　212 个月球表面冲击坑的直径与深度关系**（据欧阳自远，1988）

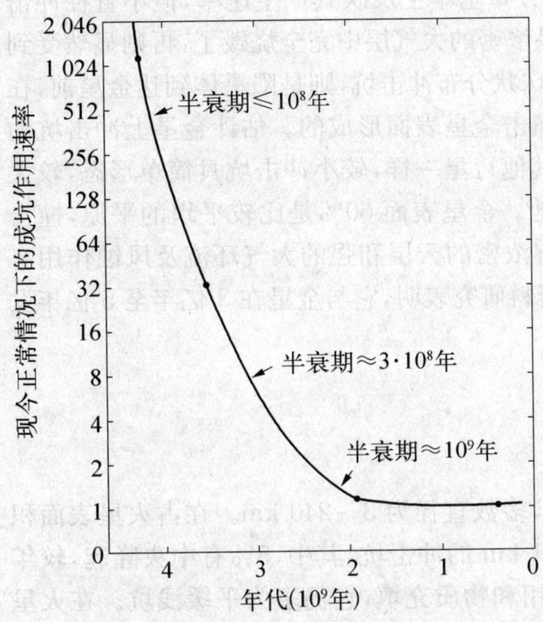


**图 4.14 月球的成坑速率与时间关系曲线**
(据徐道一,1983)

**图 4.14′ 美国"信使"号探测器拍摄到水星表壳的"伦勃朗"盆地巨大坑洞图片,其直径约为 750 公里。可能是 40 亿年前撞击形成的**
(据美国航天局,2009)

## 二、水星的冲击构造

水星表面很像月球,是太阳系中冲击坑和冲击盆地最多的行星。水星表面冲击坑一般较小,直径大部分小于 20～50 km。有的冲击坑非常年轻,存在明亮的放射状溅射物覆盖层;有的相当古老,曾经历后期显著的改造作用。据观测,水星上至少有一个大型多环冲击盆地,即 Caloris 盆地。直径为 1 300 km,估计年龄约 36 亿年。水星表面可区分出冲击坑密集地带(较古老)和稀疏地带(较年轻)。水星上冲击坑的深度-直径比与月球上的相似。水星上直径大于 7～8 km 的冲击坑较浅,环边高度较大。水星溅射物覆盖层宽度为月球的 0.65 倍,次级坑表面密度比月球稍大,这是由于水星的重力场比月球大的缘故。

## 三、金星的冲击构造

金星由于有浓密大气层包围,对它的冲击构造的研究程度不如其他的行星,但在前苏联的金星 15/16 号填图区域已发现至少有 150 个冲击坑,直径为 4～140 km。这些冲击坑空间分布大体均匀,直径的频数分布呈单峰状,以直径 16～22.6 km 范围内频数最高。大直径冲击坑的空间分布基本上反映其产生速率，但小直径冲击坑很少，一则是因为小的陨星体在金星浓密的大气层中完全烧毁了，再则显然受到外力作用影响而受到破坏。有些呈串珠状分布冲击坑，则是陨星体到达金星前，在大气层中爆炸被分裂成几块碎石，再撞击金星表面形成的。估计金星上冲击坑的平均保存寿命为(1.0±0.5)Ga。同其他行星一样，较小冲击坑具简单形态，较大者有复杂形态，最大者为多环冲击盆地。金星表面60%是比较平坦的平原，撞击地形残留相对较少，这可能与金星具有浓密的云层和强的大气环流及风蚀作用有关；但是麦哲伦号宇宙飞船提供的新资料研究表明，它与金星在3亿年至5亿年发生的大范围的表面改造过程有关。

## 四、火星的冲击构造

### (一) 概述

火星上冲击坑分布广泛(图4.15)，多数直径为3～240 km。在占火星表面积40%的赤道区域发现50 000个直径>1 km的冲击坑，其中，5%有中央隆起，较年轻的外围有辐射纹。由于风的吹扬作用和物质充填，它仍多为平缓浅坑。在火星

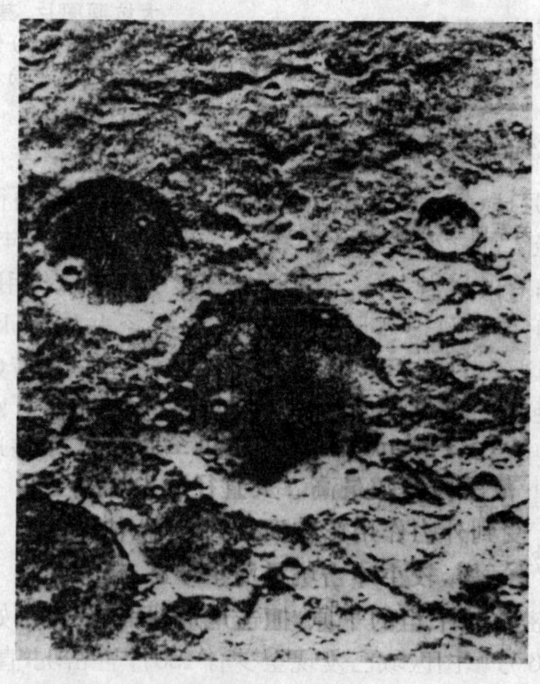

**图4.15　火星表面冲击坑群(据NASA)**

上已确定出3个巨型冲击盆地和约20个较小的环形冲击盆地。火星表面冲击坑分布不均匀，南半球多于北半球，这是因为北半球火山作用比较发育的缘故。两极极冠边缘地区冲击坑密度很低，是被风成或极地冰水沉积物掩埋的缘故，有时层状沉积物被风蚀后可以重新显现出被掩埋的冲击构造。火星冲击坑一般较浅，常受到风蚀作用的改造和破坏。火星上冲击坑的直径与分布密度关系曲线介于月球高地和月海之间(图4.16)。曲线的相似性表明，尽管火星上火山活动比月球发育，大部分冲击坑仍是冲击成因的。而且明显可以分辨出冲击坑密集的古老地形和较年轻的火山作用区域。在火星上常发育一些特殊形态的冲击坑，如主要分布在极地外缘的基座冲击坑和赤道附近的蝴蝶形冲击坑等。

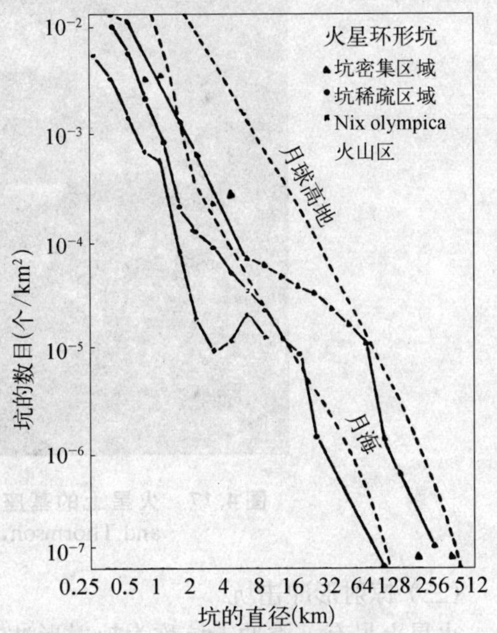


**图4.16 火星与月球环形坑的直径与分布密度的关系曲线**(据欧阳自远，1988)

此外，火星上还有较多的双联冲击坑，即两冲击坑外缘相切。其分布频率比随机过程高，可能是火星引力场产生的潮汐应力使某些相遇的陨星冲击物裂变而形成。

(二) 基座形冲击坑

火星上的基座形冲击坑的原来位置应在极地地区，现在却也在远离两极地区发现。它发育在高出周围地面的圆形台地上，台地边缘经过剥蚀，台地表面大体较平坦(图4.17)。

基座冲击坑先前在两极时，上面覆盖有厚冰，当发生大型冲击时，其冲击力足以穿透上覆冰尘沉积并在基岩上冲击成坑，此时含水和$CO_2$很少的深层基岩被冲击溅射，成为溅射物，并堆积在冲击坑周围。溅射物覆盖层覆盖了表层原来的冰层，对它起了保护作用。当气候变化时(如变暖)，冲击坑外围表层上的冰尘沉积物中的水和$CO_2$受热挥发，而被固体溅射物覆盖下的那部分冰和$CO_2$却受到保护而未被挥发，同时还在溅射物岩层的保护下不受侵蚀。于是冲击坑周围就形成了一个高出周围地面的小型高地。利用这些基座形冲击坑密集分布的特性，可用来确定历史上火星古极地所在的位置。

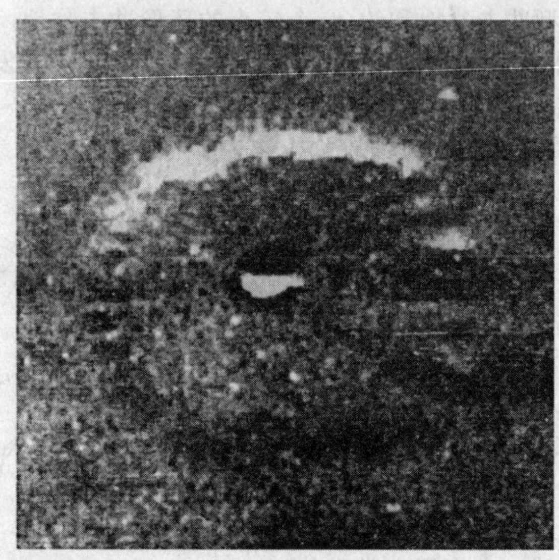

图 4.17 火星上的基座形冲击坑(据 Huber and Thormson, 1985)

（三）掠射形冲击坑

火星上另有一类冲击坑称为掠射形冲击坑，利用它可作为赤道带所在位置的标志。此类冲击坑形态上不呈圆形，从平面上看呈蝴蝶形态(图 4.18)。通过试验

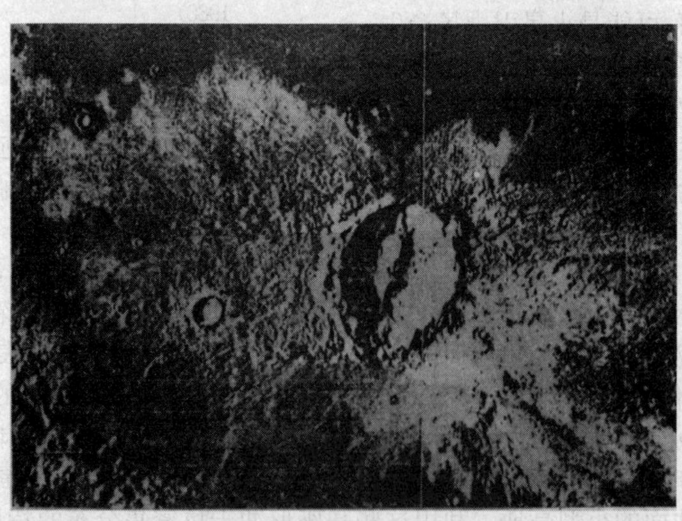

图 4.18 火星上的掠射形冲击坑(据 Huber and Thormson, 1985)

证实，当冲击物以入射角小于5°的角度进行冲击时，就会形成这类掠射形冲击坑。只有在赤道附近才能满足这样的条件。由于入射角太小，冲击成坑机会不多，故数量偏少，仅占冲击坑总数的0.7%左右。根据掠射形冲击坑分布的地区特点，就可追索火星古赤道的位置。还可依据冲击坑的保存状态判定它形成的年龄。

## 五、其他卫星的冲击构造

冲击构造在太阳系的卫星和小天体上也是极为常见的现象。火卫一是一个很小的卫星，表面冲击坑密布，全部是碗形坑，其深度与直径比为1∶5。最大的一个冲击坑称Stikney，直径10 km（火卫一的体积仅27×21×19 $km^3$）。火卫一上的冲击坑密度很大，为月球高地上的冲击坑密度-直径关系的延长线，可以与月球高地上的密度相当（图4.19），而且在相当古老的沟槽地形底部还可见相当数量的小冲击坑，可见火卫一的表面十分古老。火卫一与火星处于太阳系的同一空间位置，但火卫一上的冲击坑密度比火星表面大得多，可见火星表面上的许多冲击坑已由于剥蚀作用而消失了。

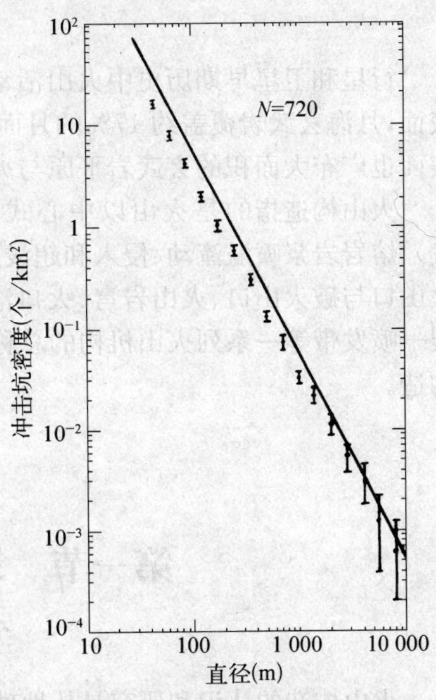


**图4.19　火卫一的冲击坑密度—直径关系曲线**（据 Veverka and Burns, 1980）

类木行星中的冰卫星也不同程度发育有冲击坑构造。在这些卫星上冲击坑构造形态特殊，如木卫三上，其冲击坑呈尖锐的环边和上凸的底面形态；木卫四上，在大型冲击盆地中从中心到边缘以多组环状山脊组成。这是由于富冰外壳和硅酸盐岩层间存在性质上的差别，冰层要发生蠕动和流动的缘故。

# 第十五章　火 山 构 造

行星和卫星早期历史中火山活动普遍强烈。有大面积玄武岩喷出，覆盖星体表面，月海玄武岩覆盖约17%的月面，广阔的水星平原属玄武岩平原，金星与火星表面也广布大面积的玄武岩平原与火山地形。

火山构造指的是火山以中心式、裂隙式或两者结合形式，通过火山爆发（喷发）、熔岩岩浆喷溢流动、侵入和超浅成侵入等四种地质作用方式所形成的火山锥、火山口与破火山口、火山岩穹、火口洼地、火山口断陷盆地、火山岩平原与高原、断裂—喷发带等一系列火山机构的总称。类地行星和卫星与地球一样都发育有火山构造。

## 第一节　地球的火山构造

火山构造的认识和研究是从地球上开始的，它由若干火山机构组成：

### 一、火山锥

火山锥是由火山喷发物质自地壳深处上升堆积在火山口周围或旁侧构成的锥状体（图4.20）。其主要特征是愈近火山口，喷发物堆积愈厚、岩层倾角愈大；远离火山口，其厚度渐薄、倾角变缓。根据组成火山锥的物质成分，可将其分为火山渣锥、火山岩屑锥、火山熔岩锥和混合锥等四种。从火山锥形态观察，有正锥、倒锥和侧锥三种。正锥火山岩层产状自火山口向四周倾斜，倒锥火山岩层产状自四周向火山口倾斜，侧锥是由于原始地面倾斜，喷发火山岩产状主要向某一个方向倾斜。

## 二、火山口与破火山口

火山口是火山物质向地面喷发的出口处。火山口的形态从空中往下看有圆形、椭圆形和长条形。火山口一般位于火山锥的中心,但侧喷发的火山口往往偏在火山锥(侧锥)的上坡方向(见图 4.20)。

破火山口是火山喷发作用发展的后一阶段构造,即在早期火山喷发以后,由于崩塌或再次喷发而破坏了原有的火山口,形成一个新的圆形或近于圆形的洼地。其特征是直径或长轴较长,它与早期形成的火山锥大小几乎相等。形态上明显不对称,如宁芜地区娘娘山破火山口。

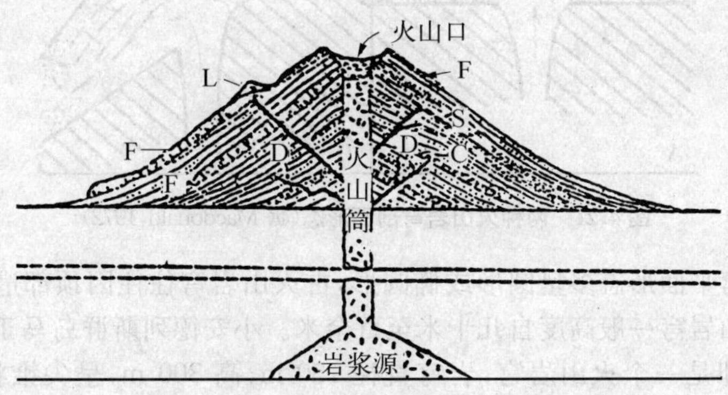


**图 4.20 中心式喷发形成的混合锥及火山构造的其他组成成分**(据 Macdonald, 1972)

L:侧火山锥;F:熔岩流;D:岩脉;S:岩床;C:被覆盖的火山渣锥
小三角表示火山角砾岩层,细点表示细粒火山碎屑岩层

## 三、火山筒

火山筒又称火山颈、火山管道或火山通道,它是地下熔浆源地(即岩浆房)与地表火山口之间的连接通道,常为熔浆充填,形成火山塞;也有为火山爆发的破碎岩屑充填成的角砾岩状,称其为火山角砾岩筒,但往下过渡为浅成侵入体。

## 四、次火山侵入体

次火山侵入体指在一次火山作用连续过程中,具有同时间、同空间、同岩浆源的浅成、超浅成侵入体,亦称火山—侵入体。其侵入深度一般在 0.5～1.5 km 之间,很少超过 3 km,其形态和产状有岩脉、岩墙、小岩株和岩塞。次火山侵入通常是沿着火山作用形成的原生破裂构造发生的。

## 五、火山岩穹

由于黏滞性较大的熔浆在喷溢出火山口后，不能很快地向四周流散形成正常的熔岩流，而是聚集在火山口附近或不远处形成穹状隆起，称为火山岩穹(图 4.21A)；若发育在斜坡上，则因侧喷发形成向下坡方向一侧倾倒的火山岩穹(图 4.21B)。

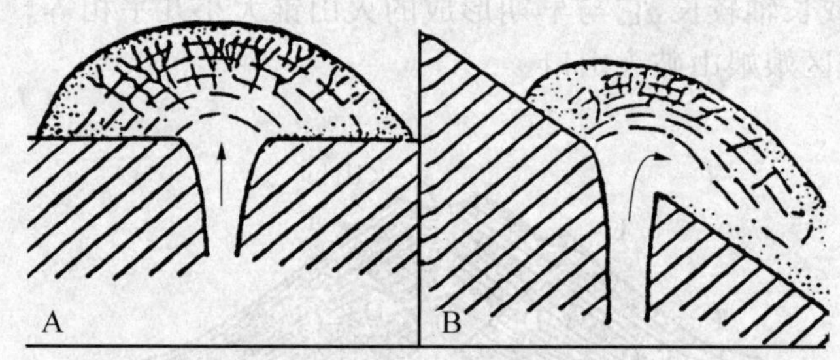


**图 4.21 两种火山岩穹剖面形态**(据 Macdonald，1972)

火山岩穹平面形态多呈圆形或椭圆形，古火山岩穹往往因顶部遭剥蚀而形态不完整。火山岩穹一般高度自几十米至百余米。小安德列斯群岛马丁尼克岛上的彼里山针峰即是一个火山岩穹，岩穹直径 150 m，高 300 m，呈尖锥状凸起，异常壮观。

## 六、火山口洼地

火山喷发晚期，在熔浆呈次火山侵入并充塞火山通道的情况下，最有利于火山口洼地发育。其原因是熔浆冷凝并向下退缩形成低凹地形，如南京江宁方山、六合方山。破火山口的中心往往也是发育火山口洼地的地方。

## 七、火山口围墙

火山口围墙亦称环形壁垒，它是位于火山口边缘的一圈突出高地，由粗大坚硬的火山集块岩经风化剥蚀形成，它高于周围山势，突出宛如围墙，因此以火山口围墙称之。

## 八、熔岩被和熔岩流

熔岩被是一种喷溢规模大、厚度和成分较稳定、产状平缓的喷出熔浆岩体。主要由裂隙式喷溢而成，熔浆成分多为基性的玄武岩。熔岩被的覆盖面积从数千平方公里至数十万平方公里，厚度可达数百至数千米。例如，河北张家口汉诺坝玄武岩熔岩被具有上千平方公里的覆盖面积；四川峨眉山玄武岩熔岩被覆盖面积达十余万平方公里。

熔岩流是一种成带状和舌状展布的熔岩。一般由中心式喷溢而成。

## 九、火山岩的原生构造

火山岩有粗细不同喷发物质的分层叠置的层状构造；有由不同颜色矿物和火山玻璃组成熔岩层状色带的流纹构造；有由针状、柱状矿物或板状、片状矿物斑晶组成的火山岩流线、流面；有大小不同气孔构成的气孔构造；有由矿物充填形成的杏仁构造；此外尚有比较特殊的原生构造：

1. 枕状构造

它是水下基性熔岩表面的一种原生构造，单个岩枕形态是底面平坦、顶面呈圆形或椭圆形上凸的曲面，其表面浑圆，状如枕头，故称枕状构造。典型枕状构造由两部分构成，即具玻璃质的外壳与显晶质的内核（图 4.22）。其外壳很薄，常可见有气孔，内核部分有时有少量气孔，还常因急剧冷缩而形成放射状裂纹；在各个岩枕之间的空隙中，还常充填一些沉积碎屑和生物化石。

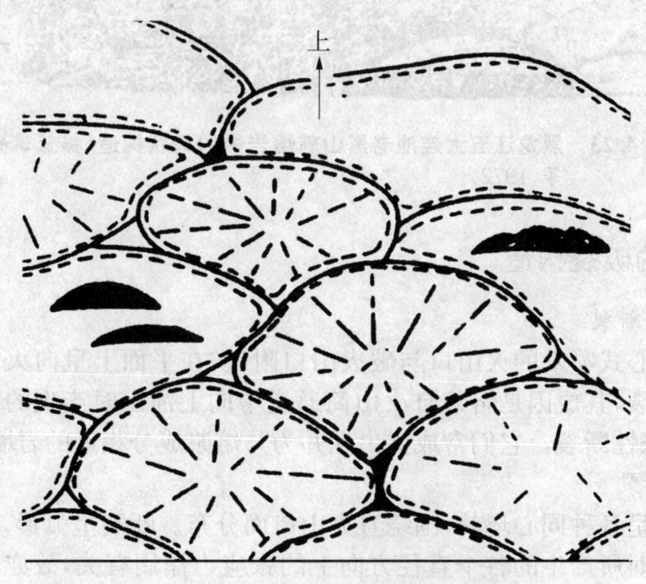


图 4.22 枕状构造断面示意图（据 Macdonald，1972）

2. 绳状构造

是指熔岩表面的绳索状扭曲。常见于黏度小、气体少、温度高、流动快而凝固慢的基性熔岩表面。这是当熔岩表面已凝结成塑性薄壳时，其内部仍在流动的熔浆使它的表面发生拖拉和扭曲所致。绳状构造所在的表面代表熔岩的顶面，而突出的弧顶指向熔浆的流动方向。黑龙江五大连池玄武岩熔岩中广泛发育有典型的绳状构造(图 4.23)；雅鲁藏布江一带玄武岩中也发育有完美的绳状构造。

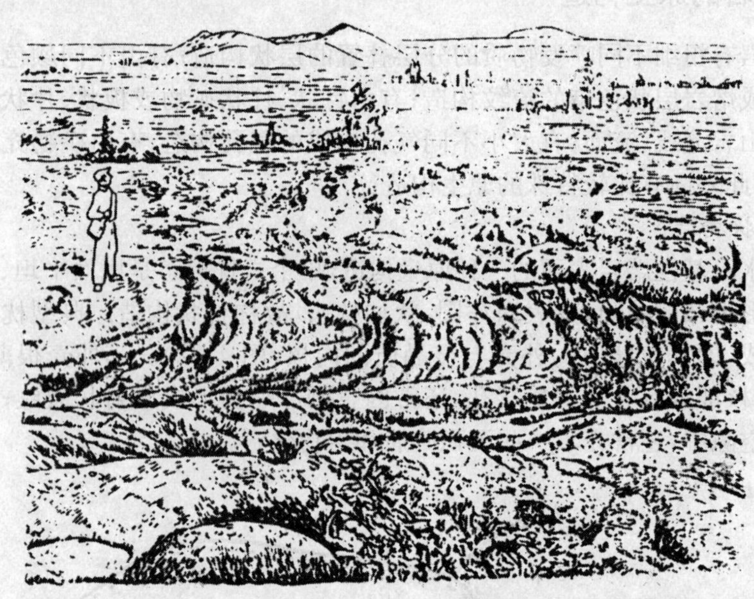

**图 4.23　黑龙江五大连池老黑山前熔岩中的绳状构造**(据蓝淇峰等,1972)

## 十、火山岩的破裂构造

1. 放射状断裂

分布于中心式喷发的火山口与破火山口附近，在平面上呈向火山口汇聚的放射状排列的断裂，其成因是熔浆自火山筒通道中向上涌出时产生的同心圆状张应力作用，故属张性断裂。它们常成群出现并为与熔浆成分相近的岩墙群所充填。

2. 环状断裂

在平面上呈各种同心环状，围绕着火山口而分布。断裂呈弧形，其成因与熔浆自火山筒上涌时所产生的各个直径方向上的张应力作用有关，故亦属张性破裂性质。由于其断面向火山通道方向倾斜，故从任何直立剖面上观察，均呈向火山筒汇聚的扇形展布形态，并陡倾。

3. 柱状节理

当火山岩冷却时因收缩而形成柱状节理，其横截面上呈现六边形，而整体外观呈柱状。如图 4.24。

**图 4.24　南京市六合方山玄武岩柱状节理横断面**(刘德良摄)

## 第二节　类地行星和卫星的火山构造

同地球一样，月球和类地行星、卫星都经历了早期熔融作用和分异作用，从而形成星壳、星幔等层圈结构，当然它们的发育过程并不完全相同，程度也有差别。放射性成因热在星体内的积累到了一定程度，月球、行星和卫星的壳幔下部发生部分熔融形成岩浆，从岩浆房中将熔浆喷发或喷溢出来到达星球表面的过程即发生了火山作用，于是就有火山构造的形成。

## 一、月球的火山构造

据航天器观察及阿波罗登月车采回的月岩样品分析，月球上的月海被大面积基性玄武岩流所覆盖；风暴洋玄武岩厚度可达几百米；危海、晴海和雨海中的玄武岩厚度分别为 1.5～4.0 km、1.6 km 和 1.5～2.5 km。月球表面可观察到许多火山构造，如月海表面上弯曲的长陡崖，是熔岩流的舌状前缘，大部分低于 15 m，有的高达 30～35 m。月海脊是月海表面不规则、不连续，宽几公里、长达 100 km 的弯曲山脊，主要沿月海边缘分布，形成同心环状。它们是火山作用和构造作用的复合产物。弯曲的月溪是月海表面的蛇曲形谷地，一般宽数十米到数公里，长数公里到数百公里，深几米到 300 m。它们是塌陷的熔岩隧道和熔岩管(火山颈)。它们不具有支流，最深处也是最宽处，谷道的规模向下坡方向不扩大，这些特点与地球河道的特征不同，而与熔岩管塌陷成因一致。月海表面观察到一些起伏较低的穹丘，丘顶有近圆形的洼坑，可能为盾形火山(即火山岩穹)，丘顶凹陷为破火山口或张性断裂。有些穹丘具有陡的壁，由较富 $SiO_2$ 的黏性较高的熔岩形成。月海中还有具锥状剖面、顶部有洼坑的火山锥。火山穹丘和火山锥一般不大，直径 1～5 km，高数百米。月海的某些区域有火山复合体，由穹丘、火山锥、塌陷月坑、月海脊和弯曲月溪组成，构成月海玄武岩喷发中心。虽然月球上大部分月坑具有冲击成因，但至少一部分月坑属于火山成因，火山成因月坑没有环边或环边很低，周围没有溅射物(反射率高)或被暗物质围绕。月球熔岩数量巨大、大面积的液态流动特征、非爆发成因的火山地貌等特征，都有力地证明月球上的火山作用与地球上的大陆玄武岩流相似。根据采回地球的月球玄武岩样品的同位素年龄测定结果，其年龄范围为 3.1～4.0 Ga 之间，它说明自 3.1 Ga 以后，月球的火山活动已不活跃。

## 二、水星的火山构造

水星是质量最小的类地行星，内部能源的供应较少而散失较快，后期的地质构造与岩浆活动趋于宁静，因而保存了古老的地形和火山构造。

水星可分出三大地貌单元：坑间平原、多坑地带和平坦平原。其中平坦平原比较平坦，冲击坑相对稀少，所以比较年轻。最典型的平坦平原位于直径约 1 300～1 400 km 的 Caloris 盆地及其周围。

水星的平坦平原上没有发现诸如火山丘、火山锥、熔岩流、塌陷熔岩管道等火山构造，但水星平坦平原的外貌与月海十分相似，大部分研究者都认为它们可能是火山成因的。

## 三、金星的火山构造

金星的火山作用曾十分活跃,造成了占总面积达70%的平原。雷达影像显示若干长达100～200 km的流动构造,与火山中心和断裂带共生,显然这种流动构造是黏度较小的玄武质熔岩流。而熔岩流、火山碎屑和风成玄武岩砾石一起构成了火山平原。火山平原上有许多火山穹丘,直径数公里到15～20 km,顶部有火山口;还有几十个较大的盾形火山,直径50～300 km,高不足1 km,坡度较缓,顶部有破火山口及环形构造。除此以外,还有一些巨大的火山构造证据。如在Beta高地上有Theia山和Rhea山,最高点高出周围约10 km;顶部有一直径约60×90 km的凹陷,周围被长达500 km的狭长舌状熔岩流包围,登陆器所做成分分析表明这些岩石具有玄武岩成分。

## 四、火星的火山构造

火星的火山活动也很强烈,大量的喷出岩构成火山平原、盾形火山和沟槽地形。火山平原与月海相似,但并不总在盆地内,火山平原具有舌状陡坎,在较高分辨率的卫星图像上分析揭示出火山平原由长条状熔岩流组成,单个熔岩流长达300 km,宽自5～6 km至熔岩流舌状末端达40～60 km左右。Nix Olympus山为一巨大盾形火山(即火山岩穹),直径约为600 km,高出周围地面约20 km,顶部中央有一直径约65 km的破火山口。该火山坡度不大,它是由黏度较小的玄武质熔岩构成(图4.25)。在Tharsis山存在有三个特大型火山构造。地球和月球上都没有发现过规模如此巨大的火山构造。在火星其他区域还发现许多小型的火山锥构造,其中一些火山锥还伴生有熔岩流,它的分布十分普遍。根据火山斜坡上冲击坑的数量判断,其形成的年龄相差很大。

## 五、木卫一的火山构造

木卫一(Io)是木星最内侧的卫星,在其表面已发现直径在200 km以上的破火山口和火山洼地,数量有100多个,它比地球上的规模大得多。在火山口常有暗色和亮色相间排列的晕圈和花纹,围绕着火山口,约占总数50%左右的火山口,伴生有放射状熔岩流,组成火山构造。各火山口之间为一些平原地貌,彼此之间由陡峭的断层所分割,峭壁高达数百米,大部分属正断层性质。另外在极地区可发育一些山脉,这些山脉受到地堑状断层切割而错开。

木卫一与其他类地行星和卫星不同,它有正在作大规模喷发活动的活火山,故有火卫星之称。如旅行者1号和2号航天器登临木卫一上空时，观察到正在喷发的火山，其规模之大蔚为壮观。木卫一上的火山喷发活动大致可分为两类：

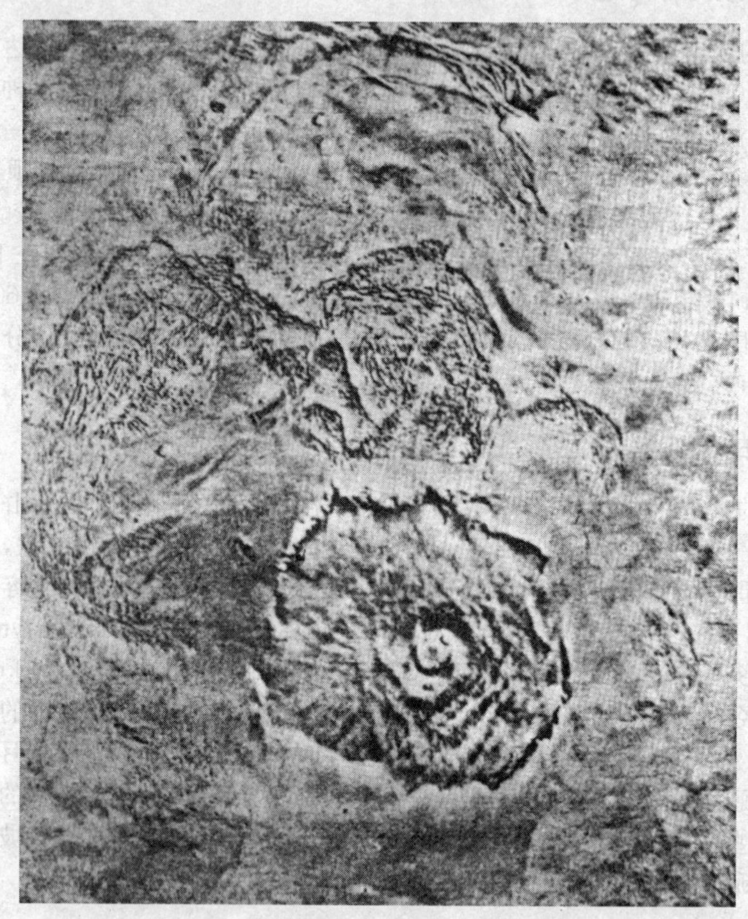


图 4.25　火星上的 Nix Olympus 火山(据格拉斯，1982)

(一) 羽状喷发

羽状喷发见于木卫一的低纬度区，如 Pele 火山，喷发物向上呈伞状抛洒，其直径 1 400 km，高达 300 km，火山口温度 650 K，喷发物质以弹道方式运动，其初速可达 500～1 000 m/s。这是旅行者 1 号到达时见到的喷发现象；4 个月后火山喷发已停止，当旅行者 2 号到达时，只见木卫一表面存留着两个直径约 1 400 km 的圆形火山口及口内的暗红色斑状堆积物。此类属高能量、短寿命式的火山喷发活动并形成相应的构造。

(二) 连续喷发

连续几个月或几年、低能量、长寿命的喷溢活动火山，喷溢直径 20～300 km，火山口温度为 300～400 K(周围温度约 130 K)，中心为黑色，从火山口向外围有橙红色熔岩流指状流动，说明其黏度较小，类似于地球上夏威夷火山熔岩湖的喷溢和所形成的构造。

## 六、冰卫星的火山构造

类木行星中有许多卫星(如木卫二、木卫三、土卫二、天卫一、海卫一等)表面都被冰层或含有杂质的冰层覆盖，故统称为冰卫星。冰卫星上亦有“冰火山”活动及形成火山构造。由于冰火山活动，改变了冰卫星上的表层构造，如湮灭了古老冲击坑，填平了冰面上的断层，其结果使冰卫星表面十分光滑，反射率十分高，有的可达100%。基于喷发物的流变性质不同，冰火山上形成两大类地貌单元：一类见于木星和土星的卫星，呈十分广大、平坦的平原，在 100～300 m 分辨率下未观察到舌状流动和前缘，显然喷发物的黏度较小，物质极易流动；另一类见于天王星和海王星的卫星，喷出物具有舌状流动和前缘，形成厚达 200～2 000 m 的堆积物，其黏度较大。光谱分析获得的两类喷发物都以冰水为主要成分，实验结果和理论分析认为低黏度喷出物以冰水为主，溶有少量盐类；高黏度喷出物可能以水—氨溶液为溶剂并混入少量其他物质，尽管对于这种冰水喷发是否可称为火山作用尚有争议，但确实存在一种温度较高、较为活动的流体从行星体内部喷出到较冷的表面并发生地质作用。对这种作用的研究，显然不能靠与地球火山构造那样的简单类比，而要求运用新的实验手段和理论分析相结合的研究方法。

# 第十六章　类地行星和卫星的褶皱构造和断裂构造

类地行星和卫星的线性构造比环形构造的延伸性更具有全球规模。月球上最显著的线性构造是 NE - SW 向的网格状构造体系，水星上发育许多延伸数百公里的断裂系统，火星上强烈的构造活动形成了悬崖峭壁的巨大裂谷，其延伸超过 1 000 km。

在类地行星和卫星表面的卫星图像上，显示有各种形态的断裂构造，但褶皱构造因较难辨认而辨析出来的很少。

## 第一节　月球的褶皱断裂

月球上出露的断裂构造有环形盆地构造、月海脊、线形月溪和大型地堑状月谷等，其中环形盆地构造是由冲击作用形成的凹地和环形断层群，通常呈多环式排列分布；月海脊是月海表面呈皱纹状显示的褶皱，呈正地形出露。它和月球上某些褶皱山系的成因相似，推测与月球表面受到挤压力作用有关。而月溪和月谷则是月球上发育的断裂构造，其构造形迹属正断层性质，显然它们的形成应与月球上引张力作用有关，呈直线形或弧形分布的线性构造，在剖面上呈平底陡壁凹槽形状，当它们切割月面上不同地形单元时，其宽度不变，可见这些线性断层的产状是很陡峻的。它们应是差异块断式堑垒构造，其中一些大型堑垒断裂的延伸长达几百公里、宽数公里，其构造形态恰与地球上的裂谷带相似。

月球上的大型断裂以 NE 方向和 NW 方向为主，尤以 NW 方向的更发育，而 NS 向和 EW 向断裂比较少(图 4.26)。推测 NE 和 NW 向断裂是受共轭剪切作用造成的。月球上大断裂的规模比地球上的小,这是因为月球球体小而自转速度较慢(周期约 27 天),故离心力较小,并且月球表面的沉积岩层也较缺乏,所以由月球自转速度的变化引起的表层构造变形相对也较微弱。

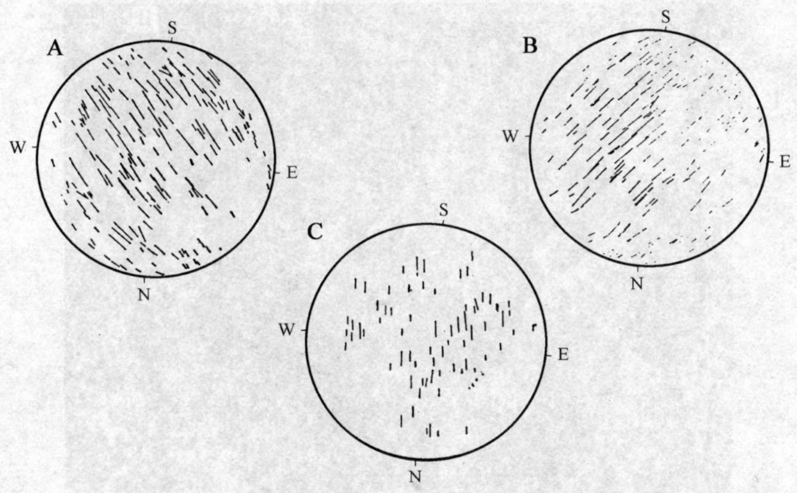


**图 4.26　月球上 3 组线性断裂素描图**(据徐道一等,1983)

A: NW 向断裂; B: NE 向断裂; C: SN 向断裂

# 第二节　水星、金星、火星的褶皱断裂

## 一、水星的构造

水星外表状态类似于月球而内部结构类似于地球。其表壳构造最发育的是叶片状悬崖(图 4.27)和格子状断裂,其次是与 Caloris 盆地相关构造,以及局部的拉张构造。

水星表面在卫星照片上显示有许多叶片状断层悬崖,其延伸长度在 20～700 km 间,平均长度约 75 km 左右、高度几百米,最高陡崖可达 3 000 m,平面呈圆弧形态。如图 4.27 所示,切过两个冲击坑的断裂有近 10 km 的平移错距。根据水星地形和横剖面形态分析,显示存在高角度冲断层,它们是水星受压应力作用所造成的。依据断层悬崖被错移的水平位移总量计算,当水星因内部冷却时发生收缩引起挤压作用，使水星的半径减少 1～2 km；也有人认为是与水星上潮汐减速作用有关。由引张作用产生的断裂构造，发育在盆地、丘陵山区和线性构造地带，呈地区性分布，如 Caloris 盆地上的破裂构造。

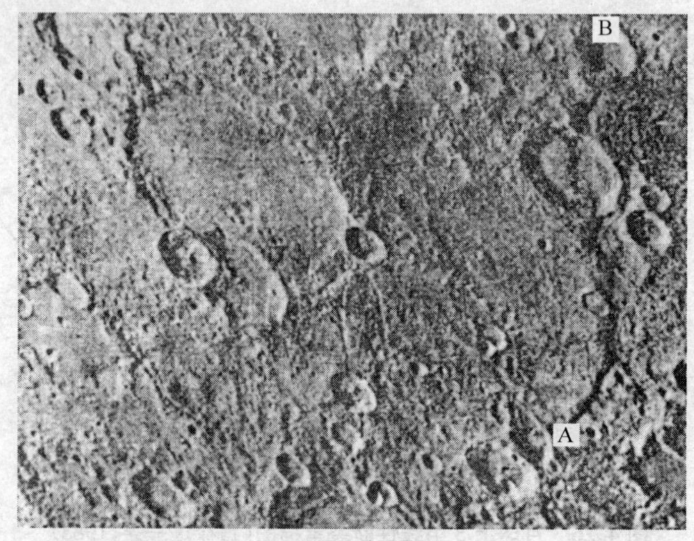


**图 4.27　水星上的大型叶片状悬崖（A—B）；长约 500 km，高达 3 km（据 Strom 等，1975）**

水星和月球相似，亦发育有四组方向断裂，其中 NE 向和 NW 向的发育最好，EW 向和 SN 向的较差，这些方向断裂在水星表面都是呈线性影像，其构造地貌表现为大型的悬崖陡壁，定向性展布的山脊（山岭）和槽沟（山谷）相间排列（图 4.28）。

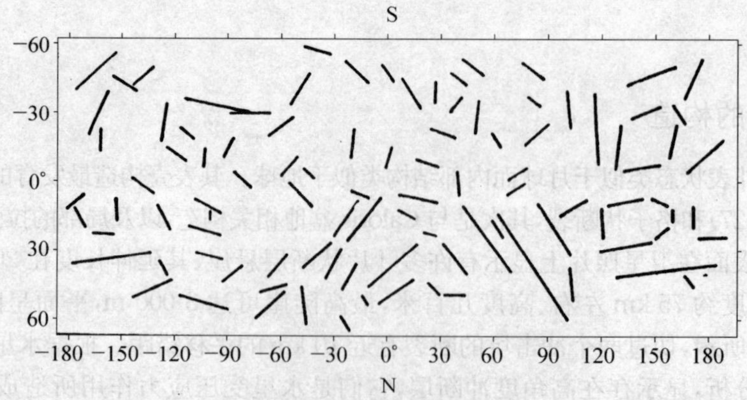


**图 4.28　水星上各组线性断裂分布**（据徐道一等，1983）

## 二、金星的褶皱断裂

### (一) 金星的裂谷带

金星表面上分布很多裂谷带，就全球范围而言它可划分出三组方向的裂谷带，共同组合成网格状裂谷系统(图 4.29)，在上述裂谷系统中：① 最长的一条呈 E-W方向分布，起自 Beta 区、向西延伸至 Aphrodite“大陆”(是金星上最大的“大陆”之一)西端，裂谷带长度超过 20 000 km，总体呈线状略显弧形；② NW-SE 方向裂谷带，是从 Themis 区向西北延伸至 Afta 区，裂谷带长约 14 000 km；③ S-N 向裂谷带，由 Beta 区南北延伸至 Phoebe 区，裂谷长约 8 000 km。这三组方向的裂谷带主要集中分布在金星的赤道地带，裂谷带的星壳最薄，是在引张力作用下被拉破，形成了裂谷，达全球性规模。此外，三组方向裂谷带相交之处，因星壳破碎，引起火山喷发活动，故它们是火山成群分布的地方(如 Beta 区)。

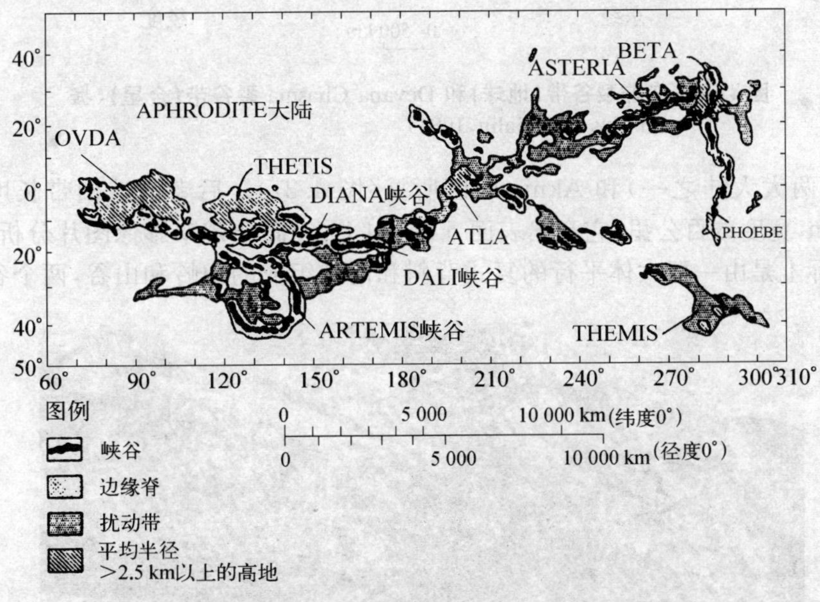


**图 4.29　金星裂谷系统展布略图**(据 Phillips and Malin，1984)

对比金星上发育许多裂谷带特点，发现它们和地球发育的裂谷十分相似，譬如呈 N-S 向分布的 Devana Chasma 裂谷带，不论其形态、走向、规模都与东非大裂谷带相似(图 4.30)。

### (二) 金星的褶皱山系

金星表面上另一类地貌景观是侧向挤压力形成的褶皱山系，如在 Ishtar 大陆

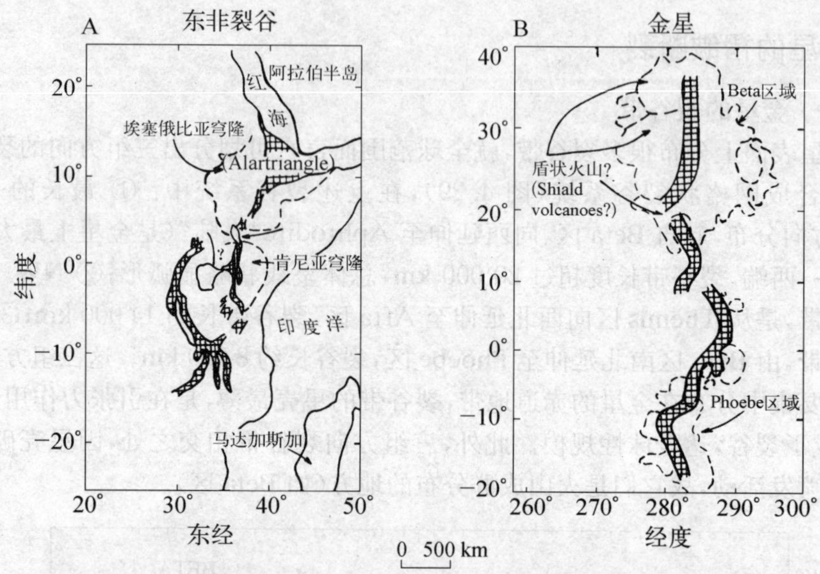


**图 4.30 东非裂谷带(地球)和 Devana Chasma 裂谷带(金星)**(据 Phillips and Malin,1984)

(金星上两大大陆之一)和 Akma 山区所见(图 4.31)。后者的造山带长度超过 1 000 km,宽度数百公里,它高出表面 5 km 以上,经高分辨率影像图片分析,这些山系实际上是由一群大体平行的复式背斜和向斜组成的山岭和山谷,两个谷岭之

**图 4.31 金星表面造山带褶皱和断裂**(苏联金星 15 号、16 号摄)

间间距 5～20 km，高约数百米到上千米不等；山系延展至某一区域发生 V 字型扭曲变化，正是这些复式背向斜至此发生构造倾伏现象。上述山系的不连续处，常为线性影像所切割，即发生了各种断裂，显然他们都是由强烈构造运动造成的。依据高分辨率资料，在金星 15/16 号区还可获得造山带似“拼木地板”拼合的地貌景观，它们或作直角状或作斜角状或作不规则形状与主造山带相交，原来它们都是多种方向的断裂构造(图 4.32)。此外，金星表面还分布有同心环状和叠加辐射状两组断裂构成的各种谷岭系统，环状直径可达 150～600 km。究其原因，一是冲击作用所形成的冲击构造；二是火山作用形成的火山构造；三是星幔隆起导致的底辟构造。

**图 4.32　金星上两组方向的张性断层**(苏联金星 15 号、16 号摄)

## 三、火星的褶皱断裂

火星表面的最大特点就是断裂构造特别发育，成群出现的悬崖和峭壁，高达 2 km，连续延伸长度超过 1 000 km，大峭壁上还清晰可见由火山岩系喷发构成的成层排列现象。这些悬崖峭壁实际上就是火星上最常见的正断层性质的地堑和地垒构造。单个地堑地垒的长度不超过几百公里、宽度也只几公里，但是成群连续并紧密地排列，其长度可达半个火星球。堑垒构造分布方式有两种：一种是定向排列，呈一定方向性。火星上明显的有 EW 向、NE 向和 NW 向三组；另一种伴随着冲击构造和火山构造，呈环状和放射状排列，各自形成一个系统。地堑地垒就是山脊和槽沟(即山岭和谷地)，它们相间组成线形、环形和放射形谷岭三种地貌景观。

当堑垒受到流水、冰川和永久冻土等地质侵蚀作用后，峭壁崩塌、悬崖破坏和山脊被夷平，形成低矮的丘陵山区和不平坦的平原。火星上由堑垒组成的巨型裂谷带，长达 4 000 km，宽约 150～700 km，它比地球上著名的北美大峡谷还大许多倍。有关裂谷带成因，通常认为是火星的“星幔”发生对流运动，在上升流处拉张导致“星壳”破裂造成的，这类似于地球上裂谷的成因。至于局部性断裂构造成因则与当地各种拉张、挤压作用有关，而环形断裂、放射状断裂则与冲击作用、火山作用有关。

火星中低纬度上有一个由巨型深断裂组成的断裂网络带，称“渠道”带。那里发育 NE、NW、EW、NS 共计四组优势方向断层，构成似蛛网密布的图案（图 4.33）。断裂的分布方向、长度、规模大小、频率等均和地球上相似，譬如地球最长的大断裂长度为 10 000 km，相当于地球一个 90°弧度长度；而火星最长大断裂长度约 5 000 km，折算后也相当火星上一个 90°弧度长度；但不同的是火星上密集断裂网系主要集中分布在中、低纬度地带。

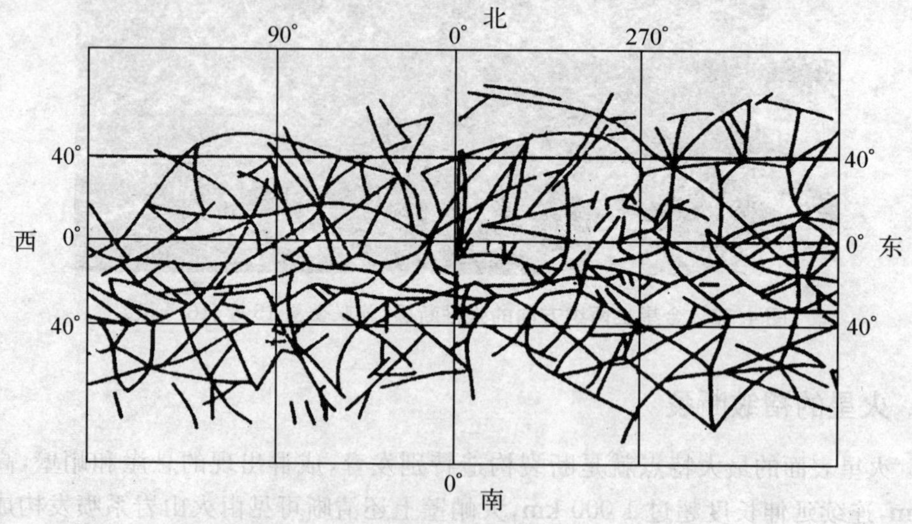


**图 4.33　火星“渠道”上的线性断裂网络带**（据徐道一等，1983）

火星南极还存在区域性共轭交叉断裂（图 4.34），一组走向近北北东向，另一组近北东东向，两组共同构成近北东走向的追踪断裂带，显示主压应力呈北东—南西方向。此外，还存在雁列行的断裂组，呈现左行走向滑动的特征。

**图 4.34　火星南极冰盖中的共轭断层、之子形追踪张性断层和雁行断层**(转引自曾佐勋、张振飞等,2008)

主要发育区间：南纬 73°—82°；东经 150°—220°

**图 4.34′　火星湖泊复原图**(路透社,2009)

火星表面一条长达 50 km 的峡谷湖泊,水面积可能达到 200 $km^2$,深达 450 m,可能形成于34亿年前。

# 第三节　其他卫星的褶皱断裂

## 一、火卫一的褶皱断裂

火卫一是火星的一个很小的卫星,总体积仅为 27×21×19 $km^3$,而它的表面上却布满了断裂沟槽,它们一般长 30 km,宽 100～200 m,深 10～20 m(图 4.35),排列成六组(图 4.36)。另据火卫一最大冲击坑的观察,断裂呈放射状排列,离冲击坑愈近的沟槽愈发育,远离冲击坑时沟槽分布稀疏,直至消失。可见此种断裂沟槽是由冲击作用形成的。

## 二、木卫二的褶皱断裂

木卫二的表面被冰层所覆盖,因而光滑明亮,冰面上发育很多线状构造,长度超过 1 000 km,宽 70 km,具全球规模,被认为是断裂构造的反映。木卫三是木星的最大卫星，发育很多沟槽组成沟槽系统，属于断裂构造系统，它们被后期充填成为岩墙。在木卫三上有断距达几百公里的断层，属正断层性质，是由星壳局部扩张

**图 4.35　火卫一表面的沟槽**（海盗 1 距火卫一 12 km 时拍摄）

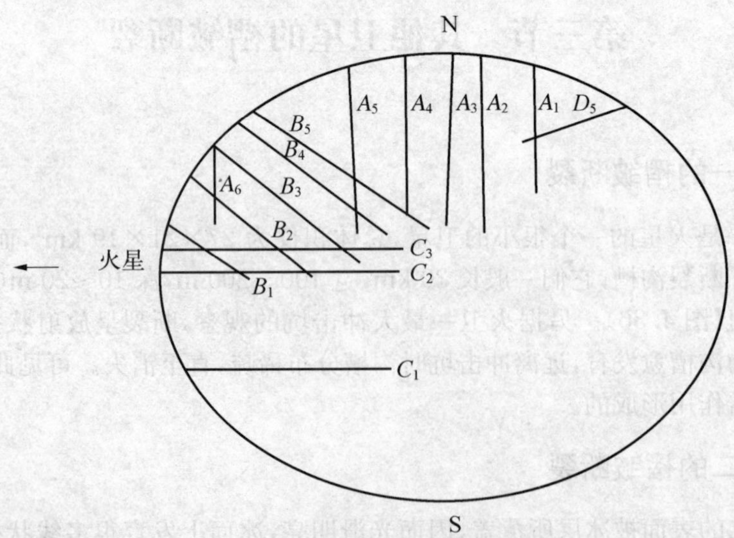


**图 4.36　火卫一上主要槽沟发育方向**（据 Veverka and Burno,1980）

破裂形成的。具有这样大断距的断层，除地球外，在太阳系其他星体上是很少见的。

在类地行星和卫星上普遍发育有断裂和褶皱构造，它们主要呈 NE、NW、EW 和 SN 方向分布。还普遍发育有冲击作用引起的断裂和火山构造，现存的构造来源于星壳与星幔在远古活动时期的构造作用、表壳的张裂和星球自身旋转角速度的变化以及天体撞击等等。

# 第十七章　类地行星演化

类地行星和卫星表面发育有很多的褶皱、断裂和火山构造，这些必定是由于其内动力驱动造成的，也是其长期演化的结果。虽然目前对类地行星和卫星上的构造运动方式、方向和性质的了解还比较有限，但巨型裂谷带和火山构造的发育，表明它们现今或至少在其历史上有可能有和地球或多或少相似的块体的水平和垂直运动。地球物理探测也表明它们有和地球相似的内部圈层构造。关于类地行星和卫星的内部构造，目前存在许多模型，有待于新的空间探测资料加以检验。现仅就类地行星和月球的演化作简单介绍。

太阳星云凝聚吸积形成行星体的过程中，距离太阳的远近是决定行星化学成分的关键因素。行星体形成后，由于星子的聚集能、短寿期与长寿期核素的衰变能、自发裂变能，使行星内部强烈加热，物质发生第一次大分异，产生行星核、幔的雏形。行星幔物质继续加热和熔融，玄武岩浆上升冷却构成初始壳体。物质的继续分异，产生了一部分酸性岩浆，其上升喷发参与组成原始大陆地壳。这个过程在大质量的类地行星中发育较好。在这个过程中大量外来天体的冲击诱发岩浆活动，加速了壳幔分异的进程。

## 第一节　月球的演化

月球在45.6亿年前通过大碰撞而形成。当时一个质量相当于火星的天体(约为地球质量0.14倍)低速向地球碰撞，从撞击物和地球上溅射出的大量物质形成尘埃盘并逐步形成月球(欧阳自远等，2005)。月球演化早期由于强烈撞击的热量，经历了“岩浆洋”阶段，月球至少一半是熔融的，从岩浆洋中结晶分异导致月亮和斜长岩高地的形成。在 4.1～3.15 Ga 期间发生剧烈撞击，导致月海形成和大量玄武岩浆喷溢；自 3.15 Ga 以来月球几乎没有明显的构造岩浆活动。月球正面的月壳厚约50 km，背面厚约 72 km，平均 60 km。其岩石圈厚度至少1 000 km，它也许有一个核，即月核，其半径为 340～500 km。现在月球处于平衡状态，构造运动和热对流都很微弱。现今月球的月震每年释放的能量约 $10^6$ J，仅为地球的 $1/10^{12}$。

## 第二节　水星的演化

水星凝聚时离太阳最近，因此 K 和其他挥发性元素含量低。在水星形成后的 1～1.5 Ga 内，已分异形成了水星的壳、幔、核，同时导致行星膨胀、表面破裂、岩浆溢出。水星也受到小行星、陨星猛烈撞击，直径 1 300 km 的 Caloris 盆地就在轰击早期形成。此后水星壳幔开始冷却在其形成后约 2.0 Ga 时，已具有 200 km 厚的岩石圈，500 km 厚的熔融幔和 1700 km 的熔融铁核。目前水星壳厚约 500 km，幔厚约 200 km。它的构造岩浆活动主要发生在形成之初的 2.0 Ga 内。由于星体收缩、发育了全球性断裂体系现代水星内部的构造，岩浆活动很微弱。

## 第三节　金星的演化

金星形成的部位比地球更靠近太阳，其凝聚温度比地球高。它形成后约 1.0 Ga 内，已产生了 100 km 厚的壳、约 800 km 厚的熔融上星幔和约 220 km 厚的下星幔，可能有一个熔融的铁镍核。其早期有过剧烈的构造活动和火山喷发。目前其内能仍足以产生明显的构造岩浆活动。

金星与地球的距离比太阳系中任何行星之间的距离都更近。它的面积组成、质星、密度和构造与地球的非常相似。以往认为金星与地球是“孪生”的，但是现今的研究表明，金星在太阳系中却是个非常奇特的星球。分布在金星表面的冲击坑极不规则，这种现象迄今在太阳系的任何星上从未见到过。在太阳系中，表面布满冲击坑的星球年龄通常都在30亿至50亿年。如果金星自诞生以来的冲击坑全部或大部分能保留下来，其表面就会布满冲击坑。但是，金星表面冲击坑非常少，非常新。金星表面总共大约有900个冲击坑。按照彗星和小行星在整个太阳系撞击的频率计算，金星表面900个冲击坑是过去3亿至5亿年间形成的。好似以前旧的冲击坑的痕迹已全部消失，让新的撞击逐渐留下痕迹。一般冲击坑较少的星球，其表面形成年龄也较年轻。金星表面非常年轻，这反映金星整体曾在约5亿年前发生过剧烈的变化，其内部的高温使其表面发生彻底变化。此后金星的构造岩浆活动减弱，处于相对休眠状态。一般认为金星上不存在板块运动和构造（岩石圈较厚、玄武-榴辉岩转换界面较凉，抑制了外壳循环）。对比地球和金星表面特征发现：地球表面是洋脊和海沟系统，洋脊窄、侧面上凹的，反映冷却收缩。金星相反，山脊较宽缓且侧面上凸。金星没有地球型板块构造。金星表面目前近似于地球极地冰块之间运动和相互作用的方式演化（李春来等，2005）。

## 第四节 火星的演化

火星形成后约1.0 Ga，其内部物质分异造成了半径约1 200 Km的Fe－FeS核和厚约150 km的壳。其演化早期有剧烈的构造和火山活动。随着火星内部温度的升高，它的星幔局部熔融。现在火星壳厚约200 km，星幔厚约2 000 km并有一个半径约1 200 km的可能是熔融的Fe－FeS核。它自3.0 Ga以来逐渐冷却，现代构造——火山活动已不活跃。火星火山活动类似地球上地幔羽活动，影响很大的区域，火星表面也曾有过水的侵蚀，现在还有风的剥蚀作用，其强度地球上无法相比。

## 第五节 类地行星构造演化差异的原因

类地行星体上火山活动和构造作用的持续时间似乎是行星体大小的函数，陨石母体约在 4.6 Ga 前形成后即终止了内部演化和火山活动，月球火山活动在 3.1 Ga 前已终止，而水星与火星分别在 2.0 Ga 及 1.0 Ga 前内部的构造岩浆活动趋于宁静，地球与金星仍具有强烈的构造作用及火山活动，但总的活动强度趋于减弱。

类地行星和月球中体积较大的，其玄武岩平原覆盖的面积也较大，而冲击坑的面积却较小。冲击地带可看做行星表面的稳定地带，火山地形则是行星体后期的活动的标志，所以火山地形与冲击坑地形面积之比即为行星演化指数 PEI (planetary evolution index)，PEI 值愈大，则行星的演化程度愈高；其值愈小则行星演化程度愈低(原始表面的面积愈大)。据统计，地球的演化指数最高，为 6.2；火星的演化指数居中，为 0.7；较小的水星和月球的演化指数最低，分别为 0.3 和 0.2。

类地行星体形成之后的构造演化取决于其质量，质量决定了其比表面(表面积/质量)和产热量与散热量之比(表 4.1)，其次决定于其化学成分。

**表 4.1　类地行星的质量与构造活动性**

| 行星的质量 | 小 | 中 | 大 |
| --- | --- | --- | --- |
| 相对表面积 | 大 | 中 | 小 |
| 产热/散热 | 小 | 中 | 大 |
| 分异程度 | 不充分 |  | 充　分 |
| 构造活动性 | 早期僵化 |  | 高度活动性 |
| 大　气 | 无 | 稀薄 | 次生大气 |

小的类地行星和卫星，如水星、月球和陨石母体以及小行星，其演化早期曾强烈加热，产生构造岩浆活动，分异成壳、幔、核，但分异调整不充分。因其质量小、体积小，相对表面积大，散热快，所以很快固化。其演化后期构造岩浆活动停止，保留了古老火山地貌和古老冲击地貌。

大的类地行星，如地球和金星，其早期历史与小的类地行星相似，但其壳、幔、核的相互作用至今仍在进行。其质量大，体积也大，因而比表面(表面积/质量)数值小，产热量/散热量比值大，至今仍有足够内能维持其体内的构造运动和岩浆活动。

中等质量的类地行星，如火星，其早期岩浆活动强烈，内部分异充分。产热/散热量比值中等。构造岩浆作用持续较长，但现在已大大减弱，无明显活动。

质量小的类地行星分异早、固化早，构造岩浆活动结束也早，并常形成巨厚的岩石圈。质量大的行星则内能衰减慢，至今仍能保持明显的构造岩浆活动。

# 第五篇　微观构造与构造预测

微观构造通常更直观地体现了构造流变成因的特征，也更多地牵涉岩石、矿物、元素、同位素的物理响应和化学调整，往往反映了宏观地质体构造变形的实质。构造地质学全面深入的发展，离不开构造物理和构造化学，当今构造地质学发展最快的领域就是对构造介质所进行地物理化学研究。构造预测是构造研究的最终目标，具有广泛的内容，涉及构造地质作用过程中同步的运动动力—成岩成矿—灾害活动—生命协同之间相互作用的构造预测学。本篇仅仅涉及油气资源的构造预测。

# 第十八章　显微构造和超微构造

本章更多涉及物理、化学在构造地质学中的应用，也是未来的一种发展方向。

显微构造和超微构造是构造地质学定量化的重要渠道和理论深化的关键所在。构造岩中构造矿物的晶体组构、位错组构和纳米组构是微构构造研究的基本内容。

## 第一节　显微构造的晶体组构

晶体组构是岩组学研究的领域。岩组与显微构造是部分同义词。显微构造(microstructure)是指变形、变质岩石的微观构造和组构的特征及其变形机制。主要是通过显微镜下观察岩石和矿物的微观构造；而利用显微镜上加载费氏旋转台研究矿物颗粒及其内部结晶要素排列规律和成因机制，则属于岩组学(petrofabrics)研究的岩石组构即岩组的领域。显微变形机制与宏观变形机制有着内在联系，显微构造研究有助于认识不同尺度、不同层次的各种地质构造的形成机制和演化历史。岩组分析可为阐明岩石形成的条件、机制及演化历史提供信息。岩组图5.1的获得是应用统计学原理，将组成岩石的某种矿物的面状构造和线状构造的方位做定量测量，并以等密线法等多种方法作出的图解来阐明岩石中这种矿物空间

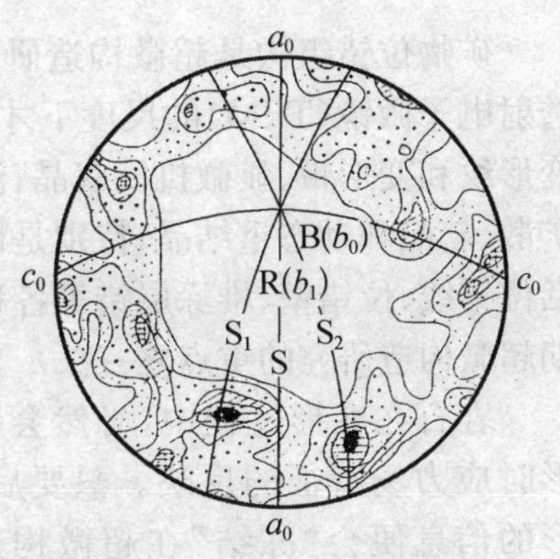


**图 5.1　东海片麻岩石英光轴方位岩组图**(据刘德良、李曙光等,1992)

360次测定，等密级<1—1.4—2—2.5—3.1%

排列的规律性特点。举研究实例如下。

岩石组构的筛析和组构序列的建立是复合组构分析的基础。这里仅介绍一例是石英结晶优选方位所体现的晶格方位。定向标本采自东海县火车站，二长片麻岩靠近褶曲转折端，制作了垂直 *b* 轴切片，用费氏旋转台测得 360 颗石英光轴方位岩组图(图 5.1)。这是一张综合图式，具有较为完整的环带，但并非一般的 R-环带构造岩组构，环带在 *ac* 面内，接近基圆，属于菲尔班石英综合图的Ⅳ型极密。在一个单环带的 R-构造岩组构中，若石英光轴在 *ac* 面内均匀分布，不存在有最极密部，表明组构的形成是单因的，属一次变形的结果；若附属或附加有一个或一个以上密度大且倾斜很陡的最极密部，则表明组构的形成有可能是多因的，属于叠加作用的结果。

χ 射线岩组分析方法与繁杂费时的费氏台方法对于不同的研究目标和对象各有优点。使用 χ 射线衍射仪配以电子计数管加上计算机，可以直接测出构造岩中选定晶面的结晶优选方位，并自动成图。

## 第二节　超微构造的位错组构

矿物位错组构是超微构造研究的领域。超微构造(ultramicrostructure)是在透射电子微镜(TEM)的尺度下才能观察到的超显微变形构造，如碎裂和亚颗粒、变形纹和变形带、显微机械双晶、液态包裹体、无水和含水条件的晶缘扩散及晶内扩散、新晶和动态重结晶，特别是以“冷加工”为主产生的位错滑移和位错蠕变，包括位错线、位错壁、堆垛层错等各种位错形貌和位错组态的探究，是当前尚处于早期超微构造研究的重点之一。

岩石在变形过程中，必然会记录下由应力产生的超微构造形迹，是岩石变形时应力场特征的反映。只要后期构造变形强度不超过前期的，那么前期变形的信息便会“冻结”在超微构造中。反之，前期的变形信息便会被“删除”而“存入”后期变形信息之中。所以，根据变形岩石中的超微构造特征有可能解析出岩石变形历史中主要或最强的变形条件。这样，可通过超微构造特征与变形应力之间的某种关系以定量或半定量地估算变形的差应力（$\sigma_1 - \sigma_3$）和应变速率（$\dot{\varepsilon}$）。

## 一、超微构造特征

通常巨大断裂带是多期次形成的长寿断层，其早期深层次形成韧性剪切带在上升退变质过程中未遭受全面改造，则其特征可以基本保存下来。例示浙西余姚—丽水断裂带的构造岩石学研究中，韧性剪切带糜棱岩矿物中的位错构造特征(图5.2，图5.3)。

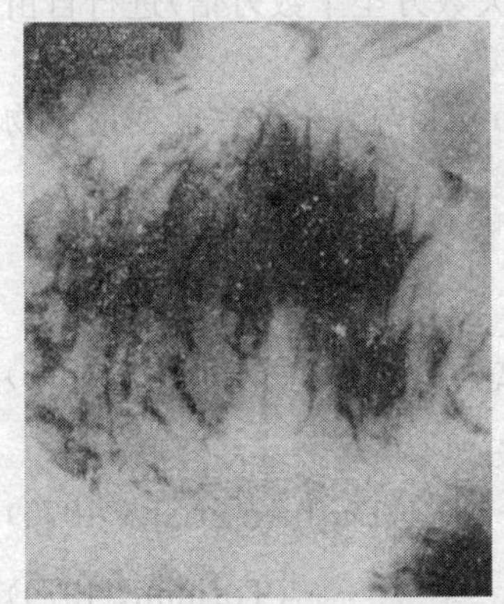

**图5.2　亚晶粒及粒倾斜位错壁和扭转壁**(据刘德良等，1993)

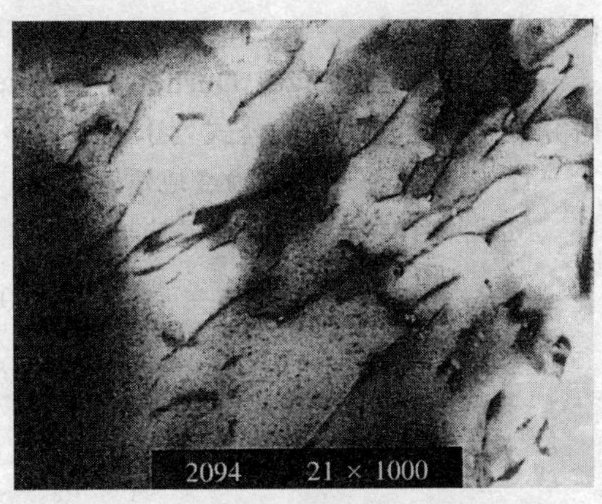


**图5.3　石英自由位错**(据刘德良等，2006)

## 二、古应力的估算

这种方法的基本原理是利用稳态流动变形过程中，外施差应力与变形岩石中产生的自由位错密度、亚晶粒及动态重结晶颗粒粒度之间存在着一定的函数关系。关于稳态流动的概念，可参看图6.36，图中第二阶段(即曲线 *BC* 段)为稳态阶段，应变不随时间发生变化($\Delta\varepsilon/\Delta t = 0$ 时)，也就是说，岩石变形进入一个稳定阶段，所以叫稳定蠕变，或称稳定流动。岩石变形过程中要达到稳态流动阶段是有条件的。最基本的条件是高温，一般要求变形的比温度($T/T_m$，$T$：变形温度，$T_m$：变形材料的熔点温度)大于0.7和低的应变速率(一般小于$10^{-13}s^{-1}$)。在自然界中，这样的条件只有在深层地壳或上地幔中才能得到满足。

很久以前，金属物理学家们就已发现，在金属试件的塑性变形实验中，当达到稳态流动阶段，变形金属晶体中的显微构造特征，如位错密度、亚晶大小及动态重结晶颗粒粒径与外施差异应力之间存在着一种简单的函数关系，而与变形的温度、压力等因素基本无关。

这一方法很快被地质学家引用过来，通过矿物实验找出了许多估算古应力差值的经验公式，从而用来测定该矿物在地质过程中曾受到的最大古应力差值。尽管这些经验公式差别颇大，但对地质而言，这些差别又显得并不那么重要。

截至目前，变形岩石古应力差值估算方法主要有自由位错密度法，动态重结晶颗粒粒度法和亚晶粒粒度法。其中自由位错密度法，必须借助于高压（200～1 000 KV）透射电子显微镜（TEM），在其照片上（放大数万至十数万倍）进行自由位错密度的统计。

现将 Post、Goetze、Durham、Mercier、McCormick 等人根据实验变形矿物研究推导出的一些经验公式列于以下：

1. 橄榄石变形显微构造地质应力计

(1) 自由位错密度($\rho$)-差应力 ($\sigma_1 - \sigma_3$)

$$\sigma_1 - \sigma_3 = 9 \times 10^{-5} \rho^{0.5}\text{（橄榄岩）} \qquad \text{(Goetze, 1975)}$$

$$\sigma_1 - \sigma_3 = 2 \times 10^{-5} \rho^{0.61}\text{（橄榄石单晶）}$$

(Durham et al., 1975)

$$\sigma_1 - \sigma_3 = KGb\rho^{0.5} \qquad \text{(Toriumi, 1979)}$$

式中，$K = 3$，无量纲系数；$G = 6.5 \times 10^{10}$ Pa，橄榄石刚度；$b = 5 \times 10^{-8}$ cm，橄榄石中位错的柏格斯矢量；$\rho$，位错密度（单位 $cm^{-2}$）。

(2) 亚晶粒粒度($d$)-差应力 ($\sigma_1 - \sigma_3$)

$$\sigma_1 - \sigma_3 = 17d^{-1} \qquad \text{(Goetze, 1975)}$$

$$\sigma_1 - \sigma_3 = 115dd^{-1} \qquad \text{(Mercier, 1976)}$$

$$\sigma_1 - \sigma_3 = 10d^{-1} \qquad \text{(Durham et al., 1977)}$$

或采用位错壁间距($d_s$)-差应力 ($\sigma_1 - \sigma_3$) 关系：

$$\sigma_1 - \sigma_3 = KGbd_s^{-1} \qquad \text{(Toriumi, 1979)}$$

式中，$K = 45$，无量纲系数；$G$、$b$，同上。

$$d_s = 2.8^{+1.5}_{-1.0} \times 10^2 (\sigma_1 - \sigma_3)^{-0.67\pm0.1} \qquad \text{(Karato et al., 1980)}$$

(3) 动态重结晶颗粒粒度($D$)-差应力 ($\sigma_1 - \sigma_3$)

$$\sigma_1 - \sigma_3 = 19D^{-0.67} \qquad \text{(Post, 1973)}$$

$$\sigma_1 - \sigma_3 = 11D^{-0.5} \quad \text{(Goetze, 1975)}$$

$$D = 1.13(\sigma_1 - \sigma_3)^{-1.4}\exp(13\,500/RT) \quad \text{(Mercier, 1977)}$$

$$\sigma_1 - \sigma_3 = 40D^{-0.81} \quad \text{(Mercier, 1976)}$$

$$\sigma_1 - \sigma_3 = 74D^{-0.81} \quad \text{(Mercier, 1980)}$$

$$\sigma_1 - \sigma_3 = 48D^{-0.79} \quad \text{(Avelallemant, 1980)}$$

或

$$D = 8.3^{+5.0}_{-3.1} \times 10^3(\sigma_1 - \sigma_3)^{-1.18\pm0.11} \quad \text{(Karato et al., 1980)}$$

以上，$D$ 单位：μm；$\sigma_1 - \sigma_3$ 单位：$10^8$ Pa。

$$D/b = 19[(\sigma_1 - \sigma_3)/\mu]^{-1.2} \quad \text{(Karato et al., 1983)}$$

式中，$b = 5 \times 10^{-8}$ cm，橄榄石位错的柏格斯矢量；$D$ 为重结晶粒度（单位 cm）；$\sigma_1 - \sigma_3$，差应力（单位 MPa）。

2. *石英变形显微构造地质应力计*

(1) 自由位错密度（$\rho$）-差应力（$\sigma_1 - \sigma_3$）

$$\sigma_1 - \sigma_3 = \alpha\mu b\rho^{0.5} \quad \text{(Weathers, 1979)}$$

式中，$\alpha = 3$，常数；$\mu = 44$ GPa，石英刚度；$b = 0.5 \times 10^{-8}$ cm，石英中位错的柏格斯矢量。

$$\sigma_1 - \sigma_3 = 1.64 \times 10^{-4}\rho^{0.66}$$

（含羟基的人工石英晶体，McCormick，1977）

(2) 亚晶粒粒度（$d$）-差应力（$\sigma_1 - \sigma_3$）

$$d/b = K_{\mathrm{p}}\left(\frac{\sigma_1 - \sigma_3}{\mu}\right)^{-\rho} \quad \text{(Kolhsledt, 1979)}$$

式中，$K_{\mathrm{p}} = 9.56$，无量纲系数；$\mu = 4.4 \times 10^{10}$ Pa，石英的剪切模量；$\rho = 1$，应力指数；$b = 0.5 \times 10^{-8}$ cm，石英中位错的柏格斯矢量。

(3) 动态重结晶颗粒粒度（$D$）-差应力（$\sigma_1 - \sigma_3$）

$$\sigma_1 - \sigma_3 = 3.81D^{-0.71} \quad \text{(Mercier, 1977)}$$

式中，$D$ 重结晶颗粒粒度，单位 μm；$\sigma_1 - \sigma_3$，差应力，单位 MPa。

$$D/b = K_n\left(\frac{\sigma_1 - \sigma_3}{\mu}\right)^{-n} \quad \text{(Kolhstedt, 1980)}$$

式中，$K_n = 4.6$，无量纲系数；$n = 1.47$，应力指数；$\mu$、$b$ 同上。

此外，常用的还有方介石、岩盐、碱性长石等显微构造地质应力计。

## 三、应变速率的估算

岩石在稳态流变时，应变速率($\dot{\varepsilon}$)与差应力 $(\sigma_1 - \sigma_3)$、温度等参数存在下列关系：

$$\dot{\varepsilon} = A(\sigma_1 - \sigma_3)^n \exp[-Q/(RT)]。$$

式中，$A$ 是材料的变形机制常数，对石英来说，$A = 5.5\times10^{-5}$（布尔格(1978)在法国胡也格地区的研究曾取 $A = 1\times10^{-7}$）；$Q = 188\,406\,\mathrm{J\cdot mol^{-1}}$，为控制变形扩散过程中的活化能；$R = 8.314\,4\,\mathrm{J\cdot mol^{-1}}$，为理想气体常数；$n = 2$，为流动机制的稳态应力指数；$T$ 为绝对温度。

Avelallemant 等(1980)提出了橄榄岩的高温蠕变变形的应变速率关系式：

$$\dot{\varepsilon} = 1.7\times10^9 \exp[-(125\,200 + 320\mathrm{P})/RT]\sigma^{3.2}。$$

式中，$R$ 为理想气体常数 $(R = 1.987\,\mathrm{cal/mol\cdot K})$)，温度 $T$ 用开氏温标。

估算古构造的应力及应变速率，无疑是为构造变形研究增加了一种定量分析的方法。但是，也必须注意到，这种方法还存在一定局限性。因这种方法的理论依据源于冶金学的研究成果。显然，矿物晶体与金属晶体还不能完全等同，因此，应当说在理论上这种方法还是很不完善的。此外，实验室同自然地质条件有相当大的差别，将实验室标定的古应力计算关系式用到天然的地质变形矿物时，必定会带来一定的误差。当前还没有行之有效的方法来弥合这种误差。对于古应力和古应变速率的估算，目前只能达到数量级的精度。

## 四、应变速率的应用

### 1. 应变速率在比较构造学的应用

为了解大别山北侧桐柏—桐城断裂和鲁南日照—荣城断裂及郯庐断裂南段桐城—太湖断裂之间的关系，刘德良等(1992)针对三条断裂韧性剪切带糜棱岩进行应变速率多种方法的测定结果表明，无论那种方法所得结果，桐柏—桐城断裂和日照—荣城断裂的应变速率都在 $10^{-16}\,\mathrm{s^{-1}}$ 量级，而桐柏—太湖断裂的应变速率都在 $10^{-20}$ 量级，彼此相差万倍(图 5.4)。可见近东西向两条断裂的相关一致性而与郯庐断裂非一致条件下产生。

### 2. 应变速率在构造年代学的应用

应变速率($\dot{\varepsilon}$)是属于时间范畴的概念，其值是表述时间的参数。承如构造时限篇所列公式，可用以测算构造事件的时限。

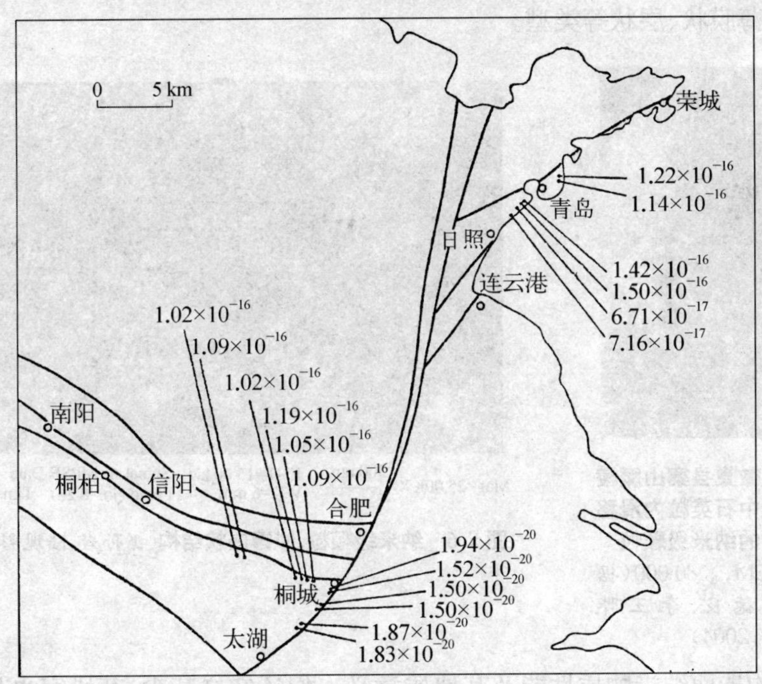


**图 5.4　采样位置及应变速率 $\dot{\varepsilon}(s^{-1})$ 分布**（据刘德良、李曙光等，1992）

# 第三节　超微构造的纳米组构

现在地质学一般将 $10^{-19}$～$10^{-7}$ m 尺度级颗粒视为纳米(nm)级物质颗粒（此与物理、化学中的略有不同）。纳米粒大多分布在晶体超微滑面上，成为超微层间流变过程中产生的流滑介质。自 20 世纪 80 年代以来就有岩矿中发现纳米颗粒的报导(Bakken，1989)，目前发现的具有纳米结构的非金属矿物晶体主要有沸石、膨润土、高岭石、海泡石、伊利石、石墨、假玄武玻璃、海底锰结核等。孙岩等(2002、2003、2005)研究了美国加州深钻岩芯中的超微磨粒。刘德良等(2004)描述了郯城—庐江断裂韧性剪切带糜棱岩中的纳米结构。

目前发现矿物中纳米结构主要呈现为散点状、浸染状（图 5.5）、镶嵌状

(图 5.6)、薄膜状、层状等类型。

**图 5.5 安徽巢县寨山糜棱岩中石英粒内滑移面的纳米级颗粒** TEM, ×80 000(据刘德良、李王晔等,2004)

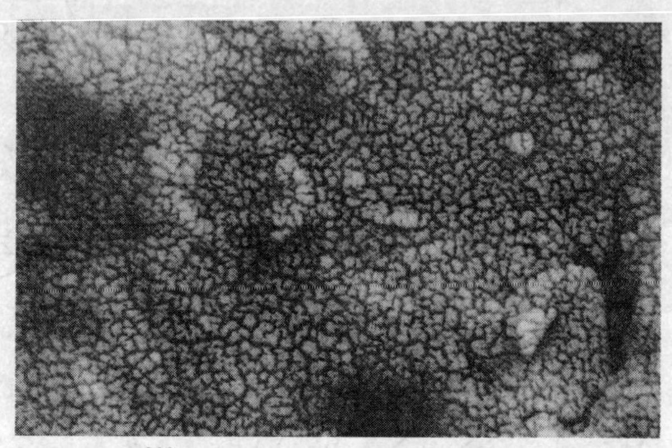


**图 5.6 纳米级颗粒,似镶嵌状结构**(据孙岩、陆现彩等,2006)

对于构造面纳米物质性能及其地质意义人们还知之甚少,其研究也只是近些年才有,但人们可以了解其他学科有关的研究。例如,新研试中的纳米纸(拉尔斯·贝里隆德)具有极高的性能。机械测试显示,纳米纸的张力能达到 2.14 亿帕斯卡,比铸铁(1.3 亿帕斯卡)还要强,几乎能与用于建造楼房和桥梁的结构钢(2.5 亿帕斯卡)媲美。普通纸张则很脆弱,其张力不到 100 万帕斯卡。纳米纸高性能的秘密不仅仅是因为含纤维素的完整纤维固有的强度,而且还在于它们排列成网状的方式。尽管它们牢牢粘附在一起,但它们仍然能够相互滑动,抵消拉力和压力(比尔·克里斯滕森,2009)。这很有意思,人们或可从现代物理化学有关纳米材料的研究中获得启发。

矿物纳米组构可能是非弹怀流变所致,形成于韧性变形过程(碎裂流动、塑性流动、黏性流动和滑移流动),发生在进应变—变质与退应变—变质转换时趋于成晶的临界状态。各种矿物组构形成的差应力/温度是不同的。

构造岩构造矿物微面理纳米组构的研究开拓了断裂构造研究的新领域,有助于构造运动理论的探索,推动构造物理化学动力学的发展在石油天然气封盖作用研究中,可将泥岩颗粒涂抹的直观分析提升到纳米颗粒涂抹的理论分析。微面理纳米组构的未来研究,必将在分级纳米的形貌组态、类型性能、成因机理以及地质意义等方面获得进一步的发展。

# 第十九章　构造物理和构造化学

构造物理化学(tectonic physicochemisty)条件与构造层及构造域是相互协调发展的。构造物理化学研究(吕古贤,1999)已从地壳的结构构造和物质组成两个静态系统的相关研究,发展到构造动力学和化学动力学两个动力系统的相关研究。

构造物理(Tectophysica)是应用物理学的理论和方法,研究各种地质构造的物理性质和物理过程。马杏垣(1986)指出:“构造物理学是一门内涵广泛的学科,它主要研究不同尺度,不同层次,不同类型地壳构造变形现象的物理本质。由于这门学科与生产密切联系,所以发展很快,但各国对这门学科的研究内容有所不同。”,“李四光先生创导的地质力学,运用力学的原理和方法研究地质构造,探索应力场等,可看成是我国构造物理学方面的开创性工作。20世纪50年代构造物理一词传入我国时,并未得到广泛使用。”甚至现在,构造地质学仍然没有能包括和兼容构造介质的化学、重力、磁性、电性、震波、地热等相关内容的教学。这里所介绍的是这方面一次初步的探索和尝试。

任何较强的构造活动,在地应力作用下,在应变变化过程中都伴有磁场变化、震波变化、重力变化、自电势变化等。亦相应产生了构造磁学、构造声学、构造电学等。构造磁学较多地研究构造断裂地震及火山活动有关的地壳变形所产生的磁场变化,可作为一种监测地壳偏应力和预测地壳破坏的一种方法,以研究构造活动造成破裂过程相关的磁场扰动。构造声学较多地研究不同类型构造断裂带不同构造介质不同的波速及衰减的响应,以进行构造的声学鉴别。构造电学较多地研究构造活动有关的地电和电磁效应,这与构造断裂剪切热及热驱动流体产生的动电、热电效应有关。而构造力学和构造化学的研究由来已久。

## 第一节　构造磁学的磁性组构

岩石磁性组构即是指岩石中磁性颗粒的形状和方位以及磁性矿物晶轴的排列形式，可简称为磁组构，研究岩石磁性组构是利用岩石磁化率各向异性考查岩石组构。构造岩磁化率具有一定程度的各向异性，存在三个彼此正交的主轴方向和相应的主磁化率，按大小依次称为最大主磁化率 $K_{max}$，中等主磁化率 $K_{int}$ 和最小主磁化率 $K_{min}$，由其构成磁化率数值椭球。就是根据三主轴的量值及其之间的各种比值而定出了磁性组构的各种参数。现以浙江省西部主要韧性剪切带磁组构研究为实例，所测结果列于表 5.1。

**表 5.1　浙江省西部主要韧性剪切带岩石磁性组构参数表(据刘德良等，1993)**

| 剪切带代号 | 样号代号 | $K$ ($10^{-6}$SI) | $P$ | $E$ | $F$ | $L$ | $D_g$ | $I_g$ |
|---|---|---|---|---|---|---|---|---|
| $M_1$ | $QE_6$ | $1.855\times10^2$ | 1.138 3 | 1.070 4 | 1.103 8 | 1.031 2 | 251.9 | 25.8 |
| $M_1$ | $QE_7$ | $6.960\times10^2$ | 1.107 1 | 1.086 3 | 1.096 6 | 1.009 4 | 28.1 | 34.1 |
| $M_2$ | $QE_2$ | $1.227\times10^5$ | 2.671 3 | 2.028 0 | 2.327 5 | 1.147 6 | 132.4 | 54.4 |
| $M_2$ | $QE_3$ | $5.955\times10^2$ | 1.273 0 | 1.047 6 | 1.154 8 | 1.102 3 | 97.6 | 77.3 |
| $M_3$ | DC | $1.559\times10^2$ | 1.144 1 | 1.069 5 | 1.106 1 | 1.034 2 | 28.7 | 55.6 |
| $M_3$ | $ZD_2$ | $1.875\times10^2$ | 1.063 6 | 0.944 9 | 1.002 5 | 1.060 9 | 313.8 | 57.2 |
| $M_3$ | Jn | $1.833\times10^2$ | 1.059 6 | 0.993 4 | 1.026 0 | 1.032 8 | 164.8 | 33.2 |
| $M_4$ | $SEJ_1$ | $7.375\times10^1$ | 1.234 5 | 1.130 3 | 1.181 3 | 1.045 0 | 264.3 | 13.4 |
| $M_4$ | $SEJ_2$ | $1.376\times10^5$ | 2.066 3 | 1.510 6 | 1.766 8 | 1.169 5 | 310.4 | 63.6 |
| $M_5$ | SEf | $4.417\times10^2$ | 1.041 1 | 1.021 7 | 1.031 4 | 1.009 4 | 235.0 | 65.2 |

注：$K$ 为主磁化率，$P$ 为磁各向异性度，$E$ 为磁化率数值椭球扁率，$F$ 为磁性面理，$L$ 为磁性线理，$D_g$、$I_g$ 为恢复地理坐标后的磁偏角、磁倾角，单位为度

变形岩石磁化率椭球的主轴与应变椭球的主轴存在共轴关系，两者形态有相似性，其长度之比存在幂指数关系。因此，可以用磁化率椭球替代应变椭球来分析应变的方式和方向。对于同一成因的构造岩磁化率椭球三主轴的方位和轴间比率

具有较大的一致性。因此，在磁组构研究中更重视方位和轴比。通常，当磁各向异性度 $P = K_{max}/K_{min} > 1.1$，反映应变较强；磁化率数值椭球扁度 $E$ 为磁面理值 $F$ 与磁线理 $L$ 之比，即 $E = F/L = (K_{int}/K_{min})/(K_{max}/K_{int}) = K_{int}^2/K_{min} \cdot K_{max}$，它反映椭球体形态，当 $E > 1$，为压扁椭球，$E < 1$，为拉长椭球。表 5.1 中分别列出了轴比率和方位值。

磁组构研究结果表明：(1) 龙济韧性剪切带磁性组构的 $P \approx 1.1071 \sim 1.1383$，反映变形较强；$E \approx 1.1$ 显示为压扁椭球，反映中等强度的变形。(2) 溪口韧性剪切带，$P = 1.2730 \sim 2.6713$，表示变形强度；$E = 1.0476 \sim 2.0280$，呈现为较大的压扁椭球，反映强烈的变形作用；最大主磁化率方向与韧性剪切带走向基本一致。(3) 张村—东村和渤海—三枝树的韧性剪切带，经历过复杂的过程，DC 岩样 $P = 1.1441 > 1$，表示变形较强，$E = 1.0695 > 1$，呈微弱压扁椭球；$ZD_2$ 和 Jn 岩样 $P = 1.0596 \sim 1.0636 < 1.1$，表示变形较弱，$E = 0.9449 \sim 0.9934 < 1$，呈微弱拉长椭球；以上反映出该韧性剪切带压缩和拉伸的先后作用。磁组构分析结合晶组分析和野外观测综合初步认识，龙济韧性剪切带以挤压作用为主，属于逆掩断层型平滑韧性剪切带；溪口韧性剪切带以单式剪切作用为主，属于平移断层型走滑韧性剪切带；张村—东村和渤海—三枝树韧性剪带历经挤压和走滑，而且晚期有拉伸作用，显示为正断层型滑离韧性剪切带。

## 第二节　构造声学的震波信息

岩石具有各异的弹性和非弹性特征，相应可用其弹性波的波速和衰减信息来研究地质构造。

### 一、涵义

弹性波的纵波传播速度以 $V_P$，横波传播速度以 $V_S$ 表示；衰减特征通常用品质因子($Q$ 值)来表征，$Q$ 值与衰减系数 $\alpha$ 呈倒数关系：$\alpha = \omega/(2\pi Q)$。$Q$ 值是描述岩石非弹性的重要参数。对于完全弹性体，$Q = \infty$，$Q$ 越小，非弹性特征就越突出(陈颙和黄廷芳，2001)。岩石 $Q$ 值是由岩石的微观性质及所处环境控制的无量纲值，是表征岩石非弹性性质十分有效的物理量。随着地震波能量衰减的增大，$Q$

值减小，岩石表现为非弹性；反之，随着衰减的减小，$Q$ 值增大，岩石趋向于弹性。当前构造物理研究主要是采用超声波法。超声波是指连续介质中传播频率超过 20 000 Hz 即超过人耳听阈高限的弹性声波。超声波在传播过程中都会发生衰减。与波速相比，在反映地壳岩石应力状态变化、内部结构缺陷扩展、介质流变性质改变等方面，超声波的衰减特征是更为敏感灵验的判据。

## 二、构造岩声学参数

通过野外不同构造介质选择和室内对样品的声波测试分析，可探明不同构造介质的声学响应的规律。首先必须进行一些基本参数的测定（表 5.2，表 5.3）和各种物性参数的对比（图 5.7，图 5.8），为下一步解析声波所反映的构造介质性能作准备。

**表 5.2　长英质糜棱岩波速参数（据刘德良、袁学诚等，2001）**

| 样品序号 | 质量 (g) | 密度 (g/cm³) | 尺寸（cm×cm×cm） | | | 压缩波速度 (km/s) | | | 扭转波速度 (km/s) | | | 体积模量 (×10⁹ Pa) |
|---|---|---|---|---|---|---|---|---|---|---|---|---|
| | | | $x$ | $y$ | $z$ | $x$ | $y$ | $z$ | $x$ | $y$ | $z$ | |
| 1 | 97.13 | 2.76 | 2.72 | 5.79 | 2.24 | 4.83 | 4.64 | 4.43 | 2.72 | 2.81 | 2.66 | 28.1 |
| 2 | 140.31 | 2.67 | 3.37 | 4.87 | 3.20 | 4.85 | 4.51 | 3.83 | 2.83 | 2.88 | 2.37 | 19.2 |
| 3 | 102.17 | 2.72 | 3.15 | 3.38 | 3.53 | 5.34 | 5.36 | 4.49 | 3.18 | 3.25 | 3.89 | 24.6 |
| 4 | 70.44 | 2.73 | 2.16 | 4.46 | 2.68 | 6.20 | 5.99 | 5.82 | 3.69 | 3.54 | 2.39 | 50.7 |
| 5 | 165.31 | 2.69 | 2.71 | 4.11 | 5.52 | 5.37 | 5.23 | 4.72 | 3.23 | 3.22 | 2.72 | 33.3 |
| 6 | 122.39 | 2.65 | 2.10 | 4.14 | 5.32 | 5.48 | 5.46 | 5.14 | 3.27 | 3.16 | 2.99 | 38.4 |
| 7 | 122.49 | 2.88 | 2.10 | 3.30 | 6.14 | 4.62 | 4.51 | 4.04 | 2.73 | 2.69 | 2.70 | 19.1 |
| 8 | 35.58 | 2.61 | 2.13 | 2.53 | 2.53 | 5.95 | 5.88 | 5.62 | 3.44 | 3.47 | 3.39 | 42.4 |

| 样品序号 | 杨氏模量 (×10⁹ Pa) | 剪切模量 (×10⁹ Pa) | 拉梅系数 (×10⁹ Pa) | 压缩系数 (×10⁻¹¹ Pa⁻¹) | 泊松比 | 波速比 | | | 波密度 |
|---|---|---|---|---|---|---|---|---|---|
| | | | | | | $x$ | $y$ | $z$ | |
| 1 | 47.7 | 19.6 | 15.1 | 3.56 | 0.22 | 1.65 | 1.78 | 1.66 | 54.3 |
| 2 | 35.7 | 15.0 | 9.2 | 5.21 | 0.19 | 1.71 | 1.56 | 1.62 | 39.2 |
| 3 | 52.1 | 22.7 | 9.4 | 4.06 | 0.15 | 1.68 | 1.65 | 1.55 | 54.9 |
| 4 | 78.1 | 31.4 | 29.8 | 1.97 | 0.24 | 1.69 | 1.68 | 1.72 | 92.6 |
| 5 | 49.8 | 19.9 | 20.1 | 3.00 | 0.25 | 1.66 | 1.62 | 1.74 | 59.8 |
| 6 | 58.8 | 23.6 | 22.6 | 2.60 | 0.24 | 1.73 | 1.68 | 1.72 | 69.9 |
| 7 | 46.0 | 20.9 | 5.2 | 5.24 | 0.10 | 1.68 | 1.69 | 1.50 | 47.0 |
| 8 | 72.7 | 30.0 | 22.4 | 2.36 | 0.21 | 1.66 | 1.73 | 1.69 | 82.3 |

注：除 6 号样为类糜棱岩外，其余样品均为糜棱岩；测试采用超声脉冲法和超声波回波重合法

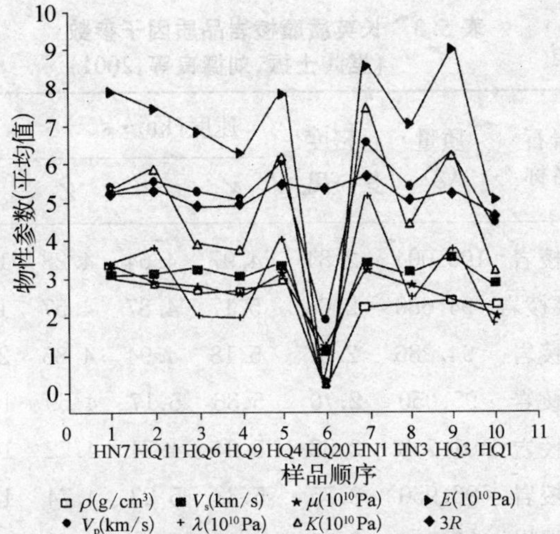


**图 5.7　华北盆地南缘寒武系底部岩系岩石物性参数比较**(据刘德良、李振生等,2003)

$\rho$：密度；$V_P$：P 波速度；$V_S$：S 波速度；$\lambda$：拉梅系数；$\mu$：剪切模量；$K$：体积模量；$E$：杨氏模量；$R$：泊松比；HN7：侏罗系砂岩，HQ11：含砾砂灰岩，HQ6：Ⅳ段中部砂灰岩，HQ9：Ⅳ段下部砂灰岩，HQ4：磷结核，HQ20：沥青钙质页岩，HN1：钙质页岩，HN3：泥灰岩，HQ3：钙质角砾岩，HQ1：钙质页岩

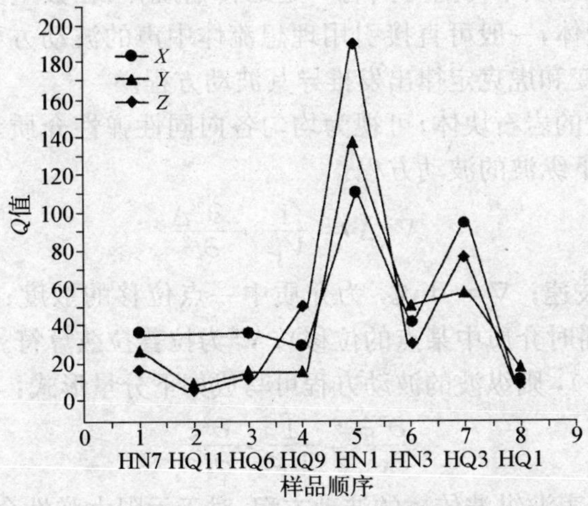


**图 5.8　华北盆地南缘寒武系底部岩系岩石品质因子(Q 值)对比**

HN7：侏罗系砂岩，HQ11：含砾砂灰岩，HQ6：Ⅳ段中部砂灰岩，HQ9：Ⅳ段下部砂灰岩，HN1：钙质页岩，HN3：泥灰岩，HQ3：钙质角砾岩，HQ1：钙质页岩

表 5.3　长英质糜棱岩品质因子参数
（据陶士振、刘德良等，2001）

| 序号 | 样品号 | 岩石名称 | 质量(g) | 密度($g\cdot cm^{-3}$) | 速度($km\cdot s^{-1}$) | | | Q 值 | | |
|---|---|---|---|---|---|---|---|---|---|---|
| | | | | | X | Y | Z | X | Y | Z |
| 1 | Fch-1 | 糜棱岩 | 100.004 | 2.84 | 4.97 | 4.64 | 4.28 | 11.8 | 9.8 | 17.9 |
| 2 | XJ-1 | 类糜棱岩 | 94.680 | 2.68 | 5.17 | 4.87 | 4.57 | 12.2 | 17.6 | 9.0 |
| 3 | XJ-7 | 糜棱岩 | 94.286 | 2.67 | 5.18 | 4.94 | 4.85 | 25.1 | 28.0 | 18.0 |
| 4 | KJ-7 | 糜棱岩 | 95.050 | 2.70 | 5.36 | 5.17 | 4.59 | 18.8 | 30.9 | 14.2 |
| 5 | KJ-9 | 糜棱岩 | 101.758 | 2.88 | 5.04 | 4.74 | 4.72 | 10.3 | 9.1 | 10.4 |
| 6 | Fch-3 | 糜棱岩 | 96.950 | 2.75 | 5.32 | 5.23 | 4.74 | 11.3 | 20.1 | 10.2 |
| 7 | Fch-4 | 糜棱岩 | 97.082 | 2.75 | 4.97 | 4.94 | 4.50 | 9.1 | 10.5 | 21.5 |

各种岩石的性质（图 5.1，图 5.2）和构造岩的密度、各向异性、古应力状态、孔隙度和渗透率等都可借用声波响应的差异（表 5.4）加以鉴别。

## 三、构造岩密度的声波响应

超声波在弹性介质中传播时具有一定的传播规律，在数量关系上可用波动方程来描述。对于液体，一般可直接引用理想流体中声的波动方程；对于固体，要从固体中的应力、应变和虎克定律出发推导其波动方程。

对手标本尺度的岩石块体，可视为均匀各向同性弹性介质。对于均匀各向同性弹性介质，有如下纵波的波动方程：

$$\nabla^2\Delta = \frac{1}{V_{P^2}}\cdot\frac{\partial^2\Delta}{\partial t^2}$$

式中：$V_P$ 为纵波波速；$\nabla = \mathrm{div}\boldsymbol{\xi}$，为介质中一点位移的散度；（$\boldsymbol{\xi} = \boldsymbol{i}\xi x + \boldsymbol{j}\xi y + \boldsymbol{k}\xi z$，为超声波传播时介质中某点的位移）；$\nabla^2$ 为拉普拉兹算符。

若 $\xi = \xi(x,\ t)$，则纵波的波动方程可写成如下分量形式：

$$\frac{\partial^2\xi}{\partial x^2} = \frac{1}{V_{P^2}}\cdot\frac{\partial^2\xi}{\partial t^2}$$

上式为描述超声波纵波传播的波动方程，对于无限大弹性介质，其表达式为：

$$V_P = \left[\frac{1-\sigma}{(1+\sigma)(1-2\sigma)}\cdot\frac{E}{\rho}\right]^{1/2}$$

式中：$E$ 为杨氏模量；$\sigma$ 为泊松比；$\rho$ 为介质密度。

**表 5.4 长英质糜棱岩及其原岩的波速、品质因子和微孔隙结构参数(据刘德良、李振生等,2007)**

| 样品<br>岩性 | XJ-1<br>长英质<br>糜棱岩 | XJ-7<br>长英质<br>糜棱岩 | KJ-7<br>长英质<br>糜棱岩 | Fch-01<br>长英质<br>糜棱岩 | Fch-04<br>长英质<br>糜棱岩 | YS4-1<br>泥质<br>细砂岩 | YS4-2<br>粗碎裂<br>糜棱岩 | KC3-1<br>粗碎裂<br>糜棱岩 | KC3-2<br>粗碎裂<br>糜棱岩 | KC3-3<br>钙泥质<br>细砂岩 | KC2-1<br>微面理<br>化灰岩 | KC2-2<br>灰岩质<br>角砾岩 |
|---|---|---|---|---|---|---|---|---|---|---|---|---|
| 系列名 | 郯庐糜棱岩系列 | | | | | YS4 系列 | | KC3 系列 | | | KC2 系列 | |
| $V_X$(km/s) | 4.83 | 5.48 | 5.37 | 5.95 | 6.20 | 4.80 | 4.05 | 5.31 | 5.38 | 4.00 | 5.80 | 5.75 |
| $V_Y$(km/s) | 4.64 | 5.46 | 5.23 | 5.88 | 5.99 | 4.67 | 6.06 | | | | | |
| $V_Z$(km/s) | 4.43 | 5.14 | 4.72 | 5.62 | 5.82 | 3.09 | 1.94 | 4.09 | 5.18 | 3.45 | 4.20 | 5.85 |
| $Q_X$ | 12.2 | 25.1 | 18.8 | 11.8 | 9.1 | 32.81 | 5.68 | 5.3 | 5.46 | 4.59 | 86.35 | 6.75 |
| $Q_Y$ | 17.6 | 28.0 | 30.9 | 9.8 | 10.5 | | | | | | | |
| $Q_Z$ | 9.0 | 18.0 | 14.2 | 17.9 | 21.5 | 15.27 | 3.44 | 3.66 | 9.12 | 4.32 | 5.67 | 12.69 |
| $A_V$ | 0.08 | 0.06 | 0.12 | 0.06 | 0.06 | 0.36 | 0.52 | 0.23 | 0.04 | 0.14 | 0.28 | 0.02 |
| $A_Q$ | 0.49 | 0.36 | 0.54 | 0.45 | 0.58 | 0.53 | 0.39 | 0.31 | 0.40 | 0.06 | 0.93 | 0.47 |
| $\rho$(g/cm$^3$) | 2.76 | 2.65 | 2.70 | 2.63 | 2.74 | 2.62 | 2.14 | 2.49 | 2.57 | 2.54 | 2.68 | 2.81 |
| $\phi$(%) | 1.03 | 0.4 | 0.6 | 0.3 | 0.2 | 2.8 | 2.6 | 8.2 | 5.1 | 6.0 | 1.5 | 1.2 |
| $H_g$(m) | 983 | 2 792 | 1 574 | 5 550 | 8 424 | | | | | | | |
| $P_A$(MPa) | 10.13 | 28.78 | 16.22 | >50 | >50 | | | | | | | |

$V_X$、$V_Y$ 和 $V_Z$ 分别是 $X$、$Y$ 和 $Z$ 方向的 P 波速度,$Q_X$、$Q_Y$ 和 $Q_Z$ 分别是 $X$、$Y$ 和 $Z$ 方向的 P 波品质因子,$A_V$ 和 $A_Q$ 分别是 P 波速度和品质因子的各向异性,$\rho$、$\phi$、$P_A$ 和 $H_g$ 分别是密度、孔隙度、突破压力和气柱高度。$A$ =(最大值 - 最小值)/最大值,无量纲。

式中表明岩石的纵波波速 $V_P$ 与密度 $\rho$ 成反比，$E$ 与 $\rho$ 之间又有密切的关系：$\rho$ 增大、杨氏模量 $E$ 增大得更快。因此，密度大的较致密的岩石纵波值越大。上式反映了 $V_P$ 与介质的杨氏模量、泊松比及密度之间的关系。对于岩石而言，这些均决定于岩石的成分、结构及应力状况。对于特定类型的岩石，$V_P$ 与岩石的密度、结构、裂隙、孔隙度及其流体含量和性质有关。如糜棱岩等动力变质岩，它所受应力性质（剪切、压剪、张剪等）及强度、裂隙、岩石颗粒定向分布状况及致密度、矿物重结晶等是影响纵波波速的主要因素。具体测试结果可以反映出波速与岩石密度的基本关系，但也会个别岩样有非一致性表现（图 5.9）。

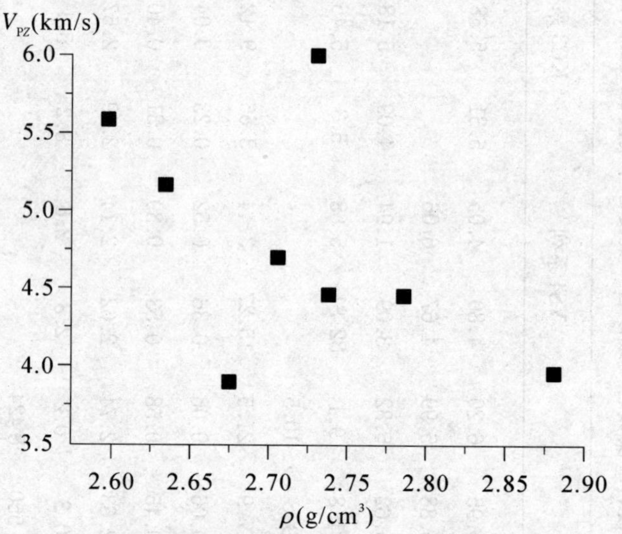


**图 5.9　长英质糜棱岩石波速（$V_{PZ}$）与密度（$\rho$）之间关系**（据刘德良、陶士振等，2001）

## 四、构造岩各向异性的声波响应

在实验室进行岩石弹性测量时，把岩石看成理想的弹性体。为表征这种弹性体的性质，常运用下述任何一对常数：纵波传播速度 $V_P$ 和横波传播速度 $V_S$、杨氏模型 $E$ 和泊松比 $\sigma$ 以及拉梅常数 $\lambda$ 和剪切模量 $G$。弹性波的传播速度 $V$ 等于波传播距离 $L$ 与波传播时间 $t$ 之比：

$$V_P = L/t_P,\quad V_S = L/t_S$$

式中纵波 P 是压缩波，横波 S 是剪切波，$V_P$ 为纵波速度（设 $X$、$Y$、$Z$ 方向波速为 $V_{PX}$、$V_{PY}$、$V_{PZ}$），$V_S$为横波速度。

纵波P和横波S在固态岩石中都能传播，但在自由气体和液体中，只传播纵波而不传播横波。在岩石发生部分熔融时，随其熔出液体含量的变化，纵波和横波表现出各自的规律性。

测试结果表明，糜棱岩明显呈各向异性。结合岩石的结构构造发现，弹性波的各向异性受岩石矿物颗粒的定向布局控制，并表现出确定的规律性。从表5.2中可以看出，所有样品$Z$方向（垂直于糜棱面理方向）的纵、横波速均明显小于$X$和$Y$方向的波速。弹性波（纵波）从不同角度穿过层理时波速的变化，以平行层理穿过时波速最大。随着传播方向与层理角度的加大，波速逐渐减小，垂直于层理方向传播时波速最小。波传播的快慢与岩石界面（面理）的存在有关。岩石结构的非连续性及软硬岩石相间分布是影响波速的重要因素。在糜棱岩同一面理的$X$、$Y$两个不同方向上，纵波波速不同。$X$方向，即岩石线理方向（矿物拉长方向）纵波波速最大。这可能与沿矿物长轴方向介质的成分、结构的连续性有关。在$Y$方向上，纵波速居于两者之间（$V_{PZ} < V_{PY} < V_{PX}$）。而横波速所表现出的规律性与纵波不尽相同。两者相同之处在于$Z$方向的波速都具有普遍的低值。$Z$方向纵、横波速呈正相关。

比较样品不同波速的变化特征，可以看出$X$、$Y$、$Z$三个方向波速变化具有很好的正相关，其中纵波的相关性更强，且每个方向波速的变化范围相对较大，而横波波速值分布较为集中，$Z$与$X$方向的横波波速相关性稍差。但总体上仍表现出两者正相关。这种相关性与糜棱岩的结构变化相一致，结构各向异性强的岩石其波速在不同方向亦有较大差异，反之结构各向异性较弱的岩石，其波速各向异性则不明显。$Z$方向纵、横波具有明显的正相关，但$X$、$Y$方向各向异性不明显，相应标本上的定向线理也不明显，因此$V_{PX}$与$V_{PY}$较接近。总之，波速随糜棱岩组构的各向异性而相应不同。

显微组构可通过其声学响应加以辨析，如S-构造岩和(S-L)-构造岩的不均一性组构体现为$V$和$Q$的各向异性，垂直面理方向(Z)上的$V$和$Q$最小，平行面理方向($X$或$Y$)上的$V$和$Q$较大。平行面理或线理定向排列的矿物颗粒和裂隙，是该类断层岩各向异性的主要原因。需要开展波速与衰减相结合综合研究（刘德良等，2003，2006，2007）。

## 五、构造岩古应力状态的声波响应

对于同种岩石，其波速与所受应力有密切的关系，在一定应力限度内，随应力增大，岩石朝着压实状态演进，但到了一定程度，特别是在地壳浅表层次，岩石处于脆性变形状态，出现破裂后，波速会大大减小，像灰岩等脆性较强的岩石，这种现象极为明显。而在中深构造层次，岩石处于塑性变形状态，这时岩石波速会随着压剪性应力的增大而逐渐增大。从上述分析可知，波速不仅与岩石密度和均匀程度相关，而且与岩石应力状况有关。对于岩石样品各向异性在波速上的表现，用最大波速与最小波速（纵波）的比值来表征其各向异性的变异度。表 5.5 中数据表明，郯庐断裂糜棱岩变异度 $V$ 均值为 1.13，变化范围为 1.06～1.27。反映了郯庐断裂糜棱岩形成于压性、压剪性应力状态。

**表 5.5　长英质糜棱岩纵波各向变异度（据陶士振、刘德良等，2001）**

| 样品编号 | 采样地点 | 岩　石 | 变异度 $V$ |
|---|---|---|---|
| Fch | 桴槎山 | 糜棱岩 | 1.06 |
| Fch-1 | 桴槎山 | 糜棱岩 | 1.14 |
| XJ-1 | 解　集 | 糜棱岩 | 1.09 |
| XJ-2 | 解　集 | 糜棱岩 | 1.27 |
| Fch-3 | 桴槎山 | 糜棱岩 | 1.19 |
| Fch-4 | 桴槎山 | 糜棱岩 | 1.07 |
| KJ-7 | 阚　集 | 糜棱岩 | 1.14 |
| XJ-7 | 阚　集 | 糜棱岩 | 1.07 |
| S1 | 阚　集 | 糜棱岩 | 1.14 |

岩石的各向异性除了与不同方向应力差异大小（$\sigma_1-\sigma_3$）有关外，还与岩石本身的成分、结构和性能有关。不同成分和结构的岩石对应力的反应程度不同，如石灰岩、白云岩因其性脆、致密、颗粒均匀程度高，在应力作用下，显示了较小的各向异性，变异度为 1.02。而岩浆岩和变质岩石（如片岩、片麻岩）因富含片状、柱状、板状矿物，对应力作用较敏感，变形强烈，矿物排列具有明显的优势取向，从而显示各向异性。砂岩、粉砂岩各异性程度则处于上述两类岩石之间。

一般来说，岩石所受的压力越大，则波速越大。糜棱岩却相反，其重要原因可能是受压应力作用的糜棱岩面理特别发育而结构不均一所致。

断层力学性能可通过其声学响应加以辨析：断层的力学性质不同，则断层岩的类型不同，其微观组构也不同。压剪性和剪性断层岩中的 S-构造岩和（S-L）-构造岩，具有明显的各向异性，其平行面理方向的波速和品质因子比原岩的大，而垂直面理方向的波速和品质因子通常比原岩的小。张剪性断层形成碎裂岩系，通常裂隙发育，较原岩的 $V$ 和 $Q$ 减小，各向异性不明显。

## 六、构造岩孔隙度及渗透率的声波响应

可以使用声波参数反演岩石的孔隙度。波速与孔隙度的关系比较明确，但衰减与孔隙度的关系存在不确定性。相同岩石的波速（$V$）与孔隙度（$\phi$）呈反相关，基本为线性关系，其经验式为 $V_{PZ}=5.96\sim0.89\phi$。

渗透性能的声学辨析：糜棱岩的波速($V$)与孔隙度($\phi$)具有很好的负线性关系(图 5.10)。对拟合曲线求取微商得出：

$$\frac{\mathrm{d}V_Z}{\mathrm{d}\phi} < \frac{\mathrm{d}V_X}{\mathrm{d}\phi} < 0$$

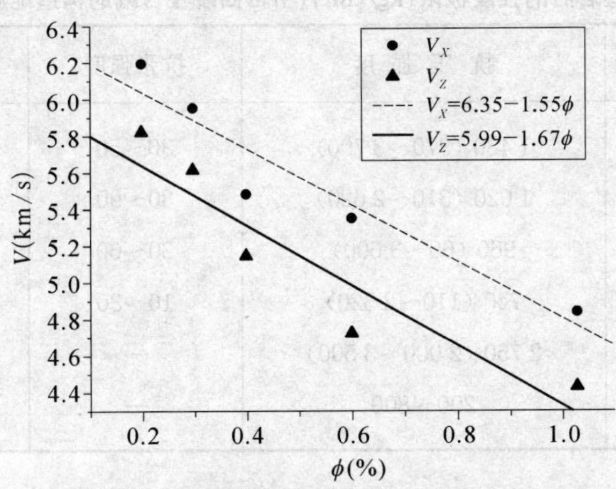


**图 5.10　长英质糜棱岩的波速与孔隙度关系图**

(据刘德良、孙岩等,2007)

即孔隙度变化时,垂直面理方向的波速变化大于平行面理方向的波速变化。

S-构造岩中裂隙平行面理定向优势排布,导致其渗透性的各向异性。在平行面理方向上,$V$ 较大,孔(裂)隙度和渗透率大;在垂直面理方向上,波速较小,孔(裂)隙度和渗透率低。Antonellini and Aydin (1994)证实,在垂直于断裂带方向上,孔隙度和渗透率大幅度减小;在平行断裂带方向上,断裂带内的压实带、滑壁等单元的孔隙度大幅度减小,但沿断层滑动面孔隙度却突然增大,并具很好的贯通性,导致沿滑动面的渗透率比原岩增大一个数量级以上。Caine et al. (1996)和 Zhang et al. (2002)也给出了类似结论。依据孔隙分布情况,可判断其平行面理方向的渗透性比原岩的强。

# 第三节　构造力学的岩石性能

未经受构造变形变质作用的岩石具有较为稳定特有的岩石力学性能(表5.6),

而经受构造变形变质作用的岩石性能则发生了变化(表5.7,表5.8)。未被后期改造的断层岩,其脆性断层碎裂岩系列岩石较为破碎,韧性断层糜棱岩系列岩石较致密。

**表5.6　一些岩石的强度极限(kg/cm²)(引自四院校合编的构造地质学,1979)**

| 岩　石 | 抗压强度 | 抗张强度 | 抗剪强度 |
|---|---|---|---|
| 花岗岩 | 1 480 (370～3 790) | 30～50 | 150～300 |
| 大理岩 | 1 020 (310～2 620) | 30～90 | 100～300 |
| 石灰岩 | 960 (60～3 600) | 30～60 | 100～200 |
| 砂　岩 | 740 (110～2 520) | 10～30 | 50～150 |
| 玄武岩 | 2 750 (2 000～3 500) | — | 100 |
| 页　岩 | 200～800 | — | 20 |

**表5.7　一些断层岩的抗压强度(据刘德良、陶士振等,2000)**

| 试件编号 | 岩石名称 | 平均容重 /kN·m⁻³ | 试件尺寸 /cm | 抗压载荷 /kN | 平均抗压载荷 /kN | 抗压强度 /MPa | 备　注 |
|---|---|---|---|---|---|---|---|
| 1 | 粗碎裂岩 | 24.99 | 5×5×7<br>5×5×7 | 200.9<br>245.0 | 223.4 | 89.2 | 脆性剪切带边部片麻岩初始碎裂 |
| 2 | 超糜棱岩 | 25.68 | 5×5×7<br>5×5×5 | 514.5<br>686.0 | 600.7 | 240.3 | 韧性剪切带,母岩为片麻岩 |
| 3 | 片麻岩 | 26.26 | 5×5×7<br>5×5×7<br>5×5×5 | 225.4<br>254.8<br>343.0 | 298.9 | 119.6 | 各类断层岩的母岩 |
| 4 | 超糜棱岩 | 28.81 | 5×5×5<br>5×5×5<br>5×5×5 | 470.4<br>578.2<br>686.0 | 578.2 | 231.3 | 韧性剪切带,母岩为片麻岩 |
| 5 | 糜棱岩 | 25.09 | 5×5×5<br>5×5×5<br>5×5×5 | 362.6<br>450.8<br>416.5 | 409.6 | 163.9 | 韧性剪切带,母岩为片麻岩 |

**表 5.8　一些断层岩的抗剪强度(据刘德良、孙岩等,2000)**

| 试件岩石 | 试件尺寸 /cm | α /(°) | 剪切载荷 /kN | 实际载荷 /kN | σ /MPa | τ /MPa | μ | φ /(°) | c /MPa |
|---|---|---|---|---|---|---|---|---|---|
| 1 粗碎裂岩 | 5×5×5 | 60 | 186.2 | 186.2 | 37.2 | 64.9 | 0.53 | 28.0 | 45.9 |
| | 5×4.9×4.9 | 45 | 382.2 | 573.3 | 169.0 | 169.0 | | | |
| | 5×5×5 | 30 | 411.6 | 823.2 | 285.2 | 164.6 | | | |
| 2 超糜棱岩 | 5×5×5 | 60 | 245.0 | 245.0 | 49.0 | 84.9 | 0.53 | 28.0 | 55.9 |
| | 5×5×5 | 45 | 450.8 | 676.2 | 191.2 | 191.2 | | | |
| | 5×5×5 | 30 | 573.3 | 1 146.6 | 397.1 | 229.3 | | | |
| 3 片麻岩 | 5×5×5 | 60 | 156.8 | 156.8 | 31.4 | 54.2 | 0.53 | 29.0 | 39.6 |
| | 5×5×5 | 45 | 382.2 | 573.3 | 162.2 | 162.2 | | | |
| | 5×5×5 | 30 | 441.0 | 882.0 | 305.6 | 176.4 | | | |
| 4 超糜棱岩 | 5×5×5 | 60 | 289.1 | 289.1 | 57.8 | 100.2 | 0.48 | 25.5 | 65.5 |
| | 5×5×5 | 45 | 406.7 | 610.1 | 172.6 | 172.6 | | | |
| | 5×5×5 | 30 | 509.6 | 1 019.2 | 353.0 | 203.8 | | | |
| 5 糜棱岩 | 5×5×5 | 60 | 147.0 | 147.0 | 29.4 | 51.0 | 0.62 | 32.0 | 28.3 |
| | 5×5×5 | 45 | 445.9 | 668.9 | 189.2 | 189.2 | | | |
| | 5×5×5 | 30 | 671.3 | 1 342.6 | 464.1 | 268.5 | | | |

在岩石力学和工程力学中,因浅层次脆性断层碎裂岩涉及工程稳定性而倍受关注,但是对于深层次韧性断层糜棱岩多有忽视,在大量岩石力学测试数据库中,几乎查不到糜棱岩尤其超糜棱岩的力学参数。在没有后期脆性破坏的韧性断层糜棱岩石力学性能是很强的(表 5.7,表 5.8)。

对比不同类型岩石抗压强度值,可以发现糜棱岩的抗压强度较高,尤以超糜棱岩可达 240.3 MPa,远高于其他岩类,如花岗岩(199.9 MPa)、片麻岩(119.6～140.3 MPa)、角闪片岩(109.8～122.3 MPa),碎裂岩类(89.2～143.1 MPa)。不同类型岩石抗压强度变化曲线的峰值为糜棱岩,其次为花岗岩。在不同类型的岩石内摩擦系数的分布曲线中,以糜棱岩的抗剪强度最大。由此可见,岩石经糜棱岩化后其抗压强度明显增强。

另有研究(刘德良、陶士振,2001)表明,各种不同类型构造岩的孔隙度、孔隙流体能、突破压力、封盖高度、遮盖系数等制约石油天然运聚的指标性参数亦各不相同。

# 第四节　构造化学的组分调整

岩石圈的物质组分演化和构造形式演化是统一的过程。两者结合形成为一门边缘学科就必须具备作为一门独立学科在认识论上特有的三要素：研究的对象、方法、原理。

## 一、构造化学含义

构造化学(Tectochemica)或全称构造地球化学(tectonogeochemistry)探讨各种性质构造动力作用下不同层次的构造改造与组分改组的关系，探索构造应力场中元素的地球化学行为，以及元素同位素的迁移分配和分散富集，探究重力梯力影响下的应力梯度与热力梯度与成分梯度的相互作用的变化规律(刘德良，1990)。

## 二、研究历史

19世纪 Sorby(1863)最早提出构造地球化学概念，认为经受着变形的岩石可以发生化学变化。20世纪后期在我国受到重视。李四光(1965)提出构造带的地球化学。陈国达、黄瑞华(1983)倡导，构造地球化学是研究各种地质构造作用与地球化学过程之间在时间上、空间上和成因上关系的学科。涂光炽(1983)指出，构造力是完成某些地球化学作用的动力。杨开庆(1986)提出动力成岩成矿理论。吴学益(1998)总结了构造地球化学实验成果。孙岩等(1998)对断裂构造地球化学作了历史的回顾和展望。

## 三、研究实例

通常利用质量等比线的原理和方法，对郯庐断裂桴槎山构造岩进行分析(刘德良和吴小奇，2006)得知，在原岩变形变质为构造岩的过程中，化学组分的相对迁移由强到弱分别为：初糜棱岩中 $P_2O_5$→total Fe→$TiO_2$→MgO→$H_2O$→MnO→$SiO_2$→$K_2O$→CaO→$Na_2O$，糜棱岩中 $P_2O_5$→MgO→$TiO_2$→total Fe→$H_2O$→MnO→$K_2O$→CaO→$Na_2O$→$SiO_2$，超糜棱岩中 $P_2O_5$→MgO→$TiO_2$→CaO→total Fe→$H_2O$→MnO→$SiO_2$→$K_2O$→$Na_2O$。相对于原岩，构造岩中各组分的质量均有

不同程度的迁移，构造岩整体的质量和体积均发生亏损且亏损强度随糜棱岩化程度的增强而增大，其中初糜棱岩质量迁移率为－1.86%，体积应变率为－1.10%；糜棱岩质量迁移率为－2.91%，体积应变率为－2.84%；超糜棱岩质量迁移率为－5.21%，体积应变率为－5.43%。前人在研究中多注重体积亏损量，而甚少进一步给出体积应变率，至于质量迁移率与体积应变率的关系更是未见报道。通过最小二乘法拟合相关数据发现质量迁移率 $\mu$ 和体积应变率 $\varepsilon_v$ 之间基本满足 $\varepsilon_v = 1.265\mu - 1.086$ 的线性关系。将糜棱岩的质量迁移率和体积应变率分别作为横坐标和纵坐标系，将相应的数据投影到直角坐标图上（图5.11），可以发现二者基本呈线性关系。这种关系是否具有普遍意义，以及具体的影响因素还有待进一步的探索和分析。但可以认为，它基本适用于深层次韧性变形域，尤其韧性剪切带，而不适用于浅层次脆性变形域各种破裂带。

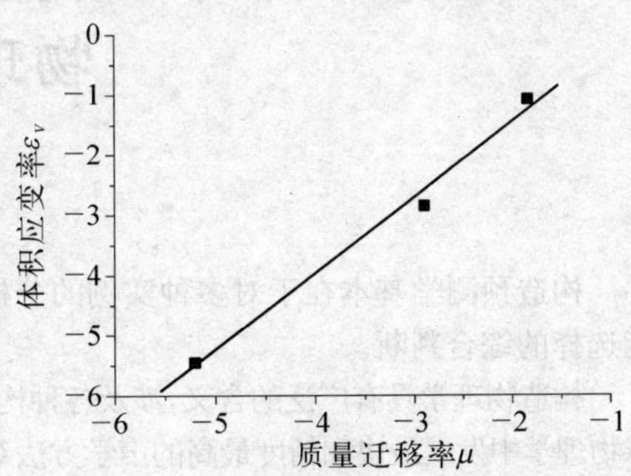


**图5.11 长英质糜棱岩质量迁移率和体积应变率关系图**（据刘德良、吴小奇，2006）

构造岩质量迁移率与体积应变率关系的研究是对经典构造岩石学领域的拓展和补充，并具有广泛的理论和经济地质应用前景。

## 四、构造化学动力

就目前认识，构造化学过程可能是通过矿物晶格变形时的元素和离子迁移实现的（刘瑞珣，1988）。构造形成既是物理也是化学过程，主要是由构造定向差应力致使岩矿体积变化时的构造附加静压力导致岩石中流体压力改变，流体势高处向低处运移，并伴随着压力和温度制约下水岩系统的化学平衡反应。

# 第二十章 构造预测的构造物理方法

构造预测学基本在于对多种实例的分析，预测各种可能；而关键在于对各种可能选择的综合判断。

构造物理学具有广泛的含义，涉及各种构造岩石物理性质的响应。在此，仅选择地球物理学中发展最快和精度最高的声学方法对当今最紧缺油气资源的探测为例示之。

## 第一节 构造物理的声学判别

在此主要涉及石油天然气成藏构造体系的声学鉴别。为了解断层与地下流体的动态关系。可以利用声波的速度和衰减对断层组构及其所代表的断层性能进行检测标定，以此判别不同断层对流体不同控制的功效。天然气成藏断裂系统包括导气断裂系统、封气断裂系统和容气断裂系统。导气断裂系统主要是指纵深穿透性平移断层中部构造岩两侧的碎裂岩带，起到贯穿烃源岩、输送天然气的作用。封气断裂系统，包括封盖和封堵两种状况，封盖天然气是指低角度逆掩断层构造岩成为滑移介质起到垂向封闭作用。封堵天然气是指高角度平移断层带中部构造岩成为滑移介质，起到横向封堵作用。容气断裂系统是指滑移介质所封闭的非韧性能干岩石内晶体自由位错、劈理、节理、断层破碎带，起到吸纳聚集天然气的作用。

### 一、探索封闭油气的构造

1. 岩石的弹性波衰减($Q$)与油气封盖高度($H_g$)和遮盖系数($K_f$)等有直接

关系，$Q$、$H_g$、$K_f$ 值是决定盖层封闭性能和级别的重要参数。$Q$ 值发生微小的变化，封盖高度 $H_g$ 却有很大的变化，遮盖系数也同样如此。它们之间的关系式为

$$H_g = 66.04Q^2 - 1\,422.23Q + 8\,441.46$$

$$K_f = 132.08Q^2 - 2\,844.59Q + 16\,883.50$$

由此可以根据 $Q$ 值的大小来评价岩石的封闭性能，判断同类或相似岩石盖层封闭性能的相对强弱和级别。$Q$ 值越大，岩石的封闭性能越强，且随着 $Q$ 值的增大，盖层质量会显著提高。另外，根据 $Q$ 值各向异性及其与岩石组构关系的分析，$Q$ 值最小方向（即垂直于面理或层理方向）为盖层封闭油气的方向，而 $Q$ 值较大方向为油气运移的可能方向。

**表 5.9　新疆库车依深 4 井具有封闭性能的压剪性断层岩的各项参数（据刘德良、李振生等，2006）**

| 样　号 | $V_P(X)$ /(km·s$^{-1}$) | $V_P(Z)$ /(km·s$^{-1}$) | $V_S(X)$ /(km·s$^{-1}$) | $V_S(Z)$ /(km·s$^{-1}$) | $Q_P$ $(X)$ | $Q_P$ $(Z)$ | $A$ $(V_P)$ | $A$ $(Q_P)$ | 孔隙度 /% | 视比重 /(g·cm$^{-3}$) |
|---|---|---|---|---|---|---|---|---|---|---|
| YS4－1 | 4.80 | 3.09 | 3.10 | 2.56 | 32.81 | 15.27 | 0.36 | 0.53 | 2.8 | 2.62 |
| YS4－2 | 4.05 | 1.94 | 2.16 | 1.44 | 5.68 | 3.44 | 0.52 | 0.39 | 2.6 | 2.14 |
| Δ(YS4－1→YS4－2) | －0.16 | －0.37 | －0.30 | －0.44 | －0.83 | －0.77 | －0.44 | －0.26 | －0.07 | －0.18 |

$V_P(X)$：平行面理（$X$）方向 P 波速度；$V_P(Z)$：垂直面理（$Z$）方向 P 波速度；$V_S(X)$：平行面理（$X$）方向 S 波速度；$V_S(Z)$：垂直面理（$Z$）方向 S 波速度；$Q_P(X)$：$X$ 方向 P 波品质因子；$Q_P(Z)$：$Z$ 方向 P 波品质因子；$A(V_P)$：P 波速度的各向异性；$A(Q_P)$：P 波品质因子的各向异性；$A$ =（最大值 － 最小值）/ 最大值；变化率 $\Delta(a \to b)$ =（$b$ 的参数值 － $a$ 的参数值）/$a$ 的参数值，无量纲

2. 岩石的波速（$V$）与天然气柱高度（$H_g$）具有正相关关系（图 5.12）。拟合曲线求取微商得出：

$$V < 49\ \text{km/s 时}, \frac{dV_X}{dH_g} > \frac{dV_Z}{dH_g} > 0$$

即 $H_g$ 变化时，平行面理方向的 $V$ 变化大于垂直面理方向的 $V$ 变化。

3. 岩石的波速（$V$）与天然突破压力（$P_A$）具有很好的线性正相关（图 5.13）。总体呈现最小波速方向为阻隔封闭油气方向。

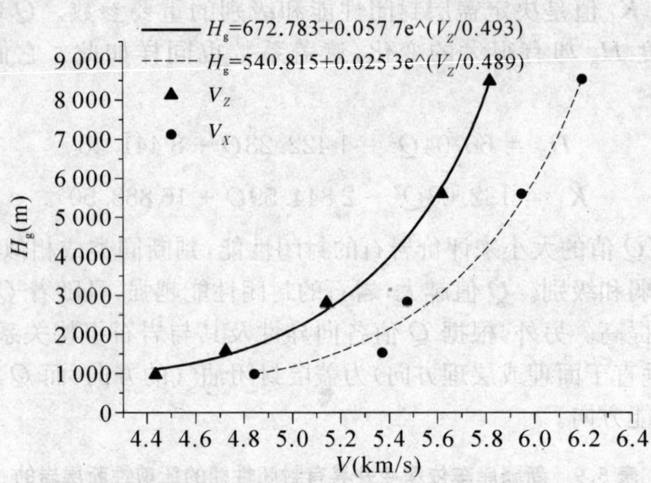


**图 5.12　郯庐断裂南段糜棱岩的波速与气柱高度的关系图**(据刘德良和李振生等,2007)

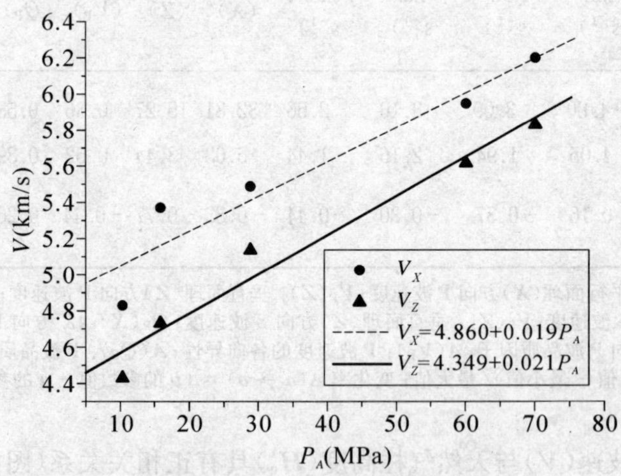


**图 5.13　郯庐断裂南段糜棱岩的波速和突破压力关系图**(据刘德良和李振生等,2007)

## 二、探索导运油气的构造

剪性断裂的分带现象较为明显,断裂带中部往往形成糜棱岩;而边部发育碎裂岩。糜棱岩的孔渗性能差,对油气起阻隔作用,但是,断裂边部碎裂岩则孔隙发育成为开放性构造。

举实例，新疆库车河剖面石炭系中略呈孤形展布的走滑构造岩(KC3 系列)外旋回层构造岩(KC3 - 1)显面理，中旋回层构造岩(KC3 - 2)初始糜棱岩化，内旋回层构造岩(KC3 - 3)微弱面理化。测试结果(表 5.11)表明，KC3 - 1 的波速参数大于 KC3 - 3 的，且平行面理方向的波速大于垂直面理方向的波速(图 5.14)；其平行面理方向的品质因子大于弱面理化内旋回构造岩的，而垂直面理方向的小于弱面理化内旋回构造岩的(图 5.14)；剪性构造岩具有明显的各向异性，断层中部初始糜棱岩化构造岩(KC3 - 2)的波速和品质因子均大于其两边断层岩的(图 5.14)，而孔(裂)隙度减小，具有更高的致密度，断层两边带较断层中间带的开放性能强。

**表 5.10　库车地区某剪性断层岩及原岩声波参数和孔隙度数据(据刘德良和李振生等，2006)**

| 样　号 | $V_P(X)$ /(km·s$^{-1}$) | $V_P(Z)$ /(km·s$^{-1}$) | $V_S(X)$ /(km·s$^{-1}$) | $V_S(Z)$ /(km·s$^{-1}$) | $Q_P$ $(X)$ | $Q_P$ $(Z)$ | $A$ $(V_P)$ | $A$ $(Q_P)$ | 孔隙度 /% | 视比重 /(g·cm$^{-3}$) |
|---|---|---|---|---|---|---|---|---|---|---|
| KC3 - 1 | 5.31 | 4.09 | 3.23 | 2.56 | 5.30 | 3.66 | 0.23 | 0.31 | 8.2 | 2.49 |
| KC3 - 2 | 5.38 | 5.18 | 3.13 | 2.91 | 5.46 | 9.12 | 0.04 | 0.40 | 5.1 | 2.57 |
| KC3 - 3 | 4.00 | 3.45 | 2.40 | 2.11 | 4.59 | 4.32 | 0.14 | 0.06 | 6.0 | 2.54 |
| Δ(KC3 - 3→KC3 - 2) | 0.35 | 0.50 | 0.30 | 0.38 | 0.19 | 1.11 | -0.71 | 5.67 | -0.15 | 0.01 |
| Δ(KC3 - 3→KC3 - 1) | 0.33 | 0.19 | 0.35 | 0.21 | 0.15 | -0.15 | 0.64 | 4.17 | 0.37 | -0.02 |

总体呈现最大波速方向是孔隙连通和油气运移有利方向。

## 三、探索容纳油气的构造

容气断裂的声学响应基于张性破裂带结构不紧密，张裂隙发育，致使其波速和 $Q$ 值减小；大小角砾没有一定的排列规律，其各向异性不明显。大量的实验测试和理论分析表明，张性断层岩较原岩的波速和波速比都减小，并且裂隙密度越大，波速减小越多。

在库车河剖面石炭系张性断层(KC2 系列)中，原岩(KC2 - 1)为致密黑色灰岩，轻微面理化；张性断层岩（KC2－2）为深灰色灰岩质碎裂岩，裂隙被方解石完全胶结。其测试结果（表5.11）表明，张性碎裂岩（KC2－2）相对于具有面理化的原岩（KC2－1），各向异性大大减弱，波速与原岩相差不多（图5.15）。因该灰岩质碎裂岩的裂隙被方解石充填胶结，致使其波速和 $Q$ 值增大。

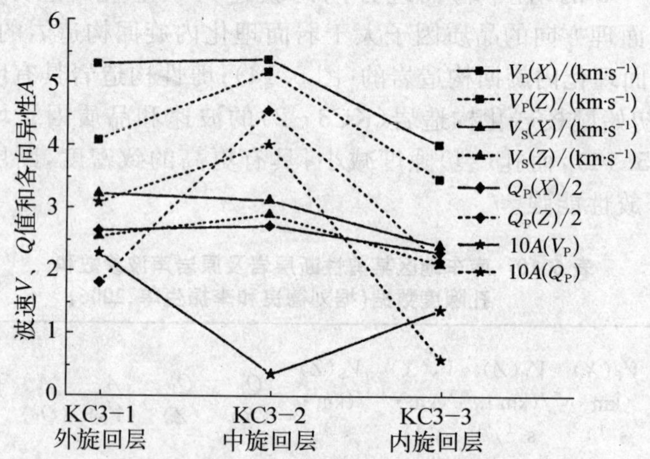


**图5.14　库车盆地某剪性断层岩系列样品的数据对比**

**表5.11　库车地区某张性断层岩波速、品质因子和孔隙度对比表（据刘德良和李振生等，2006）**

| 样　号 | $V_P(X)$ /(km·s$^{-1}$) | $V_P(Z)$ /(km·s$^{-1}$) | $V_S(X)$ /(km·s$^{-1}$) | $V_S(Z)$ /(km·s$^{-1}$) | $Q_P$ $(X)$ | $Q_P$ $(Z)$ | $A$ $(V_P)$ | $A$ $(Q_P)$ | 孔隙度 /% |
|---|---|---|---|---|---|---|---|---|---|
| KC2－1 | 5.80 | 4.20 |  | 2.72 | 86.35 | 5.67 | 0.28 | 0.93 | 1.5 |
| KC2－2 | 5.75 | 5.85 | 3.27 | 3.27 | 6.75 | 12.69 | 0.02 | 0.47 | 1.2 |
| Δ(KC2－1→KC2－2) | －0.01 | 0.39 |  | 0.20 | －0.92 | 1.24 | －0.93 | －0.49 | －0.20 |

依据构造声学对油气成藏断裂的系统研究可归结为如下几点认识：

（1）断层岩的波速和 $Q$ 值与封闭性能正相关，与孔（裂）隙度负相关。（2）在面理化构造岩中，最小的波速和 $Q$ 值方向有利于天然气的封闭；最大的波速和 $Q$ 值方向有利于天然气运移。（3）相同地质环境、岩性相同、一次构造活动产生的不同性质断层相比较，各向异性差值最大的断层构造岩对油气相对具有封隔功能；各向异性差值最小的张性断层碎裂岩对油气相对具有吸纳功能；剪性断层边部碎裂岩相对具有导流功能，而中部构造岩相对具有封堵功能。

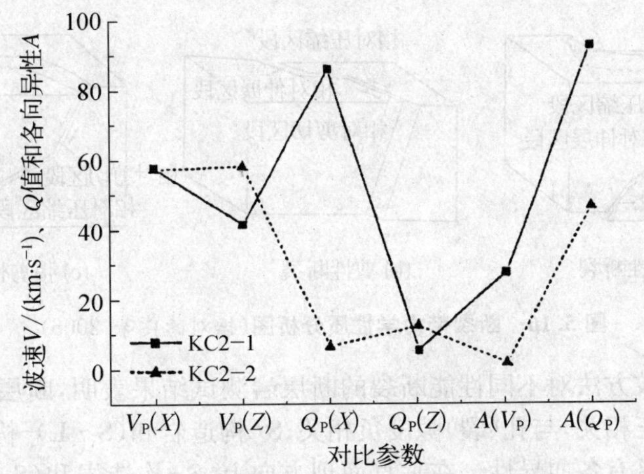


**图 5.15　库车地区某张性断层岩系列样品的数据对比**(图中部分数据放大 10 倍或 100 倍)

利用超声波方法研究构造岩的声学响应(胡建恺等，1993；刘祝萍等，1994；陈达力等，1994；方华等，1998；杨树锋等，1996)；分析声波异性体所显示的含油气盆地中油气藏相关断裂体系及油气运移，在应用实验研究上是可行的(戴金星等，1992；季钟林等，1993；刘德良等，2001，2003，2006，2007；陶士振等，2001；李振生等，2005)。但是，尚需将实验应用研究与实地应用研究紧密结合，最终搞清楚地壳地震组构的地质含义才具有较大的理论意义和实用意义。

## 第二节　断裂控矿性能的物理机制与异常因素

研究表明，导气、封气、容气构造与剪性、压剪性、张剪性断层具有一般大致的对应性；但是，地质复杂性表现在，任何性能的断层都存在相对的压缩带和伸展带及剪切带(图 5.16)，不仅如此，随时间发展各断裂具体区段性质也会发生演变转化和复合改变，而且任何性质断层在活动期开放性增强，相对稳定期封闭性增强。

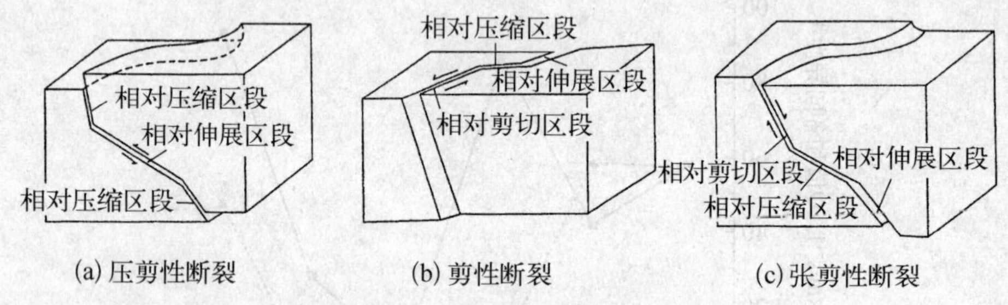


**图 5.16　断裂带力学性质分析图**（据刘德良等，2006）

运用超声波方法对不同性能断裂的断层岩测试结果表明，断层岩的波速和 $Q$ 值与封隔性能正相关，与孔（裂）隙度负相关；S-构造岩和（S-L）-构造岩的声学参数和孔渗性能具有各向异性。在垂直面理方向上，S-构造岩和（S-L）-构造岩的波速和 $Q$ 值最小，孔（裂）隙度和渗透率减小；在平行面理方向上，其波速和 $Q$ 值最大，并因沿面理裂隙的优势分布致使裂隙度增大和渗透率增加。即最小的 $V$ 和 $Q$ 值方向有利于阻隔天然气；最大的 $V$ 和 $Q$ 值方向有利于输送天然气。但是，这属于一般的正常现象，尚存在非正常的异常情况。

各向异性值最大的压剪性断层构造岩对油气相对具有封隔功能；各向异性差值最小的张剪性断层碎裂岩对油气相对具有容纳功能；剪性断层边部的碎裂岩相对具有导流油气的功能，但中部的构造岩相对具有阻隔油气的功能。最佳成藏断裂组合在于压剪性断裂有效封隔和张剪性断裂有效容纳及剪性断裂有效导流的有机配合。但是，这是理想的情况，实际存在非理想的复杂因素。封气断裂的隔闭机理、导气断裂的输运机理、容气断裂的吸纳机理，以及它们的异常因素，尚待具体的分析研究（刘德良等，2006）。

总之，构造预测是种非常实际的工作，构造的三重预测研究（刘德良等，2007）认为，仅仅设置一种构造模型，据以预测到细节都没有多大实际意义，必须为其不确定性留出余地。关键在于如何把握预测的坚实基础和广泛条件，要求全面深入了解构造的不同性质要素和各种组成单元，追求其总体的准确性而不限于枝节的精确度，要的是各种多样构造模型的综合集成的预测，以加深认识和最大程度地减少误判。尽管如此，也只能趋近对于客观实在的认识，而难于了如指掌，倒是需要预测多种可能，加以比较分析，谨防以偏概全。

# 第六篇　构造变形机制与构造形成因素

构造成因涉及构造形成机制、构造形成环境、构造形成因素、构造运动和构造动力。本篇关注的是构造机制与构造因素。其核心在于构造流变。

# 第二十一章　构造形成环境

构造环境是指构造介质变形所处的构造层次、变形域、构造相，以及在一定时限内的物理化学条件及其变化，既包括温度、围压、溶液、液体压力、剪切应力和流变速率等环境因素，也包括岩石、矿物自身的组成及其对变形反应的性能。广义的构造环境也涉及所处大地构造的位置和单元。

## 第一节　构造层次

**构造层次**　在于表述构造变形的空间，其大多数是垂向上下划分的，但也可以横向划分，甚至是上下对称或左右对称的。相同构造层次具有大体一致的变形域。构造层次与变形域含义接近。

构造层次最初是魏格曼（Wegman）于 1935 年提出的。他将同一构造旋回中形成的构造划分成活动性不同的两个层次：表壳构造（Suprastructure）和内壳构造（Infrastructure）。根据深度变化引起岩石物性物态的变化和相应产出的构造，朱志澄和宋鸿林（1990）基于马托埃（M. Mattauer，1980）对造山带的研究，将构造层次划分为：① 表构造层次，其主导变形作用是剪切作用和块断作用，代表性构造是各类断层和块断构造及横弯褶皱。② 浅构造层次，其主导变形作用是纵弯褶皱作用，代表性构造是平行褶皱和各类断层。③ 中构造层次，主导变形作用是相似褶皱作用和压扁作用。该层次顶面以板劈理出现为界，即板劈理前锋面。代表性构造是相似褶皱和顶厚褶皱及脆韧性剪切带和断层。④ 深构造层次，主导变形作用是流变作用和深熔作用，顶面以片理为界。代表性构造是流褶皱和韧性剪切带，深部发生混合岩化，甚至形成深熔花岗岩（图 6.1）。

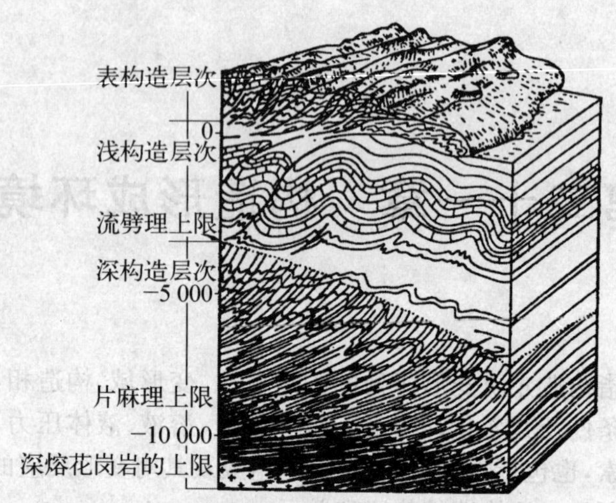


**图 6.1　理想的构造层次示意图**（据 Mattauer，1980）

**断层构造层次**　西普森（Sibson，1977）根据一条向下切割的大断裂在浅层次为脆性断层、向深层次则过渡为韧性断层的特征，提出了断层双层结构模式图6.2，这个模式反映了地壳上大型断裂带岩石变形随着深度变化而变化的最一般情况。就花岗质岩石中的断层而言，从脆性转变到韧性的深度约在 10～15 km。

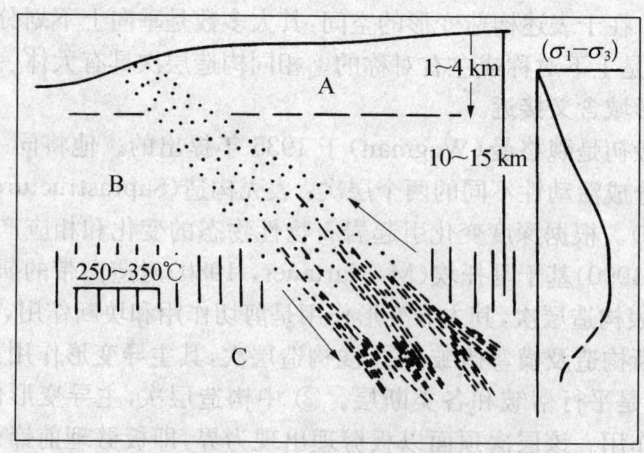


**图 6.2　浅层的脆性断层向深层转变为韧性断层**（据 Sibson，1977）

A：未胶结的断层泥和角砾；B：碎裂岩系列；C：糜棱岩系列

图6.3A是一条切过挤压造山带的大断层，于深部结晶基底中发育韧性剪切带。韧性剪切带向上穿过基底与盖层的接触面，在盖层下部过渡为脆-韧性剪切带，至地壳的浅部转变为脆性剪切带，以逆冲断层形式到达地表。与此相似，图6.3B为拉伸区，浅部盖层为中等到高角度的正断层，向下延至较深层位，过渡为低角度的脆-韧性剪切带，延至基底变为韧性剪切带。

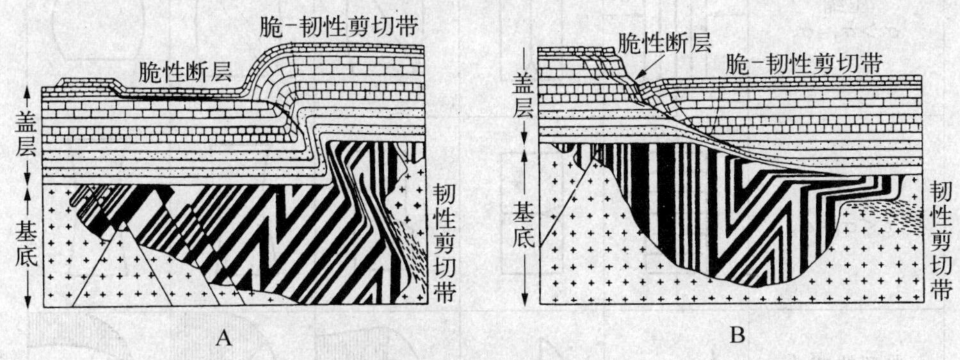


**图6.3　脆性断层与韧性断层的关系**（据 Ramsay，1980）

A：地壳压缩；B：地壳拉伸

# 第二节　变　形　域

**变形域**(deformation domain)　地壳组成结构有明显的区域性，可以分成不同的性质、层次、尺度和发展途径的变形区域。可以分为脆性变形域和韧性变形域，其间过渡为脆韧性或韧脆性变形域。变形的域、带、面都是相对的，广义而言，域包括了带和面。

**变形域岩石破裂准则**　岩石破坏准则(failure criterion of rocks)即岩石破裂准则，又称岩石破坏判据。

材料的破坏是有规律的，人们根据对材料破坏现象的分析和研究提出的种种破裂假说，也通常被称为破裂理论（或称强度理论、断裂准则等）。在构造地质学中有关变形的基本原理都是从材料力学的破裂理论引进的，破裂理论对构造地质学基础理论的发展起着明显的促进作用。

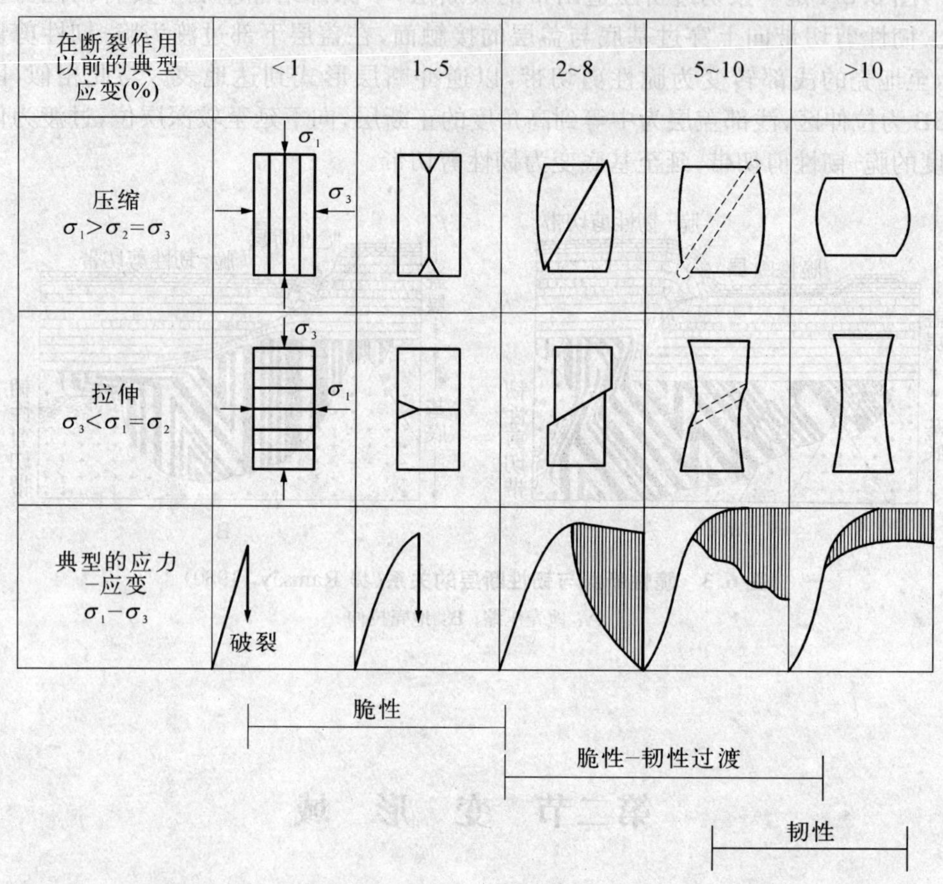


**图 6.4 岩石从脆性至韧性变化系列的破坏形态图**(引自格里格斯和哈丁,1960)

## 一、最大张应力破裂准则

伽利略(Galilei, 1642)等研究认为:当作用在材料(如岩石)上的外力超过其所能承受的最大张应力时,材料就会沿最大张应力所在的截面发生张裂破坏。其破裂条件是:设最大单向的应力为 $\sigma_3$,破坏应力强度极限为 $\sigma$,则必须 $\sigma_3 \geqslant \sigma$。按照这一破裂准则可以推测,当复杂应力状态中最大张应力达到材料强度极限值时,就会发生断裂破坏。这一准则适用于围压小或浅表环境中的单向拉伸的脆性破坏,如对部分正断层、张节理等的力学解释。但不能解释没有张应力的情况下(如单向压缩、三向压缩等)岩石的断裂。

## 二、库仑-莫尔剪破裂准则

当岩石发生剪切破裂时,包含最大主应力轴 $\sigma_1$ 象限的共轭剪切破裂面之间的夹角称为共轭剪切破裂角。最大主应力轴 $\sigma_1$ 方向与剪切破裂面之间的夹角称为剪裂角。

从应力分析可知,两组最大剪应力作用面与最大主应力轴 $\sigma_1$ 或最小主应力轴 $\sigma_3$ 的夹角均为 45°,两面之间的夹角为 90°,其交线平行于中间主应力轴 $\sigma_2$。但从野外实地观察与室内实验来看,岩石内两组初始剪裂面的交角常以锐角指向最大主应力方向,即包含 $\sigma_1$ 的共轭剪切破裂角常小于 90°,通常约 60°左右,而剪裂角则小于 45°。换言之,两组共轭剪裂面并不沿理论分析的最大剪应力作用面的方位发育。库仑-莫尔强度理论可以较好地解释这一现象。

根据岩石实验,库仑剪切破裂准则认为:岩石抵抗剪切破坏的能力不仅同作用在截面上的剪应力有关,而且还与作用在该截面上的正应力有关。设产生剪切破裂的极限剪应力为 $\tau$,则有如下关系式:

$$\tau = \tau_0 + \mu\sigma_n$$

式中,$\tau_0$ 是当 $\sigma_n = 0$ 时岩石的抗剪强度,又称为岩石的内聚力,对于一种岩石而言是一常数。$\sigma_n$ 是剪切面上的正应力,当 $\sigma_n$ 为压应力时,$\sigma_n$ 为正值,$\tau$ 将增大;当 $\sigma_n$ 为张应力时,$\sigma_n$ 为负值,$\tau$ 将减小,$\mu$ 为内摩擦系数,即为上述直线方程中直线的斜率,如以直线的斜角 $\varphi$ 表示,则 $\mu = \tan\varphi$,因此,上式可写成:

$$\tau = \sigma_n + \sigma_n \tan\varphi$$

此式为库仑剪切破裂准则的关系式,式中的 $\varphi$ 为岩石的内摩擦角。在 $\sigma$-$\tau$ 坐标的平面内,该式为两条直线,见图 6.5,称为剪切破裂线。该线与极限应力圆的

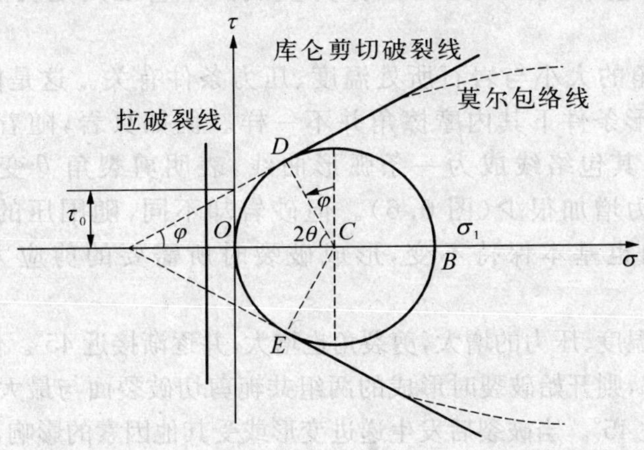


**图 6.5　剪切破裂时的莫尔圆图解**(据 Hills, 1972)

切点代表剪切破裂面的方位及其应力状态。显然，该切点并不代表最大剪应力作用面的截面，而是代表略小于最大剪应力的一个截面，其上的压应力值介于 $\sigma_1$ 与 $\sigma_3$ 之间，并接近 $\sigma_3$ 值。剪破裂线总是向着 $\sigma$ 轴的负主向，即向张应力方向倾斜。它说明该截面上的剪应力值比最大剪应力值略小，但其上的压应力值却比最大剪应力面上的压应力要小得多。因此，该截面阻碍剪裂发生的抵抗力也小得多，所以，在这个截面上最易产生剪切破裂。

从图 6.5 可知，当岩石发生剪切破裂时，剪裂面与最大主应力轴 $\sigma_1$ 的夹角，即剪裂角 $\theta = 45^\circ - \varphi/2$，共轭剪裂角为 $2\theta = 90^\circ - \varphi$。由此可见，剪裂角的大小取决于内摩擦角($\varphi$)的大小。内摩擦角小，剪裂角就大；内摩擦角大，剪裂角就小。不同岩石的内摩擦角是不同的，在变形条件相同情况下，脆性岩石的内摩擦角往往要大于韧性岩石的内摩擦角。

图 6.5 还标出了拉破裂线，表示抗张强度，在它的左边，剪破裂线就不起作用了，因为岩石将首先发生张破裂。

莫尔剪切破裂准则认为，相当多材料的内摩擦角($\varphi$)并不是一个固定的常数，其破裂线方程的一般表达式为：

$$\tau_\pi = f(\sigma_\pi)$$

该破裂线称莫尔包络线(图 6.5)，它表现为曲线。包络线各点坐标($\sigma_\pi$, $\tau_\pi$)代表在各种应力状态下即将发生剪破裂的截面上的极限应力值。由于 $\varphi$ 角是变化的，因而剪裂角 $\theta$ 也是变化的，但仍小于 45°。通常当围压不太大时，脆性岩石的包络线在压力区大体为直线。库仑准则是莫尔准则的一种特例。

此外剪裂角的大小与岩石所处温度、压力条件有关。这是因为同一种岩石在不同的变形条件下其内摩擦角并不一样。例如页岩，随着围压的增加，$\varphi$ 值逐渐减小，其包络线成为一条弧形曲线，表明剪裂角 $\theta$ 变大，但破裂时所需要的剪应力增加很少(图 6.6)。但砂岩却不同，随围压的增大，$\varphi$ 值基本不变，剪裂角也基本保持不变，形成破裂时所需要的剪应力也明显增加(图 6.6)。

总之，随着温度、压力的增大，剪裂角也增大，并逐渐接近 45°。但是，只要岩石还保持固体状态，则开始破裂时形成的两组共轭剪切破裂面与最大主压应力轴的夹角就不会超过 45°。当破裂后发生递进变形或受其他因素的影响，岩石中会出现剪裂角大于 45°的现象。

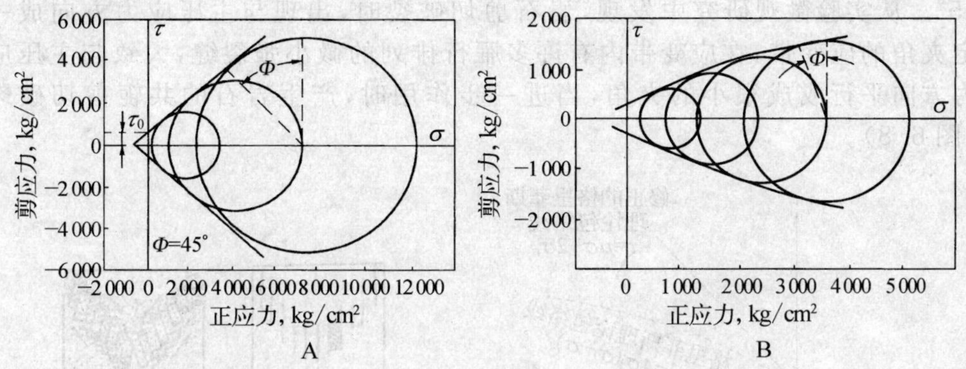


**图 6.6　不同围压下，砂岩(A)和页岩(B)剪切破裂时的莫尔包络线**(据 Hills, 1972)

## 三、格里菲斯破裂准则

库仑-莫尔准则是通过实验说明岩石破裂时各应力之间的关系，但他们尚不能对导致破坏的内部机制作出令人满意的物理学方面的解释。为此格里菲斯提出了一个新的破裂准则。该准则认为，任何脆性材料，都存在大量的随机分布的微小裂缝，脆性材料的断裂就是由这些微小的、无定向裂缝扩展的结果。当材料受力时，在微裂缝周围，特别是在裂缝尖端发生应力集中，使裂缝扩展，最后导致材料完全破坏。这些不同方位裂缝上的应力与主应力的关系，决定了裂缝是稳定的还是扩展的，进行数学推导时，该准则将微裂缝看成是高度偏心的椭球体。格里菲斯准则在双轴应力状态下裂缝开始扩展时的判别式为：

$$\tau^2 = 4\sigma_t(\sigma_t - \sigma)$$

式中 $\tau$ 为断裂面上的剪应力，$\sigma$ 为断裂面上的正应力，$\sigma_t$ 为岩石的抗张强度极限。上式表明断裂的所有极限应力圆的包络线是一条抛物线(图 6.7)。

为了使格里菲斯准则更符合实际，解决理论值与实测值之间的矛盾，麦克林托克(F. A. McClintock)和华西(J. B. Walsh)又假定裂缝受压时闭合，当剪应力超过裂缝接触面产生的摩擦力之后，裂缝才能扩展，形成剪裂面，从而提出了作为莫尔包络线修正的格里菲斯准则表达式为：

$$\tau = \mu_\sigma + 2\sigma_t$$

按该式，当剪切破裂时，在受压区内，恰好与库仑准则的结论一致，在 $\tau$ 轴附近与正常的格里菲斯抛物线形包络线相连接(图 6.7)，其剪裂角仍小于

45°。从实验微观研究中发现，岩石剪切破裂时，出现与主压应力方向成一定夹角的应变带，在应变带内有许多雁行排列的微小张裂缝，大致与主压应力方向平行或成很小的夹角，当进一步作用时，产生岩石的共轭剪切破裂(图 6.8)。

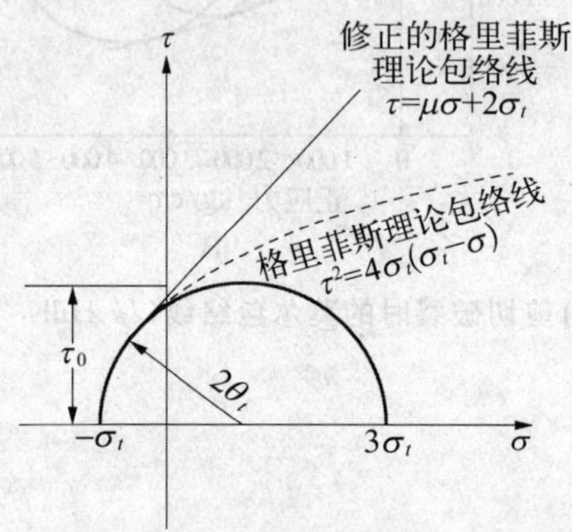


**图 6.7　脆性岩石的破裂准则**(据金汉平)

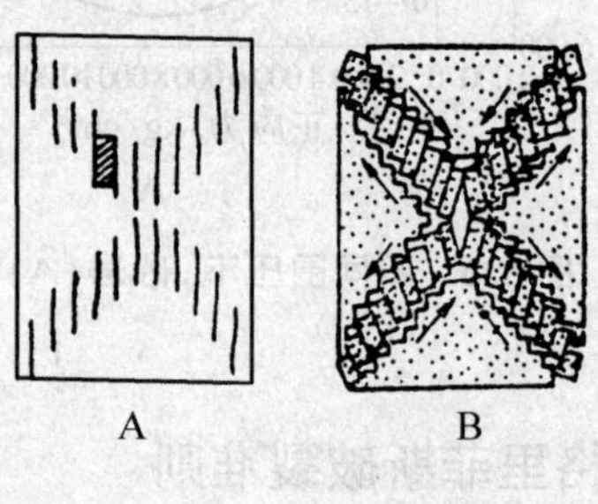


**图 6.8　共轭剪切破裂的微观表象**

A：岩石破坏前；B：岩石破裂时

## 四、最大有效力矩准则

岩石韧性变形的最大有效力矩准则(maximum effective moment criterion)由郑亚东于 2004 年提出。长期以来构造地质学引用力学中的摩尔-库伦准则来解释岩石断裂的形成，即断裂面与主压应力轴间的夹角一般为 30°，共轭断裂面的夹角为 60°。据此，Anderson(1951)将自然界的断层归纳为正断层、逆断层和走滑断层，推断正断层的倾角大于 45°，逆断层小于 45°。20 世纪 80 年代初北美科迪勒拉区地质上确立了倾角小于 45°的大型低角正断层的存在，并提出以此为主要构造要素的变质核杂岩伸展构造模式，这一成果被国际地质界公认为构造地质领域的重大突破。Sibson 等(1988)报道了加拿大魁北克区含金高角逆向剪切断层带。低角正断层和高角逆断层的产状与摩尔-库伦准则不相容。多年来国内外同行一直努力寻找这一基本构造问题的答案。郑亚东等(2004，2007)认为，在应力场中存在一对与最大主压应力轴成 ± 54.7°的最大力矩方向，控制介质变形带形成的准则。其数学表达式为

$$M_{\text{eff}} = \frac{1}{2}(\sigma_1 - \sigma_3)L\sin 2\alpha \sin \alpha$$

式中，$M_{\text{eff}}$ 为有效力矩；$\sigma_1$、$\sigma_3$ 分别为最大和最小主压应力，其间之差为材料的屈

服强度；$L$ 为 $\sigma_1$ 方向上的单位长度或最大力臂长度；$\alpha$ 为褶劈理与 $\sigma_1$ 轴间的夹角。其图形表明最大有效力矩在主压应力轴 ± 54.7°方向，54.7° ± 10°区间无显著力矩降，构成韧性变形带形成的有利区间。该区间囊括了迄今全部天然和实验数据（图 6.9 中阴影区），并符合数学的黄金分割理论，因此有力地证明最大有效力矩的存在。其通过应变集中和应变软化的方式完成。与适用于脆性断裂的摩尔-库仑准则不同，最大有效力矩准则能够解释岩石韧性变形域的破坏，包括韧性剪切带、膝折带、低角正断层、高角逆冲断层和菱网状构造，可借以确定运动学涡度等。这一准则，在差应力和应变速率特定条件下，也可能适应浅层"脆性"域，如是则比力学的本构关系具有更高度的概括。

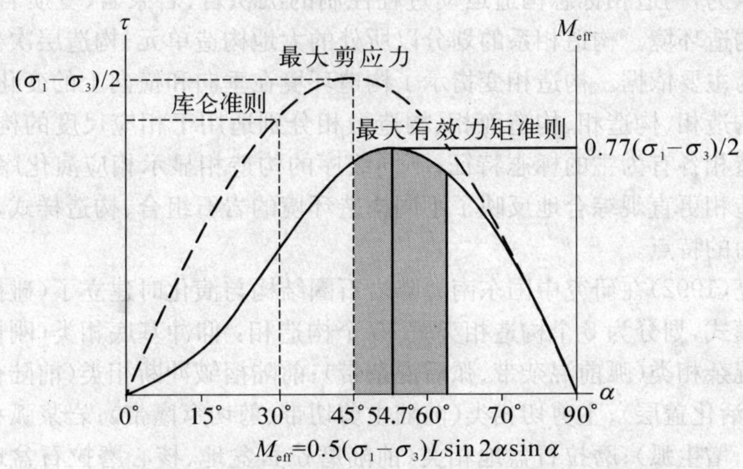


**图 6.9　库伦准则与最大有效力矩准则**

差应力（$\sigma_1-\sigma_3$），剪应力（$\tau$）与有效力矩（$M_{eff}$）间的关系（郑亚东，2004）

# 第三节　构　造　相

构造相是比照沉积相和变质相的概念而引入构造地质学的。其意指构造变形的环境。有一个相近的名词——构造岩相带（tectofacies zone，structural lithofacies zone）的概念存在已久，指造山带内各部分因构造背景的差异，所形成的沉积环境和沉积建造也各不相同，可以根据沉积建造的分带性，将一个造山带进一步划分成若干个不同的构造岩相带。一个特定构造岩相带的构造变形、岩浆活动、变质程度和成矿作用等方面都具有大致相同的特点。因此，通常可以根据综合的地质特点来划分一个造山带内部的不同构造岩相带。

**大地构造相**　大地构造相(tectonic facies)是许靖华研究碰撞造山带时提出的大地构造单元概念，指造山带因形成于相似的构造环境，经历了相似的变形与就位作用，故具有类似的岩石—构造组合，即一个造山带必定由代表不同大地构造相的构造单元所组成。

可以认为，构造相标志构造运动过程控制的沉积岩、岩浆岩、变质岩岩石组合所体现的构造环境。构造相系的划分以所处的大地构造单元、构造层次部位、岩石组合类型为主要依据。构造相变指示了构造环境在垂向和横向上的变化。构造相系的大地构造相、构造相、构造亚相、构造微相分别适用于相应尺度的构造。不同级别的构造相各有为主的标志特征；不同级序的构造相显示相应演化序次的特征标志。构造相更直观综合地反映了不同构造环境的岩石组合、构造样式、演化序列及运动动力的特点。

李继亮(1992)在研究中国东南海陆岩石圈结构与演化时建立了(碰撞)造山带的构造相模式，划分为 6 个构造相类暨 15 个构造相：仰冲基底相类(刚性基底、活化基底)；混杂相类(弧前混杂带、弧后混杂带)；前陆褶皱冲断相类(前陆褶冲带、前陆褶皱带、活化盖层)；主剪切相类(前陆主剪切带、剪切穹窿带)；岩浆弧相类(前缘弧、残留弧、增生弧)；磨拉石盆地相类(前陆磨拉石盆地、核心磨拉石盆地、后陆磨拉石盆地)。刘德良等(2007)试将盆地划分为 4 个构造相系暨 10 个构造相：克拉通地区坳陷型盆地相系(内克拉通盆地相、边缘克拉通盆地相)；张陷地区伸展型盆地相系(张陷盆地拉张边缘相、张陷盆地核部相)；扭陷地区走滑型盆地相系(扭陷盆地走滑旋转边缘相、扭陷盆地核部相、扭陷盆地前后拉张边缘相)；压陷地区挤缩型盆地相系(压陷盆地挤压褶冲边缘相、压陷盆地核部相、压陷盆地挤隆断陷边缘相)。

对于构造相还存在认识上的分歧。朱志澄和宋鸿林(1990)评价说："构造相"或"变形相"在构造解析中是个有用的概念，可以引用。但也有研究者认为在区域构造研究早期，对自然界千变万化的构造行迹，认识的概括简化，模式化是免不了的，至少可以满足阶段性认识的需求，所以宜粗不宜细。然而，当今构造研究已进入到要求弄清每一构造阶段的每一次构造事件的细节。这是摆在构造相研究面前的难题。

# 第二十二章 岩石微观变形机制

地壳中各种地质构造都是岩石受力发生变形的产物，因此，从力学观点来研究岩石的变形构造是必要的，它所依据的现代固体变形理论，主要是在研究金属、混凝土及岩石等在寻常环境条件下力学实验的基础上建立和发展起来的，这与实际地质环境中的岩石变形不完全相同。地质构造是在地质历史时期形成的，其作用时间之长，条件之复杂，是一般人工实验无法比拟的。尽管如此，它们之间某些变形的基本力学规律还是相同的。因此，现代固体变形理论仍然是研究地质构造形成和发展的主要依据。

## 第一节 应 力

### 一、应力概念

#### (一) 外力、内力和应力

力是物体间的相互作用，这种作用主要表现为改变物体的运动状态，包括改变物体的形状、大小、位置和运动速度等等。力对于物体的效应决定于力的大小、方向和作用点 3 个因素，通称为力的三要素。把大小和方向同时加以考虑的量称为矢量，故力是矢量，它不可直接加、减法运算，必须进行合成和分解。

力总是成对出现的，单独的一个力实际上是不存在的。对于一个物体来说，另一个物体施加于该物体的力称为外力。根据力的分布情况，外力可分为面力和体力两种：面力是通过接触面传递的，它只作用在物体表面上；体力是物体内部每一个质点受到的外力作用，它的大小与质量成正比，不是通过接触传递而是间隔一定距离相互作用的，如重力等。

内力是指同一物体内部各部分之间的相互作用力。由于物体是由无数质点所组成，它们在未受外力作用时，其内部各质点间就已存在着相互作用的内力，它使各质点处于相对平衡状态，并使物体保持一定的形状，这种力称为物体固有的内力或自然状态的粒子力。

粒子力有两种：一种是物体内部各质点间的吸引力和排斥力；另一种是内部各颗粒间的粘着力。

当物体受到外力作用时，其内部各质点间平衡状态就发生变化，它们相互作用的内力也随之发生改变，直到达到一个新的平衡为止。这种内力的改变量称为附加内力或派生粒子力。

简言之，附加内力是指物体受外力作用时，其受力物体内部各质点间产生相互作用的附加内力，用以平衡外力。显然附加内力不是外力、不是作用力和反作用力；附加内力是派生的内力，非固有的内力。

单位面积上的附加内力称为应力，应力除大小、方向的意义之外，还与作用面积有关，这种量又不同于矢量，数学上称为张量，张量之间的四则运算又比矢量复杂了，要用莫尔圆。地球内部单位面积上的附加内力称为地应力。

(二) 应力特性

应力是可以测量和表示的，除计算外亦可用图解截面法求得。如图 6.10 所示，当某一物体两端遭受外力 $P$ 拉伸并处于平衡状态时，其内部便产生与外力作用相抗衡的内力 $p$。若将该物体沿任意截面 $F$ 切开，将物体分为 A、B 两部分。取其一部分(如 A 块)，其截面上的内力 $p$ 应与外力 $P$ 大小相等、方向相反。在内力均匀分布情况下，作用于 $F$ 截面上的应力值为：

$$\sigma_F = p/F \tag{6.1}$$

$\sigma_F$ 代表应力，指作用于物体 A 截面 $F$ 上单位面积的附加内力，它表示附加内力的大小，其量纲为 $kg/cm^2$。

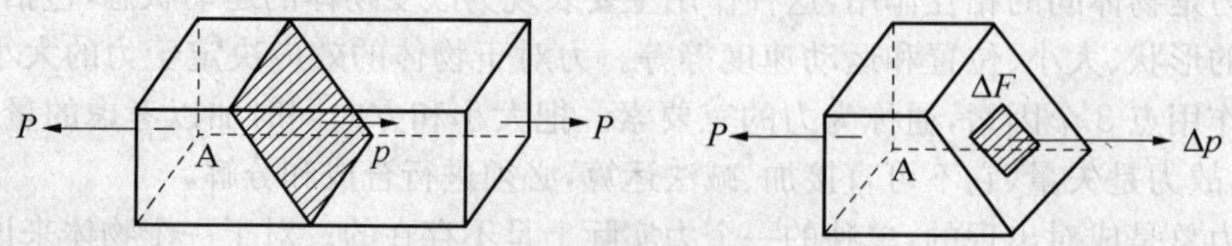


**图 6.10　外力与内力**

若在物体内任意选取一个与外力作用方向不相垂直的微分面积 $\Delta F$，此微分面积上内力的合力为 $\Delta p$。根据平行四边形法则，可将内力 $\Delta p$ 分解为垂直于该截面

$\Delta F$ 上的内力 $\sigma$（称正应力或直应力，它可再分为张应力和压应力）和平行于该截面 $\Delta F$ 上的内力 $\tau$（称剪应力或切应力）（图 6.11）。

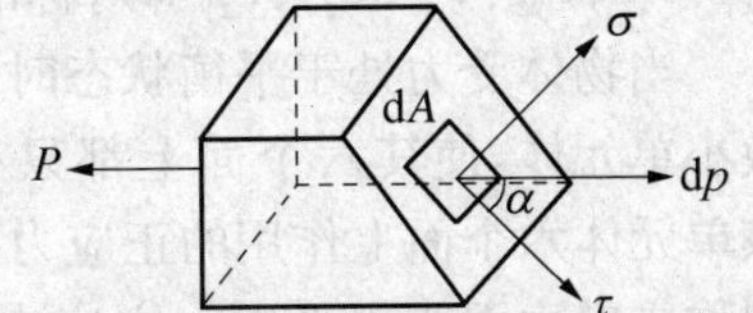


图 6.11　截面微分面积上的内力

那么，作用于截面 $\Delta F$ 上的合应力为：

$$\sigma_{合} = \Delta p / \Delta F \tag{6.2}$$

在内力非均匀分布时，可取其极限值即：

$$\sigma_{点} = \lim_{\Delta F \to 0} \frac{\Delta p}{\Delta F} = \frac{\mathrm{d}p}{\mathrm{d}F} \tag{6.3}$$

$\sigma$ 点称截面上点应力，即为该点的全应力。

而上述合应力的法向分量即正应力为：

$$\sigma = \lim_{\Delta F \to 0} \frac{\Delta N}{\Delta F} = \frac{\mathrm{d}N}{\mathrm{d}F} \tag{6.4}$$

其切向分量即剪应力为：

$$\tau = \lim_{\Delta F \to 0} \frac{\Delta T}{\Delta F} = \frac{\mathrm{d}T}{\mathrm{d}F} \tag{6.5}$$

在地质构造研究上习惯于将压应力定为正值，张应力定为负值。剪应力会使物体发生旋转，于是又将逆时针转动角度变化定为正值，顺时针转动角度变化定为负值。它们恰与工程力学上所使用符号完全相反。

（三）应力状态

物体受力后，内部各个截面上将产生有规律分布的应力，物体所处的这种力学状态称应力状态。为了分析受力物体内部的应力状态，常从点应力状态入手。所谓点应力状态，就是物体受力后，通过该点的各个截面上的应力情况。通常在该点附近截取包含该点的最小单元体——微分正六面体（又称元素体）来考察，因为各面趋近于零的极小值，故可认为在各面上的应力是均匀分布的。这样，各面上的应力情况就代表了点应力情况，而且相互平行的截面上的应力情况是相同的。

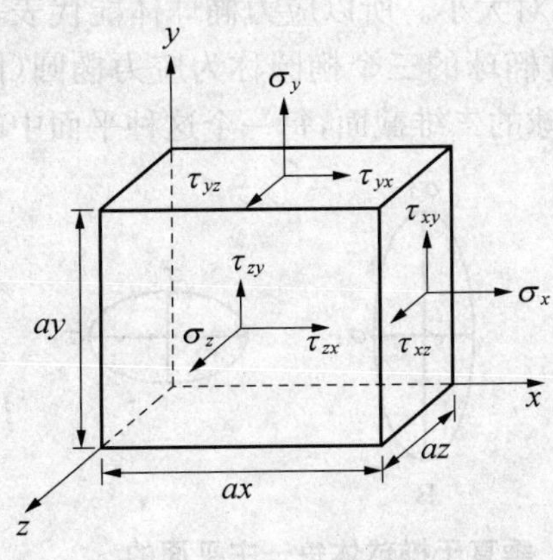


图 6.12　单元体上的应力分量

在一般情况下，微分正六面体的六个面上都有正应力和剪应力作用，如图 6.12 所示，取直角坐标系的 $x$、$y$、$z$ 轴与微分正六面体诸面上的法线平行，六面体上的正应力 $\sigma_x$、$\sigma_y$、$\sigma_z$ 分别平行于 $x$、$y$、$z$ 轴；剪应力在各面上可以分成两个相互垂直的剪应力分量，如包含 $Y$ 轴垂直于 $X$ 轴的面上有 $\tau_{xy}$

和$\tau_{xz}$两个剪应力。由图可知，通过一点的微分正六面体的面上作用着$\sigma_x$、$\sigma_y$、$\sigma_z$、$\tau_{xy}$、$\tau_{xz}$、$\tau_{yz}$、$\tau_{yx}$、$\tau_{zx}$、$\tau_{zy}$等对称的九个对应力及其分量。

当物体受力处于平衡状态时，通过该物体内部任意点总是可以截取这样一个微小单元体，使其六个面上都只有正应力的作用，而无剪应力的作用（图 6.13）。该单元体六个面上作用的正应力称主应力，主应力的方向线称主应力轴，其作用面则称主应力面或主平面。主应力的性质在三个主方向上可以全是拉伸的主张应力，也可以全是挤压的主压应力，更可以部分方向为主张应力、部分方向为主压应力的组合。当六个面上的三对主应力值都相等时，物体将只会发生简单的体积变形而无形状的变化。如果三对主应力大小不等时，物体就会发生复杂的形状变化。最通常情况三对主应力可分别为最大主应力$\sigma_1$、中间主应力$\sigma_2$和最小主应力$\sigma_3$，最大主应力$\sigma_1$和最小主应力$\sigma_3$其之差称应力差，应力差越大，其所引起物体形状改变就越明显。

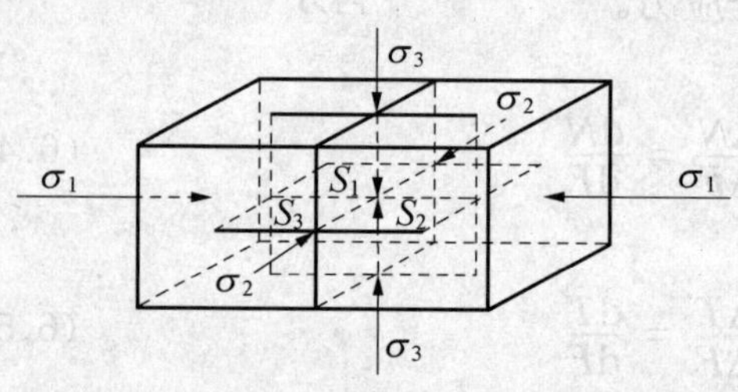


**图 6.13　单元体的三对主应力 $\sigma_1$、$\sigma_2$、$\sigma_3$ 方位**

地质构造分析常用最大压应力表示最大主应力$\sigma_1$，最大张应力表示最小主应力$\sigma_3$，而中间主应力$\sigma_2$可以是压应力也可以是张应力，其数值在最大主应力和最小主应力之间。

当主应力$\sigma_1 > \sigma_2 > \sigma_3$，并且符号相同时，就可以根据一点的主应力$\sigma_1$、$\sigma_2$、$\sigma_3$为半径作出一个椭球体，这个三轴不等的椭球体称为应力椭球体（图 6.14A）。应力椭球体形状的变化取决于三对主应力的相对大小。所以应力椭球体能代表一点的三维应力状态。过三个主应力平面所切过椭球的三个椭圆称为应力椭圆（图 6.14B），它表示平行于每一个主平面而切过椭球的二维截面，每一个这种平面中的

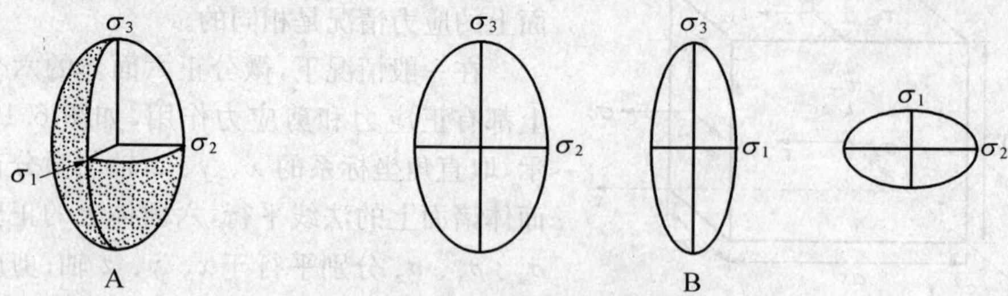


**图 6.14　一般三轴应力椭球的透视图(A)；垂直于椭球体每一主平面的正视图(B)(据米恩斯)**

应力展布就构成一个应力椭圆。

物体中一点的空间应力状态可根据其应力椭球体的形态进行分类，称应力状态的类型有3种基本类型，即单轴应力状态、双轴应力状态和三轴应力状态。

1. 单轴应力状态

单轴应力状态又称单向应力状态，即两个主应力值均等于零，有一个主应力值不等于零时的应力状态，即 $\sigma_1 \neq 0$、$\sigma_2 = \sigma_3 = 0$，此时物体将发生单向的拉伸或压缩的线性变形。

2. 双轴应力状态

又称平面应力状态，即有一个主应力值为零，而另两个主应力值均不等于零时的应力状态，即 $\sigma_2 = 0$、$\sigma_1 > \sigma_3$，此时物体将发生双向的平面变形，如在构造力作用下，地壳表面所处的就是这种应力状态。

3. 三轴应力状态

又称空间应力状态，三个主应力值都不等于零，且大小亦均不相等的应力状态，即 $\sigma_1 > \sigma_2 > \sigma_3 \neq 0$，此时物体将发生三向不等的复杂变形，如地壳内部岩块所处的变形，其形成三轴不等的应力椭球体，则反映了自然界最普遍的一种三向应力状态。

实际工作中，三轴应力状态在一定条件下，可以简化为二轴应力状态来解析，而单轴应力状态最简单，可视为二轴应力状态的特例。此外，尚有一种特殊情况即纯剪应力状态，这种特例是物体的三个主应力中，有一个主应力值为零，而另两个主应力值均不等于零，但它们的绝对值相等、符号相反，即 $\sigma_2 = 0$、$\sigma_1 = -\sigma_3$ 时，那么将在某一平面上产生只有剪应力作用，而无垂直正应力作用变形的应力状态。

## 二、应力分析

### (一) 二维应力分析

二维应力分析中只考虑所研究的二维平面内的应力状态，而不需考虑与此平面相垂直的另一轴的应力情况。

1. 任一斜截面上的应力分析

设在与 $\sigma_3$ 相垂直的二维应力场中，其主应力分别为 $\sigma_1$ 和 $\sigma_2$，考虑在任一斜截面 $AB$ 上的应力，$AB$ 面的法线与 $\sigma_1$ 轴成 $\alpha$ 角(图6.15)。因为我们不能直接分解或合成应力 $\sigma_1$ 和 $\sigma_2$，所以必须先把应力转换成作

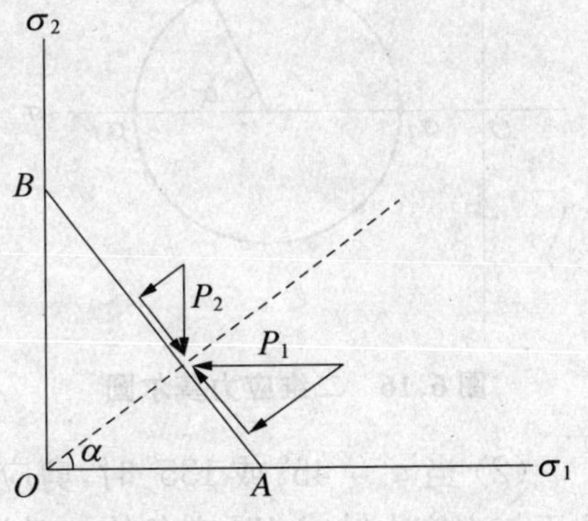

图6.15　二维斜截面上应力分析

用于各边上的力。设 $AB$ 线代表单位长度，则 $OA = \sin\alpha$、$OB = \cos\alpha$。作用在斜面 $AB$ 上沿 $OA$ 和 $OB$ 方向的力 $P_1$ 和 $P_2$ 分别等于应力乘面积。

$$P_1 = \sigma_1 \cos\alpha,\quad P_2 = \sigma_2 \sin\alpha$$

把 $P_1$ 和 $P_2$ 分解为垂直于 $AB$ 和平行于 $AB$ 的力，并互相相加。则垂直于 $AB$ 的力：

$$P_n = P_1 \cos\alpha + P_2 \sin\alpha$$

因为 $AB$ 为单位长度，所以正应力为：

$$\sigma_\alpha = P_n / AB = P_1 \cos\alpha + P_2 \sin\alpha = \sigma_1 \cos\alpha \cos\alpha + \sigma_2 \sin\alpha \sin\alpha$$

或

$$\sigma_\alpha = \sigma_1 \cos^2\alpha + \sigma_2 \sin^2\alpha = (\sigma_1 + \sigma_2)/2 + (\sigma_1 - \sigma_2)/2 \cdot \cos 2\alpha \tag{6.6}$$

平行 $AB$ 的力为：

$$P_t = P_1 \sin\alpha - P_2 \cos\alpha$$

则剪应力 $\tau_\alpha = P_t / AB$，即为：

$$\tau_\alpha = \sigma_1 \cos\alpha \sin\alpha - \sigma_2 \sin\alpha \cos\alpha = (\sigma_1 - \sigma_2)/2 \cdot \sin 2\alpha \tag{6.7}$$

由(6.7)方程式可知，当 $2\alpha = 90°$ 时，$\tau$ 为最大，其值等于 $(\sigma_1 - \sigma_2)/2$。所以最大剪应力作用面与 $\sigma_1$ 和 $\sigma_2$ 轴的夹角为 45°。

2. 二维应力状态的莫尔图解

将(6.6)和(6.7)式分别平方后相加，得

$$\{\sigma_\alpha - (\sigma_1 + \sigma_2)/2\}^2 + \tau_\alpha^2 = \{(\sigma_1 - \sigma_2)/2\}^2(\cos^2 2\alpha + \sin^2 2\alpha) = \{(\sigma_1 - \sigma_2)/2\}^2$$

这是一个圆的方程式，在以 $\sigma$ 为横坐标，$\tau$ 为纵坐标的系统中，它代表圆心在 $\{(\sigma_1 + \sigma_2)/2,\ 0\}$，半径为 $(\sigma_1 + \sigma_2)/2$ 的一个圆，此即二维应力状态的莫尔圆(图 6.16)。圆周上任一点 $P$ 的坐标，代表其法线与 $\sigma_1$ 轴成 $\alpha$ 夹角的截面上的正应力和剪应力。

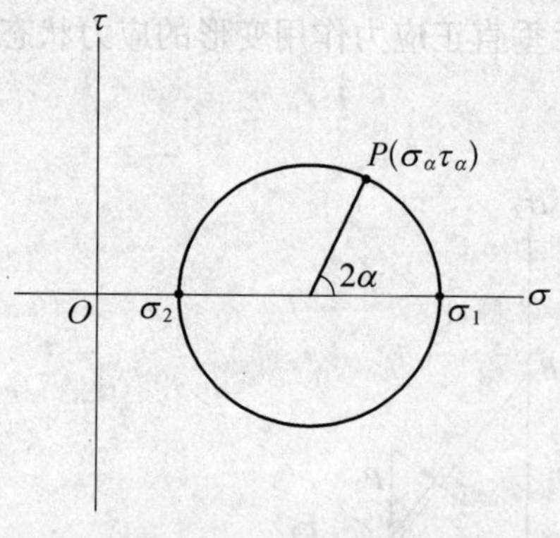

**图 6.16　二维应力莫尔圆**

从图 6.16 可知：

(1) 当 $\alpha = 0°$ 时，$\sigma_\alpha = \sigma_1$，$\tau_\alpha = 0$；

$\alpha = 90°$ 时，$\sigma_\alpha = \sigma_2$，$\tau_\alpha = 0$。

在这两个面上只有正应力而无剪应力，这两个面称为主平面，其上的正应力称为主应力。

(2) 当 $\alpha = 45°$ 或 135° 时，剪应力的绝对值最大，$|\tau_{max}| = (\sigma_1 - \sigma_2)/2$。它是位于与主应力轴成 45° 交角的一对相互垂直的面，称为最大剪应力作用面。

(3) 当 $\sigma_1 = \sigma_2$ 时，$\tau = 0$，即在均压下无剪应力。在三维应力状态中，若 $\sigma_1 = \sigma_2 = \sigma_3$，称为静水压力。

(二) 三维应力分析

三维应力分析是在二维应力分析的基础上进行的，只不过其数学表达式更为复杂。设任一斜截面 $ABC$，其法线 $OP$ 与 $\sigma_1$、$\sigma_2$ 及 $\sigma_3$ 轴的夹角分别为 $\alpha_1$、$\alpha_2$ 和 $\alpha_3$(图 6.17)，则可推导出在此截面上的应力为：

$$\sigma = \sigma_1 \cos^2 \alpha_1 + \sigma_2 \cos^2 \alpha_2 + \sigma_3 \cos^2 \alpha_3 \tag{6.8}$$

$$\tau^2 = (\sigma_1 - \sigma_2)^2 \cos^2 \alpha_1 \cos^2 \alpha_2 + (\sigma_2 - \sigma_3)^2 \cos^2 \alpha_2 \cos^2 \alpha_3 + (\sigma_3 - \sigma_1)^2 \cos^2 \alpha_3 \cos^2 \alpha_1 \tag{6.9}$$

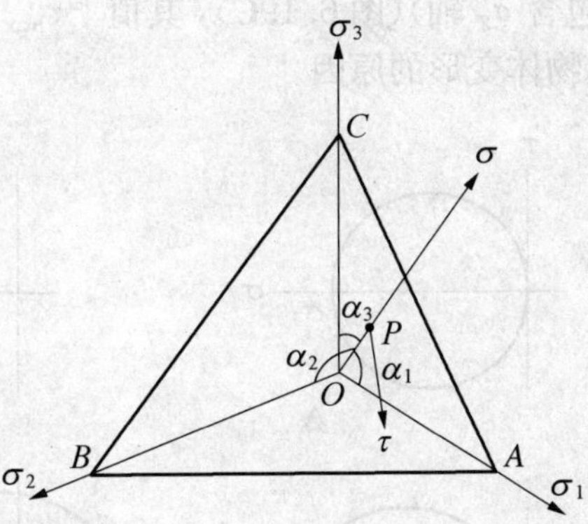


图 6.17　三维斜截面上的应力

此式也可用莫尔图解来表示。考虑一组平行于 $\sigma_3$ 轴的面上的应力，则各个面的法线都垂直于 $\sigma_3$ 轴，即 $\alpha_3 = 90°$、$\cos \alpha_3 = 0$，因 $\cos^2 \alpha_1 + \cos^2 \alpha_2 + \cos^2 \alpha_3 = 1$，所以 $\cos^2 \alpha_1 + \cos^2 \alpha_2 = 1$，即 $\cos^2 \alpha_2 = 1 - \cos^2 \alpha_1 = \sin^2 \alpha_1$，代入(6.8)、(6.9) 式得：

$$\sigma = \sigma_1 \cos^2 \alpha_1 + \sigma_2 \sin^2 \alpha_1 \tag{6.10}$$

$$\tau = (\sigma_1 - \sigma_2) \cos \alpha_1 \sin \sigma_1 \tag{6.11}$$

这一组面的应力即为包含 $\sigma_1$ 和 $\sigma_2$ 轴的二维应力莫尔圆。同理，另一组平行于 $\sigma_2$ 轴的面上的应力可用包含 $\sigma_1$ 和 $\sigma_3$ 轴的二维莫尔应力圆来表示；平行于 $\sigma_1$ 轴的一组面上的应力可用包含 $\sigma_2$ 和 $\sigma_3$ 轴的二维莫尔应力圆来表示(图 6.18)。对

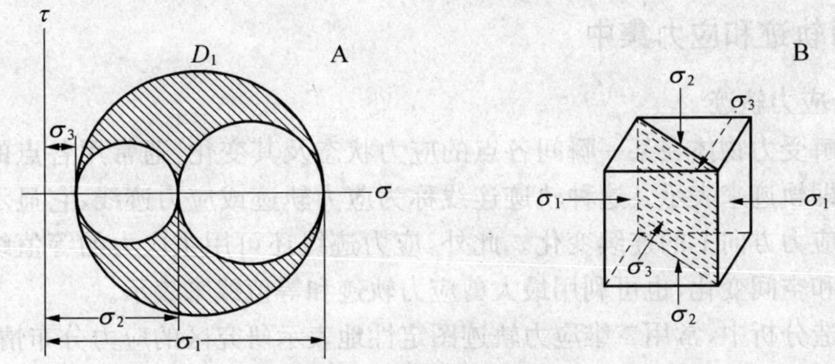


**图 6.18　三维应力莫尔圆**

$D_1$ 点代表最大剪应力作用面；右图为 $D_1$ 与主应力方位的关系

于任一斜截面上的应力，则依据其 $\alpha_1$、$\alpha_2$ 和 $\alpha_3$ 的大小，可在图 6.18 的阴影部分定其位置，其相应的坐标值即为作用于其上的 $\sigma$ 和 $\tau$ 之值。

从图 6.19 中可以看出，静水压力下，剪应力为零，但静岩压力下，剪应力不等于零。最大剪应力都是发生在 $\sigma_1$ 和 $\sigma_3$ 构成的应力圆上，与 $\sigma_1$ 成 45°夹角的面上(包含 $\sigma_2$ 轴)(图 6.19C)，其值 $|\tau_{max}| = (\sigma_1 - \sigma_3)/2$。$(\sigma_1 - \sigma_3)$ 称为差应力，是引起物体变形的原因。

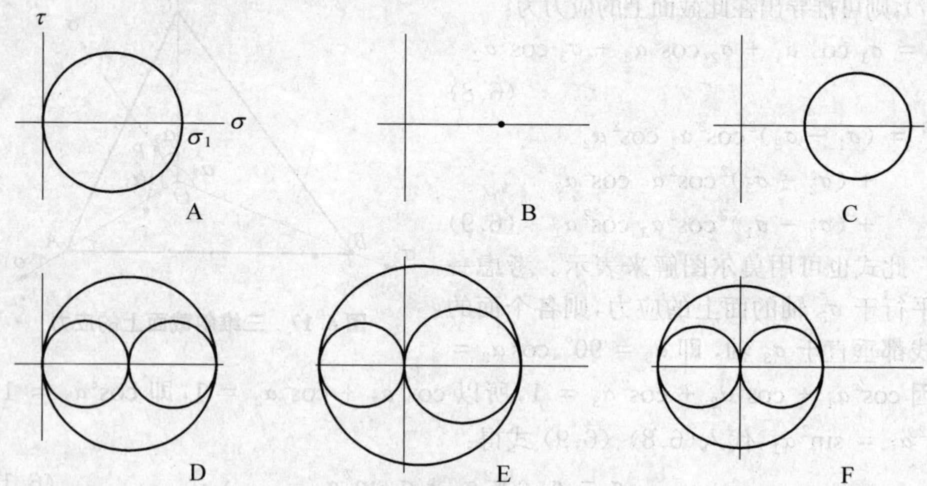


**图 6.19　几种特殊的三维应力莫尔圆**

A：单轴压缩 $\sigma_1 > \sigma_2 = \sigma_3 = 0$；B：静水压力 $\sigma_1 = \sigma_2 = \sigma_3$，此与通常所指的静岩压力相同；C：C 式和图 C 是一般二维（或平面）应力状态静岩压力，包括 $\sigma_1 = \sigma_2 > \sigma_3$ 的状况；D：双轴压缩 $\sigma_1 > \sigma_2 > \sigma_3 = 0$；E：平面应力 $\sigma_1 > \sigma_2 = 0 > \sigma_3$；F：纯剪应力 $\sigma_1 = -\sigma_3$、$\sigma_2 = 0$

## 三、应力轨迹和应力集中

### （一）应力轨迹

为了解受力物体在某一瞬间各点的应力状态及其变化，通常用各点的主应力方向连线即轨迹来表示。这种轨迹连线称为应力轨迹或应力迹线，它显示了受力物体在主应力方向上的连续变化。此外，应力迹线还可用主应力的等值线来表示它的强度和空间变化，也可利用最大剪应力轨迹和等值线来表示。

在构造分析中，常用二维应力轨迹图定性地表示研究区的应力分布情况，其中最大压应力($\sigma_1$)和最大张应力($\sigma_3$)是引起物体变形的主因，所以常以 $\sigma_1$ 和 $\sigma_3$ 两种应力轨迹图来表示。图 6.20 是水平挤压下的应力轨迹图，图 6.21 是水平剪切下的应力轨迹图。

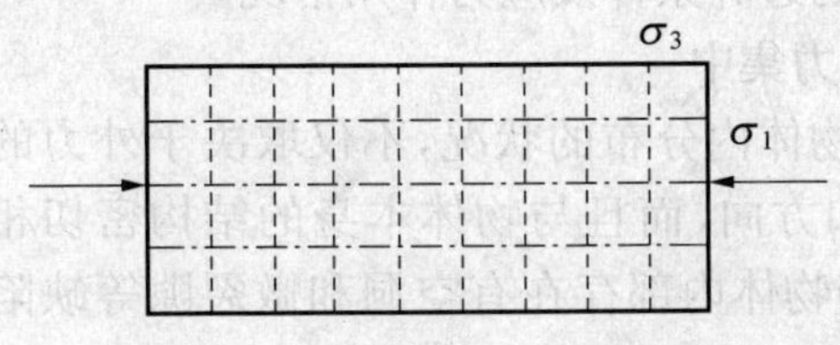


图 6.20　水平挤压应力轨迹图

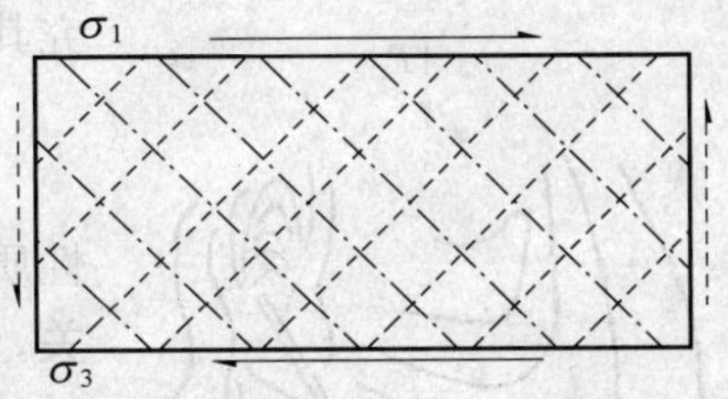


图 6.21　水平剪切应力轨迹图

在一定的边界条件和一定的力系作用下，一个区域内的应力轨迹可通过光弹性模拟实验或计算机模拟来求得。光弹性模拟实验是利用某些透明的均质体（如明胶）在外力作用下发生变形时产生的光弹效应，变成了非均质体，从而在正交偏光下，显现出反映应力特点的干涉图象。据此，可以画出剪应力分布图、主应力轨迹图及最大剪应力轨迹图。它是一种了解一定形状的物体，在一定方式的外力作用下，其内部应力分布特征的一种形象而有效的手段。图 6.22 表示在侧向拉伸条件下平面剪应力作用的光弹性实验结果，从中可看出其应力轨迹形式。

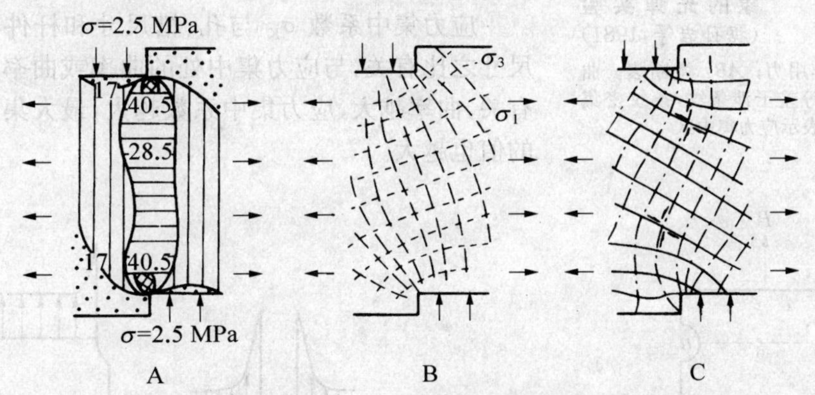


**图 6.22　在附加侧向张力下，简单剪切时的应力状态**（据马瑾等，1965）

A：据干涉色确定的剪应力分布图（剪应力等值线的单位为 MPa）；B：主应力轨迹图；C：剪应力轨迹图

应用一定的计算程序（如有限元法）给予一定的参数，就可以利用计算机得出所给条件下的应力轨迹或应力等值线图，改变参数的值可以得出不同条件下的应力轨迹图，这是一种精确而高效率的模拟方法，目前几乎已取代了光弹性实验模拟法。在地质构造研究中，常常是根据一个地区内各点的地质构造特点来求得其所反映的主应力轴方位，然后编绘成主应力轨迹图，再用光弹性模拟或数学模拟来推究其变形时的边界条件及应力作用情况。

**图 6.23　单向压力下断裂端点应力集中现象的光弹实验**（据孙岩等，1981）

$P$：作用力；$AB$：微断裂。曲线为等差干涉条纹，条纹密集部位表示应力集中区

（二）应力集中

应力在物体内分布的状况，不仅取决于外力的性质、大小和方向，而且与物体本身的结构密切相关。例如，当物体内部存在有空洞和微裂隙等缺陷时，在弹性变形阶段就会在这些部位产生局部的应力剧增，称为应力集中。物体往往在应力集中处首先被破坏（图 6.23）。一旦破坏后，该处应力释放就成为应力值低的地段。

图 6.24 是受力杆件材料在经过圆孔的截面 mm 处，出现应力集中现象。通常最大集中应力 $\sigma_{max}$ 与一般应力 $\sigma$ 之比，称为应力集中系数，以 $\sigma_K$ 表示，其关系式为：

$$\sigma_K = \sigma_{max}/\sigma \tag{6.12}$$

应力集中系数 $\sigma_K$ 与孔、槽尺寸和杆件横断面尺寸之比有关，与应力集中处的曲率或曲率半径也有关，曲率越大，应力集中系数越大，最大集中应力的值也越大。

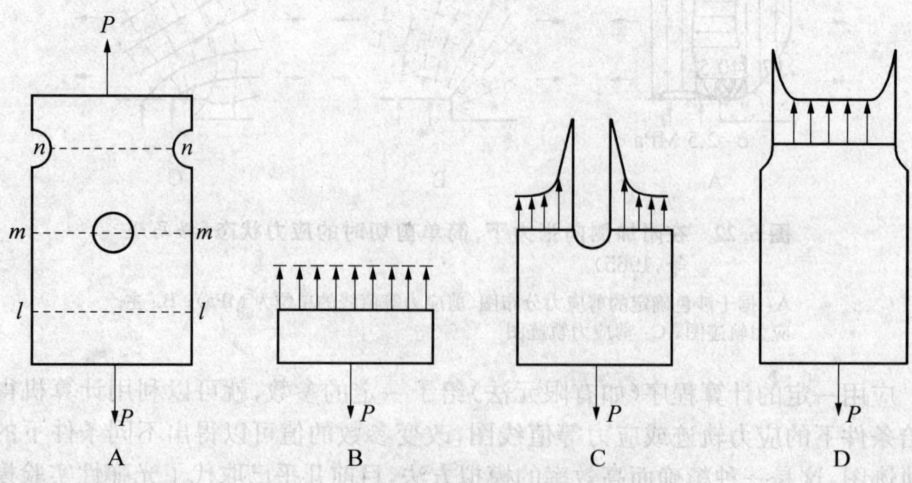


**图 6.24　材料圆孔附近的应力集中现象**

地壳中的岩石并非完整无缺的，岩石(块)中常有许多裂隙存在，微小的裂隙可近似地看成为椭圆形的孔洞，在应力作用下极易造成集中现象；当岩石(块)内有早期断裂存在，若再次受到应力作用时，就会在断裂的端点、拐点、尖灭点、交汇点、分叉点和错列点等处出现应力集中现象。若是弧形或折线、拐点，应力集中部位多出现在拐弯处的外侧。

应力集中还与材料的性质有关，由于塑性、韧性和粘性材料可以产生粘性流动，当最大应力在集中部位达到流动极限时，应力就暂停上升，继续加力时，粘性流动范围扩大而构成一应力均布区域。这样就起到缓冲作用，可大大减低应力集中的速度。结构均匀的弹性、脆性和刚性材料，因不产生粘性流动，不能使集中的应力趋于均布，故当外力增加时，最大集中应力不断增大，达到材料的强度极限，就会产生破坏。一般来说，研究地质构造时所涉及的应力均指地应力。由于地壳无时无刻不在变动，因此，地应力也就有一个从弱到强、从小到大地逐渐积累过程。当一定范围内的地应力积累到超过岩石所能承受的限度时，就会使岩石产生破裂和变形而释放大量能量，这就是产生地震现象的主要原因。

## 四、应力场和构造应力场

上节所分析的是受力物体内部一点的瞬时应力状态，其应力分布是连续的，且具规律变化。而应力场系指受力物体内部相邻各点在某一瞬时的应力分布的总和，即一个空间范围内构造应力的分布。因此，一个试件或一个块体，其内部都可有某种应力场作用，即任何受力物体所占据的空间都构成一个应力场。应力是张量，所以应力场是张量场。当应力场中各点的应力状态都相同时，该应力场称为均匀应力场，若各点的应力状态各不相同时则称为非均匀应力场。

同理，组成地壳的地块或岩块在构造力的作用下，其内部各点便有应力分布，这种构造应力或地应力分布的空间称为构造应力场。研究构造应力场即是研究构造应力分布的规律性，确定地壳上某一点或某一地区，在特定地质时代和条件下，受力作用所引起的应力方向、性质、大小以及发展、演化等特征。

这里需要指出的是，应力状态是指某一瞬间物体的应力状态，所以，应力场也是指某一特定时间内的应力分布状态。随着地质演化，一个地区往往经受多次不同方式的地壳运动，从而造成同一地区不同时期不同形式构造应力场所形成的各种构造及其叠加或改造现象。

# 第二节 应　变

应变为物体变形的度量，常用来描述物体的变形程度。变形最终状态的应变称为有限应变，而此前任一时段之间的应变属于递进变形的范畴。

## 一、变形的度量

变形有两种度量方式：一种是线应变，即物体内部某一方向变形前后长度的变化；另一种是剪应变，即物体变形前后两条直交线段之间的角度变化。

### (一) 线应变

变形前后线段长度的变化称为线应变，常用的方法如下：

1. 伸长度，指物体变形后相对伸长量或缩短量。

$$\varepsilon = \Delta l / l_0 = (l - l_0)/l_0 \tag{6.13}$$

式中，$\varepsilon$ 为线应变，$l_0$ 和 $l$ 分别为变形前后同一线段的长度。$\Delta l$ 为绝对长度变化。地质上习惯把伸长时的 $\varepsilon$ 取正值。

2. 长度比($S$)，即变形后长度与变形前长度之比：

$$S = l/l_0 = 1 + \mathrm{e} \tag{6.14}$$

3. 平方长度比：

$$\lambda = (l/l_0)^2 = (1 + \mathrm{e})^2 \tag{6.15}$$

4. 平方长度比的倒数：

$$\lambda' = 1/\lambda \tag{6.16}$$

### (二) 剪应变

初始，相互垂直的两直线变形后其间直角的改变量 $\psi$，称为角剪应变。其正切函数称为剪应变：$\gamma = \tan\psi$。力学中规定，原直角变小取正值，否则为负。即与剪切方向垂直的物质线向右偏转(顺时针剪切)为正，反之为负。在微量变形情况下，剪应变 $\gamma$ 近似等于角剪应变 $\psi$，此时剪应变可用 $\psi$ 的弧度表示。

## 二、应变椭球体

应变椭球体的概念最初由巴克斯从弹性理论的应力椭球引申而提出。19 世纪末叶，贝克尔(1893)发展了它，把它引用到地质构造力学分析中。一个世纪以来，应变椭球体概念在地质研究上应用很广。

应变椭球体的定义是：在均质的物体内部某一质点为一单位圆球，这个单位圆球受到弹性极限以内的外力作用发生变形，结果使圆球变成了一个椭球，该椭球称为应变椭球体。反之，物体变形前内部为一椭球，而变形后这个椭球成了圆球，则该椭球称为逆应变椭球体。

从数学上可以推导出单位球体变成应变椭球有3个互相垂直的主轴，沿主轴方向只有线应变而没有剪应变。应变椭球体在通常情况下是一个3轴不等的椭球，分别以$\lambda_1$、$\lambda_2$、$\lambda_3$(或$A$、$B$、$C$，或$X$、$Y$、$Z$)表示最大、中间、最小应变主轴。3个主应变轴的轴长分别为$\sqrt{\lambda_1}$、$\sqrt{\lambda_2}$、$\sqrt{\lambda_3}$(因初始单位圆球半径$r_0=1$)。

在3轴不等的椭球内必有两组圆切面，在相当于两组最大剪切面的位置上(即共轭剪切面)，它们相交于$B$轴，其交角分别为$A$轴和$C$轴所平分，但其形态又随变形情况而定(图6.25)。

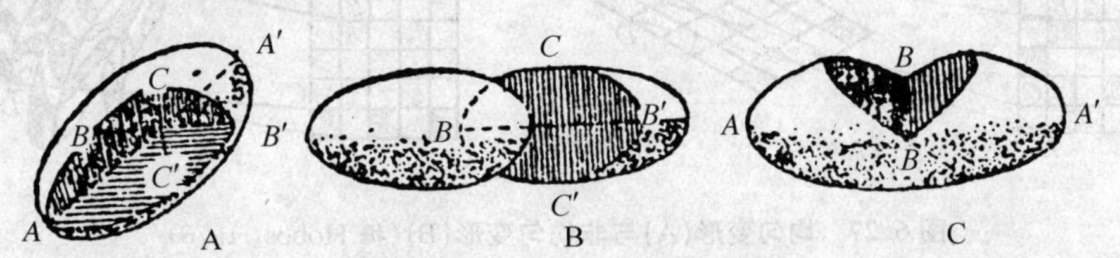


**图6.25　应变椭球体各应变轴的关系**(据 Billings，1972)

A：应变椭球体中互成直角的三个应变轴；B：垂直$A$轴、平行$B$轴和$C$轴的切面；C：与$A$轴和$C$轴斜交，包含$B$轴的一对圆切面

应变椭球在一定条件下，是可以用来解析一些岩石变形现象的。通常利用平面椭圆代表应变椭球体，即将三维空间平面化，以图示方法近似地来解析一部分变形构造和应变轴的相互关系(即表示岩石变形中的延长、缩短及剪切位置等动态)，如图6.26的椭圆就是这样来表示的。

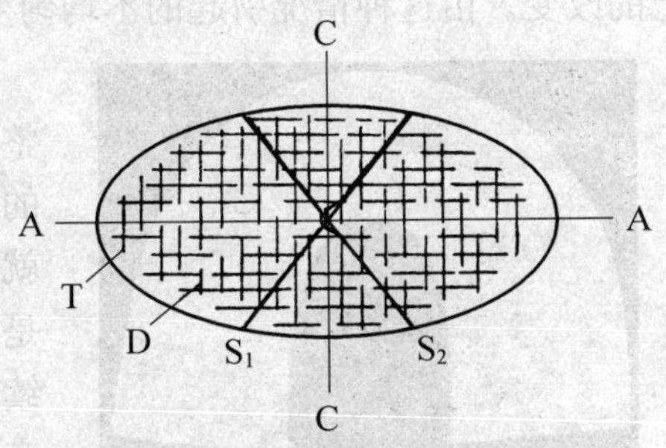


**图6.26　应变椭圆，示变形构造与应变轴位置关系**

T：张节理；D：褶皱枢纽，轴面片理；$S_1$、$S_2$：剪节理

## 三、均匀应变和非均匀应变

均匀应变和非均匀应变(或均匀变形和非均匀变形)特征如下：

1. *岩石内各个部分应变的性质、方向和大小都相同的应变称为均匀应变*

岩石内部任何两个相似形在变形后它们仍相似，即原来是直线，变形后仍是直线。原来是一组平行的直线，变形后仍然相互平行。圆变为椭圆，圆球变为椭球。

2. *岩石各点的应变方向、大小和性质都变化的变形称为非均匀应变*

如用位移梯度来衡量，那么，若在整个变形体中位移梯度为一常数。则变形是均匀的，否则是非均匀的。如图 6.27A，位移矢量在变形时表现为 *AB* 和 *CD* 的线段与未变形时的 *AB* 和 *CD* 一样，具有相同长度和方位，即它们的位移梯度或位移变化率是一个常数，故属均匀变形。而图 6.27B，位移矢量在未变形时为 *AB* 和 *CD*，其长度和方位相同，但在变形时其相应线段的长度和方位都不同，这意味着位移梯度不是常数，故属非均匀变形。

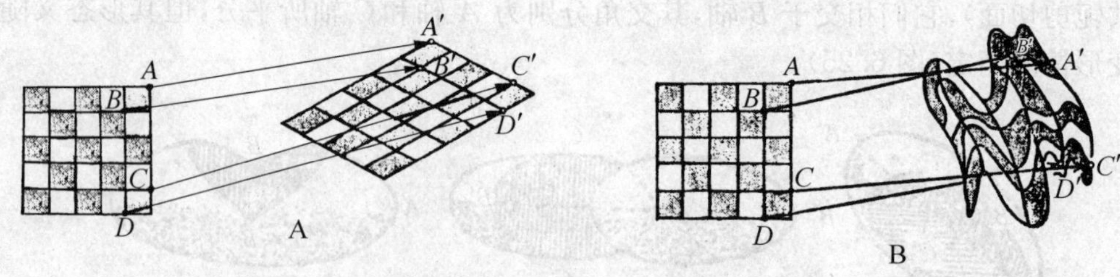


**图 6.27　均匀变形(A)与非均匀变形(B)**(据 Hobbs，1976)

引起非均匀变形的因素有两个：一是岩石力学性质的不均匀性。几乎所有岩石在某种程度上都是不均匀的，它在不同方位具有不同的力学性质，由此所引起的岩石不均匀变形称为内生非均匀变形。二是应力强度在平行方向以及在不同方向上的改变。由这种情况引起的不均匀变形，称为外生非均匀变形。

**图 6.28　弯曲变形**

总的变形是非均匀的，每个小圆近似于均匀变形而成椭圆，相邻椭圆的形态和方位作系统的变化

在讨论岩石变形时，在某种场合下可将整体的非均匀变形近似地看做是若干连续的局部均匀变形的总和。如图 6.28 所示，就岩石整体弯曲而言，应属非均匀变形；可是若依相邻的诸小圆来看，则是由圆逐渐连续变为椭圆的，即由若干个相邻小圆的均匀变形总合而成的弯曲变形。而任意两个相邻的小圆所反映的变形方向、大小、性质的差别是不很明显的，故可近似地视为均匀变形。

## 四、旋转应变和非旋转应变

(一) 旋转应变

旋转应变是在剪切力偶作用下,应变轴的方位和长度随着变形增强,发生一定角度的旋转和增长。图 6.29B 所示的旋转应变,即是一种剪切应变。在这种变形

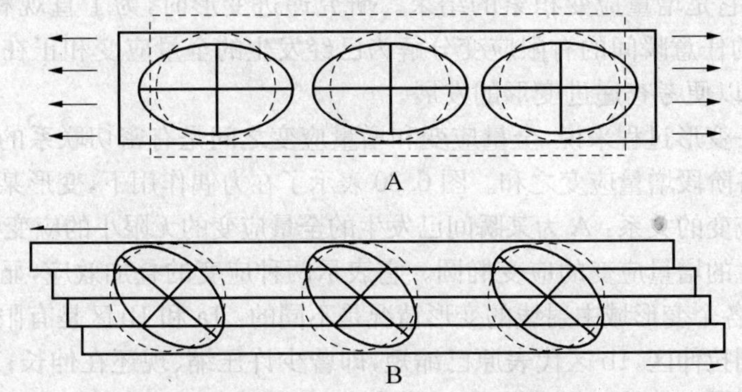


图 6.29　非旋转应变(A)和旋转应变(B)

过程中,3 个应变轴的方位和作用力不再呈平行或垂直的关系,而是以一定角度相交,并且这个角度亦在不断地变化着。

(二) 非旋转应变

非旋转应变是指岩石在变形发展过程中其应变主轴方位始终保持不变的变形,即无角应变;但随着变形发展从弹性变形过渡到弹塑性变形时,则因变形增强而应变轴长度不断改变。图 6.29A 表示非旋转应变为一种线应变,在变形过程中,3 个应变主轴始终保持着与作用力平行或垂直的关系。

# 第三节　递 进 变 形

在岩石变形过程中,如果应变状态随变形过程的发展而变化,这种变形称为递进变形。即在同一应力方式持续作用下,在同一期变形的全过程中,依次出现性质和方位不同的应变状态,从而导致构造变形的发展及其力学性质的转化。由此可见,递进变形不仅涉及变形的空间分布规律,而且还涉及时间因素,即岩石变形的历史过程。

## 一、全量应变和增量应变

递进变形包括两部分应变，即增量应变和全量应变。增量应变又称瞬时应变，它代表在变形历史的某一瞬时正在发生的一个无限小应变，因此，又叫无限小应变。全量应变是指截止到变形历史中某一时刻已经发生的应变总和，又称总应变，即有限应变，它是增量应变积累的结果。研究递进变形时，为了直观和方便，常将变形历史中的任意瞬间的有限应变分解为已经发生的全量应变和正在发生的增量应变两部分，以便考查递进变形的发展。

对于同一变形过程来说，全量应变和增量应变之间是有密切联系的。全量应变的大小等于各阶段增量应变之和。图 6.30 表示了在力偶作用下，变形某一阶段增量应变和全量应变的关系：A 为某瞬间已发生的全量应变的无限小的应变椭圆，B 为某瞬间正在发生的增量应变的应变椭圆。它表示两种应变的叠加效应，显示出 4 个不同的变形域，各个变形域中射线的变形情况是不同的：1a 和 1b 区是有限应变和无限小应变的共同拉伸区，1b 区代表原已缩短，即曾少许压缩、现还在伸长；1a 区代表原已伸长，现已伸长，即始终受到拉伸；2 区代表原已缩短，现正在伸长但未超过原来长度，为有限应变的压缩区，无限小应变的拉伸区，区内半径方向质点线以前受压缩，现在受拉伸；3 区代表原已缩短，现正在缩短，该区是有限应变和无限小应变的共同压缩区。这些效应清楚地反映了正在发生的增量应变和全量应变的关系。由此可见，在同一期变形的同一变形域中，就会依次出现性质和方位不同的应变，形成不同的构造形态。

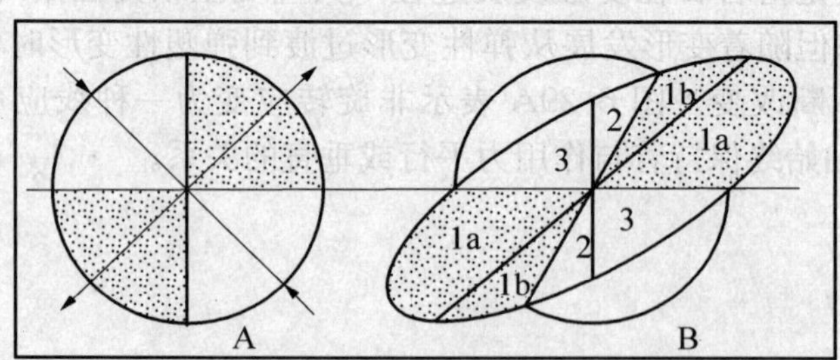


**图 6.30　变形某阶段全量应变与增量应变的关系**（据 Ragan，1973）

## 二、共轴递进变形和非共轴递进变形

在变形过程中，根据全量应变主方向与增量应变主方向的关系，将递进变形分为共轴递进变形和非共轴递进变形。它们与旋转变形和非旋转变形是有区别的，共轴递进变形和非共轴递进变形是用来描述变形的历史的，而旋转变形和非旋转变形是指变形的初始状态与最终状态主轴方位的相对关系。此外，参照的坐标系也不同，研究旋转变形和非旋转变形时，参照坐标系是任意选定的；而研究共轴递进变形和非共轴递进变形时，参照坐标系是变形体内部的物质线。

(一) 共轴递进变形

在递进变形发展过程中，增量应变椭球体的应变主方向与全量应变椭球体的应变主方向始终保持一致者，称为共轴递进变形。根据兰姆赛(Ramsay, 1967, 1970, 1984)的研究，递进纯剪切应变是共轴递进变形的典型实例。从图 6.31 变形椭圆的递进变形系列中可以看到，变形椭圆的不同方位射线应变的发展过程是不同的。$I_1$ 射线很靠近挤压方向，在变形过程到当前 50%的中始终受到压缩。$I_2$ 射线很靠近拉伸方向，在变形到 50%的过程中始终受到拉伸。$I_3$ 射线与挤压方向的夹角在应变量为 20%时小于 45°，因而发生压缩变形；随着变形的继续，$I_3$ 射线与挤压方向的夹角逐渐增大，当大于 45°时，则转化为拉伸变形。因此，对于 $I_3$ 射线而

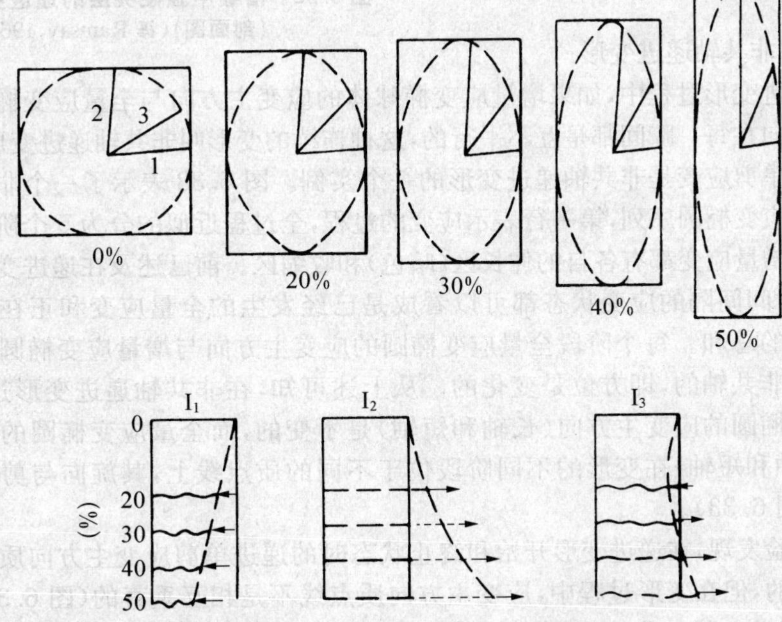


**图 6.31　共轴递进变形中变形椭圆内射线的应变历史**(据 Ramsay, 1967)

上图下面的百分比表示应变量；下图分别表示 3 个射线在各变形阶段内的应变性质；上左图 1、2、3 即下图的 $I_1$、$I_2$、$I_3$

言，前期受到压缩，后期又受到了拉伸，从而产生了压缩和拉伸两种变形效应。它们看起来是对立的应变性质，其实只不过是递进变形过程中增量应变和全量应变叠加效应的两种表象，切不可误作为两期变形的产物。当变形继续增大时 $I_1$ 射线只要不严格平行挤压方向也有达到或超过 45°的时刻，这时 $I_1$ 线也如 $I_3$ 射线一样转为拉长并超过原长。但 $I_2$ 线在递进变形过程中永远伸长，不会有压缩变形过程。

利用递进变形的研究来分析褶皱的形成。例如，在顺层挤压形成的褶皱中，软弱岩层中的强硬夹层在褶皱转折端因受到连续的压缩而形成褶皱（图 6.32 第三区段）；在褶皱两翼因受到连续的拉伸形成石香肠构造（图 6.32 第一区段）；第二区段可能在变形早期受到压缩，而在变形后期受到拉伸，它大体相当于图 6.31 中 $I_3$ 射线的变形特征。

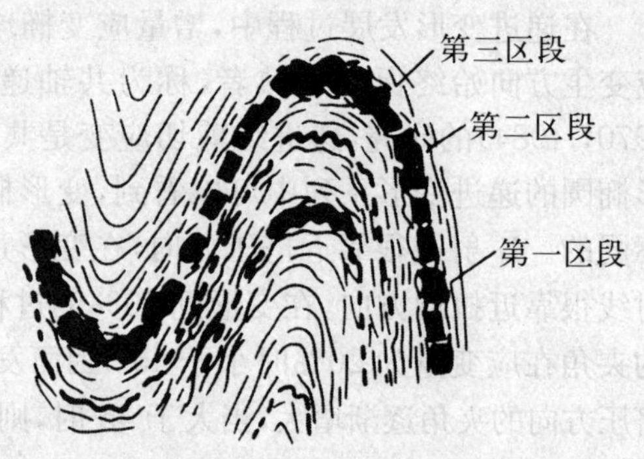

**图 6.32　褶皱中强硬夹层的递进变形（剖面图）**（据 Ramsay，1967）

（二）非共轴递进变形

在递进变形过程中，如果增量应变椭球体的应变主方向与全量应变椭球体的应变主方向在每一瞬间都是互不平行的，这种连续的变形叫非共轴递进变形。

递进单剪应变是非共轴递进变形的一个实例。图 6.33 表示了一个非共轴递进变形的应变椭圆序列，第一行表示应变的过程，全过程近似的分为 5 个阶段。每个阶段的增量应变都有各自的伸长区（暗色）和收缩区。前已述及在递进变形过程中，任意时间间隔的应变状态都可以看成是已经发生的全量应变和正在发生的增量应变的总和。每个阶段全量应变椭圆的应变主方向与增量应变椭圆的应变主方向是非共轴的，即方位是变化的。从上述可知，在非共轴递进变形过程中，增量应变椭圆的应变主方向（长轴和短轴）是不变的，而全量应变椭圆的应变主方向（长轴和短轴）在变形的不同阶段位于不同的质点线上，其旋向与剪切的旋向相同（图 6.33）。

从实验发现，在递进变形开始和终止状态时的递进单剪应变主方向质点线是互相垂直的，但在变形过程中，应变主方向质点线不是相互垂直的（图 6.34）。这表明，应变主方向上质点线在变形过程中不仅发生了线应变，即拉伸或压缩，而且存在剪应变，即发生剪切滑动现象。应变主方向质点线上剪应变值的大小决定于整个递进单剪应变的角剪应变值大小，二者成正比关系。这一现象的发现，对解释某些构造的形成有一定的意义。

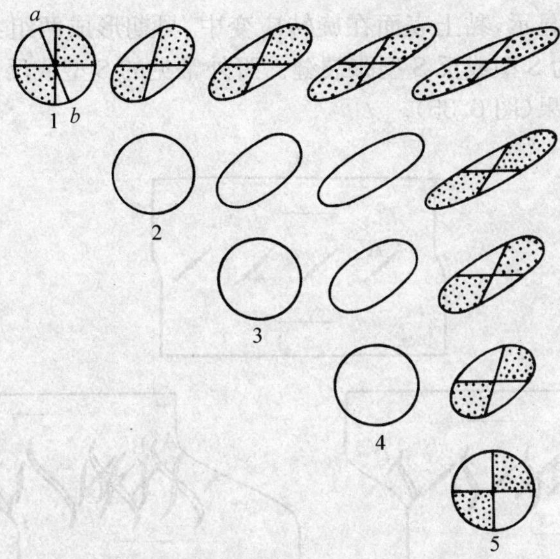


**图 6.33　递进单剪应变中的应变椭圆序列**（据 Ragan，1973）

第 1 行表示应变过程，第 5 列描绘了最后的增量时所发生的变化

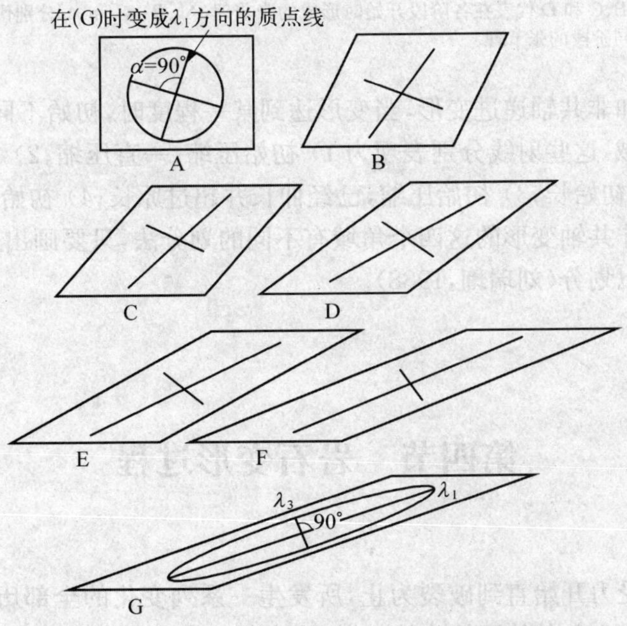


**图 6.34　变形过程中应变主方向质点线的非正交性**（据 Weans，1976）

泥巴模拟试验显示,黏土表面在旋转应变中,早期形成两组共轭剪裂纹,随着变形的发展,转化为 S 型或反 S 型张裂缝。野外常见的 S 型或反 S 型张节理,就是递进单剪应变的结果(图 6.35)。

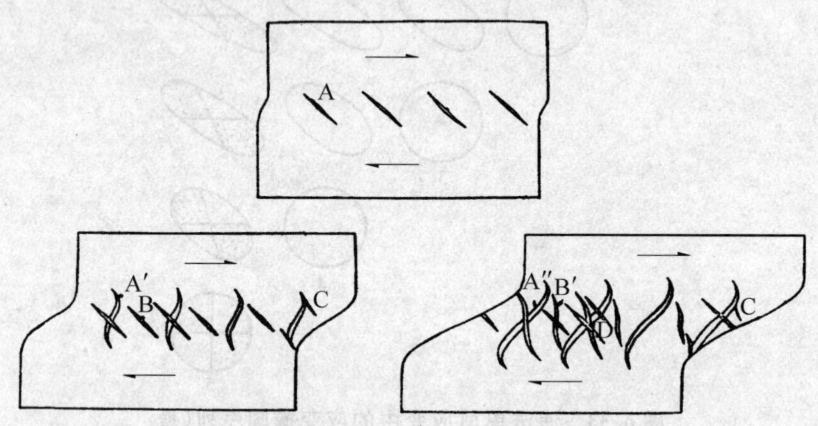


**图 6.35　由非共轴递进变形形成的反 S 型张节理**(据 Durney 和 Rarmsay,1973)

A、B、C 和 D 代表在各阶段开始时形成的张节理,A′、B′、C′和 A″分别代表不同阶段的张节理

无论共轴和非共轴递进变形,当变形达到某一程度时,初始不同方位的射线都有四个方位角域,这些射线分别表现为 1) 初始压缩,一直压缩;2) 初始压缩,现已伸长,但还不如初始长;3) 初始压缩,已经伸长并超过原长;4) 初始拉伸,一直超过原长。共轴和非共轴变形的这四个角域有不同的划分法,只要画出应变椭圆,就可用几何方法加以划分(刘瑞珣,1988)。

## 第四节　岩石变形过程

将岩石从受力开始直到破裂为止,所发生一系列变化的全部历程称为岩石变形的一般过程。它和其他固体物体一样,通常都是先经历弹性变形、之后是塑性变形直到破裂等三个阶段。

## 一、弹性变形阶段

岩石受力发生变形，当外力撤去后，又恢复到变形前的原状，这种变形称为弹性变形。岩石的这种力学性质称弹性。弹性变形一般是在变形刚开始阶段发生的，其变形主要特点是应力与应变之间成正比关系，符合虎克定律。当作用力消去后，岩石几乎不留下变形遗迹。其地质表现为离震源较远的地震不残留剩余变形。

图 6.36 是以塑性较强的低碳钢沿轴向简单拉伸实验为例所表示的应力($\sigma$)、应变($\varepsilon$)曲线图。变形从 $O$ 点开始到 $A$ 点，线段 $OA$ 为直线，说明应力与应变大小成线性正比关系，对应于 $A$ 点的应力值称试件的比例极限，以 $\sigma_x$ 表示。

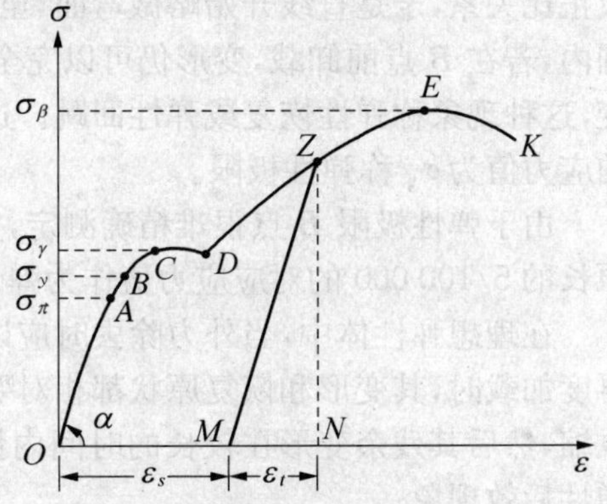


**图 6.36　低碳钢拉伸试验时的应力应变曲线**

$\sigma_\pi$：比例极限；$\sigma_y$：弹性极限；$\sigma_\gamma$：屈服极限；$\sigma_\beta$：强度极限；$\varepsilon_s$：塑性变形量；$\varepsilon_t$：弹性变形量

虎克定律只有在工作应力不超过比例极限时，才是正确的。有两种情况：

(一) 单轴拉伸或压缩

应力与应变的关系由图 6.36 可知，其数学表达式为：

$$\tan\alpha = \sigma/\varepsilon = E \qquad (6.17)$$

式中 $E$ 是杨氏模量或弹性模量，表示物体伸长、缩短时的难易程度，它是材料的一种属性，不同材料有不同 $E$ 值。当 $E$ 值变大时，$\varepsilon$ 就减少，说明这种材料弹性很大，不易变形。

一些主要矿物、岩石及材料在正常环境下的 $E$ 值，见表 6.1。

**表 6.1　若干矿物岩石及材料的 $E$ 值($kg/cm^2$)**

| | | | |
|---|---|---|---|
| 长　石 | $<8\times10^5$ | 钢 | $2\times10^6\sim2.2\times10^6$ |
| 石　英 | $7.85\times10^5\sim1\times10^5$ | 铁 | $0.75\times10^6\sim1.6\times10^6$ |
| 花岗岩 | $6.0\times10^5$ | 铜 | $1.0\times10^6$ |
| 玄武岩 | $9.7\times10^5$ | 混凝土 | $1.0\times10^5\sim3\times10^5$ |
| 石灰岩 | $8.5\times10^5$ | 橡　胶 | 80 |
| 砂黏土 | 3 000 | 木　材 | $1\times10^5$(顺纹)<br>$5\times10^3$(横纹) |

### (二) 剪切变形

剪切应力($\tau$)与剪应变($\gamma$)亦呈正比关系,其值为:

$$\tau/\gamma = G \tag{6.18}$$

式中,$G$ 是切变模量(剪切弹性模量)或刚性模量(rigidity modulus),表示物体抵抗剪切时的难易程度,如 $G$ 值变大,物体切变就越困难。

图 6.36 过了 $A$ 点后,物体的应力和应变因有极微量的塑性变形成分出现,不成正比关系,于是直线开始略微弯曲,至 $B$ 点,$AB$ 段为曲线形态。但 $OAB$ 整个范围内,若在 $B$ 点前卸载,变形仍可以完全恢复到变形前的形态,不保留任何残余应变,这种现象称弹性恢复或弹性回跳。这阶段的应变称为弹性应变。对应于 $B$ 点的应力值为 $\sigma_y$ 称弹性极限。

由于弹性极限 $B$ 点很难精确测定,实际工作中一般利用塑性变形不超过试样原长的 5/100 000 的对应应力值作为弹性极限($\sigma_y$)。

在理想弹性体中,当外力除去时应以同速度恢复原状,但实际上试件在卸载或再度加载时,其变形和恢复原状都相对要慢一点、落后一些。即试件卸载经过瞬时收缩,然后其残余变形在较长的时间内慢慢恢复。这种现象称为变形滞后现象或弹性后效现象。

弹性变形由于除力卸载后即恢复原状,故属暂时性质变形。地震冲击波的传播就是地壳内岩石具有弹性变形的一个表征,地球固体潮也是一种弹性变形现象,岩层的同心褶皱是强烈弹性变形的一种反映。

## 二、塑性变形阶段

当外力继续增加,变形继续增强,当应力超过了岩石的弹性极限时,岩石的变形便进入了塑性变形阶段。它的特点是,即使将外力除去,变形岩石也只能部分恢复(弹性状态),而其余部分不能恢复原状、残留了部分剩余变形(塑性状态),出现了永久变形现象。其变形比例关系,不再遵守虎克定律,而呈不规则变化,即若施加少量应力,就能出现较大的变形,但整个物体仍保持其完整性。其地质表现为震源处的塑性变形,断裂为韧性剪切带。节理与褶皱属岩石连续变形,主要形成于塑性变形阶段,相当于应力应变曲线的 $D-E$ 段。此阶段即是产生张性微裂隙及雁行剪切带的阶段,岩体体积微微扩大,相当地震发生前的“扩容”现象,此时岩石受到的应力值一般在极限强度为½～⅔左右。这就是初始张节理与剪切带、剪节理与褶皱的形成时期。

如图 6.36 中当变形发展过了 $B$ 点,$\sigma-\varepsilon$ 曲线呈显著弯曲并向上凸出,表示变形速度迅速加快,应力与应变呈现不规则的变化。及至到达 $C$ 点,曲线急转,试件的伸长在急剧地增加，而试验机上载荷却在很小范围内波动，如果略去载荷的微小波动不计，则这阶段在 $\sigma-\varepsilon$ 曲线图上形成一个近水平的线段 *CD*，它意味着在没有增加载荷的情况下，试件的变形却在不断地增加，此时岩石或试件抵抗变形的能力很弱，这种现象称为屈服或塑性流动，此阶段即为流动变形阶段。*C* 点为屈服点，对应此点的应力值 $\sigma_f$ 称屈服极限。由于试件的弹性极限不易确定，故通常将屈服点作为弹性变形阶段结束和塑性变形阶段开始。

若把变形已达屈服点的试件抛光，则在试件表面上出现与作用力方向成45°角度斜交的两组交叉的暗色条纹细线，称吕德尔线。吕德尔线是沿着最大剪应力面发生滑移出现的，故通常又称滑移线。它表示试件内部颗粒受力后沿着滑移面发生相对滑动、重新排列组成的滑线场，故试件尚保持完整性而不破裂。

经过屈服流动应变阶段的内部调节，试件又重新获得了抵抗变形的能力，此时必须增加外力，才能使变形继续发展。在 $\sigma-\varepsilon$ 曲线图上，*DE* 段抬升，变形量大幅度地增加，而应力值却缓慢地增加，一直到 *E* 点达最大值。*E* 点表示试件抵抗外力最大限度，即试件破坏前所能承受的最大应力，故对应 *E* 点的应力值 $\sigma_\beta$ 称为强度极限（低碳钢强度极限为 4 000 kg/cm²）。由于试件在这阶段塑性变形过程中不断发生强化，故称此阶段为强化变形阶段。

变形达到 *E* 点以后，试件并不是马上发生破坏，往往继续发生塑性变形，如 *EK* 段。此时，试件在伸长变形到一定程度后，载荷读数反而逐渐降低，因为试件内部在某一段横截面上产生了显著的收缩，即出现了“颈缩”现象（图 6.37）。由于颈缩的出现，部分横截面积急剧减少，意味着变形所需外力逐渐降低，直至 *K* 点破坏，故 *EK* 段的 $\sigma-\varepsilon$ 曲线下垂。

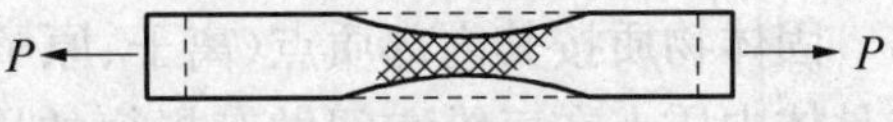

**图 6.37　杆件的颈缩现象**（虚线表示原形）

## 三、破裂变形阶段

任何岩石的弹性变形和塑性变形总是有一定限度的，当变形继续进行时，其应力达到或超过岩石试件的强度极限时，岩石试件内部结合力遭到破坏，产生破裂面并失去连续完整性，这时岩石就进入破裂变形阶段了。强度极限又称破裂极限，是指在常温常压下使固体物质开始破坏时的应力值，如图 6.36 中 *E* 点所对应的应力值。而 *K* 点称破裂点。其地质表现，褶皱的极限终点就是断层。有趣的是断层形成过程中也会派生拖褶皱等现象。

岩石强度是指岩石在外力作用下抵抗破坏的能力。不同性质的应力作用下，同一岩石的强度极限值差别很大。表 6.2 列出常温常压下某些岩石的抗张强度、抗压强度和抗剪强度的数值。从表中获知，岩石的抗压强度最大、抗张强度最小、抗剪强度中等，其中抗压强度约为抗张强度的30倍，为抗剪强度的10倍。

概括起来，岩石变形过程的3个阶段在图6.36的 $\sigma-\varepsilon$ 曲线图上的表现是：$OC$线段为直线，示弹性变形阶段；$CK$ 线段为不规则曲线，表示塑性变形阶段；$K$ 点以后为破裂变形阶段。如果岩石在塑性强化阶段任一点上撤去应力或卸载，如图6.36中 $Z$ 点。根据卸载规律，岩石将约略平行于 $OA$ 直线的 $ZM$ 线段恢复，于是在横坐标 $\varepsilon$ 上出现塑性变形 $\varepsilon_s$ 和弹性变形 $\varepsilon_t$ 两部分变形量，前者表示岩石永久变形量而后者表示岩石卸载时弹性恢复变形部分。若对岩石试件沿轴向方向加力使之达到塑性强化变形阶段后进行卸载，一旦恢复后再加力使之重复变形，必须使应力增加到大于初始的屈服应力，这个过程称为应变硬化。岩石变形也是遵循弹性变形—塑性变形—破裂变形这样的变形过程规律发展的，而且以塑变和破裂两种变形构造作为具体的表现。由于地壳运动是不断地进行和发展的，经过反复多次同性质作用力条件下的再度变形，其岩石强度不断增大而发生应变硬化，并趋向脆性变化。

## 第五节 弹性变形

固体物质按其内部质点（离子、原子）的聚集状态分为两大类：晶体和非晶体。在晶体中质点在三维空间做有规律的周期性的重复排列，即按一定的空间点阵排列，相互间具有一定的引力（吸引位能）和斥力（排斥位能）。非晶体（如火山玻璃、煤、蛋白石）虽具有一定形态，但质点无晶格构造，呈不规则排列。

晶体的晶格位能是晶体内部质点间的吸引位能 $a/r^m$ 与排斥位能 $b/r^n$ 联合作用的结果，是构成空间点阵的离子或原子间距离的函数：

$$E=\varphi(r)=-a/r^m+b/r^n$$

式中，$r$—质点间距离；

$a,b$—晶体的化学成分（与离子或原子间键的连锁性有关）；

$m,n$—为晶格特性所决定的数，$n$ 常大于 $m$。

若物体发生变形，就要改变位能，即需改变内部质点间距离 $r$ 值，并服从上述方程。另外，由于矿物、岩石是复合晶体，故还须考虑结晶颗粒间的边界效应。

弹性变形时，岩石内部质点受力的作用，由原来稳定平衡的位置发生了较不明显的热振动位移，同时质点因位移而吸收了一定量的位能。一旦作用力消除后，这种位能又发生作用，使位移了的质点又回到它原来的位置而趋平衡，这就是常见的弹性回跳现象。其地质表现，地震发生时可以观察到，但地质历史时期形成的形变构造属于剩余变形就不会有弹性回跳了。

## 第六节　塑性变形

近代物理学有关晶体位错理论的发展使人们对岩石塑性变形微观特征有了更深入的认识。从地质学角度观察，岩石塑性变形的本质在于质点的滑移现象。当发生塑性变形时，内部质点滑移运动通常有多种不同的内部调节方式，它们分别是粒间滑动、晶内滑动、位错滑动和蠕变及动态重结晶。

### 一、颗粒边界滑动

颗粒边界滑动是岩石内部矿物颗粒之间发生相对错动以调节岩石总体变形。这好比装满砂子的口袋发生总体变形一样，袋内每一粒砂子并不变形，总体变形是通过砂粒边界滑动达到的。岩石发生颗粒边界滑动，只有在颗粒很细的岩石中（粒度在几微米到几十微米），在很高的温度下（$T \gtrsim 0.5T_m$，$T_m$ 为熔融温度），扩散的速率能够及时调节由于晶粒相互滑动而产生的空缺或叠复时，才能实现。这种变形机制称为超塑性流动，它可以使岩石总体受到极大的应变（量）但不发生破坏，而且晶粒本身并不变形或只有轻微地拉长。

### 二、晶内滑动

晶内滑动是沿晶体内一定的滑移系发生的，即沿某一滑移面的一定方向滑移。其结果不仅使颗粒外形变形，而且使颗粒晶格发生了定向排列。这种变形是在颗粒滑动调节之后，借助于颗粒内部晶格面网，沿着一定的滑动面发生切变位移而完成的一种方式，故称晶内滑动。它有如下两种滑动方式：

1. 平移滑动

又称移置滑动。指两相邻晶格面网之间剪切滑动，相对滑动位移大小为晶格内离子间距的整数倍(图 6.38)。但滑移前后晶体格架保持不变,故岩石原貌仍保持完整。滑移后质点却因位移后热能释放,不能再返回原来位置,从而形成永久变形或塑性变形。显微镜下观察,可见矿物晶体的光轴呈定向排列现象,如石英常沿底面(001)上一个或一个以上的 $\alpha$ 轴方向发生滑移。

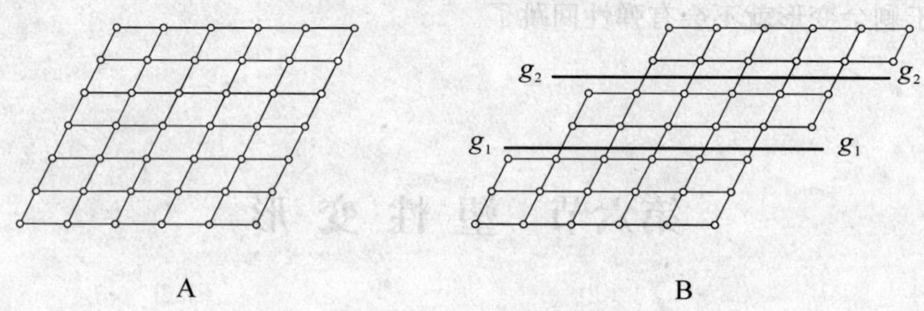


**图 6.38　平移滑动**

A:滑动前原子排列状态;B:沿 $g_1g_1$、$g_2g_2$ 滑面发生滑动后原子排列状态

2. 双晶滑动

指两相邻晶格面网之间剪切滑动,其相对位移大小为晶格内离子间距的分数倍而不是整数倍(图 6.39)。滑移后,滑动面的两侧部分彼此成为对称的镜像关系,这种新的对称关系恰巧符合矿物的某种双晶规律,对离子的相互关系来说,也是一种新的平衡位置。

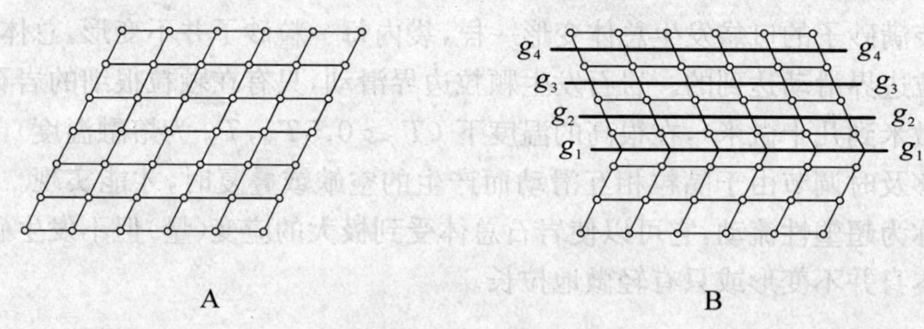


**图 6.39　双晶滑动**

A:滑动前状态;B:沿 $g_1g_1 \cdots g_4g_4$ 等滑面发生滑动的原子排列状态

## 三、位错滑动

泰勒(Taylor,1934)等人认为塑性变形是由线状晶格缺陷即位错沿滑移面的运动引起的。晶格中某一点上原子排列周期性的缺陷称为点缺陷;如果晶格内原子排列周期性的缺陷出现在一条线上时,则形成线缺陷,这种线缺陷称为位错。

在微观上，晶格滑动可以和一叠卡片受剪切而滑动相比拟。然而，在超微的原子尺度上，在一个晶体的整个滑移面上并没有同时发生滑动，只是在一个小的应力集中区(晶体缺陷处)首先发生。然后，这个滑移区沿着滑移面扩张，直到最后与晶粒边界相交，在那里产生了一个小阶梯为止。滑移区与未滑移区之间的界线是位错线(图 6.40)。

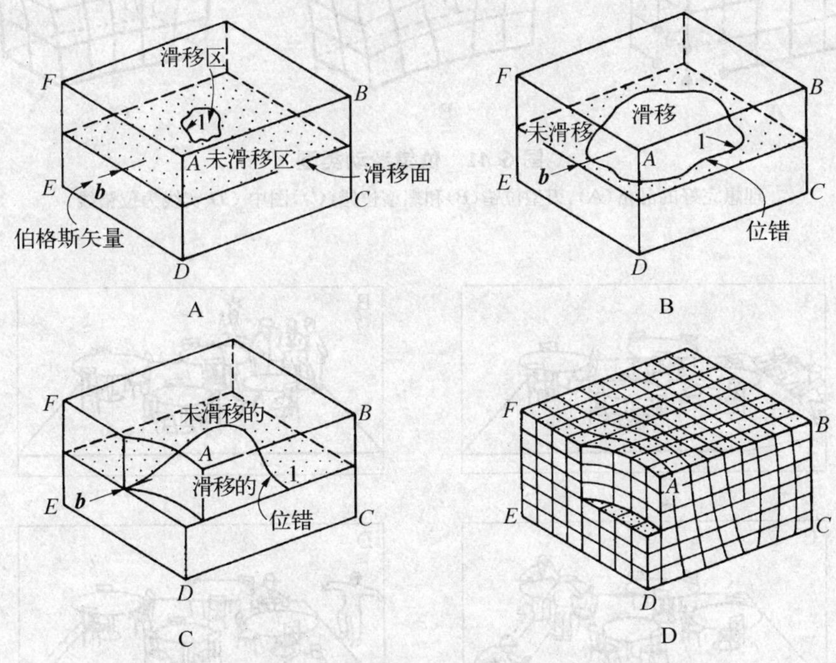


**图 6.40　位错在一个滑移面上的传播**(据 Hobbs,1976)

A：位错的萌芽；B：位错在剪应力作用下的扩展；C：位错环与晶体边界相交处形成一个小的位移；D：表示立方体晶格的形变，1 代表位错线

位错线与晶体滑动方向垂直者称刃型位错(图 6.41B)；当晶面 *ABCD* 沿晶格两侧发生位移，其位错线与滑动方向平行者称螺型位错(图 6.41C)。

位错滑动的传播可以很形象地用移动地毯来说明(图 6.42)。如果要拉动一张压着许多家具的地毯，显然要费很大力气。同样道理，沿着晶体内的一个面要使大量原子同时发生移动，也需要很大的力，以致会引起晶体破裂。如果先将地毯的一边折成一个背形褶皱，并慢慢地使这一皱折传递到相对应的另一边(必要时把家具稍抬起一下)，这样一来，便能较容易地使地毯在地板上整体平移一小段距离。这一过程需力不大，只是时间较长。同样，晶体中的位错在滑移面发生传播时是通过用额外半面的逐渐移动晶体来完成的。最后，在滑移面一侧的晶体相对于另一侧的晶体发生了一个晶胞的位移(图 6.43)。

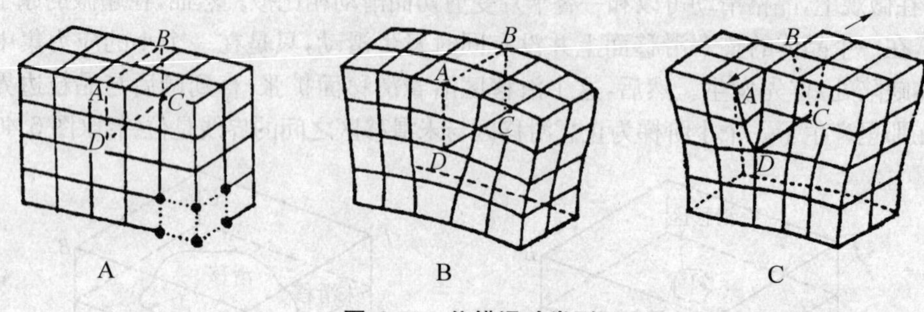


**图 6.41　位错滑动类型**

理想完好的晶格(A)、刃型位错(B)和螺型位错(C),图中 *CD* 实线为位错线

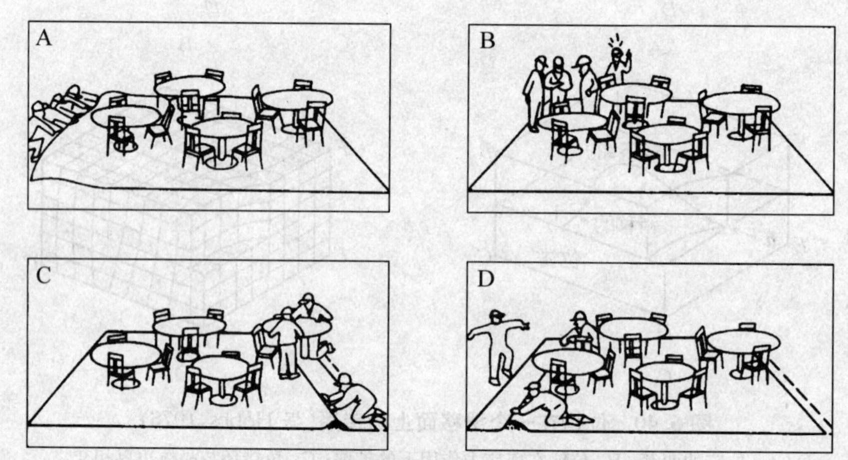


**图 6.42　省力的省力移动地毯**(据 Davis,1984)

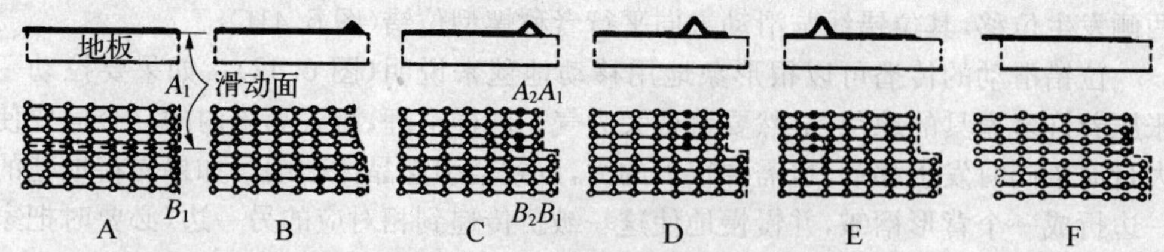


**图 6.43　地毯平移和晶体位错传播的对比**(据 Spry,1969)

A：晶格沿着 $A_1B_1$ 行有微小的畸变；B：这一畸变稍增大；C：畸变被由黑点所表示的额外半面的介入而调整，这一行额外半面的质点原相当于 $A_2B_2$ 行质点；D、E、F：这一额外半面通过晶体发生传播，直到碰到了晶体边界而产生了一个晶胞距离的平移滑动

当一个晶体随着变形而位错的密度增大时，由于杂质的存在或不同方向不同滑移面上位错的存在，可以使位错的传播受到阻挡，使位错形成网络和缠结。这时则要求增大应力，以便使位错能在晶体中继续传播。这就是低温蠕变下应变硬化现象的原因。最后，如果应力大到或超过矿物的应变强度，晶体就发生破碎。所以，只是位错滑动，不可能形成大的塑性变形量。

## 四、位错蠕变

这是高温下的一种塑性变形，当温度 $T > 0.3T_m$ 时，恢复作用显得重要起来，位错可以比较自由地扩展，并且从一个滑移面攀移到另一个滑移面上，从而符号相反的两个位错可以通过攀移而互相湮灭(图 6.44)。符号相同的位错可以重新排列成位错壁，将晶粒分隔为若干亚晶粒。亚晶粒之间在晶格方位上有一轻微差异，而亚晶粒内部位错密度降低，使变形能继续进行。这种现象称为多边形化作用。在单偏光显微镜下观察仍为一个晶粒，在正交偏光下观察可以看到相邻亚晶粒间的消光位有几度之差。

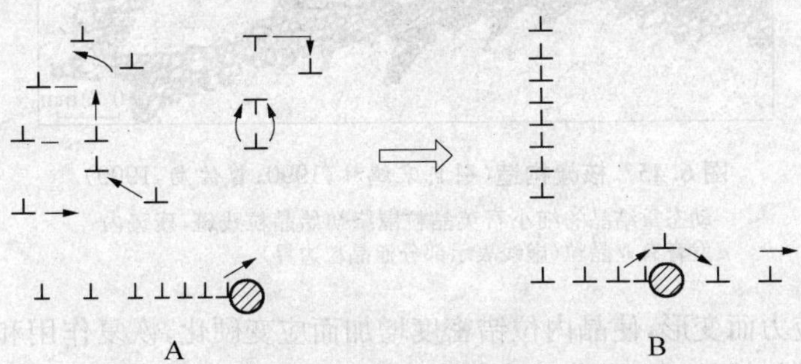


**图 6.44 位错的调整与恢复作用**(据 Nicolas,1984)

A、B 的上部表示晶粒内的许多位错通过滑移和攀移重新排列而形成亚晶粒边界；A、B 的下部表示塞积的位错通过攀移而越过障碍，消除堆积的位错

实验表明，晶格位错滑动机制是岩石发生构造变形的主要原因，由其产生的变形量最大。

## 五、动态重结晶

动态重结晶即在初始变形晶粒边界或局部的高位错密度处，储存了较高的应变能，在温度足够高的条件下，形成新生的重结晶颗粒，使初始变形大晶粒分解为许多无位错的细小的新晶粒。如果大晶粒还没有分解完，就形成了核幔构造(图

6.45)。动态重结晶颗粒与亚晶即亚颗粒之差别在于相邻小晶粒之间的光性方位差别大(10°～15°以上),因此,在正交偏光下,晶粒之间界线明显。由于这种初始重结晶的晶粒是从各个孤立的晶核彼此面对面地生长,晶粒间的界面生长的速率受新老晶粒间的方位差和老晶粒内位错密度的控制,因此,当新晶粒互相接触时常成不规则的犬牙交错状边界。在其后的正常晶粒生长时(静态重结晶),趋向于降低晶粒的表面能,而使晶粒变大,边界变平,形成多边形晶粒和面角为120°的三结点。这时如果应力继续作用,就会使新生的晶粒又受到变形而细粒化。因此,在应力作用下的重结晶是一种动态重结晶。

**图 6.45　核幔构造**(引自宋鸿林,1990;曾佐勋,1999)

动态重结晶的细小石英晶粒围绕初始晶粒残斑,残斑内发育有亚晶粒(虚线表示部分亚晶粒边界)

晶体受应力而变形,使晶内位错密度增加而应变硬化,恢复作用和动态重结晶作用使变形的初始晶体细粒化而降低位错密度,使变形得以继续进行。因此,在高温下的位错蠕变可以使晶体及岩石发生很大的塑性变形而不破裂。但这时岩石发生细粒化,新生晶粒的形态并不能反映岩石的总应变量。于地质上的表现,动态重结晶发生在动力变质岩的糜棱岩系列岩石中。

## 六、扩散蠕变

扩散蠕变是一种通过扩散物质的转移而达到颗粒形态改变的作用。当岩石中存在有粒间水膜时,扩散蠕变更易发生。物质从高应力的边界处溶解,在低温条件下通过粒间水膜侧向迁移,在较低应力边界处沉淀,这种作用叫压溶作用。通常石英、方解石等矿物很容易受到压溶而发生物质的迁移。被溶出的物质可以在岩石的张性裂隙中沉淀,形成同构造脉;也可以在被压溶颗粒的两端张性空间处沉淀,形成须状增生晶体；或沉淀于强硬矿物的平行于拉伸方向的两端，形成压力影构造(图 6.46)；或者迁移出体系之外。由于压溶作用，可以使岩石在垂直压缩方向缩短，平行拉伸方向伸长，使总体发生变形，但矿物内部晶格并没有发生塑性变形，晶格方位也不会改变。它是岩石变形中的很重要的一种变形方式，在不变质或浅变质岩区尤其显著。

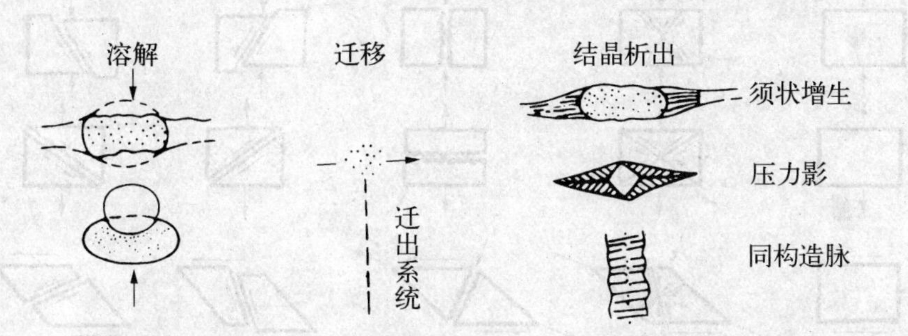


**图 6.46　压溶作用与物质迁移及结晶沉淀示意图**(引自宋鸿林，1990；曾佐勋，1999)

总的来说，岩石塑性变形时，由于内部质点的滑移，所获得的位能转化为热能而散失，故不能恢复原位而呈永久变形现象。遭受塑性变形的岩石，其外貌虽然改变，但岩石内部的结合力基本未破坏，仍保持它的连续完整性。组成地壳的岩石既可处于弹性状态，又可处于塑性状态，因此岩石的弹塑性变形特征，是形成褶皱构造的重要因素。

# 第七节　断裂变形

岩石的破裂有两种基本类型，即张裂和剪裂。此外，还有张剪性破裂。

## 一、张性破裂

张裂的产生取决于拉伸的正应力。当某一方向的张应力达到或超过岩石的抗张强度时，在垂直于拉伸主轴，即主张应力轴(或平行主压应力轴)方向上发生破裂。这种直接和张应力作用有关的断裂方式，总称为张裂(图 6.47)。

## 二、剪性破裂

当某一方向的剪应力达到或超过岩石的抗剪强度时，岩石便沿着最大剪切面发生破裂。这种直接和扭应力作用有关的断裂方式，总称为剪裂(图 6.47)。

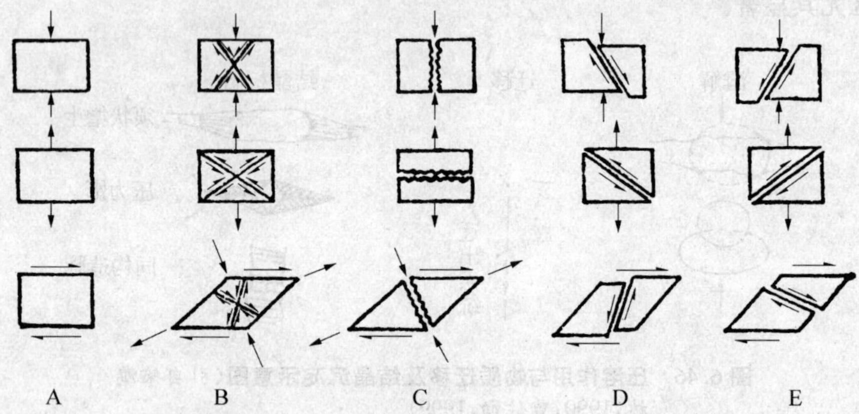


**图 6.47　不同变形方式所形成的张性破裂和剪性破裂**(引自张恺、沈修志等，1989)

A：受力方式；B：应力状态；C：张性破裂；D、E：剪性破裂

## 三、张剪性破裂

这是种混合型的破裂。

由于岩石性质不同，断裂方式也不同。在韧性材料中，当张应力达到强度极限时，岩石表面开始出现两组交叉滑移痕迹——吕德尔线，继之在某局部区段发生伸长的细颈化(颈缩)现象。变形继续发展时，裂面就在细颈处发生韧性断裂，其断口呈凹凸两个半圆锥体，其中半圆锥面为剪切破裂面特征，锥的钝头为张性破裂面特征，故韧性材料破裂具有张裂和剪裂联合作用的双重特点。此外，在韧性材料拉伸变形中，有时还能在颈缩处见到矿物沿拉伸方向平行排列现象(图 6.48)。广东大降坪砂页岩细颈化和构造透镜体化现象(图 6.49)，就是韧性断裂实例。脆性材料在拉伸状态下的断裂方式却不同于韧性材料，它没有细颈化现象。当张应力达到强度极限时，便在垂直张应力方向上发生断裂，其断口呈直线状，断面粗糙不平。野外所见坚硬岩层中的开断层和张节理，都是这样形成的。

脆性岩石(或脆性材料)在弹性变形阶段至断裂之前多半没有或只有微小的塑性变形。韧性岩石受力后不容易发生破裂。由于岩石(或材料)自身力学性质差异，温度、围压和应变速率及施力性质方式的不同，可出现由脆性至韧性的一系列变化，在压缩和拉伸条件下，其变化有五种情况见图 6.49。

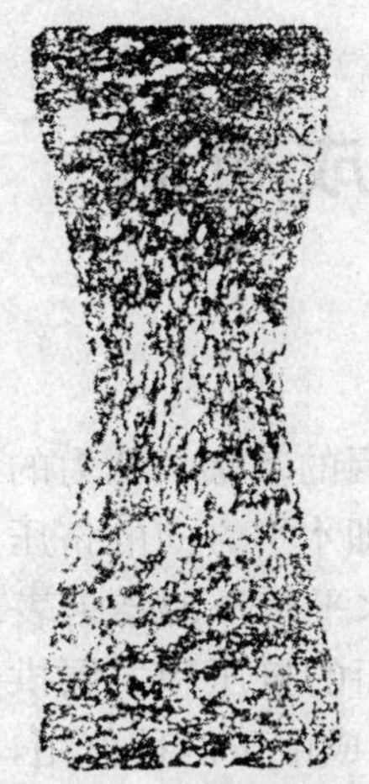

**图 6.48　大理岩拉伸变形时的矿物定向排列**（据 Gringgs，1960）

温度 600℃，压力 300 MPa，整体应变量为 63%，细颈部分最大应变量 163%

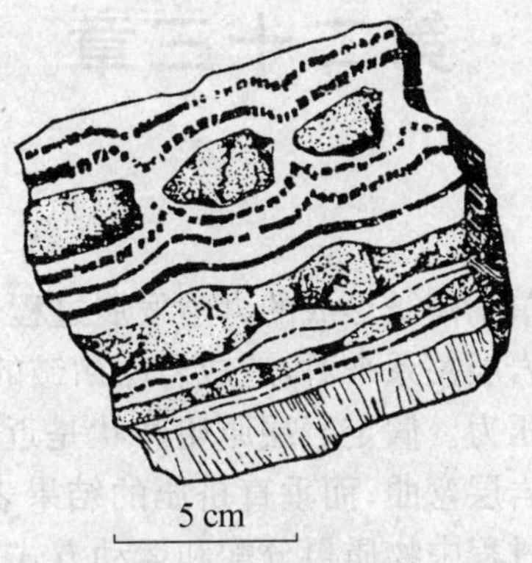


**图 6.49　岩石中的细颈化和透镜体化现象**（广东大降坪，据兰琪峰）

# 第二十三章　褶皱形成机制

研究单个褶皱形成的力学发展过程是探讨褶皱成因的基础。从力的作用方式和方向与岩层关系来看，造成岩层褶皱的应力有两种，即水平方向的挤压力和垂直方向的挤压力。假定岩层原始产状是近水平的，那么水平挤压的结果表现为顺层的挤压和岩层弯曲；而垂直挤压的结果表现为垂直层面的挤压和岩层拱曲。若从褶皱形成过程中物质再分配和运动方式来看，褶皱的形成由于两种作用，即滑动作用和流动作用。滑动作用使物质沿界面发生不连续剪切位移，而流动作用使物质作连续不断的位移，它可以不受界面控制。后者在微观上表现为晶粒或质点间的剪切或位错滑动(霍布斯,1976)，因此这两种作用既互相联系又相互区别，它们联合作用使岩层发生褶皱。

一个水平岩层形成波状起伏的褶皱，不单纯是塑性变形结果，也不单纯是岩层受挤压而形成弯曲的简单过程。因为岩石变形既受构造应力场制约，又受岩石力学性质和变形环境的影响。也就是说褶皱成因各异，有着不同的形成条件、不同的形成作用和形成方式。

## 第一节　纵弯褶皱形成分析

顺岩层侧向或轴向挤压力作用下发生弯曲的褶皱过程称为纵弯褶皱作用。这种作用最大的特点是岩层沿轴向发生缩短，而地壳水平运动是造成这种褶皱作用的主要地质条件。它发育于地壳活动带和浅部带。

单层岩石受轴向挤压发生纵弯曲时的应力状态，通过模型实验可以获得其应力迹线分布图像(图 6.50)；而应变调节特征却与结构均一的平板所受到侧向挤压时相似：在外凸一侧形成平行于弯曲弧的引张拉伸状态(即张应力带)，内凹一侧形成平行于弯曲弧的挤压缩短状态(即压应力带)，而介于两者之间形成一个既无拉伸也无压缩的无应变带(即中和面或中性面)(图 6.51)，随着弯曲作用的加强和曲率不断增大。脆性岩层中和面逐渐向压应力带迁移，而高韧性岩层中和面则向张应力带迁移。

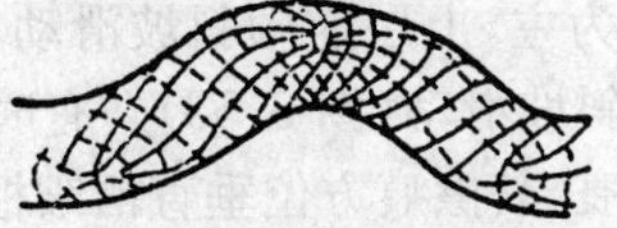


**图 6.50　单层纵弯曲中的应力迹线**(据马瑾、钟嘉猷，1965)

上图：主应力迹线，断线代表 $\sigma_1$，点线代表 $\sigma_3$；下图：剪应力迹线

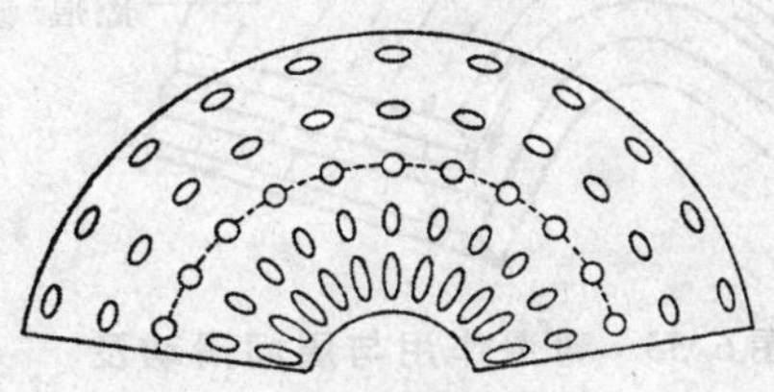

**图 6.51　单层纵弯曲的应变分布**(据 Hobbs，1976)

变形后除中和面外，其余两带小圆变为椭圆

这种非均匀应力分布状态往往在岩石内部产生一系列有规律分布的次生变形构造，若岩石为高韧性层时，其外凸侧因拉伸而厚度变薄，而内凹侧则又因压缩厚度变厚或成揉皱；若为较脆性岩石，外凸侧因拉伸破裂产生与层面正交张节理或小断层，而内凹侧因压缩而形成小型逆断层(图 6.52)。

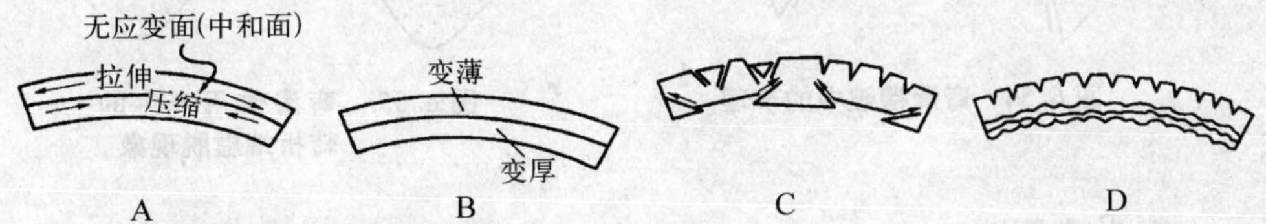


**图 6.52　单层纵弯曲的应变状态及内部小构造**(据 Billings，1972)

A：纵弯曲的应变状态；B：韧性层的变形；C：脆性层的断裂变形；D：上部断裂下部褶皱

当一套多层岩石受到侧向顺层挤压时，层面起着重要作用，其内部调节采用弯

滑褶皱作用和弯流褶皱作用两种方式。

## 一、弯滑褶皱作用

弯滑褶皱作用的特点是弹性较强的一套(较脆硬)岩层在侧向挤压力下,通过层间的相对滑动和弹性层的弹粘性流动而弯曲成为褶皱。

### (一) 层间滑动

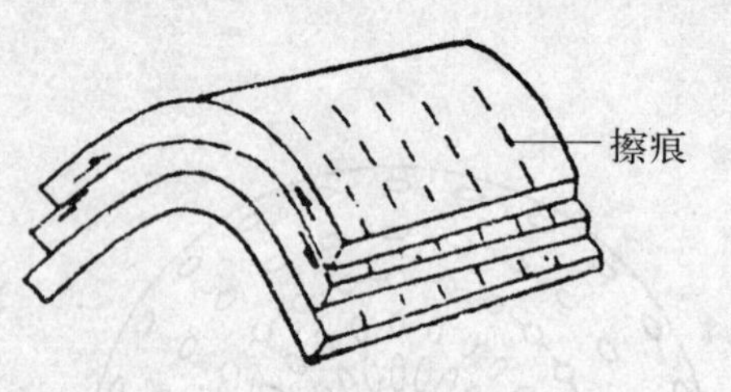


图 6.53 弯滑作用与层间滑动及擦痕(据 Ramberg, 1961)

层间滑动是释放挤压应力的主要方式,类似弹性弯曲作用。一系列岩层在弯滑作用时,不存在整体的统一中和面,但是各单层有各自的中和面。这种由剪切分应力所造成的层间滑动其规律是:以垂直褶皱枢纽滑动为主,上层逆倾斜坡滑动,相邻下层为顺倾斜坡滑动(图 6.53)。有时在层面上留下擦痕,其擦痕方位垂直褶皱枢纽。

### (二) 旋转节理和同心状节理

垂直中和面(或层面)的力偶和平行枢纽的力偶作用,其结果分别发育或张扭性的旋转节理和同心状剪节理(图 6.54)。

此外,褶皱转折端因相邻两硬岩层的弯滑作用形成空隙,造成虚脱现象,油气藏等成矿物质充填其间则形成鞍状矿体(图 6.55)。

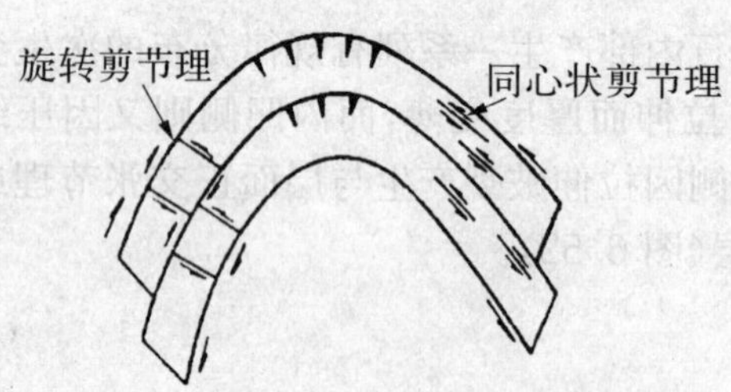


图 6.54 弯滑褶皱中的节理

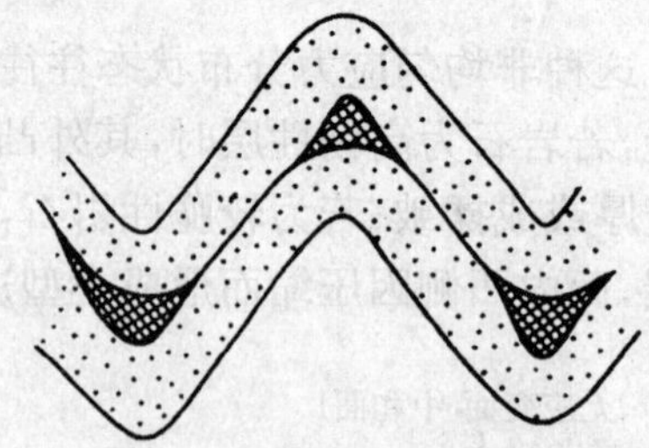

图 6.55 弯滑作用产生的转折端虚脱现象

### (三) 拖曳褶皱

当两个强硬岩层夹有面理发育的软弱的韧性层时,层间滑动剪切力偶作用将使韧性层在主褶皱的翼部产生不对称的拖曳褶皱。顺着褶皱枢纽倾伏方向观察,层内拖曳褶皱形态从长翼到短翼有变化,呈现“S”或“Z”型。在主背斜的左翼(或主向斜右翼)常呈"Z"型;而在主背斜的右翼(或主向斜的左翼)则是"S"型;在主背斜转折端呈对称的"M"型。此即 S－M－Z 型伴生褶皱(从属褶皱)。

(四) 同心褶皱

同心褶皱的相邻变形面或褶皱岩层上下层面像两条铁轨一样始终平行,故称为同心褶皱,也称平行褶皱。其曲率半径随深度加深而递减,当到达一定深度之后,岩层弯曲现象逐渐消失(图 6.56)。同心褶皱大多发育在地壳浅表层,它是弯滑作用形成的褶皱。

图 6.56 理想的同心褶皱

## 二、弯流褶皱作用

弯流褶皱作用的特点是:在单剪应力状态下的滑动和流动共同作用于较软弱的岩层,使其受顺层挤压作用。弯流作用与弯滑作用不同,对比图 6.57 与图 6.58 即可看出,弯滑作用下的岩层内各点的变形为纯剪变形,变形前的方形块在变形后为长方形块;而弯流作用下岩层内各点的变形则为单剪变形,变形前的长方形块在变形后为长菱形块,而且其剪切方向平行层面,即顺层剪切或顺层流动。剪切方向或物质流动方向是外弧部分相对于内弧部分向褶皱转折端流动。这种方式形成的褶皱同样保持岩层原始厚度不变,因而亦属同心褶皱或 $I_B$ 型褶皱。顺层流动产生的原因,除受岩石力学性质控制外,兰姆赛(Ramsay, 1967)认为这同沉积岩层中先存的平行于层理的弱面(如层内小纹层或粒级层等)有关。Ramsay 还指出,这种模式也能导致层间滑动,即当单剪应变在整个岩层中是不均一的,而且在岩层的边界的运动又较强烈的情况下,便会引起层间滑动。其活动规律仍然是上层岩层向背斜转折端滑动。

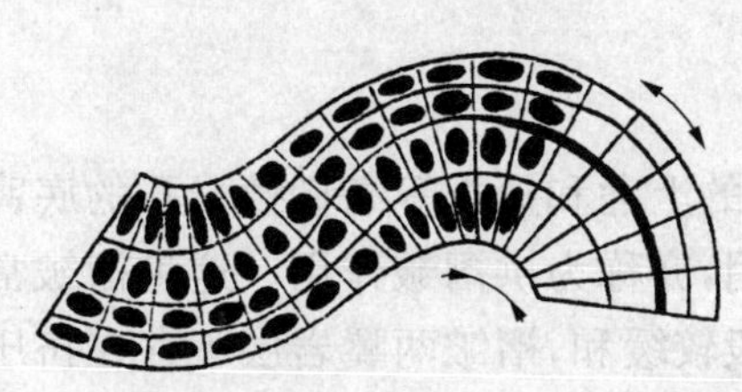

图 6.57 弯滑模式图(据 Ramsay, 1967)

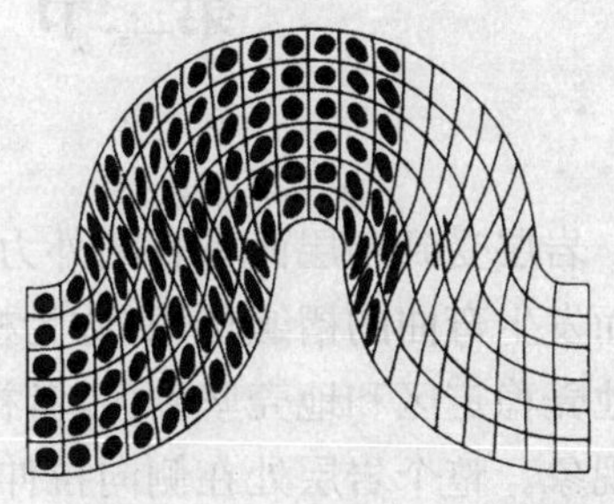

图 6.58 弯流模式图(据 Ramsay, 1967)

弯流作用通常发育在脆性硬岩层间的塑性岩层内(如泥灰岩、页岩、煤层等)。其中，硬岩层起控制作用，即起传递应力和限制褶皱形态的作用，以滑动弯曲为主；软岩层受上下硬岩层控制，产生顺层塑性流动。层内物质流动方向，一般从翼部流向转折端，使转折端处岩层不同程度地逐渐增厚，而翼部则相对地不断减薄。不同力学性质的岩层其塑性流动速度也不同。

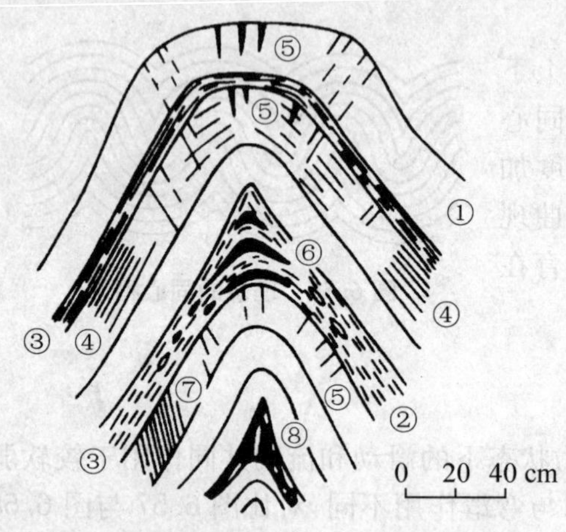


**图 6.59　弯流褶皱作用的内部小构造(河北兴隆)**(据武汉地质学院，1979)

①：厚层硅质灰岩；②：炭质板岩夹薄层硅质灰岩；③：顺层流劈理；④：顺层剪裂面；⑤：张节理；⑥：硅质灰岩构造透镜体；⑦：翼部剪节理；⑧：反扇形流劈理

弯流作用下的岩层内部调节的演变过程为：层面滑动调节→塑性流动调节→破裂调节。褶皱之初，层面滑动显著，但到一定程度后相对减弱，代之出现塑性流动，于是引起层内物质重新分配，产生自翼部向轴部流动，结果在不同岩性层形成翼薄顶厚的Ⅲ类顶厚褶皱和Ⅱ类的相似褶皱。

由于层内物质塑性流动，在韧性层中可以发育线理、劈理、片理、节理等小型构造，也能形成拖曳褶皱。当韧性岩层占优势时，其间夹有薄脆性层，常被拉断形成构造透镜体和石香肠构造(图 6.59)。

## 第二节　横弯褶皱形成分析

岩层受到和层面垂直的外力作用如岩浆的上涌和盐类等高韧性岩石的底辟顶拱而发生弯曲的褶皱作用，称为横弯褶皱作用，亦称为拱褶皱作用。这种褶皱常见于地壳稳定区和地壳坚硬区，其褶皱形态一般较缓和，褶皱两翼岩层不存在挤压收缩现象。整个岩层处在侧向拉伸状态，各岩层内部没有中和面，其应力迹线显然和纵弯褶皱作用不同(图 6.60)。

由于横弯褶皱是在垂直力起主导作用下产生的，岩层受自下而上、垂直层面的应力作用，将岩层拱起，从顶部向四周引张，故背向斜不同等发育。这种垂直应力可以是地壳差异升降运动、岩浆顶托作用、底辟穿刺作用和同沉积褶皱作用所引起。它也有弯滑作用和弯流作用两种形式和形成机制。

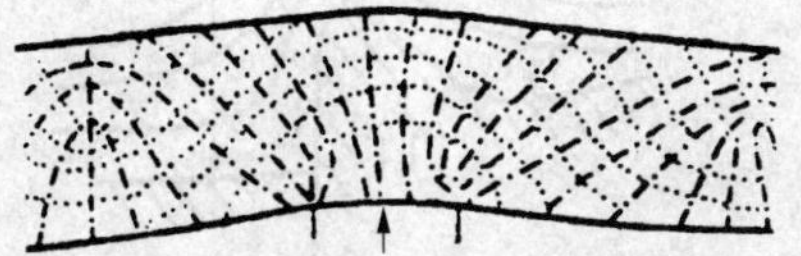

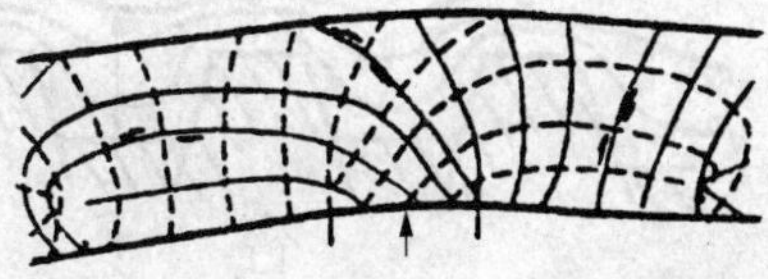

**图 6.60　横弯褶皱中的应力迹线**(据马瑾、钟嘉猷,1965)

左图：主应力迹线,断线代表 $\sigma_1$,点线代表 $\sigma_3$;右图：剪切应力迹线皱轴面产状

对于塑性大的软岩层,基底构造的上隆作用引起弯流现象,物质自顶部向两侧或四周塑流,这种物质的再分配方式恰与纵弯弯流褶皱相反,其结果形成顶薄翼厚的顶薄褶皱。高塑性层在翼部由于重力作用或层间差异流动会形成轴面向外倾倒的层内小褶皱,其轴面与主褶皱的上下层面锐夹角指示上层顺倾向滑动、下层逆倾向滑动,其层面的滑动规律恰和纵弯褶皱作用形成的滑动规律相反(图 6.61)。

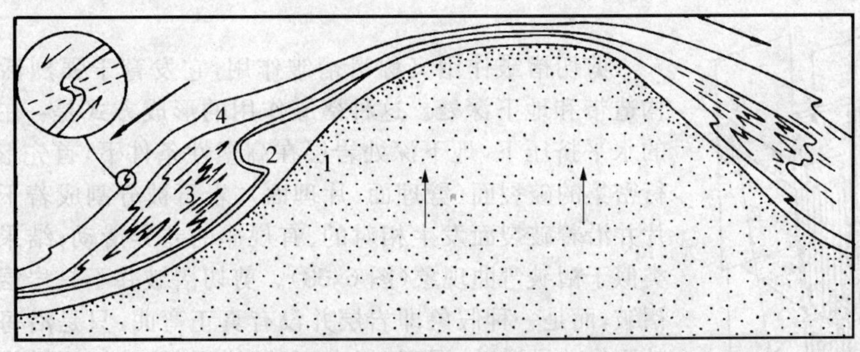


**图 6.61　横弯褶皱作用引起的弯流作用**(据 Deunis)

注意层间小褶皱轴面产状正好与纵弯滑引起的层间小褶相反

1：弧形隆起基底；2、3、4：泥质岩层

古潜山式穹窿也可以形成这种顶薄褶皱。

另一种是基底断裂以地堑、地垒式的正断层调节形成拱褶皱,往往是一套较坚硬岩层作为盖层,在拱起时发生顺层滑动形成顶部略薄的横弯滑褶皱。基底断裂有两种内部调节方式：其一,地堑地垒式隆起的破裂调节;其二,旁侧生长断层式调节。两者都是在塑性岩层中发育(图 6.62)的。

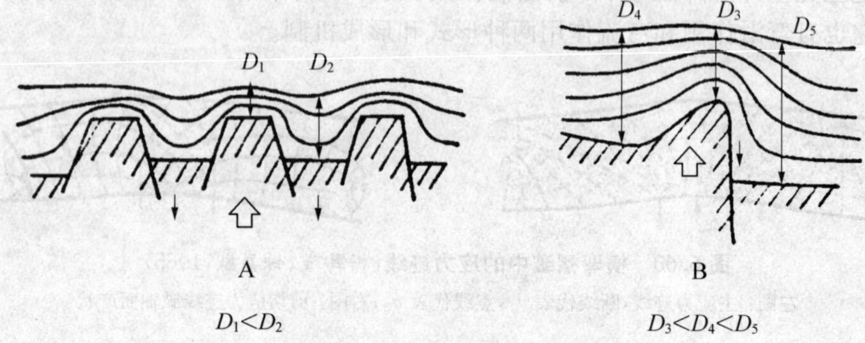


**图 6.62　地堑地垒式拱褶皱(A)和生长断层式拱褶皱(B)**

# 第三节　剪切褶皱形成分析

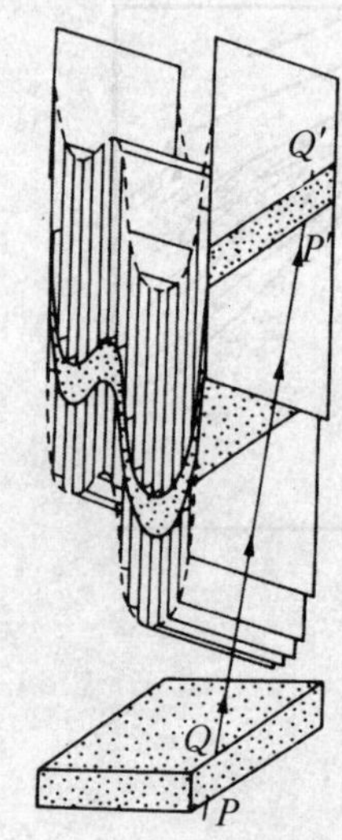


**图 6.63　剪切褶皱作用形成的相似褶皱**(据 Hobbs 等,1976)

剪切褶皱作用又称滑褶皱作用,它发育于强烈活动的构造带和地下深处。这种褶皱作用的形成方式是:在强烈的水平挤压下,地下深处岩层在高塑性条件下,首先形成平行密集的破裂面(劈理面、片理面),岩石被分割成若干个岩片并沿着破裂面发生相对的、有规律的差异滑动,结果形成类似于褶皱弯曲现象(图 6.63)。剪切褶皱并不是岩层真正褶皱,而是一种假象即岩层并没有真正弯曲,只是沿每一滑动面作差异滑动,层面(标志面)被错开,故剪切褶皱作用过程中,原始层面不起任何控制作用,它只是反映滑动结果的一种标志。褶皱两侧岩层并没有缩短现象,沿轴面方向的视厚度均相等,故这种褶皱作用又称为被动褶皱作用,如图 6.63 中上方虚线勾联的弯曲形态(图中 $PQ$ 箭头示滑动方向,图上方虚线标出了由不连续位移造成岩层的被动褶皱)。

剪切褶皱多发生在劈理和片理发育的变质岩地区。它往往使层理或早期的劈理、片理错动而显示出弯曲的褶皱外貌来。

## 第四节　柔流褶皱形成分析

柔流褶皱作用是一种固态流变状态下的褶皱作用，其形成力学条件是高温高压下的岩石，如混合岩等，或富水的高塑性低黏度的岩层，如岩盐、石膏、黏土、煤层、泥岩等，在外力作用下发生类似黏稠的流体那样的变形，从而形成一种形态复杂、紊乱多变的流动褶皱(图 6.64)。这种小而杂乱的褶皱既无定向性、定型性，又无运动、变形的方位性。总的来说，它是一种高韧性低黏度岩层粘滞性流动变形作用，其运动方式是物质由压力高处向压力低处呈层流或紊流或两者兼有的流动，包含滑动、塑流、拖曳等作用。

柔流褶皱作用发生在两类动力学条件下：一种是重力参与下的流动褶皱作用，如我国河南嵩山地区发育的流褶皱(马杏垣，1981)；另一种是压力参与下的流动褶皱作用，如深成变质岩或混合岩化的岩体中，一些长英质岩脉在强烈变形期中贯入到围岩中，并与围岩一起褶皱形成肠状褶皱。柔流褶皱作用也可以和弯流褶皱作用互相过渡，如煤层在经受强烈的弯流褶皱作用时，煤层发生柔流并突破层面限制，于局部地段演化成肠状褶皱类型，造成煤层在某处变厚，而在另一处变薄或尖灭的现象(图 6.65)。

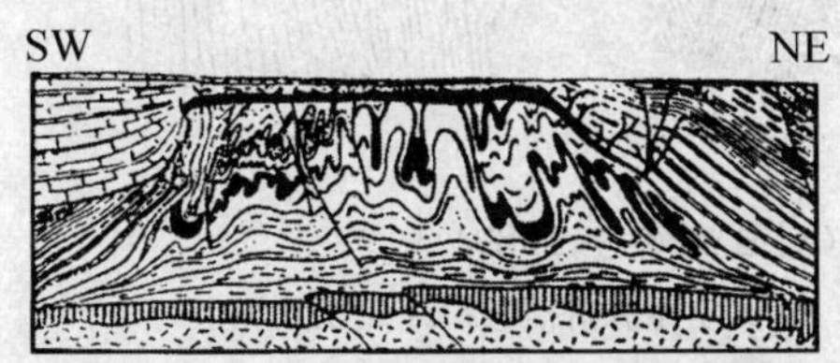


**图 6.64　德国汉诺威附近的盐丘构造**(据 Hills，1972)

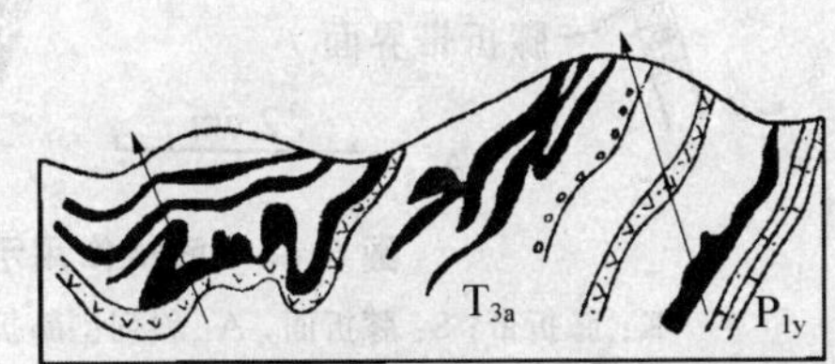


**图 6.65　江西萍乡青山矿 5～6 线剖面**(据徐开礼，1984)

黑色代表煤层

## 第五节　膝折褶皱形成分析

膝折褶皱作用又称纽结褶皱作用，它是兼具剪切褶皱作用和弯滑褶皱作用两种特性的一种特殊褶皱。主要发育于岩性较均一的脆性薄层岩层或片理化岩石中。其形成形式为：岩层在一定的围压限制下，受到与层理或面理平行或稍微斜交的压应力作用，同时发生层间滑动，但又受到某种限制，常常使滑动面发生急剧转折，即围绕一个相当于轴面的膝折面转折而成尖棱褶皱（图 6.66）。其性质表现为微弱滑动加塑性流动。故其既具有平行褶皱的特征，又具有相似褶皱的特征。

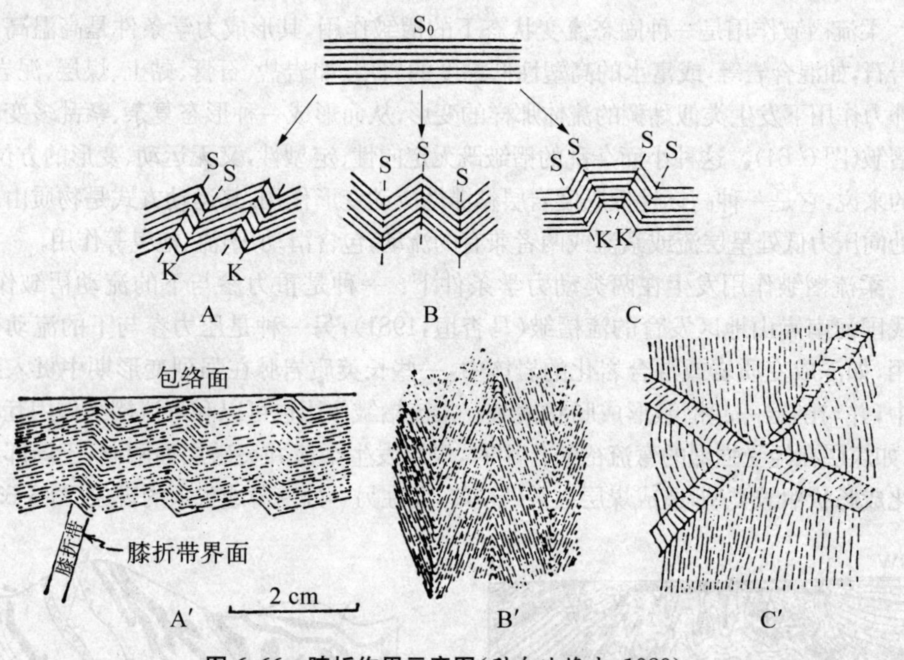


**图 6.66　膝折作用示意图**（引自沈修志，1989）

K：膝折带；S：膝折面；A：斜列型膝折褶皱；B：人字型膝折褶皱；C：箱状共轭型膝折褶皱

膝折中的滑动面称为膝折面（图 6.66 中的 S），膝折面相对集中的带即不对称膝折中的短翼部分称膝折带（图 6.66 中的 K）。根据膝折的形态特征和翼部的对称性，可将其分为：斜列（不对称）式膝折，人字（对称）形和箱状共轭膝折（图 6.66C）。共轭膝折带间的夹角为钝角，通常为 110°左右。表明膝折带的形成与最大有效力矩方向有关（郑亚东等，2004）。

膝折作用主要在硅质板岩、硅质层中最为发育，其膝折构造也能用来判别岩层顶底，但与正常褶皱相反，如背斜中形成左翼呈 S 型、右翼呈 Z 型的膝折褶皱。

## 第六节　褶皱形成的压扁效应

岩层经顺层挤压作用必然导致岩层原始长度的缩短，只要应力不解除，岩层就会不断缩短。岩层缩短的效应有两种表现：

1. 在弹性—弹粘性弯曲的递进变形过程中，褶皱不断加剧而紧闭，但岩层厚度基本没有改变；由于褶皱波幅的增大，就会导致岩层的水平长度比原始状态要缩短。这种缩短效应典型地表现在同心褶皱的发育过程中。De Sitter(1964)通过计算认为，要保持褶皱层的厚度不变，岩层缩短应变最大不应超过36%。

2. 缩短效应表现在顺应力作用方向上岩层整体均匀缩短以及垂直于应力作用方向上岩层整体均匀加厚。这种缩短效应称之为压扁作用。Ramsay(1962)把压扁作用看做是岩层形状受顺层挤压作用而发生塑性变化的一种变形过程。

上述两种缩短效应在不同的褶皱形成作用中的重要性是不同的。对于黏度较大的硬岩层，在其形成同心褶皱的过程中，第一种缩短效应比较重要；对于黏度较小的软岩层，在其形成剪切褶皱作用中，第二种缩短效应，即压扁作用比较显著。压扁作用与岩石变形环境及岩石在变形中的力学行为有着密切的关系。在高温高压环境下的韧性变形中，压扁作用一般比较显著，而且重要。

为叙述方便起见，下面按褶皱发育的不同阶段将压扁作用分为前褶皱压扁作用、同褶皱压扁作用和后褶皱压扁作用三种情况阐述如下：

### 一、前褶皱压扁

前褶皱压扁作用是指出现在岩层褶皱形成之前，即岩层受力但尚未弯曲，或岩层开始出现弯曲时的压扁作用。

成分相对均一或块状岩石受顺层挤压作用时，当应力未达到岩石的破裂强度以前，岩石首先经受压扁作用的变形，在垂直于最大主应力作用的方向上，岩层均匀加厚。图6.67为一多层试样的顺层挤压试验。自B图至E图，其平均压缩应变分别为17%、32%、41%、52%，试样的厚度则依次逐渐加大；当压缩应变达到52%时试样才出现比较明显的弯曲。这种压扁作用在块状岩石中(如花岗岩)或虽具层理但岩性差别不大且各层间粘结较牢、缺乏润滑层的岩层中尤为明显。其发育的条件是岩层韧性较大或高温、高压的环境。

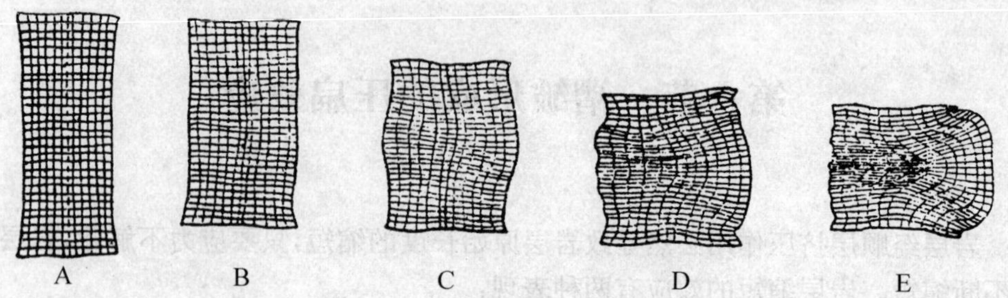


**图 6.67　多层试样的顺层挤压试验**（据 Hobbs, 1976）

层的界面平行于(A)图的长轴方向，该方向也是挤压力作用方向

## 二、同褶皱压扁

同褶皱压扁作用是指与岩层褶皱发育同时出现的压扁作用。

当岩层经受纵弯作用发生同心弯曲时，岩层内部各点的应变状态也随之发生变化，褶皱岩层内部各点的应变椭圆不断变扁，其长轴方位也逐渐旋转到与轴面平行的方向上(图 6.68)。与此同时，由于挤压作用还会出现褶皱层内物质自翼部流向轴部，从而造成翼部厚度略有减薄，轴部厚度略有加厚的叠加变形现象。但其等倾斜线仍保持向背斜核部收敛的正扇形分布形式。此时褶皱便从原来的等厚褶皱转变为顶厚褶皱(Ramsay, 1967)。假定这种压扁作用是均匀的，而且为平面变形，则可根据同一褶皱层翼部厚度和转折端厚度及其与岩层倾角($\alpha$)的相关关系，求出由压扁作用造成的岩层缩短应变。如图 6.69 所示，纵坐标为 $t'$(翼部岩层真厚度

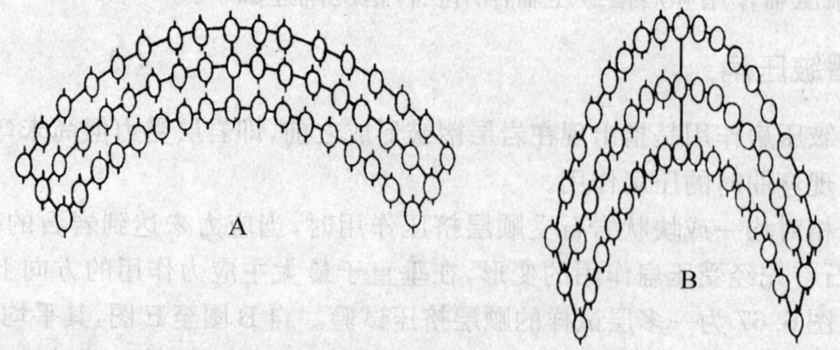


**图 6.68　褶皱发育过程中的压扁作用**（据 Hobbs, 1971）

本图为纵弯褶皱经压扁作用均匀缩短 20%(A)与 50%(B)后的应变椭圆形状与方位的变化

$t_\alpha$/转折端岩层真厚度 $t_0$)，横坐标为 $\alpha$(岩层倾角)，将野外测得的 $t'$ 与 $\alpha$ 的数据投在该图上，即可查出有限应变椭球的轴比 $\sqrt{\frac{\lambda_2}{\lambda_1}}=\frac{1-e_2}{1-e_1}=\frac{l_2}{l_1}$，大致估算其缩短变形量。从该图上也可看出，理想的同心褶皱，由于其 $t_\alpha/t_0=1$，不论其翼部岩层倾角大小，都不存在叠加的缩短变形。

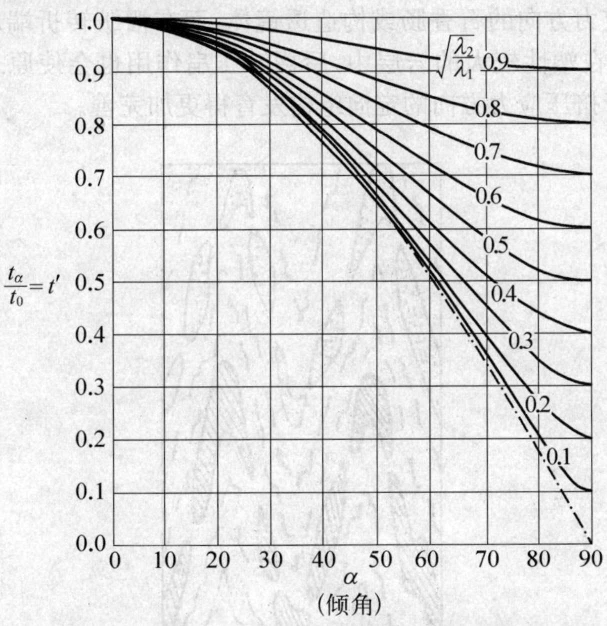


**图 6.69　压扁作用后岩层缩短变形曲线**(据 Ramsay,1967)

$$\sqrt{\frac{\lambda_2}{\lambda_1}}=\sqrt{\frac{(1+e_2)^2}{(1+e_1)^2}}=\frac{1+e_2}{1+e_1}=\frac{l_2}{l_1}$$

即短轴与长轴之轴比

同褶皱压扁作用在剪切褶皱作用中的重要意义是不言而喻的。因为剪切褶皱作用的主要机制是在大致平行于轴面方向上物质的(穿层)差异流动，这种流动在最小主应力方向上才最有可能发生。E. Cloos(1947)对南山褶皱的分析表明其应变椭球的长轴平行于轴面，短轴垂直于轴面。他还指出，由于该区褶皱是剪切褶皱作用造成的，在伴有轴面劈理的剪切褶皱中，侧向缩短量不能用地层拉成水平直线的方法来确定。因为剪切褶皱作用的岩层缩短效应不是第一种岩层弯曲的不断加剧，而是第二种压扁作用所造成的一个方向的岩层整体缩短和与其垂直方向上岩层整体均匀增厚；因此也就不能用图 6.69 计算缩短变形量。

## 三、后褶皱压扁

后褶皱压扁作用是指出现于褶皱发育晚期阶段的压扁作用。这个阶段，岩层已有相当程度的弯曲，而再进一步弯曲几乎不可能。因此，当应力仍持续作用，褶皱岩层则作为一个整体经受压扁作用，使得翼部塑性较小的薄层岩石被拉伸成长轴垂直于挤压应力方向的石香肠或构造透镜体，而在褶皱转折端形成无根的钩状褶皱(图 6.70)；在塑性较大的岩层中，后褶皱压扁作用也会使原来已有的层状硅酸盐矿物垂直于挤压应力方向的定向组构发育得更加完善。

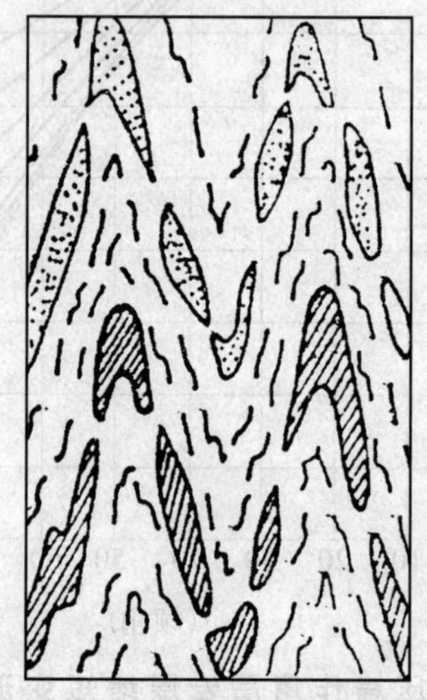

图 6.70　后褶皱压扁作用造成的石香肠、构造透镜体及无根钩状褶皱（据 Hobbs,1976)

# 第二十四章　断裂形成机制

## 第一节　节理和劈理形成分析

节理是岩石受力而产生的一种脆性破裂构造。按照节理形成时所受力的性质和节理形成时两侧岩块相对微小位移趋势的性质，可将节理分为张节理和剪节理。材料受力而破坏时，表现为张裂与剪裂两种方式，张节理与剪节理正好与这两种脆性破坏方式相对应。

### 一、节理的应力状态

#### (一) 张节理的应力状态

张节理是由张应力作用而产生的节理，其方位垂直于主张应力，或平行于主压应力。其两侧岩块在垂直于节理面的方向上有微量相对背离的位移。在三轴应力状态中，张节理面与应力椭球 $\sigma_1\sigma_2$ 面平行或与应变椭球 $BC$ 面（或 $\lambda_2\lambda_3$ 面，或 $YZ$ 面）平行。野外和实验观察表明，在以下情况下均可形成张节理：

1．当岩石受到拉伸时，岩体中主张应力超过岩石的抗张强度，按最大张应力破裂准则，其沿与主张应力垂直的面裂开，形成张节理。

2．当岩石某一个方向上受压，并沿此方向缩短时，按泊松效应，与主压应力方向垂直的横向上应当伸长。当横向伸长超过一定限度时，按最大线应变破裂准则岩石裂开，形成平行于压应力方向的张节理。

3．当岩石受到剪切时，相当于沿与剪切方向大致成 45°交角的方向上受到拉伸（图 6.71 中的 $AA'$ 方向），在与拉伸相垂直的方向（图 6.71 中的 $CC'$ 方向），即可产生张节理。这种张节理常在剪切带中或断层面两侧呈雁列式排列，称为羽状张节理。

#### (二) 剪节理的应力状态

剪节理是由于剪应力作用而形成的节理，其两侧岩块沿节理面有微小剪切位移，或有剪切位移的趋势，其位移的方向与 $\sigma_2$ 垂直。剪节理是与 $\sigma_2$ 平行，与 $\sigma_1$、$\sigma_3$ 呈一定的夹角的方位上发育的(图 6.72)。

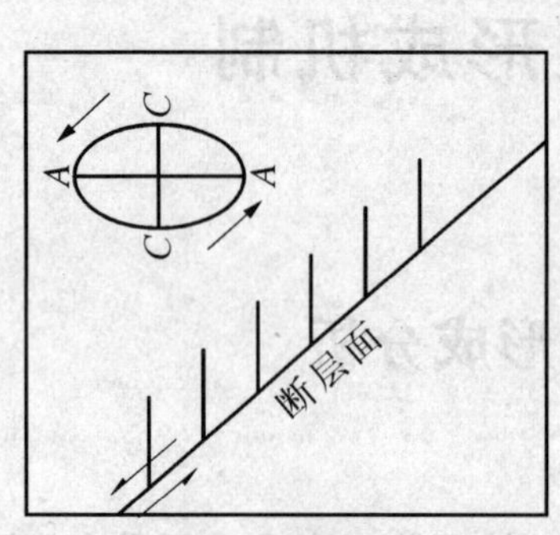


图 6.71　羽状张节理的形成条件（据 Billings，1972）

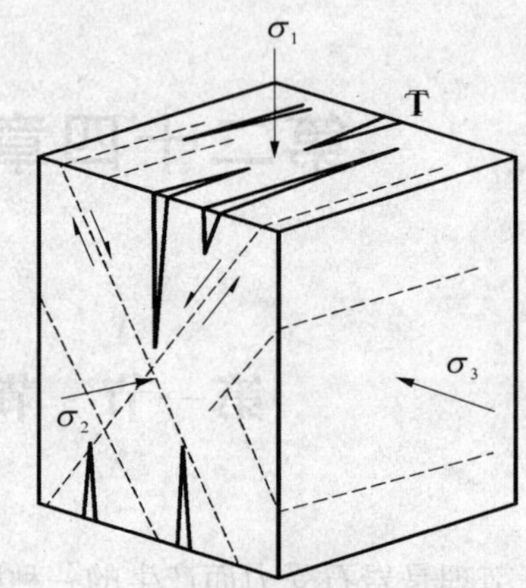


图 6.72　剪节理(虚线)及张节理(T)与 $\sigma_1$、$\sigma_2$、$\sigma_3$ 的关系（据 Wilson，1982）

剪节理是由共轭剪切面发展而成的，因此，剪节理常成对出现。按照库仑-莫尔破裂准则，剪节理与 $\sigma_1$ 之间的夹角恒小于 45°，即 $45° - \varphi/2$（$\varphi$ 角为内摩擦角）。只有在抗剪力与剪应力相等的面上（图 6.73 中曲线上 $P$ 点）才有可能发生剪节理。在与 $\sigma_1$ 夹角（$\theta$）为 0°的截面上，抗剪力最小。

按公式 $\tau = \tau_0 + \mu(\sigma - P)$（式中 $\tau_0$ 为抗剪力，$\mu$ 为内摩擦系数，$\sigma$ 为截面上的压应力，$P$ 为孔隙压力）可知，随着 $\theta$ 从 0°到 90°不断增加，抗剪力也不断增加。因上式中 $\tau_0$、$\mu$ 和 $P$ 为常数，$\tau$ 由 $\sigma$ 决定。由应力分析得知 $\theta$ 从 0°到 90°各截面上，$\sigma$ 是 180°到 360°位相的余弦曲线。因此 $\tau$ 也是从 180°到 360°位相的余弦曲线，全为正斜率(图 6.73 中的实线)。$\theta$ 为 0°时，截面上的剪应力为零；在 $\theta$ 从 0°到 90°的过程中，各截面上的剪应力是一段自 0°开始到 180°位相的正弦曲线。这种曲线是对称的，曲率在 $\theta = 45°$ 之前为正；在 $\theta = 45°$ 之后为负（图 6.73 中的虚线）。因此，抗剪力曲线与剪应力曲线必在 $\theta < 45°$ 的位置相切，这也就是剪节理发生的位置。

## 二、节理的构造背景

构造节理是区域构造运动的产物，它与褶皱、断层和区域构造在几何特征、形成作用和发展演化上都具有密切关系。

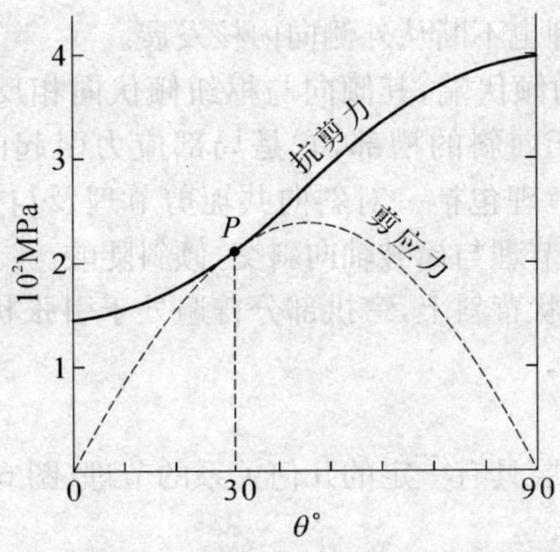


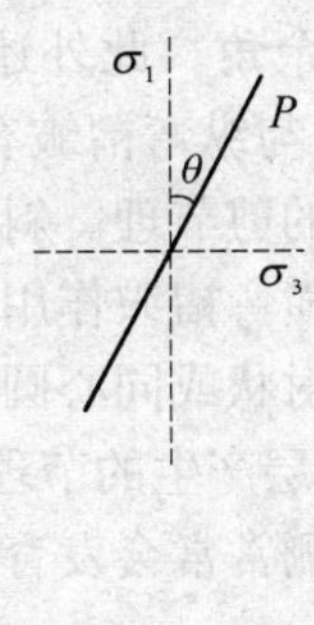


**图 6.73　由索伦霍芬灰岩的实验所求得的抗剪力与剪应力曲线**（据 Billings，1972；Hobbs，1976）

$\tau_0$ = 10.5 MPa、$\mu$ = 0.53、$P$ = 0，剪裂发生时 $\sigma_1$ 和 $\sigma_3$ 分别为 550 MPa 和 75 MPa

(一) 褶皱产生的节理

与褶皱有关的节理(图 6.74)在很大程度上决定于褶皱的形成方式和发展进程。例如，纵弯褶皱发育的节理与横弯褶皱发育的节理就有明显不同。

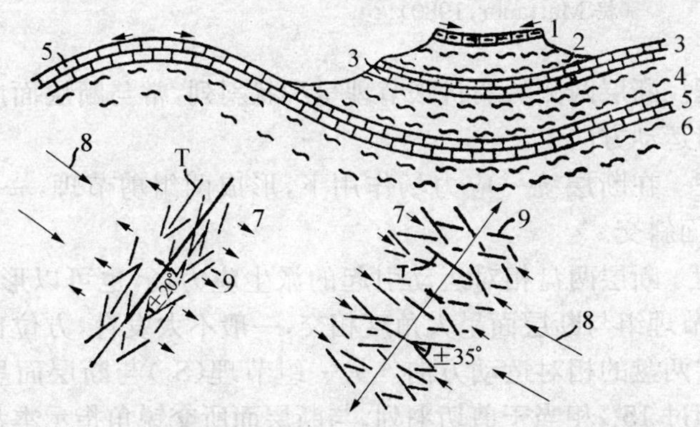


**图 6.74　阿尔及利亚一对相邻背斜和向斜中不同方位的节理**（据 Sitter，1956）

1、3、5：石灰岩；2、4、6：泥灰岩；7：局部应力；8：区域挤压力；9：剪节理及断裂；T：张节理

与纵弯褶皱作用有关的张节理有两组，一组纵张节理，一组横张节理。纵张节理主要发育于背斜转折端上，在褶皱横截面上排列成扇形，单个节理为尖端向下的

楔形。随着背斜的不断隆起，张节理也不断从外侧向内核发展。

横张节理常发育于倾伏背斜的倾伏端，其倾向与枢纽倾伏向相反，倾角与枢纽倾角互为余角。此外还可出现于向斜的槽部，它是局部应力引起的横张节理（图 6.74）。与纵弯褶皱有关的剪节理包括一对斜向共轭剪节理及与褶皱两翼层间滑动引起的剪节理。斜向共轭剪节理与褶皱轴向斜交，倾斜陡峻。

在一些横弯褶皱作用形成的穹状背斜上，穹拱部分普遍处于引张状态，常常形成一系列放射状或同心圆状张节理。

（二）断层产生的节理

断层两侧常常会发育一套与断层具有一定的几何关系的节理（图 6.75）。

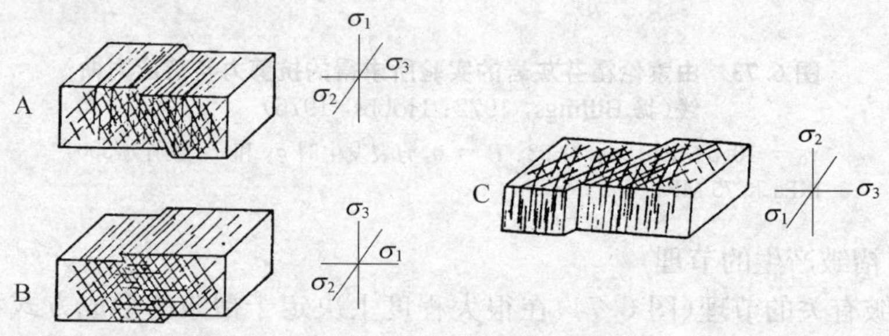


**图 6.75　与正断层（A）、逆冲断层（B）和平移断层（C）伴生的节理**
（据 Mattauer，1980）

**羽状张节理**　断层两侧的羽状张节理呈羽状斜列，常与断层面成锐角相交，其锐角尖指示本盘运动方向。

**伴生剪节理**　在断层统一应力场作用下，形成两组剪节理，一组与断层面平行，一组与断层面斜交。

**派生剪节理**　断层两盘相对运动引起的派生应力场，也可以形成两组剪节理（$S_1$ 和 $S_2$）。$S_1$ 节理组与断层面呈大角度相交，一般不太发育，方位也不太稳定，不易用来判别断层两盘的相对运动方向。另一组节理（$S_2$）与断层面呈小角度相交，其交角一般不超过 15°，相当于剪切羽列，与断层面所交锐角指示本盘运动方向。

以上区域应力场和派生应力场分别形成的剪节理常常互相利用和改造而难以区分和鉴别。

（三）区域构造节理

地壳浅表层广大地区存在着规律性展布的区域性节理。其特征是产状稳定、间距宽、延伸长，可穿切不同岩层，并在空间上构成一定的几何形式。这类节理与局部褶皱和断层并没有成因上的联系，应该是区域性构造作用的结果。在岩层产状近水平的地区，常常见到这类稳定产出的区域性节理。

区域性节理如被岩浆充填，则形成规律性排列的岩墙群，如有的平行排列，有的呈放射状。著名的岩墙群有东格陵兰岩墙群、苏格兰岩墙群等。

区域性节理不仅在稳定区发育，也产出于变形较强以至强烈变形的构造单元。这些地区由于同期构造变形强烈或由于后期变形的叠加、改造，使早期区域性节理不易表现出明显的方位和排列的规律。

## 三、劈理的构造背景

劈理总体形成的深度大于节理，其与地壳较深层次的变形变质作用有关。压扁作用、压溶作用和剪切滑动作用在岩石劈理化过程中发挥怎样的作用，常常决定于岩石所处的构造环境、构造部位和劈理化岩石的变形习性。因此，研究劈理时，除应研究本身的组构特征外，还必须研究其产出的地质背景。

另一方面，劈理作为大型构造的从属构造，与褶皱、断层和区域性流变构造在时空和成因上都有着密切的关系。研究它们之间的关系，有助于查明大型构造的形态和成因，并且可以根据劈理化岩石的变形特征来阐明大型构造的变形环境。

下面着重讨论与褶皱有关的轴面劈理、与层状构造有关的层间劈理和顺层劈理、断层伴生的劈理以及区域性劈理。

### (一) 轴面劈理

轴面劈理指产状平行于或大致平行于褶皱轴面的劈理。其主要发育在强烈褶皱的岩层里(图 6.76)。

**图 6.76　西藏日喀则地区喀则群砂质板岩斜歪背斜中的轴面劈理**(郭铁鹰摄，宋姚生素描)

轴面劈理与褶皱轴面的关系取决于组成褶皱岩石的韧性、均一性和褶皱的形态。在岩性均一、平均韧性高、韧性差愈小的岩系里,轴面劈理与轴面的平行程度也愈高。它们稳定切穿岩层层理,使层理的连续性遭到破坏,有时甚至将层理掩蔽起来。反之,当轴面劈理发育于岩石韧性差较大、强弱岩石相间的层状岩系里,轴面劈理呈散开状和聚敛状。在较强岩层组成的背斜中,轴面劈理转折端呈正扇形散开(图 6.77);在较弱岩层组成的背斜里,轴面劈理则呈反扇形向转折端收敛(图 6.78)。

**图 6.77 河南登封嵩山群板岩中正扇形轴面劈理**(索书田、闻立峰摄,宋姚生素描)

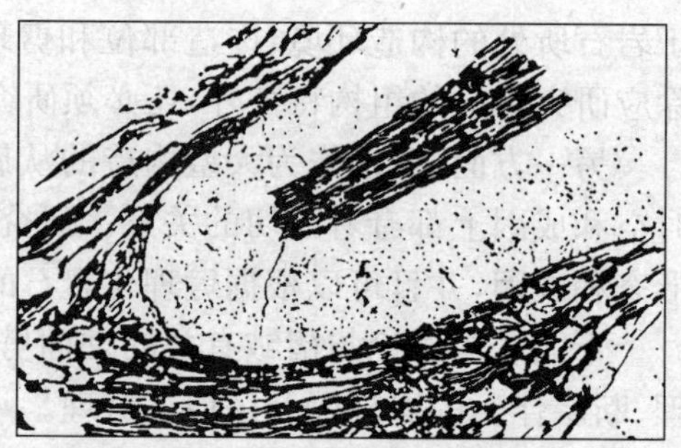

**图 6.78 河南登封嵩山群薄层石英岩组成的同斜褶皱中,所夹千枚岩中的反扇形轴面劈理**(据马杏垣等薄片照片素描)

轴面劈理形成于褶皱作用的晚期,是典型的挤压应变面($XY$ 或 $AB$ 面),它与最大主压应力方向相垂直。近年来,这种劈理多被认为是褶皱经受压扁和压溶作用的结果。随着轴面劈理的形成,弯滑褶皱作用逐渐为剪切褶皱作用所代替。

(二) 层间劈理

层间劈理是一种受岩性及层面控制、与层理斜交的劈理。在不同的岩性层内,劈理的类型、间隔、产状各不相同。一般来说,在相同的变形环境下相对强硬岩石中的劈理,重结晶程度低,劈理密度小,间隔宽,与层理夹角较大;反之,在相对软弱的岩层里,劈理的流变特征变得明显,劈理密度大、间隔小,与层理的夹角相对较小。例如,在浅变质岩系中,当砂岩或白云岩发育了比较稀疏的间隔劈理时,其间的板岩或结晶灰岩中却发育了密集的连续劈理。露头上观察就好像劈理发生了折射一样(图 6.79)。如果劈理发生在序粒层中,随着岩石中碎屑粒度由粗到细的变化，劈理会随之发生变化，似乎发生了弯曲（图 6.80）。在观察时应注意，不要将其当成交错层也不能理解为劈理发生了弯曲。另一方面，弯曲劈理也可由于层间滑动或物质顺层流动时因摩擦力作用而产生。岩性的影响和物质运动的结合，常常使层间劈理组合成“S”形（图 6.79，图 6.80）。

**图 6.79　北京大灰厂奥陶系马家沟组中劈理折射现象**（据宋鸿林照片素描）

下部纯大理岩中发育连续劈理；中部白云岩中发育间隔劈理（铅笔处）；上部白云质结晶石灰岩劈理呈 S 形

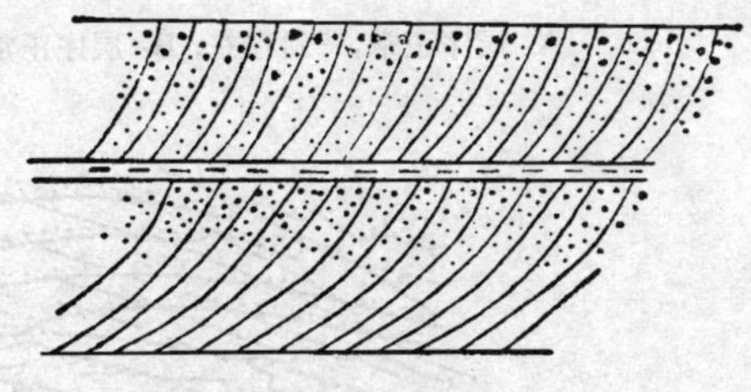

**图 6.80　砂岩不同粒级层中弯曲劈理**（据 Wilson，1961）

层间劈理的形成，主要同岩石的不同变形习性和层间界面的控制作用有关。层间界面常常控制着不同岩层内的运动，使它们在不同的构造变形域内发生均匀变形。

层间劈理可帮助确定大型褶皱的性质和岩层层序。如果劈理与其所在褶皱是同期纵弯褶皱作用产生的，则劈理和层理具有如下关系：劈理与层理所交的锐角一般指示相邻岩层的运动方向，且较新岩层相对较老岩层总是向上（背斜转折端）运动。根据这一规律，我们很快便可以确定岩层层序正常与否和背、向斜的位置。如图 6.81A，劈理与岩层面所交锐角尖指示左侧岩层相对右侧岩层向上（右旋）或向背斜转折端运动，因此，左侧岩层新于右侧岩层；背斜在右，向斜在左。图 6.81B 情形与图 6.81A 正好相反。图 6.81C 中的右侧岩层相对左侧岩层向上（左旋）或向背斜转折端运动。所以，右侧岩层新于左侧岩层，且位于左侧岩层之下，故为倒转岩层，背斜位于左侧，向斜位于右侧，为倒转褶皱构造。对于平卧或翻卷褶皱来说，要区别褶皱的不同部位，否则就会出错。在图 6.82 中，转折端部位仍符合上述规律，但对翼部就不行了。

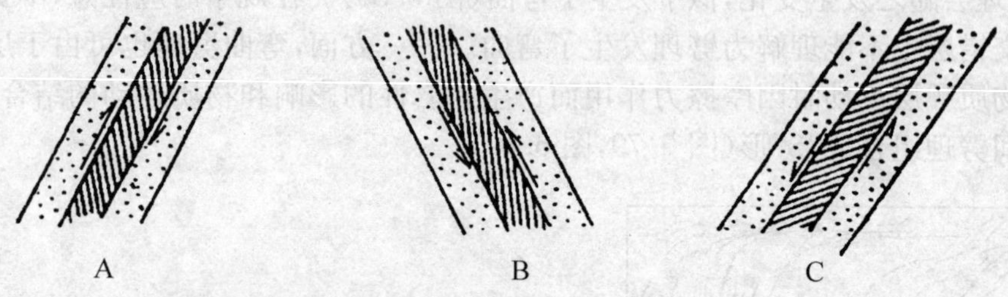


**图 6.81　利用劈理确定岩层层序及背斜和向斜的位置**

A：层序正常，背斜在右；B：层序正常，背斜在左；C：层序倒转，背斜在左

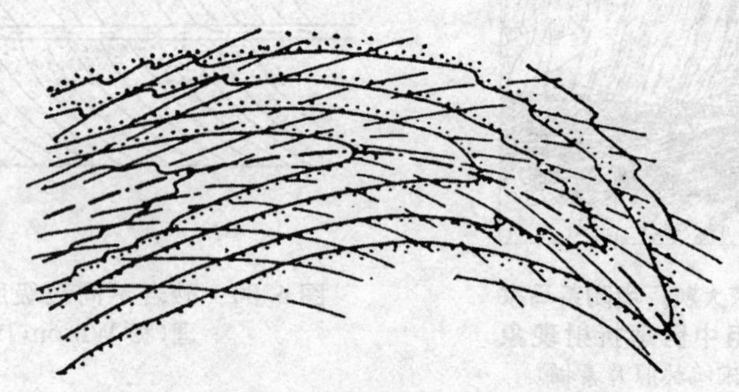

**图 6.82　平卧褶皱中劈理与层理的关系（据 Wlilson，1961）**

（三）顺层劈理

顺层劈理和顺层片理，一般是指在宏观上与岩性界面近乎平行的劈理。它们在褶皱中作为变形面随褶皱而弯曲。顺层劈理和片理都是岩石在变质作用下的固态流动过程中形成的，均属流劈理。它代表褶皱前期一组挤压应变面。不过，关于这种劈理或片理究竟是褶皱前期构造变形的产物，还是在沉积变质过程中埋藏变质重结晶的结果，一直是变质岩构造学中一个有争论的问题。

（四）断层劈理

断层劈理是在断层的形成过程中因两盘相对运动而产生的，包括断裂带内及两盘岩石中发育的各种劈理，其产状与断层面斜交或近于平行。在强烈变形的韧性剪切带里多为连续劈理，呈“S”形展布，但在脆性或脆韧性断裂破碎带里，则多为间隔劈理。劈理常与断面相交成锐角，其尖端指向对盘岩块运动方向（图 6.83）。

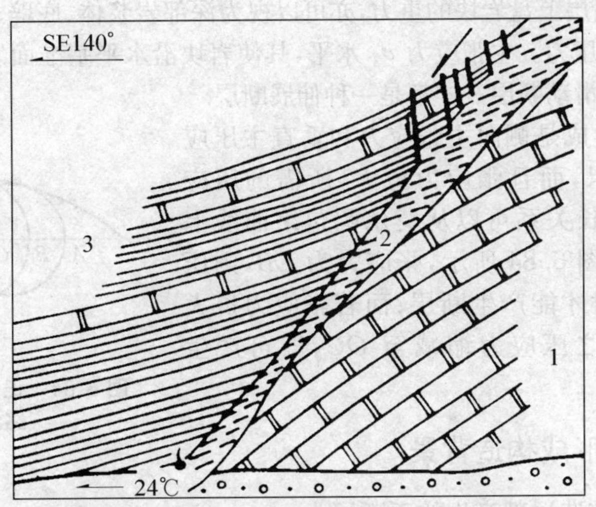


**图 6.83　西藏当雄斯米夺温泉断裂带中的劈理**（据宋鸿林、王新华）

1：大理岩；2：绿泥石片岩（断裂带宽约 1～1.5 m）；3：板岩夹大理岩

（五）区域性劈理

区域性劈理一般是指与个别褶皱和断裂无一定成因关系，而以其稳定产状叠加在前期褶皱、断裂和岩体之上的劈理。它一般都是在岩石变质变形后期、在区域性应力作用下形成的，也可以是另一期构造作用的产物。一般多为流劈理或褶劈理。

# 第二节　正断层形成分析

## 一、正断层的应力状态

根据安德森等（1951）的研究，认为正断层的应力状态是：其最大主应力轴 $\sigma_1$ 近于直立；中间应力轴 $\sigma_2$ 水平，与断层走向平行；最小主应力轴 $\sigma_3$ 水平，与断层走向垂直。

$\sigma_1$ 可以是断层上盘岩块的重力，亦可以视为深部岩浆体、底辟、穹窿和基底断块的上隆或上拱挤压力。主张应力 $\sigma_3$ 水平，其使岩块沿水平基准面发生扩大或伸展，故正断层和重力滑动断层一样都是一种伸展断层。

正断层的形成是侧向主张应力和垂直主压应力相结合的结果，而且张应力愈大，所需的压应力愈小，这种消长关系可以从莫尔圆包络曲线上清楚地看出，如图 6.84 所示，张应力为 *OB*，则压应力需达 *OD* 时才能产生断层；而若张应力扩大为 *OA*，则所需之压应力缩减至 *OC*，即可产生断层。

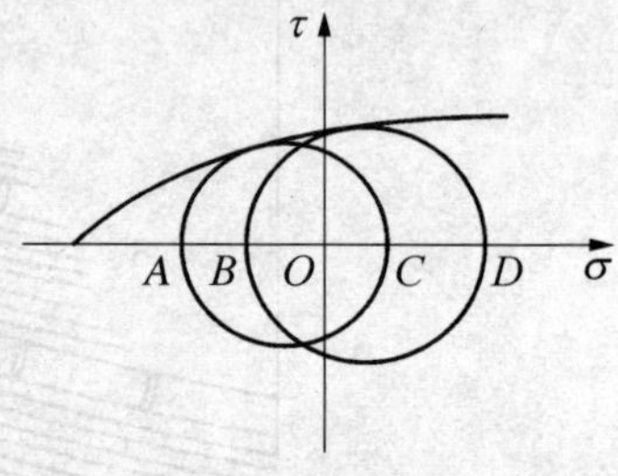


**图 6.84　正断层莫尔圆包络线图**

## 二、正断层的形成构造背景

### (一) 背斜构造局部产生的正断层

存在以下 3 种状况：

1. 不论侧向挤压或垂直挤压上隆所形成的背斜，由于岩层上拱，必然在外弯层诱导出与背斜枢纽垂直的顺层方向的张应力，而在垂直方向上则由于岩块的自重或背斜上拱之力造成近于直立的主压应力，二者结合满足了正断层及其组合的地堑构造(图 6.85)。

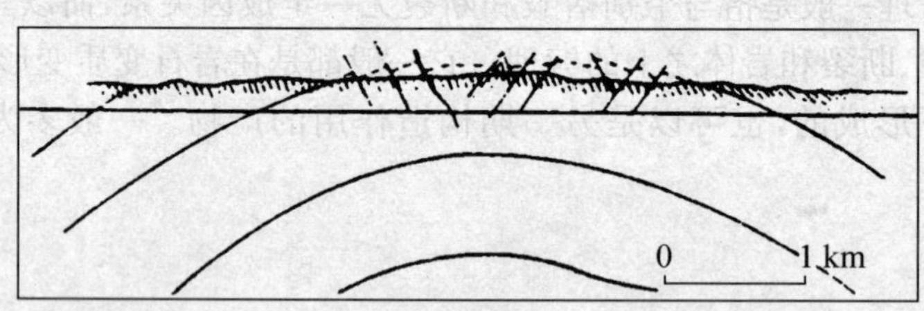


**图 6.85　美国海员山背斜顶部正断层和小型地堑**(据德西塔尔，1956)

2. 当背斜发生倾伏时，则沿枢纽方向引起局部拉伸，在垂直方向上同样存在着主压应力，因此形成垂直于背斜枢纽方向的一对共轭横向正断层(图 6.86)。其中一组倾向与枢纽倾伏向相同，倾角较陡；另一组倾向与枢纽倾伏向相反，其倾角较缓。

3. 海沟外隆局部产生的正断层。海沟外隆构造发育于海沟外侧，其上隆机理与倾伏背斜顶部机理相似，在与海沟延伸相垂直的方向上发生侧向倾斜拉伸，于是形成一系列平行海沟延伸方向的纵向垒堑构造和正断层，它们并可切入洋壳,产生地震(图 6.87)。研究大陆上板块俯冲带时,应注意鉴定这种残留洋壳板片。

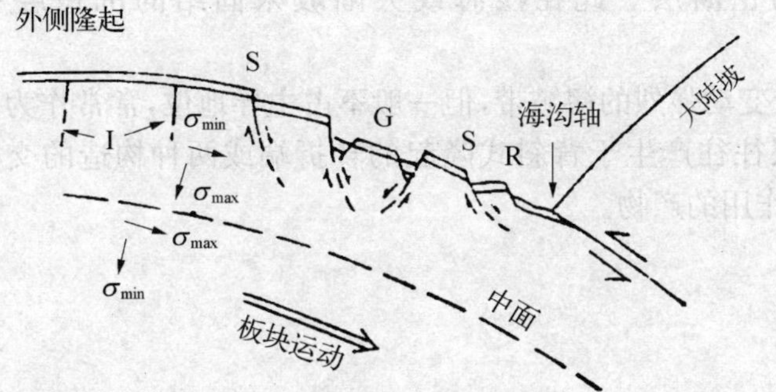


图 6.87 海沟外壁上的正断层和垒堑构造(据施韦勒等,1981)

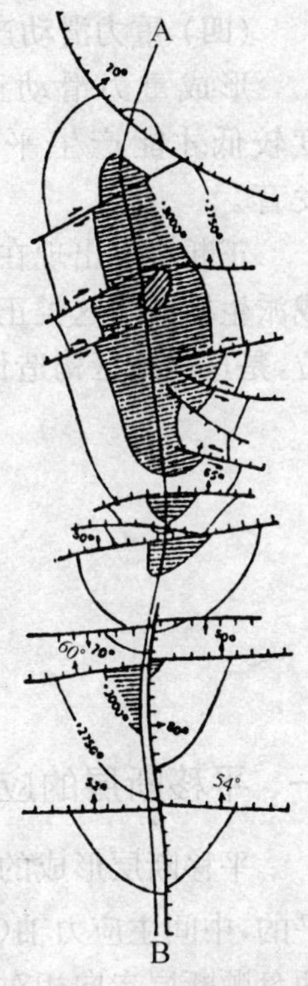


图 6.86 由背斜倾伏形成的横向正断层(据德西塔尔,1956)

(二) 区域性水平拉伸产生的正断层

1. 在侧向水平拉伸形成的断陷盆地的边缘经常出现的生长断层就是这种应力条件下形成的正断层。

2. 裂谷系正断层。由于板块构造的背离运动,导致地壳某些部分形成规模巨大的区域性拉伸应力条件,因而在陆上、陆间和大洋内部形成一系列高角度的正断层、地堑和地垒构造。

(三) 差异升降产生的正断层

岩块在差异升降运动中,常在升与降过渡的挠曲地段产生正断层,其断面向下降一侧陡倾,这种断层的产生可能同地壳向上隆起形成的垂向挤压及相应侧向拉伸的应力条件有关,正断层走向常与挠曲带延伸一致。若这种差异升降运动系发生在穹窿构造区,则由于穹窿核部上升在顶部产生 $\sigma_1$ 的挤压应力,而围绕穹窿四周的斜坡带产生 $\sigma_3$ 的拉伸应力,正断层于是环绕穹窿呈环状分布(图 6.88)。

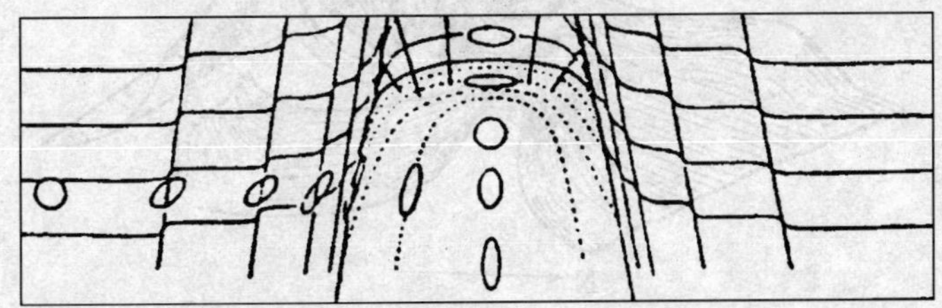

图 6.88 穹窿的环形正断层剖面图(据 Hills, 1972)

(四) 重力滑动产生的正断层

形成重力滑动正断层需有足够的重力势能和一定的自由面，并且介质黏度较低才能产生平缓的正断层。此在浅海或大陆坡未固结的沉积层中很发育。

正断层也出现在构造变动强烈的褶皱带，但一般不占主导地位，常常作为伴生或派生构造。这类正断层往往产生于背斜式隆起的转折端或两种构造的交替部位，是这类地区构造伸展作用的产物。

## 第三节　平移断层形成分析

### 一、平移断层的应力状态

平移断层形成的应力状态是其最大主应力轴($\sigma_1$)和最小主应力轴($\sigma_3$)均是水平的，中间主应力轴($\sigma_2$)是直立的；断层面走向垂直于 $\sigma_2$，滑动方向也垂直于 $\sigma_2$，两盘顺断层走向相对滑动。它的形成可能有三种情况：

其一，由于不均匀的侧向挤压力导致岩块在垂直于纵向逆断层或褶皱枢纽的方向上向前推移速度的差异性，因而在各部分岩块之间形成走向垂直于逆断层或褶皱枢纽的平移断层。这一类断层又称为撕裂断层。其模型如图 6.89 所示。它们的规模一般不太大，平移运动的旋向也不一定规律，可右行亦可左行，视各部分侧向挤压力的相对大小而定。

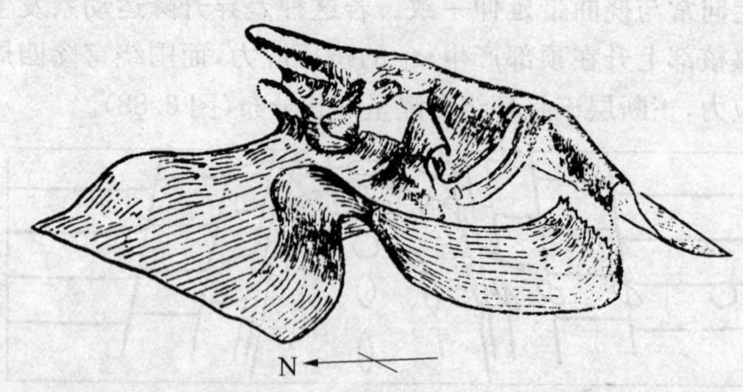


**图 6.89　平移断层的一种形成方式**(据 Robett,1982)

其二,当岩层受侧向水平挤压($\sigma_1$)且 $\sigma_2$ 直立时,沿平面 $X$ 剪裂面发育而成。它们规模可大可小,常形成共轭平移断层,旋向有一定规律,一组左行,一组右行。它们与褶皱的走向一般是斜交的。若平移断层切割褶皱,则断层两侧的褶皱不一定能够一一对应,褶皱形态也可有很大的差异,表明断层形成在先,褶皱发育时它们仍继续活动,并控制了两侧褶皱的差异发育(图 6.90)。这种断层又称 X 型平移断层。

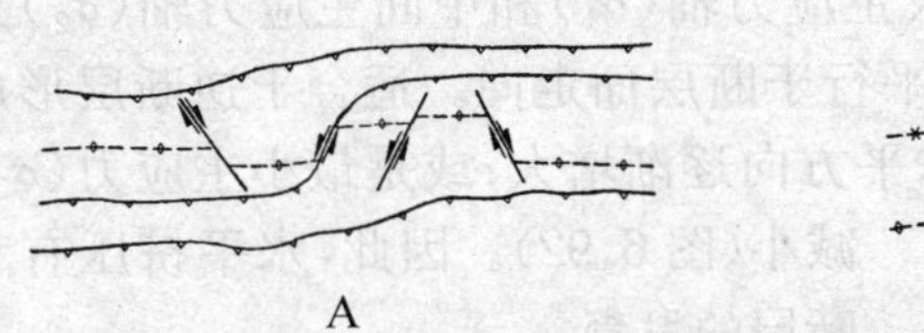


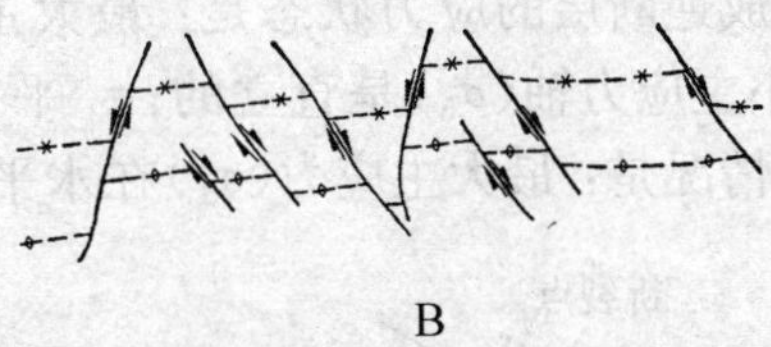


**图 6.90　平移断层与逆断层带(A)及褶皱带(B)伴生**(据 Robett,1982)

其三,大型走向滑动型平移断层形成的应力状态,据 J.D. 穆迪和 M.J. 希尔(1956)把安德生关于断层方位的观点加以引申,用以解释走向滑动断层的构造起因和序次控制关系。他们认为走向滑动断层形成的基本原因是南北向挤压,在此主压应力下,形成了第一序次的与南北向主压应力轴成 30°的 N30°E 和 N30°W 两组剪裂。第一序次共轭剪切形成后诱发新的局部应力场,产生第二序次的剪裂,如图 6.91 所示,走向 N30°E 的左行平移断层又可产生 NE 和 NW 的两组第二序次的平移断层,依次形成第三序次的平移断层,共形成 8 个方位的走向滑动断层。

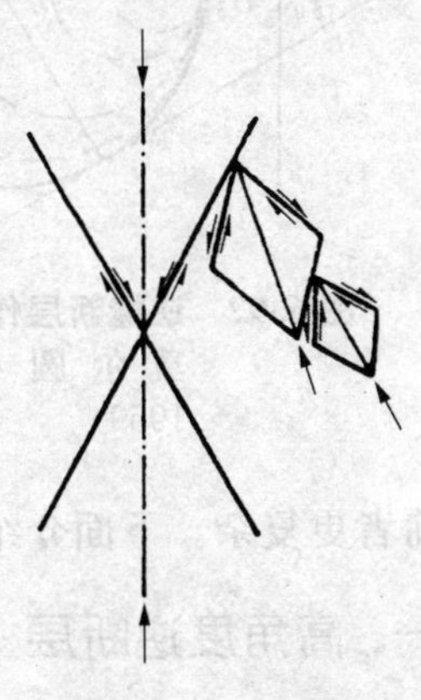

**图 6.91　剪切作用派生的次级剪裂面的分布**(转引自马杏垣等,1980)

## 二、平移断层的构造背景

平移断层发育的地质背景可以分为两类:一类是与褶皱等构造相伴生的平移断层,另一类是区域性平移断层。与褶皱或大型逆冲断层伴生的平移断层规模一般不大,是在形成褶皱或逆冲断层的统一应力场中形成的,常与褶皱或逆冲断层斜交或横交。斜交构造线的平移断层是顺着一对共轭剪裂面发育的。横交构造线的平移断层可能是顺着张裂面发育,并在差异推动下形成的。这两种产状的平移断层尤其是斜向平移断层在欧洲侏罗山式构造中广泛发育。

# 第四节　逆断层形成分析

形成逆断层的应力状态是：最大主应力轴（$\sigma_1$）和中间主应力轴（$\sigma_2$）是水平的，最小主应力轴（$\sigma_3$）是直立的；$\sigma_2$ 平行于断层面走向。适合于逆断层形成作用的可能情况是：最大主应力（$\sigma_1$）在水平方向逐渐增大；或是最小主应力（$\sigma_3$）逐渐减小（图 6.92）。因此，水平挤压有利于逆断层的发育。

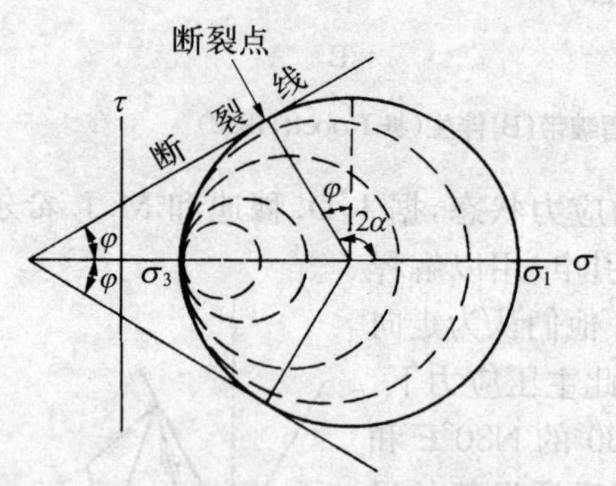


**图 6.92　逆掩断层作用的应力状态莫尔圆**（据 Hubbert, 1959）

由于逆断层形成各阶段的倾角是在变化之中的，而且向深部断面大多变缓了，所以许多情况下并不强调按倾角大小对逆断层进行分类。在此仅就不同构造背景下形成的不同倾角的逆断层进行分析。

从纯几何学形态看，逆断层倾角的大小并不改变其上盘上推滑动的性质，但从成因来看，高角度的逆断层和低角度的逆断层则明显不同，而低角度的逆断层和推覆构造的起因又有差异，后者的成因要比前者更复杂。下面介绍高角度的逆断层和低角度逆掩断层的成因差异。

## 一、高角度逆断层

### （一）侧向挤压作用产生的高角度逆断层

在造山带中由侧向挤压作用所形成的轴面陡峻的紧闭至同斜褶皱，在其倒转翼上常常伴随有大致平行于褶皱轴面的高角度逆断层发育（图 6.93）。断层面的倾角可达 60°以上，故知它们并非是沿剖面 X 型剪裂面进一步发展而成的。恰恰相反，它们是在侧向挤压作用下，强烈褶皱的高塑性岩层沿着垂直于挤压方向发生差异塑性剪切滑动的结果。

### （二）差异升降作用产生的高角度逆断层

发育于褶皱带前缘与毗邻的沉降盆地之间的一种高角度逆断层可用差异升降

运动来解释其成因。图 6.94 为 H. 克罗斯的一个模型实验，表明这种高角度逆断层是在挠曲带沿着垂直的剪切作用所产生的倾向上升区的一组剪裂面发育而成的，而这种垂直剪切作用显然是由差异升降运动所引起的。

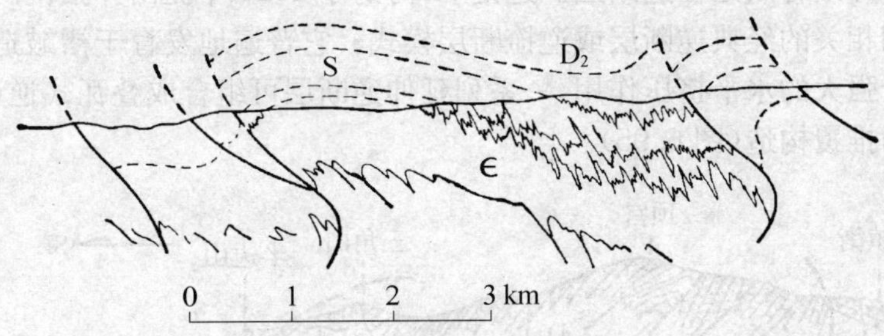


**图 6.93　强烈同斜褶皱与高角度逆断层**(据阿日基列依，1962)

苏联萨拉伊尔；英文字母代表地层时代

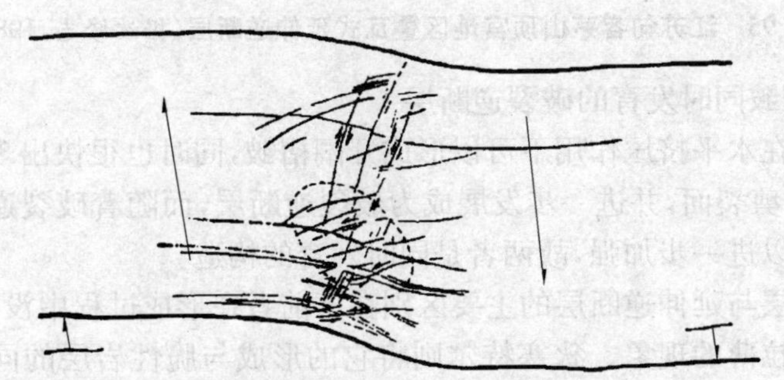

**图 6.94　垂直的剪切作用造成的高角度逆断层**(转引自 Hills，1972)

## 二、低角度逆断层

低角度逆断层或逆掩断层一般指断层倾角小于 45°的逆断层，这类断层常在强烈的水平挤压作用下，沿水平基面侧向缩短(即收缩断层 Contraction fault)。总的看来，它们形成时的应力条件是最大和中间主应力轴水平，其中最大主应力轴 $\sigma_1$ 与断层走向垂直、中间主应力轴 $\sigma_2$ 与断层走向平行，最小主应力轴 $\sigma_3$ 直立。逆断层面大致是由侧向水平挤压应力作用下形成的剖面 X 型剪裂面发展而成的。与褶皱作用有关的逆断层，具体分析有三种不同情况。

（一）由褶皱进一步发展形成的延伸逆断层

当水平挤压作用产生褶皱时，因两侧挤压力强弱不同，在其进一步发展中一翼必将发生倒转，倒转翼在持续的变形过程中沿剖面X型剪裂面中的一组被拉薄，最后被剪断并发育成延伸逆断层。这是A.海姆于1921年提出并强调的一种与强烈褶皱密切相关的经典逆断层或逆掩断层模式。它普遍地发育于褶皱造山带边缘地带。由于强大的水平挤压作用，一系列延伸逆断层可组合成叠瓦式逆（掩）断层，并可转化为推覆构造（图6.95）。

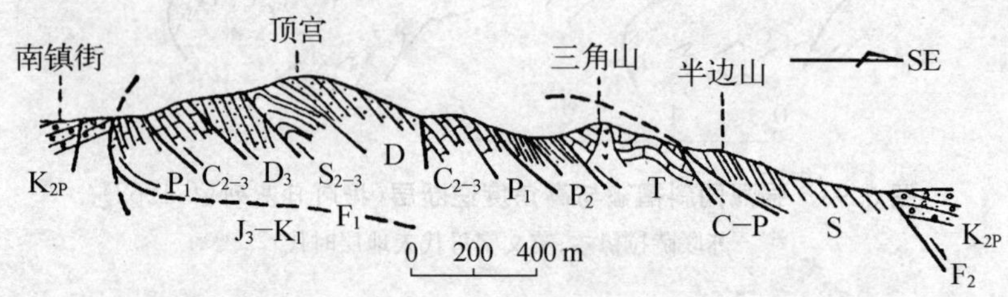


**图6.95 江苏句容茅山顶宫地区叠瓦式延伸逆断层**（据沈修志，1980）

（二）与褶皱同时发育的破裂逆断层

脆性岩层在水平挤压作用下可以形成开阔褶皱，同时也很快出现破裂，形成一系列剖面X型剪裂面，并进一步发展成为破裂逆断层，而随着破裂逆断层的发展，褶皱也同时可以进一步加强，故两者是同时发育的构造。

破裂逆断层与延伸逆断层的主要区别在于前者在形成过程中没有倒转翼和褶皱翼部岩层被拉薄的现象。狄塞特尔则将它的形成与脆性岩层的同心褶皱（等厚褶皱）的发育相联系，认为由于脆性岩层在同心褶皱发育过程中不可能无限制经受挤压并向下发展，因而在不对称同心褶皱的陡翼进一步弯曲或压缩发生困难时，岩层便以破裂方式进行调节，产生破裂逆断层。

（三）早于褶皱形成的剪开逆断层

与上述两种逆断层成因不同，剪开逆断层发生之前，地层并无明显褶皱现象，但它的形成仍旧同强烈水平挤压作用有关（图6.96）。在大多数情况下，剪开逆断层形态呈阶梯状，由一系列的断坪（flat）和断坡（ramp）构成。

在上下盘断坡间，上盘岩块因后期变动而弯曲构成一系列无根的褶皱（rootless fold），有无根的背斜和无根的向斜之分（图6.97）。J.苏普（1979）把形成这种褶皱作用称为断层转折褶皱作用（fault-bend floding），并论证了褶皱转折角（$\gamma$）、断坡原始倾角（$\theta$）、上盘断坡与层面夹角$\beta$及上下盘断坡面倾角差（$\varphi$）诸变量间的函数关系为（图6.98）。

图 6.96 法国一个煤盆地中的剪开逆断层(转引自 De Sitter,1956)

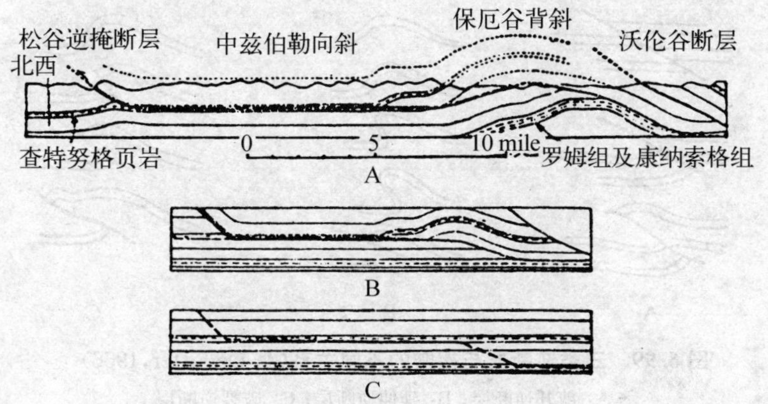


图 6.97 阶梯状逆掩断层和无根褶皱(据金,1951)

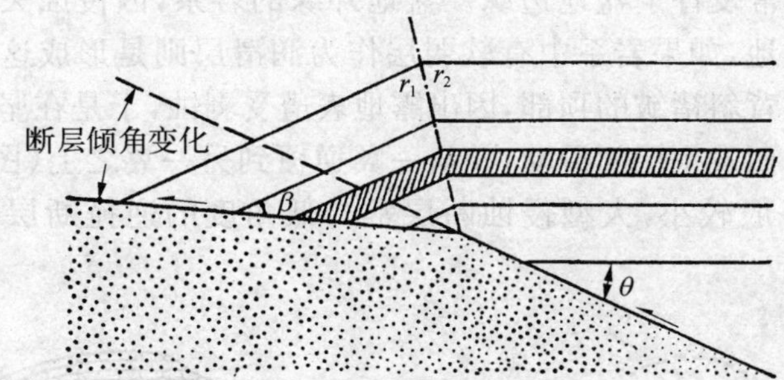


图 6.98 断层转折端褶皱的几何性质(据苏普,1979;转引自纳姆逊,1981)

$$\varphi = \tan^{-1} \frac{-\sin(\gamma - \varphi)[\sin(2\gamma - \theta) - \sin\theta]}{\cos(\gamma - \theta)[\sin(2\gamma - \theta) - \sin\theta] - \sin\gamma}$$

$$\beta = \theta - \varphi + (180^\circ - 2\gamma)$$

当 $\varphi = 0$ 时,可简化为

$$\varphi = \theta = \tan^{-1} \frac{\sin 2\gamma}{1 + 2\cos^2 \gamma}$$

该函数方程描述了断层上盘在体积守恒情况下，沿转折端的阶梯状断层运动时的变形。利用这些函数关系反过来，可由无根褶皱的资料查明阶梯状逆断层的性质，它对分析油田地区地下地质构造，具有重要意义。

上述逆断层与褶皱的三种关系，可用图 6.99 概括表示。

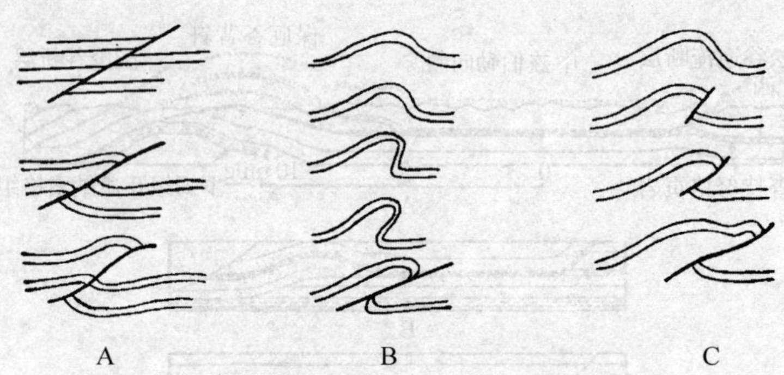


**图 6.99　三类逆断层与褶皱的不同关系**(据 De Sitter,1956)

A：剪开逆断层；B：延伸逆断层；C：破裂逆断层

(四) 侵蚀逆断层的构造背景

侵蚀逆断层常发育于盆地边缘。盆地外缘的岩系，因侵蚀失稳在重力作用的诱发下滑向盆地，如果岩系中有软弱层作为润滑层则是形成这种构造的良好条件。通常是在背斜褶皱的顶部，因出露地表遭受剥蚀，于是在坚硬和软弱岩层间由于失去支撑而发生层间滑动，并从一翼逆覆到另一翼之上(图 6.100)，这种逆断层的规模一般较小，大型侵蚀断层常与低角度的逆掩断层和推覆构造相联系。

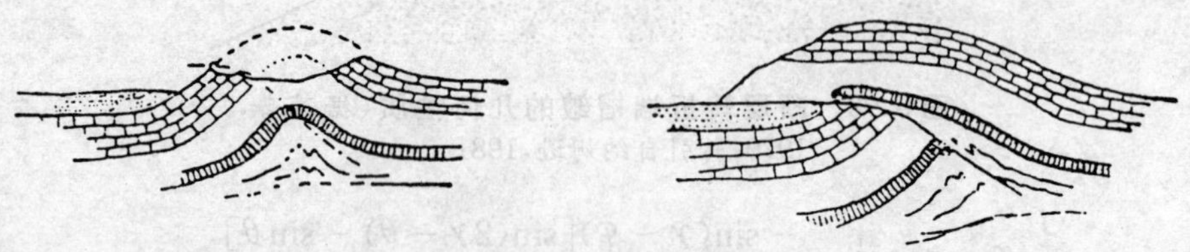

**图 6.100　侵蚀逆断层(Provence 实例)**(转引自古盖,1962)

背斜在晚白垩世形成并遭侵蚀，向斜有晚期陆相沉积地层(上图)；
在侵蚀逆断层发育时并逆冲到另一翼及覆盖在新地层上(下图)

# 第五节　推覆构造形成分析

关于推覆构造的动力学成因，构造地质学家长期以来存在着重力滑动说和侧向挤压说之争，以及两者兼而有之的各种看法，兹分述如下。

## 一、重力滑动说

重力滑动说认为推覆构造的形成与地表块体滑坡相似。在不考虑其他因素的条件下，地质体因自重而下滑，其体积愈大，则所要求的坡度愈小，因此大规模的推覆构造底部的滑动面可以比滑坡底部的滑动面要平缓得多。

图 6.101 所示为重力滑动作用形成的推覆构造（图 A）及重力滑动模型（图 B）。由图中可以看出，推覆体的大部分地段是沿着斜坡向下滑动的，其底部主体滑动面是低角度正断层而非逆掩断层，而且它必须是一个低强度的塑性层。前端只有侵蚀断层发育、后端常有因下滑拉开的伸展正断层，没有“根”部。当上盘岩块下滑到低凹地带，在内部形成上下叠置的平卧褶皱和翻卷褶皱，但其中见不到由侧向强烈挤压造成的褶皱倒转翼岩层的变薄甚至尖灭消失的现象。显然重力滑动作用要求推覆体首先要被抬高位置，以便获得足够的重力势能，方能使重力滑动作用得以发生。

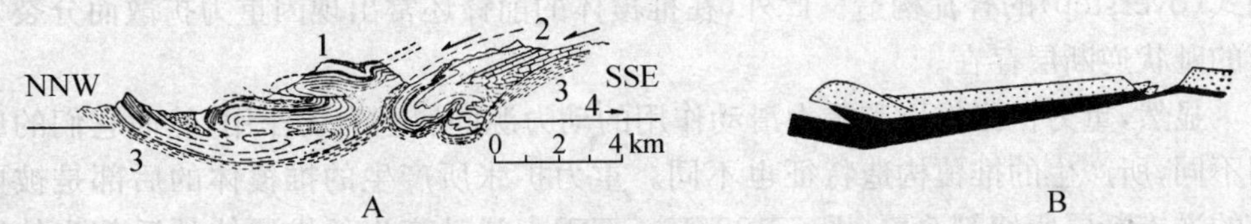


**图 6.101　重力滑动推覆构造及实验模型**

A：欧洲阿尔卑斯推覆构造剖面图（转引自德西塔尔，1956）；
1：散蒂斯-得卢斯堡推覆体；2：阿亨推覆体；3：复理石建造；4：阿尔地块；
B：重力滑动模型（据斯宾塞，1977）

重力滑动构造可发育在地壳被动大陆边缘的现代三角洲中，如非洲尼日尔河三角洲重力滑动构造即是一例。一些学者认为欧洲阿尔卑斯山区、我国学者马杏垣认为河南嵩山地区均有重力滑动构造成因的推覆体发育。

## 二、重力扩张说

重力扩张说是1956年W. H.安琪对北美落基山构造研究中提出的，认为在未固结的富含水分的沉积物或高温高压下的结晶岩石中，因重力作用而发生流动和侧向扩展现象，并形成推覆构造。这种由重力导生的侧向水平推挤作用，将首先使板状岩体靠近推挤力的部分(即块体后端)产生逆掩断层，该断层形成后，板状岩体长度缩短，应力又在其余部分后端集中，并继续产生第二个逆掩断层，如此较新逆掩断层依次向着推覆体前进的方向顺序产生，到后来板状体长度愈截愈短，新断层的间距也愈来愈小(图6.102)。其间距规律服从以下公式：

$$d = (l - \alpha)l$$

式中，$l$ 为板状岩体的长度，$d$ 为断层的间距，$\alpha$ 为反映逆掩岩片高度和推力分布的参数，其值在0.75～0.90间。

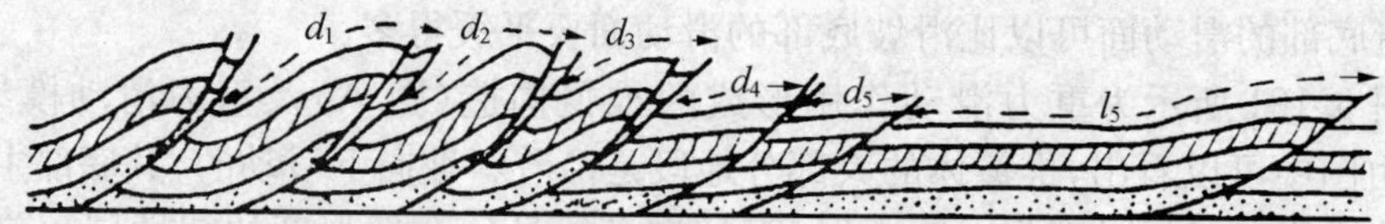


**图6.102　重力扩张逆掩断层顺序发生及间距缩小模式**(据曼德尔和希彭)

这种依次相叠的逆断层，其底部均与主干滑动大断层相连通，故总体形态为叠瓦式构造。有两种形式：如上所述的称为前列式(Piggy-Back)叠瓦构造；另一种是新的逆掩断层依次发育在老的逆掩断层上盘里，即依次在推覆体后端产生，称后列式(overstep)的叠瓦构造。此外，在推覆体的前锋还常出现因重力扩散而分裂发育的趾状逆断层存在。

显然，重力扩张作用和重力滑动作用的动力源同属重力场作用，然而它们的成因不同，所产生的推覆构造特征也不同。重力扩张所产生的推覆体的后部是被更后的逆掩断层所切割叠覆(图6.103下)；而重力滑动产生的推覆体的后部为伸展正断层所切或为底部滑脱面所切(图6.103上)。另一方面重力扩张作用实际上是

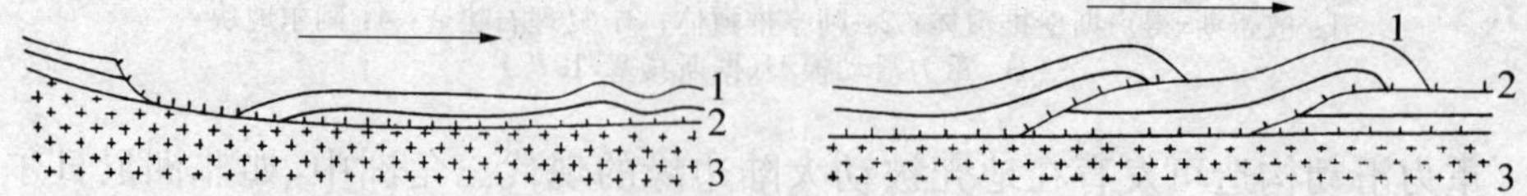


**图6.103　重力滑动构造(上)和重力扩张构造(下)其后部构造形态差异**(据科珀)

由重力产生水平推力作为滑动力源，因此它只要求地块有足够上隆，推覆体向离开隆起区方向运动，但所产生的逆掩断层面向隆起区倾斜，而无需重力滑动构造那样要求滑动时需具有自隆地区向凹陷区倾斜的主体低角度的正断层面。

地壳上褶皱造山带是主要隆起带，它的边缘常发育向造山带倾斜逆掩断层和向前陆方向运动的推覆构造，其中一部分是重力扩张作用形成的。如北美西部科迪勒拉造山带流动性岩体上升和隆起并向东侧前陆方向产生重力扩张作用，形成落基山脉一带的推覆构造(普赖斯，1970)。我国新疆塔里木盆地西南部铁克力克推覆构造，就是由于印度板块与欧亚板块碰撞，导致西昆仑造山带强烈隆起并向前陆(塔里木盆地)方向不断扩展而形成的前列式逆冲型推覆构造(王道轩等，1994)。

## 三、后方推动和液压推动成因说

后方推动说是指在水平挤压力推动下，使岩块向前运动并形成推覆构造。这种推覆体一般发育在板块碰撞的敛合带即贝尼奥夫俯冲带以及两大板块直接碰撞的地缝合线带。在上述构造带中推覆构造的主滑动面和派生分支叠瓦式断层均属逆断层性质，其断层倾向背离运动方向、向着大陆一侧倾斜。如美国南阿帕拉契山区推覆构造(图6.104)、西太平洋岛弧区外侧发育有自西向东滑动的推覆构造；东太平洋山脉区外侧发育有自东向西滑动的推覆构造；我国雅鲁藏布江以南的喜马拉雅山区发育有自北向南滑动的推覆构造等。这些地区推覆构造的形成主要受板块运动时水平挤压力的作用，并与贝尼奥夫俯冲带发育休戚相关，故可称为B式俯冲模式的推覆构造。

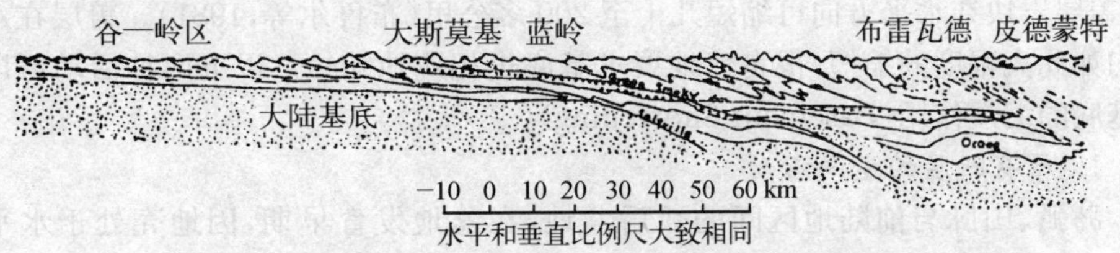


**图6.104　美国南阿帕拉契山推覆构造**(据布鲁尔等，1981)

但是广泛发育于岛弧或山脉大陆一侧的前陆边缘上的推覆构造带，其形成的水平挤压力并不是直接来自板块运动中的贝尼奥夫俯冲带活动，因为在俯冲带和前陆推覆构造带的火山岛弧或山脉区内部有大量的岩浆阻止了水平挤压力自俯冲带向前陆的直接传递，另外，弧后盆地或边缘海，处于地壳拉伸状态，俯冲带的水平推力很难越过它们而向前陆传递。对这种地区发育的推覆构造，A.G.史密斯

(1981)提出了液压推动说的模式(Fluid push model),认为岛弧、山脉区大量火山喷发活动表明,地壳深处存在高温熔融的岩浆,由于它们的活动产生了水平挤压应力,推动该区岩块向前陆边缘滑动并形成推覆构造(图 6.105)。液压推动成因说模式的特点在于:① 避免了重力扩张说要求的造山带因重力而降低以及从中心到推覆带的整体岩石流动的要求;② 也避免了重力滑动说所要求的由造山带向前陆推覆时,需有低角度正断层。因此较合理地解释了火山弧后向前陆边缘地带发育的推覆构造。

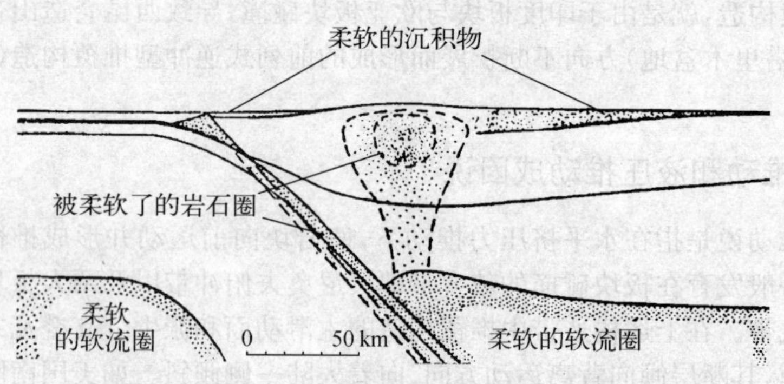


**图 6.105 液压推动的推覆构造成因**(据史密斯,1981)

## 四、基底缩短作用说

逆掩断层和推覆构造在大多数情况下是典型收缩断层,即岩层受到挤压而在水平方向缩短。将某些地区推覆构造带中的逆掩断层和褶皱进行恢复原位后表明,盖层岩块在水平方向可缩短几十至200多公里(布鲁尔等,1981)。盖层在水平方向如此大幅度的缩短,很自然地要求基底也相应地缩短。以下两种活动可以说明基底的缩短作用(Basement Shortening):

1. *原有断层的逆向活动*

岛弧、山脉与前陆地区间的弧后盆地,在盆地发育早期,因地壳处于水平拉伸状态,伴随发育一系列纵向正断层,但到了盆地发育的晚期时或封闭期时,此时地壳应力转化为水平挤压性质,伴随发育的早期正断层此时发生逆向活动,演化成为一系列逆断层。例如转化为一系列逆断层的地堑和地垒,促使基底宽度缩短。

2. *大陆地壳的俯冲*

在弧后盆地封闭期间,常发生由前陆地壳(克拉通)向岛弧、山脉区底部俯冲(即常称A型俯冲),俯冲结果使弧后盆地和前陆盆地之下的基底在水平方向的大幅度缩短；与此同时，导致上覆岩石发生褶皱、逆掩和叠覆，并向前陆区滑动形成一系列宏伟的推覆构造（图 6.106）。北美西部落基山区、我国四川盆地西北龙门山区，可能都是这种基底缩短所形成的。

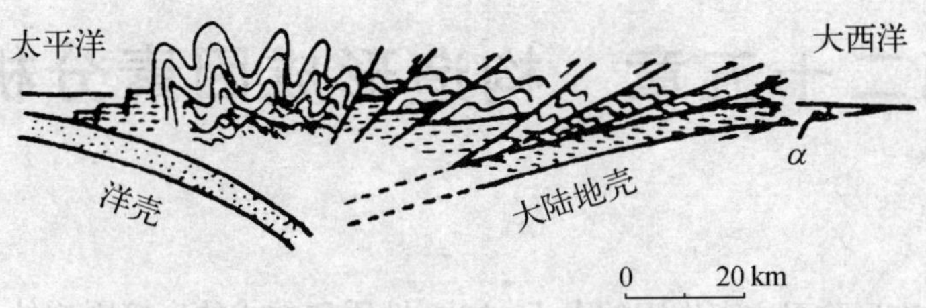


**图 6.106　大陆地壳俯冲所造成的地壳缩短**（据温斯洛，1981）

# 第二十五章　构造形成因素分析

地质构造变形除受应力作用的大小、方向、性质和方式的直接影响外，还受构造介质等多种环境因素影响。本章主要介绍除前已论及的主要变形因素——应力之外的其他影响构造变形的因素。

## 第一节　介　　质

形变构造是各类矿物、岩石(层)、岩系在构造应力作用下发生的构造变形。在小应力长时间作用下，可以将岩石看做是黏度各异的粘性固体。黏度大的岩层在褶皱发育过程中起骨干作用，通常称之为能干岩层。同一构造变形场中不同岩石和岩层往往会形成服从于总体变形又各具特性的构造。这与不同岩石能干性差异有关，所以建立岩石能干性序列和岩系能干性结构具有重要意义。

岩石能干性序列是指一套岩石组合中各种岩石黏度大小的顺序，岩系能干性结构指能干性不同的岩石的组合关系和厚度比例关系。

岩性介质对褶皱、断层等各类构造的形成和发育有明显影响。

### 一、岩石各向异性对变形的影响

#### (一) 对于岩石破裂强度的影响

不同岩石，由于其成分和结构等的差异而具有不同的强度(表 6.2)。同一岩性的岩石常由于面理发育程度的不同，也会导致岩石力学性质的各向异性。

表 6.2　常温常压下一些岩石的强度极限

| 岩　石 | 抗压强度(MPa) | 抗张强度(MPa) | 抗剪强度(MPa) |
|---|---|---|---|
| 花岗岩 | 148(37～379) | 3～5 | 15～30 |
| 大理岩 | 102(31～262) | 3～9 | 10～30 |
| 石灰岩 | 96(6～360) | 3～6 | 10～20 |
| 砂　岩 | 74(11～252) | 1～3 | 5～15 |
| 玄武岩 | 275(200～350) | — | 10 |
| 页　岩 | 20～80 | — | 2 |

在各向异性的岩石中，脆性破裂的发生将会迁就先存薄弱面(各种面理)，其极限强度将随主应力轴相对于岩石中的各向异性构造的方位变化而变化，而且，其剪裂面也可能明显地偏离破裂准则所预测的方位(如剪裂角 $\theta = 45° - \varphi/2$)。

(二) 对于褶皱发育的影响

层状岩石受力很容易形成褶皱，而块状的各向同性岩石如花岗岩，一般不易显示出褶皱变形。

层理或成层构造使岩石具不均一性，致使岩层受力发生变形时，可以通过层间滑动或层内物质塑性流动而弯曲成褶皱。图 6.107 是用蜡和黏土做的实验模型，A 图表示一个下部由 3 层蜡，上部是 1 厚层黏土组成的试件。在侧向挤压下，蜡层显示出褶皱，而黏土块只被压缩而变厚，仅在块体表面出现一些皱纹，本身却未表现出褶皱；而 B 图是将黏土块分为若干分层，层间铺上易于滑动的蜡纸，再施以侧向压力，黏土层及其下面的 3 层蜡纸就一起形成规则的褶皱。由此可见，结构均一的块状岩体(如侵入岩体)受力变形时，岩体被压缩，在与主压应力垂直的方向上可能发育有劈理或片理等挤压现象或其他方向的断裂，而不形成褶皱。

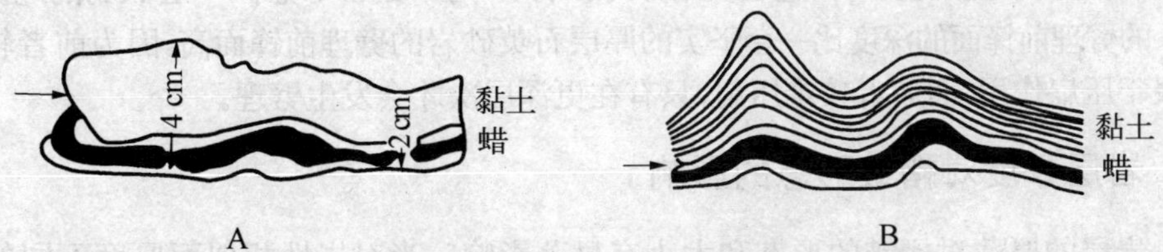


图 6.107　蜡和黏土在侧向挤压下的变形(据 Белоусов)

A：厚块黏土的变形；B：黏土层变形形成褶皱

## 二、岩石能干性对变形的影响

### （一）对于褶皱形态的影响

一套强、弱相间的岩系发生褶皱，强岩层常常以弯滑褶皱作用为主形成平行褶皱（$I_B$ 型），并对整个褶皱的形态起控制作用。如图 6.108 所示，A 层试件比 B 层试件的力学性质“强”10 倍，经侧向挤压，A 层的弯曲形态基本上决定了整个褶皱的形态，而 A 层之间的 B 层则被迫“迁就”A 层弯曲形成的空间而变形，形成顶厚褶皱（Ⅲ类）。从图上褶皱前的正方格所发生的畸变形态也清楚地反映了上述特征。

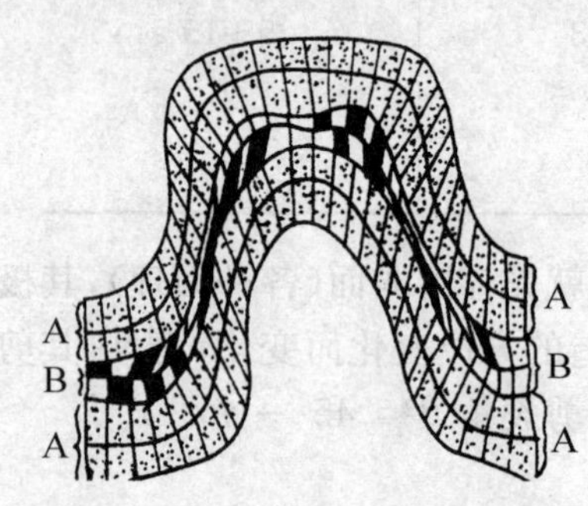


**图 6.108　两种不同力学性质试件的褶皱实验**（据 Hobbs 等，1976）

A 试件为 NaCl 和云母组成，B 试件为 KCl 和云母组成，A 层物质是 B 层物质强度的 10 倍，图上方格在褶皱前均为正方形

岩层的“强”和“弱”是相对的。在相同条件下，岩石能干性差异较大的岩层中，强岩层可称能干岩层，显示脆性，弱岩层称非能干岩层，塑性表象明显。因为岩层强弱除与岩层成分、结构和构造有关系外，还要受变形时各种因素（如温度、围压、溶液和应变速率等）的制约。在一个地区或一种岩石组合中表现为强的岩层，在另一地区或另一岩石组合中却可能表现为弱岩层。同一种岩石（如石灰岩）其厚层往往表现为强岩层，薄层则表现为弱岩层。现在地表出露的强岩层，在当初变形时所处的环境（地下深处）中可能为弱岩层。

### （二）对于断裂发育的影响

一套逆冲断层穿过强弱差异显著的厚度很大的两个岩系，断层发育会发生明显变化。在强岩层为主的岩系中断层数量少，但单条断层位移大；而在软弱岩层为主的岩系中，断层数量大，但单条断层的位移小。

岩性介质还表现在对构造层次划分的影响上，同一变形环境中，一套软弱的纯泥质岩系的劈理前锋面的深度比一套坚实的厚层石英砂岩的劈理前锋面高，因为前者较易屈服于压扁作用，而后者较难压扁，只有在更深层次才会发生劈理。

## 三、岩层厚度对褶皱形态的影响

岩层的厚薄对褶皱的形态和大小有显著影响。当对岩性相似而厚度不同的岩层施加同样的水平挤压力时，厚岩层往往形成曲率小、波长大的平缓开阔褶皱，而薄岩层则形成曲率大、波长小的紧闭褶皱。

## 四、强岩层与弱岩层的黏度比对褶皱变形的影响

### (一) 对于褶皱主波长的影响

互层岩石层间的黏度对褶皱有直接的影响。设想厚度为 $t$ 的一高黏度强岩层被夹于低黏度的弱岩层之中,使其受纵弯作用(图 6.109)。此时,对于纵弯存在着两种反抗力:其一,反抗力来自强岩层上、下的弱岩层,即强岩层的弯曲必将推开上、下弱岩层,而弱岩层对强岩层也就有一个反作用力,企图阻止强岩层的弯曲,这是外部阻抗。外部阻抗的大小决定于强岩层弯曲的波长,波长愈小,外部阻抗也愈小;其二,反抗力来自强岩层内部,因为岩层弯曲时必然出现外弧的拉伸与内弧的压缩,为使其发生拉伸与压缩变形,则必须克服内摩擦力,这是内部阻抗。岩层弯曲的波长愈大,拉伸与压缩变形愈小,内部阻抗也愈小。简言之,外部阻抗的存在要求褶皱的波长尽可能小;内部阻抗的存在要求褶皱的波长尽可能大。按照最小功原理,岩层将选择作功既小又能抵消两种阻抗,使褶皱不断迅速扩大的某一初始波长,作为最终褶皱的主波长。根据 Biot(1964)的推导,主波长 $W_d$ 的公式为:

$$W_d = 2\pi t\sqrt[3]{\eta_1/6\eta_2} \tag{6.19}$$

式中,$t$ 为强岩层的厚度;$\eta_1$、$\eta_2$ 分别为强岩层及其介质(弱岩层)的黏度,$\eta_1 > \eta_2$。

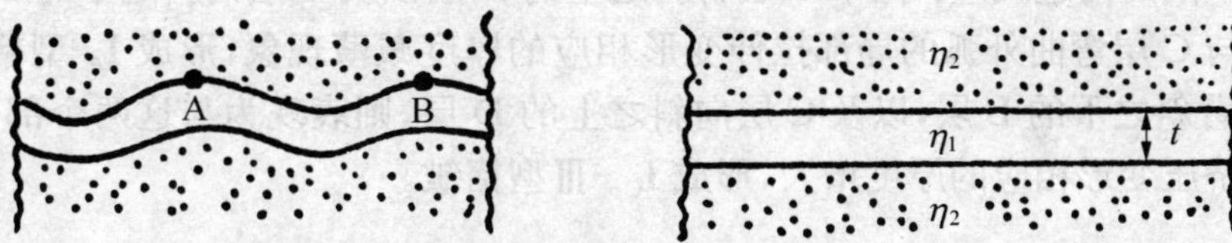


**图 6.109　软弱介质(黏度为 $\eta_2$)中的强岩层(厚度为 $t$、黏度为 $\eta_1$)受纵弯作用形成主波长为 $W_d$(AB)的褶皱**

由(6.19)式可知,褶皱的主波长与所受作用力的大小无直接关系,而与强岩层厚度和强岩层与弱岩层(介质)的黏度比有关。式中表明:① 褶皱主波长与强岩层或主导层的原始厚度 $t$ 成正比,当 $\eta_1/\eta_2$ 为定值时,褶皱的波长仅取决于厚度大小,厚度大则波长也大。因此,同一岩层可以因其厚度有变化而形成紧闭程度不同的褶皱。层厚较大的部位,其单个褶皱宽缓,层厚较小的部位,其单个褶皱相对紧闭。若是多层岩石同时褶皱,则由于各褶皱层厚度不等,波长各异,褶皱形态也不相同,在剖面上常形成明显的不协调现象。② 主波长与强岩层和弱岩层(介质)二者的黏度比($\eta_1/\eta_2$)的立方根成正比。当厚度($t$)一定时,主导层与介质的黏度比($\eta_1/\eta_2$)越大,就会形成波长大而开阔的褶皱;当黏度比接近 1 时,其主波长值近似

等于 3.46$t$，这样的褶皱是非常微弱的。因此当 $W_d/t$ 比值很小（如为小于 5）时则可以认为只有压缩，而无褶皱，上述的主波长公式则失效了。

（二）对于接触变形的影响

Ramberg（1961）将厚度分别为 0.64 cm 与 0.61 cm 两层黏度大的橡皮片夹于黏度小的软橡皮介质中进行顺层挤压实验（图 6.110），两层黏度大的橡皮片皆出现褶皱，但其形态不同。A 层褶皱的形态较规则，呈圆滑正弦曲线；B 层的褶皱形态不规则，亦颇有规律。两层之间的褶皱形态虽然不同，但却具有一定的相关性。它们反映出 B 层褶皱形态受 A 层局部变形的控制。A 层向斜外弧的局部变形为伸长，B 层也相应表现出伸长或微弱弯曲；A 层背斜内凹部位的局部变形为挤压，B 层则相应出现较强烈的挤压小褶皱。较厚的 A 层起着骨干作用，它不仅控制了 B 层的整体褶皱形态，而且在变形细节上还影响着 B 层。这种非骨干层受其上下接触的骨干层影响而与骨干层“同步”变形的现象称为接触变形。接触变形带的影响范围大约相当于骨干层褶皱的一个波长。

Ramsay（1983）指出，当一强岩层发生褶皱时，其上下的弱岩层因接触变形也会出现不同的构造反应。如图 6.111 中，C 层为强岩层，A、B、D 和 E 均为弱岩层，当其发生纵弯褶皱作用时，C 层弯曲形成 $\mathrm{I_B}$ 型褶皱；在与 C 层背斜及向斜接触处出现了不同的构造反应：位于 C 层背斜之上的 D 层以及 C 层向斜之下的 B 层，均显示了与 C 层弯曲外弧的局部拉伸变形相应的厚度减薄现象，形成 $\mathrm{I_A}$ 型褶皱；位于 C 层背斜之下的 B 层，以及 C 层向斜之上的 D 层，则表现为与这两个部位的 C 层局部挤压变形相应的厚度增大，形成 $\mathrm{I_C}$ - Ⅲ 型褶皱。

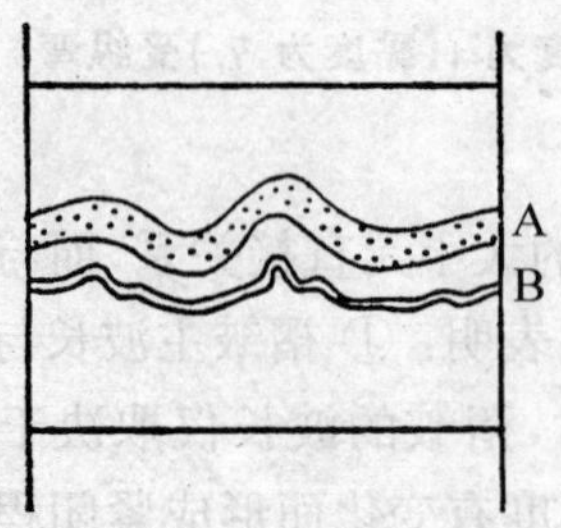


**图 6.110　黏度小的软橡皮介质中的两层黏度大的橡皮顺层挤压实验**（据 Ramberg，1961）

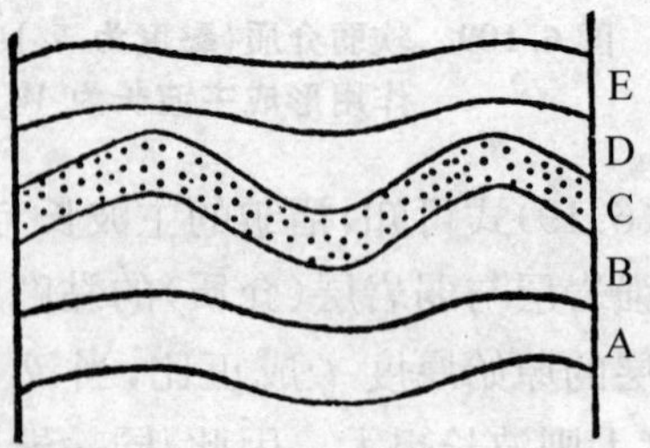


**图 6.111　强岩层上下之弱岩层中的接触变形**（据 Ramsay，1983）

C 层为强岩层，其他各层均为弱岩层

A、E两层的接触变形减弱。上、下接触变形带的宽度约相当于C层褶皱的一个波长，即A层以下E层以上的接触变形现象便告消失。由此可见，接触变形也可以造成不同类型的褶皱在剖面中同时出现的现象。

(三) 对于多层岩石褶皱形态的影响

以上主要阐述了夹于弱岩层中单层强岩层在纵弯褶皱作用下，褶皱发育特征及强岩层所起的骨干作用。下面介绍弱岩层中夹有多层强岩层时受纵弯褶皱作用后的不同构造表现。

(1) 厚度相等且黏度近似的几个强岩层夹在低黏度弱岩层中，受顺层挤压作用，只要层间界面有一定的润滑性，那么 $n$ 个强岩层同时以相等的波长开始褶皱，其主波长公式为：

$$W_d = 2\pi t \sqrt[3]{n\eta_1/6\eta_2} \tag{6.20}$$

上述 $n$ 个强岩层即使不连续分布，其上下间隔不超过褶皱的一个波长，则其间的弱岩层虽受接触变形影响，但下面强岩层的局部拉伸(或压缩)与上面强岩层的局部压缩(或拉伸)相互重叠后的效应使得弱岩层的厚度并无明显增减现象。因此，软、硬岩层同时按着初始波长形成理想的协调褶皱，强岩层的褶皱形态决定了整个剖面系列中的总体褶皱形态。

(2) 各强岩层厚度不等，从(6.20)式可知，厚岩层形成波长较大的褶皱，薄岩层形成波长较小的褶皱。但后者受前者的控制，在褶皱进一步发展过程中，薄岩层的小波长褶皱随着厚岩层的大波长褶皱进一步弯曲，于是形成寄生褶皱(De Sitter，1964)。寄生褶皱剖面的形态与由弯滑作用(层间滑动)造成的层内小褶皱非常相似(图6.112)。

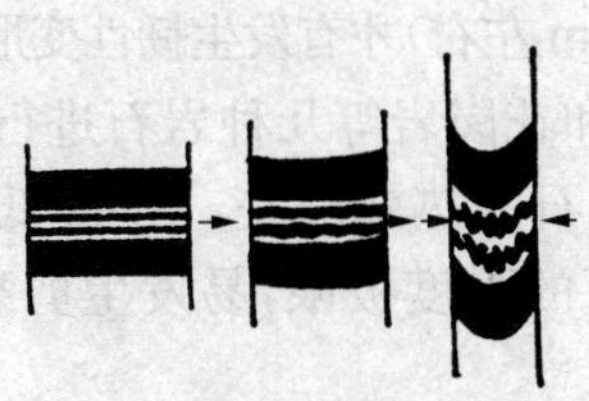

图6.112　寄生褶皱发育示意图(引自Ramsay，1967)

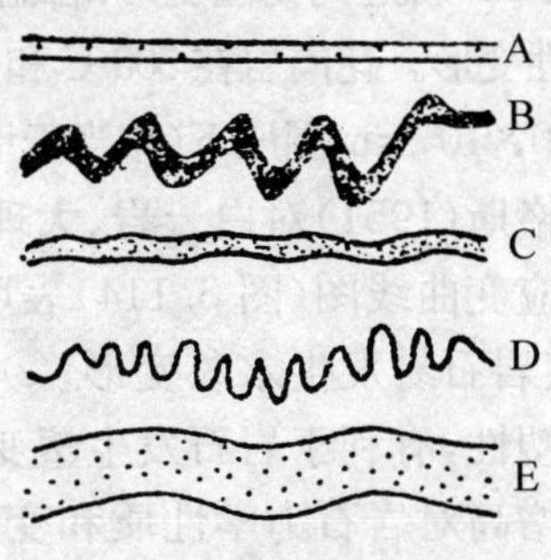


图6.113　黏度不同的岩层形成不同形态的褶皱(引自Ramsay，1967)

各层黏度大小顺序(除a层外)：e>c>b>d>介质

(3) 各强岩层相隔间距较大,超过了接触应变影响范围(大于一个波长)时,其上、下弱岩层中的接触变形互不重叠,相邻两强岩层的褶皱发育则按强岩层厚度和强岩层与弱岩层介质黏度比形成各自相应波长的褶皱。从而呈现不同形态的褶皱,同时出现在一个剖面中,此复杂褶皱为典型不协调褶皱(图 6.113)。

(四) 对于逆冲推覆构造的影响

逆冲推覆构造的台阶式结构主要决定于岩系能干性差异和厚度比。夹于巨厚强硬层之间的薄层软质岩石,往往成为滑移介质,沿其发育则成断坪。

应当指出,一些结论是依据材料实验得出的认识,其实地质过程不仅是一次主要活动,而往往是经历了多次交叉活动,这是地质构造力学与材料结构科学绝对不同的。构造介质力学还需要结合介质流变学的综合分析。

## 第三节 温 度

温度是影响岩石力学性质的重要因素之一。许多岩石在常温常压下是脆性的,但随着温度的升高,岩石由脆性逐渐向韧性转化,不同的岩性对温度的反应各异。例如石灰岩在常温下需 $1\times10^3$ bar 围压才能转化为韧性变形,而当温度升高至 300 ℃时,围压只需 600 bar 就达到韧性变形;若温度达到 500 ℃时,围压只需 1 个 atm 就能使石灰岩发生韧性变形。花岗岩在 500 ℃和 $5\times10^3$ bar 围压时才能发生韧性变形,而石英岩在 800 ℃和 $20\times10^3$ bar 围压下(相当于地下深度 60 km 左右)才有发生韧性变形的可能。

格里格斯(1951)对白云岩、大理岩、玄武岩和花岗岩等几种岩石进行实验所得的应力—应变曲线图(图 6.114)表明,高温对岩石的热效应是:① 降低了弹性极限强度,使岩石易发生永久变形;② 降低了岩石的强度极限,易发生剪裂;③增加了岩石的塑性,有利于岩石发生塑变。

温度增高对岩石力学性质和变形影响的原因是:高温时,岩石质点(分子)的热运动加剧,从而减弱了质点之间的内聚力,使质点更容易位移,结果只要以较小的应力作用即能使岩石发生较大的塑性变形。

由深钻井和矿井资料得知,地壳外热带和常温层以下,由于放射性物质蜕变放热等原因,温度随着深度的增加而普遍升高,世界上除某些地热异常区外,据一般地热增温率,壳深 15 km 内,平均地热增温率一般为 30 ℃/km;壳深 15～

25 km，平均地热增温率为 10 ℃/km。这样，地下 30 km 深处地温将达到 1 100～1 300 ℃，岩石在这种壳-幔交界高温下，易发生塑性变形。此外，在地壳表层一些地温较高的造山带、岩浆活动带、板块俯冲（潜没）带、裂谷带等构造区内，也因其温度较高，有利于塑性变形构造的发育和形成。

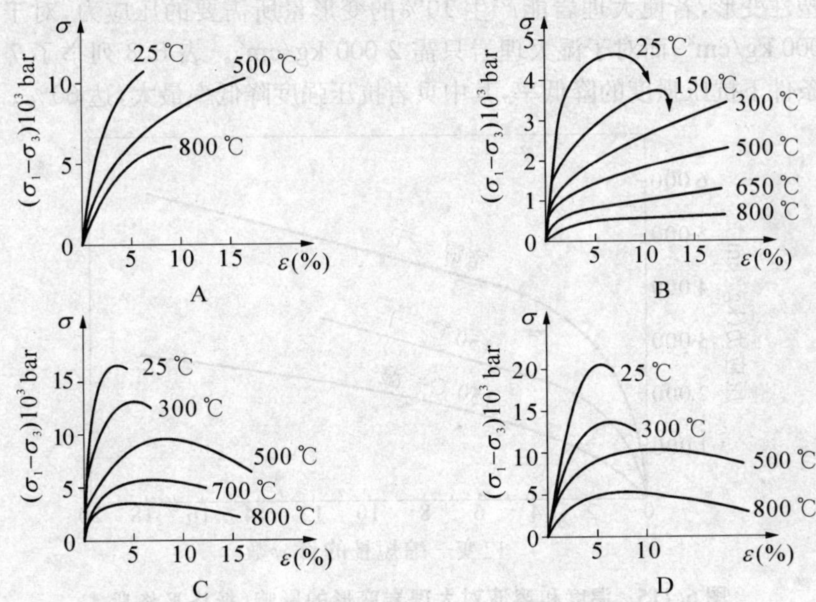


**图 6.114　几种岩石在高温作用下的应力-应变曲线**（据格里格斯，1951）

A：白云岩；B：大理岩；C：玄武岩；D：花岗岩

# 第三节　流　　体

岩石变形与流体作用密切相关。在岩石和矿物内部广泛分布着孔隙和裂缝，其间常为各种流体所充填。岩石在干燥状态下和有水汽溶液参与的潮湿状态下，其力学性质迥然不同。流体的参与降低了岩石的弹性极限，增加了岩石的塑性，使岩石软化，易于变形。这是因为孔隙流体起着一种楔入作用促使剪切带软化，降低了岩石强度，提高了岩石韧性从而易于变形。另一方面，在构造应力作用背景下，流体的参与有利于再结晶作用，或促使矿物溶解与新矿物的形成，从而使岩石易发生塑性变形。水是压溶和重结晶的必要条件(迪布尔，1977)。

格里格斯(1951)在围压为 10 000 atm 及不同的温度条件下，对大理岩所进行的实验表明(图 6.115)：在温度同为 150 ℃环境下，湿的大理岩比干的大理岩更容易发生塑性变形，若使大理岩能产生 10%的变形量所需要的压应力，对于干大理岩是 3 000 kg/cm$^2$，而对于湿大理岩只需 2 000 kg/cm$^2$。表 6.3 列举了 7 种岩石在潮湿条件下抗压强度的降低率，其中页岩抗压强度降低率最大，达 60%。

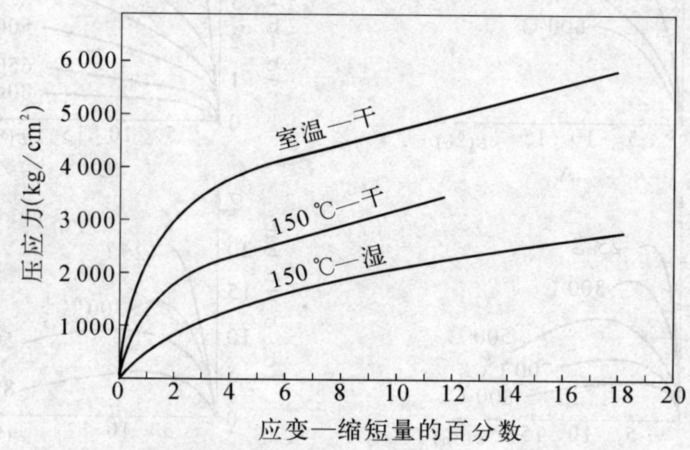


**图 6.115　温度和溶液对大理岩变形的影响**(据格里格斯，1951)

围压为 10 000 atm，垂直层理所切的圆柱形标本

**表 6.3　各种岩石在潮湿条件下的抗压强度降低率**

| 岩石名称 | 干燥状态下的抗压强度 kg/cm$^2$ | 潮湿状态下的抗压强度 kg/cm$^2$ | 强度降低率 (%) |
|---|---|---|---|
| 花岗岩 | 1 930～2 130 | 1 620～1 700 | 16～20% |
| 闪长岩 | 1 235 | 1 080 | 21.8% |
| 煌斑岩 | 1 830 | 1 430 | 12% |
| 石灰岩 | 1 502 | 1 184.8 | 21% |
| 砾　岩 | 856 | 548 | 36% |
| 砂　岩 | 871.1 | 530.7 | 39% |
| 页　岩 | 522.1 | 203.9 | 60% |

矿物也具有这种性质，如石膏在温度 20 ℃施加 205 kg/cm$^2$ 的压应力，经 40

天只缩短0.15%变形量。当有水溶液参与时，在相同受力条件下，仅36天就能缩短1.0%。如果有稀盐酸参与，则只要20天就能缩短2.3%（图6.116）。石英在$14\times10^3$ bar围压、温度400～1 000 ℃之间作干、湿两种情况下所测得的应力-应变曲线见图（图6.117）所示。图中$A$、$B$、$C$、$D$、$E$等5条曲线表示在干燥条件下，随着温度不断升高，石英的弹性极限依次降低，而塑性相应增大。若在干燥条件下，温度950 ℃时石英的应力—应变曲线应在曲线$C$、$D$之间，但在潮湿条件下，它却下降到曲线$D$之下，在曲线$E$的位置，反映其强度大大降低。这是由于溶液的加入使分子活动力加强，由于水具有一定的势能，它可以进入晶体结构中，对于石英矿物来说，就可打破Si—O键间结合力的束缚，从而使晶格间的凝聚力减弱，降低了矿物强度。此外，云母片在潮湿的环境下远比在干燥环境下容易发生弯曲。黄土和黏土在干燥时呈坚硬脆性，而在水溶液参与下则转化为高塑性状态而易流变。

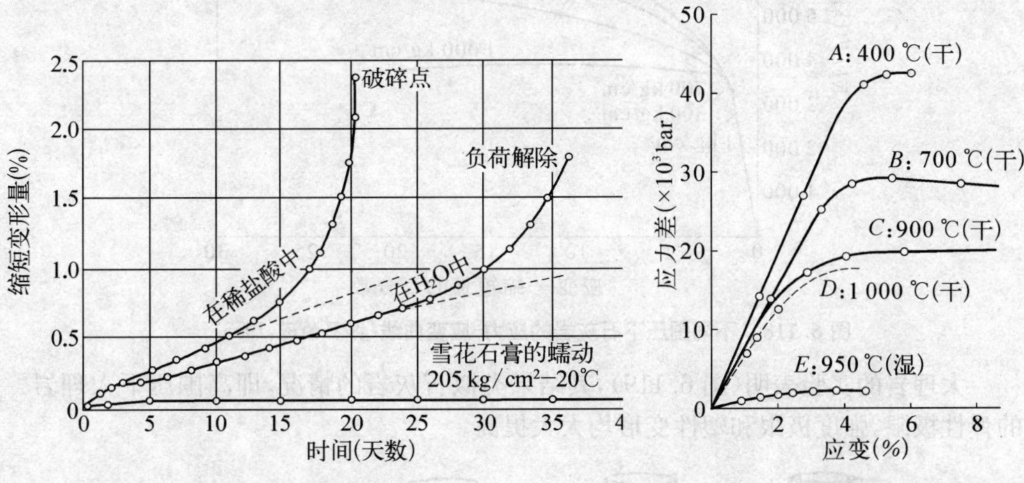


**图6.116　不同溶液中石膏的变形**

**图6.117　溶液和温度对石英变形影响**（围压为$14\times10^3$ bar）（据Lister，1984）

# 第四节　围　　压

地下深处的岩石承受着周围岩体的围压，岩石所处深度越大，围压也越大，两者大体呈线性关系。增大围压的效应是：一方面非均匀的各向压缩结果能增强岩石的弹塑性,并提高岩石的强度;另一方面增强了岩石的韧性。通常在地壳表面显示脆性较强的岩石,而在地下深处则呈高韧性的岩石。E.罗伯逊(1955)对石灰岩所作的实验表明(图 6.118),在低围压下,岩石表现为脆性,在弹性变形或少量的塑性变形后即破裂。当围压增大到 1 000 kg/cm$^2$ 以上,在宏观破裂之前,塑性变形增大非常明显,说明高围压下岩石显示韧性。另外,从应力—应变曲线图上可看出,岩石的屈服极限和强度极限也大大提高。

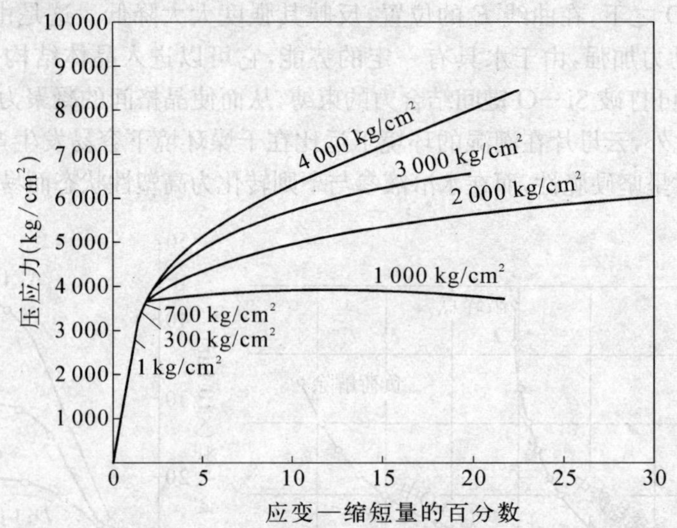


**图 6.118　不同围压下石灰岩的应力-应变曲线**(据罗伯逊,1955)

大理岩的实验表明(图 6.119),其结果类似石灰岩的情况,即高围压下大理岩的弹性极限,强度极限和塑性变形均大大提高。

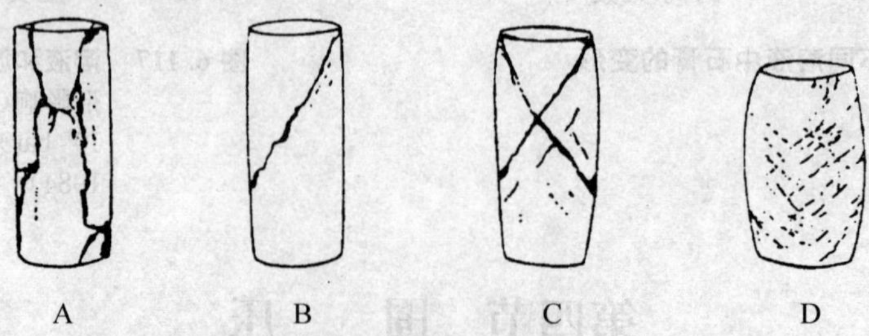


**图 6.119　不同围压下伍姆比杨大理岩的破裂或流动类型**(据 Paterson,1958)

A:常压下的轴向劈裂;B:围压为 3.5 MPa 时的单个剪切破坏;C:围压为 35 MPa 时的共轭剪切;D:围压为 100 MPa 时的韧性变形,两组吕德尔线的发育

大量的实验还表明，不同的矿物岩石随围压的增加，其韧性的增强程度是不同的。如某些花岗岩，在普通大气压下岩石表现为脆性变形，当围压增大至 235 atm 时，才表现为韧性变形；硅酸盐岩石在 $1\sim12\times10^3$ bar 围压下仍为脆性变形，超过 $12\times10^3$ bar 时则转化为塑性变形；石英晶体在温度为 800 ℃，围压小于 $20\times10^3$ bar 时为脆性变形，大于 $20\times10^3$ bar 时为塑性变形。然而，膏盐或碳酸盐类岩石对围压的影响则敏感得多。但不论哪种岩石（矿物）的实验都表明，在近地表它们多数表现为脆性变形，因此脆性破裂和断裂相对于其他而言比较发育；而地壳深部高围压下的岩石或矿物常变为具有高度韧性的物质，乃至出现粘性流动，故韧性剪切带和各种褶皱较为发育。

围压对于岩石力学性质和变形的影响在于，高围压使固体物质的质点彼此接近，增加了岩石的内聚力，从而使晶格不易破坏，不易断裂，只能滑移，故表现为塑性为主的变形。

## 第五节　流 体 压 力

岩石内流体包括地下冷水、热水、矿液、石油、天然气以及岩浆汽化物质等，当这些残存的液态和气态的流体渗入到岩石孔隙和裂隙中时，就存在液压或气压，统称为岩内流体压力。

流体的存在同时促使岩石的强度降低，并可以促进压溶作用发生或岩石、矿物重结晶作用，从而影响岩石的变形。

例如在不透水层阻挡的孔隙，流体从岩层中自由逸散的情况下，岩石中的孔隙液压就会很大，甚至接近围压。孔隙液压对断层和某些沉积岩构造的形成起着很重要的作用。

罗宾逊(1959)对印第安诺的石灰岩进行孔隙液压实验表明(图 6.120)当孔隙液压增加时，岩石的屈服强度将随之降低，如图中 $a\sim g$ 点，这种屈服强度变化现象称为应变软化。应变软化意味着岩石变形时所需要的应力将减小，因此在较小的外力作用下，岩石就能产生巨大的变形。

岩石中孔隙液压存在，能抵消部分围压影响，使作用在岩石上的有效应力降低，从而降低了岩石的剪切强度，这等于在岩石内部加进了润滑剂，很容易使岩石发生断裂滑移。这种情况说明，尽管在地壳内部深处岩石的围压很高，但由于岩石内部存在孔隙液压，剪切破裂仍然能在不太大的剪切力作用下产生，形成各种断层。M. K. 哈伯特和 W. W. 茹贝(1959)提出了岩石孔隙流体的高压浮力效应说，浮力方向铅直向上，作用线通过排开体积的重心，其大小等于被地质体排开流体介质的重量。从而削减了上覆岩块的重力载荷，减少了推覆体上盘与下盘岩块间的摩擦阻力。高压浮力效应说较好地解释了推覆体构造和重力滑动构造的成因。另外，孔隙液压存在降低岩石强度方面，可用来解释水库蓄水后引起的地震、边坡滑动，以及深井中灌入高压液体后激发地震等现象。

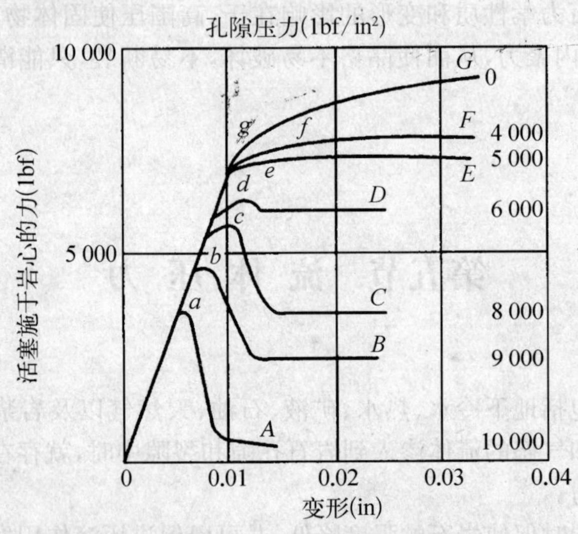


**图 6.120　印第安诺灰岩在 10 000 lbf/in² 围压下的压缩变形中孔隙液压对应力-应变的影响**(据罗宾逊，1959)

# 第六节　时　间

时间因素对于岩石力学性质与变形的影响表现在以下三个方面：

## 一、应变速率对岩石变形的影响

施力时间长短不同，岩石的强度亦表现不同。快速施力，能加快岩石变形速度，增加强度，岩石表现为脆性变形，例如塑性的沥青和潮湿的黏土、冰川冰在快速冲击力作用下，也会像脆性物质一样破坏。快速变形使物质呈现脆性破裂的原因是：岩石在短时间、大力快速作用时，内部质点来不及重新排列和调整，质点间的应力迅速累积并达到强度极限后，即以破裂形式释放应力，所以就呈现出脆性变形的特征。缓慢施力，特别是缓慢长时间持续施力作用，它削弱岩石的强度，降低岩石的弹性极限和强度极限，容易发生塑性变形。其原因是：长时间缓慢持续施力作用下，岩石内部质点就有充分的时间进行重新排列和调整，并将重新排列的位置固定下来，使应力得到释放，于是产生了永久变形。岩石和冰川冰等在这种情况下，就会表现出塑性流变的特点。

所谓应变速率是指在构造变形运动中应变增长率 $d\varepsilon/dt$，用符号 $\dot{\varepsilon}$ 表示。应变速率变化幅度很宽，视所在条件而变化。如地震发震时的应变率为 $10^{-4}$/s 数量级，但地震的能量积累过程中，其应变率要低得多。一般地壳运动中的应变率据测量和估计约为 $10^{-14}$/s～$10^{-15}$/s 的量级。

实验室中，常温常压下和高温高压下的试件应变率是不同的，而高速加载实验和慢速加载实验时亦不同，一般前者的平均应变率在 $10^{-3}$/s 数量级，后者的平均应变率在 $10^{-6}$/s 数量级。图 6.121 是在不变的温度和围压下，从高速载荷至低速载荷对大理岩进行压缩试验的结果。

图 6.122 是在 800 ℃和围压 $8\times10^3$ bar 条件下，石英岩在不同应变率（$10^{-4}$/s～$10^{-7}$/s）下的变形曲线。

上述实验结果表明，应变率对岩石强度的影响是：高应变率下，岩石强度高，表现为脆性变形特点，有明显扩容和工作硬化阶段；在低应变率下，岩石强度低，呈塑性变形特点。图 6.122 和图 6.123 均表示低应变率下，岩石强度下降现象。

变形作用力的大小和应变速率对岩石的力学性状也有较大的影响。如果作用力大，应变速率很大，岩石并不表现为黏性，而表现为弹性，这时即使在地下一定深处，岩层也会呈弹性弯曲或断裂；在缓慢变形中，即使在近地表条件下，岩石则像黏度值为 $10^{16}$～$10^{21}$ Pa·s 的粘性材料（$10^{16}$ Pa·s 相当于岩盐的黏度量级），这时即使压应力很小，但持续时间很长，岩层也会发生蠕变而形成褶皱，甚至使韧性低的岩层发生强烈褶皱。

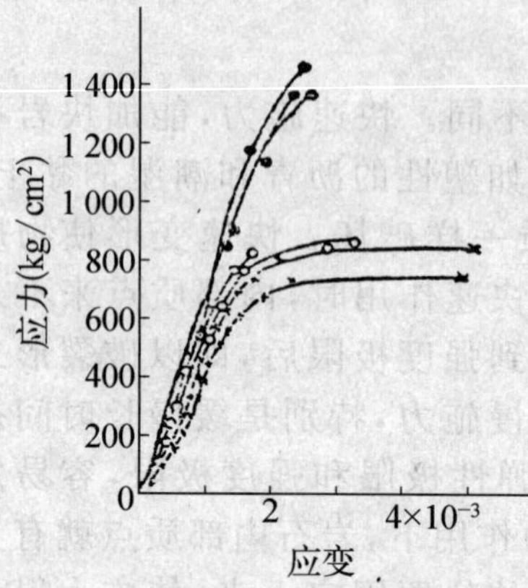


**图 6.121 常温和不同加载速度下，大理岩单轴压缩的应力—应变曲线**（据据部富男等）

●：高速载荷试验，平均应变率为 8～$16\times10^{-8}$/s；○：常速载荷试验，平均应变率为 1～$3\times10^{-5}$/s；×：低速载荷试验，平均应变率为 7～$14\times10^{-6}$/s，试件为 32 mm×250 mm 的正方柱体

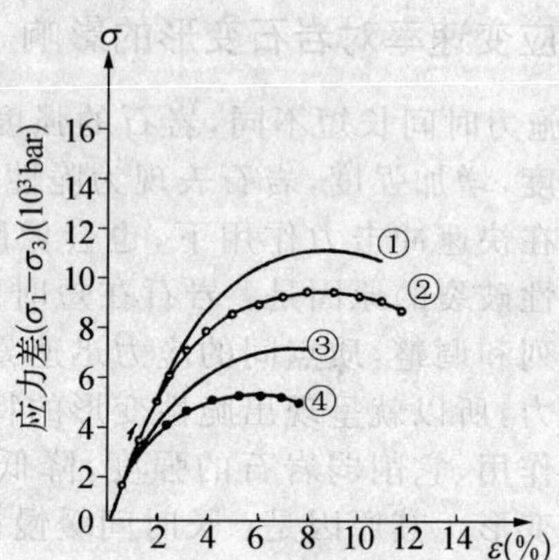


**图 6.122 石英岩在 800 ℃和 $8\times10^3$ bar 围压下，不同应变率加载试验的应力—应变曲线**（据马瑾，1984）

① 628 $\dot{\varepsilon}=6.7\times10^{-4}$/s；② 627 $\dot{\varepsilon}=3.7\times10^{-4}$/s；③ 625 $\dot{\varepsilon}=3.7\times10^{-5}$/s；④ 640 $\dot{\varepsilon}=3.9\times10^{-6}$/s

## 二、重复施力对岩石变形的影响

当岩石多次重复受力，即使作用力不大，未达到岩石强度极限，其结果也能使岩石破裂。图 6.123 表示一种金属破裂时的应力与发生破裂所需要加力次数之间的关系曲线。当力的作用次数增加时，破裂时的应力值相应就降低，当降低至 30 000 lbf/in²时，曲线便趋于水平，这个应力值代表了金属在重复受力情况下发生

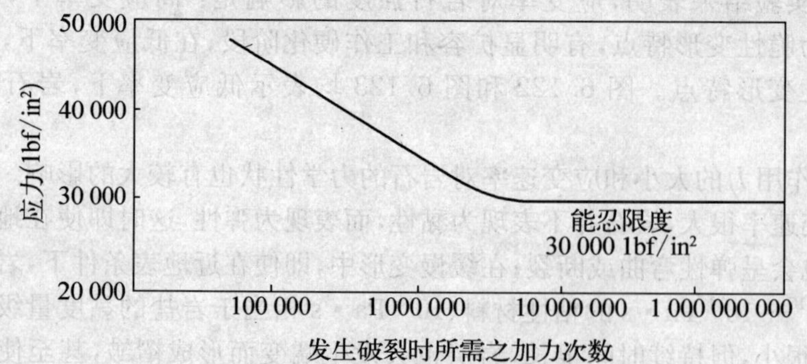


**图 6.123 一种金属的耐力曲线**（据毕令斯）

破裂前的最低极限，称为疲劳极限或耐力极限。若作用力越大，需要重复受力次数越少，就可使它达到疲劳和破坏；但作用力小于耐力极限（疲劳极限）时，即使加力次数再多，也不能使物体破坏。

## 三、蠕变与松弛对岩石变形的影响

长时间施力作用对于岩石变形的影响，突出地表现在蠕变和松弛现象上。蠕变是指岩石受力发生变形过程中应力保持恒定时（即 $\sigma = C$ 常量），其应变量（$\varepsilon$）将随着时间（$t$）不断延长而持续缓慢地增加的现象。即使施于岩石的作用力小于弹性极限时，但只要力的作用时间足够长，也能引起岩石的缓慢变形。松弛则相反，是指岩石受力发生变形时，当应变量保持恒定（即 $\varepsilon = C$ 常量），其应力值（$\sigma$）将随着时间的延长而逐渐减小的现象。这两种现象的发生都与时间因素密切相关。

蠕变是不可恢复的永久应变。A. H. 休利（1949）根据弹塑性材料蠕变的变化特征指出：一个材料的总应变 $\varepsilon$ 由两部分构成：一部分为弹性应变 $\varepsilon_e$，另一部分为塑性应变 $\varepsilon_t$。其典型蠕变过程可分为 3 个阶段（图 6.124）：第一阶段称为过渡蠕变阶段或原始应变蠕变，即相当图 6.124a 蠕变曲线的 $AB$ 段。在此阶段内，应变不断增加，其应变率 $\dot{\varepsilon}$ 却不断减小，达 $B$ 点时降为最小值。若进行卸载、除去应力 $\sigma$ 时，物体变形将恢复原来尺寸。

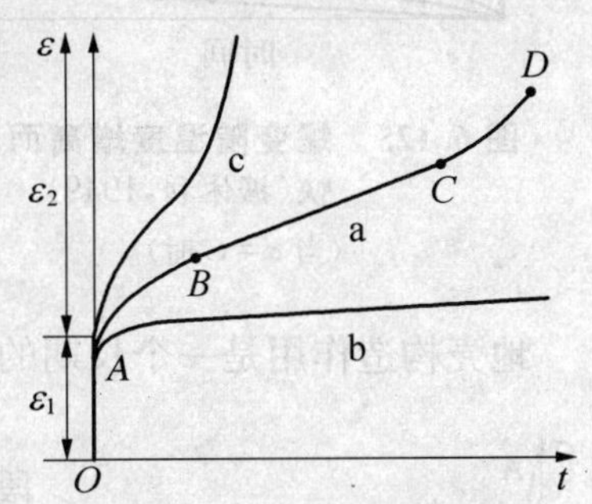

**图 6.124　材料的蠕变曲线**

a：典型的蠕变曲线；b：低温低应力下的蠕变曲线；c：高温高应力下的蠕变曲线

第二阶段称为平稳或稳定蠕变阶段又称定常蠕变，即相当于典型蠕变曲线的 $BC$ 段。在该阶段内的应变率 $\dot{\varepsilon}$ 保持常量，也是蠕变速率最小、缓慢增长的一个阶段。若卸载时，物体变形将保留一部分永久变形。这种蠕变属假粘性蠕变，它由粒间滑动形成，是蠕变主要阶段。

第三阶段称为加速蠕变阶段，相当于典型蠕变曲线 $CD$ 段，变形随着时间增长，应变率又显著加快，它们与物质重新组合有关，包括晶粒生长、新的固相矿物生长、多形相变、微裂隙等，并与破裂前的细颈化有关。这阶段在地壳变质环境下意义特别大。曲线 $D$ 点以后为物体的完全破坏。

故弹塑性材料的总应变 $\varepsilon$ 为加载时初始瞬时弹性应变 $\varepsilon_e$ 和蠕变应变 $\varepsilon_t$ 之和，可以下列经验公式表达：

$$\varepsilon = \varepsilon_e + \varepsilon_1(t) + \varepsilon_2(t) + \varepsilon_3(t)$$

式中，$\varepsilon_e$ 为弹性应变，$\varepsilon_1$、$\varepsilon_2$、$\varepsilon_3$ 分别为3个阶段的应变，即永久塑性应变。

岩石在恒定的外力作用下都会发生蠕变现象，只是不同的岩石其蠕变快慢不同。温度对蠕变快慢的影响也很大，温度越高，蠕变越快（图6.125）。由此可见，蠕变与地壳的热态有关，即热流量大的地区，蠕变易于进行，如造山带、岛弧区的热流量高，易蠕变并产生复杂构造现象。在这样一些地区，除热流值大外，其应力也大，也有利于进行蠕变，因为在恒定温度下，应力值越大，应变速度快，蠕变强烈（图6.126）。根据材料蠕变特征，即使温度、围压和应力差都很小，但只要外力作用时间足够长，都会发生蠕变现象。

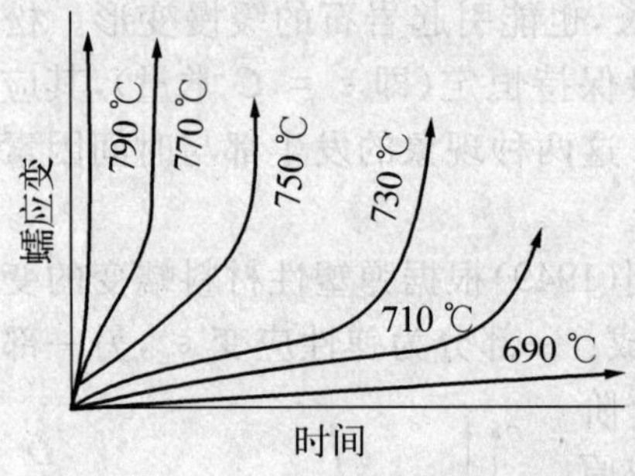


图6.125　蠕变随温度增高而变快（据休利，1949）

（当 $\sigma=C$ 时）

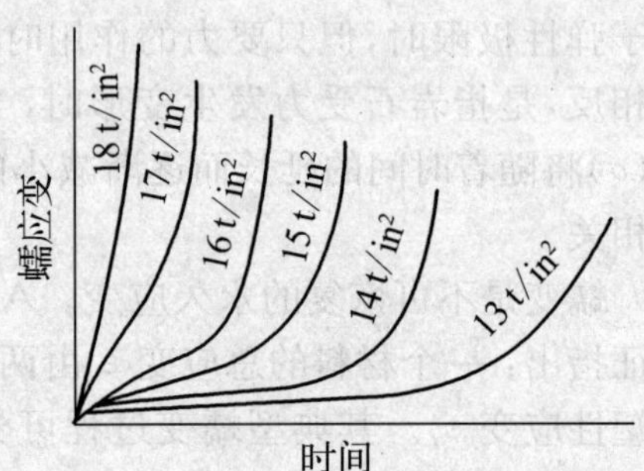


图6.126　蠕变随应力值增高而增大（据休利，1949）

（当温度恒定时）

地壳构造作用是一个长期的缓慢的过程，所以可以产生显著的永久变形。

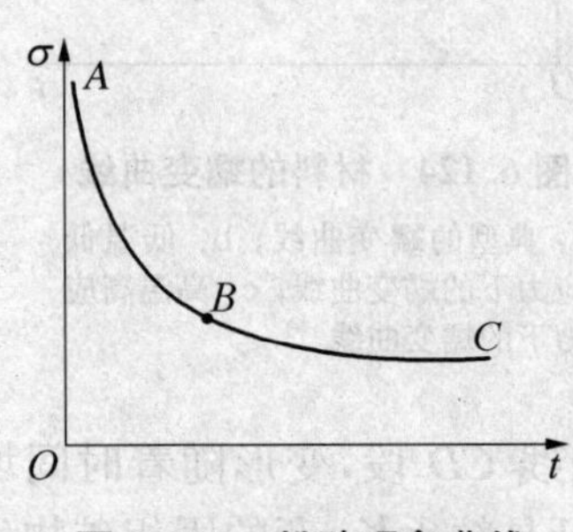


图6.127　松弛现象曲线

松弛过程可分为两个阶段（图6.127）：第一阶段即曲线 $AB$ 段，其特点是应力迅速减小，松弛变形速度急剧下降；第二阶段即曲线 $BC$ 段，其特点是应力缓慢减小，松弛变形速度缓慢下降，并趋于某一极限值。

松弛的原因：一方面是材料在弹性限度内，晶体质点被强制拉离了平衡位置，长时间后，其内所吸收的位能转变为热能而逸散，此时即使卸载，质点也无法回复原位，而成了永久变形，这就是平常说的弹簧经长时间拉伸作用后，其弹性变差了，这就是松弛现象；另一方面是由于松弛时的蠕变，降低了弹性极限，使一部分弹性应变转变成塑性应变，它减少了应力，即由于蠕变引起了松弛现象。

因为松弛和热逸散密切相关，所以温度越高，松弛越快。

总之，由于应力的长时间持续作用，会使得固体物质表现出流变的特性，使物体变形类似于流动的液体。而蠕变和松弛现象正是物质在长时间应力的持续作用下，弹性不断降低，弹性变形逐渐减小，而永久变形不断增加，从而呈现流变特征的过程反映。由于岩石变形是在漫长的地质历史时期中发生的，并伴随地壳运动周而复始地进行，蠕变和松弛现象亦反复交替发生，岩石中微小的永久变形不断地积累，导致形成巨大规模的变形，产生和形成各种地质构造。

因为自然界中，不论在地表或地下深处的岩石，其塑性变形常常都是蠕变的结果，故近几十年来陆续有人引用流变学概念和方法来研究岩石变形的时间效应，并进一步用来解释岩石中各种流动构造的成因。吉格萘格斯(1948)认为：只要有足够的时间，任何岩石在任何应力下都能够流动。L.利包特雷(1976)在论述岩石圈流变性质时指出，所谓假弹性系实际中存在着的某种短暂的蠕变，它可以在不减小应力的情况下扰乱弹性。当前由于岩石流变学和高温、高压条件下岩石力学实验研究的开展和深入，新的流变学规律不断创立和发展，它必将有助于推动成因构造地质学研究和大地构造学的发展。

以上各种因素在一次变形过程中往往是相互关联并彼此互为条件的，构造地质学的目的之一在于分析这些不同因素的相互影响，以便更好地了解变形历史。

# 第七篇　构造运动与构造动力

构造运动包括岩石圈各种层次和级别的构造变动，是构造地质的基本问题；而构造运动是由构造动力发动的，任何重大地质事件的发生都起因于构造动力，是构造地质的根本问题。对于构造运动和构造动力，尚存颇为不同的认识。

有关构造运动的主要分歧在于：其运动在时间上的全球定时性与非定时性（长期性、连续性）；运动速率的等速性（均变）与非等速性（变速）；运动在空间上的全球一致性与非一致性（散在性）；运动方向上是水平还是垂直为主导。

关于构造动力的不同主要在于：地幔对流说与地球自转角速度变化说；有一元论与多元论，即单因或单因主导的动力还是多因或是主因可变的多因交融动力。

岩石圈构造运动的起源和全球构造动力的来源涉及固体地球科学暨构造地质学重大基础理论问题，需要长期的研究。

# 第二十六章　大陆漂移与海底扩张

大陆漂移说起初是非地质学家提出的，历经兴衰，至到海底扩张说的提出，两者结合得到了发展。

## 第一节　大 陆 漂 移

早在 1620 年，英国哲学家培根(F. Bacon)就曾指出过南大西洋两侧大陆轮廓线是吻合的。此后，斯诺德(A. Snidar)在 1858 年绘制了一张晚石炭世时的大陆拼接图，图上反映这些大陆过去是拼合在一起的。19 世纪末至 20 世纪初，休斯(E. Suess)根据石炭—二叠纪时，内陆盆地共同沉积了煤系地层这一特点，提出了南美洲、非洲、大洋洲、南极洲和印度等过去曾是统一的古大陆，称为“冈瓦纳古陆”(Gondwana)，它们具有共同的地质发展和演化历史，后来冈瓦纳古陆解体了，在它们之间的块体先后下沉形成分隔它们的海洋，于是组成了现今大陆海洋的总格架。休斯当时已认识到泛古陆的存在和解体，只是认为大陆间块体下沉并形成了海洋，却未认识到大陆会作长距离的水平漂移甚至转动。休斯的这一认识对以后的大陆漂移说和板块构造运动学说提供了极为有益的思路和事实。

大陆漂移学说最早是由德国气象学家艾尔弗雷德·魏格纳(A. L. Wegener)于 1912 年提出的。魏格纳的主要论点是：大陆系由较轻的刚性硅铝质岩层所组成，它漂浮在其下较重的粘性的硅镁质的岩层上，在晚古生代石炭纪时全球大陆联结为一个整体大陆，称泛大陆；大陆周围广阔地区形成统一的海洋称为泛大洋。可能由于地球自转时离心力和潮汐力的影响，自中生代开始，直到现在，这个巨大的超级的泛大陆裂解为几个大块,彼此逐渐分离。南美洲和非洲在白垩纪开始分离,北美洲与欧洲也于此时裂开,但北大西洋分离直到第四纪才形成今天的面貌。南北美洲在向西漂移的过程中,大陆前缘受到挤压,经过褶皱断裂作用,形成了科迪勒拉山系。印度洋的裂解开始于侏罗纪,但主要移动发生在白垩纪和第三纪,使印度地块紧紧地楔入亚洲,使它的北部埋入西藏高原之下。在始新世以后澳大利亚—新几内亚与南极大陆分离并向北漂移,深入到太平洋中,经过班达弧,止于它的东端(图 7.1)。

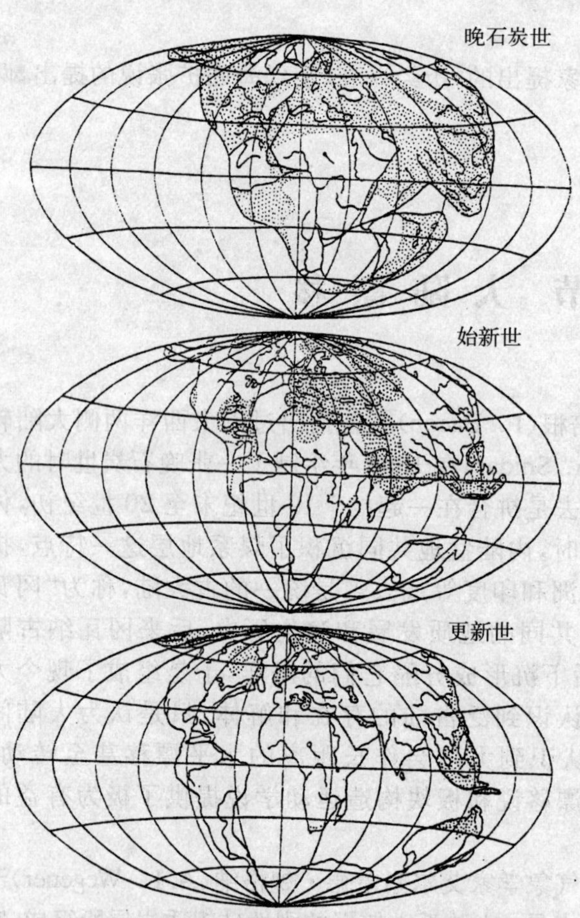


**图 7.1　根据大陆漂移学说,世界 3 个时期的海陆复原图**(Wegenen, 1915)

斜线表示海洋,密点表示浅海,今日海陆轮廓与河流仅供辨认之用,经纬线是假定的(以今日的非洲为准)

由于当时海洋地质与海洋地球物理的研究仅居初始阶段,所涉广度与深度有限,再加上魏格纳对大陆漂移认识的局限,他以地壳均衡观点出发仅强调大陆硅铝层在硅镁层之上漂移,并错误地认为洋底或硅镁层在硅铝层长期的荷载下呈塑性可流动,因此遭到了以杰弗里斯(H. Jeffreys)为首的地球物理学家和地质学家强烈的反对。反对者认为硅镁层也是刚性体,不具塑性流动性,硅铝质陆壳绝不能在硅镁层上漂移。大陆漂移假说被否定的另一个原因是魏格纳以地球自转产生的离心力和潮汐摩擦力作为大陆漂移的原始动力,但是其量值比驱动大陆漂移时所需的力要小几个数量级。因此,大陆漂移说随之沉默。

在二次世界大战期间由于洋底地貌的调查和海洋地质及地球物理研究的深入调查研究,先后发现了环球拉张的洋中脊构造、软流圈、环球地震震源带，并根据化石磁性而得出各大陆的古纬度，与魏格纳当年以古气候分析的泛大陆的古纬度基本吻合，两者均认为在晚石炭世前，磁南极位于非洲南部，而北半球各大陆则偏离磁北极很远，这就有力地证明了当时各大陆是漂移分散的。

20 世纪 60 年代初，布拉德（E. Bullard）取大陆坡的一半深度，沿着约 900 m 的等深线作为大陆拼接基线，运用电子计算机技术将南大西洋两侧大陆拼接成最佳图式，拼接结果发现大陆在漂移过程中并非单纯的侧向平移，还兼有不同程度的旋转。这种拼接通称“布拉德拼接”。

迪茨（R.S. Dietze）和霍尔登（J.C. Holland）在新的理论基础上，利用古地磁方法测定极移路线，重建了 2 亿年来泛大陆解体的系列略图，为全球性大陆漂移提供直观的图像（图 7.2）。

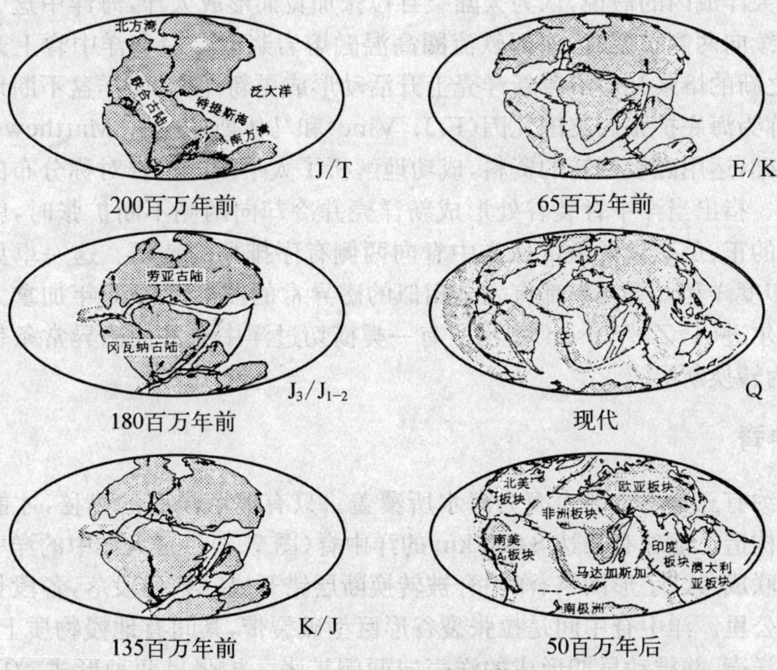


**图 7.2　过去 2 亿年的泛大陆解体复原图及预测 5 千万年的海陆格局（Allegre，1983）**

200 Ma：联合古陆（泛古陆）阶段；180 Ma：中部特提斯海开始裂解；135 Ma：特提斯海基本贯通，印度也离开非洲；65 Ma：南北美洲与欧洲、非洲裂开形成大西洋，非洲与南极洲裂开形成印度洋，非洲与欧洲碰撞；现代：大西洋、印度洋扩大，澳大利亚离开南极洲，印度与欧亚地块碰撞；50 Ma 以后：澳大利亚向北半球漂移过赤道。

由于海底扩张说的兴起以及众多新事物的发现，大陆漂移说经过近半个世纪的沉默之后又再度兴起。

# 第二节 海底扩张

## 一、海底扩张

地质学家赫斯(H.H. Hess)和地球物理学家迪茨(R.S. Dietz)于1961～1962年提出了大洋成因的假说，认为大陆裂谷拉张加宽而形成大洋，海洋中这个裂谷即洋中脊继续向两侧扩展时，深部软流圈高温融熔岩浆就会沿着洋中脊上升形成新洋壳，继之新的熔浆又会沿着新洋壳上升活动形成更新洋壳，而洋盆不断地向两侧扩张，故称为海底扩张。英国瓦因(F.J. Vine)和马休斯(D.H. Matthews)以这个假说为基础，运用磁极倒转的资料，成功地解析了太平洋洋中脊对称分布的磁异常条带现象。指出当洋中脊裂谷处形成新洋壳并冷却向两侧不断扩张时，就能记录交替变化的正、负磁异常条带从洋中脊向两侧有序排列的特征。这一卓见说明在大西洋、印度洋和太平洋中都有完全相似的磁异常的图形。1965年加拿大地球物理学家威尔逊(T.Z. Wilson)提出了有一类横切过洋中脊并使磁异常条带错开的断层，称为转换断层。

## 二、洋中脊

地球约有三分之二的表面为海水所覆盖。只有揭示洋底的奥秘，才能全面地了解地壳构造。地球有长达8 000 km的洋中脊(图7.3)。三大洋中的洋中脊呈蛇形延伸并联成"人"字形网络、洋中脊被转换断层错开成一系列段落，各段长数十公里至数百公里。洋中脊中间是拉张裂谷形巨型破裂带，其间有地幔物质上涌、冷凝形成新生洋壳，并推动早期形成的洋壳向两侧扩张。扩张呈两种形式：① 若洋壳与毗邻陆壳连接在一起呈过渡关系并位于同一板块上，大陆边缘没有深海沟—俯冲带发育，则在扩张时包括大陆一起被推动，如现今的大西洋洋底(图7.4)。② 若大陆边缘发育有深海沟—俯冲带，则致密的、比重大的洋壳被推移俯冲到陆壳之下消亡，重新回到地幔中去。相邻的陆壳则向大洋方向仰冲并逆掩、叠覆在洋底俯冲带之上。

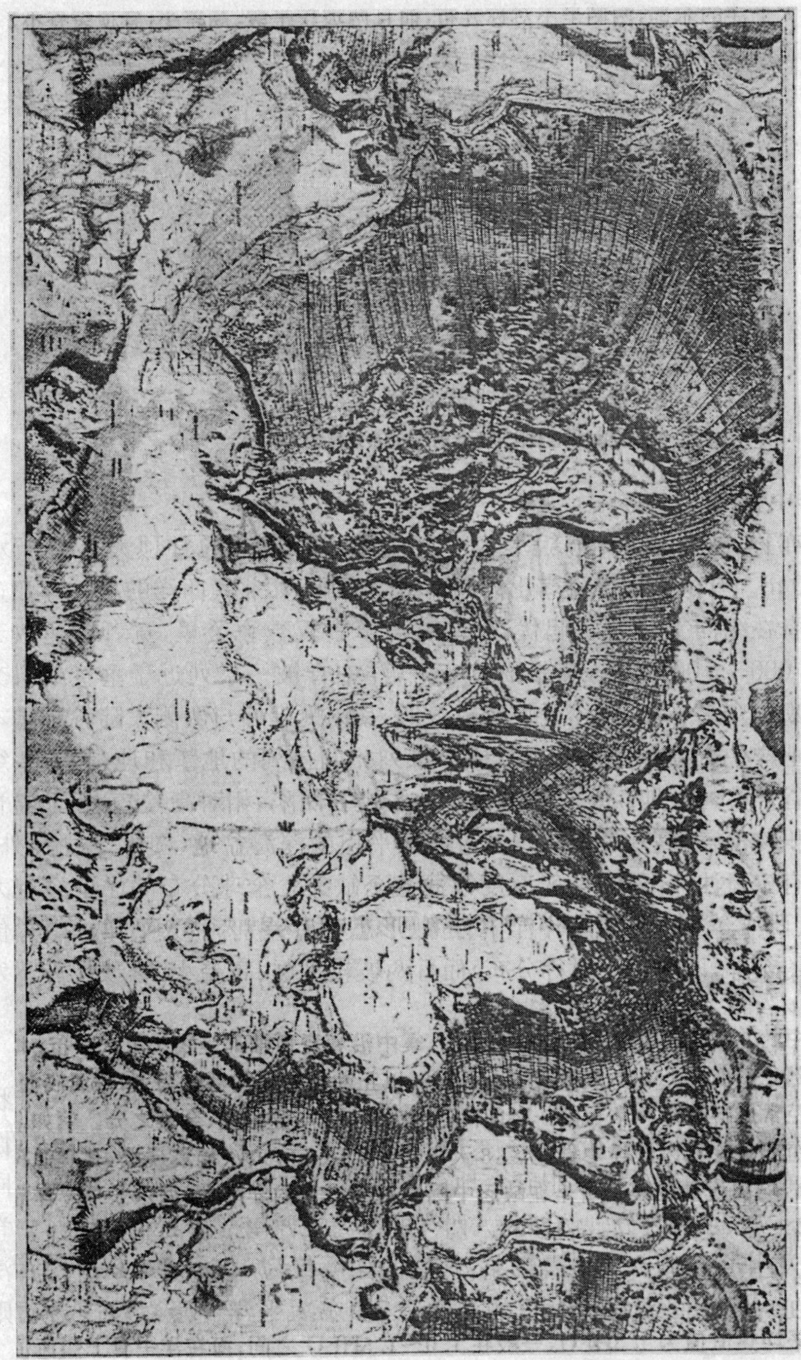

图 7.3　全球海底地形特征(据 Robison)

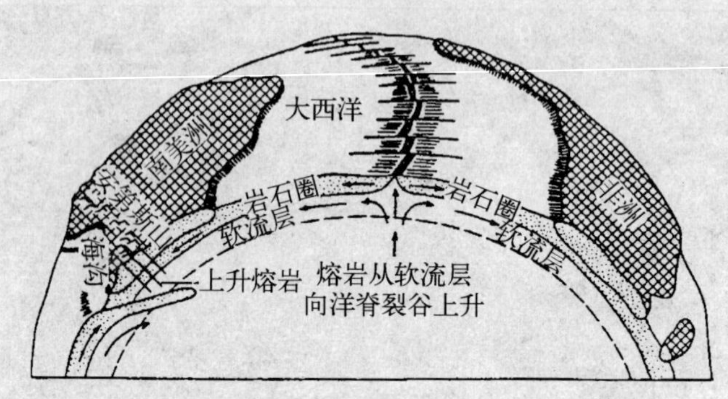


**图 7.4　海底扩张示意图**（据 Wyllie，1974）

岩石圈板块在软流圈上移动

### （一）洋中脊构造地貌

洋中脊亦称洋隆、海岭，地貌上为海底山脉。洋中脊的脊顶大多位于水下 2 000～3 000 m。有少数洋中脊露出海面而成为岛屿，如北大西洋的冰岛和亚速尔群岛。洋中脊在纵向上呈波状起伏，横向宽度窄者仅数百公里，宽者可达数千公里，甚至达 4 000～5 000 km。在平面分布上，洋中脊被一系列近于垂直或斜交的转换断层错断成众多小段，整体呈蛇形或 S 形，其蜿蜒延伸与两侧大陆轮廓基本一致。横剖面上洋中脊由拉张正断层形成一系列相间排列的地堑和地垒构造，组成十分崎岖的谷—岭海底地貌。脊顶呈负性的主裂谷凹陷，相对高差较大，远离脊顶因受深海沉积物覆盖，高差逐渐减少并过渡至平坦的深海盆地（图 7.5）。此外，洋中脊脊顶常有少量浊流沉积，一般厚度很薄甚至缺失。全球分布的洋中脊有太平洋洋中脊、大西洋洋中脊和印度洋洋中脊等，形态各有差别，如太平洋洋中脊位置偏于太平洋的东部，两侧呈不对称分布，而且两坡较平缓、高差小，脊顶裂谷不发育而呈宽阔平坦脊顶，被称为东太平洋洋隆。

### （二）洋中脊地震

全球地震的 9%左右是在洋中脊中发生的，震中沿着脊顶轴部呈狭长带状分布。地震的震源深度绝大部分只有 2～5 km，震级在 4～5.5 之间，以正断层性质的活动为主，故属浅源地震。洋中脊上地震经常成群分布并常在同一时间内同时发震，无明显主震、余震之分。例如北大西洋的冰岛在西南部雷克雅内斯洋中脊地区，8 天内共发生了 14 600 次地震现象，其震源深度仅为 1.5～5.0 km，均属浅源地震。可是在缺乏中间裂谷带发育的洋隆上（如东太平洋洋隆），地震活动则较稀少。

### (三) 洋中脊地热

大洋盆地热流值平均为 1.3 HFU,一般在 1.0～1.5 HFU 之间;而在洋中脊上热流值平均为 1.0 HFU,但各部位变化很大,如在洋中脊脊顶轴部,热流值接近甚至低于平均热流值,属低热流值区;而距洋中脊两侧 25～150 km处,其热流值可达最大值,再向两侧外展,距离愈远热流值愈小,至大陆边缘它的热流值比洋中脊轴部还要低。可见洋中脊是以相对低热流值为特征的。

A

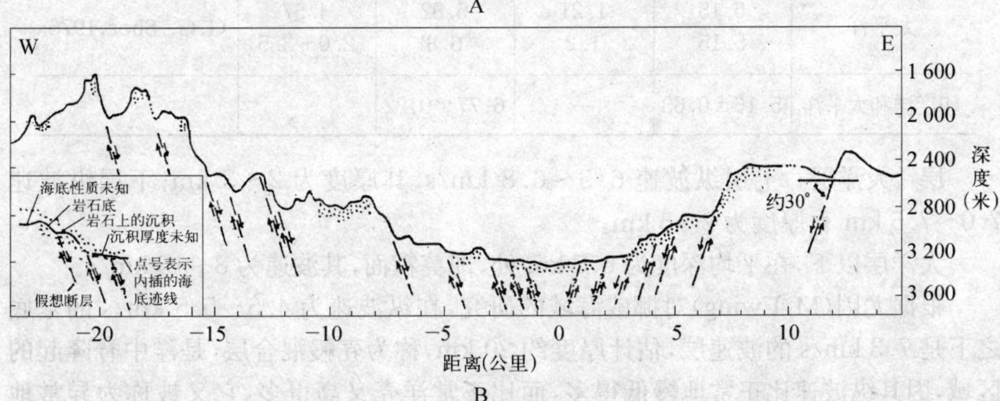


B

**图 7.5　东北太平洋高尔达洋脊**(据 Coulomb, 1980)用靠近海底拖曳的铅垂测深仪与倾斜测深仪所得到的中谷剖面(垂直夸大 5 倍)

## 三、大洋地壳

### (一) 大洋地壳分层与岩石组合

根据地震研究,大洋地壳结构可划分为 3 个地震层。它们是:

层$_1$,大洋沉积层。该层纵波波速在 2.0 km/s 以内,系不同程度石化的大洋沉积物,主要为硅质岩、黏土和石灰岩等。

层$_2$,过渡层或大洋基底层。该层纵波波速为 5.0 km/s 左右,不同的大洋,该层的厚度和纵波速度是有变化的(表 7.1)。其原因是大洋基底层的岩石组分(沉积岩、火山岩和侵入岩)不同而引起的。

表 7.1 大洋地壳的地震层

| 大　洋 | 层$_2$ | | 层$_3$ | | 资料来源 |
|---|---|---|---|---|---|
| | 速度(km/s) | 厚度(km) | 速度(km/s) | 厚度(km) | |
| 世界大洋系 | 5.0 | 1.75 | 6.7 | 4.7 | M.H. Hill,1957 |
| 大西洋 | 5.07±0.63<br>3.4～6.0 | 1.71±0.75<br>1.4 | 69±0.26<br>6.8 | 4.86±1.42<br>4.7 | R.W. Raitt,1963<br>G.G. Shor,1970 |
| 印度洋 | 4.5～5.5<br>5.5<br>5.19±0.64 | 1.5<br>1.4～1.7<br>— | 6.5～7.1<br>6.7～6.8<br>6.73±0.30 | 5.0<br>4.8～5.0<br>— | |
| 太平洋 | 5.15<br>5.15 | 1.21<br>1.2 | 6.82<br>6.8 | 4.57<br>2.0～3.5 | G.G. Shor,1976 |
| 印度洋和太平洋 | 5.16±0.68 | — | 6.77±0.22 | — | |

层$_3$,大洋层。上层纵波速 6.5～6.8 km/s,其厚度为 2～3 km;下层纵波速 7.0～7.5 km/s,厚度为 2～5 km。

大洋层以下,在平均深度为 6.5 km 处,即莫霍面,其波速为 8～15 km/s。

根据尤因(M. Ewing)对挪威海域的研究,在纵波速为 4.5～5.5 km/s 的基底之下是 7.3 km/s 的波速层,估计厚度约 20 km,称为壳幔混合层,是洋中脊隆起的区域,因其纵波速比正常地幔低得多,而比正常洋壳又高得多,它又被称为异常地幔层。故 7.3～7.8 km/s 的波速层是洋中脊特有的标志层。

20 世纪 60 年代,根据国际深钻计划(DSDP)对全球大洋各部位的洋壳进行探测以及对冰岛、塞浦路斯等洋中脊露头进行的地壳岩石学的研究而建立起来的洋壳剖面,其分层主要特征如下:

层$_1$:含燧石深海沉积;

层$_{2A}$:枕状熔岩与其破碎物(被辉绿岩脉穿插);

层$_{2B}$:块状玄武岩、粗玄岩(被辉绿岩脉穿插);

层$_3$:变质辉长岩、蛇纹岩;

层$_4$:超镁铁质岩石,全由辉石与橄榄石组成橄榄岩,属于上地幔组分。

综上所述,除少量深海相硅质岩外(上层),洋壳分层与岩石组合可概括为,主要由一套镁铁质岩石组成(下层),其中以枕状熔岩、层状辉长岩及大量辉绿岩脉

(岩席)贯入为特征,厚度小,一般是 8～10 km 不等。

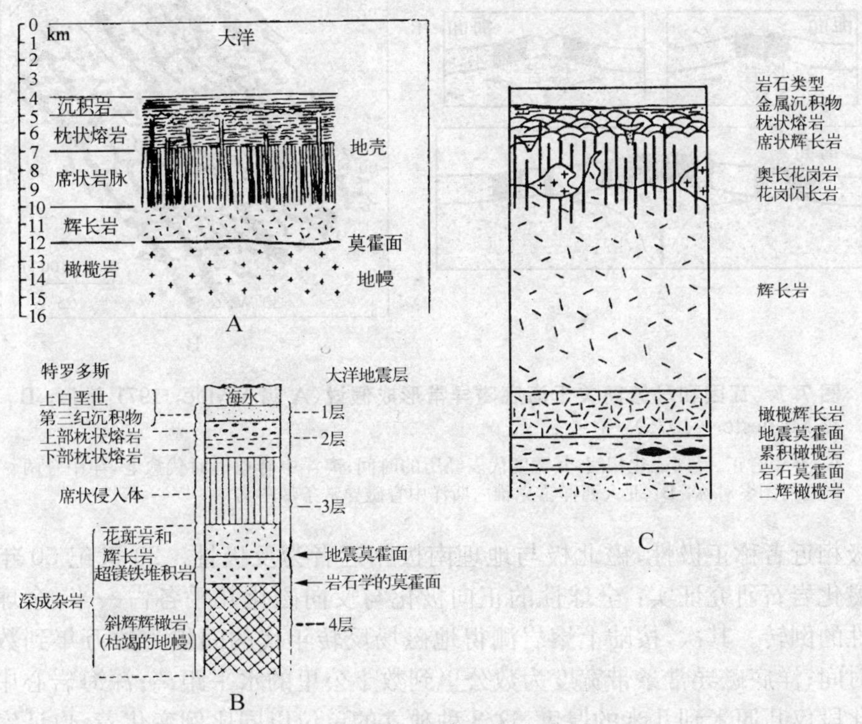


**图 7.6　典型洋壳组分对比和洋中脊洋壳对比**

A:冰岛洋壳剖面(据 Williams,1972);B:地中海塞浦路斯洋壳剖面(据 Williams,1974);C:洋中脊洋壳理想剖面(据郭令智,1981)

## (二) 大洋地壳磁场倒转

当洋中脊热地幔岩浆上涌并迅速冷却时,其中的铁磁性矿物会发生磁化;若温度下降到接近 450℃时,磁性矿物中的原子就受当时地磁场的控制而呈定向排列,每一颗磁性矿物就变成一个极性与地球磁场相平行的小磁石,所以熔岩浆冷却后,总体上保留了它在 500℃降到 450℃时地磁场的记录。随着洋中脊的扩张,海底磁异常便平行并对称地排列于洋中脊两侧。通常在海底磁异常平面图中以黑色代表正异常,白色代表负异常。这种在洋中脊两侧平行延伸对称出现的黑白相间排列的磁异常条带,其几何图案俗称"斑马纹"(图 7.7)。

不同时代磁化的岩石中记录着各自岩石形成时当地的地磁场。通过对不同年龄古地磁磁性的研究证实:在整个地质历史中,地球磁场方向曾按一定时间间隔发生长短不同的周期性反转,即磁北极与磁南极互相颠倒。以现今的磁北极与地

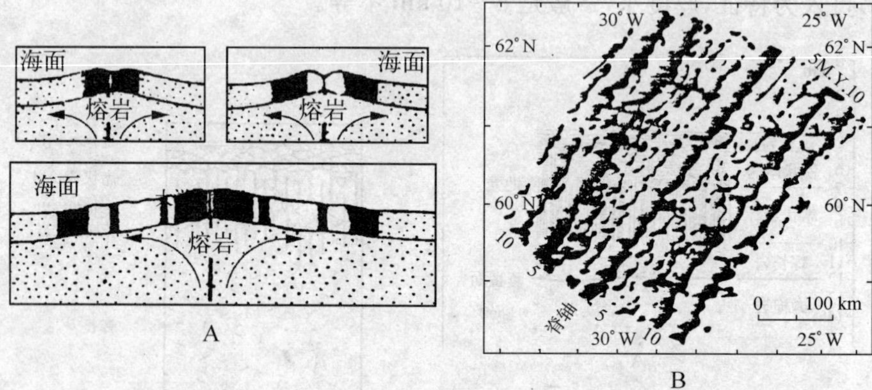


**图 7.7 瓦因和马修斯关于海底磁异常形成假说**（A 据 Wyllie，1971 简化；B 据 Mcalester，1975）

A：洋中脊正、反向磁化相间，其宽度代表经历的时间；离洋中脊愈远时代愈老，洋中脊两侧几何图案对称；B：北大西洋雷克雅内斯洋中脊磁异常条带图案

理北极相近者称正极性，磁北极与地理南极相近者为反极性。20 世纪 50 年代对大量磁化岩石研究证实：全球性的正向极化与反向磁化几乎各占一半，全球发生周期性的倒转。其次，按陆上熔岩测得地磁场反转年代的间隔为数万年到数十万年的时间；洋底磁异常条带宽度为数公里到数十公里的水平距离；深海岩心中，正、反磁化段仅几厘米到几米的厚度，这 3 种独立的单位以同比例变化着，也证实了地磁场的频繁倒转。

考克斯（A. Cox）建立了往前扩展到 450 万年地磁场倒转年代表（图 7.8）。海兹勒（R.J. Hertser）把大洋磁异常地磁年代表外推到大于 8 千万年左右，随着科学技术的进步，2 亿年以前的古洋壳和 15 亿年前古地壳的地磁年代都将有可能建立。

## 四、海底扩张速率

根据洋中脊相关磁异常条带顺序与极性反转年代表就能计算出海底扩张单侧的运动速率（图 7.9）。以某特定磁异常条带与洋中脊的距离除以相应的极性期界限年代，即得到平均单侧运动速率。海底扩张速率图（图 7.9）表明，5 Ma 以来有关洋域的海底扩张，各大洋具有大致不变的速率。

两侧具有俯冲边界的太平洋洋脊扩张速率远大于不具俯冲边界的大西洋的扩张速率。南大西洋比北大西洋的扩张速率大 1 倍。斑马纹的间距宽度也反映扩张速率的差异。迄今为止，全球海底年龄还没有发现早于侏罗纪的（图 7.10）。

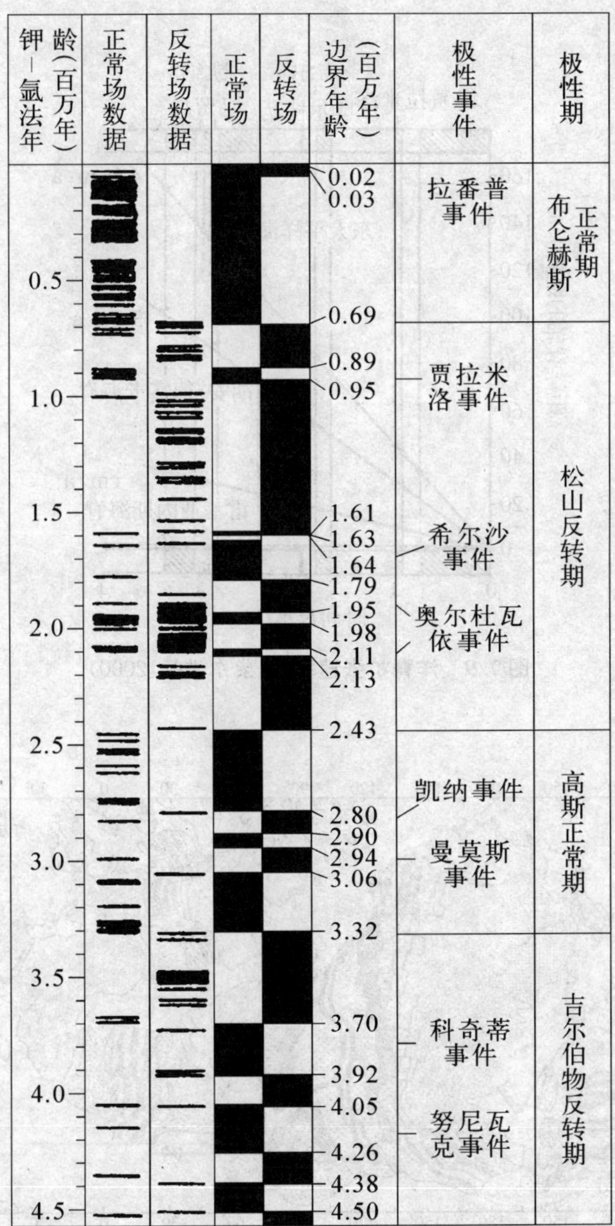


**图 7.8　根据熔岩流的钾—氩法测定所得到的地磁场倒转年代表**（据 Cox，1969）

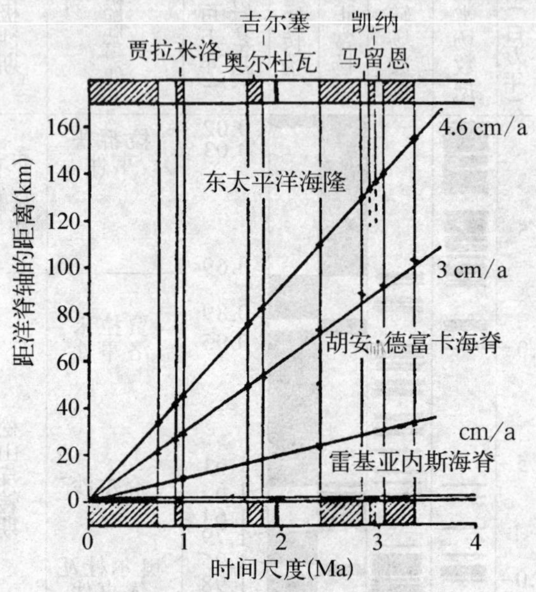


**图 7.9　洋脊扩张速率**(据柴东诺等,2000)

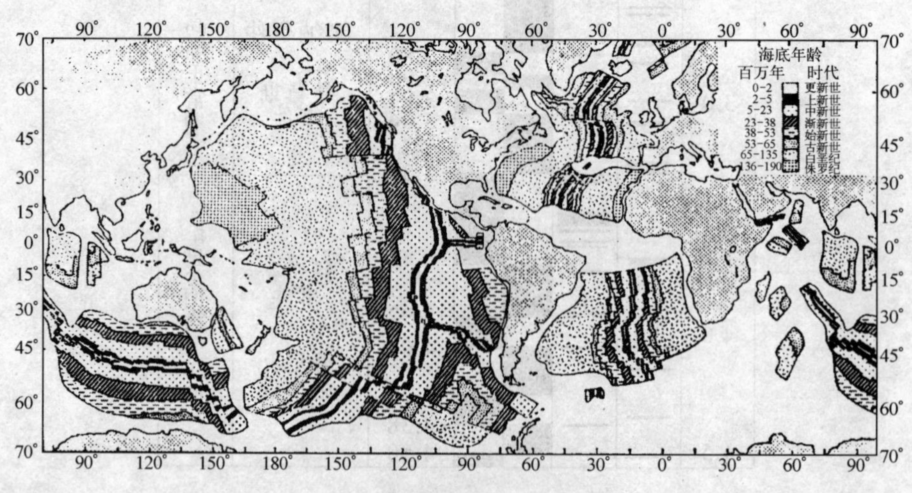


**图 7.10　海底地质图**(据 Allgère, 1983)

# 第三节　转 换 断 层

20 世纪 60 年代中期，孟纳德（H. W. Menard）在太平洋东北海域，发现与胡安-德富卡洋中脊近乎垂直的门多西诺巨大断裂，将两侧的洋中脊错开，类似横断层的效应。接着在各大洋内，陆续发现了很多类似的断层，它们将漫长的洋中脊错成一段一段的，同时也将洋中脊两侧的磁异常条带作一段段的水平错开，可达数百公里，但这些巨大的断裂带并非单纯的平移断层。

威尔逊称这种由洋中脊两侧海底扩张引起的断裂为转换断层，它是板块构造的一种走滑型边界，平行洋底扩张方向（图 7.11）。

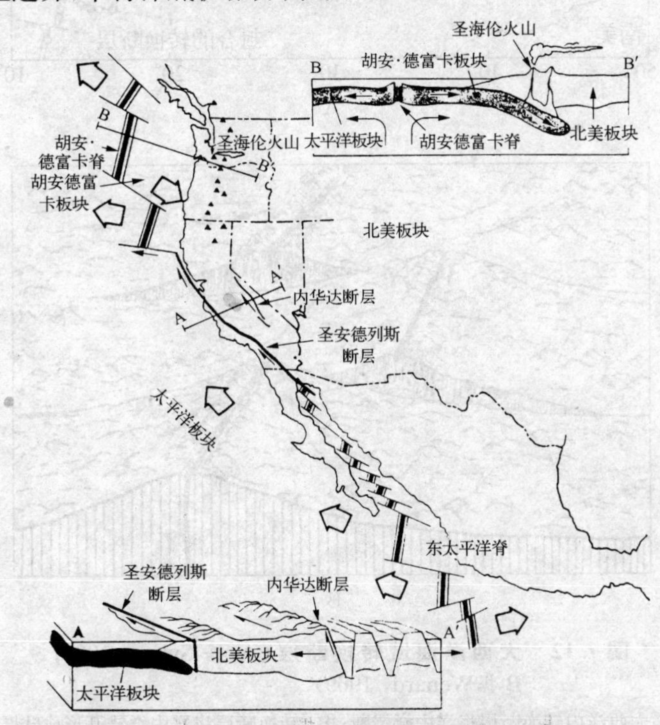


**图 7.11　圣安德列斯转换断层为北美与太平洋两板块边界，两端分别与洋中脊相接**（据 Allen，1968）

## 一、转换断层的特征

转换断层与洋中脊近于垂直，并相互滑动切穿岩石圈，强烈地破坏了地形与地质构造，沿转换断层走向发育槽谷与陡壁，高差达2～3 km以上，使洋壳剖面显露。两壁的岩石发生强烈的动力变质作用与片理化，但无大量岩浆作用。在错断洋中脊两相应点之间的转换断层上有走滑型的浅源地震活动(图7.12)。

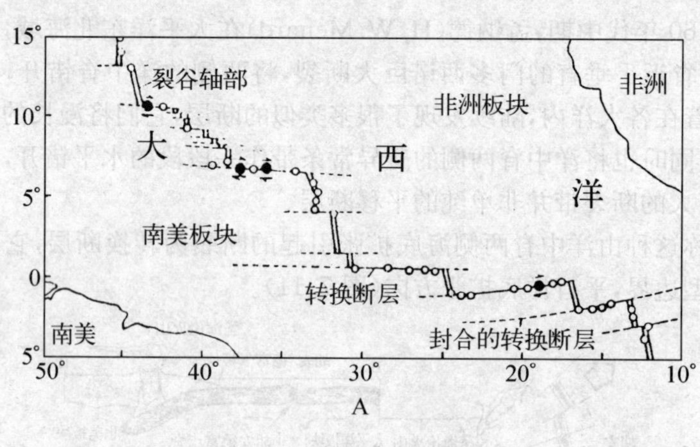


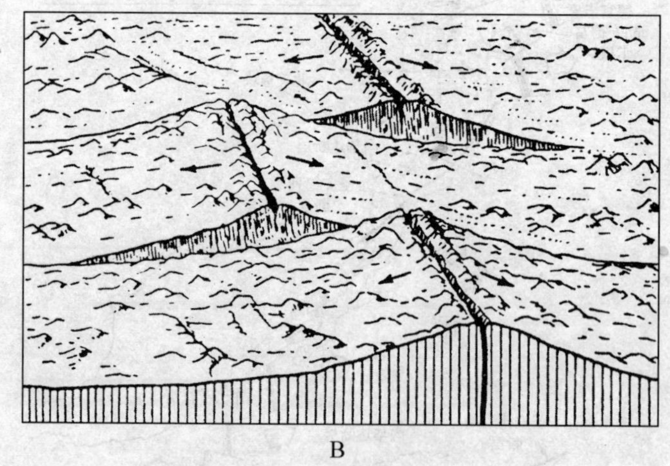


**图7.12　大西洋海域转换断层**(A 据 Sykes，1965；B 据Wenard，1969)

A：大西洋内转换断层将洋中脊错断；B：转换断层将洋中脊错开形成陡壁

若依据安德森(Anderson D. L)的断层形成理论，加利福尼亚州的圣安德列斯断层和新西兰的阿尔卑斯断层的巨大的水平位移是不可能的，因此常引起争论。威尔逊根据海底扩张理论从动力学观点出发认为，巨大的位移是因为断层突然终止而转换为扩张带或消亡带所致，故称为转换断层；而另一种水平位移断层末端逐渐消失终止，两侧地壳仅局部错位，这就是横推断层。

此外，转换断层（或相当的破裂带）在与其相连的大洋两侧突然终止，这两个点原为并合在一起的撕裂点，亦称为共轭点，大西洋两侧普遍存在。

**表 7.2　平移断层与转换断层的区别**

| 标　　志 | 转换断层 | 平移断层 |
|---|---|---|
| 1. 断层作用时水平断距长度的变化 | 保持不变 | 增加 |
| 2. 断层运动方向的变化 | 与平移断层方向相反 | 趋向于水平运动的增加 |
| 3. 沿断层线位移的分布和地震的分布 | 限于断层线的水平错断部位 | 沿整条断层线分布 |
| 4. 断层两端（即断层延伸）情况 | 在大陆坡处突然终止 | 延伸到大陆，直至消失 |
| 5. 周围地壳的变化 | 两端一定增减 | 无 |
| 6. 具有水平运动的近乎垂直的断面 | 是 | 是 |
| 7. 断层与洋中脊有扩张的先后关系 | 转换断层与洋中脊扩张同时沿着地块的软弱带发生 | 平移断层晚于洋中脊扩张 |

## 二、转换断层的类型

大洋内部的转换断层组合的多种多样性以洋中脊—洋中脊型转换断层最为常见。此外，尚有海沟—海沟型、洋中脊—海沟型、岛弧—岛弧型、洋中脊—岛弧型等（图 7.13）。

转换断层组合中往往出现 3 个板块的边界聚合于一点的情况，称三联点。如东太平洋洋隆的科科斯、纳兹卡和太平洋板块等三者以洋中脊为界而汇聚于加加帕戈斯。现代多用三联点的概念解释东北太平洋大磁湾的起源问题。三联点的组合方式可能多达十余种，但常见的有六种（图 7.14）。根据速度矢量三角形分析三联点可有稳定与不稳定之分。

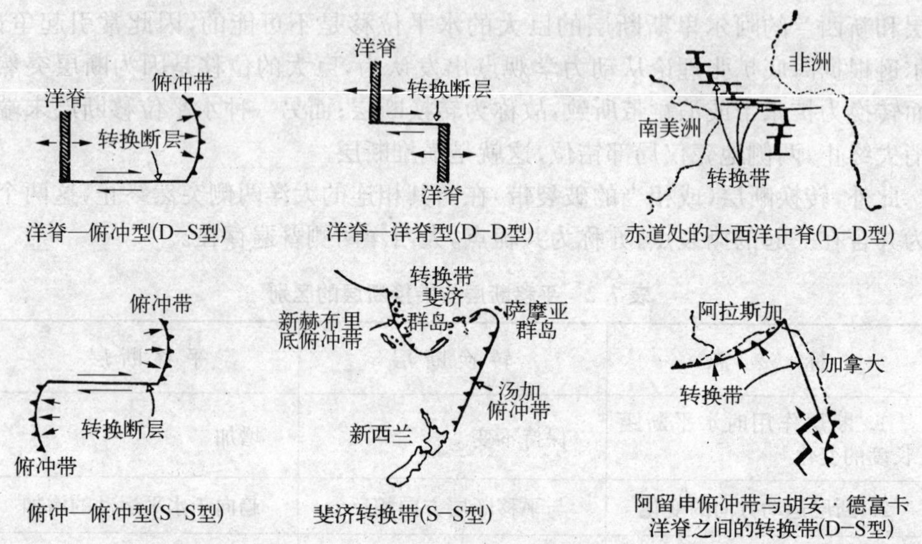


**图 7.13　佐·威尔逊提出的各类转换断层**(Wison, 1965)
(左为模式类型,右为相应实例)

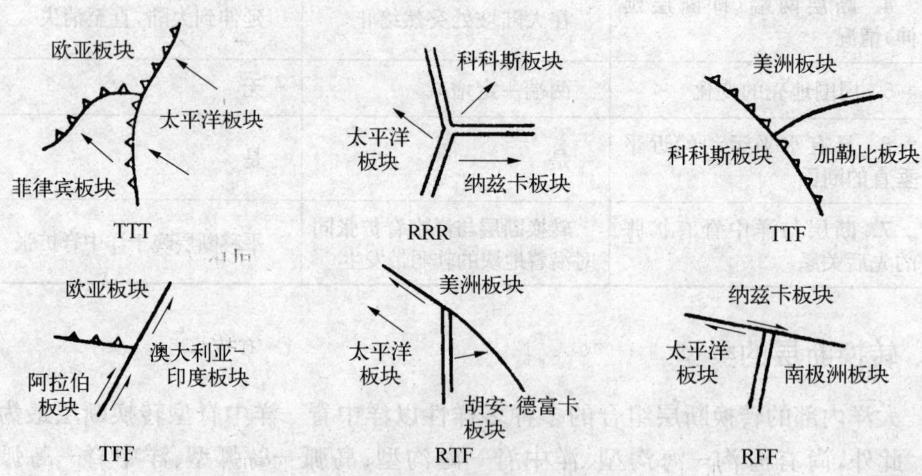


**图 7.14　构造特征不同的三联点组合实例**(据 Strahler, 1981)
R: 洋中脊; T: 海沟; F: 转换断层

随着对转换断层研究的深入,地质学家们已认识到转换断层也并非是单纯的平移剪切滑动,它可兼有拉张或兼有挤压,前者可有少量岩浆作用,局部发育新洋壳,如在加勒比海的开曼海槽曾采集到新鲜的玄武质熔岩,被称为泄漏型转换断层。张性转换断层也可发育成海盆或狭长的海槽或海沟,但不同于聚敛型边界的海沟。若兼压性者可导致强烈的挤压变形(图 7.15)。

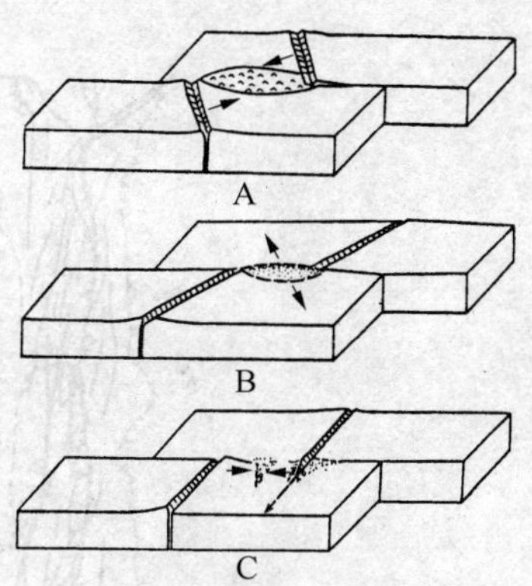

**图 7.15　转换断层兼有拉张或挤压特征**(Enrico Bonatli，1984)

A：转换断层具有洋中脊斜向挤压隆起；B：转换断层具有洋中脊斜向拉张形成盆地；C：转换断层具有洋中脊斜向挤压，发育局部褶皱隆起

## 三、圣安德列斯断裂

圣安德列斯断裂位于美国太平洋沿岸加利福尼亚州境内，呈北西向延伸，向东南伸入加利福尼亚湾，向西北于门多西诺角附近伸入太平洋与戈尔达洋脊相接。

### 1. 圣安德列斯断裂特征

圣安德列斯断裂全长约 1 200 km，宽达 500 km，它由几条活动断层和一些相对不活动的断层组成断裂系。圣安德利斯断裂是现今地震活动最多的断裂(图 7.16)。根据太平洋洋底分析所作的板块复原图表明，自渐新世以来，圣安德列斯断裂右旋移动达 1 000 km；根据地质证据认为，中新世以来，移动至少达 300 km(可能为 600 km)，或许还会有不活动断层的位移。如 1906 年 8.3 级的旧金山大地震，右旋水平位移达 6 m。所以以巨大平移为特征的圣安德列斯断裂是大型的走滑断裂。沿断裂系发育一系列平行的脊谷地貌系，而较老的水系与地形均为晚期运动所错开，沿断裂发育线形谷和洼地。

### 2. 圣安德列斯断裂演化史

圣安德列斯断裂的发育可追溯到新生代早期，与当时太平洋海域的法拉荣板块、太平洋板块、北美板块与圣安德列斯断裂等四者之间的相互作用有关(图 7.17)。其发育阶段：

A. 始新世之前：太平洋板块与法拉荣板块以门多西诺转换断裂为界，法拉荣板块向东北沿古圣安德列斯断裂俯冲于北美板块之下而大大缩小。

B. 渐新世：法拉荣板块继续俯冲，北美板块呈相对右旋滑动。太平洋板块东北角靠近古圣安德列斯断裂与现今的墨西哥的普亚马斯和北美板块毗邻，法拉荣板块被分隔为南北两小块。

C. 早中新世：法拉荣南北两块继续向北美板块俯冲。太平洋板块与北美板块沿古圣安德列斯断裂中段(洛杉矶到盖亚马斯)相对滑动，表现为转换断层特征。

D. 晚中新世：圣安德列斯转换断裂中段向西北延伸到旧金山，向东南延伸到萨特兰。北部的法拉荣板块缩小成现今的胡安·德富卡板块；南部残留的小板块称科科斯板块(亦称雷维拉板块)。

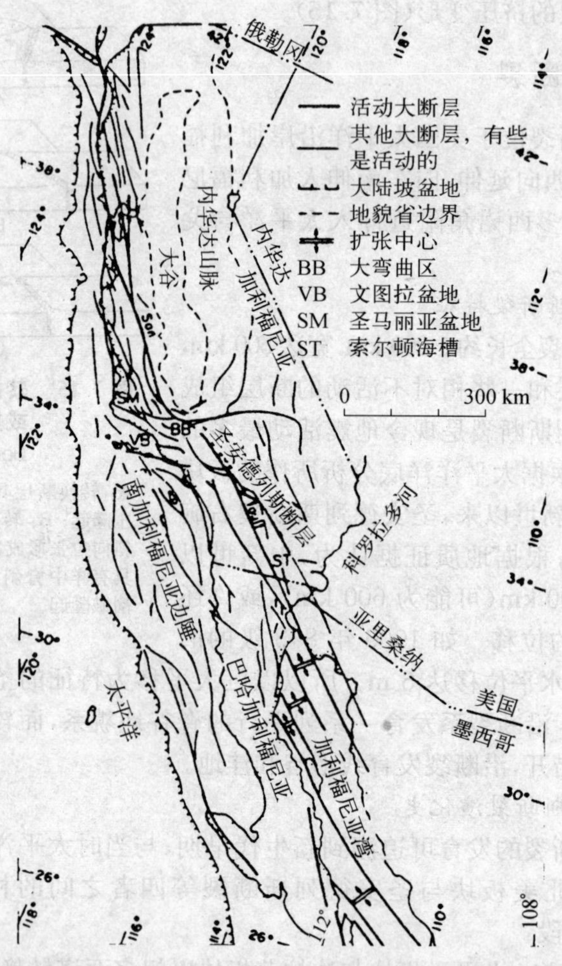


**图 7.16 加利福尼亚圣安德列斯断层系(据 Crowell, 1979)**

E. 古圣安德列斯断裂演化成现代的右旋圣安德列斯转换断层，作为太平洋与北美板块的剪切滑动边界。其东北侧至北美板块西侧为构造脆弱带，故圣安德列斯断裂从外带迁移到内带目前的位置。现今仍以 6 cm/a 的速率作右旋走滑。到 10 Ma 后，断层东侧的旧金山将和西侧洛杉矶并列在一起，到 60 Ma 以后，洛杉矶继续向西北移到阿留申海沟，向阿留申岛弧下面俯冲。由于圣安德列斯断裂的滑动，导致地震频繁活动。

图 7.18 汇集了作为板块边界的转换断层的实例。

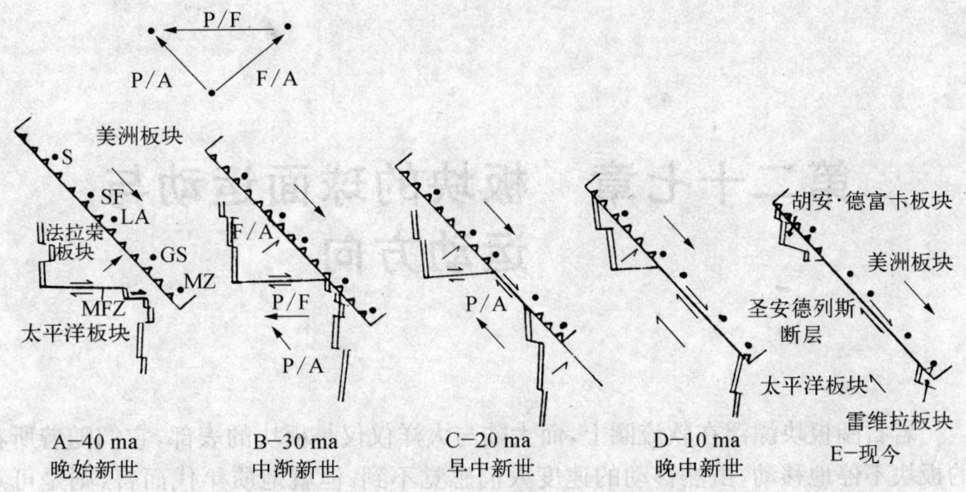


**图 7.17　新生代太平洋法拉荣板块与圣安德列斯转换断层演化平面图解**（据 Atwater，1970）

三角形箭头图解：P/A：太平洋板块相对北美板块运动；S：西雅图；LA：洛杉矶；P/F：太平洋板块相对法拉荣板块运动；MZ：马隆特兰；SF：旧金山；F/A：法拉荣板块相对北美板块运动；MFZ：门多西诺断裂带；GS：瓜马斯

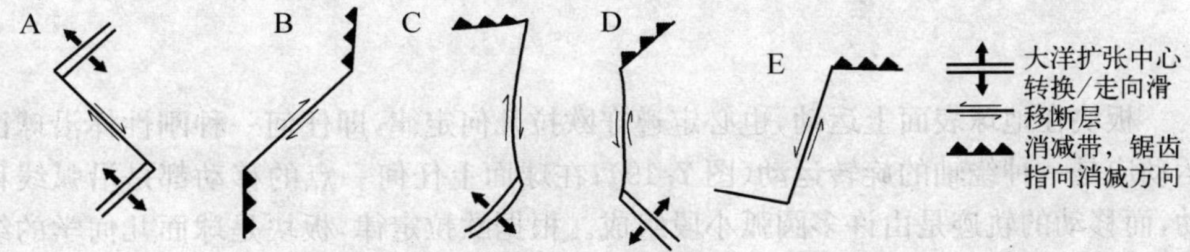


**图 7.18　著名板块边界转换断层的实例**（据 Reading，1980）

A：圣安德列斯断层；B：新西兰阿尔卑斯断层；C：邱加旋费尔威瑟的昆恰劳特断层；D：死海断层；E：克撒尔-苏莱曼断层

# 第二十七章　板块的球面运动与运动方向

岩石圈板块漂浮在软流圈上，而大陆与大洋仅仅是板块的表部，它们随着所在的板块不停地移动，虽然移动的速度人们感觉不到，但就地质年代而言，则是可观的。当然，板块移动的速度和方向因时—空而变化。

## 第一节　板块在球面上的运动

板块在地球表面上运动，也必定遵守欧拉几何定律，即任何一种刚性体沿球面运动应是一种绕轴的旋转运动(图 7.19)；在球面上任何一点的移动都是沿弧线移动，而移动的轨迹是由许多圆弧小段组成。根据欧拉定律，板块是球面几何学的绕轴旋转运动，但板块运动所绕的旋转扩张轴与地轴斜交。扩张轴与地面的交点称为板块的旋转极或扩张极点。每对板块均有各自的旋转极，板块以旋转极为圆心的作小圆转动(纬度线)。离旋转极 90°的大圆称旋转赤道或扩张赤道。在与板块旋转赤道平行的一系列同轴小圆弧上，连接板块各点的移动轨迹称欧拉纬线，通过欧拉极的大圆为欧拉经线(图 7.19，图 7.20)。

由于板块沿球面运动，而同时在地球表面积(或地球半径)不变的前提下，大陆裂解为大洋，地幔物质沿洋中脊上升形成了新生的洋壳，这就要求必须有沿海沟俯冲处老洋壳的消减作补偿，扩张新生的总量与俯冲消亡的总量才能平衡，即地球的体积基本上是稳定不变的。这才使板块构造具有全球构造的概念。

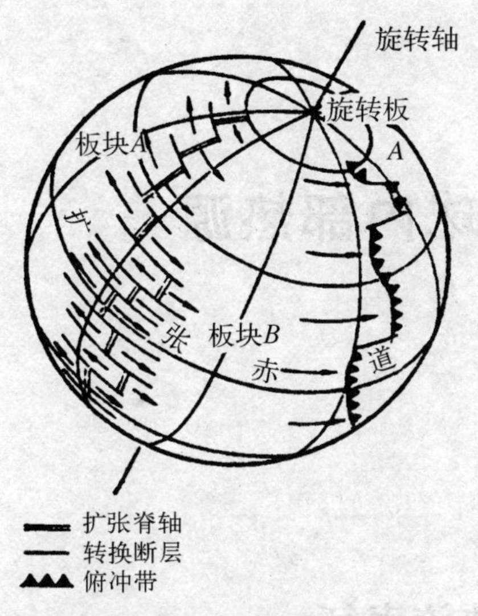


**图 7.19　板块沿球面旋转运动**（据 Press,1978）

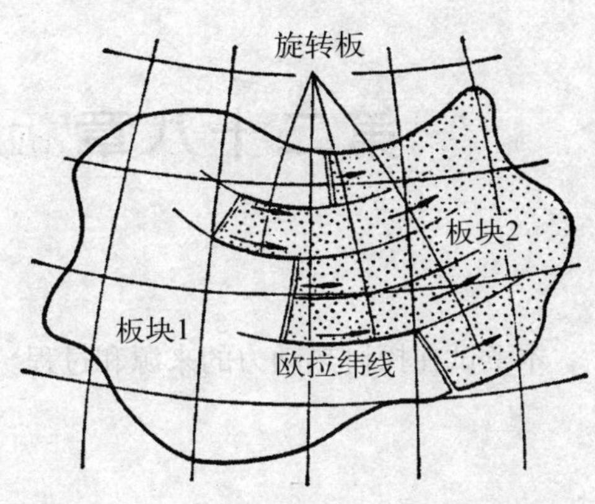


**图 7.20　两板块相对运动**（据 Morgan，1968，稍作改动）

# 第二节　现代板块的动向

中生代泛大陆分裂后演化而成的现代板块，依照 X. Le Pichon（1968）的划分，计有六大板块（有人又细分出若干小板块）。最近利用高精度技术测算表明：太平洋板块中夏威夷岛（热点）以 9～10 cm/a 速度向西北、向日本运动；而印度板块每年仍以 7 cm 的速度向亚洲大陆推进，它除进一步使陆壳缩短以外，还使得印度板块前缘发生巨大走向滑动，从而带动亚洲大陆某些块体向东滑移而挤出。同属印度板块的澳大利亚与巴布亚板块继续与东南亚板块接近而呈碰撞趋势；大西洋与印度洋以 1～2 cm/a 扩张速度继续向两侧扩张；太平洋以 2～7 cm/a 速率向两侧俯冲而渐趋萎缩；圣安德列斯转换断层以 5～6 cm/a 速率作右旋移动。总的趋势是大西洋继续扩张，太平洋趋于缩小。南半球的板块向北移动，将导致它以欧亚板块为主体与北美板块、印度-澳大利亚板块及非洲板块等的碰撞和焊接，有形成超大型的新大陆的趋势。

# 第二十八章　地球内部热源

本章试在探讨热动力的来源和过程。

## 第一节　大地热流表征

### 一、大地热流的参数

地球内部蕴藏着巨大的热能，它主要通过放射性同位素衰变和引力能及运动能的释放而获得，其总量超过 $4.8\times10^{30}$ cal 以上，它可使岩石圈下部因增温熔融而形成软流圈，然后通过对流将能量传递到地壳表层。

大地热流是地球内部热能传递至地表的一种现象，大地热流的量值称大地热流量，用 $Q$ 表示，它是地热场最重要的表征，在一维稳态条件下，热流量（$Q$）是岩石热导率（$K$）和垂直地温梯度（$\mathrm{d}T/\mathrm{d}Z$）的乘积，即：

$$Q = K\cdot(\mathrm{d}T/\mathrm{d}Z)$$

它是一个矢量。热流量单位为微卡 $\mu\mathrm{cal}/(\mathrm{cm}^2\cdot\mathrm{s})$，即通称 HFU，也有用 $\mathrm{mw/m^2}$ 表示的，两者的关系为：

$$1\ \mathrm{HFU} = 1\ \mu\mathrm{cal}/(\mathrm{cm}^2\cdot\mathrm{s}) = 41.86\ \mathrm{mw/m^2}$$

热导率是热流与温度梯度之间的比例系数，用 $K$ 表示。它的实用单位是 1 w/(m・c)，常用单位是 1 mcal/(cm・s)，两者关系是：

$$1\ \mathrm{w/(m\cdot c)} = 2.39\ \mathrm{mcal/(cm\cdot s\cdot c)}$$

比热是单位重量的物质温度升高一度所吸收的热量，用 $C$ 表示。其实用单位

是 J/(kg·c),常用单位是 1 μcal/(g·c),两者的关系是:

$$1\ \mathrm{J/(kg \cdot c)} = 239\ \mu\mathrm{cal/(g \cdot c)}$$

热扩散系数是温度随时间的变化与温度随空间的分布两者之间的比例系数,用 $D$ 表示。其实用单位是 1 $m^2/s$,常用单位 1 $cm^2/s$,两者关系是:

$$1\ \mathrm{m^2/s} = 104\ \mathrm{cm^2/s}$$

热产量是单位体积在单位时间内,热源所产生的热量,用 $A$ 表示,其实用单位是 1 $w/m^3$,常用单位是 1 cal/($cm^3$·s),两者关系是

$$1\ \mathrm{w/m^3} = 2.39 \times 10^{-7}\ \mathrm{cal/(cm^3 \cdot s)}。$$

热产量 $A$ 有时也用 1 w/kg 为单位,表示 1 kg 物质中的热源,在单位时间内产生的热量。

大地热流有深部热流与浅部热流之分。早在 20 世纪 60 年代末,F. Birch 等(1968)就发现,在地表上所观测到的大地热流实际上由两部分组成,即一部分源于地壳浅部,由于放射性元素(如 U、Th、$^{40}$K)蜕变所产生的热量,另一部分则来自地壳深部及上地幔的热量。对某一构造单元区而言,来自地壳深部的热量一般较稳定,故地表热流变化主要源于浅表地壳热流的变化,这又取决于表壳放射性元素的含量。对不同构造单元区而言,其热流值差异变化主要导源于地壳深部及上地幔的热量不同。例如长期稳定的克拉通地区,深部热流值较低,只有 20.93 $mw/m^2$,而在中、新生代构造活动区,其深部热流值较高,可达 68 $mw/m^2$,为前者的 2～3 倍。故从本质上说,深部热流值大小是表示一个地区构造活动性强弱的重要物理量。

地热研究中,为了确定地表和壳内不同圈层及其层段的热流构成与分配比例、地幔热流大小、地壳上地幔热状态,为了估算岩石圈厚度以及揭示地表和地幔热流的构造意义等,通常采用地壳热结构这一概念来表示一个地区壳、幔两部分热流构成及其在地表热流总量的分配比例,进而将热结构和区域构造活动联系起来进行综合分析。

## 二、大地热流区域差异

自板块构造作为全球构造理论问世以来,大地热流研究一直是板块构造学说的重要支柱之一。众多研究者指出,在板块的边缘和板块的内部有不同的热流值;不同的地质构造单元,其热流值存在着很大的差异,表 7.3 表示地壳不同构造区的平均热流值差异情况。

表 7.3　各种大地构造区域的平均热流(据 Jacbs, 1972)

| 地质单元 | $Q(\mu cal/(cm^2 \cdot s))$ | $N$ |
|---|---|---|
| 大陆 | | |
| 前寒武纪地块 | 0.98±0.24 | 214 |
| 前寒武纪以后非造山带 | 1.49±0.41 | 96 |
| 古生代造山带 | 1.43±0.40 | 88 |
| 中生代～新生代造山带 | 1.75±0.58 | 159 |
| 大陆方块平均值 | 1.45±0.16 | 95 |
| 海洋 | | |
| 洋盆 | 1.27±0.53 | 603 |
| 海岭 | 1.90±1.48 | 1 065 |
| 海沟 | 1.16±0.70 | 78 |
| 大陆边缘 | 1.80±0.92 | 642 |
| 海洋方块平均值 | 1.46±0.78 | 673 |
| 全球方块平均值 | 1.45±0.74 | 673 |
| 全球平均热流 | 1.46±0.08 | |

一般而言,板块内部的热流值较为均一且偏低。板内热流值的差异主要决定于板内构造运动的强弱和时间的早晚。在稳定古老的克拉通区,热流值一般低于平均值,在构造相对活动区(如火山型裂谷带)则高于平均值,而两者过渡区则接近平均值。板块的边界上一般具较高的热流值,其分布特征与两板块的离合和深部物质运动及构造作用相关,如太平洋板块与欧亚板块的碰撞带、印度板块与欧亚板块的结合带都具有较高的热流值。海洋中由于地幔热对流及上地幔物质在拉张洋脊不断上涌和扩张,往往具有很高的热流值,但在俯冲拼贴的深海沟带,其热流值又相对较低。

我国不同构造区其大地热流值的分布特征,如图 7.21 中所示,古老而稳定的构造区其热流值较低,而较新的活动构造区具较高的热流值。

以昆仑山—秦岭为界的我国北方地区,在东部的松辽盆地和华北渤海湾盆地,其基底由前震旦纪变质杂岩组成的古老地块,按常规应为具较低的热流值分布区。但本区自中生代以来特别是新生代第三纪期间,以强烈断陷下沉、堆积了 7～8 km 厚的第三纪陆相地层,其间因上地幔隆起导致岩浆岩的侵入和喷发活动,其热流值平均高达 60 mw/m²。而我国中部的鄂尔多斯盆地,虽和东部松辽—渤海湾盆地属同类型基底和盖层,只因新生代的活动强度较弱,属稳定型性质,于是该区平均热流值为 45 mw/m²,并低于全球平均值。我国西部的塔里木、准噶尔、柴达木三大

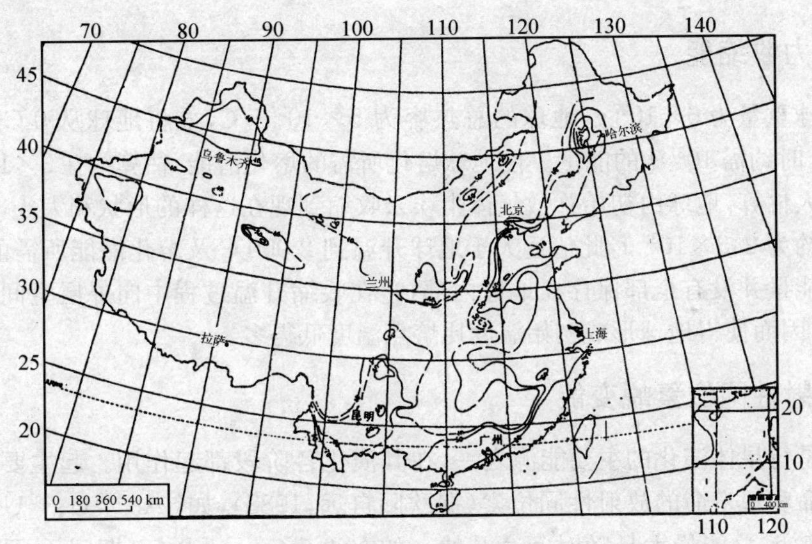


图 7.21　中国热流分布图(据王钧等,1990)

盆地内,在古老基底上沉积有古、中、新生代各时代地层,热流值平均在 40～50 mw/m²之间,形成不同于我国中部的另一类型稳定地块的低热流值区。

我国南方地区热流值分布特征是(西部康藏地区资料不全,尚待研究):在东部,自苏浙皖至川湘鄂和滇黔桂所组成的扬子和华夏板块区,其热流值在 40～50 mw/m²间,类似于塔里木盆地,属于低热流值稳定区。而我国东南浙、闽、粤沿海带和川西—滇西"三江"地区,因属板块对接带及中新生代火山活动、地震高发活动带区,地热流值高达 50～60 mw/m²,属高值热流区。

## 第二节　地 内 热 能

通常由地表至地球深部的温度越来越高,而全球地面热流的平均值约为 $6\times10^{-2}$ mw/m²,相当于 1.43 HFU。表明地球不断处于散热状态,由平均热流可推算出每年自地球内部散失热能约为 $9.6\times10^{20}$ J。由此可见,地球深部必然存在着巨大热源,用以提供源源不断的热能。有关地热来源,涉及各种地热史模型,这里仅概略地介绍几种主要的地热源:

## 一、引力收缩能

地球重量为 $6\times10^{27}$ g，地球的总热容为 $5\times10^{27}$ J/C，如将地球从 0℃加温到 2 000℃时约需 $10^{31}$ J 的能量。使地球熔化所需的熔化潜能，估算约在 $3\times10^{31}$ J 以上。前人估算，地球由初始弥散气体尘埃云收缩到现在这样的形状和大小，其引力收缩能约为 $2.3\times10^{32}$ J，此值远大于地球升温到 2 000℃及熔化潜能所需的能量。但这些能量并没有全部保存在地球内部，它在收缩升温过程中向外层空间辐射散失较多，因而使得地球形成初始温度比熔点温度低得多。

## 二、放射性同位素蜕变能

这是行星体演化的主要能源之一，在其演化各阶段都起作用。起主要作用的是长寿命和短寿命的放射性同位素（据欧阳自远，1988），如 $^{26}$Al、$^{238}$U、$^{235}$U、$^{232}$Th、$^{40}$K 等衰变，总能量大且随时间衰减快。如在 4.5 Ga～1.9 Ga 期间，主要为 $^{235}$U 诱发裂变和长寿命放射性同位素裂变，在 1.9 Ga 以来则主要为长寿命放射性同位素裂变产生热能（图 7.22）。

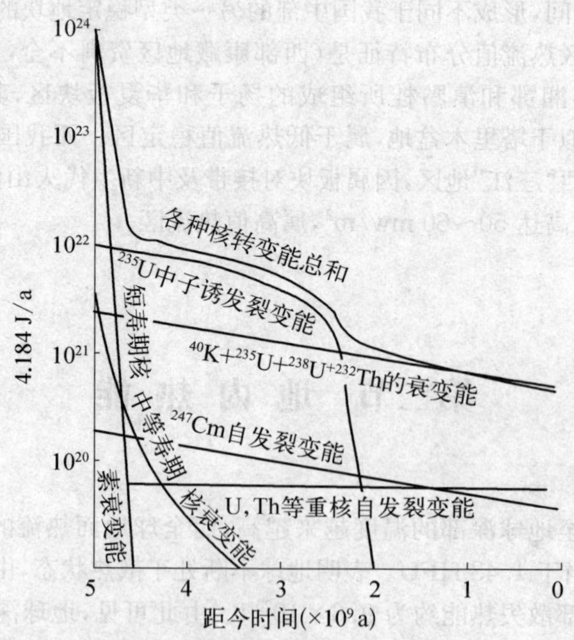


**图 7.22 各种核转变能随时间的变化**（据欧阳自远，1988）

此外,由于各行星体放射性同位素含量、浓度的不同,显然会影响到各行星体的产热量,如月球和水星放射性同位素含量明显较其他类地行星为低(表 7.4)。

**表 7.4　类地行星中放射性元素含量(ppm)**

| 元　素 | 水　星 | 金　星 | 地　球 | 月　球 | 火　星 |
|---|---|---|---|---|---|
| K | 22 | 150 | 135 | 83 | 62 |
| Th | 39.4 | 53.7 | 51.2 | 0.125 | 106 |
| U | 11.0 | 15.0 | 14.2 | 0.033 | 28 |

由此可知,广泛存在于地球内部的长、短寿命的放射性同位素蜕变能是地球上另一种可能的热源。而现今对地球内部热能产生起很大作用的放射性同位素是 $^{238}U$、$^{232}Th$ 和 $^{40}K$,其衰变所造成的温度是很小的,它在地球形成最初的 10 亿年间,温度仅增加约 700℃;而地球自形成迄今产生的全部热量,能使地球温度升高至 1 800℃,可见放射性同位素衰变产热只是地球的部分热源。

## 三、地球转动能的转化

地球自转作功产热,产生了地球部分的热能。当太阳系形成之初,月地间距离很近,那时地球自转速度要比现在快得多;后来月地间距离变大及因潮汐摩擦,使地球自转变慢。不论快速或慢速自转,均可由转动作功间接转化为热能。另外认为,地球内部地幔有一个低黏滞性区域,它最利于吸收潮汐摩擦产热。以这种方式产热促使地球增温可达 1 000℃。

## 四、物质分异释放的位能

一般假定,地球是由近似均匀的物质经吸积而形成,只是后来才分化出地壳、地幔和地核。在此分异过程中,较重的物质(铁、镍类)流向地心,而较轻物质(硅铝类)上浮形成地壳,因全球分异重力位能降低而释放大量的热。Tozer 估算:从原来的地球分异形成地核时,可释热 500 cal/g 的热能,其中 6%的热能用于熔化铁—镍相物质,其余热能则使地球平均温度升高约 1 500℃左右。

地球内部热能源在地球形成早期起重要作用,后来的重要性减弱,对现代板块作用影响有限。

总之,地热场热状态的改变,包括地幔驱热、放射热和剪切热等热能的涨落是重要的动力因素。在造山带碰撞过程中起动力作用的热能,在成山隆起阶段由于剥蚀降压增温和地幔热上涨而得到加强。地热场热结构差异的地带是诱发热失稳的有利地段。当热状态的调整足以使本来已经普遍应变软化地带的岩石圈强度减弱到正常强度以下,以致更容易发生构造变形运动。由此可知,在地球内部热与力是密切相关和相互作用的。

# 第二十九章　全球构造动力假说

引起地壳和岩石圈运动并引发变形，形成各种类型地质构造的动力源问题，是个亟待深入探索的问题，就参与地球动力作用的主要动力，包括地幔对流动力、地球自转动力及天体撞击动力、引力、重力、磁力等而言，它们在地球演化不同的历史发展阶段其作用的重要性会有变化。下面扼要介绍几个影响较大的现今流行的假说。

## 第一节　地幔对流说

地幔对流说是霍尔姆斯(A. Holems)于1928年首先提出的，并经后继学者把它和板块运动相联系而进一步深化。他认为地幔内部存在着放射性元素，在局部地区富集、衰变而产生热能并引起软流圈中物质在对流环里发生缓慢塑性流动，热的物质上升到岩石圈底部时又分别向两侧运动，并逐渐冷却至另一区域下沉，然后又重新受热进入新的循环。对流环规模大小不一、随地而异，岩石圈板块则随着对流体的流动而运动，在对流体上升活动部位形成扩张脊(洋脊)，当对流体分别向两侧运动时，因运动速度不同导致其上岩石圈板块裂解成大小不等的块段(板块)，并随着对流体漂流而移动。由于地球是一个球体，移动着的板块到了新的地方通过对流体下沉作用而发生俯冲形成深海沟，其中较重的洋壳型板块因俯冲沉入软流圈中而消亡；较轻的大陆型板块却因最后碰撞挤压上升而形成造山带(图7.23)。

上述表明，地球内部由于温度和密度差异而表现为热对流与重力对流，在不同部位，其作用强度不同。地幔对流即热力—重力对流导致海底扩张——大陆漂移，所以普遍认为地幔对流是板块运动的驱动力，而地幔对流的热流是岩石圈最主要的动力。

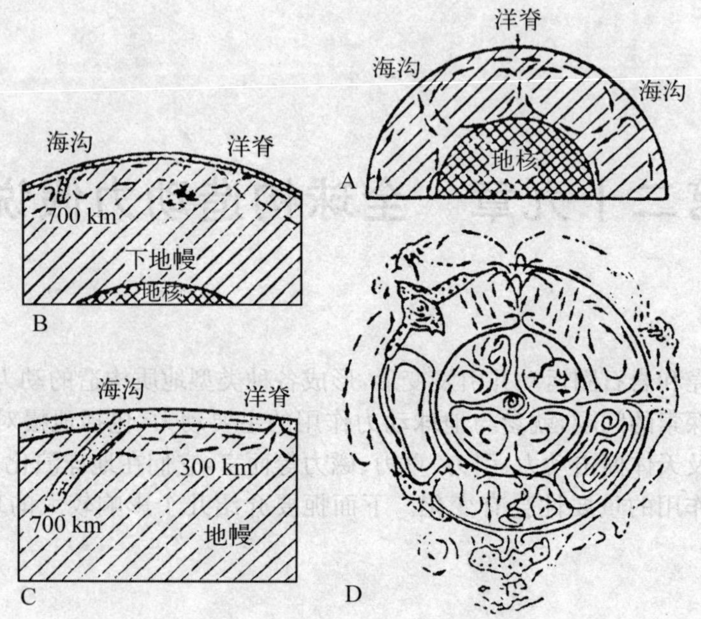


**图 7.23　地幔对流及岩石圈板块运动示意图**(据迪茨和霍尔登,1973)

A,B,C:地球内部对流环的大小;D:大气、地幔和地核中多种对流动力系统——霍尔登模型,上部以漏斗型表示热柱

## 一、地幔对流方式

关于地幔的对流方式有不同看法,主要包括:

1. 在地幔内局部地区,由于放射性元素聚积、衰变产生热,使受热地幔物质的密度比其周围物质密度低而产生重力对流。

2. 是熔融状外核和下地幔相互作用导致化学—重力分异作用,促使能量从地核转移入地幔而造成地幔对流环。

3. 地球自转能在软流圈中产生连续地对流作用。

由上可见,不论何种对流作用,地壳运动和地壳构造都被认为起因于地幔对流作用。

## 二、地幔对流深度

关于对流深度也存在不同认识,大致有全地幔对流、上地幔对流、软流圈对流和地幔柱对流等(图 7.24)。

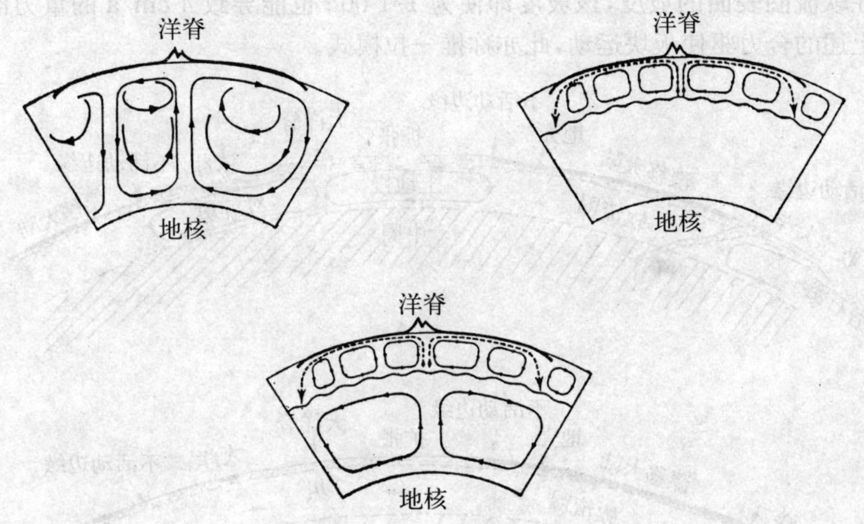


**图 7.24　三种地幔对流模式,分别对三种不同的对流状态作了表示。**
(据 Allĕgre, 1983)

在模式(A)中,对流运动涉及整个地幔,洋脊代表上升流,俯冲带代表下降流。在模式(B)(麦肯齐-里克特模式)中,仅上地幔是活动的。上地幔内存在着小规模对流运动,其总量可最终引起板块运动。下地幔是不活动的。在模式(C)中,上、下地幔都是活动的,下地幔对上地幔运动是有影响的。

## 三、地幔对流驱动板块运动

哈格雷夫斯(R. R. Hargraves)提出两种板块驱动力模式:

1. 黏拖模式

如图 7.25A 所示,当洋中脊上涌热流和侧向扩张时,由于岩石圈与软流圈之间强烈耦合,侧向扩张牵拽着上覆板块运动。在下沉的同时,也拉着冷却的岩石圈板块进入软流圈,而回流出现于软流圈的底部或深地幔中。由于岩石圈底部为热边界,超越该边界则出现不耦合。

2. 浮动模式

如图 7.25B 所示,由于软流圈过分塑性,因而不能对岩石圈传递水平剪切应力,所以,板块运动驱动力则有几种组合模式。例如洋中脊新生洋壳向两侧推离力和离开洋中脊的板块自身坡度的重力以及俯冲带冷却板块下插的拉力等力的作用。通常处于俯冲带、来自洋中脊已冷却了的俯冲板块,因其岩石相变使密度增加,从而使负向浮力成为主动力。离开洋中脊的板块,自身坡度主要是洋中脊和俯冲带在软流圈表面的坡度，该坡度即使为 1/1 000 也能导致 4 cm/a 的重力滑动。正是上述的合力驱使板块运动，此亦称推—拉模式。

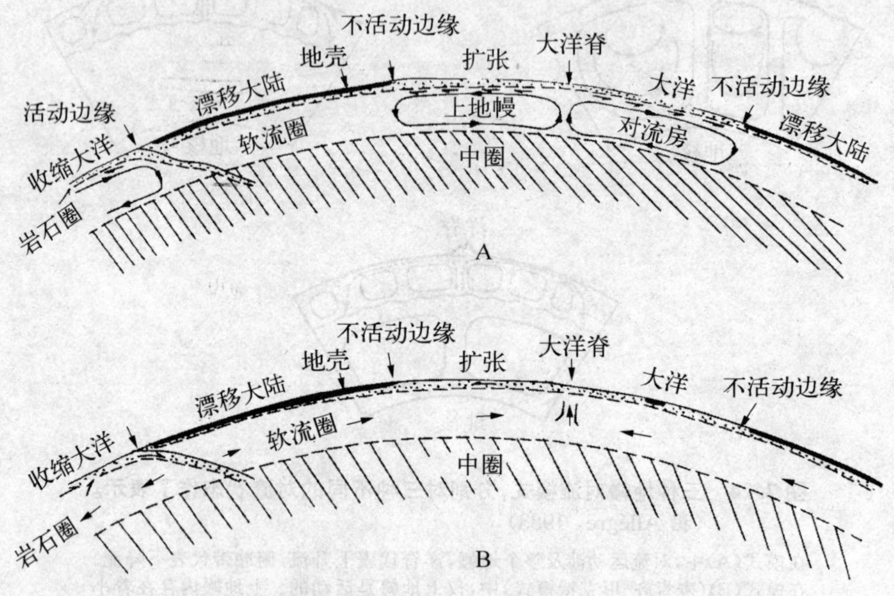


**图 7.25　软流圈对流模式**（据 Bett，1971；Hargraves，1978）

A：黏拖模式；B：浮动模式

黏拖模式与浮动模式互不排斥，前者于大陆地壳下面为主，后者在俯冲带地区为主。

上田诚也曾分析，作用于板块上有 8 种分力（图 7.26），其中 3 种是驱动力，3 种是阻力，2 种是作用于板块底面上的力。上田诚也强调板块拉力即负浮力是重要的驱动力。

地幔对流假说还存在巨大的困难，就如夏威夷火山链传送带模式的说法，火山岩年龄从西向东逐新，是由于地表附近的板块在向西运移，而代表地幔热活动中心的热点则是其参考系不动。火山链就是岩石圈相对热点运动的轨迹。根据这些热点资料，必然的结论是地幔运动速度很小而基本不动，岩石圈板块则可以每年运移几到十几厘米。但是，运动速度很小的地幔如何能带动速度很快的板块移动呢？Bott 等甚至说：与其说地幔带动板块运动，不如说板块带动地幔运动（万天丰，2004）。近些年研究（Ritsema，1999；Nis，2002）认为，大洋中脊下部高温低速低黏度体的规模和作为软流圈对流的尺度都远达不到导致岩石圈板块的运动。因此，地幔对流驱动板块运动迄今仍是一个假说，仅是地震观测资料间接反映的科学假说，人类还不能对地幔对流运动进行直接观测，所以板块运动的驱动力还没有令人满意的解析。

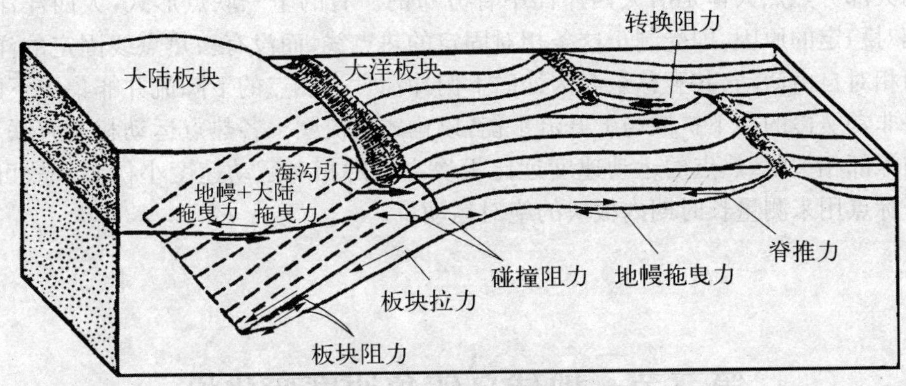


**图 7.26　作用于岩石圈板块上的 8 种力的图解**(据上田诚也，Forsyth，1976)

3 种驱动力：脊推力、板块拉力和海沟引力
3 种阻力：转换阻力、碰撞阻力和俯冲板块前端的板块阻力
2 种作用于板块底面的力：地幔拖曳力和大陆拖曳力

## 第二节　地幔羽说

地幔羽(柱)是高温低密度具有浮力上侵散布于岩石圈中的地幔物质，地幔羽头部直接可达 500～3 000 km，呈一微凸薄饼状，而地幔羽尾部只有 100～200 km，热点即是地幔羽头部在地表的显示。地幔底辟群是没有尾部停止生长的小型地幔羽。

地幔羽(柱)也称增殖裂隙，如夏威夷群岛的热点处，它的岩浆源是上升到岩石圈底部、固定在地幔中的底群体。大洋与大陆内的岩浆岩链表明全球可能存在 50～150 个地幔羽(柱)。地幔上升流产生岩浆侵入是准同时的，同位素年龄误差在1 Ma之内(Condie，2001)。

地幔羽驱动岩石圈板块运动的假说，强调的是地幔热流体大量上升和地幔羽头部上顶，形成减压升温，岩石圈底部局部熔融，岩浆向上侵位，导致岩石圈上部的张裂，乃至板块的裂离和离散。地幔羽上升流在软流圈内向外两侧扩张，产生平流而驱动板块运动，类似浮动对流模式提出的方式，使板块离开地幔羽的顶点。大西洋的大部分热点大体是沿大西洋洋中脊分布的。有的呈三联点形式，大西洋洋中脊相对稳定的原因，即受制于这条相对固定的热点线，而没有被热点线固定的洋中脊而相对自由活动，甚至移至海沟处向下俯冲消亡。热点的下降流并非集中下降，而是非常缓慢的往下扩散与上升流平衡，以构成对流圈。各热点运动相互有联系，又与深部相关联，热点的运动速度远比板块之间的相对运动速度小得多。故可作为坐标点用来测量长时期内板块的绝对运动量。

## 第三节　地球自转角速度变化说

物理学认为，一个旋转着的物体或球体，应遵循角动量守恒原则，即：

$$I\omega = c$$

式中，$I$ 为旋转物体绕其转轴旋转的转动惯量，$\omega$ 为旋转物体的角速度，$c$ 为一常数。故当转动惯量 $I$ 发生变化时，角速度 $\omega$ 必以反比例发生变化，即当 $I$ 减少时，$\omega$ 值必然增大，反之亦然。根据这一原则，那么当地球由于收缩或内部重力分异作用，导致其质量向其中心收敛集聚时，其转动惯量 $I$ 必然减少，此时地球角速度 $\omega$ 就会增大而加快，而角速度加快必将导致地球自转的离心力和重力的联合力发生变化，于是会引发地壳运动，并由此而产生地壳岩石变形。反之，当地球自转角速度 $\omega$ 变小时，转动惯量 $I$ 必然加大，为了适应这种变化其质量分布应该向外扩散，亦即地球体积膨胀或者比较重的物质自地球内部向浅表层移动。当地球质量分布经历了如此调整，同时还不断受到天体潮汐作用的影响之后，它的扁度一定增大而角速度减少，这又会引起它的离心力和重力联合动力场发生新的变化，再次引发新的地壳运动，并由此产生新的地壳构造。

历史记录证明，地球自转的速度确实是时快时慢而具有周期性变化。究其原因，这与地球内部演化和天体星际间的相互影响、相互控制有关。譬如：地球内部演化即是由于地球内部放射性元素衰变产生热，导致地温场、地震场、重力场变化，引起较大密度的物质上涌，形成对流和喷溢，使质量分布失衡以致地球自转角速度变化；也有因天体星际间相互影响等原因，如月球对地球所产生的潮汐作用、太阳黑子活动对地球磁场的影响等，也同样会对地球自转角速度产生影响。

不少研究者认为岩石圈表层的构造变形可能主要受地球自转惯性影响，受地球自转速度变化控制（李四光，1947，1962；夏德格，1963，1982）。否定者认为，地球自转速度变化所引起的构造应力值不及实测地壳构造应力值的百万分之一，这样小的应力是完全不可能引起大规模固体岩石圈变形的。但支持者（王仁等，1979）认为，微小的应力通过上千万年的积累，以至于达到数十兆帕的数量级，从而使岩石变形。支持者认为，否定者除未考虑时间效应外，其所进行的计算是将地球作为均质的弹性体而建立的模型，这与实际情况是相符合。孙殿卿等（1995）认为地球自转惯性力是主导动力，对其他动力起到连通的作用。

## 第四节　天体撞击说

撞击（冲击/陨击）构造在星际间分布十分普遍。月球上的月海、月盆以及火星、水星、金星上都大量分布着由撞击形成的环形山、环形盆、环形谷。地球表面亦同样分布有这样一些撞击构造。

巨大陨击事件的周期与地球演化的周期存在对应关系（殷鸿福等，1988）。主要存在两种周期：其一，(33 ± 3) Ma 的周期，是和太阳系穿越银道面有关，在银道面附近星际物质密集分布，引力场发生变化，很容易使小行星或彗星等脱离原有轨道，出现陨石撞击地球的现象；其二，(265 ± 60) Ma 的周期，是银河年的周期，即太阳系绕银河系旋转一周所需要的时间，在一个银河年内可以八次穿越银道面。银河年与全球板块聚合—离散演化周期（威尔逊旋回）几乎一样：在 250 Ma 前后，古生代与中生代之交，是潘基亚超大陆的形成时期；两个银河年之前即 543 Ma 左右，元古宙与古生代之交，是冈瓦纳大陆形成统一结晶基底的时期；三个银河年之前即 800 Ma 前后，拉伸纪与成冰纪之交的晋宁期末，是罗迪尼亚超级古大陆裂解、中国很多陆块发生会聚；四个银河年以前即 1 050 Ma，中、新元古代之交，则是罗迪尼亚超级古大陆形成时期。

天体撞击诱发板块运动的假说认为，巨大的陨击使大面积浅表岩石破裂，产生质量亏损，发生重力均衡调整，可诱发地幔物质上涌，形成浅源地幔羽、地幔底辟，可导致大规模岩浆活动，形成溢流玄武岩被，从而派生放射状和环状的张性断裂，形成岩石圈板块裂开的三联点，推动板块向四周的运动（万天丰、张长厚，1996）。

总之，全球构造动力由内营力和外营力两部分组成，内营力主要是地球内部的热、电、磁力和地球转动的差应力，外营力主要是地球受控于银河星系涨落的差异引力和陨星碰撞地球的冲击应力，总的是内外营力合而为一的综合交融动力，其主导动力在不同时空阶段可能不同。

尽管现行的各种构造动力学假说都存在着某些根本性的问题，有待进一步探讨，但不会影响构造地质学的发展和已取得的成就。相信构造动力学的奥秘会随着科学技术的进一步发展而逐步获得更为合理的解释。

# 第八篇　构造年代与构造演化

地质构造发展演化过程具有构造节律(rhythm)、构造序列、构造期次的显示。构造演化节律表现为构造发展的韵律性、周期性及旋回性特点；构造演化序列表现为构造发展的阶段性、渐进连续与激进断续更迭的顺序性；构造期次(幕)表现为构造发展的节段性、节点性、前进性和不可逆性规律。至于构造期与构造幕的关系，有的研究者将两者当作同义语，而有的则将构造幕不再细分构造期或反之。

地质构造形成的时间是通过构造演化各阶段产物的辨认来确定的。这就需要了解构造发展各阶段的持续时间，简称为时限。构造作用活动开始和终止的时间，分别称为上限年龄和下限年龄。记录构造活动时间信息的构造介质可作为构造时间标志物，简称为时标。在构造时限的研究中，只有对特定构造时标的正确识别和准确采样及高精度测试后，才能获得可信的构造定年。这不仅包括构造形成时间点(年龄峰值)的研究，也包括构造形成时间段(时间跨度)的研究。

# 第三十章　构造世代和构造序列

构造世代和构造序列为构造时间学的基本范畴。

## 第一节　构 造 世 代

构造世代是著名地质学家李四光首先提出的，又称构造序次。其含义是在一次构造运动中，同一方式动力持续作用下，构造形迹形成的先后辈分关系。在形变过程中由于局部边界条件发生变化，其内部一定范围内各点的应力作用方式也随着变更，由这种应力状态变更而相继产生的各项构造形迹，依次属于不同的构造世代。

一个区域性主干构造往往先后派生出一系列第二世代、第三世代的构造。前者是初次构造，后者为二次或三次构造，统称再次构造。同一世代（辈分）的构造不一定同时形成，再次构造也不一定晚于其他初次构造。

占主导地位的构造列为一级构造。二级和三级构造空间的尺度依次渐小。一级构造大都属于初次构造，但也不限于初次构造；再次构造大都是低级构造，但也不限于低级构造。

一个地区在持续单向挤压作用下，褶皱前产生的两组剪裂面，包括褶皱面本身，都属于初次构造；继之，随着背斜的拱曲，在它的顶部出现的纵张断裂，属于二次构造；如果进一步发展，轴部地块就会沿着这些纵张断裂陷落，致使纵张裂面附近产生拖褶曲或分支断裂，它们都是三次构造（图 8.1）。每一构造世代都代表着一定方式的局部应力状态。和构造要素一样，构造组合也有构造世代之分。

马杏垣（1983）强调构造世代不仅简单地表现在彼此发育时间的早晚上，更重要的是在成因上的相互联系和依次控制关系，它是更广泛意义上的构造辈分关系。

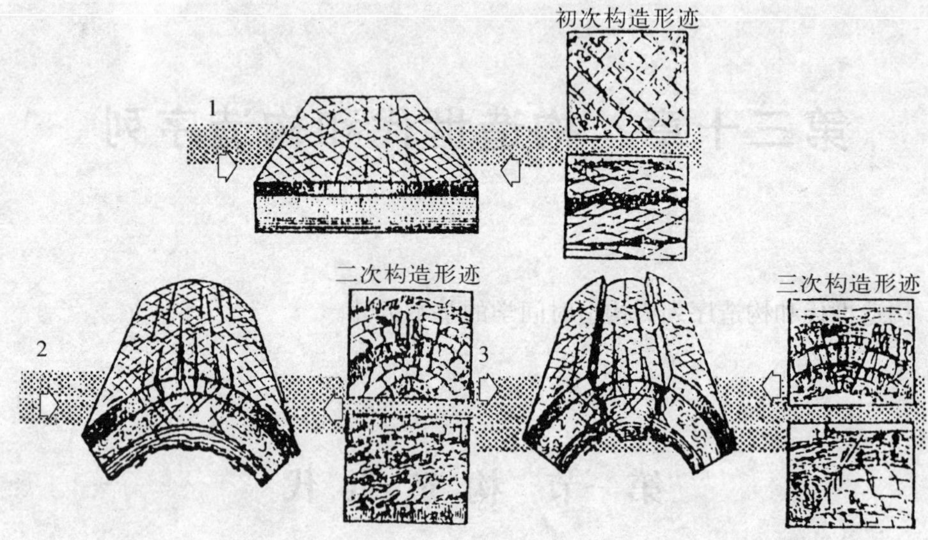


**图 8.1　构造序次的一种发展过程示意图**(据地质力学研究所，1983)

## 第二节　构 造 序 列

构造序列系指将不同世代的构造依其形成的相对新老关系排列而成的构造序律，其含义可相似于地层学中的层序律。某个地区的构造序列，反映这个地区的构造形变演化历史。一般地说，同一世代构造大多为同一构造序列产物；但是在递进变形过程中，同一构造序列却可以形成众多不同世代的构造。

构造序列可按先后分为原生构造序列和后生构造序列，并可再分先后。

### 一、原生构造序列

1. 沉积构造序列，包括沉积过程中形成的各种构造(面、线)，如沉积不整合面(图 8.2)、各类沉积层面和冲刷面及底面印膜(图 8.3)等。

2. 成岩构造序列，包括沉积后成岩过程中还处于半固结状态形成的各种构造

(面、线)及其稍后的软沉积变形,例如半固碳酸盐沉积层的张节理充填脉体及其软变形流变形成方介石花纹状脉体、卷曲层理(图 8.4)、软层突入硬层的火焰状构造(图 8.5)、沉积砂岩层拆离于软泥岩层中形成的砂岩球和砂岩枕构造(图 8.6)、砂岩中的碟状构造(图 8.7),以及砂岩脉和砂岩墙等。成岩构造又可分为早期成岩构造和晚期成岩构造。

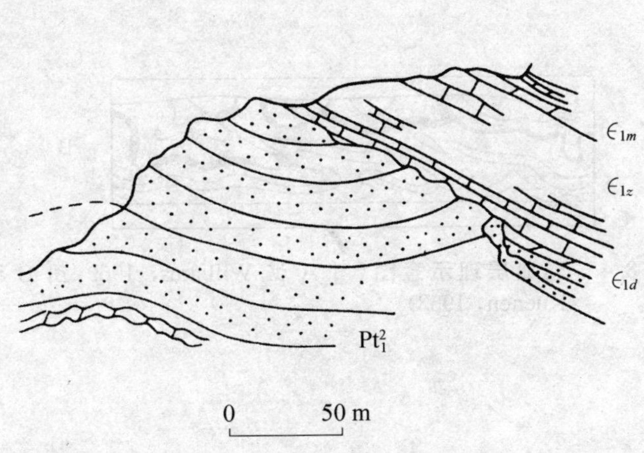


**图 8.2　登封县屈峪南寒武系与嵩山群($Pt_1^2$)之间的角度不整合**(据马杏垣等,1981)

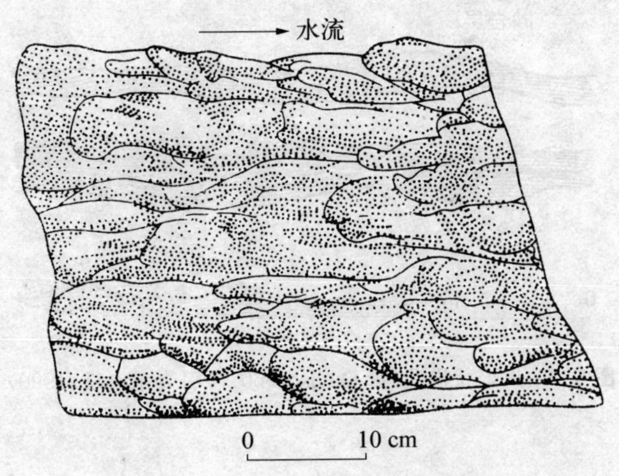


**图 8.3　舌状底面印模**(据 Haaf,Ten)

图 8.4　卷曲层理示意图（图 A 据 Williams，1969；图 B 据 Kuenen，1953）

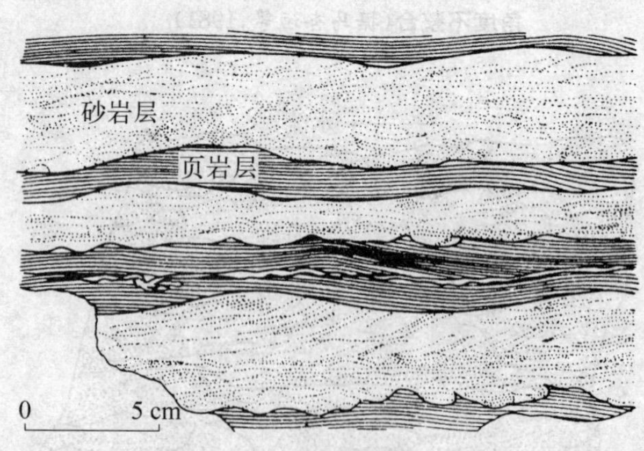


图 8.5　火焰状构造（据 Davis，1960；转引自朱志澄，1990）

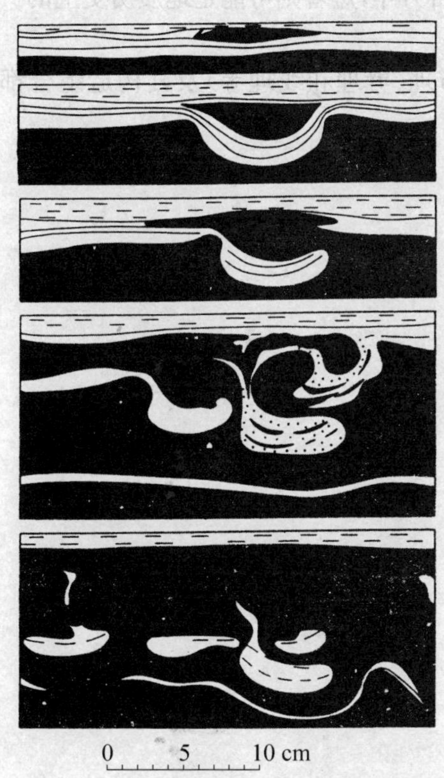


图 8.6 砂岩球和砂岩枕发育过程示意图(据 Kuenen, 1965)

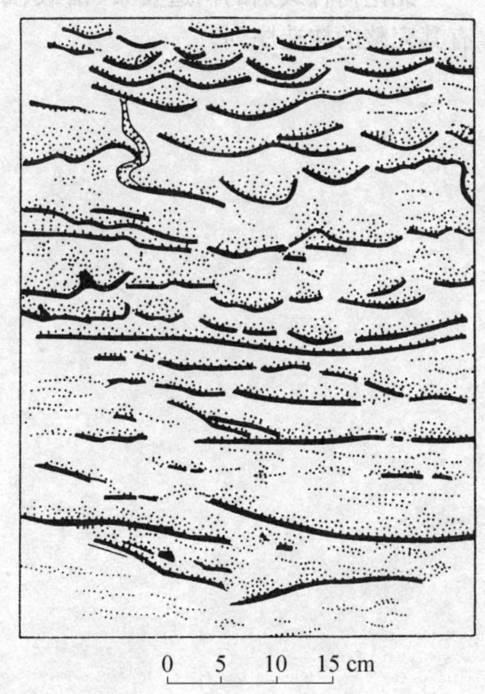


图 8.7 砂岩中的碟状构造(据 Potter, 1977)

## 二、后生构造序列

后生构造序列指的是沉积岩固结和侵入岩固结以后迭次构造改造的序列。后生构造与原生构造的分别在于：沉积构造主要受水动力条件，其限于一定的岩层之中；成岩构造主要受重力和负荷孔隙压力制约，限于沉积盆地一定的压段；后生构造受控于区域构造应力，显示构造的定向性和定位性。

自地壳形成以来，构造运动从未停止过，但能量从积累到释放有个时间过程，因而构造运动就显示出阶段性来，即有高潮和低潮之分，由此可划分为不同的构造旋回。构造作用及构造形变又总是一幕接一幕地发生。一次构造运动可由若干个不同的发展阶段组成，每一个阶段又可分为一个或若干个构造变形幕。由于不同构造世代可能属于不同构造旋回，也可能属于同一构造旋回中的相继变形幕，所以,它们之间的时间间隔长短不一,长者可达几百万年,短者则可能是地质历史上的一瞬间。

无论何种级别的构造要素(褶皱、断层、节理、劈理和线理等)及其构造组合都有其完整的构造序列。

# 第三十一章　伴生构造和派生构造

许多构造现象是相伴出现在地质体中的，它们在成因上具有统一性，在几何形态上具有相关性，并且往往还表现在变形的增强与衰减上的一致性、区域运动方式上的协调性和运动方向上的同一性。

所谓伴生构造，就是在同一地质时期和同一动力方式作用下产生的构造群体，不论其形态和性质，不论其规模大小和发生先后，这些相伴出现的各种构造形迹，彼此统称为伴生构造。

构造的伴随关系有两种，其一是同时形成，亦即构造世代相同，但构造等级不同，即空间尺度不等而显示出主次来；其二，非同时形成，即构造世代不同，因时间尺度不等而显示出先后来。

初次构造一般是区域内的主导性构造，又称主干构造，往往由它们构成区内构造格架；再次构造就是由主干构造派生的。

伴生构造即伴随构造，而派生构造则限定为再次构造，属于伴生构造的特殊类型。

## 第一节　褶皱的伴生构造

### 一、拖曳褶皱

在成层岩层内部，夹于强岩层之间的弱岩层，受力发生弯曲时，由上下相邻岩层的滑动所产生的力偶作用而导致弱岩层产生不对称的层间褶皱称为拖曳褶皱，亦称从属褶皱（图 8.8）。它们常出现在大型褶皱的翼部。拖曳小褶皱两翼的倾斜很不一致,但其在大型褶皱的两翼及转折端部位具有固定的几何形态。顺着褶皱枢纽倾伏方向观察,在大型背斜左翼(或大型向斜的右翼)呈 Z 形,在大型背斜右翼(或大型向斜左翼)呈 S 型,而在大型褶皱的转折端则呈对称的 M 型。据此可以判断大型褶皱部位和岩层新老关系。也可利用拖曳小褶皱轴面(轴迹)与其上下层面的锐交角指向相邻层滑动方向,来确定背斜和向斜的位置及岩层新老关系。

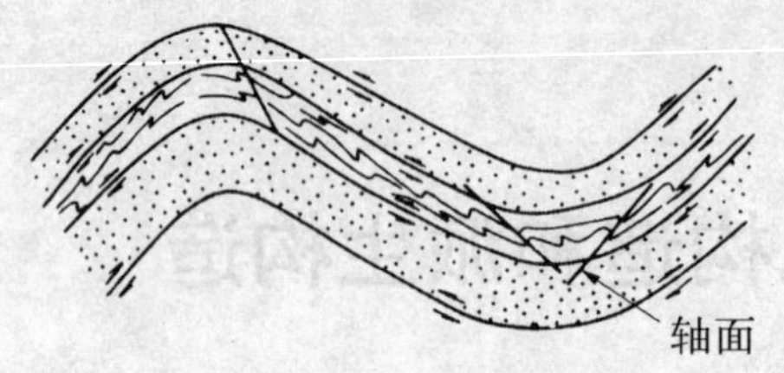


**图 8.8　层间滑动产生的层内小褶皱**(据 Spencer,1977)

## 二、褶皱伴生的节理

在纵弯褶皱作用的发展演化过程中与褶皱伴生的节理,可以分为四套节理系(图 8.9)。

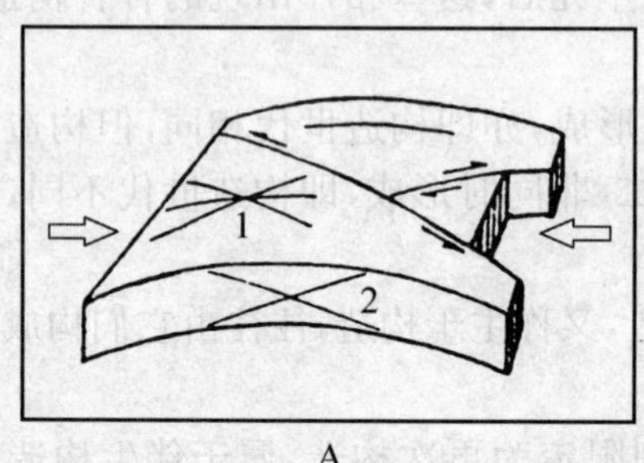


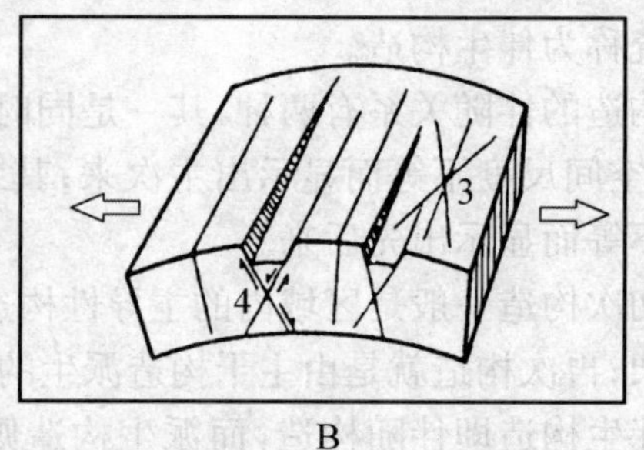


**图 8.9　褶皱伴生构造**(据马杏垣、刘和甫等,1980)

1:第一套节理;2:第二套节理;3:第三套节理;4:第四套节理

第一套节理系:当区域水平应力开始作用于岩层时,可以出现三组节理。首先形成一对垂直层面的共轭剪节理,与主压应力斜交,或称斜节理,因其形成较早,也称早期平面 X 型剪节理。这两组节理相交的锐角应指向挤压方向。第三组与主压应力平行,或与褶皱轴垂直,常追踪上述两组剪节理发育,属张节理性质称为追踪张节理,亦称横张节理。其最大和最小主应力轴水平,中间应力轴垂直。

第二套节理系:在挤压力持续作用下,岩层开始出现褶皱,在剖面上出现一对 X 型剪节理,称为晚期剖面 X 型剪节理。这两组节理面的走向大致平行于褶皱枢纽,剪节理面斜切层面,节理面往往有擦痕。有时也发育一组与层面平行的层(或同心)节理。其最大主应力轴与褶皱枢纽垂直且水平,最小主应力轴直立,而其中间应力轴平行褶皱枢纽且水平。

第三套节理系：在挤压应力继续作用下褶皱进一步隆起，此时在背斜转折端和向斜槽部可出现三组节理。背斜转折端出现一组与褶皱枢纽平行的扇形张节理，也称纵张节理，另两组与枢纽斜交的共轭剪节理，构成背斜处的晚期平面X型剪节理，其与早期平面X型节理区别在于其锐角尖指向平行枢纽方向，但一般不发育；在向斜槽部出现一组与褶皱枢纽垂直的张节理，也称二次横张节理，而两组与枢纽斜交的剪节理则构成向斜槽部的晚期平面X型剪节理，与早期平面X型剪节理相重合。最大主应力轴平行枢纽，最小主力轴垂直枢纽且都是水平的，而中间应力轴是直立的。

第四套节理系：背斜继续隆起加剧，在垂直应力作用下，在背斜转折端出现高角度的两组共轭剪节理，若高角度剪节理进一步发展时可以产生正断层或地堑、地垒，其最大主应力轴直立，最小主应力轴垂直枢纽，中间主应力轴平行枢纽且后两者均呈水平状态。

在褶皱岩层中经常出现的是第一套节理系和第三套节理系中的一组纵张节理，第一套和第二套节理系与区域水平压应力有关，第三套和第四套节理系与褶皱形成后期局部应力变化有关。

## 第二节　断层的伴生构造

### 一、平移断层的伴生构造

平移断层的剪切滑动将导生出次级构造，包括张裂（正断层）、剪裂（平移断层）和拖褶皱等。关于伴生构造与主断层的夹角大小问题曾由E. Z. 拉吉他依（1969）进行过理论分析。他提出“直剪切”的应力模式作为主断层发生的第一级应力状态，即除水平剪切应力作用外，尚有垂直于主断层（F）的垂直应力 $\sigma_2$ 的作用。

图8.10中之 $\sigma_1$、$\sigma_3$ 为由单纯剪切断层作用诱导的次级应力状态的最大和最小主应力，由上述应力场下导生的伴生张裂隙和拖褶皱，在变形初始阶段与主断层间的夹角 $\gamma = \theta = 45°$。当有 $\sigma_2$ 直应力作用时，则 $\sigma_1$ 与 $\sigma_3$ 共同组合的次生应力状态的主应力轴应在虚线 $C$ 的方位上，由 $C$ 为最大主压应力作用而形成的伴生张节理 $T$ 与主断层夹角 $\theta' > \theta = 45°$，同时其锐夹角指示了主断层的本盘动向；而伴生拖褶皱D与主断层夹角 $\gamma' < \gamma = 45°$；$S_1$ 和 $S_2$ 为两组伴生剪裂面，其中 $S_1$ 组与

主断层作较大角度相交，或直交且产状不稳定，所以一般不用来判断断层动向。$S_2$组与主断层近平行和极小角度相交（5°～20°间），其锐交角指示本盘主断层的动向（图 8.11）。

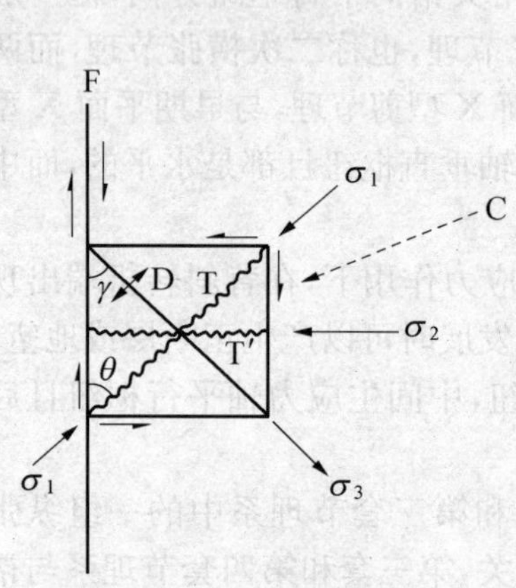


**图 8.10　“直剪切”应力模式及次级应力场**（据拉吉他依，1969）

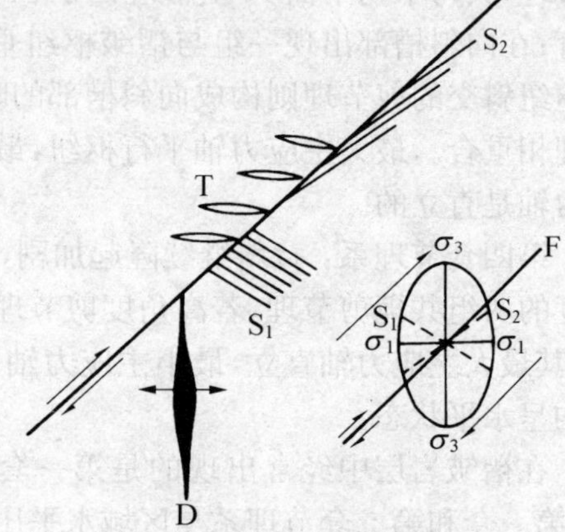


**图 8.11　断层及其派生节理和小褶皱示意图**（据朱志澄等，1990）

F：主断层；$\sigma_1$：派生应力场主压应力轴；$\sigma_3$：派生应力场主张应力轴；$S_1$、$S_2$：剪节理；T：张节理；D：小褶皱轴面
右下图为应变椭球体

平移断层两盘运动常在断层的两盘或一盘，特别是在上盘岩层中引起各种褶皱现象。一种情况以断层旁侧派生拖曳褶皱形态呈雁行式排列，它常只在一侧发育而不越过断层的另一侧。另一种在平移断层带中由两条主平移断层组成，褶皱主要形成于两条平移断层间，亦呈雁行式排列。这种伴生褶皱的轴面与主平移断层面或剪切方向之夹角（$\theta'$）和剪切应变量（$\gamma$）大小有关，即成反比关系：$\tan 2\theta' = 2/\gamma$。这个关系的几何证明较代数证明简单（刘瑞珣，1988，2003）。

## 二、推覆构造伴生的褶皱

根据推覆构造引起褶皱的认识，推覆构造在其逆冲岩席推移过程中，从一个低层位断坪经断坡爬升到高层位断坪时，于断坡上形成了以无根背斜为主的褶皱。这种背斜一般是不对称的，与运移方向一致的前翼较陡，其后翼较缓。随着构造运移，背斜不断扩大，成平顶式或箱状构造，进而会形成侏罗山式褶皱。图 8.12 是美国松树山逆冲断层外来岩席上褶皱形成的演化图示。该图显示：第一，推覆构造中的褶皱是逆冲作用引起的，逆冲作用早于褶皱发生；第二，箱状构造、侏罗山式褶皱都是盖层在基底上逆冲滑脱形成的，断坡在褶皱形成中具有重要作用；第三，推覆构造形成的褶皱，其几何形态和组合形式受断坡（倾角、长度、间距）、运移速度和规模、岩系组成、逆冲作用进程、滑脱层（性质、厚度和深度）诸因素的影响；第四，在构造变形进一步发展时，断坡可能向上延伸而切断顶板逆冲断层，形成切顶构造。

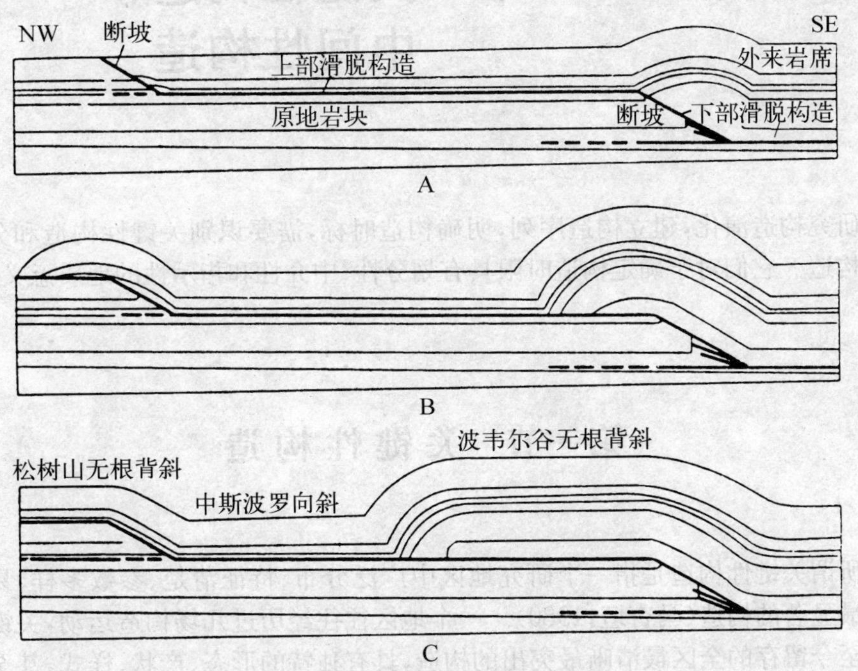


**图 8.12　南阿巴拉契亚松树山断层及其发展形成过程**（据 Horris,1977）

注意：断层的台阶式结构和无根背斜的发育

# 第三十二章　关键性构造和中间性构造

研究构造演化，建立构造序列，明确构造时标，需要识别关键性构造和分辨中间性构造。它们对于确定构造时限具有划分性、中介性和指示性的地质意义。

## 第一节　关键性构造

所谓关键性构造是指一个研究地区中广泛分布、特征清楚、参数多样、易于识别且最显著的构造(马杏垣,1980)。一个地区往往经历过几场构造运动，关键性构造是至今留存的全区最清晰最突出的构造，具有独特的形态、产状、样式，甚至伴有相关的岩浆作用及变质作用。它一般是研究区内几场构造运动中最重要的一次构造运动的主干构造。以关键性构造为标志，可把所研究地区整个构造序列划分为关键性构造和它以前及以后三个构造部分。

## 第二节　中间性构造

两个主变形期之间形成的构造叫中间性构造。它并不一定是透入性的构造，在许多情况下表现为小型侵入体，如岩墙、岩脉等板状构造。它们的存在有助于构造历史的分析。因为它们在变形序列中处于中间参考系，是比较简单的构造，变形后也比前期构造简单且易于识别。例如在研究叠加褶皱时，除了直接观察不同世代褶皱之间的重褶关系外，还要研究它们与中间阶段形成的构造之间的关系，才能建立完整的变形序列。图 8.13A 图中 $F_1$ 和 $F_2$ 褶皱被第三期褶皱 $F_3$ 重褶，使 $F_2$ 与 $F_3$ 褶皱轴面平行，以致不能辨别出 $F_3$。图 8.13B 图中 $F_2$ 与 $F_3$ 褶皱期之间有小型板状侵入体贯入，则可根据岩墙本身的褶皱形态去判断有 $F_3$ 褶皱存在。

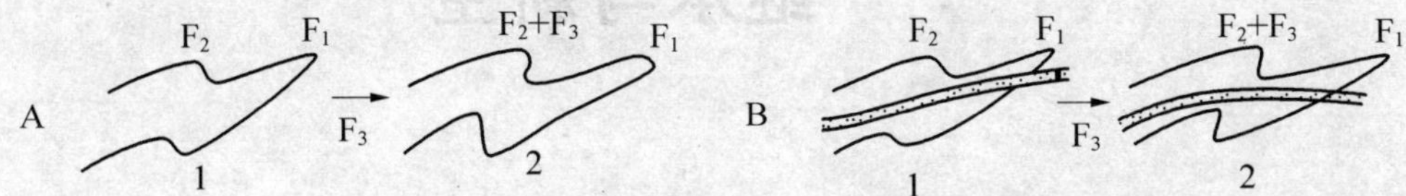


**图 8.13　两期褶皱之间有岩墙(面状构造)侵入**(据马杏垣，1980)

有助于识别平行轴面的重褶关系

中间性侵入体不仅是个很好的变形指示标志，而且本身就是构造活动一定阶段的产物，代表一定的世代，而且当给出精确的同位素定年后，便可确定被侵入之前的构造以及侵入之后构造的时限。特别是当岩体内发育次生面状构造与侵入体边界呈高角度相交时，则在晚期变形中至少其中之一可能对一特定方位的应力系统发生反应而变形。如图 8.14 中 A－1 及 B－1 为均质岩墙受到垂直于壁的挤压或平行于壁的剪切，可见其内部变形的证据并不明显。除非事先知道岩墙的原始厚度或宽度，否则就无从判断挤压效应。如果没有明显的应变标志也无从知道两盘的剪切，特别是当两侧围岩强烈褶皱时这种变形将不被察觉。然而，当岩墙中具有与其边界呈一定角度的原始面状构造时，它们的歪曲，如图 8.14 中 A－2 和 B－2，就表明了后期变形的效应，并可借此鉴定变形的性质和大小。

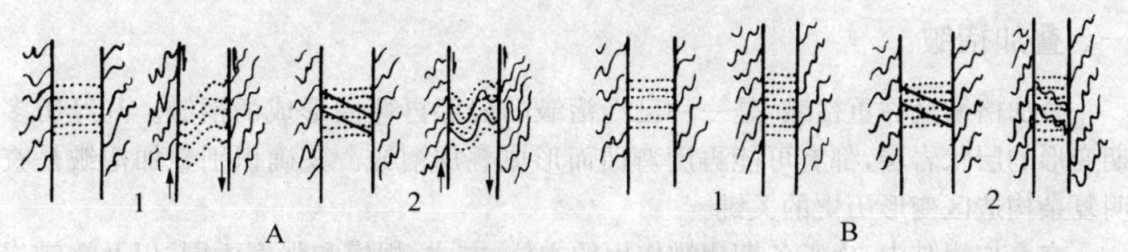


**图 8.14　复杂褶皱岩石中的板状岩体(细点)**(据马杏垣，1980)

在平行其边界滑移(A)和垂直其边界挤压(B)下的变形

在成层性的岩石中，具有标志意义的特殊岩性层往往可以作为参考层位，借以阐明构造关系，建立构造变形序列。

# 第三十三章　构造的叠加与置换、继承与新生

构造的叠加和置换是多期次构造变形的综合结果。每一次构造变形都会受到先存构造的影响，又改造了前者并产生新的构造。

## 第一节　构 造 叠 加

构造叠加是指已变形的构造再次变形而产生的复合现象。相叠加的构造可以分属于两个和两个以上构造旋回，或是同一构造旋回相继的构造幕，也可以是同一幕的递进变形而产生的。各种类型的构造都可以发生叠加，这里仅介绍叠加褶皱和长寿断裂。

### 一、叠加褶皱

叠加褶皱又称重褶皱，是一种已经褶皱的岩层再弯曲形成的褶皱。凡经历多期变形的层状岩层，都有可能再度弯曲而形成叠加褶皱。正确识别叠加褶皱是查明复杂构造区变形历史的关键。

在叠加褶皱中，由于各期褶皱作用的方位、方式、规模和强度不同，以及褶皱岩石力学性质的差异，因而，叠加褶皱形态十分复杂，类型极其繁多，曾有多种分类。兰姆赛(1967，1983)以规模近似的两期褶皱叠加为例，主要根据两期褶皱方位不同叠加造成的干扰格式，概括为三种基本形式如图 8.15。

**第Ⅰ型**　相当于所谓的“横跨褶皱”或“斜跨褶皱”。早期褶皱的形态一般为轴

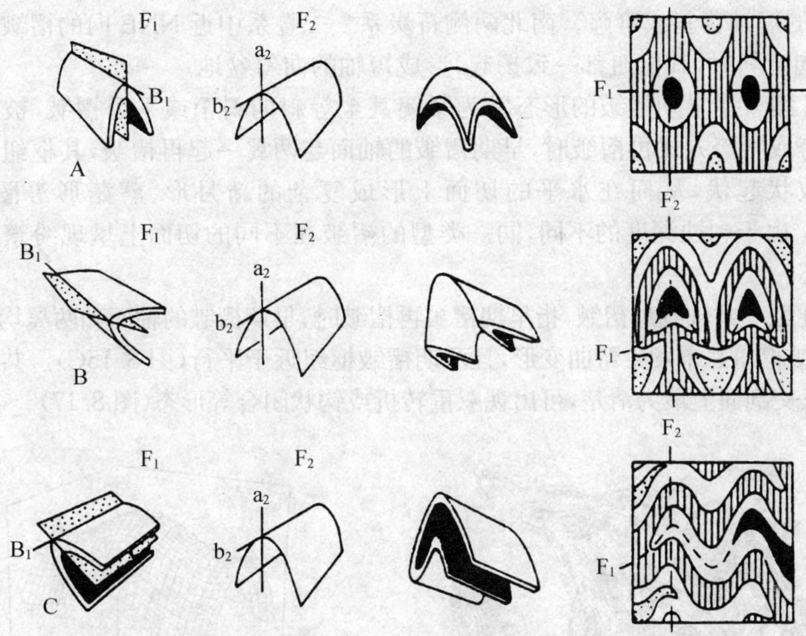


**图 8.15　叠加褶皱的三种基本干涉形式**(转引自宋鸿林,1983)

右边为平面图,$F_1$、$F_2$ 分别为两期褶皱的轴迹

面近于直立的较开阔的褶皱。变形后,早期褶皱的轴面一般受变形的影响不大,而枢纽被再褶皱成有规律的波状起伏。常见的形态是一系列穹盆相间的构造(图 8.15A)。两期背形叠加处形成穹窿构造;两期向形叠加处形成构造盆地;当晚期背形横过早期向形时,背形枢纽发生倾伏,而向形枢纽发生扬起,形成鞍状构造。连接一系列穹窿的高点,就可以大体上看出两期褶皱的方向和规模。湖南邵阳涟源一带的地质构造是这种叠加褶皱的例子(图 8.16)。早期 EW 向的褶皱被晚期 NNE 向褶皱所叠加,中部以泥盆系及前泥盆系为核,总体来看为一 EW 的背斜,但被晚期褶皱改造成一系列

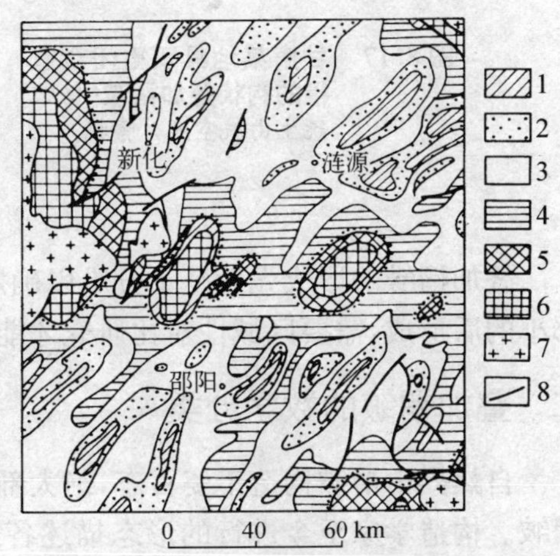


**图 8.16　湖南邵阳涟源一带地质略图**

(据李智陵等,1990)

1：三叠系；2：二叠系；3：石炭系；4：泥盆系；5：志留-寒武系；6：元古界；7：花岗岩；8：断层

NNE 向的短轴背斜或穹窿。南北两侧石炭系—二叠系中近 NNE 向的褶皱接近早期 EW 向背斜时，其枢纽都一致扬起，形成短轴的向斜盆地。

**第Ⅱ型** 指早期褶皱的形态常为紧闭甚至等斜的斜歪或平卧褶皱，被晚期褶皱以横跨或斜跨方式再褶皱时，早期褶皱的轴面与两翼一起再褶皱，其枢纽也被再褶皱而波状起伏，从而在水平的切面上形成复杂的新月形、蘑菇形等图象(图 8.15B)。由于剥蚀深度的不同，同一类型的褶皱在不同的切面上呈现纷繁多姿的平面形态。

**第Ⅲ型** 共轴叠加褶皱，指早期褶皱再褶皱时，早期褶皱的轴面和两翼均被再褶皱，但褶皱枢纽并未发生弯曲变形，且两期褶皱枢纽近于平行(图 8.15C)。共轴叠加褶皱在正交剖面上最为清楚，可出现双重转折或钩状闭合等形态(图 8.17)。

**图 8.17** 甘肃某地具双重闭合重褶的钩状叠加褶皱(据宋姚生由航空照片素描)

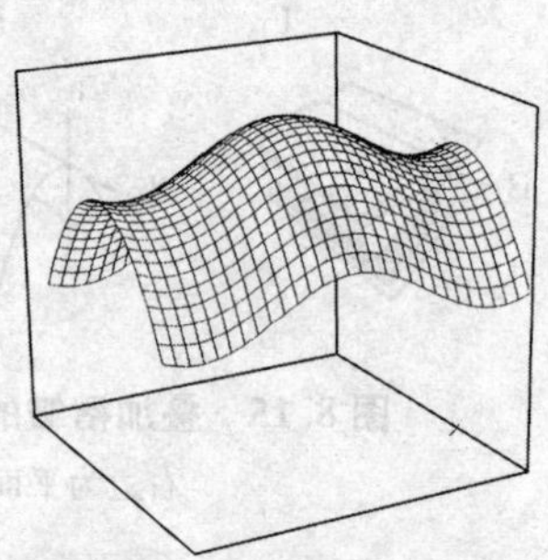

**图 8.17′** 横跨叠加褶皱曲面计算机模拟图(据刘德良、杨晓勇等，1995)

叠加褶皱的形成先后是十分难以确定的，不见得大的立体构造一定先形成，局部小的后形成，需要区域性对比研究才能确定。

## 二、叠加褶皱的数学分类

自然界中褶皱构造千姿百态，绝大部分属于复合成因的叠加褶皱，尤其是复杂褶皱。构造学家至今进行的形态描述各式各样。патлаха 等(1974)用纯几何学方法将两期褶皱叠加构成的构造格架分为 34 类 186 种。刘德良等(1995，1996)力求模式的概括性和实用性，以数学分析方法给出叠加褶皱最基本的五种类型，试述如下。

褶皱叠加好似一种电磁波的“调制”(耦合)，即可考虑为一个褶皱在特定空间方位对先存褶皱的耦合(调制),如图 8.18 所示。当然,这种耦合是三维空间和特定构造期(次)内的行为。实际上这种耦合在空间不同方位发生时,其结果是很复杂的。这里只考虑最基本最主要的"共轴"和"横跨"两类叠加褶皱,其他方向上的叠加可近似地分解为在上述两个特殊方向的叠加,就像在进行两个矢量的合成那样。

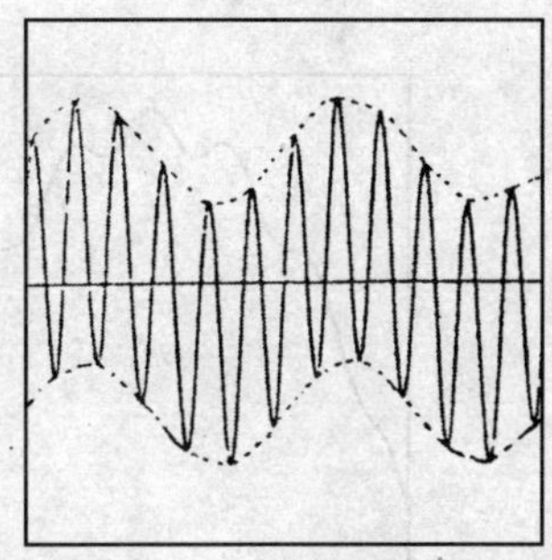

**图 8.18　电磁波的一种耦合作用示意图**

当穷举叠加褶皱用数学表达成为可能后,发现有十多种类型叠加褶皱的数学表达式。以下列举最简单、最基本的五种类型:

**1-型**　$z = a_1x^2$ 与 $z = a_2x^2$,或 $z = b_1\sin(n_1x + c_1)$ 与 $z = b_2\sin(n_2x + c_2)$ 的叠加,写成数学表达式即

1A 型:

$$z = (a_1 + a_2)x^2 \tag{8.1}$$

1B 型:

$$z = b_1\sin(n_1x + c_1) + b_2\sin(n_2x + c_2) \tag{8.2}$$

式(8.1)表示的叠加褶皱仍属抛物线型,但比未叠加前的褶曲变得平缓($a_1a_2 < 0$),或变得凸起($a_1a_2 > 0$);式(8.2)表示的叠加褶皱仍是谐波型的(但较原先的波形有变化);当 $n_1/n_2$ 是有理数时,在空间上形成周期性的褶皱叠加,否则形成准周期叠加褶皱。

**2-型**　$z = ax^2$ 与 $z = b\sin(nx + c)$ 的叠加,数学表达式为

$$z = ax^2 + b\sin(x + c) \tag{8.3}$$

其三维形式见图 8.18′A。

**3-型**　$z = ax^2$ 与 $z = ay^2$ 的叠加,数学表达式为

$$z = a_1x^2 + a_2y^2 \tag{8.4}$$

其三维形式见图 8.18′B。

**4-型**　$z = b_1\sin(n_1x + c_1)$ 与 $z = b_2\sin(n_2x + c_2)$ 的叠加,数学表达式为

$$z = b_1\sin(n_1x + c_1) + b_2\sin(n_2y + c_2) \tag{8.5}$$

其三维形式见图 8.18′C。

**5-型**　$z = ax^2$ 与 $z = b\sin(ny + c)$ 的叠加,数学表达式为

$$z = ax^2 + b\sin(ny + c) \tag{8.6}$$

其三维形式见图 8.18′D。

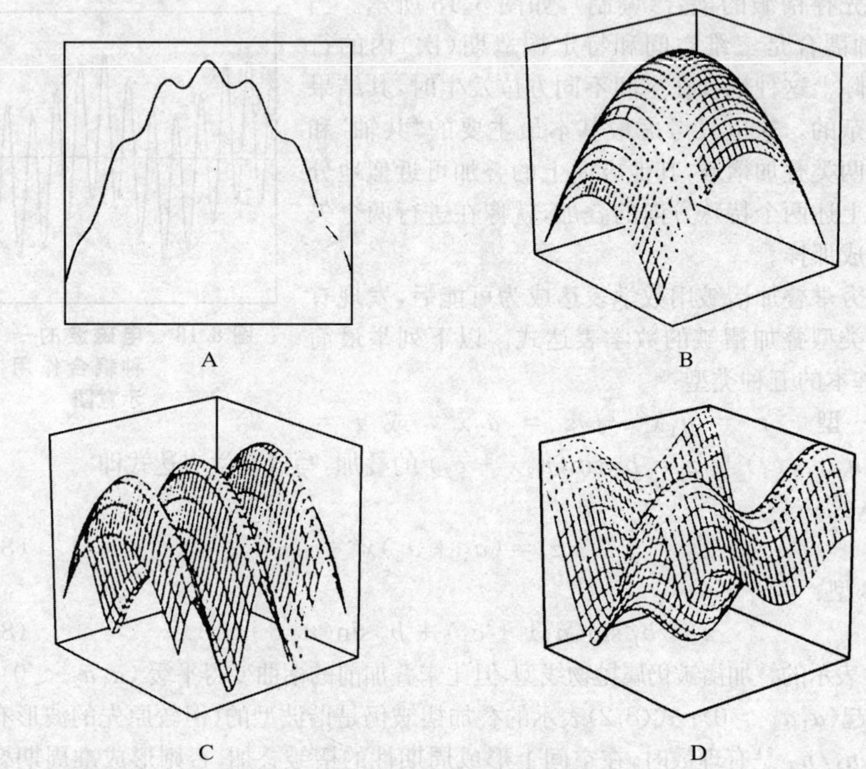


**图 8.18′　叠加褶皱图**(据刘德良、陈增兵等,1996)

A: 2-型; B: 3-型; C: 4-型; D: 5-型

需要指出的是,上述讨论仅是两期褶皱(褶曲)的叠加,至于两期以上的多次叠加的处理可同作相应的讨论。

分析认为:

(1) 此所建立的叠加褶皱的数学表达模式,使变化多样的复合褶皱有了统一表征的数学基础,从而简化了对褶皱叠加的讨论。从数学上分析各种复杂褶皱是由哪些最简单的褶曲合成的,并首次列出两期(次)褶皱叠加最基本的五种类型叠加格式的数学表达式。

(2) 从褶皱叠加演化序列上分析,叠加褶皱是变形过程中后期(次)对前期(次)褶皱改造或干涉的结果。本文列举的是两期(次)褶皱轴向平行或垂直的叠加褶皱的表达式。

(3) 在野外应用时,首先应实地观察叠加褶皱形态,判断它属于上述叠加褶皱类型中的哪一种，写出其一般的数学表达式，然后根据表达式中所含的参数个数，实地测量 $X$、$Y$、$Z$ 的值，测量次数不应少于参数个数，把实测的 $X$、$Y$、$Z$ 值代入表达式，即可解出其中参数的具体值。这样，该叠加褶皱的形状便可由该表达式描述。并且，可以运用计算机技术进行成图演示。鉴于参数个数不多，所以要测量的 $X$、$Y$ 、$Z$ 值也多不了几个，可以依据表达式，运用计算机全面揭示，并绘出叠加褶皱的立体几何图形。

## 三、长寿断裂

长寿断裂指的是在古老地质历史时期产生，又在以后地质年代不断间歇活动，甚至至今仍在活动的大断裂。燕山运动以前发生的断裂构造，有许多是长寿的。在长期间歇性活动过程中，伴随相应的抬升、侵蚀，意味着起初处在深部的断块岩层，逐步抬升到高层次，甚至暴露地表，随着层次的上升和温度及围压的逐步下降、原来于深层塑性变形环境中发育的韧性剪切带糜棱岩类发生脆性变形，产生碎裂岩类和断层泥。整个变形序列为由均匀韧性变形至韧脆性变形再至不连续脆性变形的逐次叠加变化。

在古断裂系的地表上，往往可以见到这种从韧性到脆性过程逐次形成的变形产物。一些糜棱岩破碎形成的碎裂角砾岩往往属于长寿断裂的典型产物。这是确定为长寿断裂的特征标志之一。图 8.19A 表示长寿断裂断层岩的平面分布模式，

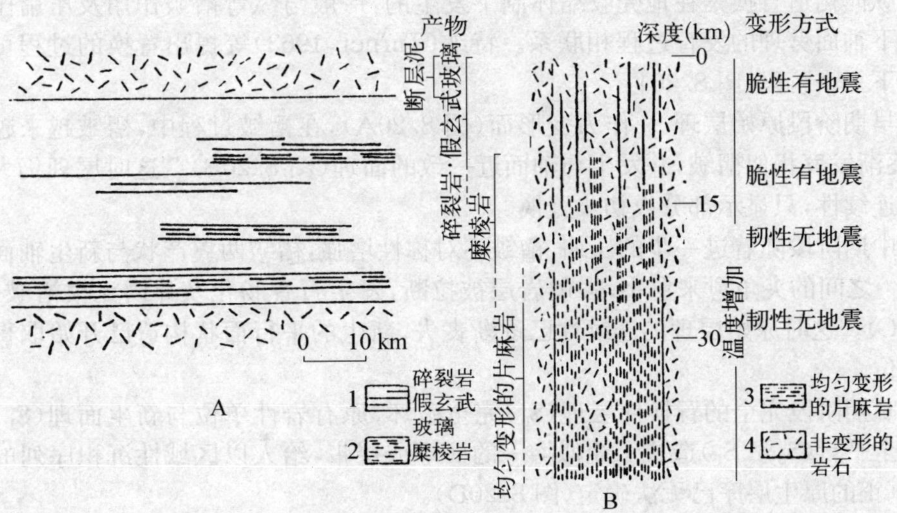


**图 8.19　A: 一个长寿断裂系中的高层次平面略图；B: 一个长寿断裂系的垂直剖面图**

1：碎裂岩、假玄武玻璃；2：变晶糜棱岩；3：均匀变形的片麻岩；4：非变形的岩石(据 Grocott，1977)

由于上升和受剥蚀，这个层次在断裂中逐步占有较高的位置，所形成的变形产物反映相应的温度和围压的降低。图 8.19B 图表示长寿断裂一次活动形成的断层剖面分布模式。上述长寿断裂所形成的复杂变形岩石在野外露头上均可以观察到。

## 第二节　构 造 置 换

构造置换是岩石中的一种构造（原生构造或早期构造）在后期变形中或经过递进变形过程而被另一种（晚期）构造所代替的现象。最常见的构造置换就是层理在褶皱发展过程中被新生的轴面劈理或片理所置换。新生的面理在以后的变形作用中作为变形面参与变形。傅昭仁、单文琅（1989）认为，不同的构造具有不同的置换过程和置换方式。他们根据构造变形体制的不同，将成层岩石面状构造置换划分为纵向构造置换和横向构造置换两个基本类型。

### 一、纵向构造置换

纵向构造置换是在地壳收缩体制下发生的，一般与纵弯褶皱作用及压扁压溶作用下轴面劈理的发育过程相联系。特纳（Turner，1963）等提出置换的过程可分为以下三个阶段（图 8.20）：

早期阶段原始层理 $S_0$ 作为变形面（图 8.20A），在褶皱过程中，褶皱越来越紧闭，逐渐发育相似褶皱，并发生与轴面近一致的面理（图 8.20B）。这时层理仍大体保持连续性，只显示部分或初步置换。

中期阶段随着进一步的压缩，褶皱不对称性增强，褶皱两翼产状与新生轴面面理（$S_1$）之间的夹角愈来愈小，强硬岩层被拉断，发生石香肠化及片内无根褶皱（图 8.20C）。这时原始层理的连续性已逐渐丧失，新生的平行面状构造已开始取得主导地位。

晚期阶段完全的置换使层理（$S_0$）完全破坏，原有岩性单位与新生面理（$S_1$）几乎完全平行（$S_0 /\!/ S_1$）造成了貌似均一的面理或层带，给人以区域性沉积序列的假象，真正的原生层序已无法确定（图 8.20D）。

### 二、横向构造置换

横向构造置换是在地壳伸展体制下发生的，一般与水平分层剪切、固态流变作

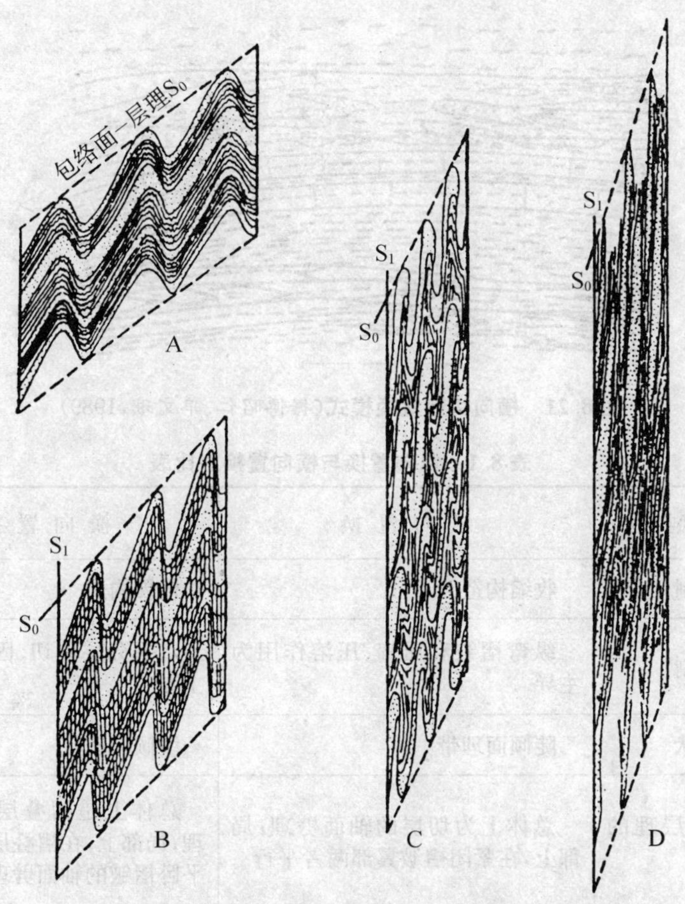


**图 8.20　层理($S_0$)被新生面理($S_1$)置换过程示意图**(据 Turner 和 Weiss, 1963)

A: 层理 $S_0$ 形成近似相似褶皱,层理总方位由褶皱的包络面表示出来; B: 褶皱压紧,倒转翼拉薄、塑性岩层开始发育轴面劈理($S_1$); C: 褶皱进一步压紧,强岩层拉断并呈钩状褶皱,翼部面理已同岩性层平行; D: 面理 $S_1$ 与岩性层完全平行,个别部位仍残留无根褶皱(注意构造置换过程中 $S_0$ 的总方位与 $S_1$ 的斜交关系)

用下的顺层平卧褶皱和顺层韧性剪切带的发育过程密切相关(图 8.21)。傅昭仁等将纵向构造置换与横向构造置换做了一一对比(表 8.1)。

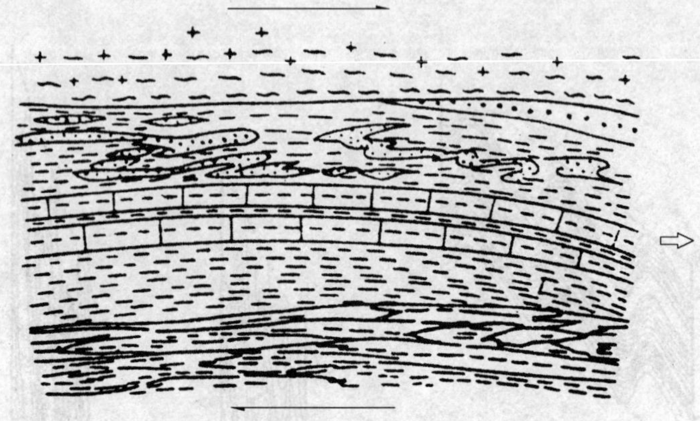

图 8.21 横向构造置换模式(据傅昭仁、单文琅,1989)

表 8.1 纵向置换与横向置换对比表

| 构造置换类型 | 纵 向 置 换 | 横 向 置 换 |
| --- | --- | --- |
| 构造体制 | 收缩构造 | 伸展构造 |
| 形成机制 | 纵弯褶皱和压扁、压溶作用为主导 | 水平分层剪切、固态流变为主导 |
| 面理产状 | 陡倾面理带 | 缓倾面理带 |
| 与原生层理的关系 | 总体上为切层的轴面劈理;局部上,在紧闭褶皱翼部两者平行 | 总体上是褶叠层的顺层面理;局部上,在褶叠层内为顺层平卧褶皱的轴面劈理 |
| 对原生层的改造 | 新生成层构造破坏原始层序 | 新生成层构造不破坏原始大套层序 |
| 对岩层原始厚度的改造 | 先存岩层包络面内岩层的厚度总体增大 | 先存岩层的厚度总体减薄,单层厚度变化急速 |

产生什么形式的置换在很大程度上取决于岩层本身的力学性质、先存产状和受力方向之间的关系。图 8.22 表明了强、弱不同的岩层在构造置换过程中所出现的褶皱、石香肠化及新生面理之间的关系。三种不同产状的岩层在同一递进挤压作用下会发生三种不同形式的构造置换。当岩层与主压应力轴大于 60°角时(图 8.22A),软弱岩层发生面理,强硬标志层则只能形成石香肠。随着压缩量逐步加

大，面理与标志层残余层理的交角也相应逐步变小，从而在宏观上最终造成面理与层理一致的假象。当岩层与主压应力轴呈小于30°角时，该强硬标志层先发生Z型或S型不对称褶皱，同时褶皱包络面逐步旋转。当它越过与主应力轴成45°角的应变面(点线)以后，褶皱岩层从压缩状态转化为伸展状态，褶皱岩层被拉伸呈斜列的片内无根褶皱群。软弱岩层的面理，一直处于该褶皱群轴面的位置(图8.22B)。当岩层与主压应力轴平行时，岩层发生M型对称褶皱，软弱岩层中发育的轴面劈理平行于对称褶皱轴面，褶皱包络面也没有旋转，一直到被挤压分离呈钩状(图8.22C)。

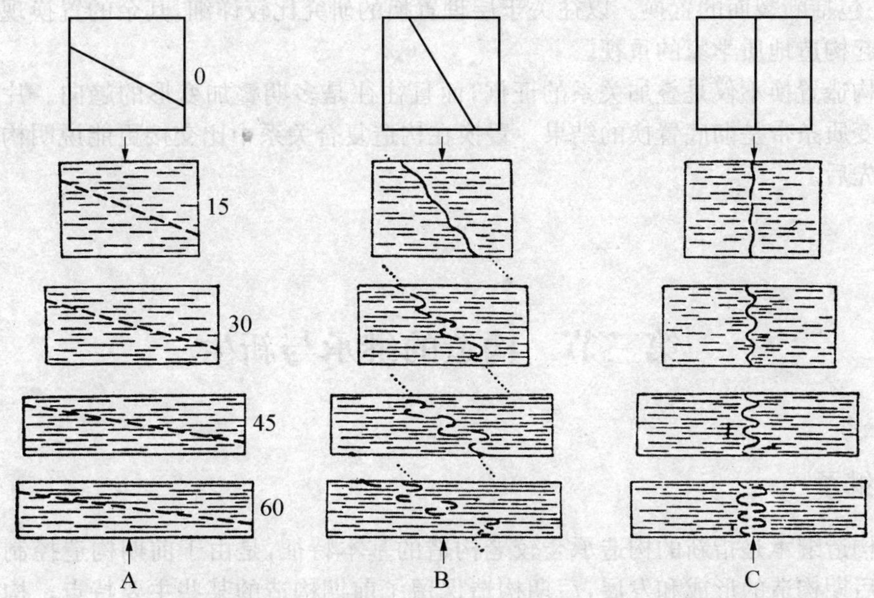


**图8.22　构造置换过程中褶皱、石香肠和新生面理的不同发育方式和状况**(据马杏垣等，1980)

(图边数字代表横列的压缩百分数)

构造置换过程实质上就是新生的构造使岩层“均一化”的过程。一次重大的全面构造置换意味着地壳经历了一次重大构造——热事件。在多期变质变形地区，可能发生不只一次构造置换，层理($S_0$)被面理($S_1$)置换后，面理$S_1$又作为变形面形成褶皱，再被第二次变形形成的面理($S_2$)置换。构造置换使地层的原始层序彻底改变，造成地层重复和缺失，似乎是产状单一的简单构造，实际上可能掩盖或包含着复杂的变形事件。例如冀东太古代迁西群的构造就经历过三个世代的三种不同形式的构造置换。最早是随着紫苏混合花岗岩穹窿的拱起，经过横弯流动褶皱作用的递进变形，将原生火山岩的成层构造置换成顺层片麻理；进而，又以新生片麻理为变形面发生纵弯褶皱，并在递进变形中将片麻理置换成轴面片理，使穹窿外缘弧形褶皱带呈现"单斜"假象。最后，由于运动集中在一些韧性剪切带内，上述两种面理又在剪切带部位遭到置换，形成一条条宽数十米到上百米的片理带。构造多期置换的现象是古老变质岩构造变形的一大特点，从目前的资料来看，在一个大的构造变形旋回中，一般都显示了一个从全面置换到部分置换再到局部置换的递降过程。随着变质岩韧性的递降，各期构造的置换程度也相应降低。

构造置换包括面理置换、褶皱置换和线理置换。面理置换中除上述层理置换外，还包括断裂面的置换。以往关于层理置换的研究比较详细，其余的置换现象尚未引起构造地质学家的重视。

构造置换不仅是叠加关系的证据，而且往往是多期叠加变形的趋向。片麻岩中的变质条带是彻底置换的结果。置换在构造复合关系中比交接更能说明构造世代的先后。

## 第三节　构造的继承与新生

### 一、继承

构造继承是指新的构造承袭较老构造的基本特征，是由于前期构造控制或影响了后期构造的形成和发展，后期构造保留了前期构造的某些主要特点。构造继承一般表现在两个构造旋回之间的大型构造关系上，包括先后两期构造形态和方位的继承；也包括先后两期构造的继承性活动和活动方式的继承。区域性断裂的再次活动、断裂方向和性质均不改变，即具有构造继承性质。

### 二、新生

构造新生是指较新构造以其新的特点区别于较老构造的现象。随着构造发展，老构造的某些成分可以得到加强表现为继承性活动，而另一些构造成分则可以被利用改造而转化成新的构造，甚至能够产生全新的构造。因此，构造新生有两重含义。其一，后期构造改造前期构造，使前期构造的部分或全部改造并归属于后期构造，即称为转化式新生构造；其二，新生构造未受前期构造的影响，而产生在方位、形态上完全不同的全新的构造。

(一) 转化式新生构造

构造转化与再造是指先期构造在后期变形中被改造成隶属于后期构造的现象。它包括构造方位的旋转和构造力学性质的转化，乃至整个地质体形态结构的再造。构造面力学性质转化有两种情况：

1. 同一方式外力作用下，同一构造组合不同序次中的构造面力学性质的转化。例如，区域性力偶作用下，首先出现两组大体垂直的共轭剪裂面(属初次剪裂面)，当力偶持续作用时，与剪切方向角距较小的一组剪裂面逐渐转化为剪张性，而与剪切方向角距较大的另一组剪裂逐渐转化为剪压性；初次的张裂面则可能转化为张剪性面(图 8.23)。经过转化后皆属二次构造面，相对初次构造面，不仅其力学性质转化了，而且空间方位也旋转了。

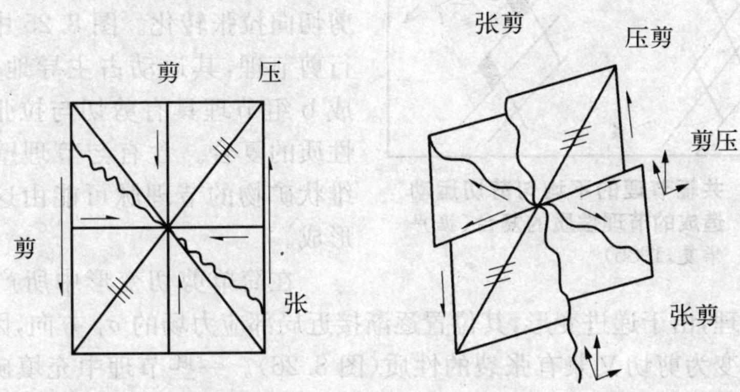


**图 8.23　在直线扭动力作用下结构面性质的转化**(据地质力学所)

2. 不同地质时期和不同方式外力作用下，构造面力学性质的转化。例如，当节理或裂隙中被矿物充填时，纤维状矿物在节理中的形态和结构往往反映被充填节理力学性质的转化。常常可以见到矿物的纤维方向与节理壁斜交，有时纤维是弯曲的。由于这些矿物纤维趋向于顺着节理两盘相对运动的方向而生长，因此，所有充填矿物纤维与节理壁斜交的现象都表明了节理两壁的相对运动兼有剪切运动和拉伸运动的分量，显示了节理的张性与剪性的复合性质。另一方面，同一矿物的纤维方向也有变化，可以根据变化情况，测定节理两壁拉伸与剪切两种运动分量的大小随时间的变化量。图 8.24 是方解石脉充填的节理所显示的引张与右行剪切两种力学性质复合的实例。该例还显示运动的初期(图 8.24A)和末期(图 8.24C)张性运动分量大；运动中期(图 8.24B)右行剪切分量大的特点。

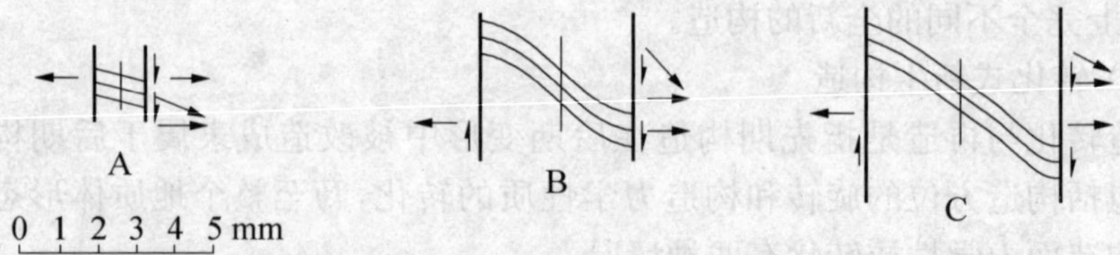


**图 8.24　南天山东段泥盆系砂岩中的张-右行剪切复合节理**(据俞鸿年、卢华复,1986)

方解石纤维与脉壁斜交,A、B、C 为方解石脉发育的早、晚顺序及节理运动的矢量图解

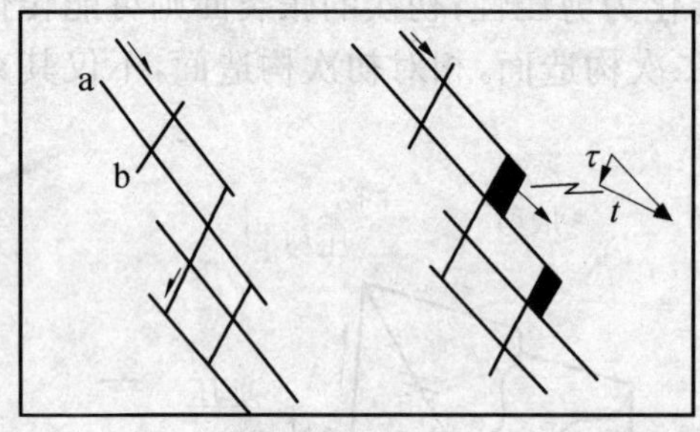


**图 8.25　共轭节理的不均匀剪切运动造成的节理性质的复合**(据卢华复,1986)

当岩体中一对共轭剪节理同时发育,而其中一组运动占主导地位时,它的剪切性质继承不变;另一组节理则由剪切向拉张转化。图 8.25 中 a 组为右行剪节理,其运动占主导地位,因而造成 b 组节理具有剪切与拉张两种力学性质的复合。含有与节理壁斜交的纤维状矿物的节理脉可能由这一种方式形成。

在简单剪切变形中所产生的一组同旋向剪节理,由于递进变形,其位置逐渐接近局部应力场的 $\sigma_1$ 方向,因而逐渐由剪切的性质变为剪切又兼有张裂的性质(图 8.26)。一些节理中充填矿物纤维与节理壁交角逐渐变化的现象就是由于递进应变造成的。

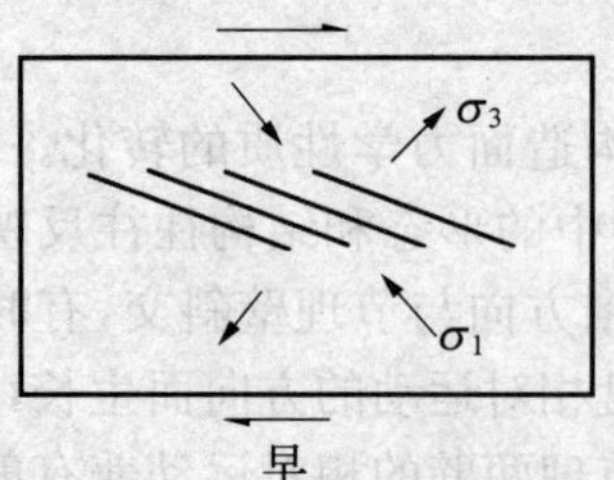


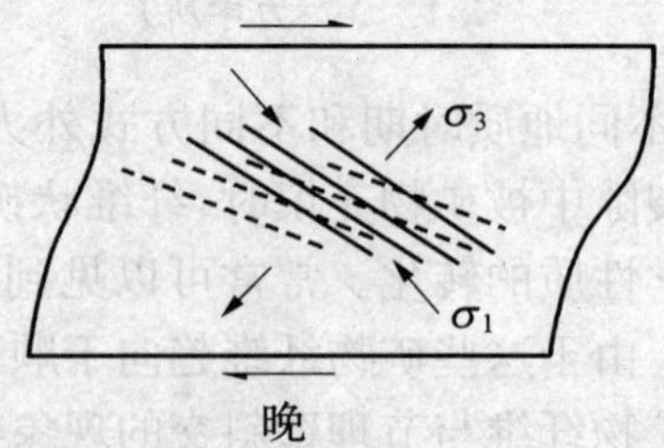


**图 8.26　单剪递进变形所造成的节理性质的转化**(据卢华复,1986)

$\sigma_1$、$\sigma_3$ 为局部应力场的主应力,右图虚线为同旋向剪节理原来的位置,实线为旋转后同旋向剪兼张节理的位置

戴维斯(Davis)曾进行的高能量冲压实验表明,在强大轴向压力下,首先生成

与主压应力呈45°交角的微细剪节理，之后在这些小节理末端张应力集中，节理迅速延展形成劈开式的破裂，最后由于能量耗尽，再变为剪切破裂。这一实验反映了裂面形成过程中剪应力-张应力-剪应力的交替作用，这可能是剪应力与张应力在整个过程中相互转化的缘故。

(二) 全新式新生构造

裂开—愈合脉(Crack-heal vein)是一种被硅酸盐或碳酸盐矿物等充填的岩脉。这种节理脉的形成常常是一个持续反复裂开、充填、结晶、愈合的增生过程。根据兰姆赛对瑞士温德格莱仑鲕状石灰岩的研究，7.5 mm宽的脉中曾有500次以上的裂开-愈合过程。他指出，如果不是大部分，至少亦有相当多的张裂脉是通过逐渐增生过程形成的。石英、方解石、石膏、长石、黑云母等脉体矿物成纤维状，一般与脉壁垂直，并具有反向生长的特点，即自中间向两壁生长。在裂开-愈合过程中，后续的裂开发生在薄弱面已愈合裂缝的边界。充填愈合物质来源于脉壁岩石，是压溶作用的产物。裂开-愈合脉较好地体现了新生构造过程中通常伴随地球化学过程的一种表现。

# 第三十四章　构 造 复 合

构造复合是指不同时期(不同序列)、不同规模、不同力学性质、不同形态的构造成分之间的相互穿插、切割、叠加、置换等各种关系。李四光早在1945年就论述过，互相复合的构造大都各自基本保持其固有的特征；它们涉及的范围不一致，形成时期不相同。

李四光先生(1973)将复合现象归为四种：归并、交接、包容、重迭。刘德良(1997)试补一种即限制，为五种。

## 第一节　归并与交接

归并是指较老构造成分(全部或部分)没有(或仅轻微)改变而并入另一个较新构造中，并成为其组成部分的现象。“追踪断裂”是最常见的一种归并现象，它是较早出现的两组剪切断裂，一段一段地被较晚出现的张断裂所利用，而形成的一种锯齿状断裂(图8.27)。

交接包括重接、斜接、反接、截接。

重接是指两个不同时期构造的主要成分，即褶皱、冲断层或挤压带等，走向彼此一致地重合在一起，并且都不发生构造几何形态和构造方位改变的现象。

斜接是指两个不同时期构造的主要成分，即褶皱、冲断层或挤压带等，走向彼此稍微不同(只有通过实地长距离追索，才能发现它们之间的分歧)，并且都不发生构造几何形态和构造方位改变的现象。

反接是指两个不同时期构造的主要成分，即褶皱、冲断层或挤压带等，走向彼此显著交叉，并且都不发生构造几何形态和构造方位改变的现象。例如一组冲断层横切另一组冲断层。图8.28显示另一类反接现象。

截接是指不同时期反复活动或同时发展的两个构造的主要成分即冲断层或挤压带等，相切或互相干扰，致使每一段落或多或少地改变其构造几何形态和构造方位的现象。

图 8.27　追踪断裂（据地质力学研究所，1983）

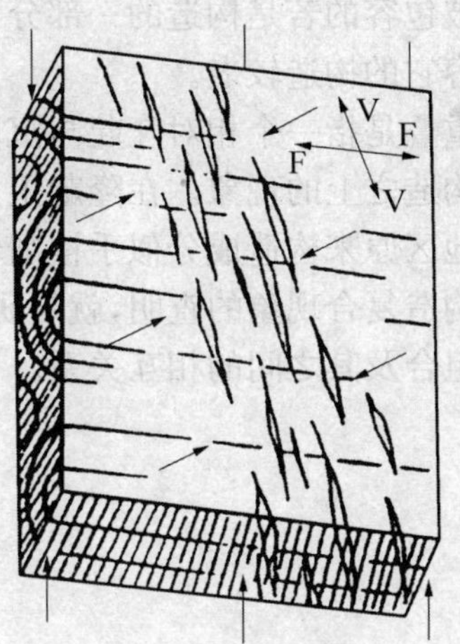


图 8.28　反接之一例（据地质力学研究所，1983）

FF：岩层走向；VV：小型岩脉和劈面走向

# 第二节　限制、包容及重叠

限制是指两个不同时期的构造成分，彼此走向迥然不同，表现为一种构造延伸到另一种构造前突然中止的现象。限制构造形成较早，大都是原生构造或次生构造；被限制构造形成较晚，大都是次生构造。最常见的限制关系出现于灰岩与白云岩互层中，质地较坚硬的白云岩中的张裂隙，常终止于白云岩与灰岩的界面即层面构造上。图 8.29 中 3、4 组节理被 1、2 组节理所限制，所以 3、4 组节理形成较晚。

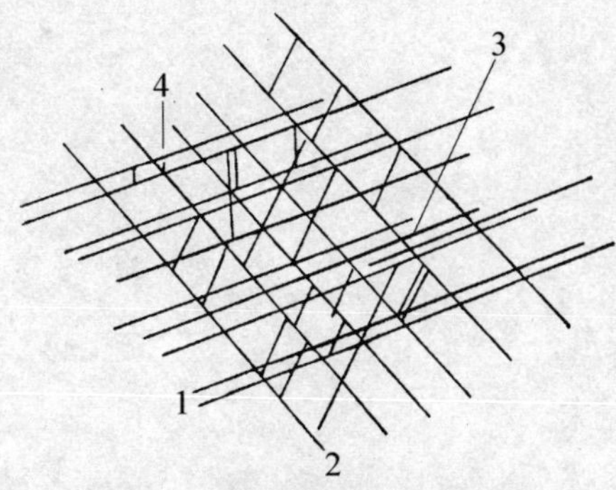


图 8.29　湖北香溪石灰岩中不同节理的限制现象（据马宗晋、邓起东等，1965）

包容是指一个构造内部含有其他构造的全部或部分的现象。被包容的构造如果是完整的，其形态必与包容它的构造迥然不同，其时代比包容它的构造可老可新。被包容的若是构造的一部分，其结构必与包容它的构造格格不入；其时代一定比包容它的构造较老。

重叠是指一个相对隆起与沉降作用显著的较新构造，全部或部分叠加在一个较老构造之上的现象。在隆起上升地区原来构造的成分似乎显得加强了，在相对沉降地区原来构造成分似乎被削弱了，但实际上原来的构造没有被加强或削弱。

构造复合现象的查明，就是研究同一地区经受几次构造运动，各次运动产生的构造组合及其之间的相互关系。

# 第三十五章　构造时代的确定

构造的形成不是瞬间完成的，它从发生、发展到定型通常要经历一段较长的时间过程。其形成时代只有通过对其变形过程中各阶段变形的时间标志的观测才能确定。

确定构造时代可有三种标准：其一，按照古生物地层学建立的标准；其二，按照岩石中剩余磁性的方位和极性的时间变化建立的标准；其三，按照某些放射性同位素定年建立的标准。同位素年龄可以反映被测岩石的成岩作用、结晶作用、冷却作用和变质作用的时代，并不一定直接代表岩石形成年龄及控制岩石形成的构造地质事件年代。如果把同位素年龄与被定年岩石及其地质环境分割开来，其年龄就失去了意义。因此，准确判定构造形成的相对时代，给出相对新老关系的时代顺序，是确定构造时代的基础。

## 第一节　褶皱时代的确定

### 一、成岩后褶皱形成时代的确定

大多数褶皱是在地质历史中短暂的时期内形成的，是成岩后或主要是成岩后形成的，这种褶皱形成时代主要是根据区域角度不整合的时代来判定。角度不整合面以下相对最新地层与其上覆相对最老地层的时间间距，就是角度不整合面下伏褶皱的形成时期。如果不整合面上下地层缺失不多，沉积间断时间不长，褶皱形成时代就能比较容易确定；如果地层缺失时间跨度太长，褶皱形成时代就难于确定。在这种情况下，褶皱形成时代需要再结合其他地质信息综合研究后方能确定，通常取不整合时间偏后端年龄作为褶皱形成的年龄。由于地层缺失有两种情况：一是“缺”，即当时没有沉积；二是“失”，即当时虽有沉积，但后来地层被剥蚀掉了。因此，要从较大区域进行地层对比和构造历史的综合分析，才能正确鉴定褶皱形成时代及其所代表的地壳运动时期。

### 二、同沉积褶皱形成时代的确定

同沉积褶皱是褶皱作用和沉积作用同时发育的一种褶皱，也称同生褶皱。其属于横弯褶皱类型，形成时间较长，发育过程表现为一边沉积一边上升、隆起褶皱。因此，在上隆背斜的顶部岩层薄，层系少，岩相粗；而在两翼向斜核部岩层厚度大，层系多，粒度细。尤其箕状向斜的陡倾翼岩相特粗，厚度巨大。同生褶皱的形成时限，主要是根据生长背斜的沉积岩相和沉积厚度分析来确定的。同沉积褶皱引起岩层的岩性、岩相和厚度变化，其中最老岩层时代，作为起始上隆时间的上限，最新的地层时代作为结束上隆时间的下限(年老者为上，年轻者为下)。此上下时限的时距即为同生褶皱的形成时期(见图 8.32 中的 1～8 层所示)。

确定同生褶皱的形成时间不能在一个狭小的地域内完成，也不能仅仅根据少数钻井资料和一个方向的地震剖面显示，而应在较大的区域内，参照许多钻井剖面和纵横方向的众多综合物探地质剖面进行对比查证，在消除古剥蚀深度差异和后期构造变动的影响之后才能确定。

## 第二节　断裂时代的确定

### 一、节理形成时代的确定

在一定地区内可以存在两期或两期以上或更多期形成的节理叠置在一起，弄清它们的形成时代，需要对节理进行分期配套。节理分期是将区内不同时期形成的节理加以鉴别，把同期节理划分出来。节理配套是将同构造期和同构造成因形成的节理，依据其亲缘关系相组合，从众多的节理系中筛分出来。分期与配套是密不可分的一项工作，需在野外结合地质背景进行分析，同时进行统一的比较鉴别和综合研究。

节理分期的主要依据是构造复合关系；其次，是依据节理中的充填岩脉特征所反映的形成次序来确定；第三，依据节理隶属主控构造的序次来确定。

夏德格(Scheidegger)认为，现在见到的节理除火成岩原生节理和已被充填的老节理外，所有显露的开缝节理是在5～6 Ma以来形成的。各地层中凡是未经充填焊合而封死固结了的构造节理都是新构造运动的产物。

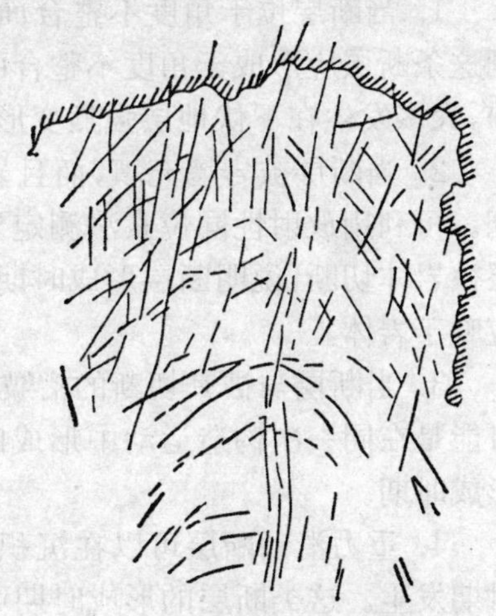

图8.30　通过岩体而判定的三套节理形成的先后顺序(据航空照片素描，转引自徐开礼、朱志澄，1984)

图8.30为我国西北某地一岩体中发育的三套节理，一套为同心圆状节理，主要发育于岩体中部；另一套为共轭剪节理，主要发育于岩体内边部。这两套节理形成的先后顺序不易确定，从交切关系看可能是同期的。但这两套节理又都被第三套穿切岩体和围岩的南北向节理所切。如果岩体的年龄已被测定，三套节理的先后顺序及其形成时代也就相对明确了。

图8.31为湖南锡矿山四组呈雁行式张节理，后期的张节理组依次切断早期的。4期张节理产状依次为：NW295°∠78°、SW192°∠75°、SW250°∠69°、NW328°∠86°；其相应的剪切带产状依次为：NW347°∠82°、SE157°∠82°、NW273°∠84°、NE2°∠87°。

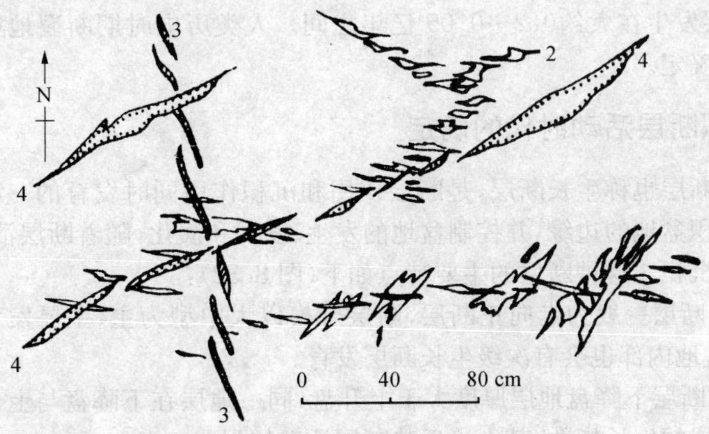


图8.31　湖南锡矿山南矿张节理的分期配套(据万天丰，1983)

## 二、断层活动时代的确定

断层是构造运动期间的产物。对于一次构造运动中形成的断层,可以利用与断层伴随构造的相互关系来确定其形成时代。

1. 当断层位于角度不整合面的下伏地层中,同时又被上覆较年轻地层覆盖,则这条断层应形成于角度不整合面下伏相对最新地层之后与上覆相对最老地层之前,大多发生在下伏地层强烈变形时期。

2. 当断层被岩墙充填,而且岩墙有错断迹象,则岩墙一般形成于断层活动时期。可利用放射性同位素法测定岩墙年龄,从而确定出断层的活动时代。如果断层被岩体切断,说明断层形成时期早于岩体。如果断层切断岩体,则说明断层活动应晚于岩体。

3. 当断层与被其切断的褶皱在空间展布上呈有规律的几何关系,则它们十分可能是在同一次构造运动中形成的。查明这次构造运动的时间,也就确定了断层形成时期。

4. 重力滑动断层可以在沉积时期、成岩时期、构造运动时期或其以后的任一时期发生。这类断层的形成时期可以根据卷入断层的最新地层和未被切断的上覆最老地层来确定。

5. 长期活动的区域性大断裂的形成时代,主要根据断裂控制下发育的地层、岩浆岩和变质岩及矿产的形成时代来确定。

6. 构造地貌特征和人类历史记录也有助确定断层活动时代。盆岭构造地貌景观的保存表明其块断作用发生的地区年代较年轻,美国西部和墨西哥北部的盆岭区,正断层发生在大约0.2～0.05 亿年之间。人类历史时期断裂地震的断裂活动时代容易确定。

## 三、同沉积断层活动时代的确定

同沉积断层也称生长断层,是断层作用和沉积作用同时发育的一种断层。它多发育在沉积盆地的边缘,并控制盆地的发生、发展和演化,随着断层活动,盆地不断沉降接受沉积。这种断层的主要特点如下(图 8.32):

1. 生长断层一般为走向正断层,断层规模以大中型为主,主要发育在大中型盆地边部,盆地内部也会有次级生长断层发育。

2. 生长断层下降盘地层厚度大于上升盘,同一地层在下降盘与上升盘的厚度比值称为断层的生长指数,其大小反映断层活动的强弱。

3. 生长断层的断距随深度加大,地层时代愈老、断距愈大。图 8.32 自第 8 层向下至第2层，断层的断距就逐渐增大。断层两盘地层的厚度差就是生长断层在该地层形成时期的断距。

4. 生长断层上盘为高塑性层时，常常出现逆牵引构造(图 8.32)。如果上盘为脆性岩层则常常出现反向断层（图 8.33)。逆牵引背斜则常构成良好的储油气构造。

5. 生长断层一般具有较长的发展历史，图 8.32 中 2 至 8 层的形成时代就是该生长断层活动的时代。

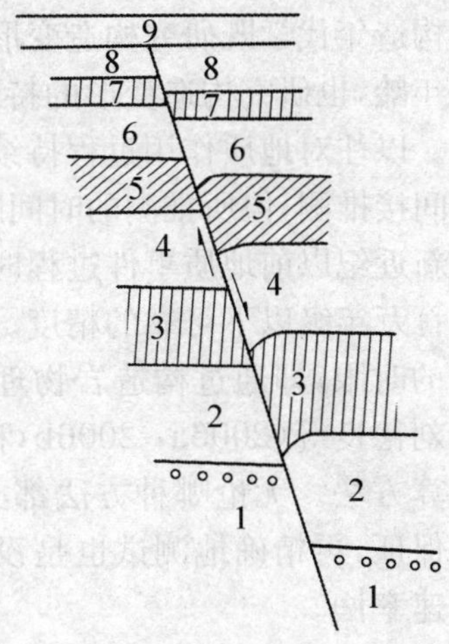


图 8.32　生长断层(据朱志澄，1990)

生长断层在我国中、新生代油气盆地边缘十分发育，所谓箕状构造就与这种断层有成生关系。生长断层不仅与生长盆地而且与生长隆起亦有联系。生长断层活动时代主要依据其所控制的沉积地层时代来确定。以上对生长断层的分析，只是强调了一次主要活动的构造表象，实际断层的活动是多次的，现存的断裂构造形迹通常是多次构造活动的综合结果，需分期次地考虑。

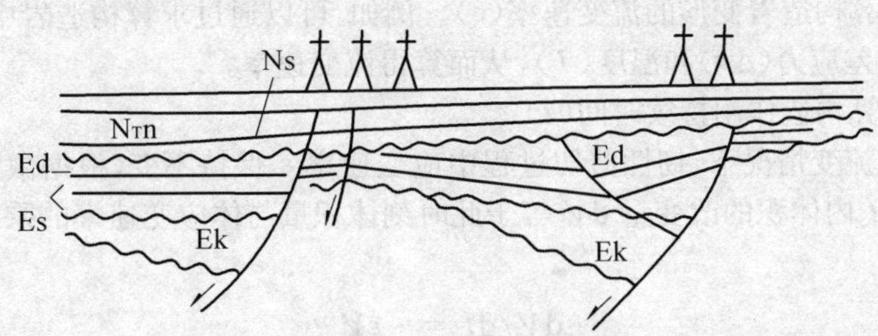


图 8.33　河北任丘油田生长断层(据石油工业部资料)

总之，判定断裂活动的相对时代用地质分析方法是比较容易的。若要精确的矿物同位素定年就要能把握真正是构造同时生成的矿物，若未能对矿物形成与构造变形的关系进行可靠的研究，所进行的矿物同位素定年往往是不可靠的。因为，断裂构造有多次活动，有时后期构造活动温度超过矿物同位素封闭温度时，所测得的是后期构造活动的同位素年龄；如果后期构造活动变形温度不足以超过矿物同位素封闭温度时，则矿物同位素体系未变，所测得的同位素年龄不能代表后期构造活动年代。

## 四、韧性断层活动时限的确定

构造年代学既研究构造变形的发生时间(形成高峰距今年龄—时间点)即构造定形年龄,也研究构造变形的持续时间(形成过程始末年龄—时间段)即构造过程年限。以往对地质作用过程持续时间的确定,主要依据地层古生物法和同位素地质法间接推测,但所推测的时间跨度往往过大(千万亿万年级)而失去意义。目前,测定新近纪以前地质事件过程时限所用的同位素定年进行地质比较分析,还不能达到百万年级以下可靠的精度。如何探索构造地质学自组织方法直接测定构造形成的时限,即通过构造岩物理参数和构造岩化学参数进而求得构造岩时间参数。刘德良等(2006a, 2006b)和吴小奇等(2007)试探了韧性构造地质事件时限的估算方法。无论哪种方法都必须确保所测矿物真正是同构造形成矿物,没有这一保证,再精确地测试也是没有意义的。最主要的一种构造物理定年方法即应变速率法。

该方法主要是确定韧性剪切带糜棱岩较其原岩的应变量和糜棱岩的应变速率。测算步骤为:

(1) 测算韧性剪切带构造岩在变形过程中的应变量($\Delta L$)。例如,可以通过求算构造岩形成过程中的体积亏损来获得该参数。

(2) 测算构造岩变形的流变速率($\dot{\varepsilon}$)。例如,可以通过求算构造岩中动态结晶矿物形成的差应力($\Delta\sigma$)和温度($T$),从而算得流变速率。

(3) 估算构造作用持续时间($t$)。

在稳态流变情况下,韧性剪切过程中应变速率 $\dot{\varepsilon}$ 保持不变,根据微积分原理,微小时间 $\mathrm{d}t$ 内体积的改变量 $\mathrm{d}V$ 等于此时刻体积量与体应变速率的乘积,从而建立起方程

$$\mathrm{d}V/\mathrm{d}t = -\dot{\varepsilon}V$$

其中,$\mathrm{d}V/\mathrm{d}t$ 为单位时间内体积的改变量;$\dot{\varepsilon}$ 为应变速率;$V$ 为 $t$ 时刻的体积;负号表示体积减小。对上式积分,得 $V^A = V^0\mathrm{e}^{-\dot{\varepsilon}}$,即体积因子 $f_v = V^A/V^0 = \mathrm{e}^{-\dot{\varepsilon}}$。求解上述方程式,可以获得构造时限为

$$t = -(\ln f_v)/\dot{\varepsilon}$$

把体积因子和应变速率一起代入上式计算,即得到构造形成时限 $t$。

韧性断裂构造形成时限的研究自提出以来得到了一定程度的发展,目前的研究方法主要有反应速率法、扩散速率法和应变速率法三种。最近的研究表明,对同一韧性剪切带,应变速率法和有限应变测量法所得构造形成时限均以 $10^4$ a 为数量

级，并且均随着糜棱岩化程度的增加而逐渐减小；不同韧性剪切带的构造形成时限也均以 $10^4$ a 为数量级，其差异是由构造动力学条件不同引起的。利用应变速率法所得构造形成时限具有较好的内部一致性，这在一定程度上表明利用应变速率法测定构造形成时限是可行的。构造形成时限研究整体来说仍处于探索阶段，还有许多不确定因素等待研究，目前只能达到半定量的程度，只能强调它在比较地质学研究中的意义。

## 第三节　构造组合时代的确定

构造组合往往具有分层的特征。构造层标示一个构造区内一定构造阶段所产生的特有构造的沉积岩和岩浆岩及变质岩的组合。构造层的正确划分是区域构造分析重塑构造演化的一条重要途径。间于两个区域不整合面之间的构造层（图8.34）往往具有一种主导的构造组合。可以通常构造层最老至最新岩层时代来判定构造和构造组合的形成时代。

## 第四节　中国构造发展阶段划分之异同

李四光（1962）曾指出研究古构造的依据和方法。目前一般所阐述的构造体系或构造型式，“大都是燕山运动以来的产物。由于这些较新的构造型式比较容易鉴定，所以就把它们当作头一步的研究对象。大量工作的结果证明，构造形式这个基本概念，是能够成立的。这样，我们就有理由也有必要进一步探讨，是否在更古的地质时代也有各种类型的构造型式发生。换句话说，在古‘构造层’中探寻是否有古构造型式存在。很显然，它们的存在是不容置疑的。”

李四光教授认为：“对早期构造性质的任何探索，必须主要由沿着两条思路的考虑来指导。第一，可试图用古地理方法去追索过去消失的山脉和凹陷地区，例如，作出同期建造之间的岩相关系，特别是一期造山运动后立刻沉积的那些建造；

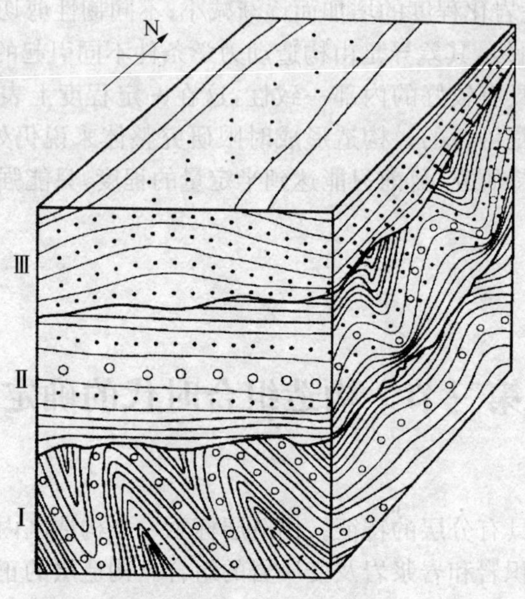


**图 8.34　新老不同的构造层内褶皱样式与轴向的变化**(据万天丰,2004)

Ⅰ：老构造层内发育全形褶皱,轴向近南北,轻微地受到后期轴向近东西的影响；Ⅱ：中间构造层内发育侏罗山式褶皱,轴向近东西；Ⅲ：新构造层内发育平缓、开阔的日耳曼式褶皱,轴向近南北

第二,在现在构造型式的格架中曾经保存的古构造特征,可以从构成现在型式的构造单元的堆积中筛分出来。然后研究这些古构造的残片,可以理解它们的力学关系和动力意义。"

关于中国区域大地构造演化,存在不尽相同的认识,此以集注的方式列出多种划分方案,可参照表 8.2 和表 8.3 及表 8.4,加以对比分析研究。

**表 8.2　中国及邻区构造旋回划分及大地构造年表(据任纪舜等，1999)**

| 地质时代 宙 | 代 | 纪 | 年代/Ma | 造山及裂陷运动 | 构造旋回 | | 超大陆旋回 |
|---|---|---|---|---|---|---|---|
| 显生宙 | 新生代 | 第四纪 | 2.4 | 晚喜马拉雅运动 | 阿尔卑斯旋回 | 喜马拉雅旋回 | 现代陆洋体制逐步形成 |
| | | 新第三纪 | 15 | 中喜马拉雅运动 | | | |
| | | 老第三纪 | 40~50 | 早喜马拉雅运动 | | | |
| | 中生代 | 白垩纪 | 65 | | | | |
| | | | 80 | 晚燕山运动 | | 燕山旋回 | |
| | | | 120 | 中燕山运动 2 | | | |
| | | 侏罗纪 | 150 | 中燕山运动 1 | | | |
| | | | 155 | 早燕山运动 2 | | | |
| | | | 180 | 早燕山运动 1 | | | |
| | | | 205 | 晚印支运动 | | 印支旋回 | |
| | | 三叠纪 | 230 | 早印支运动 | | | |
| | 古生代 | 二叠纪 | 250 | 晚华力西运动 | 华力西旋回 | | 潘吉亚大陆 |
| | | | 260 | | | | |
| | | 石炭纪 | 290 | 中华力西运动 | | | |
| | | 泥盆纪 | 354 | 早华力西运动 | | | |
| | | 志留纪 | 417 | 晚加里东运动 | 加里东旋回 | | |
| | | 奥陶纪 | 450 | 早加里东运动 | | | |
| | | 寒武纪 | 500 | 萨拉伊尔运动(兴凯) | | | |
| | | | 540 (570)? | 泛非运动 | | | |
| 元古宙 | 新元古代 | 震旦纪 | 700 | 澄江运动 | 萨拉伊尔(兴凯、泛非)旋回 | | 冈瓦纳大陆 |
| | | 青白口纪 | 800 | 雪峰运动(晋宁运动) | 扬子(晋宁)旋回 | | 罗丁尼亚大陆 |
| | 中元古代 | 蓟县纪 | 1 000 | 武陵运动(晋宁运动) | | | |
| | | 长城纪 | 1 400 | | | | |
| | | | 1 800 | 中条(吕梁)运动 | | | |
| | 古元古代 | 滹沱 | 2 400 | 五台运动 | 中条旋回 | | 古元古大陆 |
| | | 五台 | 2 500 | | 五台旋回 | | 新太古大陆 |
| 太古宙 | 新太古代 | 阜平 | 2 600 | 阜平运动 | 阜平旋回 | | |
| | | | 2 700 | | | | |
| | | | 3 000 | 铁架山(迁西)运动 | | | |
| | 始—中太古代 | 迁西 | 3 350 | 陈台沟运动 | 铁架山(迁西)旋回 | | 中太古大陆 |
| | | | 3 800 | 白家坟运动 | 陈台沟旋回 | | |
| | | | | | 白家坟旋回 | | |

**表8.3　中国构造运动序列及构造发展过程简表(据崔盛芹，1999)**

| 宙 | 代 | 系 | 符号 | 年龄(Ma) | 构造运动 构造幕 | 构造阶段 | 构造期 | 构造大阶段(巨旋回) 序列 | 时限 | 主要事件 | 名称 |
|---|---|---|---|---|---|---|---|---|---|---|---|
| 显生宙 | 新生代 | 第四系 | Q | | | 晚期 | 喜马拉雅期 | Ⅴ | >0.23 Ga | 滨太平洋及特提斯构造域强烈活动过程 | 陆内为主发展大阶段 |
| | | 新近系 | N | 2.48 | (3) 喜马拉雅运动 | | | | | | |
| | | | | 25 | (2) | | | | | | |
| | | 古近系 | E | | (1) | 早期 | | | | | |
| | 中生代 | 白垩系 | $K_2$ | 67 | (4) 燕山运动 | 晚期 | 燕山期 | | | | |
| | | | $K_1$ | | (3) | | | | | | |
| | | 侏罗系 | $J_3$ | 137 | (2) | | | | | | |
| | | | $J_2$ | | | | | | | | |
| | | | $J_1$ | | (1) | 早期 | | | | | |
| | | 三叠系 | $T_3$ | 208 | (2) 印支运动 | 晚期 | 印支期 | | | | |
| | | | $T_2$ | 235 | (1) | | | | | | |
| | | | $T_1$ | | | 早期 | | | | | |
| | 晚古生代 | 二叠系 | $P_2$ | 250 | (4) 海西运动 | 晚期 | 海西期 | Ⅳ | 0.55 Ga | 陆缘、陆间及陆内构造发展过程 | 古欧亚大陆及联合古陆形成大阶段 |
| | | | $P_1$ | | | | | | | | |
| | | 石炭系 | $C_3$ | 285 | (3) | 中期 | | | | | |
| | | | $C_2$ | | | | | | | | |
| | | | $C_1$ | | (2) | | | | | | |
| | | 泥盆系 | $D_3$ | 360 | (1) | 早期 | | | | | |
| | | | $D_2$ | | | | | | | | |
| | | | $D_1$ | | | | | | | | |
| | 早古生代 | 志留系 | $S_3$ | 405 | (2) 广西运动(祁连运动) 加里东运动 | 晚期 | 加里东期 | | | | |
| | | | $S_2$ | | | | | | | | |
| | | | $S_1$ | | | | | | | | |
| | | 奥陶系 | $O_3$ | 435 | | | | | | | |
| | | | $O_2$ | 445 | (1) 古浪运动 | | | | | | |
| | | | $O_1$ | | | 早期 | | | | | |
| | | 寒武系 | $Є_3$ | 500 | | | | | | | |
| | | | $Є_2$ | 525 | (2) 兴凯运动 | 晚期 | 兴凯期 | | | | |
| | | | $Є_1$ | 570 | | | | | | | |
| 元古宙 | 新元古代 | 震旦系 | $Z_2$ | 680 | | | | | | | |
| | | | $Z_1$ | 700 | (1) 澄江运动 | 早期 | | | | | |
| | | | | 800 | 晋宁运动 | | | | | | |
| | | 青白口系 | | 900 | | 晚期 | 晋宁期 | Ⅲ | 1.0 Ga | 古中国陆块形成过程 | 第三固化大阶段 |
| | | | | | | 早期 | | | | | |
| | 中元古代 | 蓟县系 | | 1 000 | 燕辽运动(四堡运动) | 晚期 | 燕辽期 四堡期 | | | | |
| | | 长城系 | | 1 400 | 渣尔泰运动 | 早期 | | | | | |
| | 古元古代 | 滹沱群 | | 1 800 | (2) 吕梁运动 | | 吕梁期 | Ⅱ | 0.8 Ga | 原陆块形成过程 | 第二固化大阶段 |
| | | | | | (1) | | | | | | |
| 太古宙 | 晚太古代 | 五台群 | | 2 500 | (3) 五台运动 | | 五台期 | | | | |
| | | | | | (2) | | | | | | |
| | | | | | (1) | | | | | | |
| | | 阜平群 | | 2 600 | (2) 阜平运动 | | 阜平期 | Ⅰ | 0.9 Ga | 陆核形成过程 | 第一固化大阶段 |
| | | | | | (1) | | | | | | |
| | 早中太古代 | 迁西群 | | 2 900 | 迁西运动(铁架山运动) | | 迁西期 | | | | |
| | | | | 3 600 | | | | | | | |
| | | | | 3 800 | | | | | | | |

**表 8.4　中国大陆的构造期和构造事件(据万天丰,2004)**

| 构造期年龄 Ma | 代号 | 构造期地质年代 | 发生事件的同位素年龄/Ma | 地方性构造事件习惯命名 |
|---|---|---|---|---|
| 0.78 | $Q_2$—$Q_4$ | 中更新世—全新世 | 0.78～ | 新构造事件 |
| 23.5 | N—$Q_1$ | 新近纪—早更新世 | 23.5～0.78 | 喜马拉雅事件 |
| 52 | $E_2$—$E_3$ | 始新世—渐新世 | 52～23.5 | 华北事件 |
| 135 | $K_1^2$—$E_1$ | 早白垩世中期—古新世 | 135～52 | 四川事件 |
| 205 | J—$K_1^1$ | 侏罗纪—早白垩世早期 | 205～135 | 燕山事件 |
| 257 | $P_3$—$T_3$ | 晚二叠世—晚三叠世 | 257～205 | 印支事件 |
| 386 | $D_2$—$P_2$ | 中泥盆世—中二叠世 | 386～257 | 天山事件 |
| 513 | Є$_2$—$D_1$ | 中寒武世—早泥盆世 | 513～386 | 祁连事件 |
| 680 | $NP_3$—Є$_1$ | 震旦纪—早寒武世 | 680～513 | 震旦事件 |
| 800 | $NP_2$ | 南华(成冰)纪 | 800～680 | 南华事件 |
| 1 000 | $NP_1$ | 拉伸纪 | 1 000～800 | 青白口(晋宁)事件 |
| 1 400 | $MP_{2-3}$ | 延展纪—狭带纪 | 1 400～1 000 | 蓟县事件 |
| 1 800 | $PP_4$—$MP_1$ | 固结纪—盖层纪 | 1 800～1 400 | 长城事件 |
| 2 500 | $PP_{1-3}$ | 成铁纪—造山纪 | 2 500～1 800 | 吕梁(滹沱)事件 |
| 2 800 | NA | 新太古代 | 2 800～2 500 | 五台事件 |
| 3 200 | MA | 中太古代 | 3 200～2 800 | 阜平事件 |
| 3 600 | PA | 古太古代 | 3 600～3 200 | 迁西事件 |
|  | EA | 始太古代 |  |  |

# 参 考 文 献

## 一、概论

——构造思维、方法和实践


毕思文,许强.2002.地球系统科学.北京：科学出版社.

曹代勇.煤田构造研究—思路与方法.中国煤田地质,2006,18(6)：1-4.

常印佛,董树文.1996.论中—下扬子“一盖多底”格局与演化.灿地质与矿产,17(1)：1-15.

陈国达.1980.地洼学说及其实践意义.国际交流地质学术论文集.北京：地质出版社.

陈国达.1992.历史—因果论大地构造学刍议.大地构造与成矿学,16(1)：1-72.

陈焕疆.1990.现今板块大地构造理论的实践与探索.见：论板块大地构造与油气盆地分析.上海：同济大学出版社.

陈文寄,李齐,马宗晋.1996.构造非平稳运动定量研究的MDD模式制约.地球科学,21(3)：277-279.

崔盛芹.1982.古构造学研究现状综合评述.构造地质学进展.北京：科学出版社.

崔盛芹.1999.论全球中—新生代陆内造山作用与造山带.地学前缘,6(4)：283-293.

戴金星.1992.古构造在气藏形成中的重大作用.见：现代地质学论文集(上集).南京：南京大学出版社.单文琅,宋鸿林,傅昭仁,任建业.1991.构造变形分析的理论、方法和实践.武汉：中国地质大学出版社.

邓晋福,莫宣学,赵海玲等.1994.中国东部岩石圈根/去根作用与大陆“活化”—东亚型大陆力学模式研究计划.现代地质,8(3)：349-356.

邓军,翟裕生,杨立强等.1999.构造演化与成矿系统动力学.地学前缘,6(2)：315-323.

邓乃恭,任希飞.1996.造山与成盆作用形成统一的动力学机制.地质论评,42(2)：300-303.

地球科学大辞典编委会.2006.地球科学大辞典,基础学科卷.北京：地质出版社.

董树文,陈宣华,史静等.2005.国际地质科学发展动向.北京：地质出版社.

甘克文.1995.油气盆地研究中的一个基本问题——构造学研究.油气勘探工作新进展(一)：6-14.北京：石油工业出版社.

高山,金振民.1997.拆沉作用及其壳-幔演化动力学意义.地质科技情报,16(1)：1-9.

格伦 R A.1985.论基底对盖层变形的控制作用.刘德良,译.1987.地震地质译丛,9(4)：12-18.

耿树方,严克明.1991.论扬子地台与华北地台属同一个岩石圈板块.中国区域地质,(2)：97-112.

郭安林,张国伟,程顺有.2004.超越板块构造——大陆地质研究新机遇评述.自然科学进展,14(7)：729-733.

郭令智,马瑞士,施央申,叶尚夫,杨树锋.1988.论大陆断块造山区域变质作用.《断块构造理论及其作用》,40-45.北京：科学出版社.

郭令智,施央申,卢华复等.1992.印—藏碰撞的两种远距构造效应.见：现代地质研究文集(上).南京：南京大学出版社.

郭令智,施央申,马瑞士,卢华复,叶尚夫等.1984.论地体构造——板块构造理论的最新问题.中国地质科学院院报10号,27-32.

郭令智,施央申,马瑞士等.1990.现代大地构造学研究展望.南京大学学报(地),(2)：1-5.

韩玉英.1984.有限变形几何学及其在地质学中的应用.北京：地质出版社.

郝杰,翟明国.2004.罗迪尼亚超大陆与晋宁运动和震旦系.地质科学,39(1)：139-152.

何登发,John Suppe,贾承造.2005,断层相关褶皱理论与应用研究新进展.地学前缘,12(4)：353-364.

何国琦,李茂松,周辉.2002.论大陆岩石圈形成过程中的克拉通化阶段.地学前缘,9(4)：217-224.

黄汲清,姜春发.1962.从多旋回运动观点初步探讨地壳发展规律,地质学报,40(1).

黄汲清,尹赞勋等.1965.中国地壳运动命名问题.地质论评,2(23)(增刊)：2-4.

黄汲清.1979.试论地槽褶皱带的多旋回发展.中国科学,(2).

矶崎行雄.1993.日本板块造山理论研究历史和日本列岛新的地质构造体划分.海洋地质译丛,(1).

江博明.1989.太古代岩石的定年——方法学和局限性讨论.地球化学,(2)：103-120.

金振民,高山.1996.底侵作用及其壳-幔演化动力学意义.地质科技情报,15(1)：1-7.

金振民,姚玉鹏.2004.超越板块构造——我国构造地质学要做些什么?地球科学,29(6)：644-650.

乐光禹,杜思清.1986.应力叠加和联合构造.中国科学(B辑),(8)：867-877.

黎彤等.1991.试论我国的大地化学背景.地质与勘探,(12).

李继亮,孙枢,郝杰等.1999.论碰撞造山带的分类.地质科学,34(2)：129-138.

李继亮.1992.碰撞造山带的大地构造相.现代地质学研究论文集(上).9-21.南京：南京大学出版社.

李江海.1998.前寒武纪超大陆旋回及其板块构造演化意义.地学前缘,5卷(增刊)：141-151.

李思田.1995.沉积盆地动力学分析—盆地研究领域的主要趋向.地学前缘,2(3-4)：1-8.

李四光.1973.地质力学概论.北京：科学出版社.

李四光.1976.地质力学发展的过程及其当前的任务.北京：科学出版社.

李四光.1976.地质力学方法.北京：科学出版社.

李廷栋.2006.中国岩石圈构造单元.中国地质,33(4)：700-710.

李庭栋.2002.青藏高原地质科学研究的新进展.地质通报,21(7)：370-376.

李献华.1996.Sm-Nd模式年龄和等时线年龄的适用性与局限性.地质科学,31(1)：97-104.

梁定益等.1980.雅鲁藏布江断裂是地缝合线吗.国际交流地质学术论文集(1).北京：地质出版社.

梁元博.1983.海底构造.北京：科学出版社.

林传勇，何永年，史兰斌.1993.岩石的韧性剪切和脆-韧性转换变形.见：当代地质科学前沿.武汉：中国地质大学出版社，183－189.

刘德良，曹高社，杨晓勇，方国庆.2000.韧性构造地质事件时限的确定：一种构造物理定年方法探索.高校地质学报，6(1)：29－33.

刘德良，李曙光，葛宁洁.1992.东海片麻岩的显微构造分析对区域构造研究的意义.南京大学学报(地)，4(4)：22－32.

刘德良，李秀新，王华俊，沈修志，薛爱民.1994.北淮阳深部构造.中国地质科学院562综合大队集刊，第11－12号，23－34.

刘德良，李振生，吴小奇.2006.天然气藏相关断裂体系不同断裂性能声学鉴别的探索.自然科学进展，16(9)：1116－1121.

刘德良，陶士振，孙岩，杨晓勇.2000.郯庐断裂带南段糜棱岩的力学性能与工程地质意义.岩石力学与工程学报，19(5)：1－4.

刘德良，吴小奇，李振生.2007.刍论油气成藏构造的三重预测.天然气地球科学，18(5)：656－660.

刘德良，吴小奇.2006.构造岩体积应变率与质量迁移率关系分析及意义.见：陈骏主编，地质与地球化学研究进展——庆贺王德滋院士致力于地质科学六十周年暨八十华诞.南京：南京大学出版社.

刘德良，杨强，李王晔，孙岩，张长鑫.2004.郯庐断裂南段韧性剪切带糜棱岩中纳米级颗粒的发现.科学技术与工程，4(1)：42－43.

刘德良，杨晓勇，陈增兵.1996.叠加褶皱的数学分析.中国科技大学学报，26(1)：34－37.

刘俊来.1988.叶理研究现状.世界地质，7(1).

刘如琦.1976.复合褶皱的赤平投影分析方法.地质学报.

刘瑞珣.2002.中国显微构造地质学的回顾.地质论评，48(2)：178－181.

刘瑞珣.2007.建议用准确的力学概念研究地球动力学.地学前缘，14(3)：57－63.

楼法生，舒良树，王德滋.2005.变质核杂岩研究进展.高校地质学报，11(1)：67－76.

卢华复，张庆龙，贾东，施央申.1993.地体构造研究.见：当代地质科学前沿.武汉：中国地质大学出版社，171－173.

陆松年，李怀坤，于海峰.2001.地质事件、序列和事件群.地质论评，47(5)：521－526.

陆松年.2001.从罗迪尼亚到冈瓦纳超大陆——对新元古代超大陆研究几个问题的思考.地学前缘，8(4)：441－448.

陆松年.2004.初论“泛华夏造山作用”与加里东和泛非造山作用的对比.地质通报，23(9－10)：952－958.

吕古贤.1991.自然科学基本概念的进步和学科的发展——地质力学三重基本概念的探讨，自然辩证法研究，7(7)：36－44.

罗志立，刘树根，雍自权等.2003.中国陆内俯冲(C－俯冲)观的形成和发展.新疆石油地质，

24(1)：1－7.

马宝林，刘若新.1993.地壳不同层次的结晶岩及其变形行为.见：当代地质科学前沿.武汉：中国地质大学出版社，190－1993.

马瑾，钟嘉猷.1965.几种构造变形体的光弹性模拟实验.见：构造地质问题.北京：科学出版社.

马瑞士，施央申，郭令智.1986.古海沟岛孤系的鉴定标志及研究方法.见：板块构造基本问题.北京：地震出版社.

马杏仁，吴大宁.1987.刘德良 1988 译自《Teclonophysics》.中国新生代的伸展构造.地质科技情报，7(2)：1－12.

马杏垣.1986.《构造物理学概论》序.见：马杏垣遗著，2004，解析构造学.北京：地质出版社.

马杏垣.1989.重力作用与构造运动.北京：地震出版社.

马宗晋，邓起东.1965.节理力学性质的差别及其分期、配套的初步研究.见：构造地质问题.北京：地质出版社.

马宗晋，高祥林，2004.大陆构造、大洋构造和地球构造研究构想.地学前缘，11(3)：9－14.

迈尔斯 F 主编，系统思想.杨志信等，译.1986.成都：四川人民出版社.

欧阳自远.1994.比较行星地质学.地球科学进展，9(2)：75－77.

潘桂棠.2008.地质科学方法论的思考——以构造地质学为例.地质通报，27(9)：1451－1458.

钱学森.1988.系统工程和系统科学的体系.见：钱学森等，论系统工程(增订本)，532－553.长沙：湖南科技出版社.

钱学森.1990.12.30.要从整体上考虑并解决问题.光明日报.

丘元禧，董树文.1991.试论构造相构造相系和构造相序列.中国区域地质，(3)：262－271.

任纪舜，牛金贵，刘志刚.1999.软碰撞、叠覆造山和多旋回缝合作用.地学前缘，6(3)：85－93.

任纪舜，王作勋，陈廷愚等.2000.从全球看中国大地构造——中国及邻区大地构造图简要说明.北京：地质出版社.

任纪舜，王作勋.1997.新一代中国大地构造图.中国区域地质，16(3)：223－230.

任纪舜.1996.关于中国大地构造研究之思考.地质论评，42(4)：290－294.

任建业.1988.变形岩石中的运动学标志.地质科技情报，7(1).

任振球.1994.10.25.小行星会撞击地球吗？科技日报(2 版).

上田诚也.新地球观.常子文，译.1981.北京：科学出版社.

石耀霖.1993.地热构造学.见：当代地质科学前沿.武汉：中国地质大学出版社，198－202.

舒良树，王德滋.2006.北美西部与中国东南部盆岭构造对比研究.高校地质学报，12(1)：1－13.

斯普雷 J G.1996.关于假玄武玻璃的争议：事实还是虚构.国外地质科技，(8)：62－65.

宋鸿林.1985.平衡剖面及其地质意义.地质科学情报，4(1).

宋鸿林.1995.变质核杂岩研究进展、基本特征及成因探讨.地学前缘，2(1－2).

宋鸿林.2002.五十年来中国小型构造研究的回顾与展望.地质论评，48(2)：158－167.

宋晓东.1998.地球内核与地球深部动力学.地学前缘.5(增刊)，1－9.

孙殿卿，陈庆宣，崔盛芹，吴淦国.1995.全球构造格局及其动力学机制研究.地学前缘，2(2)：

137－139.
孙殿卿，崔盛芹，王泽九.1993.李四光学术思想探讨.中国地质科学院地质力学研究所所刊，第5号，1－8.
孙岩，陆现彩，刘德良等.2005.断裂剪切带厘米级磨砾和纳米级磨粒的发现、命名及其油气地质意义.高校地质学报，11(4)：521－526.
孙岩，沈修志.1988.论地层、断层和矿层三位统一体.大地构造与成矿学，(2)：165－174.
孙岩，朱文斌，郭继春，刘德良，Aiming Lin.2002.构造地球化学研究进展.自然科学进展，12(9)：908－912.
索书田.1992.大陆岩石圈流变学研究.地质科技情报，(2).
汤经武，杨学敏.1989.微型计算机在地质构造解析中的应用.武汉：中国地质大学出版社.
汤良杰，金之钧，贾承造等.2001.叠合盆地构造解析几点思考.石油实验地质，23(3)：251－255.
陶士振，刘德良，杨晓勇，戴金星.2000.动力变质作用形成的天然气分析.大地构造与成矿学，24(1)：24－30.
滕吉文.2001.地球内部物质、能量交换与资源和灾害.地学前缘，8(3)：1－8.
滕吉文.2002.中国地球深部结构和深层动力过程与主体发展方向.大地构造及成矿学，24(2)：112－121.
涂光炽.1984.构造与地球化学.大地构造与成矿学，(1)：1－6.
涂光炽.1995.《断裂构造地球化学导论》序.见：断裂构造地球化学导论.北京：科学出版社.
万天丰，尹延鸿，张长厚.1999.论地外陨石撞击与板块构造动力学.见：比较行量学、地质教学、地质学史.北京：地质出版社.
万天丰.1997.论构造事件的节律性.地学前缘.4(4)：257－263.
万天丰.2001.中朝与扬子板块的鉴别特征.地质论评，47(1)：57－63.
万天丰.2008.关于中国构造地质学研究中几个问题的探讨.地质通报，27(9)：1441－1450.
王春增.1988.变形分解作用及其研究意义.地质科技情报，7(2).
王德滋，马瑞士，王赐银，牟樵熹.1985.断裂区域变质作用与混合岩化作用、花岗岩化作用研究.南京大学学报，21(3).
王德滋，史运良，蒋维楣等.1995.21世纪的地学发展趋势与人才培养.中国大学教育，(5)：11－12.
王德滋.1995.《火山岩相构造学》序.火山地质与矿产，16(4).
王鸿祯.1981.从活动论观点论中国大地构造分区.地球科学，(1).
王鸿祯.1982.历史大地构造学及其研究方法.见：构造地质学进展.北京：科学出版社.
王鸿祯.1995.全球构造研究的简要回顾.地学前缘，2(1)：37－42.
王嘉荫.1977.显微镜下结构面力学性质的鉴定.见：岩组分析文集.北京：地质出版社，1－10.
王良书，李成，刘福田等.2000.中国东、西部两类盆地岩石圈热—流变学结构.中国科学(D辑)，30(增刊)：116－121.
王五力.2000.试论构造地层学、非史密斯地层学和造山带地层学.地层学杂志，24(增刊)：352－358.

王小凤.1993.构造矿物学.见：当代地质科学前沿.武汉：中国地质大学出版社，174－178.

王治顺.1993.构造动力学中的流体包裹体研究.见：当代地质科学前沿.武汉：中国地质大学出版社，194－197.

王子贤.1989.地学哲学.武汉：中国地质大学出版社.

翁文波(原著)，吕牛顿，张清编.1996.预测学.北京：石油工业出版社.

吴淦国，张达，陈柏林，吴建设.2003.构造地质学进展.见：跨越新千年的地质科学.北京：地质出版社，44－49.

吴根耀，马力.2002."盆""山"耦合和脱耦：含油气盆地研究的新思路.油气盆地研究新进展第一辑，21－36.北京：石油工业出版社.

吴根耀.1988.酝酿中的地质科学第三次革命.科技日报.2月1日第3版.

吴磊伯，沈淑敏.1982.经向构造体系的分布规律及其地质力学意义.地质力学文集，(6)：1－6.

吴正文，张长厚.1999.关于创建中国造山带理论的思考.地学前缘，6(3)：21－29.

肖庆辉，李晓波，刘树臣编.1993.当代地质科学前沿.武汉：中国地质大学出版社.

徐冠华，孙枢，陈运泰，吴忠良.1999.迎接"数字地球"的挑战.遥感学报，3(2)：85－89.

徐嘉炜.1990.论走滑断层作用的几个主要问题.地学前缘，2(2).

许靖华，孙枢，李继亮.1987.是华南造山带而不是华南地台.中国科学(B辑)，(10)：1107－1115.

许靖华.1980.薄壳板块构造模式与冲撞造山运动.中国科学，(11)：1081－1089.

许靖华.地学革命风云录.何起祥，译.1985.北京：地质出版社.

许志琴，赵志兴，杨经绥，袁学诚，姜枚.2003a.板块下的构造及地幔动力学.地质通报，22(3)：149－159.

许志琴.1986.陆内俯冲及滑脱构造——以我国几个山链的地壳变形研究为例，地质论评，32(1).

许志琴.1988.现代构造地质学的研究进展—从微观构造($10^{-8}$ cm)到宏观构造($10^{8}$ cm).武汉：中国地质大学出版社.

杨开庆.1984.动力成岩成矿理论的研究内容和方向.中国地质科学院地质力学研究所所刊，7号，15－22.

杨巍然，杨森楠等.1991.造山带结构与演化的现代理论和研究方法.武汉：中国地质大学出版社.

叶叔华主编.1996.运动的地球——现代地壳运动和地球动力学研究及应用.长沙：湖南科学技术出版社.

殷鸿福，张克信，王国灿等.1998.非威尔逊旋回与非史密斯方法——中国造山带研究理论与方法.中国区域地质(增刊)：1－9.

尹赞勋等.1978.论褶皱幕.北京：科学出版社.

余谋昌，王恒礼，吕国平.1992.地学与思维.地质出版社.

於崇文.2000.地质作用的自组织临界过程动力学——地质系统在混沌边缘分形生长.地学前缘,7(1):13-42;7(2):555-586.

於崇文.2000.揭示地质现象的本质与核心——地质作用与时空结构.地学前缘,7(1):1-12.

袁学诚.1990.全球地学断面.见:中国地质学会主编:当今世界地球科学动向.北京:地质出版社.

曾融生.1982.深部构造研究现状.见:构造地质学进展.北京:科学出版社.

曾佐勋,付永涛.1998.岩石古流变性质的构造研究进展,地球科学进展,(2).

翟裕生.1994.关于构造—流体—成矿作用研究的几个问题.地学前缘,(314):230-236.

翟裕生.2002.成矿构造研究的回顾和展望.地质论评,48(2):140-146.

张伯声等.1982.地壳波浪与镶嵌构造研究.西安:陕西科学技术出版社.

张国伟,周鼎武,于在平.1993.大陆造山带成因研究.见:当代地质科学前沿.武汉:中国地质大学出版社,145-153.

张家声.1995.造山带后伸展构造研究的最新进展.地学前缘,2(1-2).

张进江,郑亚东.1998.变质核杂岩与岩浆作用成因关系综述.地质科技情报,17(1).

张玲华,李正祥,Powell C, McA.1995.扬子古大陆与澳大利亚古大陆新元古代层序对比和古大陆再造.地球科学,20(6):657-667.

张舜新.1996.碰撞事件引起冈瓦纳大陆裂解吗?见:地矿部岩石圈构造与动力学开放研究实验室1995年年报,92-104.北京:地质出版社.

张文佑,吴根耀.1986.试论碰撞运动——一种假说性的探讨.大自然探索,5(1):97-104.

张文佑,钟嘉猷.1981.俯冲带是仰冲.科学通报,1442-1443.

赵越,杨振宇,马醒华.1994.东亚大地构造发展的重要转折.地球科学,29(2):105-119.

赵宗溥.1995.试论陆内型造山带——以秦岭—大别山造山带为例.地质科学,36(1):19-27.

郑亚东,常志忠.1985.岩石有限应变测量及韧性剪切带.北京:地质出版社.

郑亚东,王涛,王新社.2005.新世纪构造地质学与力学的新理论—最大有效力矩准则.自然科学进展,15(2):142-148.

郑亚东,王涛,张进江.2008.运动学涡度的理论与实践.地学前缘,15(13):209-220.

郑亚东.2005.结构面力学性质的定量鉴定.地质力学学报,11(3):197-203.

中国地质学会构造地质专业委员会,钱祥麟执笔.1982.中国构造地质学的六十年回顾和展望.地质论评,28(6).

钟大赉,Tapponnier,吴海威等.1989.大型走滑断层:碰撞后陆内变形重要形式.科学通报,(7):526-529.

钟嘉猷.1998.实验构造地质学及其应用.北京:科学出版社.

周涛发,范裕,袁峰.2008.长江中下游成矿带成岩成矿作用研究进展.岩石学报,24(8):1665-1678.

朱炳泉.1998.地球科学中同位素体系理论与应用——兼论中国大陆壳幔演化.北京:科学出版社.

朱炳泉.1999.地球的块体化学不均一性与地球动力学.见：郑永飞主编：化学地球动力学，30－45.北京：科学出版社.

朱文斌，万景林，舒良树等.2005.裂变径迹定年技术在构造演化研究中的应用.高校地质学报，11(4)：590－600.

朱夏.1983.论古全球构造与古生代油气盆地.石油天然气地质，4(1).

朱夏.1991.活动论构造历史观.石油实验地质，13(3)：201－209.

朱志澄.1994.变质核杂岩和伸展构造研究述译.地质科技报，13(3).

朱志澄.1995.逆冲推覆构造研究进展和今后探索趋向.地学前缘，2(1).

朱志澄.1996.对几个重大地质构造问题的思考.地质科技情报，15(4)：1－7.

## 二、中小型构造与构造形态学及构造测量学

——构造要素(褶皱、断层、节理、劈理、线理)；相同构造要素组合、不同构造要素组合；构造测量

Billings M P.1954.构造地质学.张炳熹等，译.1959.北京：地质出版社.

Choukroune P.剪切判据与构造对称.刘亚军，译.1984.地质地球化学，(12).

Davis G A，郑亚东.2002.变质核杂岩的定义、类型及构造背景.地质通报，21：185－192.

Davis G H.1984.区域和岩石构造地质学.张樵英等，译.1988.北京：地质出版社.

Hobbs B E，Means W D，Williams P F.1976.构造地质学纲要.刘和甫，吴正文等，译.1982.北京：石油工业出版社.

Park R G.1983.构造地质学基础.李东旭等，译.1988.北京：地质出版社.

Pollard D D，Aydin A. 1990.一百年来在认识节理作用方面的进展，构造地质学进展.林建平，译.1994.北京：地震出版社.

Price N J，Mc Clay K R.1981.冲断推覆构造.杨俊杰，张伯荣等，译.1984(上册)、1986(下册).兰州：甘肃人民出版社.

Ramsay J G，Buber M I.1983.现代构造地质学方法，第二卷，褶皱和断裂.徐树桐等，译.1991.北京：地质出版社.

Willsion G.小型构造的区域构造意义及其对野外地质人员的重要性.言词，译.1965.国外小构造研究(专辑).地质部地质科学技术情报研究所.

阿日吉列.构造地质学.秦其玉等，译.1966.北京：中国工业出版社.

埃切卡帕 A，马拉韦纳 J.压力影—有限应变测量和剪切旋向确定的重要标志.嵇少丞，译.1988.国外地质，(5).

蔡学林，石绍清，吴德超等.1995.武当山推覆构造的形成与演化.成都：成都科技大学出版社.

蔡学林.1979.应变—滑劈理的结构分析.地质科学，(4).

沉积构造与环境解释组.1984.沉积构造与环境解释.北京：科学出版社.

戴俊生主编.2006.构造地质学及大地构造.北京：石油工业出版社.

单文琅，傅昭仁.1984.北京西山的褶叠层固态流变构造群落.地球科学，(2).

单文琅,傅昭仁.1987.区域变质岩区填图的构造地层学准则.地球科学,12(5).

单文琅,宋鸿林,傅昭仁等.1991.构造变形分析的理论、方法和实践.武汉：中国地质大学出版社.

单文琅.1982.节理面的羽饰构造及其地质意义,地球科学,(1).

邓锡秧,徐杰.1982.初论断层擦痕和阶步的运用.南京大学学报(自然科学),(1).

何绍勋.1979.构造地质学中的报射赤平投影.北京：地质出版社.

何永年,史兰斌,林传勇.1988.韧性剪切带及其变形岩石.地震地质,10(4).

黄钟瑾等.1984.苏、皖、浙交界逆掩—推覆构造及构造分带性的成因研究.南京大学学报(自然科学).

金汉平.1976.野外岩石的蠕变特征.地质力学论丛,(4).

金维浚,宋鸿林,马文璞.1997.桐柏—大别山西段的伸展构造.地质科学,32(2)：156-164.

拉根 D M.构造地质学——几何方法导论.邓海泉,徐开礼等,译.1984.北京：地质出版社.

兰姆赛 J G.1967.岩石的褶皱作用和断裂作用.单文琅等,译.1985.北京：地质出版社.

兰姆赛 J G.岩石变形的裂开-愈合作用.宋鸿林,译.1985.基础地质译丛,(1).

兰姆赛 J G.岩石的褶皱作用和断裂作用.单文琅等,译.1985.北京：地质出版社.

李东旭,周济元.1986.地质力学导论,地质出版社.

李四光.1959.东西复杂构造带和南北构造带.地质力学丛刊,(1).

李晓波.1988.近十年国外小型构造地质研究方法的新进展.地质科技动态,第 20 期.

刘德良,李振生,吴小奇,陶士振.2007.近南北向构造在塔里木盆地的踪迹.地质学报,81(3)：324-331.

刘德良,李振生,杨强等.2005.南天山库车褶皱冲断带的伸展构造.天然气地球科学,16(2)：157-161.

刘德良.1989.试论冀鲁皖经向构造带及其意义.纪念李四光教授诞辰一百周年及国际地质力学会议论文选集.北京：地质出版社,149-153.

刘如琦.1963.湖南长沙岳麓山砂岩的香肠构造.地质学报,43(3).

刘晓峰,解习农,张成等.2005.东营凹陷盐-泥构造的样式和成因机制分析.地学前缘,12(4)：403-409.

卢华复,董火根,吴葆青,侯玉宾.1985.脆性剪切带中的 R 面和 P 面.天然气工业,5(1)：30-33.

马杏垣,刘和甫,王维襄,江一鹏.1983.中国东部中、新生代裂陷作用和伸展构造.地质学报,57(1).

马杏垣,索书田,游振东,刘如琦.1981.嵩山构造变形——重力构造、构造解析.北京：地质出版社.

马杏垣,索书田.1984.论滑覆及岩石圈内多层次滑脱构造,地质学报,58(3).

马杏垣.1964.北京西山窗棂构造简记.地质论评,22(6).

马杏垣.1965.北京西山的香肠构造.地质论述,23(1).

马杏垣.1982.论伸展构造.地球科学,7(3)：15-22.

马杏垣.1993.解析构造雏议.地球科学,(3)：1-9.

尼古拉斯 A.构造地质学原理.嵇少丞,译.1989.北京：石油工业出版社.

帕克 R G.构造地质学基础.李东旭等,译.1988.北京：地质出版社.

沈修志，孙岩，刘寿和.1980.江苏南部辗掩构造的初步研究.江苏地质，(2).

舒良树，孙岩，王德滋等.1998.华南武功山中生代伸展构造.中国科学(D辑)，28(5)：431-438.

宋鸿林，单文琅等.1987.剥离断层板块内近水平的剪切带与伸展构造.地球科学，12(5).

宋鸿林.1983.共轭雁行脉列分析.地震地质，5(2).

宋鸿林等.1989.浅论伸展构造在基岩中的表现型式，地球科学，14(1).

索书田.1983.论重力滑动构造.地球科学，8(3).

谈迎，刘德良，杨晓勇.2000.试论柴达木盆地基底中央断裂带.石油实验地质，22(2)：103-109.

汤加富，秦德勇，吴传荣等.2000.关于构造地层学研究与构造地层单位使用的讨论.地层学杂志，24(增)：347-351.汤良杰，贾承造，皮学军等.2003.库车前陆褶皱带盐相关构造样式.中国科学(D辑)，33(1)：38-46.

汤良杰，余一欣，陈书平等.2005.含油气盆地盐构造研究进展.地学前缘.

万天丰.1983.张节理及其形成机制.地球科学，22(3).

汪新.2005.南天山山前复杂褶皱的构造形态分析：以库车秋里塔克背斜、柯坪八盘水磨背斜为例.高校地质学报，11(4)：568-576.

王桂梁，曹代勇，姜波等.1992.华北南部的逆冲推覆伸展滑覆与重力滑动构造.徐州：中国矿业大学出版社.

吴根耀.2000.造山带地层学.成都：四川科学技术出版社.

吴海威，张连生，嵇少丞.1989.红河-哀牢山断裂——喜马拉雅山期大型陆内左行走滑剪切带.地质科学，(1)：1-8.

吴正文，柴育成，黄万夫等.1991.秦岭造山带的推覆构造格局.见：秦岭造山带学术讨论会论文选集.西安：西北大学出版社.

伍德沃德 N B，博耶 S E，萨普 J.1989.平衡地质剖面.贾维民等，译.1991.武汉：中国地质大学.

武汉地质学院，成都地质学院，南京大学地质系，河北地质学院合编.1979.构造地质学.北京：地质出版社.

武汉地质学院区地教研室，1987.地质构造形迹图册.北京：地质出版社.

希尔斯 E S.1972.构造地质学原理.李叔达等，译.1981.北京：地质出版社.

夏邦栋，李培军，尚彦军等.1994.下扬子区中生代走滑活动带初析.石油与天然气地质，15(3)：193-200.

徐开礼，朱志澄.1989.构造地质学(第二版).北京：地质出版社.

徐松年.1982.试论玄武岩柱状节理的形态分类与成因分类.杭州大学学报，(4).

许志琴，任玉峰，邱小平.1999.造山带地质填图.北京：地质出版社.

杨巍然，孙继源等.1995.大陆裂谷研究中的几个前沿课题，地质前缘，2(1).

游振东，索书田等.1991.造山带核部杂岩变质过程与构造解析——以东秦岭为例.武汉：中国地质大学出版社.

余一欣，马宝军，汤良杰等.2008.库车坳陷西段盐构造形成主控因素.石油勘探与开发，35(1)：23-27.

余一欣，汤良杰，余纯利. 2005. 多边断层系及其研究现状. 世界地质，24(2)：149－153.
俞鸿年，卢华复. 1998. 构造地质学原理(第二版). 南京：南京大学出版社.
曾佐勋，樊光明. 2008. 构造地质学(第三版). 武汉：中国地质大学出版社.
张长厚，顾德林，宋鸿林等. 1993. 胶南隆起北缘中段左行正滑韧性剪切带研究. 现代地质，7(4)：435－443.
张长厚，宋鸿林，王根厚等. 2001. 燕山板内造山带中段近东西向中生代右行走滑构造系统. 地球科学，26(5)：464－472.
张家声，索书田. 1988. 华北北部结晶基底中的大型韧性剪切带. 中国区域地质，(4).
张恺，陆克政，沈修志. 1989. 石油构造地质学. 北京：石油工业出版社.
张庆龙，王良书，解国爱等. 2005. 郯庐断裂带北延及中新生代构造体制转换问题的探讨. 高校地质学报，11(4)：577－584.
张文佑，钟嘉猷. 1977. 中国断裂构造体系的发展. 地质科学，(3).
张逸昆，Suppe J，贾东，卢华复. 广义"断层转折褶皱"的几何学正演数值模拟. 高校地质学报，11(4)：608－616.
赵温霞等. 2003. 周口店地质及野外地质工作方法与高新技术应用. 武汉：中国地质大学出版社.
郑亚东，张青. 1993. 内蒙古亚干变质核杂岩与伸展拆离断层. 地质学报，67(4)：301－304.
中国地质科学院地质力学研究所. 1978. 论构造体系. 国际交流地质学术论文集(1). 北京：地质出版社.
周玉泉. 1987. 劈理的形态分类法. 世界地质，6(2).
朱志澄，宋鸿林. 1990. 构造地质学. 武汉：中国地质大学出版社.
朱志澄. 1983. 中国南方侏罗山式褶皱及其形成机制. 地球科学，(3).
朱志澄. 1987. 伸展构造和拆离断层. 地质科技情报，6(1).
朱志澄. 1991. 逆冲推覆构造(第二版). 武汉：中国地质大学出版社.
朱志澄. 1999. 构造地质学. 中国地质大学出版社.
朱志澄等. 1989. 鄂东南多层次滑脱拆离及其与桐柏-大别山滑脱拆离的对接关系. 地球科学，14(1).
竺国强，克拉达克. 1988. 斯匹茨卑尔根群岛伯顺岬地区海克拉霍克岩系变质岩小构造特征. 成都地质学院学报，15(3).
庄培仁，常志忠. 1996. 断裂构造研究. 北京：地震出版社.

## 三、微型构造与构造机理学及构造流变学

——晶体组构、位错组构、纳米组构；构造变形机制、构造环境、构造层次、构造变形域、构造相；构造流变、构造物理、构造化学、构造预测

Beach A. 1982. 低级变质的变形过程中的化学作用：压溶和液压断裂作用. 张秋明，译. 1983. 国外地质科技，第3期.
Burg J P 著. 花岗岩内的压溶构造. 吕贻峰，译. 1986. 基础地质译丛，(2).

Lawn B R, Wilshaw T R. 脆性固体断裂力学. 陈颙,尹祥础,译. 1985. 北京: 地震出版社.

Nicolas A, Poirier J P. 变质岩的晶质塑性和固态流变. 林传勇,史兰斌,译. 1985. 北京: 地质出版社.

Ramsay J G, Buber M I. 1983. 现代构造地质学方法,第一卷,应变分析. 刘瑞等,译. 1991. 北京: 地质出版社.

Tullis J 等. 1982. 糜棱岩的意义和成因. 史兰斌,译. 1983. 地震地质译丛,(2).

Waldron H W, Sandiford M. 1988. Balarat 板岩带变质沉积岩的劈理形成与体积变化. 李智陵译,1989,6(4).

Waldron H W, Sandiford M. Balarat 板岩带变质沉积岩的劈理形成与体积变化. 李智陵,译. 1986. 基础地质译丛,6(4).

毕思文. 2001. 新概念地质力学. 北京: 地质出版社.

蔡学林,石绍清. 1981. 顺层片理形成机制分析. 科学通报,(9).

蔡学林,朱介寿,曹家敏,程先琼. 2006. 中国及邻近陆海地区软流圈三维结构及其与岩石圈的相互作用. 中国地质,33(4): 804 - 815.

陈国达,黄瑞华. 1984. 关于构造地球化学的几个问题. 大地构造与成矿,(1).

陈汉林,杨树峰,董传万等. 1997. 塔里木盆地地质热事件研究. 科学通报,42(10): 1096 - 1099.

陈能松,王人镜等. 1994. 密云杂岩西段等压冷却 $P-T-t$ 轨迹确定及地球动力学成因. 地质科学,29(4): 355 - 365.

陈文寄,李齐,郝杰等. 1999. 冈底斯岩带结晶后的热演化史及其构造含义. 中国科学(D 辑),29(1): 9 - 15.

陈颙,黄廷芳. 2001. 岩石物理学. 北京: 北京大学出版社.

陈至达. 1979. 连续介质有限变形力学几何场论. 力学学报,(7): 107 - 117.

陈子光. 1986. 岩石力学性质与构造应力场. 北京: 地质出版社.

戴春森,戴金星,杨池银等. 1994. 黄骅坳陷港西断裂带无机成因 $CO_2$ 气的构造地球化学特征. 科学通报,39(7): 639 - 643.

岛本年彦. S - C 糜棱岩的成因和一种新的断层带模式. 樊光,译. 1990. 地质科学译丛,7(1).

邓晋福,肖庆辉,邱瑞照,刘翠,赵国春,于炳松,周肃,钟长汀,吴宗絮. 2006. 华北地区新生代岩石圈伸展减薄的机制与过程. 中国地质,33(4): 751 - 761.

邓晋福. 1988. 大陆裂谷岩浆作用及深部过程. 见: 中国东部新生代玄武岩及上地幔研究. 武汉: 中国地质大学出版社.

董树文,吴宣志,高锐等. 1998. 大别造山带地壳速度结构与动力学. 地球物理学报,4(3): 349 - 361.

董树文. 1989. 长江中下游地壳物质的构造动力调整作用. 地质学报,(2): 97 - 110.

杜杨松,刘金辉,秦新龙等. 2003. 岩浆底侵作用研究进展. 自然科学进展,13(3): 237 - 242.

弗农 R H. 变质反应与显微构造. 游振东等,译. 1983. 北京: 地质出版社.

傅昭仁,单文琅,成勇等. 1990. 北京西山的构造变形相分析. 见: 北京西山地质研究. 武汉: 中国地质大学出版社.
格佐夫斯基.M.B.,1975.构造物理学基础.刘鼎文等,译.1984.北京:地质出版社.
葛和平,孙岩,朱文斌等.2004.岩石破裂行为的实验研究.高校地质学校,10(2):290-296.
韩宝福,何国琦,王式洸.1999.后碰撞幔源岩浆活动、底垫作用及准噶尔盆地基底的性质.中国科学(D辑),29(1):16-21.
汉布林 W K 著.地球动力学系统.殷维汉等,译.1980.北京:地质出版社.
何绍勋.1982.变形岩石的应变分析.地质与勘探,(2).
何永年,林传勇,史兰斌.1988.构造岩石学基础.北京:地质出版社.
何作霖等.1965.山西五台石英云母片岩中石英脉岩小褶皱的岩组分析.地质学报,45(2):197-208.
贺绍英等.1986.岩石磁化率各向异性.北京:地质出版社.
胡建,邱检生,王德滋等.2005.中国东南沿海与南岭内陆A型花岗岩的对比及其构造意义.高校地质学报,11(3):404-414.
胡玲.1998.显微构造地质学概论.北京:地质出版社.
胡潜伟,贾东,陈竹新等.2005.龙门山飞仙关断层传播褶皱磁组构特征及构造意义.高校地质学报,11(4):649-655.
黄德志,邱瑞龙,刘德良等.2000.安徽省嘉山管店—全椒龙王尖断裂的厘定和构造岩透射电镜分析及地质意义.地质论评,46(1):58-63.
黄庆华.1976.地质力学中几个典型构造型式的初步力学分析.力学,(2).
黄瑞华.1996.大地构造地球化学.北京:地质出版社.
黄万夫.1989.北京西山流变构造性质的鉴定——兼论固态流变构造与同沉积构造的区别.中国区域地质,(1).
黄万夫.1989.北京西山流动碳酸盐岩的微构造分析.现代地质,3(2).
姜光喜,刘兆霞,魏大海等.1997.X射线岩组学,北京:地质出版社,46-71.
金汉平.1976.岩石变形的特征及其时间因素.力学,(4).
金文山,赵风清,甘晓春,王祖伟.1994.陆壳深部结构研究的地质地球化学方法及其在华南地区的应用.安徽地质,4(1-2):122-134.
卡雷拉斯等.组构和显微构造.何永年,林传勇,史兰斌,译.1980.北京:科学出版社.
兰姆赛 J G.岩石韧性及其对山带中构造发育的影响.李智陵,译.1985.基础地质译丛,(2).
李成,王良书,杨春.2001.下扬子区岩石圈双层脆韧性过渡带叠置的流变学.地质论评,47(3).
李曙光,聂永红,郑双根,刘德良.1997.俯冲陆壳与上地幔的相互作用.中国科学(D辑),27(6):488-493.
李曙光.1999.大陆俯冲化学地球动力学.见:化学地球动力学,334-357.北京:科学出版社.
李扬鉴,崔永强.2005.论秦岭造山带及其立交桥式构造的流变学与动力学.地球物理学进展,20(4):925-938.
李应运.1989.皖南前寒武纪花岗岩类中片麻构造成因.地质科学,(1).

李振生，刘德良，刘波，杨强.2005.断裂性能差异的力学和化学因素分析.天然气地球科学，16(4)：485－491.

李振生，刘德良，刘波等.2005.断裂封闭性的波速和品质因子评价方法.科学通报，50(13)：1365－1369.

利布特里L著.大地构造物理学和地球动力学.孙坦，译.1986.北京：地质出版社.

林传勇，史兰斌，陈孝德等.1995.浙江新昌石榴子石二辉橄榄岩包体的流变特征及其地质意义，岩石学报，11(1)：55－64.

凌小惠.1985.从显微构造应力场有限元分析探讨一种压溶作用的形成机制.地震地质，(7)：68－70.

刘斌，葛宁洁，H. Ken，T. Popp.1998.不同温压条件下蛇纹岩和角闪岩中波速与衰减的各向异性.地球物理学报，41(3)：373－381.

刘斌，杨晓勇，王宝善，席道瑛等.2000.沉积岩中波速、衰减及渗透率随压力的变化，石油地球物理勘探，第35卷，第1期，129－135.

刘斌.2000.不同温压下岩石弹性波速度、衰减及各向异性与组构的关系.地学前缘，7(1)：247－257.

刘德良，崔作舟，林威等.1995.隐伏断裂力学性质的地球物理特征.地质力学文集，第10集：54－62.

刘德良，郭方遒，李曙光等.1993.浙西南韧性剪切带构造岩石学研究.见：东南大陆岩石圈结构与地质演化.北京：冶金工业出版社.

刘德良，苏永军，王赐银.1994.流体-岩石体系痕量元素模式方程的归纳分析.地质成砂论丛，9(1)：49－53.

刘德良，苏永军.1995.宿松变质磷矿成矿时限的显微构造和地球化学分析.科学通报，40(15)：1406－1408.

刘德良.1990.构造化学体系结构的探索.地学进展，(1)：47－54.

刘瑞珣，吕古贤，王世锋，夏林.2003.一个剪切位移公式的几何证明.高校地质学报，9(1)：123－127.

刘瑞珣.1986.关于构造微裂隙及其固结方式.地质论评，32(6)：541－546.

刘瑞珣.1988.显微构造地质学.北京：北京大学出版社.

刘贻灿，徐树桐，江来利等.1998.大别山北部斜长角闪岩类的地球化特征及形成构造背景.大地构造与成矿，22(4)：323－331.

刘贻灿，徐树桐，江来利等.2000.大别山北部超高压变质大理岩及其地质意义.矿物岩石地球化学通报，(2)：88－92.

楼法生，舒良树，王德滋.2002.武功山中生代花岗质穹窿伸展构造及岩石地球化学特征研究.地质通报，21(4－5)：264－269.

吕古贤，王方正，刘瑞珣.2004.超高压变质的构造附加压力和形成深度.北京：科学出版社.

马瑾.1987.构造物理学概论.北京：科学出版社.

马瑞士，朱文斌，郭令智．1996．新疆地区盆地—山脉构造形成机理．海相油气地质，1(3)：5－10．

米恩斯 W D．应力和应变．丁中一等，译．1982．北京：科学出版社．

潘立宙．1976．变形椭球的性质及其在地质应用中的一些问题．力学，(1)．

漆家福．2004．渤海湾新生代盆地的两种构造系统及其成因解释．中国地质．

邱楠生，苏向光，李兆影，张杰等．2007．郯庐断裂中段两侧坳陷的新生代构造-热演化特征．地球物理学报．

邵学钟，张家茹，范会吉．塔里木盆地地壳深部构造的地震转换波探测和研究．见：塔里木盆地石油地质研究新进展．北京：科学出版社．

施行觉，徐果明．1995．岩石的含水饱和度对纵、横波速及衰减影响的实验研究．地球物理学报，38(1)：281－287．

舒良树，王锡银，马瑞士．1996．南天山北缘麻粒岩残迹与辉石相韧性变形研究，地质科学，31(4)：375－383．

舒良树，于津海，王德滋等．2000．长乐—南澳断裂带晚中生代岩浆活动与变质-变形关系．高校地质学报，6(3)：369－378．

宋鸿林．1986．动力变质岩分类述评，地质科技情报，7(4)．

孙大中．1990．中国东部太古和元古活动带的构造和地球化学的发展．中国地质科学院院报，第20号，105－107．

孙岩，Wang Chiyuen，刘德良．2002．深钻岩芯隐裂队中微粒结构的发现．科学技术与工程，2(3)：65－66．

孙岩，葛和平，陆现彩等．2003．韧脆性剪切带滑移叶片中超微磨粒结构的发现和分析．中国科学(D辑)，33(7)：619－625．

孙岩，韩克从．1985．断裂构造岩带的划分．北京：科学出版社．

孙岩，刘德良，朱文斌等．2005．上扬子地壳区域地层岩石物性力学参数与滑动层位关系研究．地质科学，40(4)：532－538．

孙岩，陆现彩，刘德良等．2005．断裂剪切带厘米级磨砾和纳米级磨粒的发现、命名及其油气地质意义．高校地质学校，11(4)：521－526．

孙岩，陆现彩，舒良树，刘德良等．2006．变质岩中纳米物质赋存形式的探索和讨论．见：地质与地球化学研究进展，361－365．南京：南京大学出版社．

孙岩，沈修志，余锦标．1984．碳酸盐岩区的应力蚀裂作用研究．科学通报，(10)．

孙岩，徐士进，刘德良等．1998．断裂构造地球化学导论．北京：科学出版社．

索书田，石林，赵成生等．2002．岩石摩擦流变学．武汉：中国地质大学出版社．

索书田，钟增球．1991．造山带核部地壳岩石的流变学、造山带核部杂岩变质过程与构造解析．武汉：中国地质大学出版社．

特科特等著．地球动力学——连续介质物理在地质问题的应用．韩贝傅等，译．1986．北京：地震出版社．

特纳 F J，韦斯 L E．变质构造岩的构造分析．周全诚，张绍宗，宋鸿林，译．1978．北京：地质出版社.

滕吉文,王光杰,杨顶辉等.1998.地球各向异性介质中地震波动理论.检测与应用研究,地学前缘,5(1-2):83-90.

涂荫玖,杨晓勇,刘德良.1999.皖东黄栗树——破凉亭断裂带北段构造岩的显微和超微变形特征及地质意义.地质论评,45(6):622-627.

万天丰,赵维明.2002.论中国大陆的板内变形机制.地学前缘,9(2):451-463.

万天丰.1988.古构造应力场.北京:地质出版社.

汪集旸.1984.地热在地壳、上地幔研究中的意义.见:第一次全国地壳与上地幔物理学术讨论会论文集.

王德滋,沈渭洲.2003.中国东南部花岗岩成因与地壳演化.地学前缘,10(3):203-220.

王德滋,赵广涛,邱检生.1995.中国东部晚中生代A型花岗岩的构造制约.高校地质学报,1(2):13-21.

王德滋,周金城.1991.岩浆作用与地球动力学刍议.岩石矿物学杂志,10(3):205-210.

王德滋,周新氏等.2002.中国东南部晚中生代花岗质火山—侵入杂岩成因与地壳演化.北京:科学出版社.

王嘉荫.1978.应力矿物概论.北京:地质出版社.

王钧,黄尚瑶,黄歌山,汪集旸.1990.中国地温分布的基本特征.北京:地震出版社.

王奎仁,刘德良,杨晓勇.1995.郯庐断裂带南段构造地球化学.合肥:中国科学技术大学出版社.

王良书,陈运平,米宁等.2005.从地震波各向异性到各向异性地震学:地震波各向异性研究综述.高校地质学报,11(4):544-551.

王良书,李成,刘福田等.2000.中国东、西部两类盆地岩石圈热—流变学结构.中国科学(D辑),30(增刊):116-121.

王良书,施央申,1989.油气盆地地热研究.南京:南京大学出版社.

王勤,嵇少丞,许志琴.橄榄石的晶格优选定向、含水量与地震波各向异性:对大陆俯冲带变形环境的约束.岩石学报,2007,23(12):3065-3077.

王仁,何国琦.1979.轴对称情况下地球速率变化及其引潮力引起的全球应力场.见:天文地球动力学文集.北京:科学出版社.

王仁等.1981.地学中的岩石力学研究.岩石力学的理论与实践.北京:水利出版社.

王维襄,韩玉英.1977.棋盘格式构造的力学分析.地质力学论丛,(4):64-75.

王维襄,韩玉英.1980.一类入字型断裂构造力学的研究.国际交流地质学术论文集(1).北京:地质出版社.

王兆荣,支霞臣,周德昌等.1997.同位素古温度与海平面变化的关系.地层学杂志,21(4):289-292.

威利P J著.地球动力学.朱夏,译.1978.北京:地质出版社.

吴香尧.1984.岩组学导论.重庆:重庆出版社.

吴小奇,刘德良,李振生等,2006.确定变形温度和应变率分形法的探讨.中国地质,33(1):

154－159.

吴小奇，刘德良．2006．构造岩体积应变与质量迁移分析在地质学研究中的意义．沉积与特提斯地质，26(2)：25－29.

吴学益．1998．构造地球化学导论．贵阳：贵州科技出版社.

席道瑛，陈林．1994．岩石各向异性参数研究．物探化探计算技术，16(1)：16－21.

夏德洛 A F 著．地球动力学原理．谢鸣谦等，译．1977．北京：科学出版社.

肖庆辉．1985．糜棱岩的显微构造和成因．构造地质论丛，(5)：203－216.

许志琴．1984．地壳变形与显微构造．北京：地质出版社.

杨开庆，董树文．1986．论地壳物质的构造动力调整作用．中国地质科学院地质力学研究所所刊，(7).

杨开庆．1984．构造动力作用中的地球化学作用．大地构造与成矿学，(4).

杨树锋，陈汉林，张伯友，谢鸿森．1996．南岭花岗岩岩石物理学与大地构造．北京：中国大百科全书出版社.

杨树锋，陈汉林等．1996．磁化率各向异性与花岗岩形成的构造背景．地球物理学报.

杨武年，朱章森．1997．遥感信息场分层解析与构造应力场定量研究．地质学报，71(1)：86－96.

杨晓勇，刘德良，戴晓平，杨学明．1999．韧性剪切变形条件下稀土元素变化特征．稀土，20(1)：6－10.

杨晓勇，刘德良，王奎仁．1997．郯庐断裂带南段中深层次剪切带糜棱岩化过程中组分变化规律研究．高等学校地质学报，(3)：263－271.

杨晓勇，杨学明，刘德良等．1998．郯庐断裂带南段韧性剪切带糜棱岩化过程中长石成分和结构状态变化特征的研究．地震地质，20(4)：330－342.

杨振宇，马醒华，黄宝春等．1998．华北地块显生宙古地磁视极移曲线与地块运动．中国科学(D辑)，28(增刊)：44－56.

易顺华，李珍．1997．侵入接触构造的地质力学研究．地质力学学报，3(2)：61－65.

游振东．1985．剪切带的变质作用．地质科技情报，4(1).

余钦范．1992．岩石磁组构分析及其在地学中的应用，北京：地质出版社，85－93.

曾溅辉．2000．东营坳陷热流体活动及其对水-岩相互作用的影响．地球科学，25(2)：132－136.

曾令森，刘静，Jason Saleeby．2006．大型花岗岩岩基形成和演化的深部动力学过程：滴水构造、钾质火山作用与地表地质过程．地质通报，25(11)：1257－1273.

曾佐勋，樊春，刘立林等．1999．构造流变计．地质科技情报，18(4)：14－18.

曾佐勋，刘立林．1992．构造模拟．武汉：中国地质大学出版社.

曾佐勋．1990．双核型旋扭构造力学研究．地质学报，(2)．北京：地质出版社.

张本仁，韩吟文，许继峰等．1998．北秦岭新元古代前属于扬子板块的地球化学证据．高校地质学报，4(4)：369－382.

张理刚．1995．东亚岩石圈块体地质——上地幔、基底和花岗岩同位素地球化学及其动力学．北京：科学出版社.

张培震，王琪，马宗晋．2002．中国大陆现今构造运动的 GPS 速度场与活动地块．地学前缘，9(2)：

430－441.
张儒瑷，从柏林.1983.矿物温度计和矿物压力计.北京：地质出版社.
张文佑等.1981.地堑形成的力学机制.地质科学，(1).
赵靖，钟大赉，王毅.1994.滇西澜沧变质带变质作用和变形作用的关系.岩石学报，10(1)：27－40.
赵文津，Nelson K D，徐中信等.1997.雅鲁藏布江缝合带的双陆内俯冲构造与部分熔融层特征.地球物理学报，40(3)：325－336.
赵中岩.1993.西准噶尔萨尔拖海蛇绿岩中尖晶石二辉橄榄岩中橄榄石的位错构造及其意义.地质科学，28(3)：279－282.
郑伯让，金淑燕.1989.构造岩岩组学.武汉：中国地质大学出版社.
郑亚东.1999.共轭伸展褶劈理夹角的定量解析.地学前缘，(6)：391.
郑永飞.1999.化学地球动力学.北京：科学出版社.
支霞臣，李彬贤，杨晶等.1996.扬子地块东段若干橄榄岩包体的温度-压力计算.岩石学报，12(3)：446－454.
钟增球，郭宝罗.1991.构造岩与显微构造.武汉：中国地质大学出版社.
周建勋，张国伟.1996.秦岭商丹带沙沟糜棱岩带的显微构造及其 $P-T-t$ 演化路径的再认识.地质科学，31(1)：33－40.
周涛发，袁峰，范裕，谭绿贵，岳书仓.2006.西准噶尔萨吾尔地区A型花岗岩的地球动力学意义：来自岩石地球化学和锆石SHRIMP定年的证据.中国科学(D辑)，36(1)：39－48.
朱志文，滕吉文.1984.冈瓦纳大陆裂解后印度板块向北离散小地块并与欧亚板块碰撞的古地磁证据.见：中法喜马拉雅合作考察成果.北京：地质出版社.

## 四、大型构造、比较行星构造与构造运动学及构造动力学

——大地构造暨板块构造、造山带构造与盆地构造、深部构造与前寒武纪构造、类地行星构造、构造运动与构造动力

Kröner A著.前寒武纪板块构造.袁廷佐，译.1987.北京：地质出版社.
Mattauer M.1980.地壳变形.孙坦等，译.1984.北京：地质出版社.
Glen R A. 1985.论盆地基底对盖层变形的控制作用.刘德良，译.1987.地震地质译丛，9(4)：12－18.
阿莱格尔C J.陨石地球太阳系.鲍道崇，译.1989.北京：地质出版社.
艾南山，梁国昭，Scheidegger A E. 1982.东南沿海水系及新构造应力场.地质学报，37(2)：111－122.
奥布英J著.1982.俯冲作用与大地构造.海洋地质译丛，(3).
白瑾，黄学光，王惠初等.1996.中国前寒武纪地壳演化(第二版).北京：地质出版社.
本阿拉哈姆Z等著.大陆增生——从海洋底高原到移位地体.沈显杰，译.1982.国外地质，(12).
边立曾，方一亭，俞剑华.1994.对中国东南部早古生代盆地性质的认识.南京大学学报(地球科学)，6(1)：69－74.

边兆祥等.1986.板块构造评论.北京：地质出版社.

别洛乌索夫 B B 主编.地球构造圈.林彻等，译.1978.北京：地质出版社.

蔡学林，魏显贵，刘援朝等.1998.中国陆内造山带造山过程地球动力学分析.矿物岩石，18(增刊)：1-7.

蔡学林，朱介寿，曹家敏等.2002.东亚西太平洋巨型裂谷体系岩石圈与软流圈结构及动力学.中国地质，29(3)：234-245.

蔡学林，朱介寿，曹家敏等.2002.东亚西太平洋巨型裂谷体系岩石圈与软流圈结构及动力学.中国地质，29(3)：234-245.

曹高社，张善文，柳忠泉等.2004.华北陆块南缘下震旦统顶部裂离不整合的发现及其地质意义.沉积学报，22(4)：621-627.

曹荣龙，朱寿华.1990.中国东南沿海及台湾中生代古构造体系.科学通报，35(2)：130-134.

常承发等.1982.青藏高原地质构造.北京：科学出版社.

车自成，姜洪训.1987.大地构造学概论.西安：陕西科学技术出版社.

车自成，刘良，罗金海.2002.中国及其邻区区域大地构造学.北京：科学出版社.

陈安定.2001.苏北箕状断陷形成的动力学机制.高校地质学报，7(4)：408-417.

陈炳蔚等.1987.怒江—澜沧江—金沙江地区大地构造.北京：地质出版社.

陈发景.1992.前陆盆地(或挠曲)盆地分析.北京：中国地质大学出版社.

陈国达等.1998.亚洲陆海壳体大地构造.长沙：湖南教育出版社.

陈海泓，孙枢，李继亮，许靖华等.1991.华南板块的古地磁新结果.见：中国科学院地质研究所岩石圈构造演化开放研究实验室年报(1989-1990).北京：科学出版社.

陈海泓，肖文交.1998.多岛海造山作用.地学前缘，5(增刊)：95-1-2.

陈焕疆，孙肇才，张渝昌.1986.中国含油气盆地的格架，石油实验地质，8(2)：98-105.

陈俊勇，王俊勇，庞尚益等.1988.论珠穆朗玛峰地区地壳运动.中国科学，31(4)：265-271.

陈俊勇，王俊勇，庞尚益等.1988.论珠穆朗玛峰地区地壳运动.中国科学，31(4)：265-271.

陈克强，汤加富.1995.构造地层单位研究.武汉：中国地质大学出版社.

陈能松，游振东，孙敏.1997.大别杂岩减压变质过程与造山带深部区域性快速构造折返.中国科学(D)，27(4)：300-305.

陈胜早.1983.中国东南部及其毗邻海域的深部构造特征.南京大学学报，19卷：521-536.

陈守田，刘招君，刘杰烈.2005.海拉尔盆地构造样式分析.吉林大学学报(地球科学版)，35(1)：39-42.

陈新，卢华复，舒良树等.2002.准噶尔盆地构造演化分析新进展，高校地质学报，8(3)：7-12.

陈正乐，张岳桥，陈宣华等.2001.阿尔金断裂中段晚新生代走滑过程的沉积响应.中国科学(D辑)，31(增刊)：90-96.

陈智梁，陈世瑜.1987.扬子地块西缘地质构造演化.重庆：重庆出版社.

陈忠.1984.我国台湾地区地体构造特征的初步分析.南海海洋科技，6：7-15.

程海.1991.浙西北晚元古代早期碰撞造山带的初步研究.地质论评，37(3)：203-213.

程昊，陈道公等．2003．低温榴辉岩中石榴石的成分分带：快速抬升的证据．地球化学，32(1)：81－85．
崔军文，郭宪璞，丁孝忠．2006．西昆仑-塔里木盆地盆-山结合带的中、新生代变形构造及其动力学．地学前缘，13(4)：103－118．
崔军文，唐哲民，邓晋福等．1999．阿尔金断裂系．北京：地质出版社．
崔军文，唐哲民，邓晋福等．1999．阿尔金断裂系．北京：地质出版社．
崔军文，朱红，武长得等．1992．青藏高原岩石圈变形及其动力学．北京：地质出版社．
崔军文，朱红，武长得等．1992．青藏高原岩石圈变形及其动力学．北京：地质出版社．
崔军文．1997．喜马拉雅碰撞带的构造演化．地质学报，71(2)：105－112．
崔盛芹．1999．全球性中—新生代陆内造山作用与造山带．地学前缘，6(4)：283－293．
崔盛芹等．1979．区域构造．北京：地质出版社．
戴传国，王尚彦，边申武等．2004．造山带构造分析原理、方法及实践．北京：地质出版社．
戴俊生，陆克政，漆家福等．1998．渤海湾盆地早第三纪构造样式的演化．石油学报，19(4)：16－20．
戴维斯 G H 著．区域和岩石构造地质学．张樵英等，译．1988．北京：地质出版社．
单文琅．1999．岩石圈构造和深部作用．北京：地质出版社．
邓晋福，莫宣学，赵海玲等．1993．新生代以来中国大陆岩石圈尺度的大地构造分区．地球科学，22(3)：227－232．
邓晋福，赵海玲，罗照华．1992．新生代中国东部大陆岩石圈的伸展与减薄．见：中国大陆构造论文集．武汉：中国地质大学出版社．
邓晋福，赵海玲，莫宣学等．1996．中国大陆根-柱构造——大陆动力学的钥匙．北京：地质出版社．
邓乃恭，雷伟志．1999．大陆构造及陆内变形暨第六届全国地质力学学术讨论会论文集．北京：地质出版社．
迪金森 W R．板块构造与沉积作用．罗正华，译．1982．地质出版社．
迪肯森 W R 著．板块构造和主要岩石组合．唐连江，译．1980．北京：地质出版社．
丁道桂，汤良杰．1996．塔里木盆地形成与演化．南京：河海大学出版社．
丁国瑜，蔡文伯，于品清等．1991．中国岩石圈动力学概论．北京：地震出版社．
董树文，邱瑞龙．1993．安庆-月山地区构造作用与岩浆活动．北京：地质出版社．
董树文，孙先如，孙勇等．1993．大别山碰撞造山带基本结构．科学通报，(38)：542－545．
董树文，张岳桥，龙长兴等．2007．中国侏罗纪构造变革与燕山运动新诠释，81(11)：1449－1561．
都城秋穗等著．造山运动．周云生等，译．1986．北京：科学出版社．
段吉业，葛肖虹．1992．论塔里木-扬子板块及其古地理格局．长春地质学院学报，22(3)：260－268．
方国庆，刘德良，冯江．2000．鄂尔多斯盆地早古生代波状构造及其古地理意义．沉积学报，18(3)：445－448．
方国庆，刘德良．2000．复理石杂砂岩的化学组成与板块构造．沉积与特提斯地质，20(3)：

105 - 112.

方国庆，王多云，林锡祥等. 1999. 陕甘宁盆地中部东西向构造带的确定及其聚气意义. 石油与天然气地质，20(3)：195 - 198.

冯益民. 1998. 北祁连造山带西段的外来移置体. 地质论评，44(4)：365 - 372.

甘昭国，梁恩宇. 1988. 四川盆地褶皱形成时间及其对油气聚集的控制. 天然气工业，8(4)：1 - 6.

高俊，何国琦，李茂松等. 1996. 新疆南天山高压变质岩石的抬升机制. 地质科学，31(4)：365 - 374.

高名修. 1983. 中国东部盆地体系与美国西部盆地山脉构造对比及其成因机制探讨. 见：中国中、新生代盆地构造和演化. 北京：科学出版社.

高名修. 1995. 东亚北东向块断构造与现代地裂运动. 北京：地震出版社.

高锐，黄东定，卢德源等. 横过西昆仑造山带与塔里盆地结合带的深地震反射剖面. 科学通报，45(17)：1874 - 1879.

高锐，李廷栋，吴功建. 1998. 青藏高原岩石圈演化与地球动力学过程——亚东—格尔木—额济纳旗地学断面的启示. 地质论评，44(4)：389 - 395.

高山，刘勇胜. 1999. 大陆地壳深部结构与组成. 见：化学地球动力学. 北京：科学出版社.

高山，骆廷川，张本仁等. 1999. 中国东部地壳的结构和组成. 中国科学(D辑)，29(3)：204 - 213.

高延林. 2001. 板块构造图的制图理论与方法探讨，青海地质，第2期.

高振家，吴绍祖. 1983. 新疆塔里木古陆的构造发展. 科学通报，28(23)：1448 - 1450.

格拉切夫 A Φ 著. 地球裂谷带. 陈家振等，译. 1982. 北京：地震出版社.

格拉斯 B P 著. 行星地质学导论. 陈书田等，译. 1986. 北京：地质出版社.

格里夫 R A F 著. 地球受撞击的岩石纪录. 张明利，译. 1997. 见：地矿部岩石圈构造与动力学开放研究实验室，1996年报，78 - 92. 北京：地质出版社.

格罗考特 J 著. 1980. 前寒武纪剪切带与现代断裂系的关系. 地震地质译丛，1(6).

葛肖虹，刘俊来. 2000. 被肢解的"西域克拉通". 岩石学报，16(1)：59 - 66.

葛肖虹，刘永江，任收麦等. 2001. 对阿尔金断裂科学问题的再认识. 地质科学，36(3)：319 - 325.

葛肖虹. 2002. 青藏高原隆升动力学与阿尔金断裂. 中国地质，29(4)：346 - 350.

管志宁，安玉林，吴朝钧. 1987. 磁性界面反演及华北地区深部地质结构的推断. 见：中国东部区域地球物理研究专集，勘查地球物理勘查地球化学文集，第6集. 北京：地质出版社.

郭福祥. 1998. 中国南方中新生代大地构造属性和南华造山带褶皱过程. 地质学报，72(1)：22 - 23.

郭令智，施央申，马瑞士. 1983. 西太平洋中、新生代活动大陆边缘和岛弧构造的形成和演化. 地质学报，(1).

郭令智等著. 2001. 华南板块构造. 北京：地质出版社.

郭召杰，郭令智，施央申等. 1991. 塔里木板块北缘14亿～11亿年间地体拼贴构造的讨论. 南京大学学报(地)，(4)：367 - 372.

郭召杰，吴朝东，张志诚等. 2005. 乌鲁木齐后峡地区侏罗系沉积特征、剥露过程及中新生代盆山关系讨论.高校地质学报,11(4):558-567.
郭振一.1987.郯城-庐江断裂带的形成演化与运动学分析.山东地质,3(1):51-62.
豪威尔 D G 著.地体构造学.王成善等,译.1991.成都:四川科学技术出版社.
郝杰,李曰俊,胡文虎.1992.晋宁运动和震旦系有关问题.中国区域地质,(2):131-140.
郝杰,刘小汉.1988.桐柏-大别碰撞造山带大型推覆-滑脱构造及其演化.地质科学,(1):1-10.
何春荪.1994.台湾地质概论——台湾地质图说明书.台湾地质调查所.
何登发,吕修祥,林永权等.1996.前陆盆地分析.北京:石油工业出版社.
何国琦.1983.内蒙古东南部(昭盟)西拉木伦河一带早古生代蛇绿岩建造的确认及其大地构造意义.见:中国北方板块构造文集,(1):243-250.
何建坤,卢华复,朱斌.1999.东秦岭造山带南缘北大巴山构造反转及其动力学.地质科学(J),34(20):139-153.
何明喜,刘池洋.1992.盆地走滑变形研究与古构造分析.西安:西北大学出版社.
侯贵廷,钱祥麟,宋新民.1998.渤海湾盆地形成机制研究.北京大学学报(自然科学版),34(4):503-509.
黄宝春,朱日祥,杨振宇.1999.华北地块古生代运动学特征研究.现代地质,13(增刊):1-7.
黄怀曾,吴功建等.1994.岩石圈动力学研究.地质出版社.
黄汲清,陈炳蔚.1980.特提斯—喜马拉雅构造域上新世—第四纪磨拉斯的形成及其与印度板块活动的关系.见:国际交流地质学术论文集(1).北京:地质出版社.
黄汲清,陈炳蔚.1987.中国及邻区特提斯海的演化.北京:地质出版社.
吉让寿,秦德余,高长林等.1997.东秦岭造山带与盆地.西安:西安地图出版社.
贾承造,施央申,郭令智.1988.东秦岭板块构造.南京:南京大学出版社.
贾东,何永明,施央申等.1993.山东地体构造及拼贴地体运动学研究.南京:南京大学出版社.
江来利.2003.大别山北部碰撞后伸展—逆冲推覆构造.科学通报,48(14):1557-1563.
姜春发,杨经绥,冯秉贵等.1992.昆仑开合构造.北京:地质出版社.
解习农,李思田.1996.断裂带流体作用及动力学模型.地学前缘,2(3-4):145-150.
金 E.A.著.宇宙地质学概论.王道德,谢先德,曹鉴秋,译.1983.北京:科学出版社.
金文山,赵风清,张惠民.1997.华南大陆深部地壳结构及其演化.北京:地质出版社.
金翔龙,喻普之.1981.东海构造的形式与演化.构造地质论丛,(1).
金性春.1982.板块构造学基础.上海:上海科学技术出版社.
考沃德 M P 等著.碰撞.徐贵忠等,译.1990.北京:地质出版社.
李春昱,郭令智,朱夏等.1986.板块构造基本问题.北京:地震出版社.
李春昱,汤耀庆.1983.亚洲古板块划分以及有关问题.地质学报,(3).
李春昱,王荃,刘雪亚,汤耀庆.1982.亚洲大地构造图说明书.北京:地质出版社.
李春昱,王荃,刘雪亚,汤耀庆.1984.亚洲大地构造的演化.中国地质科学院院报,(10):3-12.北京:地质出版社.
李春昱等.1982.亚洲大地构造图说明书.北京:地图出版社.

李德威.1995.再论大陆构造与动力学.地球科学-中国地质大学学报,20(1):19-26.

李继亮,许靖华,孙枢.1989.南华夏造山带的新证据.地质科学,(3):217-225.

李继亮.1988.滇西三江带构造演化.地质科学,(4):337-346.

李继亮.1992.中国东南大地构造问题.见:中国东南海陆岩石圈结构与演化研究.北京:中国科学技术出版社.

李继亮主编.1992.中国东南海陆岩石圈结构与演化研究.北京:中国科学技术出版社.

李继亮主编.1993.东南大陆岩石圈结构与地质演化.北京:冶金工业出版社.

李江海,穆剑.1999.我国境内格林威尔期造山带的存在及其对中元古代末期超大陆再造的制约.地质科学,34(3):259-272.

李锦轶.1998.中国东北及邻区若干地质构造问题的新认识.地质论评,44(4):339-347.

李立,杨辟元,段吉等.1998.东秦岭岩石圈的地电模型.地球物理学报,41(2):189-196.

李述靖,陈佳木,郑达兴.1982.中国主要线性构造特征—陆地卫生 MSS7 形象镶嵌图的解译.全国构造地质学术会议论文选集,第三卷.北京:科学出版社.

李思田等.1997.中国东部及邻区中新生代盆地演化及地球动力学背景.北京:地质出版社.

李四光(原著,扩编).1999.中国地质学.北京:地质出版社.

李四光.1973.地壳构造与地壳运动.中国科学,(4).

李四光.1974.区域地质构造分析.北京:科学出版社.

李四光.1976.地壳运动问题(讨论提纲).北京:科学出版社.

李兴振,江新胜,孙志明等.2002.西南三江地区碰撞造山过程.北京:地质出版社.

李秀新,刘德良,王华俊等.1992.中国东部华北板块与杨子板块的分界问题.见:中国东南海陆岩石圈结构与演化研究.北京:中国科学技术出版社,32-45.

李秀新,刘德良.1979.合肥盆地重磁场的解析延拓对深部构造分析的意义.石油物探,第二辑,73-92.

林伟,王清晨,石永红.2005.大别山-苏鲁碰撞造山带构造几何学、运动学和岩石变形分析.岩石学报,21(4):1195-1214.

刘池洋.2005.盆地构造动力学研究的难点、弱点、重点.地学前缘,12(3):113-124.

刘德来,马莉.1997.中生代东亚大陆边缘构造演化.现代地质,11(4):444-451.

刘德良,李秀新.1984.皖中地区深层构造分析.地质科学,(1):42-50.

刘德良,杨强,李振生等.2005.松辽盆地多元构造系统要览.天然气地球科学,16(4):433-436.

刘光鼎.2001.前新生代海相残留盆地.地球物理学进展,16(2):1-6.

刘和甫,梁慧社,李晓清等.2000.中国东部中新生代裂陷盆地与伸展山岭耦合机制.地学前缘,7(4):477-486.

刘和甫.1993.沉积盆地地球动力学分类及构造样式分析.地球科学-中国地质大学学报,18(6):699-724.

刘和甫.1995.前陆盆地类型及褶皱-冲断层样式.地学前缘,2(3):59-68.

刘和甫.1997.盆地演化与地球动力学旋回.地学前缘,4(3-4):233-240.

刘建华,刘福田,孙若昧等.1995.秦岭—大别造山带及其南北缘地震层析成像.地球物理学报,38(1):46-54.

刘树根，罗志立，戴苏兰等. 1995. 龙门山冲断带的隆升和川西前陆盆地的沉降. 地质学报，69(3)：205－214.

刘树根，罗志立，赵锡奎等. 2003. 龙门山造山带—川西前陆盆地系统形成的动力学模式及模拟研究. 石油实验地质，25(2)：432－438.

刘训，姚建新，王永. 1997. 再论塔里木板块的归属问题. 地质论评，43(1)：1－9.

刘训. 1983. 中国东部中、新生代沉积建造及构造发展. 中国区域地质，(4).

刘增乾，李兴振，叶庆同等. 1993. 三江地区构造岩浆带的划分与矿产分布规律. 北京：地质出版社.

刘增乾等. 1983. 从地质资料试论冈瓦纳北界及其青藏高原地区特提斯的演化. 青藏高原地质文集(12). 北京：地质出版社.

刘肇昌. 1983. 板块构造学. 成都：四川科学技术出版社.

龙汉春. 1988. 试论华北地区地壳拉张、挤压与裂谷、推覆构造的成因联系. 地质论评，34(2).

楼法生，舒良树，王德滋. 2002. 武功山中生代花岗质穹窿伸展构造及岩石地球化学特征. 地质通报，21(4/5)，264－269.

卢华复，王胜利，贾东等. 2004. 塔里木盆地与天山山脉晚新生代盆山耦合机制. 高校地质学报，11(4)：493－503.

陆松年，李怀坤，陈志宏等. 2004. 新元古时期中国古大陆与罗迪尼亚超大陆的关系，11(2)：518.

陆松年，杨春亮，李怀坤，陈志宏. 2002. 华北古大陆与哥伦比亚超大陆. 地学前缘，9(4)：225－233.

路凤香，郑建平，侯青叶，李方林，2006，中国东部壳-幔、岩石圈-软流圈之间的相互作用带：特征及转换时限. 中国地质，33(4)：773－781.

罗志立，李景明，刘树根. 2005. 中国板块构造和含油气盆地分析. 北京：石油工业出版社.

马托埃 M 著，孙坦，张道安译. 1984. 地壳变形. 北京：地质出版社.

马文璞. 1992. 区域构造解析——方法理论和中国板块构造. 北京：地质出版社.

马醒华，杨振宇. 1993. 中国三大地块的碰撞拼合与古欧亚大陆的重建. 地球物理学报，36(4)：476－488.

马杏垣，白瑾，索书田等. 1987. 中国前寒武纪构造格架及研究方法. 北京：地质出版社.

马杏垣主编. 1987. 中国岩石圈动力学纲要. 北京：地图出版社.

马杏垣主编. 1989. 中国岩石圈动力学地图集. 北京：地图出版社.

马宗晋，杜品仁，洪汉净. 2003. 地球构造与动力学. 广东科技出版社，101－383.

马宗晋，李存悌，高祥林. 1996. 全球新—中生代构造的基本特征. 地质科技情报，15(4)：21－25.

马宗晋，莫宣学. 1997. 地球韵律的时空表现及动力问题. 地学前缘，4(3－4)：211－221.

马宗晋，任金卫，张进. 2003. 全球空间测地站矢量场对板块运动的描述及地幔的经、纬向流. 地学前缘，10(1)：5－14.

米兰诺夫斯基 E E 著. 地球历史上的裂谷作用. 林彻等，译. 1985. 北京：地质出版社.

莫宣学，潘桂棠. 2007. 从特提斯到青藏高原形成：构造-岩浆事件的约束. 地学前缘，13(6)：

43－51.
穆尔 E M 著.1982.陆内古缝合带.国外地质,(11).
欧阳自远,管云彬.1991.巨大撞击事件诱发古气候旋回的初步研究.矿物岩石地球化学通讯,(2):29－31.
欧阳自远.1988.天体化学.北京:科学出版社.
欧阳自远.1994.比较行星地质学.地球科学进展,9(2):75－77.
潘裕生,孔祥儒.1998.青藏高原岩石圈结构、演化和动力学.广州:广东科技出版社.
漆家福,杨桥.2007.伸展盆地的结构形态及其主控动力学因素.石油与天然气地质,28(5):634－640.
钱祥麟.1996.早前寒武纪大陆地壳的性质与构造演化问题.岩石学报,12(2):169－178.
乔秀夫,高林志,彭阳.2001.古郯庐带新元古界——灾变·层序·生物.北京:地质出版社.
乔秀夫,耿树方.1981.华南晚前寒武纪古板块构造.见:中国及其邻区大地构造论文集.北京:地质出版社.
丘元禧,梁新权.2006.两广云开大山—十万大山地区盆山耦合构造演化—兼论华南若干区域构造问题.地质通报,25(3):340－347.
丘元禧,张渝昌,马文璞等.1999.雪峰山的构造性质与演化.北京:地质出版社.
丘元禧,张渝昌,马文璞等.1999.雪峰山的构造性质与演化——一个陆内造山带的形成演化模式.北京:地质出版社;广州:中山大学出版社.
丘元禧.2006.地质力学与板块构造学.北京:地质出版社.
邱家全,时振梁,环文林,汪素云.1983.试论中南亚地区板块碰撞带的现代构造特征.地质学报,(1).
任纪舜,陈廷愚,牛宝贵等.1990.中国东部及邻区大陆岩石圈的构造演化与成矿.北京:科学出版社.
任战利.2000.中国北方沉积盆地地热演化史的对比.石油与天然气地质,21(1):33－37.
上田诚也等著.海洋底板块构造.于纯仁等,译.1986.北京:地质出版社.
邵济安,韩庆军.1998.中生代地球系统与核-幔边界动力学研究进展.地质论评,44(4):382－388.
邵学忠等.1996.天山造山带的结构与构造.地球物理学报,39(3):336－346.
舒良树,于津海,贾东,王博等.2008.华南东段早古生代造山带研究.地质通报,27.
舒良树,周新民.2002.中国东南部晚中生代构造作用.地质论评,48(3):249－260.
水涛.1987.中国东南大陆基底构造格局.中国科学(B辑),(4):414－422.
斯宾塞 E W,1971.地球构造导论.朱志澄等,译.1981.北京:地质出版社.
宋鸿林.1999.燕山式板内造山带基本特征与动力学探讨.地学前缘,6(4):309－316.
孙殿卿,高庆华.1982.地质力学与地壳运动.北京:地质出版社.
孙焕章,钟嘉猷.1983.湘鄂西地区地质构造的历史分析与力学分析.见:断块构造文集.北京:科学出版社.
孙枢,张国伟,陈志明.1985.华北断块区南部前寒武纪地质演化.北京:冶金工业出版社.

孙卫东，凌明星，汪方跃等．2008．太平洋板块俯冲与中国东部中生代地质事件．矿物岩石地球化学通报，27(3)：218－225．

索书田，桑隆康，韩郁菁，游振东．1993．大别山前寒武纪变质地体岩石学与构造学．武汉：中国地质大学出版社．

索书田，游振东，韩郁菁，钟增球．1987．我国前寒武纪变质岩的构造特征．地球科学，12(5)．

索书田，钟增球，游振东，周汉文．2000．大别-苏鲁区残余超高压构造及其动力学意义．地球科学，25(6)：557－563．

索书田，钟增球，游振东．2000．大别地块超高压变质期后伸展变形及超高压变质岩石折返过程．中国科学(D辑)，30(1)：9－17．

塔尔活尼M等著．岛弧、海沟和弧后盆地．郭令智等，译．1984．北京：海洋出版社．

谈迎，刘德良，杨晓勇．2000．试论柴达木盆地基底中央断裂带．石油实验地质，22(2)：103－109．

谭应佳，王方正，赵温霞．1993．太行山阜平穹窿南部早前寒武纪地质——兼论太古宙若干问题及研究方法．武汉：中国地质大学出版社．

汤加富．2003．大别山及邻区地质构造特征与形成演化．北京：地质出版社．

唐克东，王莹，何国琦等．1995．中国东北及邻区大陆边缘构造．地质学报，69：16－30．

唐鑫．1982．南海板块构造及其成因．见：全国第二届构造地质学术会议论文集．北京：科学出版社．

陶士振，刘德良，张朝明，戴金星．2000．大别—胶南造山带温泉中天然气地球化学特征．地质地球化学，28(2)：87－93．

陶士振，刘德良．2000．郯庐断裂带及邻区地热场特征、温泉形成因素及气体组成、天然气工业，20(6)：42－46．

特克津茨M N等著．洋背与岛弧．李增全等，译．1990．北京：海洋出版社．

滕吉文，曾融生，闫雅芬．2002．东亚大陆及周边海域Moho界面深度分布和基本构造格局．中国科学(D)，32(2)：89－100．

滕吉文，张中杰，胡家富等．1996．青藏高原整体隆升与地壳缩短增厚的物理-力学机制研究(上、下)．高校地质学报，2(2)：121－133；2(3)：307－323．

田在艺，张庆春．1996．中国含油气沉积盆地论．北京：石油工业出版社．

万玲，姚伯初，吴能有．2000．红河断裂入海后的延伸及其构造意义．南海地质研究(12)．武汉：中国地质大学出版社，22－32．

万天丰，2004．侏罗纪地壳转动与中国东部岩石圈转型．地质通报，23(9－10)：969－972．

万天丰，王亚妹，刘俊来．2008．中国东部燕山期和四川期岩石圈构造滑脱与岩浆起源深度．地学前缘，15(3)：1－35．

万天丰，朱鸿，赵磊等．1996．郯庐断裂的形成与演化——综述．现代地质，10(2)：159－168．

万天丰，朱鸿．1996．郯庐断裂的最大左行走滑断距及其形成时期．高校地质学报，2(1)：14－27．

万天丰．2004．中国大地构造纲要．北京：地质出版社．

汪新，杨树峰，施建宁等．1988．浙江龙泉碰撞混杂岩的发现及其对碰撞造山带研究的意义．南京大学学报(自然科学版),24(3):367-378.
王椿镛,吴建平,楼海等.2006.青藏高原东部壳幔结构和地幔变形场的研究.地学前缘,13(5):349-359.
王椿镛,张先康,陈步云等.1997.大别造山带的地壳结构研究.中国科学(D辑),27(3):222-226.
王德滋,杜杨松.1990.中国东南沿海地区中生代灿—侵入杂岩形成的构造背景.矿物岩石地球化学通讯,(3):186-188.
王德滋,周金城.1991.岩浆作用与地球动力学刍议.岩石矿物学杂志,10(3):205-210.
王二七,Burchfiel B C,季建清.2001.东喜马拉雅构造结新生代地壳缩短量的估算及其地质依据.中国科学(D辑),(31):1-9.
王桂梁,刘桂建,邹海等.1999.东北地台北缘中生代盆-山耦合转移与其动力学分析.煤田地质与勘探,27(6):14-17.
王汉卿.1999.中国纬向褶皱构造带研究.北京:地震出版社.
王鸿祯,莫宣学.1997.中国地质构造述要.中国区域地质.11(1):4-9.
王良书,施央申.1989.油气盆地地热研究.南京:南京大学出版社.
王平在,何登发,雷振宇等.2002.中国中西部前陆冲断带构造特征.石油学报,23(3):11-17.
王谦身,武传真,刘洪臣,魏英.1982.亚洲大陆地壳厚度分布轮廓及地壳构造特征的探讨.地震地质,4(3).
王清晨,丛柏林,马力.1997.大别山造山带与合肥盆地的构造耦合.科学通报,42:575-480.
王清晨,林伟.2002.大别山碰撞造山带的地球动力学.地学前缘,9(4):257-265.
王树基.1998.亚洲中部山地夷平面研究.北京:科学出版社.
王小凤,李中坚,陈柏林等.2000.郯庐断裂带.北京:地质出版社.
王治顺,朱大岗,熊成云等.1999.构造体系各论.北京:地质出版社.
魏格纳 A L著.海陆的起源.李旭旦,译.1977.商务印刷馆.
魏斯禹,滕吉文,王谦身等.1990.中国东部大陆边缘地带的岩石圈结构与动力学.北京:科学出版社.
吴福元,孙德有,张广良等.2006.论燕山运动的深部动力学本质.高校地质学报,6(3):379-388.
吴福元.1999.大陆地壳的形成时间及增生机制.见:化学地球动力学.北京:科学出版社.
吴根耀,梁兴,陈焕疆.2007.试论郯城—庐江断裂带的形成、演化及性质.地质科学,42(1):160-175.
吴根耀.2000.华南的格林威尔造山带及其坍塌:在罗迪尼亚超大陆演化中的意义.大地构造与成矿学,24(2):112-123.
吴汉宁,常承法,刘椿等.1990.依据古地磁资料探讨华北和扬子地块运动及其对秦岭造山带构造演化的影响.地质科学,(3):201-214.
吴进民.1999.南沙万安盆地新生代构造运动和构造演化.海洋地质,2:1-11.

吴思本.1984.我国首次发现陨石坑.自然杂志,(2).

吴正文.1990.北秦岭造山带燕山期推覆构造格局及其演化历史.武汉:中国地质大学出版社.

伍秀芳,刘胜,汪新等.2004.帕米尔—西昆仑北麓新生代前陆褶皱冲断带构造剖面分析.地质科学,39(2):260-271.

夏邦栋,施光宇,方中等.1991.海南岛晚古生代裂谷作用.地质学报,(2):103-115.

夏邦栋.1988.复式半背斜及其形成动力学初探.江苏地质,(2).

夏斌,刘朝露,陈根文.2006.渤海湾盆地中新生代构造演化与构造样式天然气工业,26(12):57-60.

向必伟,王勇生,朱光,石永红.2007.晓天—磨子潭断裂的构造演化对大别高压—超高压岩石折返过程的指示.自然科学进展,17(12):1639-1650.

向辑熙等.1988.安徽省大地构造与成矿.武汉:中国地质大学出版社.

肖安成,杨树锋,陈汉林等.2000.西昆仑山前冲断系的结构特征.地学前缘,7(Suppl.):128-135.

肖序常,李廷栋,李光岑等.1988.喜马拉雅岩石圈构造演化.北京:地质出版社.

肖序常,李廷栋主编.2000.青藏高原的构造演化与降升机制.广州:广东科技出版社,83-121,244-245.

肖序常,汤耀庆主编.1991.古中亚复合巨型缝合带南缘构造演化.北京:北京科技出版社.

肖序常,王军.1998.青藏高原构造演化及隆升的简要评述.地质论评,44(4):372-381.

肖序常.1983.雅鲁藏布江缝合带及其邻区构造演化.地质学报,57(2).

谢家荣.1961.中国大地构造问题.地质学报,41(2):218-229.

谢鸣谦.2000.拼贴板块构造及其驱动机理—中国东北及邻区的大地构造演化.北京:科学出版社,66-70.

谢头克.1989.中国东南岩石圈板块边界变质带.北京:科学出版社.

谢先德,陈鸣.2005.从随州陨石研究探讨地幔的高压矿物组成.矿物岩石地球化学通报,24(4):277-285.

辛格 A M C 著.板块构造学与造山运动.丁晓等,译.1992.上海:复旦大学出版社.

胥颐,刘福田,刘建华等.2001.中国西北大陆碰撞带的深部特征及其动力学意义.地球物理学报,44(1):40-47.

徐备,郭令智,施央申.1992.皖浙赣地区元古代地体和多期碰撞造山带.北京:地质出版社.

徐道一,杨正宗,张勤文,孙亦因.1983.天文地质学概论.北京:地质出版社.

徐刚,赵悦,高锐等.2006.燕山褶断带中生代盆地变形—板内变形过程的记录——以下板城、承德—上板城、北台盆地为例.地球学报,27(1):1-12.

徐嘉炜,刘德良,柴名理,刘世宽.1965.皖中张八岭带前寒武纪岩系纪要.华东地质,(6):35-50.

徐嘉炜,刘德良,李秀新.1987.中国东部中生代南北陆块的对接—论大别碰撞带及其意义.见:各省市自治区庆祝中国地质学会成立六十周年论文选辑,99-111.北京:地质出版社.

徐嘉炜.1984.郯城-庐江平移断裂系统.构造地质论丛,(3).

徐鸣洁,王良书,钟锴等.2005.塔里木盆地重磁场特征与基底结构分析.高校地质学报,11(4):585-592.

徐树桐,刘贻灿,江来利等.2002.大别山造山带的构造几何学和运动学.合肥:中国科学技术大学出版社.

许德树,曾华霖,万天丰.2001.中国视密度图与大地构造单元,地学前缘,8(2):407-413.

许靖华,孙枢,王清晨等.1998.中国大地构造相图.北京:科学出版社.

许靖华.1979.弧后盆地,海洋学报,(1).

许靖华.1985.大地构造与沉积作用.北京:地质出版社.

许靖华.1994.弧后碰撞造山作用及其大地构造相.南京大学学报(地),6(1):1-12.

许文良,王清海,王冬艳等.2004.华北克拉通东部中生代岩石圈减薄的过程与机制:中生代火成岩和深源捕虏体证据.地学前缘,11(3):309-317.

许效松,徐强,潘桂棠等.1996.中国南大陆演化与全球古地理对比.北京:地质出版社.

许志琴,崔军文.1996.大陆山链变形构造动力学.北京:冶金出版社.

许志琴,姜枚,杨经绥.1996.青藏高原北部隆升的深部构造物理作用.地质学报,70(3):195-206.

许志琴,张建新,徐惠芬等.1997.中国主要大陆山链韧性剪切带及动力学.北京:地质出版社.

薛爱民,金维俊,袁学诚.1999.大别山北缘合肥盆地中、新生代构造演化.高校地质学报,5(2):157-163.

颜丹平,宋鸿林,傅昭仁等.1997.扬子地台西缘变质核杂岩带.北京:地质出版社.

杨森楠,杨巍然.1985.中国区域大地构造学.北京:地质出版社.

杨树锋,陈汉林,程晓敢等.2003.南天山新生代隆升和去顶作用过程.南京大学学报(自然科学),39(1):1-8.

杨树锋,陈汉林等.1997.塔里木盆地地质热事件研究.科学通报.

杨树锋.1987.成对花岗岩带和板块构造.北京:科学出版社.

杨振德,谢鸣谦.1984.东亚晚前寒武纪大地构造演化.地质科学,(4):373-383.

杨振宇,Besse J,孙知明.1998.印度支那地块第三纪构造滑移与青藏高原岩石圈构造演化.地质学报,72(2):112-125.

叶连俊,钱祥麟,张国伟.1991.秦岭造山带学术讨论会论文集.西安:西北大学出版社.

叶尚夫,马瑞士,郭令智.1992.东天山造山带的构造演化特征.见:中国大陆构造文集.武汉:中国地质大学出版社.

叶尚夫.1983.我国台湾及其相邻海域构造特征.热带海洋,4期.

殷秀华,黎益仕,刘占波.1998.塔里木盆地重力场与地壳上地幔结构.地震地质,20(4):370-377.

尹延鸿,万天丰.1996.微玻璃陨石撞击导致始新世末太平洋板块改变运动方向的可能性及动力学探讨.见:地矿部岩石圈构造与动力学开放研究实验室1995年年报,116-132.北京:地质出版社.
尹赞勋.1977.板块构造学的发生与发展.地质科学,(2).
游振东,索书田等.1992.造山带核部杂岩变质过程与构造解析.武汉:中国地质大学出版社.
俞鸿年,牟维熹,马瑞士,王赐银等.1982.福建东南沿海断裂(块断造山)区域变质带的岩石学及其构造特征.南京大学学报,2.
俞鸿年,张伯友,郭令智.1994.粤西桂东古特提斯造山带初步研究.南京大学学报(地球科学),6(1):51-58.
袁学诚,左愚,蔡学林,朱介寿.1989.华南板块岩石圈构造.见:八十年代中国地球物理学进展—纪念付承义教授八十寿辰.
袁学诚.1991.秦岭造山带的深部构造与构造演化.西安:西北大学出版社,174-184.
袁学诚.1995.论中国大陆基底构造.地球物理学报,38(4):448-458.
袁学诚.1997.秦岭造山带地壳构造与楔入成山.地质学报,71(3):227-235.
臧绍先,宁远杰.1994.全球动力学研究的进展与问题.现代地球动力学研讨会论文集,13-18.北京:地震出版社.
翟明国.1998.中国三条高温高压变质带及其地质意义.岩石学报,14(4):419-429.
张伯声等.1980.中国波浪状镶嵌构造.北京:科学出版社.
张伯友,俞鸿年.1994.粤西海西—印支碰撞带深层次推覆构造.北京:地质出版社.
张长厚,宋鸿林.1997.燕山板内造山带中生代逆冲推覆构造及其与前陆褶冲带的对比研究.地球科学——中国地质大学学报,22(1):33-36.
张长厚,吴淦国,徐德斌等.2004.燕山板内造山带中段中生代构造格局与构造演化,地质通报,23(9-10):864-875.
张长厚.1999.初论板内造山带.地学前缘,6(4):295-308.
张国伟,董云鹏,姚安平.2002.关于中国大陆动力学与造山带研究的几点思考.中国地质,29(1):7-13.
张国伟,郭安林,姚安平.2004.中国大陆构造中的西秦岭—松潘大陆构造结,地学前缘.
张国伟,梅志超,周鼎武等.1988.秦岭构造带的形成及其演化.西安:西北大学出版社.
张国伟,张本仁,袁学诚,肖庆辉等.2001.秦岭造山带与大陆动力学.北京:科学出版社.
张宏福,周新华,范蔚茗等.2005.华北东南部中生代岩石圈地幔性质组成、富集过程及其形成机理.岩石学报,2(4):1271-1280.
张家声,索书田.1988.华北北部结晶基底中的大型韧性剪切带.中国区域地质,(4).
张建新,许志琴,徐惠芬等.1998.北祁连山加里东期俯冲-增生楔结构及动力学.地质科学,33(3):290-299.
张进江,郑亚东.1993.阿尔泰造山带的逆冲-走滑构造模式.北京大学学报(自然科学版),29(6):753-761.
张进江.2007.北喜马拉雅及藏南伸展构造综述.地质通报,26(6):639-649.
张连生,钟大赉,刘小汉.1991.金沙江缝合线与红河哀牢山断裂的构造关系.见:中国科学院地质研究所岩石圈构造演化开放研究，实验宝年报(1989 - 1990). 北京：中国科学技术出版社.

张旗，王元龙，金惟俊等. 2008. 晚中生代的中国东部高原：证据、问题和启示. 地质通报，27(9)：1404 - 1430.

张勤文，徐道一，杨正宗等. 1984. 类地天体与地球地质作用的比较研究. 中国地质科学院院报，(9)：237 - 246. 北京：地质出版社.

张庆龙，水谷伸治郎，小屿智，邵济安. 1989. 黑龙江省那丹哈达地体构造初探. 地质论评，35(1)：67 - 71.

张寿广. 1993. 从秦岭地区变质地质特征看华北与扬子地块的离散和拼合过程. 见：亚洲的增生. 北京：地震出版社.

张文佑. 1984. 断块构造导论. 北京：石油工业出版社.

张文佑等. 1986. 中国及邻区海陆大地构造. 北京：科学出版社.

张晓东，刘光鼎，王家林. 1994. 海拉尔盆地的构造特征及演化. 石油实验地质，16(2)：119 - 127.

张一伟，金之钧，刘国臣等. 2000. 塔里木盆地环满加尔地区主要不整合形成过程及剥蚀量研究. 地学前缘，7(4)：449 - 457.

张用夏，李卢玲，周伏洪，吴启达. 1983. 中国附近海域地质构造及成因探讨. 地质论评，29(2).

张用夏，李卢玲. 1984. 郯庐断裂带的平移及其对邻区构造的影响. 构造地质论丛，(3)：1 - 8. 北京：地质出版社.

张岳桥，李金良，柳宗泉等. 2006. 胶莱盆地深部拆离系统及其区域构造意义. 石油与天然气地质，27(4)：504 - 511.

张正坤，任纪舜. 1981. 喜马拉雅运动及其在中国大地构造发展中的意义. 见：中国及其邻区大地构造论文集. 北京：地质出版社.

赵海玲，邓晋福，陈发景等. 1996. 松辽盆地东南缘中生代火山岩及其盆地形成的构造背景. 地球科学，21(4)：421 - 427.

赵文津，Nelson K D，车敬凯等. 1996. 深反射地震揭示喜马拉雅地区地壳上地幔的复杂结构. 地球物理学报，39(5)：615 - 628.

赵越，徐刚，张拴宏等. 2004. 燕山运动与东亚构造体制的转变. 地学前缘，11(3)：319 - 328.

赵越. 1990. 燕山地区中生代造山运动以及地壳演化，地质论评，36(1)：1 - 13.

赵振华. 2007. 关于岩石微量元素构造环境判别图解使用的有关问题. 大地构造与成矿学，31(1)：92 - 103.

赵宗溥. 1959. 论燕山运动. 地质论评，19(8)：339 - 346.

赵宗溥. 1984. "印支运动"五十周年回顾. 地质科学，(1)：45 - 46.

郑来林，潘桂棠，金振民等. 2001. 喜马拉雅造山带西构造结研究的启示. 地质论评，47(4)：350 - 355.

郑文武，刘德良. 1999. 东部柴达木陆块形成与演化的多元动力学体制和模式. 见：构造地质学—岩石圈动力学研究进展. 北京：地震出版社，413 - 425.

郑亚东，Davis G A，王琮等．2000．燕山带中生代主要构造事件与板块构造背景问题，地质学报，74(4)：289－302．
郑永飞，张少兵．2007．华南前寒武纪大陆地壳的形成和演化．科学通报，52(1)：1－10．
中国科学院地质研究所译．1983．特提斯构造带地质学．北京：地质出版社．
中国科学院南海研究所构造室(刘昭蜀等)．1988．南海地质构造与陆缘扩张．北京：科学出版社．
钟大赉，马福臣，钟嘉猷，孙焕章．1981．深层构造控制浅层构造的讨论．见：第二届全国构造地质学术会议论文选集(1)．北京：地质出版社．
钟大赉等．1998．滇川西部古特提斯造山带．北京：科学出版社．
钟增球，索书田，游振东．1998．大别山高压、超高压变质期后伸展构造格局．地球科学，23(3)：225－229．
钟增球，索书田，张宏飞等．2001．桐柏-大别碰撞造山带的基本组成与结构．地球科学，26(6)：560－567．
周伏洪，杨华．1982．东海大陆架区域构造特征和矿产分布规律初步认识．见：第二届全国构造地质学术会议论文选集(中新生代构造)．北京：科学出版社，(3)．
周建波，郑永飞，李龙，谢智．2001．扬子板块俯冲的构造加积楔．地质学报，75(3)：338－352．
周建勋，周建生．2006．渤海湾盆地新生代构造变形机制：物理模拟和讨论．中国科学(D辑)．
周新民，朱云鹤．1993．中国东南部新元古代碰撞造山带与地缝合带的岩石学证据．见：东南大陆岩石圈结构与地质演化．北京：冶金工业出版社．
周新民，朱云鹤．1995．中国东南部晚元古代碰撞造山带与地缝合带的岩石学证据．见：东南大陆岩石圈结构与地质演化．北京：冶金出版社．
周新民．2007．南岭地区晚中生代花岗岩成因与岩石圈动力学演化．北京：科学出版社，1－691．
朱光，牛漫兰，刘国生等．2002．郯庐断裂带早白垩世走滑运动中的构造、岩浆、沉积事件．地质学报，76(3)：325－334．
朱光，王道轩，刘国生等．2001．郯庐断裂带的伸展活动及其动力学背景．地质科学，36(3)：269－278．
朱光，徐嘉炜．1999．郯庐断裂带与大别-胶南造山带的构造关系．见：构造地质学—岩石圈动力学研究进展．北京：地震出版社．
朱鸿，万天丰．1991．中国东部晚元古代—三叠纪古板块运动学研究．地球科学，16(5)：523－532．
朱鸿，万天丰．1993．印支期以来东亚地块的运动学特征．见：亚洲的增生，31－34．北京：地震出版社．
朱介寿，蔡学林，曹家敏，严忠琼．2006．中国及相邻区域岩石圈结构及动力学意义．中国地质，33(4)：793－804．
朱日祥，杨振宇，吴汉宁等．1998．中国主要地块显生宙古地磁视极移曲线与地块运动．中国科学(D辑)，28(增刊)：1－16．
竹内均，目国诚池，金森博雄著．地壳运动假说——从大陆漂移到板块构造．牟维国，译．1978．北京：地质出版社.

竹内均，上田诚也，金森博雄著.地壳运动假说——从大陆漂移到板块构造.牟维国，译.1984.北京：地质出版社.

佐日沙依 JIΠ 等著，戴金星，译.1979.古生代和中生代大陆与海洋的重拟.国外地质，(6).

## 五、构造年代学与构造历史学

——构造演化节律、构造演化序列、构造叠加置换；构成形成时段年限、构造形成时点年龄

白瑾，黄学光，王惠初等.1996.中国前寒武纪地壳演化(第二版).北京：地质出版社.

白顺良，蒯万筹.1984.地质历史与板块构造.北京：地质出版社.

陈江峰，江博明.1999.钕、锶、铅同位素示踪和中国东南大陆地壳演化.见：化学地球动力学，262-287.北京：科学出版社.

陈文寄，李齐，汪一鹏.1996.哀牢山-红河走滑剪切带中新世抬升的时间序列.地质论评，42(5)：385-390.

程裕淇，孙大中，伍家善.1986.古华北陆台早前寒武基底某些地质和演化特征.国际前寒武纪地壳演化讨论会论文集(第二辑).北京：地质出版社.

崔盛芹，吴珍汉.1997.略论构造运动节律与构造运动序列，地学前缘，4(3-4)：223-232.

崔盛芹.1999.中国构造运动序列及构造发展过程.见：中国地质学.北京：地质出版社.

戴金星.2003.威远气田成藏期.石油实验地质，25(5)：473-480.

董申保等.1986.中国变质作用及其与地壳演化的关系.北京：地质出版社.

傅昭仁，单文琅.1989.论横向构造置换.地球科学，14(1).

高岗，黄志龙.2007.油气成藏期研究进展.天然气地球科学，18(5)：661-666.

葛肖虹.1989.华北造山带的形成史.地质论评，35(3)：254-261.

郭召杰，方世虎，张锐等.2006.生长地层及其在判断天山北缘前陆冲断褶皱带形成时间上的应用.石油与天然气地质，27(4)：475-481.

郭召杰，张志诚，王建军.1998.阿尔金北缘蛇绿岩的 Sm-Nd 等时线年龄及其大地构造意义.科学通报，43(18)：1981-1984.

黄维钧.1988.叠加褶皱的类型及变形图象.成都地质学院学报，第 15 卷，第 4 期.

卡札科夫 A H 著.变质杂岩的变形和叠加褶皱.刘智星，译.1980.北京：地质出版社.

乐光禹，杜思清，黄继钧等.1996.构造复合联合原理.成都：成都科技大学出版社.

李江海.1998.前寒武纪超大旋回及其板块构造演化意义.地学前缘.5(增刊)：141-151.

李锦蓉，崔盛芹.1999.中国东部前燕山期古构选分析.见：中国地质学.北京：地质出版社.

李曙光，刘德良，陈移之等.1991.秦岭-大别造山带主要构造事件同位素年表及其意义.见：秦岭造山带学术讨论会论文选集，西安：西北大学出版社，229-237.

李曙光，刘德良，陈移之等.1994.扬子陆块北缘地壳的钕同位素组成及其构造意义.地球化学，13(增刊)：10-17.

李曙光，刘德良.1991.大别山印支运动的同位素年代学证据.大地构造与成矿学，14(2)：

159－163.

李曙光，肖益林，刘德良．1995．大别山石马地区石榴黑云片岩的 Sm－Nd、K－Ar 年龄及冷却速率．地质科学，30(2)：74－187.

李双应，王道轩，刘因等．2005．大别造山带折返剥露历史：来自合肥南缘中生界变质岩碎屑的证据．地质科学，40(1)：518－531.

李廷栋．1982．中国构造运动期序及构造发展阶段．北京：中国区域地质，1(1)：13－24.

林伟，王清晨，Faure M 等．2005．从北淮阳构造带的多期变形透视大别山构造演化．中国科学(D辑)，35(2)：127－139.

刘德良，曹高社，李振生等，2002．郯庐断裂南段主断裂韧性剪切带形成历时限的探索．地学前缘，9(2)：475－482.

刘德良，曹高社，杨晓勇，方国庆．2000．构造形成时限测定方法的探索．地球科学进展，15(4)：467－469.

刘德良，李曙光，葛宁洁等．1992．东大别山三个时代的构造地貌与构造岩浆作用．见：中国东南海陆岩石圈结构与演化研究．北京：中国科学技术出版社，67－74.

刘德良，李曙光，葛宁洁等．1994．华北与扬子板块碰撞带青岛仰口构造混杂岩的三期变形及区域构造意义．中国科学技术大学学报，24(3)：284－289.

刘德良，李曙光，肖越辉等．1992．秦岭构造带东段与郯庐断裂带南段韧性剪切带流动应力和应变速率．见：中国东南海陆岩石圈结构与演化研究．北京：中国科学技术出版社．55－66.

刘德良，李曙光，朱骏，易建斌．1990．大别山超糜棱岩脉的发现及其地质意义．地质科学，(2)：183－186.

刘德良，陶士振，张宝民．2005．包裹体在确定成藏年代中的应用及应注意的问题．天然气地球科学，16(1)：16－19.

刘德良，杨强，吴小奇，李振生．2006．郯庐断裂安徽段桴槎山韧性剪切带的形成时限初探．地质科学，41(2)：333－343.

刘德良，杨晓勇，陈增兵．1995．复合褶皱数学模型的应用．安徽地质，(4)：74－79.

刘国惠，张寿广、游振东等．1993．秦岭造山带主要变质岩群及变质演化．北京：地质出版社.

刘如琦，游振东，索书田，马杏垣．1980．河南嵩山前震旦岩群的变形变质史．中国科学，(3).

刘树文，张进江，郑亚东．1998．小秦岭变质核杂岩同变形时期的 $P-T$ 路径．科学通报，43(3)：312－318.

刘志宏，卢华复，贾承造等．2000．库车再生前陆逆冲带造山运动时间、断层滑移速率的厘定及其意义．石油勘探与开发，27(1)：12－15.

卢华复，贾东，陈楚铭等．1999．库车新生代构造性质和变形时间．地学前缘，6(4)：215－221.

马昌前，杨坤光，明厚利等．2003．大别山中生代地壳从挤压转向伸展的时间：花岗岩的证据．中国科学(D辑)．33(9)：817－827.

马宗晋，蒋铭．1987．中国地震期和强震幕．中国地震，3(1)：47－51.

马宗晋，张家声，汪一鹏．1998．青藏高原三维变形运动学的时段划分和新构造分区．地质学报，

72(3): 211-227.

钱祥麟,李江海.1999.华北克拉通新太古代不整合事件的确定及其大陆克拉通构造演化意义.中国科学(D辑),29(1): 1-8.

乔秀夫,宋天锐,高林志等.1994.碳酸盐岩振动液化地震序列.地质学报,68(1): 16-34.

沈其韩,钱祥麟.1995.中国太古宙地质体组成、阶段划分和演化,地球学报,(2).

沈渭洲,凌洪飞,李武显,王德滋.2000.中国东南部花岗岩类的Nd模式年龄与地壳演化.中国科学(D辑),30(5): 471-478.

谈迎,刘德良,杨晓勇.1999.R型因子分析和油气区带评价的多层系垂向叠合.中国科技大学学报,29(6): 658-663.

谈迎,刘德良,杨晓勇等.2003.沉积岩包裹体烃源条件时间温度指数判别法的探讨.沉积学报,21(2): 328-333.

万天丰,任之鹤.1999.中国中、新生代板内变形速度研究.现代地质,13(1): 83-92.

王鸿祯,王自强,张玲华等.1994.中国古大陆边缘中、新元古代及古生代构造演化.北京: 地质出版社.

王鸿祯.1982.中国地质构造发展的主要阶段.地球科学,3: 155-177.

王义天,李继亮,刘德良.2000.大别山商城—麻城断裂带的$^{40}Ar-^{39}Ar$年龄及意义.地质论评,46(6): 611-615.

吴根耀.2006.白垩纪: 中国及邻区板块演化的一个重要变换期.

吴进民.1998.地质构造演化的若干问题.见: 寸丹集——庆贺刘光鼎院士工作50周年学术论文集.北京: 科学出版社,61-72.

吴小奇,刘德良,李振生,杨强.2006.滇西主高黎真韧性剪切带糜棱岩形成时限的初探.大地构造与成矿学,30(2): 136-141.

吴小奇,刘德良,李振生,杨强.2006.确定变形温度和应变率分形法的探讨.中国地质,33(1): 154-159.

吴小奇,刘德良,李振生.2007.初论韧性断裂构造形成时限的研究方法.地质科学,42(1): 199-208.

吴珍汉,江万,吴中海等.1998.青藏高原腹地典型盆-山构造形成时代.地球学报,23(4): 289-294.

肖益林,李曙光.1993.大别山石马地区榴辉岩$P-T-t$轨迹及其构造意义.大地构造与成矿学,17(3): 239-250.

徐备,郭令智,施央申.1992.皖浙赣地区元古代地体和多期碰撞造山带.北京: 地质出版社.

杨巍然,王国灿,简平.2000.大别造山带构造年代学.武汉: 中国地质大学出版社.

杨晓勇,杨学明,刘德良等.1998.郯庐断裂带南段与大别—胶南造山带构造复合(叠加)的显微构造证据.地球物理学报,41(增刊): 123-132.

杨遵仪,吴顺宝,殷鸿福等.1991.华南二叠—三叠纪过渡时期地质事件.北京: 地质出版社.

殷鸿福,徐道一,吴瑞棠.1988.地质演化突变观.武汉: 中国地质大学出版社.

尹赞勋，张守信，谢翠华. 1978. 论褶皱幕. 北京：科学出版社.

游振东，索书田等. 1992. 造山带核部杂岩变质过程与构造解析. 武汉：中国地质大学出版社.

游振东. 1997. 超高压变质岩的全球分布与地球演化节律. 地学前缘，4(4)：271－280.

于津海，王丽娟，魏震洋等. 2007. 华夏地块显生宙的变质作用期次和特征. 高校地质学报，13(4)：474－483.

翟裕生，姚书振，崔彬. 1996. 成矿系列研究. 武汉：中国地质大学出版社.

张愜，贾东，陈竹新等. 2005. 济阳坳陷中、新生代构造沉降与板块聚敛速率关系探讨. 高校地质学报，11(4)：642－649.

张秋生等. 1977. 东秦岭多期变质作用和形变史. 长春地质学院学报，(3).

张永鸿. 1996. 地星演化. 南京：南京大学出版社.

张岳桥，董树文. 2008. 郯庐断裂带中生代构造演化史：进展与新认识. 地质通报，27(9)：1371－1390.

张祖胜，耿世昌，陈德民等. 1989. 现代地壳垂直形变速率. 见：中国岩石圈动力学地图集. 第 18 幅图. 北京：地图出版社.

赵靖舟，戴金星. 2002. 库车油气系统油气成藏期与成藏史. 沉积学报，20(2)：314－319.

钟大赉，季建清，胡世玲. 1999. 新特提斯洋俯冲时间：变质洋壳残片$^{40}$Ar/$^{39}$Ar 微区年龄. 科学通报，44(16)：1782－1785.

朱光，宋传中，王道轩. 2001. 郯庐断裂带走滑时代的$^{40}$Ar－$^{39}$Ar 年代学研究及其构造意义. 中国科学(D 辑)，31(3)：250－256.

朱光，徐嘉炜，孔世群. 1995. 郯庐断裂带平移时代的同位素年龄证据. 地质论评，41(5)：452－456.

朱文斌，张志勇，舒良树等. 2007. 塔里木北缘前寒武基底隆升剥露史：来自磷灰石裂变径迹的证据. 岩石学报，23(7)：1671－1682.

## 六、应用构造学与构造地质作用过程中同步的运动动力—成岩成矿—灾害活动—生命协同之间相互作用的构造预测学

——*矿田构造、成藏构造、新构造、活动构造等*

Magoon，L B. 主编. 含油气系统——研究现状和方法. 杨瑞召，周庆凡，汪时成等，译. 1992. 北京：地质出版社.

蔡学林，曹家敏，朱介寿等. 2008. 龙门山岩石圈地壳三维结构及汶川大地震成因解析. 成都理工大学学报(自然科学报)，35(4)：357－365.

曹代勇，李小明，张守仁. 2006. 构造应力对煤化作用的影响——应力降解机制与应力缩聚机制. 中国科学(D 辑). 地球科学，35(1)：59－68.

曹高社，李学田，刘德良等. 2003. 合肥盆地与北淮阳构造带印支期的推覆构造及其油气意义. 石油与天然气地质，24(2)：116－122.

陈炳蔚，李永森，曲景川等. 1991. 三江地区主要大地构造问题及其与成矿的关系. 地质专报，第 11 号. 北京：地质出版社.

陈发景.1982.板块构造及含油气盆地.武汉：中国地质大学出版社.

陈国达,黄瑞华,王伏泉.1997.地洼构造与金成矿.北京：地质出版社.

陈国达.1978.成矿构造研究法.北京：地质出版社.

陈海云,舒良树,于建国等.2005.济阳坳陷构造样式及其与油气关系.高校地质学报,11(4)：622-632.

陈海云,于建国,舒良树等.2005.济阳坳陷构造样式及其与油气关系.高校地质学报,11(4)：622-632.

陈沪生,张永鸿.1999.下扬子及邻区岩石圈结构构造特征与油气资源评价.北京：地质出版社.

陈焕疆.1990.论板块构造与油气盆地分析.上海：同济大学出版社.

陈庆辉,陈肇博,陈祖伊,蔡煜崎.1998.华东南中生代伸展构造与铀成矿作用.北京：原子能出版社.

陈永见,刘德良,杨晓勇,戴金星.1999.郯庐断裂系统与中国东部幔源岩浆成因 $CO_2$ 关系.地质地球化学,27(1)：38-48.

储同庆,朱海燕,刘德良.1996.河南省鲁山黄土岭韧性剪切带型金矿藏气裹体研究.成都理工学院学报,23(1)：57-64.

戴金星,宋岩,戴春森,陈安福等.1995.中国东部无机成因气及其气藏形成条件.北京：科学出版社.

戴金星,王庭斌,宋岩等.1997.中国大中型天然气田形成条件与分布规律.北京：地质出版社.

戴金星.1983.向斜中的油、气藏.石油学报,(4)：27-30.

戴金星.1998.2005.戴金星天然气地质地球化学论文集一、四卷.北京：石油工业出版社.

邓起东,张培震,冉勇康等.2003.中国活动构造与地震活动.地学前缘,第10卷(特刊)：66-73.

邓运华.2001.郯庐断裂带新构造运动对渤海东部油气聚集的控制作用.中国海上油气,15(5)：301-305.

丁道桂,汤良杰,1996.塔里木盆地形成与演化.南京：河海大学出版社.

丁国瑜.1995.新构造运动.见：中国大百科全书,地质学.上海：中国大百科全书出版社.

丁国瑜主编.1989.中国活断层图集.北京：地震出版社;西安：西安地图出版社.

方国庆,刘德良.2000.鄂尔多斯盆地中部东西向天然气聚集区带研究.石油实验地质,22(2)：146-151.

冯志强,任延广,张晓东等.2004.海拉尔盆地油气分布规律及下步勘探方向.中国石油勘探,9(4)：19-22.

傅昭仁等.1992.变质核杂岩及剥离断层的控矿构造解析.武汉：中国地质大学出版社.

甘克文.1982.世界含油气盆地基本类型及其远景评价.石油学报(增刊).

高长林,刘光祥等.2003.东秦岭—大巴山逆冲推覆构造与油气远景.石油实验地质,25(增刊)：521-531.

龚再升.2004.中国近海含油气盆地新构造运动与油气成藏.地球科学,29(5)：513-517.

龚再生,李思田等.1997.南海北部大陆边缘盆地分析与油气聚集.北京：科学出版社.

管树巍，李本亮，何登发等.2007.晚新生代以来天山南、北麓冲断作用的定量分析.地质学报，81(6)：725－744.

郭令智，施央申，马瑞士.1981.板块构造与成矿作用.地质与勘探，9－10.

韩润生，陈进，黄智龙等.2006.构造成矿动力学及隐伏矿定位预测.北京：科学出版社.

韩同林.1987.西藏的活动构造.北京：地质出版社.

何登发，赵文智.1999.中国西北地区沉积盆地动力学演化与含油气系统旋回.北京：石油工业出版社.

何绍勋，段嘉瑞，刘继顺，张曾荣.1996.韧性剪切带与成矿.北京：地质出版社.

胡受奚，林潜龙等.1988.华北与华南板块拼合带地质与成矿.南京：南京大学出版社.

黄海平，马刊创，王国庆.2000.异常流体高压研究现状与展望.江汉石油学院学报，22(3)：45－50.

贾承造，何登发，雷振宇等.2000.前陆冲断带油气勘探.北京：石油工业出版社.

贾承造，魏国齐，李本亮.2005.中国中西部小型克拉通盆地群的叠合复合性质及含油气系统.高校地质学报，11(4)：479－493.

贾承造.1997.中国塔里木盆地构造特征与油气.北京：石油工业出版社.

贾承造.2005.中国中西部前陆冲断带构造特征与天然气富集规律.石油勘探与开发，32(4)：9－15.

姜波，王桂梁.1995.走滑断裂在煤田构造中的作用及意义.中国矿业大学学报，24(1)：14－20.

解习农，刘晓峰，胡祥云.1998.超压盆地中泥岩的流体压裂与幕式排烃作用.地质科技情报，(17)：59－64.

况军，齐雪峰.2006.准噶尔前陆盆地构造特征与油气勘探方向.新疆石油地质，27(1)：5－9.

李大伟.2004.新构造运动与渤海湾盆地上第三系油气成藏.石油与天然气地质，25(2)：170－184.

李德生等.2002.中国含油气盆地构造.北京：石油工业出版社.

李思田.1988.断陷盆地分析和聚煤规律.北京：地质出版社.

李扬鉴等.1996.大陆层控构造导论.北京：地质出版社.

李振生，刘德良，陶士振.2007.顺层断层对原岩层封闭能力的增强作用.中国科学技术大学学报，38(3)：296－302.

李振生，刘德良，杨晓勇，张交东.2001.脆韧性剪切带变碳酸盐岩 $CO_2$ 的释放能力.地质地球化学，29(3)：130－133.

李忠权，萧德铭，侯启军等.2004.松辽盆地深层古前陆盆地地层特征及其油气勘探意义.成都理工大学学报，31(6)：582－585.

梁定益，聂泽同，宋志敏.1994.再论震积岩与震积不整合——以川西、滇西为例.地球科学，19(6)：845－850.

刘波，刘德良，王广运，孙光胜.2004.砂体顶面微构造对水平井轨迹设计的影响研究.中国科学技术大学学报，34(5)：581－586.

刘波，周再林，李新峰等. 2001. 松辽盆地北部油田精细构造识别与应用研究. 高校地质学报，7(2)：212-221.

刘池洋，杨兴科. 2000. 改造盆地研究和油气评价的思路. 石油与天然气地质，2(3)：11-14.

刘德良，李振生，杨强等. 2003. 岩石吸收品质因子在天然气运移封闭研究中的应用. 天然气地球科学，14(5)：347-350.

刘德良，沈修志，李秀新等. 1993. 合肥盆地深部推覆-伸展构造及含油气控制分析. 南京大学学报(地球科学)，5(2)：208-216.

刘德良，宋岩，李一平等. 2000. 四川盆地天然气聚集区带构造. 北京：石油工业出版社.

刘德良，陶士振. 2001. 郯庐断裂南段韧性构造岩天然气突破压力的测算. 地质科学，36(4)：481-488.

刘德良，杨晓勇，杨海洋. 1994. 中国冀鲁皖经向构造带的控矿作用. 大地构造与成矿学，(3)：265-266.

刘德良，袁学诚，陶士振等. 2001. 郯庐断裂南段糜棱岩波速变化及油气地质意义. 高校地质学报，7(4)：458-463.

刘光祥，黄泽光，高长林等. 2007. 中国东部中央造山带两侧盆地与油气. 北京：石油工业出版社.

刘树根，田小彬，李智武等. 2008. 龙门山中段构造特征与汶川地震. 成都理工大学学报(自然科学版)，35(4)：388-397.

刘文汇，徐永昌. 2000. 一种新的成烃机制——力化学作用及其实验证据. 沉积学报，18(2)：314-318.

陆克政，朱筱敏，漆家福. 2001. 含油气盆地分析. 北京：石油大学出版社.

吕古贤，林文蔚，罗元华等. 2000. 构造物理化学与金矿成矿预测. 北京：地质出版社.

吕贻峰. 1994. 剪切变形环境中花岗岩类岩体膨胀应变特征及其控矿作用. 矿床地质，Vol13 卷(增刊)，40-41.

罗建宁. 1990. 三江特提斯沉积构造演化与成矿. 北京：地质出版社.

罗志立，李景明，刘树根. 2005. 中国板块构造和含油气盆地分析. 北京：石油工业出版社.

马力，陈焕疆，甘克文等. 2004. 中国南方大地构造和海相油气地质. 北京：地质出版社.

马永生，蔡勋育，郭彤楼. 2007. 四川盆地普光大型气田油气充注与富集成藏的主控因素. 科学通报，52(A01)：149-155.

马永生，郭旭升，郭彤楼等. 2005. 四川盆地普光大型气田的发现与勘探启示. 地质论评，25(4)：476-480.

马永生，牟传龙，谭钦银，余谦. 2006. 关于开江-梁平海槽的认识. 石油与天然气地质，27(3)：326-331.

马永生. 2007. 四川盆地普光超大型气田的形成机制. 石油学报，28(2)：9-14.

马宗晋，杜品仁. 1995. 现今地壳运动问题. 北京：地质出版社.

马宗晋，张家声，汪一鹏. 1998. 青藏高原三维变形运动学的时段划分和新构造分区. 地质学报，72(3)：211-227.

毛琼等.2006.四川盆地动力学演化与油气前景探讨.天然气工业,26(11):7-10.

漆家福.2006.油区构造解析.北京:石油工业出版社.

乔斯马等.1981.东亚构造与资源研究.北京:地质出版社.

秦胜飞,戴金星,赵靖舟等.2006.新构造运动对中国天然气成藏的控制作用.地质论评,52(1):93-99.

琼斯 R.W 等.1984.控制石油运移的物理及化学因素.北京:石油工业出版社.

丘小平.2002.碰撞造山带与成矿区划.地质通报,21(10):675-681.

沈修志,刘德良,薛爱民等.1993.华北南部盆地逆冲推覆构造特征及与天然气(煤成气)关系.南京大学学报(地),5(2):200-207.

沈修志,孙岩等.1986.江苏宜兴地区推覆构造的发现及其油气勘探的意义.南京大学学报(自然科学),52(3).

沈修志,薛爱民,刘德良,林东燕.1995.华北南部盆地构造与天然气关系.合肥:中国科学技术大学出版社.

施行觉,卢振刚,许和明.1996.岩石非线性破裂的衰减特征及其油气地质意义.地球物理学报,44(增刊):214-221.

孙岩,施泽进,舒良树,沈修志.1991.层滑-倾滑断裂构造与油气地质研究.南京:南京大学出版社.

孙肇才,邱蕴玉等.1991.板内变形与晚期次生成藏——扬子区海相油气总体形成规律的探讨.石油实验地质,13(2):107-142.

孙肇才,张渝昌.1993.中国含油气盆地分析.南京:南京大学出版社.

谈迎,刘德良,杨晓勇等.2002.应用流体包裹体研究古流体势及油气运移.中国科学技术大学,32(4):470-480.

陶奎元,高天钧,陆志刚等.1998.东南沿海火山岩基底构造及火山—侵入作用与成矿关系.北京:地质出版社.

陶明信,徐永昌,史宝光等.2005.中国不同类型断裂带的地幔脱气与深部地质构造特征.中国科学(D辑),35(5):441-451.

陶士振,刘德良,杨晓勇,戴金星.1998.非生物成因天然气(藏)的构造成因类型及其地球化学特征.大地构造与成矿学,22(4):309-322.

陶士振,刘德良,杨晓勇等.2000.无机成因天然气藏形成条件分析.天然气地球科学,11(1):10-18.

陶士振,刘德良,袁学诚,卫延召.2001.糜棱岩的超声波衰减特征及其油气地质意义.地球物理学报,44(增):214-221.

田世澄.1996.论成藏动力学系统.北京:地质出版社.

田在艺.1990.中国中新生代盆地形成机制及其分布规律.见:造山带、盆地、环太平洋构造.北京:地质出版社.

童晓光.1992.中国含油气盆地的构造类型.见:现代地质学(上).南京:南京大学出版社.

童晓光.2004.对美国地质调查局20世纪末所作的世界油气分布规律认识的分布和讨论.世界石油工业,11(1-2):18-23.

万玲,郭随平,刘德良.1998.滇中楚雄盆地构造演化与油气关系.南京大学学报(自然科学),34(3):322-329.

汪洋,张开均.2006.青藏高原新生代构造研究最新进展和构造发展的阶段性.南京大学报(自然科学),42(2):199-219.

王桂梁,朱炎铭.1988.论煤层流变中国矿业学院学报,(3):16-25.

王铁冠,李素梅,张爱云,张水昌.2000.应用含氮化合物探讨新疆轮南油田油气运移.地质学报,74(1):10-15.

王铁冠,张枝焕.1997.油藏地球化学的理论与实践.科学通报,42(19):2017-2025.

王文杰,王信.1993.中国东部煤田推覆、滑覆构造与找煤研究,徐州:中国矿业大学出版社.

王燮培,费琪,张家骅.1990.石油勘探构造分析.湖北武汉:中国地质大学出版社.

王燮培等.1989.中国含油气盆地中花状构造的发现及其石油地质意义.地质科技情报,8(2).

王英民,邓林,贺小苏.1998.海相残余盆地成藏动力学过程模拟理论与方法——以广西十万大山盆地为例.170-172.

吴根耀,陈焕疆,马力等.2002.中国东部燕山期高原的发育及对矿产和油气资源评价的启示.石油实验地质,24(1):3-12.

吴奇之,王同和.1997.中国油气盆地构造演化与油气聚集.北京:石油工业出版社.

胥颐,刘福田,刘建华等.2000.中国大陆西北造山带及其毗邻盆地的地震层析成像.中国科学(D辑),30(2):113-123.

徐常芳.1996.中国大陆地壳上地幔电性结构及地震分布规律(一).地震学报,18(2):254-261.

徐贵忠,常承法.1992.大陆构造资源.北京:海洋出版社.

徐杰,马宗晋,邓起东.2004.渤海中部渐新世以来强烈沉陷的区域构造条件.石油学报,25(5):1-16.

杨晓勇,刘德良,张交东等.2002.郯庐断裂带南段双山韧—脆性剪切带物质迁移与$CO_2$释放研究.地质学报,76(3):335-346.

曾联波,谭成轩,张明利.2004.塔里木盆地库车坳陷中新生代构造应力场及其油气运聚效应.中国科学(D辑).

翟光明,宋建国,靳久强等.2002.板块构造演化与含油气盆地形成和评价.北京:石油工业出版社.

翟裕生,林新多.1993.矿田构造学.北京:地质出版社.

翟裕生.1994.大型构造与超大型矿床.北京:地质出版社.

张功成,朱伟林,邵磊.2001.渤海海域及邻区拉分构造与油气勘探领域.石油学报,22(2):14-18.

张交东,刘德良,林会喜等.2003.郯庐断裂带南段巨型正花状构造的发现及油气地质意义.中国科学技术大学学报,33(4):486-490.

张培震,邓起东,张国民等.2003.中国大陆的强震活动与活动地块.中国科学(D辑),33(增刊):12-20.

张培震,王琪,马宗晋.2002.青藏高原现今构造变形特征与GPS速度场.地学前缘,9(2):422-450.

张渝昌等.1997.中国含油气盆地原型分析.南京:南京大学.

张玉贵.2006.构造煤演化与力化学作用.太原:太原理工大学.

张正伟,杨晓勇,邓军,刘德良.1996.伏牛山地区金矿成矿系统理论及隐伏矿床找矿实践.合肥:中国科学技术大学出版社.

张正伟,张中山.2008.华北古大陆南缘构造格架与成矿.矿物岩石地球化学通报,27(3):276-288.

张之一,李旭.1994.石油构造分析理论基础.北京:地质出版社.

赵文智,何登发,范士芝.2002.含油气系统术语、研究流程与核心内容.石油勘探与开发,29(2):1-7.

赵文智,张光亚,王红军等.2002.中国海相石油地质与叠合含油气盆地.北京:地质出版社.

周涛发,岳书仓,袁峰.2005.安徽月山矿田成岩成矿作用.北京:地质出版社,3,1-146.

周新源,罗金海,王清华.2004.塔里木盆地南缘冲断带构造特征及其油气地质特征.中国科学(D辑),34(S):56-62.

朱炳泉.1997.地球化学急变带及对中国南方油气勘探的思考.海相油气地质,2(4):1-3.

朱介寿.2008.汶川地震的深部结构与动力学背景.成都理工大学学报(自然科学版),35(4):348-356.

朱夏,陈焕疆,孙肇才,张渝昌.1983.中国中、新生代构造与含油气盆地.地质学报,(3).

朱夏.1986.论中国含油气盆地构造.北京:石油工业出版社.

## 七、外文部分

Acta Geologica Sinica (English Edition) Journal of the Geological Society of China. 2007, 81(2).

Allegre C J. Chemical Geodynamics. Tectonophysics, 1982, 81(3-4).

Anderson E M. The Dynamics of Faulting. Zded, Edinburgh, Oliver and Boyd, 1951.

Anderson T B. Extensional Tectonics in the Caledonides of South Norway, an overview, 1998, 285(3)-(4).

Andorson E M. The Dynamics of the Formation of Cone-Sheet, Ring-Dykes and Auldron-Subsidences. Proc. Roy. Soc. Edinburgh, 1936(56).

Armstrong R L. Low-angle (chenndation) Faults Hinterland of the Snerier Orogenic Belt. Eastern Nerada and Western utah. Bull. Geol. Soc. Am., 1972(83): 1729-1754.

Artyuskov E V et al. The Origin of Vertical Crustal Movements Within Lithospheric Plates. Dynamics of Plate Interior, Geodynamics Series, 1980(1).

Atilla Aydin A N. Evolution of Pull-apart Basins and Their Scale Independence. Tectonics,

1982,81(1).

Augevine C L, Turctte D L. Oil Generation in Overthrust. Belts. Bull., AAPG, 1983,67(2).

Bally A W et al. Dynamics of Plate Interiors. Geodynamics Series, 1980(1).

Bally A W. Basins and Subsidence — A Summary. Dynamics of Plate Interior. Geodynamics Series, 1980(1).

Basilevsky A T, Head J W. The Geology of Verus. Ann. Kev. Earth Planet. Sci., 1988(16): 295-317.

Beach A. The Geometry of En-Echelon Vein Arrays, Tectonophysics, 1975, 28(4).

Ben-Avraham Z et al. Continental Accretion: From Oceanic Plateaus to Allochthonoces Terranes. Science, 1981, 213(4503): 47-54.

Ben-Avraham Z, Uyeda S. The Evolution of the China Basin and the Mesozoic Paleogeography of Borneo. Earth and Planets Science Letters, 1973(18): 365-376.

Ben-Avraham Z. The Evolution of Marginal Basins and Adjacent Shelves in East and Southeast As a. Tectonophysics, 1978 (45): 269-288.

Billings M P. Structural Geology, 3nd ed. New York: Prenticchall, 1972.

Biot M A. Theory of Folding of Stratified Viscoelastic Media and Its Implications in Tectonics and Orogenesis. Geol. Soc. Amer. Bull., 1961(72).

Bishop J F W, Hill R. A Theory of Plastic Distortion of a Polycrystalline Aggregate Under Combined Stresses. Phil. Mag., 1951(42): 414-427.

Bolt M A. Theory of internal Buckling of Confined Multilayered Structure. Geol. Soc. Amer. Bull., 1964(75).

Borradaile G J. Atlas of Deformational and Metamorphic Rock Fabrics. Springer Verlad Berlin, 1982.

Bott M H P. Evolution of Young Continental Margin and Formation of Shelf Basins. Tectonophysics. 1971(11).

Bott M H P. Formation of Continental Basins of Graben Type by Extension of the Continental Crust. Tectonophysics, 1976(36).

Bott M H P. Sedimentary Basins of Continental Margins and Cratons Development. Geoltectonics. Elservier, 1976(12).

Bott M H P. The Interior of the Earth: Its Structure, Constitution and Evolution. London, 1982.

Boudier F, Nicolas A, Bouchez J L. Kinematics of Oceanic Thrusting and Subduction From Basal Sections of Ophiolites. Nature, 1982(596): 825-828.

Boyer S E, Elliott D. Thrust Systems. AAPG. Bull., 1982,66(9).

Boyer S E. Elliott D. Thrust Systems, AAPG. Bull., 1982,4(3).

Brewer J A et al. COCORP Seismic Reflection Profiting Across thrust Faults. Thrust and

Nappe Tectonics, edited by Mcllay K R and Price N J., 1981.

Brewer J A et al. The Laramide orogeny: Evidence From COCORP Deep Crustal Seismic Profiles in the Wind River Mts., Wyoming. Tectonophysics, 1980,62.

Briegel U, Goetze C. Estimates of Differential Stress Recorded in the Dislocation Structure of Lochseiten Limestone (Switzerland). Tectonophysics, 1978(48): 61－76.

Burchfiel B C. Structural Geology of the Earth's Exterior. USA: Proc. Natl. Acad. Sci., 1979.

Burk C A, Drake C A. The Geology of Continental Margin. 1974.

Butler R W H. The Terminology of Structures in Thrust Belts, J. Str. Geo., 1982,4(3).

Butler R W H. Thrust Tectonics: a Personal Review. Geol. Mag., 1985,122(3).

Carey S W. The Expanding Earth, 1976.

Carter N L, Christie J M, Griggs D T. Experimentally Produced Deformation Lamellae and Other Structures in Qnartz Sand. Trans. Am. Geophs. Union, 1961(66): 2518.

Casey M, Dietrich D, Ramsay J G. Methods For Determining Deformation History For Chocolate Tablet Boudinage With Fibrous Crystals. Tectonophysics, 1983(92): 211－239.

Chapple W M. Mechanics of the Thin Skinned Fold and Thrust belts. Geol. Soc. Am. Bull., 1978(89).

Christine D, Michel D, Hélène H G B, Stéphane D, Jacques D, Jacques M, Philippe P, Bernard P, Jean J S, Direct evidence of active deformation in the eastern Indian oceanic plate. Geology, v. 1998, 26(2): 131－134.

Coalomb J. Sea Floor Spreading and Continental Drift. Dordrecht-Holland: D. Reldel Publishing Company, 1972.

Cobbold P R, Ferguson C C. Description and Origin of Special Periodicity in Tectonic Structures Report on a Tectonic Studies Group Conference. J. Struct. Geol., 1979(1－1): 93－97.

Collinson J D. Sedimentary Structures. London: George Allen and Unvin, 1982.

Condie K C. Plate Tectonics and Crustal Evolution. New York: Pergamon Press Inc. 1976.

Coney P J. Cordilleran Metamorphic Core Complexes: an Overview. In: Cordilleran Metamorphic Core Complexes (Edited by Crittenden, M. C., Coney, P. J. and Davis, G. H. ), Mem. Geol. Soc. Am., 1980,153.

Cooper M A, Garton M R, Hossack J R. The Origin of the Basse Normandie Duplex, Boulonnais, France, J. Struct. Geol., 1983,5(1).

Coward M P et al. Continental Extensional Tectonics, Geol. Soc. Special Publication, 1987(28).

Crowell J C. Displacement Along the San Andreas Fault in California, Geol. Soc. Am. Spec. Paper, 1962(71).

Davis A F et al Extensional Layer-Parallel Shear and Normal Faulting, Jour. Stru. Geo., 1998 20(4).

Davis G H, Reynolds S J. Structural Geology of Rocks and Regions, 2nd ed, P. 38-149. John Wiley & Sons, Inc 1996.

Davis G H. Shear-Zone Model for the Origin of Metamorphic Core Complexes. Geology, 1983,11.

De Boer B R. Pressure Solution: Theory and Experiments. Tectonophysics, 1977(39).

De Bresser J H P, Ter Heege J H, Spiers C J. Grain size reduction by dynamic recrystallization: can it result in major rheological weakening.? Int. J. Earth Sciences, 2001,90: 28-45.

Dennis J G, Struetural Geology. Konald Press Co. New York 1972.

Dewey J F, Bird J M. Mountain Belt and the New Global Tectonics. Jour. Geophys. Res., 1970,14(75).

Dewey J F, Burke K C A. Hot Spots and Continental Break-up: Implication for Collisional Orogeny. Geology, 1974(2).

Dewey J F, Burke K C A. Tibetian, Variscan and Precambrian Basement Reactivation: Products of Continental Collision. Hof Geol., 1973(76).

Dewey J F. Suture Zone Complexities: A Review. Oceanic Riolges and Arcs Elsevier, Toksoз M N et al (Eds). New York: Amsteidam,1980.

Dickinson W R, Suczek C A. Plate Tectonics and Sandstone Compositions. AAPG. Bull., 1979(63).

Dickinson W R, Yarbough H. Plate Tectonics and Hydrocarbon Accumulation. AAPG. Continuing Education Course Note Series, 1976(1).

Dickinson W R. Plate Tectonic Model for Orogeny at Continental Margins. Nature 1971 (232).

Dickinson W R. Plate Tectonics and Sedimentary Basins: San Joaquin Geol. Soc. Short Course. SEPM. Spec. Pub. 1974(22).

Dickinson W R. Plate Tectonics Ggeologic History. Science, 1971(174).

Dietz R S. Continent and Ocean Basin Evolution by Spreading of the Sea Floor. Nature, 1961 (190): 854-857.

Donath F A, Parker R B. Folds and Folding. Geol. Soc. Am. Bull.,1964(75).

Durney D W, Ramsay J G. Intremental Strains Measured by Syntectonic Crystal Growth. Gravity and Tectonics. New York: John Wiley and Sons, 1973.

Durney D W. Solution Transfer, an Important Geological Deformation Mechanism. Nature, 1972 (235): 315-317.

Elliott D. Mechanics of Thin-Skinned Fold and Thrust Belts. Geol. Soc. Amer. Bull., 1981,

91(3).

Elliott D. The Construction of Balanced Cross-Sections, J. Struct. Geol., 1983,5(1).

Elliott D. The Mechanics of Thrust Sheets. J. G. R., 1976(81).

Ernst W G. The Geology of Continental Margins. New York: Springer-Verlag Berlin Heidelberg, 1974.

Ferguson C C, Lloyd G E. Palaeostress and Strain Estimates from Boudinage Structure and Their Bearing on the Evolution of a Major Variscan Fold-thrust Complex in Southwest England. Tectonophysics, 1982(88).

Fischer A G, Sheldon Judson. Petroleum and Global Tectonics. N. J.. Princeton Univ. Press, 1975.

Fisher M W. Thrust Tectonics in the North Pyrenees. J. Struct. Geol., 1984, 6(6).

Fleuty M J. Jectonic Slides. Geol. Mag., 1964, 101(5).

Freund R. Rotation of Strike-ship Faults in Sistan, Southeast Iran. Jour. Geol., 1970,78(2).

Gamond J F. Displacement Features Associated With Fault Zone. A Comparision Between Observed Examples and Experimental Models. J. Struct. Geol., 1983(5-1): 33-45.

GE Heping, Sun yan, Lu Xianca, Zhu Wenbin, Guo Jichun, Liu Deliang, Chi-yuen Wang. Discovery and analysis of ultra-micro grinding grain texture in Slipping lamellae of ductile-brittle zone Science in china Ser. D Earth Sciences, 2004, 47(3): 265-271.

Geological and Geochemical Characteristics of Source Rocks of Carbon Dioxide in Deep Strata of Northern Songliao Basin, Northeast China.

Ghosh S M. Experiments of Buckling of Multilayer Which Permit Interlayer Gliding. Tectonophysics, 1968(6): 207-249.

Giese P tal. The Crustal Structure of the Hereynian Montain System-A Model for Crustal Thickening by Slacking. Intracontinental Fold Belts, Martin H and Eder F W eds. Springer-Verlag, 1983.

Glazner A F, Bartly J M. Evolution of Lithospheric Strength After Thrusting. Geologh, 1985, 13(1).

Goodwin A M. Plate Tectonics and Evolution of Precambrian Crust. Science, 1973(2).

Grieve R A F. Terrestrial Impact Structures. Ann Rev. Earth Planet. Sci., 1987.

Griggs D T. Deformation of Rocks Under High Contining Pressure, J. Geol., 1936(44).

Grocott J. Fracture Geometry of Pseudotachylite Generation Zone: A Study of Shear Fractures Formed During Seismic Events. J. Struct. Geol., 1981(3).

Growell J C. Displacement Along the San Andreas Fault, Califonia, Geol, Soc. Am. Spec. Paper, 1962, 71.

Guber P, Thomson J. Polar Wandering on Mars. Sci. Amer., 1985, 253(6): 82-91.

Gueguen Y, Darot M. Microstructures and Stresses in Naturally Deformed Peridotites. Rock

Mechanics, Suppl., 1980(9): 159 - 172.

Liu Guijian, Zheng Liugen, Gao Lianfen. The characterization of coal quality from the Jining coal field. Energy, 2005, 30(10): 1901 - 1914.

Hafner W. Stress Distributions of Faulting. Geol. Soc. Am. Bull., 1951(62): 372 - 398.

Hancock P L. The Analysis of En-Echelon Vein, Geo. Mag., 1972, 109(3).

Handin J. Experimental Evidence for the Effects of Pore Water Pressure on the Strength and Ductility of Rocks. In NSF Advanced Science Seminar In Rock Mechanics for College Teachers of Structural Geology. Bedford, Massachusetts: Riecker R E (ed), 1963(549).

Handy M R. Deformation Regimes and the Rheological Evolution of Fault Zones in the Lithosphere: the Effects of Pressure, Temperature, Grainsize and Time, Tectonophysics, 1989, 163(1).

Harding T P, Lowell J D. Structural Styles, Their Plate Tectonic Habitates, and Hydrocarbon Traps in Petroleum Provinces. AAPG. Bull. 1979(63).

Hatcher R D Jr. Structural Geology — Principles, Concepts, and Problems (2nd ed.), p. 111 - 198. Prentice Hall, Englewood Cliffs, New Jersey. 1995.

Hatcher R D Jr. Structural Geology — Principles, Concepts, and Problems, 2nd ed., p. 138 - 161. Prentice Hall, Englewood Cliffs, New Jersey. 1995.

Hatcher R D. Jr. Structural Creology — Principles, concepts and problems(2nd ed.). p. 65 - 91, Prentice Hall, Englewood cliffs, New Jersey. 1995.

Heard H C. The Effect of Larges of Strain Rate in the Experimental Deformation of Rocks. J. Geol., 1963(71).

Holdsworth R. E. Weak faults-rotten cores. Science, 2004, 303: 181 - 182.

Holst T B et al. Joint Orientation in Devonian Rocks in the Northern Portion of the Lower Peninsula of Michigan, Geo. Soc. Am. Bull., 1981, 92(2).

Holtzman B K, Kohlstedt D L, Zimmerman M E, Heidelbach F, Hiraga T, Hustoft J. 2003, Melt segregation and strain partitioning: implications for seismie anisotropy and mantle flow. Science, 301: 1227 - 1230.

Hopgood A M, Bowes D R. Correlation by Structural Sequencc in Precambrian Gneisses of North-Western British. Intern. Geol. Cong. 24th. Section 1. Canada.

Hopgood A M. Polyphase Fold Analysis of Gneisses and Migmatites. Transactions of the Royal Society of Edinburgh, Earth Science, 1971: 55 - 65.

Howell D G, Jones D L. The Principles of Terrane Analysis and Some Dey Definitions. C. P. T. C., Stanford Univ. Abstract, 1983(2).

Howell D G, Sohermer E R, Jones D L. Terrane Accretion and the Growth of Continents. C. P. T. C., Stanford Univ., Abstract, 1983(2).

Hsil K J. Time and place in Alpine Orogenesis-The former lecture. Alpine Tectonics:

Geological Society Special Publication, Cowand M P, Dietvich D and Park R G(eds), 1989(45): 421-443.

Hsu Jin hwa. Role of Cohesive Strength in the Mechanics of Overthrust Faulting and of Landsliding. Geol. Soc. Amer. Bull., 1969(80).

Hsü K J. Relict Back-arc Basin: Principles of Recognition and Possible New Examples From China. New Prespectines in Basin Analysis, Kleninspehn K L and Paola C (Editors). Bvelin: Springer-Verlay, 1988: 245-263.

Hsü K J. The Concept of Tectonic Facies. Bull, Tech Univ. Istanbul, 1991,44(1-2): 25-42.

Huang T K. An outline of Tectonic Characterics of China. Continental Tectonics, 1980.

Hubbert M K, Rubey W W. Role of Fluid Pressure in Mechanic of Overthrust Ting. Geol. Sec. Am. Bull., 1959(70): 115-200.

Hurley P M, Rand J R. Pre-drift Continental Nuclei. Science, 1969(164).

Hutton D H W. Tectonic Slides in Caledonides. Thrust and Nappe Tectonics, 1981.

Ihompson T L. Plate Tectonics in Oil and Gas Exploration of Continental Margins. AAPG. Bull., 1976,60(9).

International conference on theory and application of fault-related folding in foreland and basins. 25 june-4 july, 2005 China.

Isacks B, Oliver J, Sykes L R. Seimology and the New Global Tectonics. Jour. Geophys. Res, 1968(72).

Jackson M P A, Galloway W E. Structural and Depositional Styles of Gulf Coast Tertiary Continental Margins Appllation to Hydrgearbon Exploration. AAPG Continuing Education Course Notes Series, 1982(25).

Jamison W R. Geometric Analysis of Fold Development in Overthrust Terranes, J. Str. Geo., 1987, 9(2).

Jamlson W R. Geometric Analysis of Fold Development in Overthrust Terrenes. J. Struct. Geol.,1987, 9(2).

Jchnson A M. Physical processes in Geology. San Francisco: Freeman W H and Co., 1970.

Jefferis R G et al. Fracture Analysis Near the Midocean Plate Boundary, Reykjavik Hvalfjordur area, Iceland, Tectonophysics, 1981, 76(3)-(4).

Jenkins Darid A L. Detachment Tectonics in Western Papua, New Guinea. Geol. Soc. Am. Bull., 1974(85): 533-548.

Jine F J, Matthews D H. Magnetic Anomalies Over Oceanic ridges. Nature. 1963(199): 947-949.

Johnson A M. Styles of Folding. Netherlands: Elsevior Scientific Publishing Company, 1977.

Jolivet L, Gepais D. Extensional Tectonics and Exhumation of Metamorphic Rocks in Mountain Belts. Tectonophysics, 1998, 285(3)-(4).

Jones M E, Preston R M F. Deformation of Sediments and Sedimentary Rocks, P. Published for Geological Society by Blackwell Scientific publication. 1987.

Jordan T E. Thrust Loads and Forel and Basin Evolution, Cretaceous. Western United States. AAPG. Bull., 1981(65).

Journal Geological Society of India. 2008, 71: 189-200.

Kanagawa K. Competence Contrasts in Ductile Deformation as Illustrated from Naturally Deformed Chert Mudstone Layers. J. Struct. Geol., 1993, 15(7).

Karig D E. Origin and Evelopment of Marginal Basins in the Western Pacific. Jour. Geophys., Res., 1971(76).

Khin V E, Levin L E. Tectonic Types of Marginal Inner Seas and Their Place in the Development of the Crust. Tectonophysics, 1980, 70(3-4).

Kokelear B P, Howwells M F. Marginal Basin Geology. Geological Society Special Publication, 1984(16).

Kuenen Pn H, De Sitter L U. Experimental Investigation Into the Mechanism of Folding. Leidse. Geol. Meded., 1938(9): 217-239.

Lajtai E Z. Mechanies of Second Order Faults and Tensin Gashes. Geol. Soc. Am. Bull. 1969 (80): 2253-2272.

Li Desheng. Geologic evolution of Petroliferous basins on Continental. AAPG. Bull., 1984, 68(8).

Li Shuguang, Liu Deliang. The Sm-Na Isotopic Age of Coesite-Bearing Eclogite From the Southern Dabie Mountains. Chinese Science Bullelin, 1992,37(19): 1638-1641.

Li Zhensheng, Liu Deliang, Liu Bo, YANG Qiang, Li Jingming. Study on estimate method of wave velocity and quality factor to fault seals. Chinese Science Bulletin 2005, 50(19): 2243-2248.

Lister G S, Sonke A W. S-C Mylonites. J. Struct, Geol., 1984, 6(6): 613-638.

Liu Deliang, Li Zhensheng, Yang Qiang, Tao Shizhen. The Discussion of Tectonic System And Petroleum Accumulation In Kuga Area, Southern Tianshan Mountain.

Liu Deliang, Shu Yiongjun, Yang Xiaoyong. Microstructure and Geochemical Analysis on the Mineralized time series limit in Shu Shong Metamorphic Phosphorous Deposit. Chinese Science Bulletin, 1996, 41(13): 1111-1115. 科学通报, 1995, 40(15): 1406-1408.

Liu Deliang, Yang Xaioyong, Yang Haiyang. The mineralizing Process control in a meridian tectonic zone in Hebei-Shandong-Anhui Provinces, eastern north China. Geotectonica et Metallogenia. 1994,18(3-4): 58-59.

Liu Deliang, Yang Xiao Yong, Sun Yan. Study on the Rbeological Layering and its Parameters in Dabie Orogenic Belt. 30th IGC, Ab. 2, Beijing, China, 1996: 266.

Liu Deliang, Yang Xiaoyong, Tao Shizheng et al. Study on the Inversion Tectonic in the Northern Part of Dable Orogenic Belt. 30th IGC, Ab. 2, Beijing, China, 1996: 310.

Liu Guijian, Chou Chen-Lin, Peng Zicheng, Yang Gang, Abundances and Isotopic Compositions of Rhenium and Osmium in Pyrite Samples from the Huaibei Coalfield, Anhui, China, International Journal of Earth Sciences, 2008, 97(3): 617-621.

Liu Guijian, Yang Pingyue, Peng Zicheng, Petrographic and Geochemical contrasts and environmentally significant trace elements in marine -influenced coal seams, Yanzhou Mining Area, China, Journal of Asian Earth Science, 2004, 23(4): 491-506.

Liu M, Yang Y. Extensional collapse of the Tibetan Plateau: Results of three-dimensional finite element modeling. J. Geophys. Res., 2003, 108(B8), 2361.

Liu Ruixun, Lv Guxian, Wang Fangzheng, Wei Changshan, Guo Chusun. Mechanical Nature of Gravity and Tectonic Forces. Journal of China University of Geosciences, 2004, 15(2): 152-154.

Louell J D, Genik G J. Sea-floor Spreading and Structural Evolution of Southern Red Sea. AAPG. Bull., 1972(56).

Lowell J D. Structural Styles in Petroleum Exploration. OGCI Publication, 1985.

Lu Huafu, Yu Hongnian, Ding You wen, Zhang Qinglong. Changing Stress Field in the Middle Segment of the Tan-Lu Fault Zone. Eastern Chian. Tectonophysics, 1983 (98).

Madec R, Devincre B, Kubin L, Hoc T, Rodney D. The role of collinear interaction in dislocation-induced hardening. Science, 2003, 301: 1879-1882.

Mahdl G. Mechanics of Tectonic Faulting Developments in Structural Geology. Elsevier, 1988.

Malavieille J. Late Orogenic Extension in Mountain Belts: Insights From the Basin and Range and the Late Paleozoic Variscan Belt. Tectonics, 1993, 12(5).

Mandl G, Shippan G K. Mechanical Model of Thrust Sheet Gliding and Imbrication, in Thrustand Nappe Tectonics, McClay K R and Price N J., 1981.

Mandl G. Mechanics of Tectonic Faulting Developments in Structural Geology, 1, Elsevier. 1988.

Marshak-Stephen, Mitra-Gautam, Basic Methods of Sructural Geology — Part Ⅱ, Special Topics, Prentice Hall, Englewood Cliffs, New Jersey. 1988: 310-320.

Martin R J. Time-dependent Crack Growth in Quartz and Its Application to the Creep of Rocks. J. Geophys. Res., 1972,77(8).

Matsuda T，Vyeda S. On the Pacific type，Orogeny and Its Model，Extension of the Paired Belt Concept and Possible Origin of Marginal Seas. Tectonophysics，1971,11 (1)：5－27.

Maxwell J C，Wisc D U. Wrench-Fault Tectonics-A Discussion. Geol. Soc. Am. Bull.，1958(69).

Mc Clay K R. Thrust Tectonics，P. 105－132. Chapman and Hall. 1992.

Mccaig A M. Fluid-Rock Interaction in Some Shear Zones from the Pyrenees，J. metamorphic Geol.，1984，2(1).

McClay K R. Pressure Solution and Cobble Creep in Rocks and Minerals：A Veview. J. Geol. Soc.，1977(134)：57－70.

Mcelhinny M W. Palaeomagnetism and Plate Tectonics. Cambridge University Press，1979.

McGarr. Violent Deformation of Rocks Near Deeplevel，Tabular Excavation-Seismic Events，Bull. Seisin. Soc. Am.，1971 (61)：1453－1466.

Mcharen D J，Goodfellow W D. Geological and Biological Consequences of Giant Impacts. Ann. Rev. Earth Planet. Sci.，1990(18)：123－171.

Means W D. Stress and Strain Basic Concept of Continuam Mechanics for Geologists. New York：Springer Verlag，1976.

MeClay K R，Price N J (Eds). Thrust and Nappe Tectonics. Blackwell Scientific Publications，1981.

Mercier J C，Anderson D A，Carrer N L. Stress in The Lithosphere in Ferences From Steady State Flow of Rocks. Stress in the Earth，Wyss ed，1977.

Methods for calculation of Geogenetic Depth. Journal of China University of Geosciences，15(2)：145－151.

Michael P. Klimetz Speculations on the Mesozoic Plate Tectonic Evolution of Eastern China. Tectonics，1983,12(2).

Milanovsky E E. Some Problems of Rifting Development in the Earth's History. Tectonics and Geolphysics of Continental Rifte，D. Keidel，Ranbery I B and Neumann E R. (Eds)，1978：385－400.

Mitchell A H，Reading J M. Continental Margins，Geosynclines and Ocean-floor Spreading. Journal of Geology，1969(77).

Mitchell A，Bell F. Island-arc Evolution and Related Mineral Deposits. Jour. Geol.，1973.

Mitchell H，Reading H. Evolution of island arcs. Geology.，1971，79(3).

Mitra C. Ductile Deformation Zones in Blue Ridge Basement Rocks and Estimation of Finite Strain. Geol Soc. Am. Bull. Part I，1979(90).

Mitra G. Ductic Deformation Zones and Mylonites：The Mechanical Processes Involved in the Deformation of Crystallinic Basement Rocks. Amer. J. Sci.，1978(278)：1057.

Mizutai S，Hattori L. Tectonostratigraphic Terranes in central Japan：Accretionary Tectonics in the Circum-Pacific Regions. Tokyo: TERRA Sci. Publ. Co., 1983.

Molnar F, Tapponnier P. Cenozoic Tectonics of Asia: Effect of a Continental Collision. Science, 1975(189).

Molnar F, Tapponnier P. Relation of the Tectonics of Eastern China to the India-Eurasia Collision. Geology, 1977(5).

Moody J D, Hill M J. Wrench Fault Tectonics. Geol. Soc. Amer. Bull., 1956, 67(9).

Moody J D. Crustal Shear Patterns and Orogenesis. Tectonophysics. 1966, 3(6).

Moody T D, Hill M J. Wrench Fault Tectonics, Geo. Am. Bull., 1956, 67.

Morley C K. A Classification of Thrust Front. AAPG. Bull., 1986, 70(1).

Muriel Gerbault, At what stress level is the central Indian Ocean lithosphere buckling? Earth and Planetary Science Letters, 2000, 178: 165 - 181.

Müller S. Crustal Structure. An Outline of the Geology of Switzerland. Wepf. Basel., 1980; 93 - 97.

Nettleton L L. Fluid Mechanics of Salt Dome. Bull Am. Assoc. Petrol. Geol., 1934(18): 1175 - 1204.

Nicolas A, Poirier J P. Crystalline Plasticity and Solid State Flow in Metamorphic Rocks. John Wiley and Sons, 1976.

Olinin V B. The Principles of Classification of Oil and Gas Basins. Aust oil and gas Jour. 1967 (13).

Ozawa T, Kanmera K. Tectonic Terrane of the Paleozoic Rocks and Their Accretionary History in the Circum-Pacific Region Viewed From Fusulinacean Paleobiography. C. P. T. C. Stanford Univ., Abstract, 1983(2).

Parker T J, Mc Dowell A N. Model Studies of Salt Dome Tectonics. Bull. Am. AAPG, 1955 (18): 2384 - 2470.

Passchier C W, Trouw R A T. Microtectonics. Springer. 1996.

Paterson M S, Weis L E. Experimental Deformation and Folding of Phyllite. Geol. Soc. Amer. Bull., 1966(77).

Phiuips R J, Malin M C. Tectonics of Verus. Ann. Rev. Earth Planet. Sci., 1984(12): 411 - 443.

Pichon X Le. Sea-Floor Spreading and Continental Drift. J. Geophys. Res., 1968(73).

Piohon X Le et al. Plate Tectonics. Comp Amrterdam: Elsevier Publ, 1973.

Platt J P. Archacon Green Stone Belts: a Structural Test of Tectonic Hypotheses. Tectonophysics, 1980,65(122).

Price N J, Cosgrove J W. Analysis of Geological Structure, Cambridge University Press. 1990.

Price R A. Gravitational Sliding and the Foreland Thrust and Fold Belt of the North American Cordillera. Discussion Geol. Soc. Am. Bull., 1971(82): 1133－1138.

Ramberg H. Contact Strain and Folding Instability of Multilayered Body Under Compression. Geol. Rundsch., 1961, 51.

Ramberg H. Evolution of Drag Folds, Geol. Mag., 1963, 100(2).

Ramsay J G, Graham R H. Strain Variation in Shear Belts. Can. J. Earth Sci., 1970(7): 1－3.

Ramsay J G. Shear Zone Geometry, A. Review. J. Struct. Geol., 1980, 2(1－2).

Ramsay J G. The Crack-seal Mechanism of Deformation. Nature, 1980, (284): 135－139.

Ranalli G. Rheology of the Lithosphere in Space and Time. In: Orogeny Through Time, Burg, J. P. and Ford, M. (eds.), Geological Soc. Special Publication, 1997, (121).

Reks I J, Gray D R. Pencil Structure and strain in Weakly Deformed Mudstone and Siltstone. J. Struct. Geol. 1982, 4(1).

Rich J L. Nechanics of low-Angle Overthrust Faulting Illustrated by Cumherd Thrust Block, Virginia, Kentuchy and Tennessee. Bull. Am. Assoc. Petrol. Geol. 1934(18).

Ridley J. Acruate Lineation Trends in a Deep Level, Ductile Thrust Bett, Syros, Geece. Tectonophysics, 1982(88).

Roberts J C. Feather Fracture and the Mechanics of Rock-Jointing, Am. Jour. Sci. 1961, 259(7).

Robin J M. Evidence For Synchronous thin Skinned and Basement Deformation in the Cordilleran. Fold-Thrust Belt, the Tendoy Mountains, SW Montana, Jour. Stru. Geo., 1997, 19(1).

Roger F, Aruaud N, Gilder S, Tapponnier P, Jolivet M, Brunel M, Malavieille J, Xu Z, Yang J. Geochronological and geochemical constraints on Mesozoic suturing in east central Tibet. Tectonics, 2003, 22(4): 1037.

Ross J V, Nielsen K C. High-temperature Flow of Wet Polyerystalline Enstatite. Tectonophysics, 1978(44): 233－261.

Rowell C McA. A Morphological Classification of Rock Cleavage. Tectonophysics. 1979(58).

Sander B. An Introduction to the Study of Fabrics of Geological Bodies, Oxford: Pergamon Press, 1970.

Schmid S M, Paterson M S, Boland J N. High Temperature Flow and Dynamic Recrystallization in Carrara Marble. Tectonophysics, 1980(65).

Schwab F L. Modern and Ancient Sedimentary Basins: Comparative Accumulation Rates. Geology, 1976(4).

Schweller W J et al. Tectonics, Structure and Sedimentary Framework of the Pera Chile Trench. in Kalm L D et al (Eds) Nazca Plate: Crustal Formation and Andean Convergence, GSA Memior, 1981(154).

Schäfer K. Palaeo and Recent Stress Field in Tunisia and Libya From the Cenozioc Strutural Bearing. Rock Mechanics, Suppl., 1980(9).

Seyfert O K, Sirkin L A. Earth History and Plate Tectonic. New York, 1973.

Shawe D R. Strike-slip Control of Basin and Range Structure Indicated by Historical Faults in Western Nevada. Geol. Soc. Am. Bull., 1965(76): 1361-1378.

Shields O. Evidence for Initial Opening of the Pacific Ocean in the Jurassic. Palaeogeography Climatology Ecology, 1979.

Shimamoto T. The Origin of S-C Mylonites and a New Fault-Zone Model, J. Struct. Geol., 1989, 11(1).

Sibson R H, Robert F, Poulsen K H. High-angle reverse faults, fluid-pressure cycling, and mesothernal gold-qurtz deposits. Geology, 1988, 16: 551-555.

Sibson R H. Fault Rocks and Faults Mechanisms, J. Geol. Soc., London, 1977, 133(1).

Sibson R H. Structural Permeability of Fluid-Driven Fault-Fracture Meshes, J. Struct. Geol., 1996, 18(8).

Sibson R H. Structure and Distrbution of Fault Rocks in the Alpine Fault Zone, New Zealand, in McClay. K R, Price N J (Eds). Thrust and Nappe Tectonics, 1981.

Simpson C, De Paor D G. Strain and kinematic analysis in general shear zones. Journal of Structural Geology, 1993, 15: 1-20.

Simpson C. Determination of Movement Sense in Mylonites. Journol of Geological Education, 1986(34): 246-261.

Sleep N H, Sneel N S. Thermal Contraction and Flexure of Midcontinent and Atlantic Marginal Basins. Geolphys. Jour. Roy. Astronom. Soc., 1976(45).

Sleep N H. Thermal Effects of the Formation of Atlantic Continental Margins by Continental Breakup. Geophys. Jour. Roy. Astronom. Soc., 1971(25).

Sloss L L, Speed R C. Relations of Cratonic and Continental Margin Tectonic Episodes. Tectonic and Sedimentation, 1974(2).

Smith A G. Subduetion and Thrust Belts With Particular Reference to North America. in McClay, K R and Price N J (Eds). Thrust and Nappe Tectonics, 1981.

Sorby H C. On the Origin of Slaty Cleavage. Edinburgh New Phil. J., 1953(55): 137-148.

Spencer J E. Role of Tectonic Demdation in Warping and Uplifting of Low-angle Normal Fanlts. Geology, 1984(12): 95-98.

Spicer R A, Harris N B W, Widdowson M, Herman A B, Guo S, Valdes A J, Wolfe J A, Kelley S P. Constant elevation of southern Tibet over the past 15 million years. Nature,

2003，421：622－624.

Spry A. Metamorphic Textures. London：Pergamon Press. 1969.

Squyres S W. The History of Water on Mars. Ann. Rev. Earth Planet. Sci.，1984(12)：83－106.

Stauffer M R. Fabric of Ductile Strain. Hutchinson Ross PubliShing Company，1983.

Stunitz H，Tullis J. Weakening and strain localization produced by syn-deformational reaction of plagioelase. Int. J. Earth Sciences，2001，90：136－148.

Suppe J，Chou G T，Hook S C. Rates of folding and faulting determined from growth strata，in MeClay K R. ed. Thrust Tectonics. Chapman & Hall，New York，1992：105－121.

Sylvester A G. Wrench Fault Tectonics，AAPG Reprint Series，1985，(28).

Taira A. Plate Tectonic Evolution of Japan. C. P. T. C. Stanford Univ.，Abstract，1983(2).

Talwani M，Pitman W C. Is land Ares Deep Sea Trendres and Back-Are Basin. American Geophysical Union，Ⅲ(Eds)，1977.

Tapponnier P，Molnar P. Slip-line Field Theory and Large-Scale Continental Tectonics. Nature，1979(264).

Tapponnier P，Pelfzer G，Le Dain A Y，Armijo R，Cobbold P. Propagating Extracsion Tectonics in Asia：New Insights From Simple Experiments With Plasticine. Geology，1982,10(12).

Tapponnier P，Xu Z，Roger F，Meyer B，Arnaud N，Wittlinger G，Yang J. Oblique stepwise rise and growth of the Tibet Plateau. Science，2001，294：1671－1677.

Tarduno J A，Duncan R A，Seholl D W，Cottrell R D，Steinberger B，Thordarson T，Kerr B C，Neal C R，Frey F A，Torii M，Carvallo C. The Emperor Seamounts：southward motion of the Hawaiian hotspot plume in Earth's mantle. Science，2003，301：1064－1069.

Tilmann F，Ni J，INDEPTH Ⅲ Seismic Team. Seismic imaging of the downwelling Indian lithosphere beneath central Tibet. Science，2003，300：1424－1427.

Tullis J A. Preterred Orientations in Experimentally Deformed Quartzites. Ph. D. Thesis，Univ. California，Los Angeles. 1971：344.

Turcotte D. Models For the Evolution of Sedimentary Basins. in Dynamics of Plate Interior，Geodynamics Series (1)，1980.

Turner F J，Chih C S. Deformation of Yule Marble. Part Ⅲ：Observed Fabric Changes Due to Deformation at 10,000 Atmospheres Confining Pressure，Room Temperature，Dry. Geol. Soc. Am. Bull.，1951(62)：887－906.

Turner F J，Griggs D T.，Heard H. Experimental Deformation of Calcite Crystals. Geol. Soc. Am. Bull.，1954(65)：883－934.

Turner F J，Nature and Dynamic Interpretation of Deformation Lamellae in Calcite of Three

Marble. Am. Jour. Sci., 1953, (251): 276-298.

Uyeda S, Miyashiro. Plate Tectonics and the Japanese Islands. Geol Soc. America, Bull., 1974(85).

Uyeda S. subduction Zones: An Introduction to Comparative Subductology. Tectonlphysics, 1982(81): 133-159.

Veverka J, Burns J A. The Moons of Mars. Ann. Rev. Earth Planet. Sci., 1980(8): 527-558.

Wang D Z, Shu L Sh, Faure M, Shen W Z. Mesozoic magmatism and granitic dome in the Wugongshan Massif, Jiangxi Province and their genetic relationship to the teetonic events in southeast China. Tectonophysics, 2001, 339: 259-277.

Wang Q, Zhang P Z, Freymueller J T, Bilham R, Lamon K M, Lai X, You X, Niu Z, Wu J, Li Y, Liu J, Yang Z, Chen Q. Present-Day Crustal Deformation in China Constrained by Global Positioning System Measurements. Science, 2001, 294: 574-577.

Watts A B, Ryan W B F. Flexure of the Lithosphere and Continental Margin Basins. Tectonophysics, 1976(36).

Wernicke B, Burchfiel B C. Modes of Extensionai Tectonics. Jour. Struct. Geol., 1982,4(2).

White S. Geological Significance of Recovery and Recrystallization Processes in Quartz. Tectonophysics, 1977(39).

William D M. Blind Thrust Systems. Geology, 1988,16(1).

Wilson J T. A New Class of Faults and Their Bearing on Continental Drift. Nature, 1965 (207): 343-347.

Windley B F. Evolving Continents. John Wiley and Sons London, 1977.

Withjack M. An Analytical Model of Continental Rift Fault Pattern. Tecionophysics, 1979(53).

Xu Jiawei. The Tancheng-Lujiang Wrench Fault System. by John Wiley & Sons Ltd., Uk, 1993: 300.

Yang Xiaoyong, Liu Deliang, Feng Min, Yu Qingni, Wang Kuiren. Rock Deformation, Component Migration and $^{18}O/^{16}O$ Variations during Mylonitization in the Southern Tan-Lu Fault Belt.

Yang Xiaoyong, Liu Deliang, Wagner G A. Conditions of deformation and Variations of Compositional and Structural state of feldspars during mylonitization: exemplified from the ductile shear zones in South Tanlu fault of China. Nub. Mener. Mh., Jg. 2001(9): 415-432;Stuttgart.

Yang Xiaoyong, Lui Deliang, Yang Xueming, Characteristics of Compositional Migration in Mylonites from the Ductile Shear zones of the Southern Tancheng — Lujiang Fanlt Belt, Eastern Anhui Province. Acta Geologica Sinica, 1998, 72(1): 37-50.

Yang Xiaoyong, Zheng Yongfei, Liu Deliang, Dai Jinxing. Chemical and carbon isotope compositions of fluid inclusions in peridotite Xenoliths and eclogites from eastern China: Geodynamic implications. Physics and chemisty of the Earth (A). 2001, 26(9-10): 705-718.

Yang Xiaoyong., Yang Xueming., Liu Deliang, Dai, J. X., Fluid participation in ductile shear zone: evidence from gedogical, geochemical and $^{18}O/^{16}O$ relations from south part of Tanchent — Lujiang fault belt, east China. Chinese Science Bulietin, 1998, 43: 152.

Yin A. Origin of regional, rooted low-angle normal faults: a mechanical model and its tectonic implictions. Tectonics, 1989, 8: 469-482.

Zhang J., Zheng Y. Polar Mohr constructions for strain analysis in general shear zones. Journal of Structural Geology, 1997, 19: 745-748.

Zhang Pei-Zhen, Shen Zhengkang, Wang Min, Gan Weijun, Roland Bürgmann, Peter Molnar, Qi Wang, Zhijun Niu, Jianzhong Sun, Jianchun Wu, Sun Hanrong, You Xinzhao, Continuous deformation of the Tibetan Plateau from global positioning system data. Geology, 2004, 32(9): 809-812.

Zhang Shihong, Zheng-Xiang Li, Huaichun Wu, New Precambrian paleomagnetic constraints on the position of the North China Block in Rodinia. Precambrian Research., 2005, 144: 213-238.

Zheng Yadong, Wang Tao, Ma Mingbo, Davis G A. Maximum effective moment criterion and the origin of low-angle normal faults. Journal of Structural Geology, 2004, 26: 271-285.

Zheng Yadong, Wang Tao. Kinematics and dynamics of the Mesozoic orogeny and late — orogenic extensional collapse in the Sino-Mongolian border areas. Science in China Ser. D Earth Sciences, 2005, 48(7): 849-862.

Zhou Taofa, Fan Yu, Yuan Feng, Lu Sanming, Shang Shigui, David Cooke, Sebastien Meffre, Guochun Zhao. Geochronology of the volcanic rocks in the Lu-Zong (Lujiang-Zongyang) basin and its significance. Science in China (Serice D-Earth Sciences), 2008, 51(10): 1470-1482.

Zhou Taofa, Yuan Feng, Yue Shucang, Liu Xiaodong, Zhang Xin, Fan Yu. Geochemistry and evolution of ore-forming fluids of the Yueshan Cu-Au skarn and vein-type deposits, Anhui Province, South China. Ore Geology Reviews, 2007, 31(1-42): 279-303.

Zhu Wenbin, Sun Yan, Cuo Jichun, Liu Deliang, Aining Lin. Prospects for study of tectono-geochemistry. Progress in natural science, 2003, 13(3): 161-165.